土木工程疑难释义丛书

建筑抗震疑难释义

附解题指导

郭继武　编著

中国建筑工业出版社

图书在版编目（CIP）数据

建筑抗震疑难释义附解题指导/郭继武编著．—北京：
中国建筑工业出版社，2003
（土木工程疑难释义丛书）
ISBN 7-112-05696-9

Ⅰ．建…　Ⅱ．郭…　Ⅲ．建筑结构—抗震设计
Ⅳ．TU352.104

中国版本图书馆 CIP 数据核字（2003）第 015605 号

《建筑抗震设计规范》（GB 50011—2001）业已公布实施。为了配合教学和广大读者学习规范的需要，我们编写了这本《建筑抗震疑难释义》。本书内容包括两部分。第一部分采取问答的形式，叙述建筑抗震设计中的一些基本理论和难点。同时，书中对《建筑抗震设计规范》（GB 50011—2001）中的有关条文、公式和计算系数的意义及其来源作了推证和说明。在第一部分中包括：抗震设计的一般原则，场地、地基基础，地震作用和地震作用效应，以及各种常用建筑结构的抗震设计及抗震措施。其中，钢筋混凝土抗震墙结构的内力和侧移计算部分，对双肢墙和对称三肢墙，书中采用了以墙肢轴力作为未知数的微分方程解法，并编制了计算用表；对多肢墙给出了精确解法。

第二部分为配合读者更好地理解第一部分基本理论和规范条文内容，列举了一些有代表性的例题。

本书适合作为高等学校工科土建类专业学生课外学习参考书，也可作为工程技术人员学习新规范的参考书。

土木工程疑难释义丛书
建筑抗震疑难释义
附解题指导
郭继武　编著
*
中国建筑工业出版社出版、发行（北京西郊百万庄）
新 华 书 店 经 销
北京中科印刷有限公司印刷
*
开本：787×1092 毫米　1/16　印张：23　插页：2　字数：557 千字
2003 年 6 月第一版　2004 年 2 月第二次印刷
印数：3501—6500 册　　定价：**30.00** 元
ISBN 7-112-05696-9
TU·5008（11335）

本社网址：http：//www. china-abp. com. cn
网上书店：http：//www. china-building. com. cn

前　言

《建筑抗震设计规范》（BG 50011—2001）业已公布实施。为了配合教学和广大读者学习规范的需要，我们编写了这本《建筑抗震疑难释义》。本书内容包括两部分：

第一部分采取问答的形式，叙述建筑抗震设计中的一些基本理论和难点。并对《建筑抗震设计规范》（GB 50011—2001）中的有关条文、公式和计算系数的意义及其来源作了推证和说明。在这一部分中包括：抗震设计的一般原则，场地、地基基础，地震作用和地震作用效应，以及各种常用建筑结构的抗震设计及抗震措施。其中，钢筋混凝土抗震墙结构的内力和侧移计算部分，对于双肢墙和对称三肢墙，书中采用了以墙肢轴力作为未知数的微分方程解法，并编制了计算用表。按这种方法建立微分方程具有概念清楚、计算参数少等优点，应用也很方便；对多肢墙给出了精确解法。

第二部分为配合读者更好地理解第一部分基本理论和规范条文内容，列举了一些有代表性的例题。在解题过程中，力求解题步骤清晰，说明详尽。

编写本书时，参考了一些公开发表的文献，谨向这些作者表示感谢。

由于编者水平所限，书中可能存在疏漏之处，请读者指正。

目　录

第一部分　疑　难　释　义

第一部分

疑难释义

第1章 抗震设计的基本要求

1.1 什么是地震烈度？什么是地震烈度表？

地震烈度是指地震时在一定地点震动的强烈程度。相对震中而言，地震烈度也可以把它理解为地震场的强度。

用什么尺度衡量地震烈度？在没有仪器观测的年代，只能由地震宏观现象，如人的感觉、器物的反应、地表和建筑物的影响和破坏程度等，总结出的宏观烈度表来评定地震烈度。我国早期的“新中国地震烈度表”（1957）就属于这种宏观烈度表。由于宏观烈度表未能提供定量的数据，因此不能直接用于工程抗震设计。随着科学技术的发展，强震仪的问世，使人们有可能用记录到的地面运动参数，如地面运动加速度峰值、速度峰值来定义烈度，从而出现了含有物理指标的定量烈度表。由于不可能随处取得地震仪器记录，因此用定量烈度表评定地震现场烈度还有一定的困难。最好的方法是将两种烈度表结合起来，使之兼有两者的功能，以便工程应用。

1999年由国家地震局颁布实施的《中国地震烈度表》（GB/T 17742—1999），就属于将宏观烈度与地面运动参数建立起联系的地震烈度表。所以，新烈度表既有定性的宏观标志，又有定量的物理标志，兼有宏观烈度表和定量烈度表两者的功能。《中国地震烈度表》参见表1-1。

中国地震烈度表（GB/T 17742—1999） **表1-1**

烈度	在地面上人的感觉	房屋震害程度		其他震害现象	水平向地面运动	
		震害现象	平均震害指数		峰值加速度 (m/s^2)	峰值速度 (m/s)
Ⅰ	无感					
Ⅱ	室内个别静止中人有感觉					
Ⅲ	室内少数静止中人有感觉	门、窗轻微作响		悬挂物微动		
Ⅳ	室内多数人、室外少数人有感觉，少数人梦中惊醒	门、窗作响		悬挂物明显摆动，器皿作响		
Ⅴ	室内普遍、室外多数人有感觉，多数人梦中惊醒	门窗、屋顶、屋架颤动作响，灰土掉落，抹灰出现微细裂缝，有檐瓦掉落，个别屋顶烟囱掉砖		不稳定器物摇动或翻倒	0.31 (0.22～0.44)	0.03 (0.02～0.04)

续表

烈度	在地面上人的感觉	房屋震害程度		其他震害现象	水平向地面运动	
		震害现象	平均震害指数		峰值加速度 (m/s^2)	峰值速度 (m/s)
Ⅵ	多数人站立不稳，少数人惊逃户外	损坏——墙体出现裂缝，檐瓦掉落，少数屋顶烟囱裂缝、掉落	0～0.10	河岸和松软土出现裂缝，饱和砂层出现喷砂冒水；有的独立砖烟囱轻度裂缝	0.63 (0.45～0.89)	0.06 (0.05～0.09)
Ⅶ	大多数人惊逃户外，骑自行车的人有感觉，行驶中的汽车驾乘人员有感觉	轻度破坏——局部破坏，开裂，小修或不需要修理可继续使用	0.11～0.30	河岸出现坍方；饱和砂层常见喷砂冒水，松软土地上地裂缝较多；大多数独立砖烟囱中等破坏	1.25 (0.90～1.77)	0.13 (0.10～0.18)
Ⅷ	多数人摇晃颠簸，行走困难	中等破坏——结构破坏，需要修复才能使用	0.31～0.50	干硬土上亦出现裂缝；大多数独立砖烟囱严重破坏；树梢折断；房屋破坏导致人畜伤亡	2.50 (1.78～3.53)	0.25 (0.19～0.35)
Ⅸ	行动的人摔倒	严重破坏——结构严重破坏，局部倒塌，修复困难	0.51～0.70	干硬土上出现许多地方有裂缝；基岩可能出现裂缝、错动；滑坡坍方常见；独立砖烟囱许多倒塌	5.00 (3.54～7.07)	0.50 (0.36～0.71)
Ⅹ	骑自行车的人会摔倒，处不稳状态的人会摔离原地，有抛起感	大多数倒塌	0.71～0.90	山崩和地震断裂出现；基岩上拱桥破坏；大多数独立砖烟囱从根部破坏或倒毁	10.00 (7.08～14.14)	1.00 (0.72～1.41)
Ⅺ		普遍倒塌	0.91～1.00	地震断裂延续很长；大量山崩滑坡		
Ⅻ				地面剧烈变化，山河改观		

注：1. 表中的数量词："个别"为10%以下；"少数"为10%～50%；"多数"为50%～70%；"大多数"为70%～90%；"普遍"为90%以上。
2. 用本标准评定烈度时，Ⅰ度～Ⅴ度以地面上人的感觉及其他震害现象为主；Ⅵ度～Ⅹ度以房屋震害和其他震害现象综合考虑为主，人的感觉仅供参考；Ⅺ度～Ⅻ度以地表震害现象为主。
3. 在高楼上人的感觉要比地面上室内人的感觉明显，应适当降低评定值。
4. 表中房屋为未经抗震设计或加固的单层或数层砖混和砖木房屋。相对建筑质量特别差或特别好以及地基特别差或特别好的房屋，可根据具体情况，对表中各烈度相应的震害程度和平均震害指数予以提高或降低。
5. 平均震害指数可以在调查区域内用普查或随机抽查的方法确定。
6. 在农村可按自然村为单位，在城镇可按街区进行烈度的评定，面积以1km^2左右为宜。
7. 凡有地面强震记录资料的地方，表列水平向地面峰值加速度和峰值速度可作为综合评定烈度的依据。

1.2 《中国地震烈度表》(GB/T 17742—1999) 中"平均震害指数"的含义是什么？

由于建筑种类繁多，结构类型各异，故如何划分其震害程度，做出较符合实际的数量统计，以便正确地应用“烈度表”评定出宏观烈度，是一个十分重要的问题。

《中国地震烈度表（1999）》采用的平均震害指数法是解决评定建筑物破坏情况量化的一种有效方法。这个方法把建筑物破坏程度由完好到全部倒塌之间，分成若干级，每级用震害等级 i 表示，参见表 1-2。

建筑物破坏级别与震害等级 **表 1-2**

破坏程度级别	破坏程度	震害等级 i	破坏程度级别	破坏程度	震害等级 i
Ⅰ	全部倒塌	1.0	Ⅳ	局部倒塌	0.4
Ⅱ	大部倒塌	0.8	Ⅴ	裂缝	0.2
Ⅲ	少部倒塌	0.6	Ⅵ	基本完好	0

某类（如第 j 类）房屋震害程度，用震害指数表示：

$$I_j = \frac{\sum_{k=1}^{m}(n_i \cdot i)_k}{N_j} \tag{1-1}$$

式中 n_i——被统计的某类房屋（如砖房）i 级破坏的栋数；

k，m——不同震害等级序号和数量；

i——震害等级；

N_j——被统计的该类房屋总栋数，$N_j = \sum_{k=1}^{m}(n_i)_k$。

式（1-1）的物理意义是表示该类房屋的平均震害程度。通过各类房屋不同震害指数的计算，可以对比各类房屋之间抗震性能的优劣。如某类房的震害指数 I 愈大，则说明该类房屋愈不抗震。

为了确定某地区房屋平均震害情况，就要求出该地区各类房屋（有代表性的结构）的平均震害指数。即

$$I_m = \frac{\Sigma I_j}{N} \tag{1-2}$$

式中 ΣI_j——各类房屋震害指数之和；

N——不同类别房屋的类别数。

求得某一地区的平均震害指数后，即可作为评定核地区地震烈度的依据。

应当指出，只有当抗震能力相差不大的一般房屋（如木构件和土、石、砖墙构造的旧式房屋）才可用平均震害指数法按表 1-2 来确定地震烈度。对于抗震能力相差悬殊的房屋，应采用综合震害指数按表 1-1 确定地震烈度。所谓综合震害指数，就是将不同类型房屋的震害指数，换算到同一标准（例如统一换算到一般房屋标准）上加以统计。这样，就要给出其他类型房屋与一般房屋震害指数之间的换算关系。关于砖柱房屋、穿斗房屋与木柱房屋震害指数换算关系，我国有关单位已进行大量工作，并给出了它们之间的震害指数换算曲线。至于其他类型房屋与一般房屋震害指数换算关系的资料尚未见到，这需要进行大量的统计工作才能完成。

1.3 什么是地震等烈度线？

对应于一次地震，在其波及的地区内，根据烈度表可以对该地区内每一地点评定出一

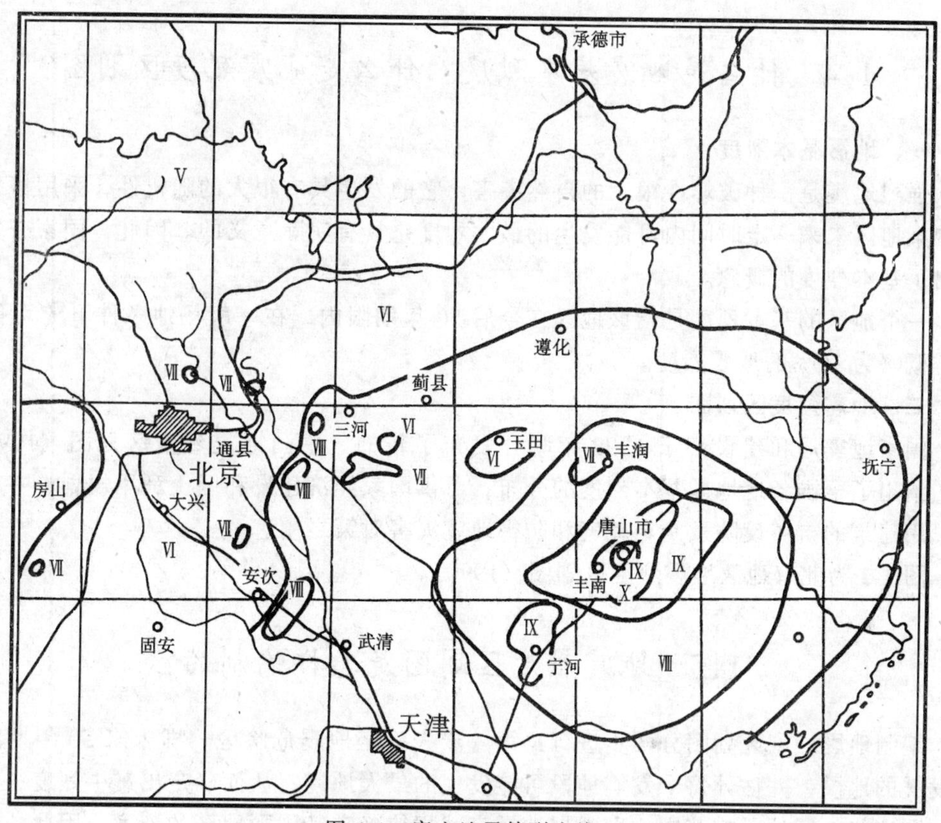

图 1-1　唐山地震等烈度线

个烈度。我们将烈度相同的区域的外包线，称为等烈度线或等震线。理想化的等震线应该是一些规则的同心圆。但实际上，由于建筑物的差异、地质、地形的影响，等震线多是一些不规则的封闭曲线。等震线一般取地震烈度级差为 1 度。一般地说，等震线的度数随震中距的增加而递减。但有时由于局部地形、地质的影响，也会在某一烈度区域内出现一小块高于该烈度 1 度或低 1 度的异常区。图 1-1 为 1976 年唐山地震的等震线。

我国有关单位根据 153 个等震线资料，经过数理统计分析，给出了烈度 I、震级 M 和震中距 R（km）之间的关系式：

$$I = 0.92 + 1.63M - 3.49\lg R \quad (1\text{-}3)$$

以及震中烈度 I_0 与震级 M 之间的关系式：

$$I_0 = 0.24 + 1.29M \quad (1\text{-}4)$$

根据式（1-3）和式（1-4），可在 M-$\lg R$ 坐标系中绘出等烈度区（图 1-2）。实际上，它是烈度衰减规律的另一表达形式，它有助于了解不同震级 M 和震中距 R 对烈度 I 衰减的影响。

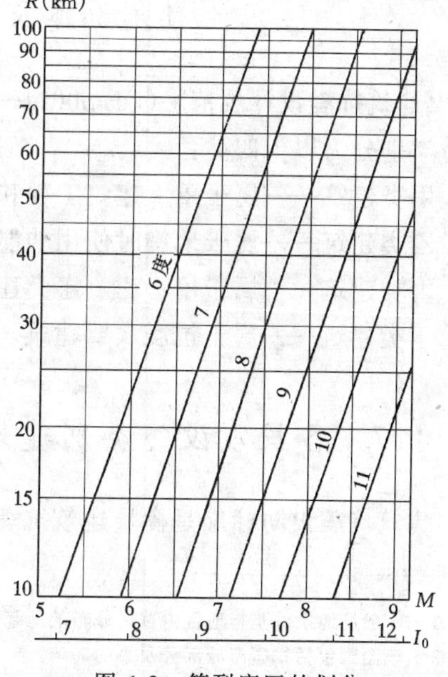

图 1-2　等烈度区的划分

1.4 什么是地震基本烈度？什么是地震烈度区划图？

一、地震基本烈度

强烈地震是一种破坏性很大的自然灾害，它的发生具有很大的随机性，采用概率方法预测某地区未来一定时间内可能发生的最大烈度是具有实际意义的。因此，国家有关部门提出了基本烈度的概念。

一个地区的基本烈度是指该地区在今后50年期限内，在一般场地条件下[1]可能遭遇超越概率为10%的地震烈度。

二、地震烈度区划图

国家地震局和建设部于1992年联合发布了新的《中国地震烈度区划图（1990）》[2]。该图给出了全国各地地震基本烈度的分布，可供国家经济建设和国土利用规划、一般工业与民用建筑的抗震设防及制定减轻和防御地震灾害对策之用。

图1-3为北京地区地震烈度区划图（1990）。

1.5 地震烈度区划图是怎样编制的？

编制地震烈度区划图分两步进行：第一步先确定地震危险区，即未来50年期限内可能发震的地段，并估计每个发震地段可能发生的最大地震，从而确定出震中烈度；第二步是预测这些地震的影响范围，即根据地震衰减规律确定其周围地区的烈度。因此，地震烈度区划图上标明的某一地点的基本烈度，总是相应于一定震源的，当然也包括几个不同震源所造成的同等烈度的影响。

1.6 建筑抗震设防分哪几类？

《建筑抗震设计规范》（GB 50011—2001）[3]根据建筑使用功能的重要性，将建筑抗震设防类别分为以下四类：

甲类建筑——属于重大建筑工程和地震时可能发生严重次生灾害的建筑。

乙类建筑——属于地震时使用功能不能中断或需尽快恢复的建筑。

丙类建筑——属于甲、乙、丁类建筑以外的一般建筑。

丁类建筑——属于抗震次要建筑。

1.7 各抗震设防类别建筑的抗震设防标准应符合哪些要求？

建筑抗震设防标准是衡量建筑抗震设防要求的尺度，由抗震设防烈度和建筑使用功能

---

[1] 一般场地条件是指地区内普遍分布的地基土质条件及一般地形、地貌、地质构造条件。

[2] 该图未包括我国海域部分及小的岛屿。

[3] 以后简称《抗震规范》。

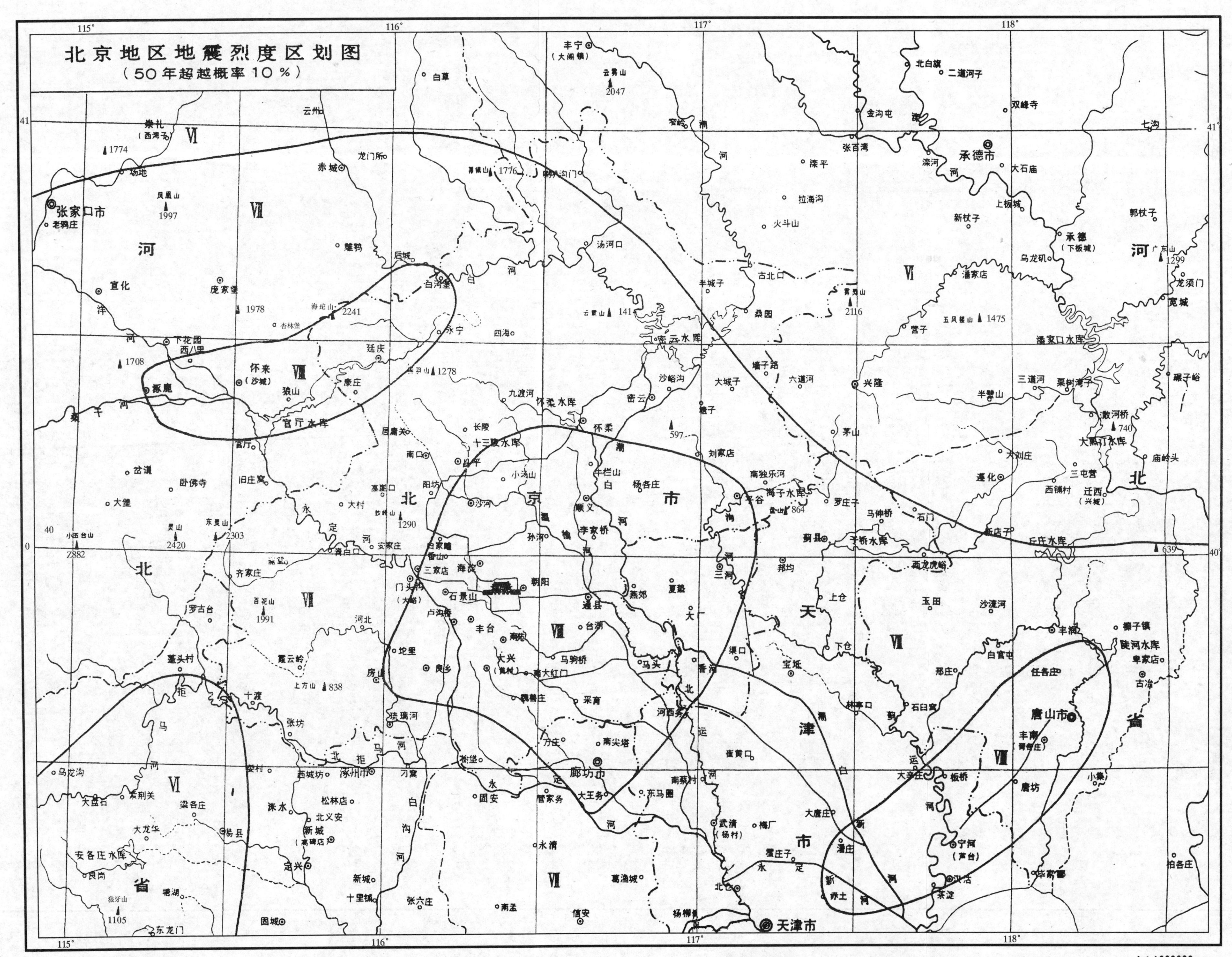

图 1-3　北京地区地震烈度区划图

的重要性确定。抗震设防烈度是指，按国家规定的权限批准作为一个地区抗震设防依据的地震烈度。一般情况下，抗震设防烈度可采用中国地震烈度区划图的地震基本烈度，或采用与《抗震规范》设计基本地震加速度对应的地震烈度。对已编制抗震设防区划的城市，也可采用批准的抗震设防烈度。

各抗震设防类别建筑的设防标准，应符合下列要求：

1. 甲类建筑　地震作用应高于本地区抗震设防烈度的要求，其值应按批准的地震安全性评价结果确定；抗震措施，当抗震设防烈度为 6～8 度时，应符合本地区抗震设防烈度提高 1 度的要求，当为 9 度时，应符合比 9 度抗震设防更高的要求。

2. 乙类建筑　地震作用应符合本地区抗震设防烈度的要求；抗震措施，一般情况下，当抗震设防烈度为 6～8 度时，应符合本地区抗震设防烈度提高一度的要求，当为 9 度时，应符合比 9 度抗震设防更高的要求。对较小的乙类建筑，当其结构改用抗震性能较好的结构类型时，应允许仍按本地区抗震设防烈度的要求采取抗震措施。

3. 丙类建筑　地震作用和抗震措施均应符合本地区抗震设防烈度的要求。

4. 丁类建筑　一般情况下，地震作用仍应符合本地区抗震设防烈度的要求；抗震措施应允许比本地区抗震设防烈度的要求适当降低，但抗震设防烈度为 6 度时不应降低。

抗震设防烈度为 6 度时，除《抗震规范》有具体规定外，对乙、丙、丁类建筑可不进行地震作用计算。

1.8　按《建筑抗震设计规范》(GB 50011—2001) 进行抗震设计的建筑，其抗震设防目标是什么？

在 20 世纪 80 年代，世界不少国家的抗震设计规范，采用了这样一种抗震设计思想：在建筑使用寿命期限内，对不同频度和强度的地震，要求建筑具有不同的抵抗地震的能力。即对较小的地震，由于其发生的可能性大，因此遭遇到这种多遇地震时，要求结构不受损坏，这在技术上和经济上都是可以做到的；对于罕遇的强烈地震，由于其发生的可能性小，当遭遇到这种地震时，要求做到结构不受损坏，这在经济上是不合算的。比较合理的做法是，应当允许损坏，但在任何情况下结构不应倒塌。

基于国际上这一趋势，结合我国具体情况，我国 1989 年颁布的《建筑抗震设计规范》(GBJ 11—89) 就提出了与这一抗震设计思想相一致的“三水准”设计原则。

第一水准：当遭受到多遇的低于本地区设防烈度的地震（简称“小震”）影响时，建筑一般应不受损坏或不需修理仍能继续使用。

第二水准：当遭受到本地区设防烈度的地震（简称“中震”）影响时，建筑可能有一定的损坏，经一般修理或不经修理仍能继续使用。

第三水准：当遭受到高于本地区设防烈度的罕遇地震（简称“大震”）时，建筑不致倒塌或发生危及生命的严重破坏。

在进行建筑抗震设计时，原则上应满足三水准抗震设防目标的要求。在具体做法上，为了简化计算起见，《抗震规范》采取了二阶段设计法，即

第一阶段设计：按小震作用效应和其他荷载效应的基本组合验算结构构件的承载能力，以及在小震作用下验算结构的弹性变形，以满足第一水准抗震设防目标的要求。

第二阶段设计：在大震作用下验算结构的弹塑性变形，以满足第三水准抗震设防目标的要求。

至于第二水准抗震防目标的要求，《抗震规范》是以抗震措施来加以保证的。

概括起来，“三水准，二阶段”抗震设防目标的通俗说法是：“小震不坏，中震可修，大震不倒”。

1.9 什么是小震和大震？

按三水准，两阶段进行建筑抗震设计时，首先遇到的问题是如何定义小震和大震，以及在各基本烈度区小震和大震的烈度如何取值。

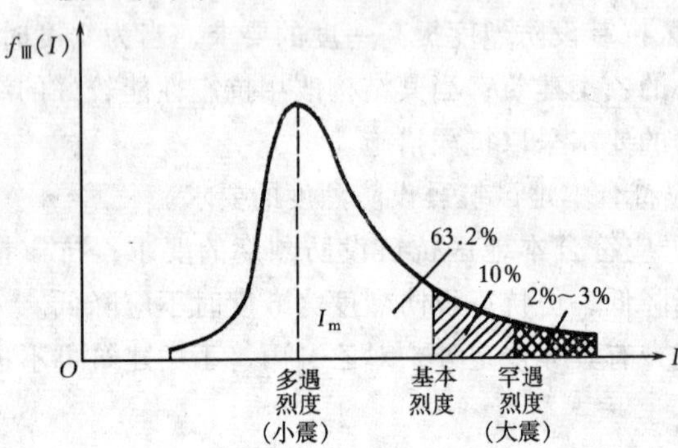

图 1-4 烈度概率密度函数

根据地震危险性分析[1]，一般认为，我国烈度的概率密度函数符合极值Ⅲ型分布（图 1-4）：

$$f_{Ⅲ}(I)=\frac{k(\omega-I)^{k-1}}{(\omega-I_m)^k}\cdot e^{-\left(\frac{\omega-I}{\omega-I_m}\right)^k} \tag{1-5}$$

其分布函数

$$F_{Ⅲ}(I)=e^{-\left(\frac{\omega-I}{\omega-I_m}\right)^k} \tag{1-6}$$

式中 ω——地震烈度上限值，取 $\omega=12$；

I_m——众值烈度，即烈度概率密度曲线上峰值所对应的烈度，由各地震区在设计基准期内统计确定。例如，北京地区，$I_m=6.19$ 度；

I——地震烈度；

e——无理数，e=2.718；

k——形状参数，其值确定方法参见解题指导例题 1-1。

从概率意义上讲，小震应是发生频度最大的地震。即烈度概率密度分布曲线上的峰值所对应的烈度（众值烈度）。因此，采用众值烈度作为小震烈度是适宜的。

不超越众值烈度的概率，可由式（1-6）计算：

$$F_{Ⅲ}(I)=e^{-1}=0.368=36.8\%$$

而超越概率

$$1-F_{Ⅲ}(I)=1-0.368=0.632=63.2\%$$

基本烈度是抗震设防的依据。因此，小震和大震烈度应与基本烈度相联系，从中找出它的关系。

根据我国有关单位对华北、西南、西北 45 个城镇的地震烈度概率分析，基本烈度大体为在设计基准期内超越概率为 10% 的地震烈度，并分别计算出这 45 个城镇在设计基准期内超越概率为 10% 的地震烈度与众值烈度的平均差值为 1.55 度。这样，我们可以认

[1] 地震危险性分析，是指用概率统计方法评价未来一定时间内，某工程场地遭受不同程度地震作用的可能性。

为，基本烈度与众值烈度差的平均值为1.55度。例如，对于基本烈度为8度的地区，其众值烈度，即小震烈度可取6.45度。

地震的发生无论在时间、地点和强度方面都具有很大的随机性。强烈地震作用给人们生命财产将造成极其严重的损失。对于确定在设计基准期内防止建筑倒塌的大震作用，从概率上讲应为小概率事件，即在设计基准期内，相应大震烈度的超越概率应小于5%。

《抗震规范》取50年超越概率2%～3%的超越概率作为大震烈度的概率水准。由式（1-6）不难求得相应于基本烈度为6、7、8度和9度的大震烈度约为7度强、8度强、9度弱和9度强。例如北京市区的大震烈度，如取设计基准期内的超越概率为2%，则可由式（1-6）算得大震烈度为8.7174度、即9度弱。大震烈度比基本烈度高1度左右。

1.10 什么是建筑抗震概念设计？

在强烈地震作用下，建筑物的破坏过程是十分复杂的，目前对它还没有充分的认识。因此要进行精确的抗震计算还有一定的困难。20世纪70年代以来，人们提出了“建筑抗震概念设计”。所谓“建筑抗震概念设计”是指根据地震灾害和工程经验等所形成的基本设计原则和设计思想，进行建筑和结构总体布置并确定细部构造的过程。

我们掌握抗震概念设计，将有助于明确抗震设计思想，灵活、恰当地运用抗震设计原则，使我们不致陷于盲目的计算工作，从而做到比较合理地进行抗震设计。

应当指出，强调抗震概念设计重要，并非不重视数值设计。这正是为了给抗震计算创造有利条件，使计算分析结果更能反映地震时结构反应的实际情况。

1.11 在进行建筑抗震设计时，对场地、地基和基础有何要求？

1. 选择对抗震有利的场地、地基和基础

选择建筑场地时，应根据工程需要，掌握地震活动情况、工程地质和地震地质的有关资料，做出综合评价。宜选择对抗震有利地段；避开不利地段，无法避开时，应采取有效措施；不应在危险地段建造甲、乙、丙类建筑。

对抗震有利地段，一般是指稳定基岩，坚硬土或开阔、平坦、密实、均匀的中硬土等地段；不利地段，一般是指软弱土，液化土，条状突出的山嘴，高耸孤立的山丘，非岩质的陡坡，河岸和边坡的边缘，平面分布上成因、岩性、状态明显不均匀的土层（如故河道、疏松的断层破碎带、暗埋的塘浜沟谷和半填半挖地基）等地段；危险地段，一般是指地震时可能发生滑坡、崩塌、地陷、地裂、泥石流等及发震断裂带上可能发生地表位错的部位等地段。

2. 建造在Ⅰ类场地上的建筑抗震构造措施的调整

（1）建筑场地为Ⅰ类时，甲、乙类建筑应允许仍按本地区抗震设防烈度的要求采取抗震构造措施；丙类建筑应允许按本地区抗震设防烈度的要求降低1度的要求采取抗震构造措施，但抗震设防烈度为6度时仍应按本地区抗震设防烈度的要求采取抗震构造措施。

（2）建筑场地为Ⅲ、Ⅳ类时，对设计基本地震加速度为0.15g和0.30g的地区，除《抗震规范》另有规定外，宜分别按抗震设防烈度8度（0.20g）和9度（0.40g）时各类建筑的要求采取抗震构造措施。

3. 地基和基础设计应符合下要求

（1）同一结构单元的基础不宜设置在性质截然不同的地基上；

（2）同一结构单元不宜部分采用天然地基部分采用桩基；

（3）地基为软弱黏性土、液化土、新近填土或严重不均匀土时，应估计地震时地基不均匀沉降或其他不利影响，并采取相应措施。

1.12 如何选择对抗震有利的建筑平面、立面和竖向剖面？

为了防止地震时建筑发生扭转和应力集中，或塑性变形集中，而形成薄弱部位，建筑平面、立面和竖向剖面应符合下列要求：

1. 建筑抗震设计应符合抗震概念设计的要求，不应采用严重不规则的设计方案。

2. 建筑及其抗侧力结构的平面布置宜规则、对称，并应具有良好的整体性；建筑的立面和竖向剖面宜规则，结构的侧向刚度宜均匀变化，竖向抗侧力构件的截面尺寸和材料强度宜自下而上逐渐减小，避免抗侧力结构的侧向刚度和承载力突变。

3. 体形复杂、平立面特别不规则的建筑结构，可按实际需要在适当部位设置防震缝，形成多个较规则的抗侧力结构单元。

1.13 什么样的建筑属于不规则类型建筑？

《抗震规范》规定，当存在表 1-3 所列举的建筑平面或表 1-4 所列举的竖向剖面时，就称为不规则类型建筑。

建筑平面不规则的类型 **表 1-3**

不规则类型	定义
扭转不规则	楼层的最大弹性水平位移（或层间位移），大于该楼层两端弹性水平位移（或层间位移）平均值的 1.2 倍（图 1-5）
凹凸不规则	结构平面凹进的一侧尺寸，大于相应投影方向总尺寸的 30%（图 1-6）
楼板局部不连续	楼板的尺寸和平面刚度急剧变化，例如，有效楼板宽度小于该层楼板典型宽度的 50%，或开洞面积大于该层楼板面积的 30%，或较大的楼层错层

建筑竖向不规则的类型 **表 1-4**

不规则类型	定义
侧向刚度不规则	该层的侧向刚度小于相邻上一层的 70%，或小于其上相邻三个楼层侧向刚度平均值的 80%（图 1-7）；除顶层外，局部收进的水平向尺寸大于相邻下一层的 25%
竖向抗侧力构件不连续	竖向抗侧力构件（柱、抗震墙、抗震支撑）的内力由水平转换构件（梁、桁架等）向下传递
楼层承载力突变	抗侧力结构的层间受剪承载力小于相邻上一楼层的 80%

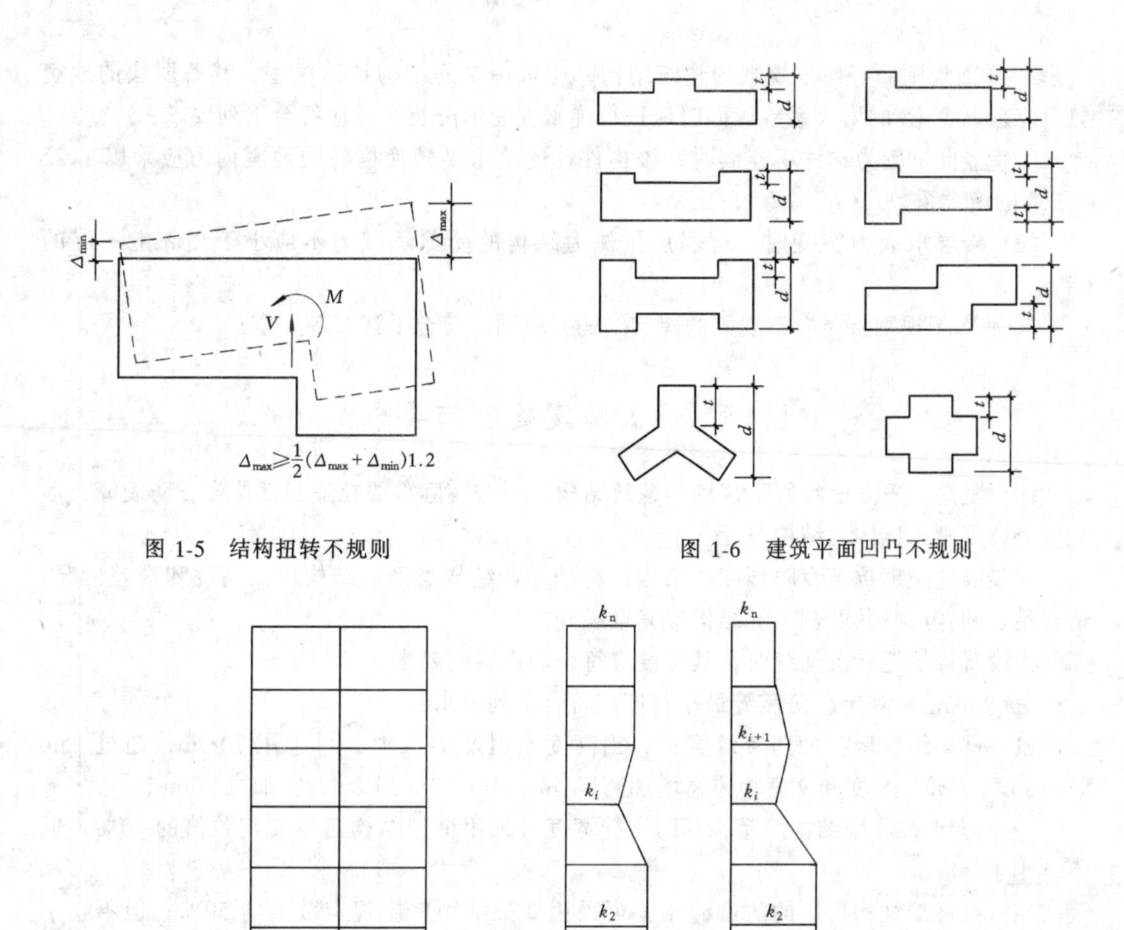

图 1-5　结构扭转不规则

图 1-6　建筑平面凹凸不规则

图 1-7　结构刚度不规则

1.14　进行不规则建筑抗震设计时应采取哪些措施？

当建筑属于不规则类型时，应按下列要求进行水平地震作用计算和内力调整，并应对薄弱部位采取有效的抗震构造措施。

1. 平面不规则而竖向规则的建筑结构，应采用空间结构计算模型，并应符合下列要求：

（1）扭转不规则时，应考虑扭转影响，且楼层竖向构件最大的弹性水平位移和层间位移分别不宜大于楼层两端弹性水平位移和层间位移平均值的 1.5 倍；

（2）凹凸不规则或楼板局部不连续时，应采用符合楼板平面内实际刚度变化的计算模型，当平面不对称时，尚应计及扭转影响。

2. 平面规则而竖向不规则的建筑结构，应采用空间结构计算模型，其薄弱层的地震剪力应乘以 1.15 的增大系数，同时应进行弹塑性变形分析，并应符合下列要求：

(1) 竖向抗侧力构件不连续时，该构件传递给水平转换构件的地震内力应乘以 1.25～1.5 的增大系数；

(2) 楼层承载力突变时，薄弱层抗侧力结构的受剪承载力不应小于相邻上一层的 65%。

3. 平面不规则且竖向不规则的建筑结构，应同时符合上述二项要求。

1.15 设置防震缝有何要求？

体形复杂、平立面特别不规则的建筑结构，可按实际需要在适当部位设置防震缝，形成多个较规则的抗侧力结构单元。

防震缝应根据抗震设防烈度、结构材料种类、结构类型、结构单元高度和高差情况，留有足够的宽度，其两侧上部结构应完全脱开。

当设置伸缩缝和沉降缝时，其宽度应符合防震缝的要求。

《抗震规范》规定，防震缝最小宽度应符合下列要求：

(1) 框架结构房屋的防震缝宽度，当高度不超过 15m 时，可采用 70mm；超过 15m 时，6 度、7 度、8 度和 9 度相应每增加高度 5m、4m、3m 和 2m，宜加宽 20mm。

(2) 框架-抗震墙结构房屋，其防震缝宽度可采用框架结构房屋规定数值的 70%，但不宜小于 70mm。

(3) 抗震墙结构房屋的防震缝宽度可采用框架结构房屋规定数值的 50%；但不宜小于 70mm。

(4) 防震缝两侧结构类型不同时，宜按需要较宽防震缝的结构类型和较低房屋高度确定缝宽。

1.16 什么是抗撞墙？设置抗撞墙应注意哪些问题？

8、9 度框架结构房屋防震缝两侧结构高度、刚度或层高相差较大时，在缝两侧房屋的尽端沿全高设置垂直于防震缝，用于防止地震时两房屋发生碰撞的钢筋混凝土墙称为抗撞墙。这是新的《抗震规范》提出的房屋防撞的一种新措施。

在设置防撞墙时，要注意每一侧抗撞墙的数量不应少于两道，并宜分别对称布置，墙肢长度可不大于一个柱距，框架和抗撞墙的内力应按设置和不设置抗撞墙两种情况分别进行分析，并按不利情况取值。防震缝两侧抗撞墙的端柱和框架的边柱，箍筋应沿房屋全高加密。

1.17 怎样确定多层和高层钢筋混凝土房屋的最大适用高度？

根据国内外震害调查和工程设计经验，为使建筑达到既安全适用又经济合理的要求，现浇钢筋混凝土房屋高度不宜建得太高。房屋适宜的最大高度与房屋结构类型、设防烈度、场地类别等因素有关。《抗震规范》规定，乙、丙类建筑最大适用高度应不超过表1-5的规定。平面和竖向不规则的结构或建造于Ⅳ类场地的结构，适用的最大高度应适当降低，一般可降低20%。

现浇钢筋混凝土房屋适用的最大高度（m）　　　　**表 1-5**

结构类型	烈度			
	6	7	8	9
框架	60	55	45	25
框架-抗震墙	130	120	100	50
抗震墙	140	120	100	60
部分框支抗震墙	120	100	80	不应采用

结构类型	烈度			
	6	7	8	9
框架-核心筒	150	130	100	70
筒中筒	180	150	120	80
板柱-抗震墙	40	35	30	不应采用

注：1. 房屋高度指室外地面到主要屋面板板顶的高度（不包括局部突出屋顶部分）。

2. 框架-核心筒结构指周边稀柱框架与核心筒组成的结构。

3. 部分框支抗震墙结构指首层或底部两层框支抗震墙结构。

4. 甲类建筑应按本地区的设防烈度提高一度确定房屋适用最大高度，9度时应专门研究；乙、丙类建筑可按本地区抗震设防烈度确定适用的最大高度。

5. 超过表内高度的房屋，应进行专门研究和论证，采取有效的加强措施。

1.18　怎样划分钢筋混凝土结构房屋的抗震等级?

为了体现对不同设防烈度、不同场地上、不同高度的不同结构体系房屋有不同的抗震要求，《抗震规范》根据结构类型、设防烈度、房屋高度和场地类别，将钢筋混凝土结构房屋划分不同的抗震等级，参见表1-6。

应当指出，划分房屋抗震等级的目的在于，对房屋采取不同的抗震措施（包括：内力调整、轴压比的确定和抗震构造措施）。因此，表1-6中的设防烈度应按《抗震规范》3.1.3条各抗震设防类别建筑的抗震设防标准中抗震措施的要求的设防烈度确定：

甲类建筑，当抗震设防烈度为6～8度时，应按本地区抗震设防烈度提高一度采用，当为9度时，应比9度抗震设防更高的烈度采用；

乙类建筑，一般情况下，当设防烈度为6～8度时，应按本地区抗震设防烈度提高一度采用，当为9度时，应按比9度更高的烈度采用。对较小的乙类建筑，当其结构改用抗震性能较好的结构类型时，可按本地区抗震设防烈度采用。

丙类建筑，按本地区抗震设防烈度采用。

丁类建筑，应按本地区抗震设防烈度适当降低的烈度采用，但抗震设防烈度为6度时不应降低。

此外，当建筑场地为Ⅰ类时，甲、乙类建筑应允许仍按本地区抗震设防烈度采用；丙类建筑应允许按本地区抗震设防烈度降低一度采用，但抗震设防烈度为6度时，仍按本地区抗震设防烈度采用[1]。

---

[1] 《抗震规范》对建造在Ⅰ类场地上的丁类建筑的抗震设防烈度取值未予提及，一般认为，可按丙类建筑规定采用。

综上所述，可将用以确定房屋抗震等级的抗震设防烈度汇总于表1-7。

现浇钢筋混凝土房屋的抗震等级　　表1-6

结构类型			烈度 6		烈度 7		烈度 8		烈度 9
框架结构	高度（m）		≤30	>30	≤30	>30	≤30	>30	≤25
	框架		四	三	三	二	二	一	一
	剧场、体育馆等大跨度公共建筑		三		二		一		一
框架-抗震墙结构	高度（m）		≤60	>60	≤60	>60	≤60	>60	≤50
	框架		四	三	三	二	二	一	一
	抗震墙		三		二		一	一	一
抗震墙结构	高度（m）		≤80	>80	≤80	>80	≤80	>80	≤60
	抗震墙		四	三	三	二	二	一	一
部分框支抗震墙结构	抗震墙		三	二	二		一	/	/
	框支层框架		二		二	一	一	/	/
筒体结构	框架-核心筒	框架	三		二		一		一
		核心筒	二		二		一		一
	筒中筒	外筒	三		二		一		一
		内筒	三		二		一		一
板柱-抗震墙结构	板柱的柱		三		二		一		/
	抗震墙		二		二		二		/

注：1. 接近或等于高度分界时，应允许结合房屋不规则程度及场地、地基条件确定抗震等级。

2. 部分框支抗震墙结构中，抗震墙加强部位以上的一般部位，应允许按抗震墙结构确定其抗震等级。

3. 框架-抗震墙结构，在基本振型地震作用下，若框架部分承受的地震倾覆力矩大于结构总地震倾覆力矩的50%，其框架部分的抗震等级应按框架结构确定。最大适用高度可比框架结构适当增加。框架部分承受的地震倾覆力矩可按下式计算：

$$M_c = \sum_{i=1}^{n} V_{fi} h_i$$

式中　M_c——框架-抗震墙结构在基本振型地震作用下，框架部分承受的地震倾覆力矩；

n——结构层数；

V_{fi}——框架第 i 层层间地震剪力；

h_i——第 i 层层高。

按建筑类别及场地调整后用于确定抗震等级的烈度　　表1-7

建筑类别	场地	设防烈度 6	设防烈度 7	设防烈度 8	设防烈度 9
甲、乙类	Ⅰ	6	7	8	9
	Ⅱ、Ⅲ、Ⅳ	7	8	9	9*
丙类	Ⅰ	6	6	7	8
	Ⅱ、Ⅲ、Ⅳ	6	7	8	9
丁类	Ⅰ	6	6	7	8
	Ⅱ、Ⅲ、Ⅳ	6	7^-	8^-	9^-

注：1. Ⅰ类场地按调整后的抗震烈度，由表1-6确定抗震等级中的抗震构造措施，但内力调整的抗震等级仍与Ⅱ、Ⅲ、Ⅳ类场地相同。

2. 9*表示比9度一级更有效的抗震措施，主要考虑合理的建筑平面及体型、有利的结构体系和更严格的抗震措施。具体要求应进行专门研究。

3. 7^-、8^-、9^-表示该抗震等级的抗震构造措施可以适当降低。

1.19 怎样选择合理的结构体系？

结构体系应根据建筑的抗震设防类别、抗震设防烈度、建筑高度、场地条件、地基、结构材料和施工等因素，经技术、经济和使用条件综合比较确定。

1. 结构体系应符合下列各项要求

（1）应具有明确的计算简图和合理的地震作用传递途径。

（2）应避免因部分结构或构件破坏而导致整个结构丧失抗震能力或对重力荷载的承载能力。

（3）应具备必要的抗震承载力，良好的变形能力和消耗地震能量的能力。

（4）对可能出现的薄弱部位，应采取措施提高抗震能力。

2. 结构体系尚宜符合下列各项要求

（1）宜有多道抗震防线。

（2）宜具有合理的刚度和承载力分布，避免因局部削弱或突变形成薄弱部位，产生过大的应力集中或塑性变形集中。

（3）结构在两个主轴方向的动力特性宜相近。

3. 结构构件应符合下列要求

（1）砌体结构应按规定设置钢筋混凝土圈梁和构造柱、芯柱，或采用配筋砌体等。

（2）混凝土结构构件应合理地选择尺寸、配置纵向受力钢筋和箍筋，避免剪切破坏先于弯曲破坏、混凝土的压溃先于钢筋的屈服、钢筋的锚固黏结破坏先于构件破坏。

（3）预应力混凝土的抗侧力构件，应配有足够的非预应力钢筋。

（4）钢结构构件应合理控制尺寸，避免局部失稳或整体构件失稳。

4. 结构构件之间的连接，应符合下列要求

（1）构件节点的破坏，不应先于其连接的构件。

（2）预埋件的锚固破坏，不应先于连接件。

（3）装配式结构构件的连接，应能保证结构的整体性。

（4）预应力混凝土构件的预应力钢筋，宜在节点核芯区以外锚固。

5. 装配式单层厂房的各种抗震支撑系统，应保证地震时结构的稳定性。

1.20 抗震设计时对非结构构件有何要求？

1. 非结构构件，包括建筑非结构构件和建筑附属机电设备，自身及其与结构主体的连接，应进行抗震设计。

2. 非结构构件的抗震设计，应由相关人员分别负责进行。

3. 附着于楼、屋面结构上的非结构构件，应与主体结构有可靠的连接或锚固，避免地震时倒塌伤人砸坏重要设备。

4. 围护墙和隔墙应考虑对结构抗震的不利影响，避免不合理设置而导致主体结构的破坏。

5. 幕墙、装饰贴面与主体结构应有可靠连接，避免地震时脱落伤人。

6. 安装在建筑上的附属机械、电气设备系统的支座和连接，应符合地震时使用功能的要求，且不应导致相关部件的损坏。

1.21 建筑抗震结构对建筑材料和施工质量有何要求?

1. 抗震结构对材料和施工质量的特别要求，应在设计文件上注明。

2. 结构材料性能指标，应符合下列最低要求：

(1) 砌体结构材料应符合下列要求：

1) 烧结普通砖和烧结多孔砖的强度等级不应低于 MU10，其砌筑砂浆强度等级不应低于 M5；

2) 混凝土小型空心砌块的强度等级不应低于 MU7.5，其砌筑砂浆强度等级不应低于 M7.5。

(2) 混凝土结构材料应符合下列要求：

1) 混凝土强度等级，框支梁、框支柱、及抗震等级为一级的框架梁、柱、节点核芯区，不应低于 C30；构造柱、芯柱、圈梁及其他各类构件不应低于 C20；

2) 抗震等级为一、二级的框架结构，其纵向受力钢筋采用普通钢筋时，钢筋的抗拉强度实测值与屈服强度实测值的比值不应小于 1.25；且钢筋的屈服强度实测值与强度标准值的比值，不应大于 1.3。

(3) 钢结构的钢材应符合下列要求：

1) 钢材的抗拉强度实测值与屈服强度实测值的比值不应小于 1.2；

2) 钢材应有明显的屈服台阶，且伸长率应大于 20%；

3) 钢材应有良好的可焊性和合格的冲击韧性。

3. 结构材料性能，尚应符合下列要求：

(1) 普通钢筋宜优先采用延性、韧性和可焊性较好的钢筋；普通钢筋的强度等级，纵向受力钢筋宜选用 HRB400 级和 HRB335 级热轧钢筋，箍筋宜选用 HRB335、HRB400 和 HPB235 级热轧钢筋。

(2) 混凝土结构的混凝土强度等级，9 度时不宜超过 C60；8 度时不宜超过 C70。

(3) 钢结构的钢材宜采用 Q235 等级 B、C、D 的碳素结构钢及 Q345 等级 B、C、D、E 的低合金高强度结构钢；当有可靠依据时，尚可采用其他钢种和钢号。

4. 在施工中，当需要以强度等级较高的钢筋替代原设计中的纵向受力钢筋时，应按照钢筋受拉承载力设计值相等的原则换算，并应满足正常使用极限状态和抗震构造措施的要求。

5. 采用焊接连接的钢结构，当钢板厚度不小于 40mm 且承受沿板厚方向的拉力时，受拉试件板厚方向截面收缩率，不应小于国家标准《厚度方向性能钢板》(GB 50313) 关于 Z15 级规定的容许值。

6. 钢筋混凝土构造柱、芯柱和底部框架-抗震墙砖房中砖抗震墙的施工，应先砌墙后浇构造柱、芯柱和框架柱。

第2章　场地、地基与基础

2.1　建筑场地类别是怎样划分的？

建筑场地是指工程群体所在地，具有相似的反应谱特征。其范围相当于厂区、居民小区和自然村或不小于 1.0km^2 的平面面积。

国内外大量震害表明，不同场地上的建筑震害差异是十分明显的。因此，研究场地条件对建筑震害的影响是建筑抗震设计中十分重要的问题，一般认为，场地条件对建筑震害的影响主要因素是：场地土的刚性（即坚硬或密实程度）大小和场地覆盖层厚度。震害经验指出，土质愈软，覆盖层愈厚，建筑物震害愈严重，反之愈轻。

场地土的刚性一般用土的剪切波速表示，因为剪切波速是土的重要动力参数，是最能反映场地土的动力特性的。因此，以剪切波速表示场地土的刚性广为各国抗震规范所采用。

《抗震规范》规定，建筑场地类别根据土层等效剪切波速和场地覆盖层厚度分为 4 类，见表 2-1。

建筑场地类别划分　　表 2-1

<table>
<tr><th rowspan="2">等效剪切波速
(m/s)</th><th colspan="7">场地覆盖层厚度 d_{ov} (m)</th></tr>
<tr><th>$d_{ov}=0$</th><th>$0<d_{ov}<3$</th><th>$3\leqslant d_{ov}<5$</th><th>$5\leqslant d_{ov}\leqslant 15$</th><th>$15<d_{ov}\leqslant 50$</th><th>$50<d_{ov}\leqslant 80$</th><th>$d_{ov}>80$</th></tr>
<tr><td>$v_s>500$</td><td>Ⅰ</td><td colspan="6"></td></tr>
<tr><td>$500\geqslant v_{se}>250$</td><td rowspan="3"></td><td colspan="2">Ⅰ</td><td colspan="4">Ⅱ</td></tr>
<tr><td>$250\geqslant v_{se}>140$</td><td>Ⅰ</td><td colspan="3">Ⅱ</td><td colspan="2">Ⅲ</td></tr>
<tr><td>$v_{se}\leqslant 140$</td><td>Ⅰ</td><td colspan="2">Ⅱ</td><td colspan="2">Ⅲ</td><td>Ⅳ</td></tr>
</table>

建筑场地覆盖层厚度的确定，应符合下列要求：

（1）一般情况下，应按地面至剪切波速大于 500m/s 的土层顶面的距离确定。

（2）当地面 5m 以下存在剪切波速大于相邻上层土剪切波速 2.5 倍的土层，且其下卧岩土的剪切波速均不小于 400m/s 时，可取地面至该土层顶面的距离作为覆盖层厚度。

（3）剪切波速大于 500m/s 孤石、透镜体，应视同周围土层。

（4）土层中的火山岩硬夹层，应视为刚体，其厚度应从覆盖土层中扣除。

表 2-1 中 v_s 为岩石或坚硬土的剪切波速；v_{se}为土层等效剪切波速，可根据实测或按下式确定：

$$v_{se}=\frac{d_0}{\sum_{i=1}^{n}\frac{d_i}{v_{si}}} \tag{2-1}$$

式中　d_0——计算深度（m），取覆盖层厚度和20m两者的较小值；

d_i——计算深度范围内第 i 土层的厚度（m）；

n——计算深度范围内土层的分层数；

v_{si}——计算深度范围内第 i 土层的剪切波速（m/s），宜用现场实测数据。

等效剪切波速 v_{se} 是根据地震波通过计算深度范围内多层土层的时间等于该波通过计算深度范围内单一土层所需时间的条件求得的。

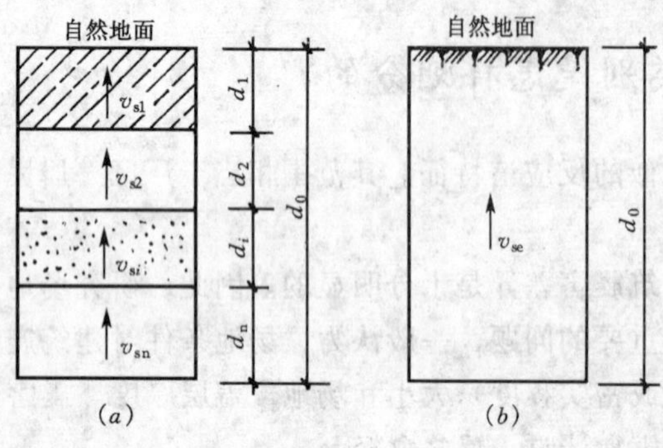

图 2-1　多层土地震波速的计算

（a）多层土；（b）单一土层

设场地土计算深度范围内有 n 种性质不同的土层组成（见图 2-1），地震波通过它们的波速分别为 v_{s1}、v_{s2}、…、v_{sn}，它们的厚度分别为 d_1、d_2、…、d_n，并设计算深度为 $d_0=\sum_{i=1}^{n}d_i$，于是

$$\sum_{i=1}^{n}\frac{d_i}{v_{si}}=\frac{d_0}{v_{se}}$$

经整理后即得式（2-1）。

对丁类建筑及层数不超过10层且高度不超过30m的丙类建筑，当无实测剪切波速时，可根据岩土名称和性状，按表2-2划分土的类型，再利用当地经验在表2-2的剪切波速范围内估计各土层的剪切波速。最后按式（2-1）确定场地计算深度范围内土层剪切波速。

土的类型划分和剪切波速范围　　　　**表 2-2**

土的类型	岩土名称和性状	土层剪切波速范围（m/s）
坚硬土或岩石	稳定岩石，密实的碎石土	$v_s>500$
中硬土	中密、稍密的碎石土，密实、中密的砾、粗、中砂，$f_{ak}>200$kPa的黏性土和粉土，坚硬黄土	$250\geqslant v_s>250$
中软土	稍密的砾、粗、中砂，除松散外的细、粉砂，$f_{ak}\leqslant200$kPa的黏性土和粉土，$f_k\geqslant130$kPa的填土，可塑黄土	$250\geqslant v_s>140$
软弱土	淤泥和淤泥质土，松散的砂，新近沉积的黏性土和粉土，$f_{ak}\leqslant130$kPa的填土，流塑黄土	$v_s\leqslant140$

注：f_{ak}为由载荷试验等方法得到的地基承载力特征值。

2.2　什么是土的卓越周期？

地震波是一种波形十分复杂的行波。根据谐波分析原理，可以将它看作是由 n 个简谐波叠加而成。场地土对基岩传来的各种谐波分量都有放大作用，但对其中有的放大得多，有的放大得少。也就是说，不同的场地土对地震波有不同的放大作用。了解场地土对地震波的这一作用，对进行建筑抗震设计和震害分析都具有重要意义。

为了说明场地土对地震波这一作用，我们先来讨论地震波在场地土中的传播。

（一）横向地震波的振动方程及其解答

首先来建立地震在均质半空间弹性体内传播时介质的振动方程，然后再讨论它的解答。

图 2-2（a）为弹性半空间体，现从其中地震波通过的地方取出一微分体，设其体积为$\mathrm{d}x\cdot 1\cdot 1$。

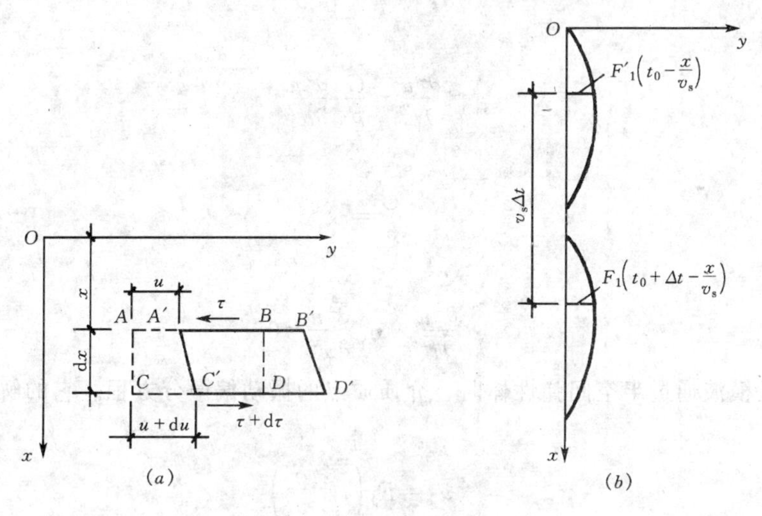

图 2-2　地震波的分析

（a）土体在剪切波通过时的位移；（b）剪切波的传播

剪切波通过微分体时将产生振动。设某瞬时其位置由 $ABCD$ 变位至 $A'B'C'D'$。并设 AB 变位为u，而 CD 变位为$u+\mathrm{d}u$。同时设微分体 AB 的水平面上产生的剪应力为τ，而 CD 水平面上的剪应力为$\tau+\mathrm{d}\tau$。显然

$$\mathrm{d}u=\frac{\partial u}{\partial x}\mathrm{d}x \tag{a}$$

$$\mathrm{d}\tau=\frac{\partial \tau}{\partial x}\mathrm{d}x \tag{b}$$

由图 2-2 可以看出，剪应变

$$\gamma=\frac{\partial u}{\partial x} \tag{c}$$

由虎克定律，得：

$$\tau=G\gamma=G\,\frac{\partial u}{\partial x} \tag{d}$$

式中　G——剪变模量。

而

$$\frac{\partial \tau}{\partial x}=G\,\frac{\partial^2 u}{\partial x^2} \tag{e}$$

将式（e）代入式（b），得：

$$\mathrm{d}\tau=G\,\frac{\partial^2 u}{\partial x^2}\mathrm{d}x \tag{f}$$

设 ρ 为介质的密度，根据牛顿第二定律：

$$\rho \mathrm{d}x \times 1 \times 1 \times \frac{\partial^2 u}{\partial t^2} = -\tau \times 1 \times 1 + (\tau + \mathrm{d}\tau) \times 1 \times 1$$

或

$$\rho \frac{\partial^2 u}{\partial t^2}\mathrm{d}x = \mathrm{d}\tau \tag{g}$$

将式（f）代入式（g），得：

$$\rho \frac{\partial^2 u}{\partial t^2}\mathrm{d}x = G \frac{\partial^2 u}{\partial x^2}\mathrm{d}x \tag{h}$$

经整理后得：

$$\frac{\partial^2 u}{\partial t^2} = \frac{G}{\rho} \cdot \frac{\partial^2 u}{\partial x^2} \tag{2-2}$$

令

$$\frac{G}{\rho} = v_s^2 \tag{2-3}$$

则

$$\frac{\partial^2 u}{\partial t^2} - v_s^2 \frac{\partial^2 u}{\partial x^2} = 0 \tag{2-4}$$

这就是横波通过半空间弹性体时，介质质点的振动偏微分方程。它的解可写成下面形式：

$$u_1 = F_1\left(t - \frac{x}{v_s}\right) \tag{2-5}$$

和

$$u_2 = F_2\left(t + \frac{x}{v_s}\right) \tag{2-6}$$

或它们的和

$$u_1 + u_2 = F_1\left(t - \frac{x}{v_s}\right) + F_2\left(t + \frac{x}{v_s}\right) \tag{2-7}$$

式中，F_1、F_2 为具有二阶导数的函数。

实际上，u_1 是沿 x 的正方向传播的反射波；而 u_2 是沿 x 的反方向传播的入射波。

设 $t = t_0$ 时，质点的位移

$$(u_1)_{t=t_0} = F_1\left(t_0 - \frac{x}{v_s}\right) \tag{i}$$

这时 t_0 为常数，故 u_1 是 x 的函数，设它的波形如图 2-2（b）所示。

当 $t = t_0 + \Delta t$ 时，质点的位移为：

$$(u_1)_{t=t_0+\Delta t} = F_1\left(t_0 + \Delta t - \frac{x}{v_s}\right) = F_1\left(t_0 - \frac{x'}{v_s}\right) \tag{j}$$

式中，$x' = x - v_s \Delta t$

根据坐标平移定理，式（i）和式（j）具有相同的波形。同时表明，波形沿 x 的正方向平移 $v_s \Delta t$，由于所需的时间为 Δt，故波形传播的速度为 $v_s \Delta t / \Delta t = v_s$。这就证明了 $F_1\left(t - \frac{x}{v_s}\right)$是沿 x 的正方向传播的反射波，同时也证明了式（2-4）振动方程中的 v_s 为剪切波的波速。

不难证明，$u_2 = F_2\left(t + \frac{x}{v_s}\right)$是沿 x 的反方向传播的入射波。

（二）成层介质振动方程的解答、场地的卓越周期

首先讨论在基岩上覆盖层只有一层土的振动方程的解答。

设覆盖层厚度为 d_{ov}，剪切模量为 G_1，密度为 ρ_1，剪切波速为 v_{s1}；基岩为半无限弹性体，剪切模量为 G_2，密度为 ρ_2，剪切波速为 v_{s2}（图 2-3）。

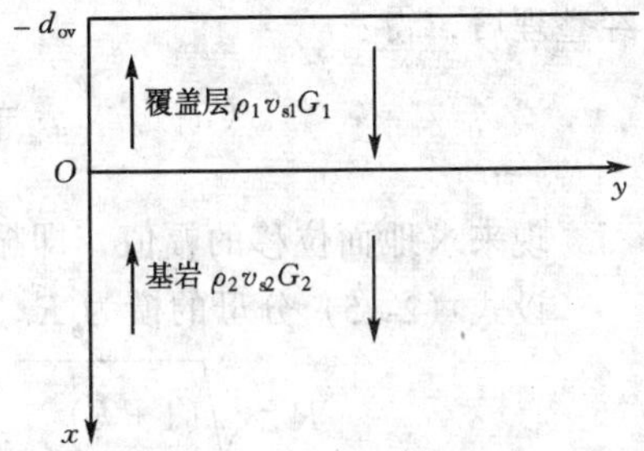

当基岩内有振幅为 1、频率为 $\omega=2\pi/T$（T 为周期）的正弦形剪切波垂直向上传来时，即基岩内的入射波为：

$$u_0=\mathrm{e}^{i\omega\left(t+\frac{x}{v_{s2}}\right)} \tag{2-8}$$

图 2-3　土的卓越周期计算

考虑到基岩内波的反射作用，则基岩内的波为：

$$u_2=\mathrm{e}^{i\omega\left(t+\frac{x}{v_{s2}}\right)}+A\mathrm{e}^{i\omega\left(t-\frac{x}{v_{s2}}\right)} \tag{2-9}$$

当基岩内的波传到与覆盖层相交的界面时，将有一部分透射到覆盖层中，并传到地面后反射。因此，覆盖层中的波可写成：

$$u_1=B\mathrm{e}^{i\omega\left(t+\frac{x}{v_{s1}}\right)}+C\mathrm{e}^{i\omega\left(t-\frac{x}{v_{s1}}\right)} \tag{2-10}$$

式（2-9）、式（2-10）中的 A、B、C 为待定的常数，由边界条件确定。在我们所讨论的问题中，边界条件为：

（1）在地表面处，剪应力为零，即

$$x=-d_{ov},\ \tau=0\ 或\ \frac{\partial u_1}{\partial x}=0$$

（2）在基岩和覆盖层的界面处剪应力相等，位移相同，即

$$x=0,\ \left(G_1\frac{\partial u_1}{\partial x}\right)_{x=0}=\left(G_2\frac{\partial u_2}{\partial x}\right)_{x=0},\ (u_1)_{x=0}=(u_2)_{x=0}$$

将上列边界条件代入式（2-9）和式（2-10），即可求得待定常数：

$$A=\frac{(1-k)+(1+k)\mathrm{e}^{-2i\frac{\omega d_{ov}}{v_{s1}}}}{(1+k)+(1-k)\mathrm{e}^{-2i\frac{\omega d_{ov}}{v_{s1}}}} \tag{2-11}$$

$$B=\frac{2}{(1+k)+(1-k)\mathrm{e}^{-2i\frac{\omega d_{ov}}{v_{s1}}}} \tag{2-12}$$

$$C=\frac{2\mathrm{e}^{-2i\frac{\omega d_{ov}}{v_{s1}}}}{(1+k)+(1-k)\mathrm{e}^{-2i\frac{\omega d_{ov}}{v_{s1}}}} \tag{2-13}$$

式中

$$k=\frac{\rho_1 v_{s1}}{\rho_2 v_{s2}} \tag{2-14}$$

将常数 B、C 分子分母同乘以 $\mathrm{e}^{\frac{i\omega d_{ov}}{v_{s1}}}$，代入覆盖层位移表达式（2-10），并令 $x=-d_{ov}$，则得地面位移：

$$(u_1)_{x=-d_{ov}}=\frac{2\mathrm{e}^{i\omega t}}{(1+k)\mathrm{e}^{\frac{i\omega d_{ov}}{v_{s1}}}+(1-k)\mathrm{e}^{-i\frac{\omega d_{ov}}{v_{s1}}}}$$

$$+\frac{2e^{i\omega t}}{(1+k)\ e^{\frac{i\omega d_{ov}}{v_{s1}}}+\ (1-k)\ e^{-i\frac{\omega d_{ov}}{v_{s1}}}}$$

经整理后，得：

$$(u_1)_{x=-d_{ov}}=\frac{4}{(1+k)\ e^{\frac{i\omega d_{ov}}{v_{s1}}}+\ (1-k)\ e^{\frac{-i\omega d_{ov}}{v_{s1}}}}e^{i\omega t} \tag{2-15}$$

现来求地面位移的幅值，即振幅。为此需求式（2-15）复数的模。

设式（2-15）分母的模为 R，由矢量图并应用余弦定理（图 2-4），得：

$$R=\sqrt{(1+k)^2+\ (1-k)^2+2\ (1+k)\ (1-k)\ \cos\frac{2\omega d_{ov}}{v_{s1}}} \tag{2-16a}$$

经简化后

$$R=2\sqrt{\cos^2\frac{\omega d_{ov}}{v_{s1}}+k^2\sin^2\frac{\omega d_{ov}}{v_{s1}}} \tag{2-16b}$$

将式（2-16b）代入式（2-15），得：

$$|(u_1)_{x=-d_{ov}}|_{\max}=\frac{2}{\sqrt{\cos^2\frac{\omega d_{ov}}{v_{s1}}+k^2\sin^2\frac{\omega d_{ov}}{v_{s1}}}} \tag{2-17}$$

覆盖层振幅放大系数 β 等于地面振幅与基岩入射波振幅之比，即

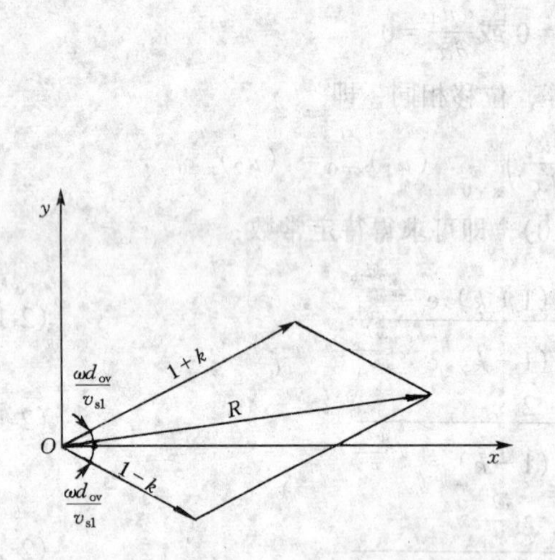

图 2-4　式（2-15）分母模的矢量图

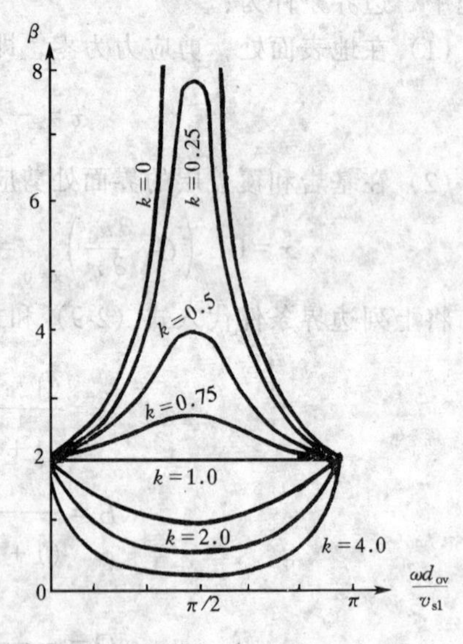

图 2-5　β-$\frac{\omega d_{ov}}{v_{s1}}$曲线

$$\beta=\frac{|(u_1)_{x=-d_{ov}}|_{\max}}{1}=\frac{2}{\sqrt{\cos^2\frac{\omega d_{ov}}{v_{s1}}+k^2\sin^2\frac{\omega d_{ov}}{v_{s1}}}} \tag{2-18}$$

对应于不同 k 值的$\beta-\frac{\omega d_{ov}}{v_{s1}}$曲线如图 2-5 所示。从图可以看出，一般 $k<1$，故基岩入射波的振幅均被放大，并当

$$\frac{\omega d_{\mathrm{ov}}}{v_{\mathrm{s1}}}=\frac{\pi}{2} \tag{2-19}$$

时，即

$$T=\frac{4d_{\mathrm{ov}}}{v_{\mathrm{s1}}} \tag{2-20}$$

时，振幅放大系数 β 将为最大值。亦即地震波的某个谐波分量的周期恰为该波穿过表土层所需的时间 $d_{\mathrm{ov}}/v_{\mathrm{s1}}$ 的 4 倍时，覆盖层地面振动将最显著。

一般称式（2-20）中的 T 为场地的卓越周期或自振周期。

由于场地覆盖层的厚度 d_{ov} 与它的剪切波速 v_{s1} 的不同，因此覆盖层的卓越周期 T 亦将不同，一般在 0.1s（秒）至数秒之间变化。

覆盖层的卓越周期是场地的重要动力特性之一。震害调查表明，凡建筑物的自振周期与场地的卓越周期相等或接近时，建筑物的震害都有加重的趋势。这是由于建筑物发生类共振现象所致。因此，在建筑抗震设计中，应使建筑物的自振周期避开场地的卓越周期，以避免发生类共振现象。

对于由碎石、砂、粉土、黏性土和人工填土等多层形成的覆盖层，可按它们的等效剪切波速 v_{se} 来计算场地的卓越周期，等效波速 v_{se} 可按式（2-1）确定：

$$v_{\mathrm{se}}=\frac{d_0}{\sum_{i=1}^{n}\frac{d_i}{v_{\mathrm{s}i}}}$$

由式（2-20）可见，基岩上的覆盖层愈厚，则场地的卓越周期越长，这一点与观测结果一致，参见图 2-6。

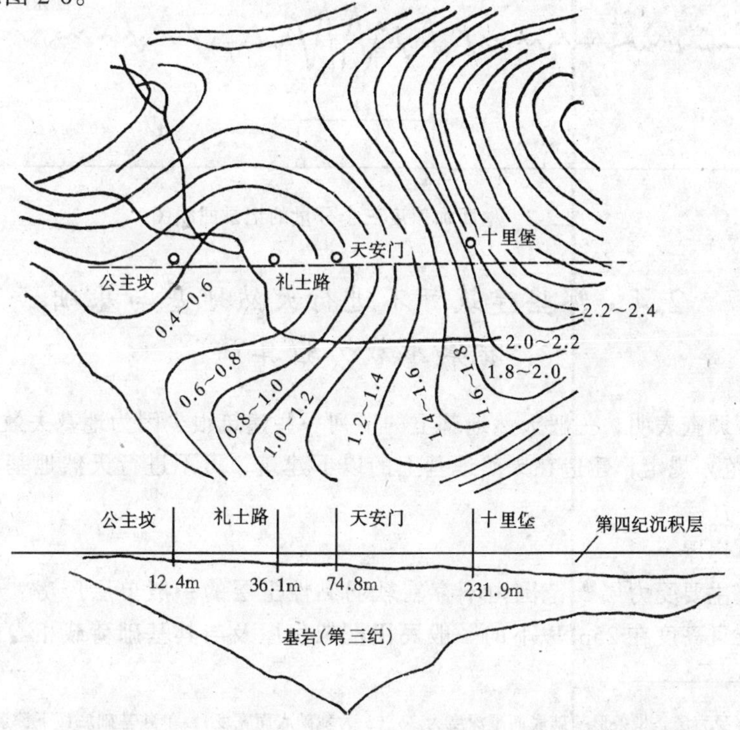

图 2-6　北京地区覆盖层厚度与卓越周期关系示意图

2.3 用哪些物理量描写强震地面运动特征？

地震时地面运动加速度记录是地震工程的基本数据。在绘加速度反应谱曲线和进行结构地震反应直接动力计算时，都要用到强震地面运动加速度记录（时程曲线）。

强震地面运动可用强震仪测得。强震仪可以测到所在点加速度时程曲线。目前绝大多数强震仪记录的只是测点的两个水平向和一个竖向的地面时程曲线。

图 2-7 所示是 1971 年美国圣费尔南多（San Fernando）6.5 级地震时地震仪记录下来的地面三个方向的地面加速度记录曲线。

用什么物理量来描述一次强震地面运动？一般认为，可用加速度峰值、持续时间和主要周期三个特性参数来表示。一般说来，震级大，峰值加速度就高，持续时间就长，而主要周期则随场地类别、震中距远近而变化。场地类别愈大，震中距愈远，地震的主要周期（或称特征周期）愈长。

强震地面加速度各分量之间的关系经统计大致有一个比例关系。从大多数测得的地震记录来看，地面运动两个水平分量的平均强度大体相同，地面竖向分量相当于水平分量的 1/3～2/3。

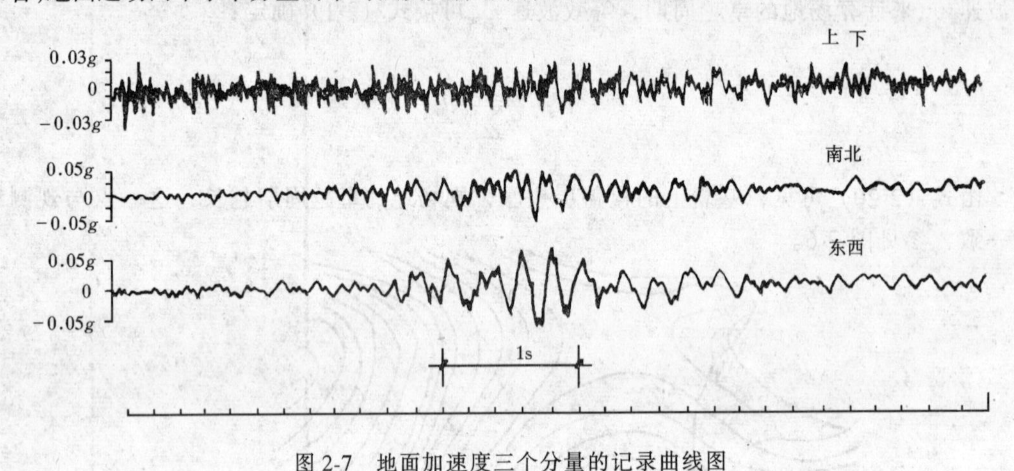

图 2-7 地面加速度三个分量的记录曲线图

2.4 哪些建筑可不进行天然地基与基础抗震承载力验算？

历次震害调查表明，一般天然地基上的下列一些建筑很少因为地基失效而破坏的。因此，《抗震规范》规定，建造在天然地基上的以下建筑，可不进行天然地基和基础抗震承载力验算：

（1）砌体房屋。

（2）地基主要受力层[❶] 范围内不存在软弱黏性土层的一般单层厂房、单层空旷房屋和不超过 8 层且高度在 25m 以下的一般民用框架房屋及与其基础荷载相当的多层框架厂

❶ 地基主要受力层是指条形基础底面下深度为 $3b$（b 为基础底面宽度），单独基础底面下深度为 $1b$，且厚度均不小于 5m 的范围（二层以下的民用建筑除外）。

房。

(3) 7度Ⅰ、Ⅱ类场地，柱高分别不超过10m和4.5m，且结构单元两端均有山墙的钢筋混凝土柱和砖柱单跨及等高多跨厂房（锯齿形厂房除外）。

(4) 6度时的建筑（建造在Ⅳ类场地上的较高的高层建筑除外[1]）。

软弱黏性土层指7度、8度和9度时，地基静承载力特征值分别小于80、100和120kPa的土层。

2.5 怎样验算天然地基抗震承载力？

验算天然地基在地震作用下的竖向承载力时，按地震作用效应标准组合的基础底面平均压力和边缘最大压力应符合下列各式要求：

$$p \leqslant f_{aE} \tag{2-21}$$

$$p_{max} \leqslant 1.2 f_{aE} \tag{2-22}$$

式中 p——地震作用效应标准组合的基础底面平均压力；

p_{max}——地震作用效应标准组合的基础底面边缘最大压力；

f_{aE}——调整后地基土抗震承载力。

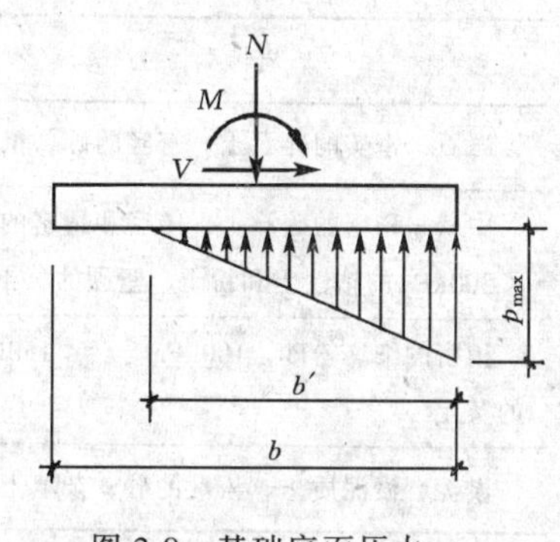

图2-8 基础底面压力分布的限制

《抗震规范》同时规定，高宽比大于4的建筑，在地震作用下基础底面不宜出现拉应力；其他建筑，基础底面与地基土之间零应力区域面积不应超过基底面积的15%。根据后一规定，对基础底面为矩形的基础，其受压宽度与基础宽度之比则应大于85%，即

$$b' \geqslant 0.85b \tag{2-23}$$

式中 b'——矩形基础底面受压宽度（图2-8）；

b——矩形基础底面宽度。

2.6 怎样确定调整后地基土抗震承载力 f_{aE}？

要确定地基土抗震承载力，就要研究动力荷载作用下土的强度，即土的动力强度（简称动强度）。动强度一般按动荷载和静荷载作用下，在一定的动荷载循环次数，土样达到一定应变值（常取静荷载的极限应变值）时的总作用应力。因此，它与静荷载大小、脉冲次数、频率、允许应变值等因素有关。由于地震是低频（1～5Hz）的有限次的（10～30次）脉冲作用，在这样条件下，除十分软弱的土外，大多数土的动强度都比静强度高。此外，又考虑到地震是一种偶然作用，历时短暂，所以地基在地震作用下的可靠度的要求可

---

[1] 较高的高层建筑是指，高度大于40m的钢筋混凝土框架、高度大于60m的其他钢筋混凝土民用房屋及高层钢结构房屋。

较静力作用下时降低。这样，地基土抗震承载力，除十分软弱的土外，都较地基土静承载力高。地基土抗震承载力的取值，我国和世界上大多数国家都是采取在地基土静承载力的基础上乘一个调整系数的办法来确定的。

《抗震规范》规定，地基土抗震承载力按下式计算：

$$f_{aE} = \zeta_s f_a \tag{2-24}$$

式中 f_{aE}——调整后的地基土抗震承载力；

ζ_s——地基土抗震承载力调整系数，按表 2-3 采用[❶]；

f_a——经深宽度修正后地基土静承载力特征值，按现行国家标准《建筑地基基础设计规范》(GB 50007) 采用。

地基土抗震承载力调整系数 **表 2-3**

岩土名称和性状	ζ_s
岩石，密实的碎石土，密实的砾、粗、中砂，$f_{ak}\geqslant 300$kPa 的黏性土和粉土	1.5
中密、稍密的碎石土，中密和稍密的砾、粗、中砂，密实和中密的细、粉砂，150kPa$\leqslant f_{ak}<$300kPa 的粘性土和粉土，坚硬的黄土	1.3
稍密的细、粉砂，100kPa$\leqslant f_{ak}<$150kPa 的黏性土和粉土，新近沉积的黏性土和粉土，可塑的黄土	1.1
淤泥，淤泥质土，松散的砂，杂填土，新近堆积的黄土及流塑的黄土	1.0

2.7 什么是土的液化?

在地下水位以下的饱和的松砂和粉土在地震作用下，土颗粒之间有变密的趋势（图 2-9*a*）。但因孔隙水来不及排出，使土颗粒处于悬浮状态，如液体一样（图 2-9*b*），这种现象就称为土的液化。

在近代地震史上,1964 年 6 月日本新泻地震使很多建筑的地基失效,就是饱和松砂发生液化的典型事例。这次地震开始时,使该城市的低洼地区出现了大面积砂层液化,地面多处喷砂冒水,继而在大面积液化地区上的汽车和建筑逐渐下沉。而一些诸如水池一类的构筑物则逐渐浮出地面。其中最引人注目的是某公寓住宅群普遍倾斜,最严重的倾角竟达 80°之多。据目击者说,该建筑是在地震后 4min 开始倾斜的,至倾斜结束共历时 1 分钟。

新泻地震以后，土的动强度和液化问题更加引起国内外地震工作者的关注。

我国 1966 年的邢台地震，1975 年的海城地震以及 1976 年的唐山地震，场地土都发生过液化现象，都使建筑遭到不同程度的破坏。

---

❶ 由式 (2-24)，调整系数可写成

$$\zeta_s = \frac{f_{sE}}{f_s} = \frac{f_{ud}/k_d}{f_{us}/k_s} = \frac{f_{ud}}{f_{us}}\frac{k_s}{k_d}$$

式中，f_{ud}、f_{us}分别为土的动、静极限强度；k_d、k_s分别为动、静安全系数，故研究 ζ_s 值可从研究 f_{ud}/f_{us}和 k_s/k_d 值入手。表 2-3 中的 ζ_s 值即由此得出。

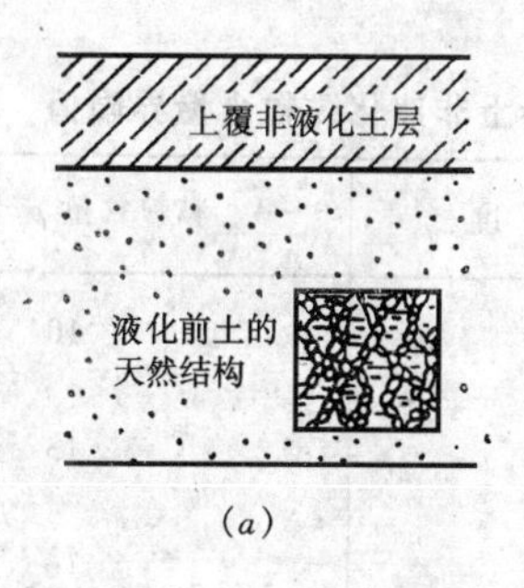

(*a*)

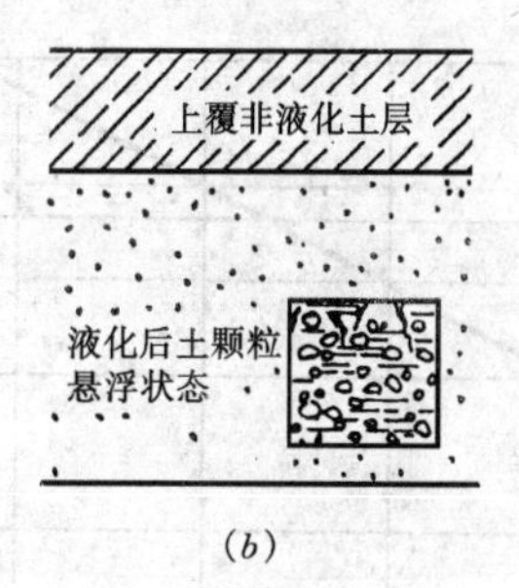

(*b*)

图 2-9　土的液化示意图

根据土力学原理，砂土液化乃是由于饱和砂土在地震时短时间内抗剪强度为零所致。我们知道，饱和砂土的抗剪强度可写成：

$$\tau_{\mathrm{f}} = \overline{\sigma}\tan\varphi = (\sigma - u)\tan\varphi \tag{2-25}$$

式中　$\overline{\sigma}$——剪切面上有效法向压应力（粒间压应力）；

σ——剪切面上总的法向压应力；

u——剪切面上孔隙水压力；

φ——土的内摩擦角。

地震时，由于场地土作强烈振动，孔隙水压力 u 急剧增高，直至与总的法向压应力 σ 相等，即有效法向压应力 $\overline{\sigma}=\sigma-u=0$ 时，砂土颗粒便呈悬浮状态。土体抗剪强度 $\tau_{\mathrm{f}}=0$，从而使场地土失去承载能力。

2.8　影响土的液化因素有哪些？

场地土液化与许多因素有关，因此需要根据多项指标综合分析判断土是否会发生液化。但当某项指标达到一定数值时，不论其他因素情况如何，土都不会发生液化，或即使发生液化也不会造成房屋震害。我们称这个数值为这个指标的界限值。因此，了解以下影响液化因素及其界限值是有实际意义的。

（一）地质年代

地质年代的新老表示土层沉积时间的长短。较老的沉积土、经过长时期的固结作用和历次大地震的影响，使土的密实程度增大外，还往往具有一定的胶结紧密结构。因此，地质年代愈久的土层的固结度、密实度和结构性，也就愈好，抵抗液化能力就愈强。反之，地质年代愈新，则其抵抗液化能力就愈差。宏观震害调查表明，在我国和国外的历次大地震中，尚未发现地质年代属于第四纪晚更新世（Q_4）或其以前的饱和土层发生液化的。

（二）土中黏粒含量

黏粒是指粒径≤0.005mm 的土颗粒。理论分析和实践表明，当粉土内黏粒含量超过某一限值时，粉土就不会液化。这是由于随着土中黏粒的增加，使土的黏聚力增大，从而抵抗液化能力增加的缘故。

图 2-10 为海城、唐山两个震区粉土液化点黏粒含量与烈度关系分布图。由图可以看出，液化点在不同烈度区的黏粒含量上限不同。由此可以得出结论，黏粒超过表 2-4 所列数值时就不会发生液化。

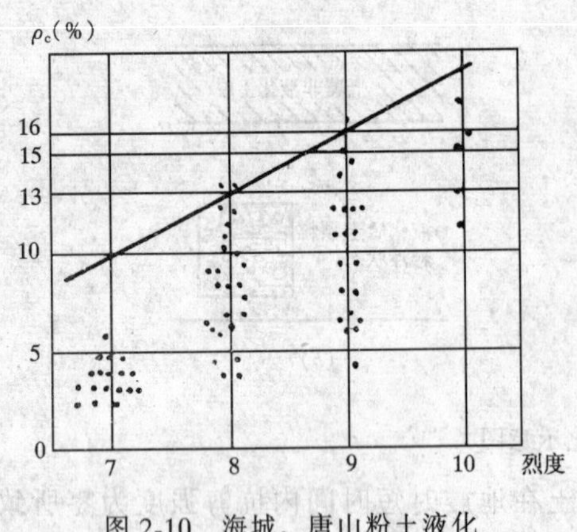

图 2-10　海城、唐山粉土液化点黏粒含量与烈度分布图

粉土非液化黏粒含量界限值　表 2-4

烈　度	粘粒含量 ρ_c（%）
7	10
8	13
9	16

注：由于 7 度区资料较少，在确定界限值时作了适当调整。

（三）上覆非液化土层厚度和地下水位深度

上覆非液化土层厚度是指地震时能抑制可液化土层喷水冒砂的厚度。构成覆盖层的非液化层除天然地层外，还包括堆积五年以上，或地基承载力大于 100kPa 的人工填土层。当覆盖层中夹有软土层，对抑制喷水冒砂作用很小，且其本身在地震中很可能发生软化现象时，该土层应从覆盖层中扣除。覆盖层厚度一般从第一层可液化土层的顶面算至地表。

现场宏观调查表明，砂土和粉土当覆盖层厚度超过表 2-5 所列界限值时，未发现土层发生液化现象。

地下水位高低是影响喷水冒砂的一个重要因素，实际震害调查表明，当砂土和粉土的地下水位不小于表 2-5 所列界限值时，未发现土层发生液化现象。

土层不考虑液化时覆盖层厚度和地下水位界限值 d_{uj} 和 d_{wj}　表 2-5

土类及项目 ＼ 烈　度		7	8	9
砂　土	d_{uj}（m）	7	8	9
	d_{wj}（m）	6	7	8
粉　土	d_{uj}（m）	6	7	8
	d_{wj}（m）	5	6	7

（四）土的密实程度

砂土和粉土的密实程度是影响土层液化的一个重要因素。1964 年日本新泻地震现场分析资料表明，相对密实度小于 50% 的砂土，普遍发生液化，而相对密实度大于 70% 的土层，则没有发生液化。

（五）土层埋深

理论分析和土工试验表明：侧压力愈大，土层就不易发生液化。侧压力大小反映土层埋深的大小。现场调查资料表明：土层液化深度很少超过 15m 的。多数浅于 15m，更多的浅于 10m。

（六）地震烈度和震级

烈度愈高的地区，地面运动强度就愈大，显然土层就愈容易液化。一般在 6 度及其以下地区，很少看到液化现象。而在7度及其以上地区，则液化现象就相当普遍。日本新泻在过去曾经发生过的25次地震，在历史记载中仅有三次地面加速度超过$0.13g$时才发生液化。1964年那一次地震地面加速度为$0.16g$，液化就相当普遍。

室内土的动力试验表明，土样振动的持续时间愈长，就愈容易液化。因此，某场地在遭受到相同烈度的远震比近震更容易液化。因为前者对应的大震持续时间比后者对应的中等地震持续时间要长。

2.9 什么是土的液化初步判别法？

饱和的砂土或粉土（不含黄土），当符合下列条件之一时，可初步判别为不液化或可不考虑液化影响：

（1）地质年代为第四纪晚更新世（Q_3）及其以前时，7、8度时可判别为不液化。

（2）粉土的黏粒（粒径小于0.005mm的颗粒）含量百分率，7度、8度和9度分别不小于10、13和16时，可判别为不液化土。

（3）天然地基上的建筑，当上覆非液化土层厚度和地下水位深度符合下列条件之一时，不考虑液化影响：

$$d_u > d_0 + d_b - 2 \tag{2-26}$$

$$d_w > d_0 + d_b - 3 \tag{2-27}$$

$$d_u + d_w > 1.5d_0 + 2d_b - 4.5 \tag{2-28}$$

式中 d_w——地下水位深度（m），宜按建筑使用期内年平均最高水位采用，也可按近期内年最高水位采用；

d_u——上覆非液化土层厚度（m），计算宜将淤泥和淤泥质土层扣除；

d_b——基础埋置深度（m），不超过2m时应采用2m；

d_0——液化土特征深度（m），可按表2-6采用。

2.10 土的液化初步判别式的含义是什么？

1. 式（2-26）中d_0即为不考虑土层液化时覆盖层界限厚度d_{uj}。比较表2-6中d_0和表2-5中的d_{uj}数值，便可说明这一判断是正确的。式中d_b-2，则是考虑基础埋置深度d_b>2m对不考虑土层液化时覆盖层厚度界限值修正项。

液化土特征深度 d_0（m） **表2-6**

饱和土类别	烈度		
	7	8	9
粉土	6	7	8
砂土	7	8	9

表2-5中不考虑土层液化界限值d_{uj}是在基础埋置深度$d_b \leqslant 2$m的条件下确定的。因为这时饱和土层位于地基主要受力层（厚度为z）之下或下端（图2-11a），它的液化与

否不会引起房屋的有害影响，但当基础埋置深度 $d_b>2m$ 时，液化土层有可能进入地基主要受力层范围内（图 2-11b）而对房屋造成不利影响。因此，不考虑土层液化时覆盖层厚度界限值应增加 d_b-2。

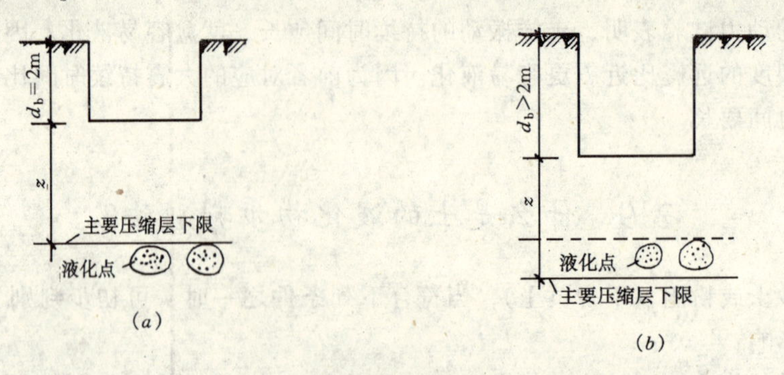

图 2-11　基础埋深对土的液化影响示意图

(a) $d_b\leqslant 2m$；(b) $d_b>2m$

由上可见，式（2-26）乃是不考虑土层液化的覆盖层厚度条件。

2. 为了说明式（2-27）的概念，现将它改写成：

$$d_w > d_0 - 1 + d_b - 2 \tag{2-29}$$

比较表 2-6 和表 2-5 可以发现，$d_0-1=d_{wj}$，于是式（2-29）可以写成：

$$d_w > d_{wj} + d_b - 2 \tag{2-30}$$

式中　d_b-2——基础埋置深度 $d_b>2m$ 对地下水位深度界限值修正项。

由此可见，式（2-30）与式（2-27）是等价的。因此，式（2-27）是不考虑土层液化的地下水位深度条件。

3. 如上所述，式（2-26）是不考虑土层液化的覆盖层厚度条件；而式（2-27）是不考虑土层液化的地下水位深度条件。从理论上讲，当 $d_u>0$ 或 $d_w>0$ 时，就可以减小相应界限值 d_{wj} 或 d_{uj}。为安全计，《抗震规范》规定，仅当 $d_u>0.5d_{uj}+0.5$ 和 $d_w>0.5d_{wj}$ 时，才考虑减小相应界限值，并按图 2-12 中直线 $\overline{AB}$ 变化规律减小。

现将式（2-28）改写成下面形式：

$$d_u + d_w > 1.5d_0 - 0.5 + (d_b - 2) \times 2 \tag{2-31}$$

式中，$1.5d_0-0.5$ 就是按图 2-12 中线段 $\overline{AB}$ 变化规律确定的相应界限条件。实际上，它等于线段 $\overline{AB}$ 上任一点 C 的纵、横坐标之和。现证明如下：

设 C 点的横坐标为 d_u；纵坐标为 d_w。由图 2-12 不难得出，

$$d_u = 0.5d_{uj} + 0.5 + \overline{ab}, \tag{a}$$

$$d_w = 0.5d_{wj} + \overline{ad}。 \tag{b}$$

注意到 $d_{uj}=d_0$，$\overline{ab}=\overline{dA}$，则（$a$）式可写成：$d_u=0.5d_0+0.5+\overline{dA}$。于是

$$d_u + d_w = 0.5d_0 + 0.5 + 0.5d_{wj} + \overline{dA} + \overline{ad} \tag{c}$$

因为 $\overline{dA}+\overline{ad}=0.5d_{wj}$，所以式（$c$）变成：$d_u+d_w=0.5d_0+0.5+d_{wj}$，由表 2-6 可知

$d_{wj}=d_0-1$，于是，上式又可写成 $d_u+d_w=0.5d_0+0.5+d_0-1=1.5d_0-0.5$（证毕）。

式中（d_b-2）×2 是 $d_b>2$m 时对覆盖层厚度和地下水深度两项界限值的修正项。因此，式(2-28) 是不考虑土层液化时覆盖层厚度与地下水深度之和所应满足的条件。

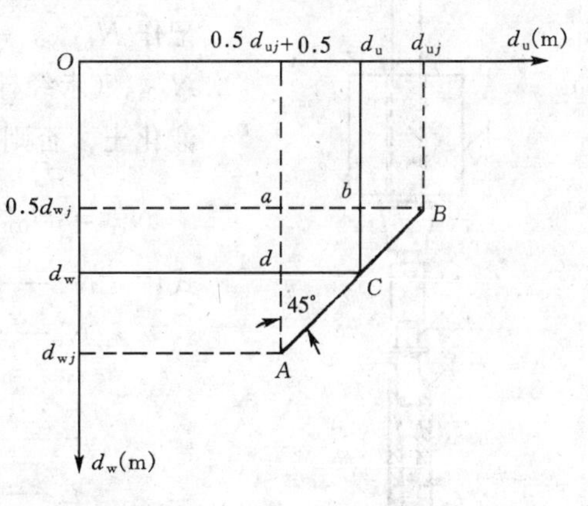

图 2-12 式（2-28）意义的分析

不考虑土层液化影响判别式（2-26）、(2-27) 和（2-28)，也可用图 2-13（*a*）和 2-13（*b*）表示。显然，当上覆非液化土层厚度 d_u 和地下水位深度 d_w 的坐标点分别位于相应界限值的右方或下方时，则表示土层可不考虑液化的影响。如上所述，由于线段$\overline{AB}$上的点的横坐标 d_u 与纵坐标 d_w 之和等于 $1.5d_0-0.5$，故可将判别式（2-28）用 d_u 和 d_w 坐标所对应的点（d_u，d_w）位于相应斜线段下方区域的条件代替。即这时表示可不考虑土层液化影响。

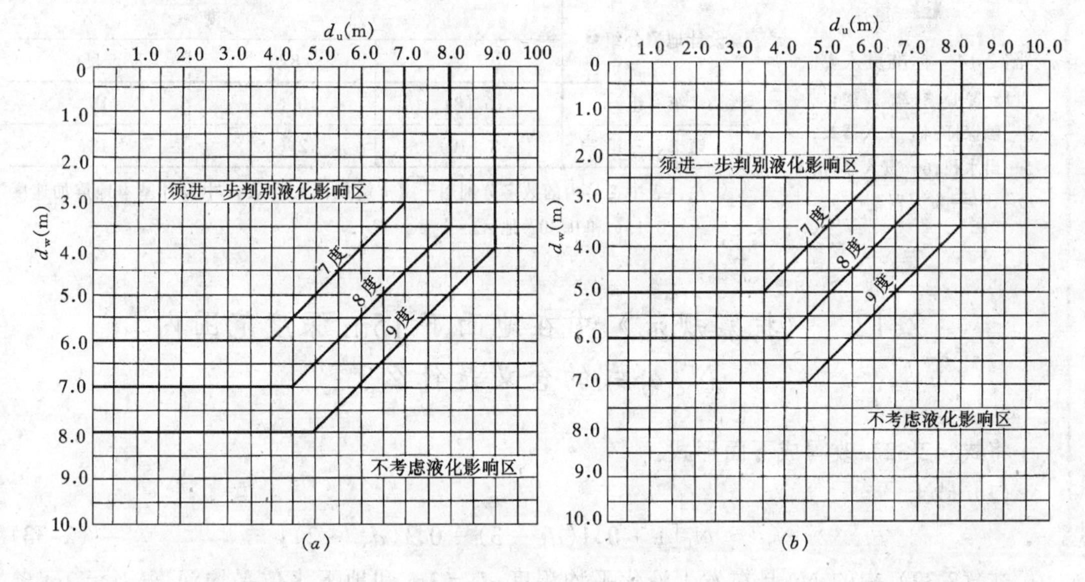

图 2-13 土层液化判别图

（*a*）砂土；（*b*）粉土

应当指出，上述均指 $d_b=2$m 的情形，当 $d_b>2$m 时，应从实际 d_u 和 d_w 中减去 (d_b-2)后再查图判别。

2.11 什么是土的液化标准贯入试验判别法？

当初步判别认为需进一步进行液化判别时，应采用标准贯入试验判别法。

标准贯入试验设备，主要由贯入器、触探杆和穿心锤组成（图 2-14）。触探杆一般用直径42mm的钻杆，穿心锤重63.5kg。操作时先用钻具钻至试验土层标高以上150mm，

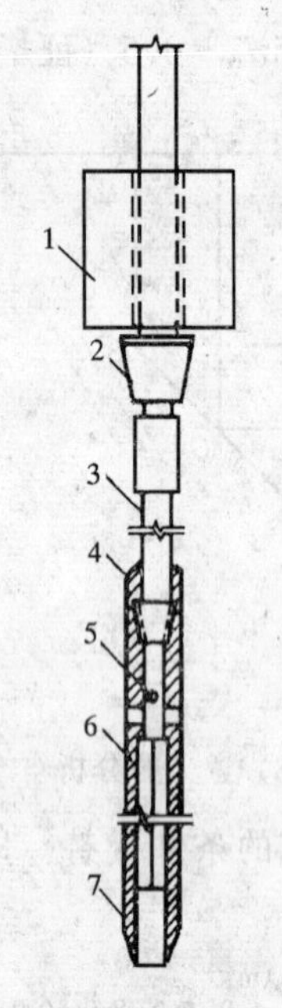

图 2-14　标准贯入器

1—穿心锤；2—锤垫；
3—触探杆；4—贯入器头；
5—出水孔；6—贯入器身；
7—贯入器靴

然后在锤的落距为 760mm 的条件下，每打入 300mm 的锤击数记作 $N_{63.5}$。一般情况下，当地面下 15m 深度范围内的锤击数 $N_{63.5}$（未经杆长修正）小于下式确定的临界值 N_{cr}时，应判为液化土，否则为非液化土。

$$N_{cr} = N_0[0.9 + 0.1(d_s - d_w)]\sqrt{\frac{3}{\rho_c}} \quad (d_s \leqslant 15\text{m}) \tag{2-32}$$

式中　N_{cr}——液化判别标准贯入锤击数临界值；

N_0——液化判别标准贯入锤击数基准值，按表 2-7 采用；

d_s——饱和土标准贯入点深度（m）；

d_w——室外地面到地下水位的距离（m）；

ρ_c——黏粒含量百分率，当 ρ_c<3 时，取等于 3。

标准贯入锤击数基准值 N_0　　　**表 2-7**

设计地震分组❶	烈	度	
	7 度	8 度	9 度
第一组	6（8）	10（13）	16
第二、三组	8（10）	12（15）	18

注：表中括号内的数字分别用于《抗震规范》附录 A 中设计基本地震加速度 0.15g 和 0.30g 地区。

2.12　《抗震规范》中在地面下 15m 深度范围内 N_{cr}公式的含义是什么？

将式（2-32）改写成下面形式：

（1）砂土

$$N_{cr} = N_0[1 + 0.1(d_s - 3) - 0.1(d_w - 2)] \tag{2-33}$$

式（2-32）中的 N_0 是在发生液化平均深度 d_s = 3m 和地下水位平均深度 d_w = 2m 条件下测定的。因此，式中 0.1（d_s − 3）和 0.1（d_w − 2）为 d_s>3m 和 d_w>2m 的修正项。其中 0.1 为修正系数。

（2）粉土

式（2-32）中 $\sqrt{\frac{3}{\rho_c}}$ 是在砂土锤击数临界值公式基础上考虑粉土影响的修正项。现将其来源说明如下：

设粉土液化判别标准贯入锤击数临界值公式写成下面形式：

$$N_{cr} = N_0[1 + 0.1(d_s - 3) - 0.1(d_w - 2)]\frac{1}{\beta\rho_c} \tag{a}$$

❶　设计地震分组的意义参见 3-13。

式中，$\beta\rho_c$ 即为考虑粉土的影响项；β 为待定系数。

对于已知的液化或非液化数据：ρ_c、d_s、d_w、N_0 及实际的标准贯入锤击数 $N_{63.5}$ 均为已知。将这些数值代入式（a），反求待定系数 β 值。然后，在对数坐标纸上绘制 $\beta\rho_c-\rho_c$ 关系散点图（图 2-15）。

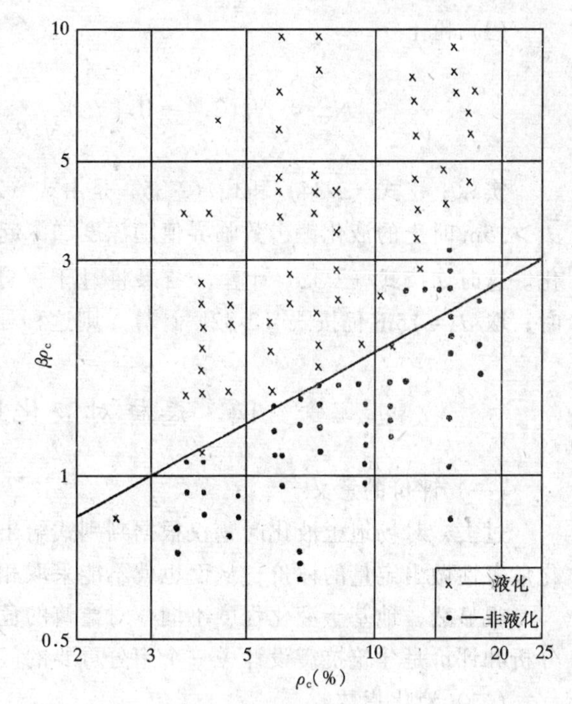

图 2-15 $\beta\rho_c-\rho_c$ 关系散点图

由图中可见，在液化点与非液化点之间可绘出一条分界线，即液化临界线，其方程为：

$$\lg\beta\rho_c = \lg a + m\lg\rho_c \qquad (b)$$

式中 $\lg a$——直线在纵轴上的截距；

m——直线斜率。

下面来确定 $\beta\rho_c$ 值：

由图 2-15 查得，当 $\rho_c=3$ 时，$\beta\rho_c=1$，即 $\lg\beta\rho_c=0$，将这些数值代入式（b），得：

$$\lg a + m\lg 3 = 0$$

由此得：

$$\lg a = -m\lg 3 \qquad (c)$$

当 $\rho_c=25$ 时，$\beta\rho_c=3$，将它们和式（c）代入式（b），得：

$$\lg 3 = -m\lg 3 + m\lg 25 \qquad (d)$$

解得：

$$m \approx 0.5$$

于是式（b）可写成：

$$\lg\beta\rho_c = -0.5\lg 3 + 0.5\lg\rho_c$$

由此得：

$$\beta\rho_c = \sqrt{\frac{\rho_c}{3}} \qquad (e)$$

将式（e）代入式（a），即得式（2-32）。

2.13 《抗震规范》中在地面下 15～20m 深度范围内 N_{cr} 公式的含义是什么？

当采用桩基或埋深大于 5m 深基础时，尚应判别 15～20m 范围内土的液化，这时式（2-32）分别变成：

（1）砂土

$$N_{cr} = N_0(2.4 - 0.1d_w) \qquad (15\text{m} \leqslant d_s \leqslant 20\text{m}) \qquad (2\text{-}34)$$

(2) 粉土

$$N_{cr} = N_0(2.4 - 0.1d_w)\sqrt{\frac{3}{\rho_c}} \qquad (15m \leqslant d_s \leqslant 20m) \tag{2-35}$$

实际上，式（2-34）和式（2-35）是由式（2-32）当 $d_s = 15m$ 时得到的。这是考虑到 $d_s > 15m$ 时土的液化锤击数临界值随深度加深起初稍许增加随后缓慢递减，而呈非线性变化。这时如按式（2-32）计算，结果将过于保守。根据现有液化资料分析，当 $d_s > 15m$ 时，取 $d_s = 15m$ 仍按式（2-32）计算，则这种处理方法既简便又较接近实际情况。

2.14 怎样对液化地基进行评价？

（一）评价的意义

过去，对场地土液化问题仅根据判别式给出液化或非液化两种结论。因此，不能对液化危害性做出定量的评价，从而也就不能采取相应的抗液化措施。

很显然，地基土液化程度不同，对建筑的危害也就不同。因此，对液化地基危害性的分析和评价是建筑抗震设计中一个十分重要的问题。

（二）液化指数

为了鉴别场地土液化危害的严重程度，《抗震规范》给出了液化指数的概念。

在同一地震烈度下，液化层的厚度愈厚埋藏愈浅，地下水位愈高，实测标准贯入锤击数与临界标准贯入锤击数相差愈多，液化就愈严重，带来的危害性就愈大。液化指数是比较全面反映了上述各因素的影响。

液化指数按下式确定：

$$I_{lE} = \sum_{i=1}^{n}\left(1 - \frac{N_i}{N_{cri}}\right)d_i W_i \tag{2-36}$$

式中 I_{lE}——液化指数；

n——在判别深度范围内每一个钻孔标准贯入试验点总数；

N_i、N_{cri}——分别为 i 点标准贯入锤击数的实测值和临界值，当实测值大于临界值时应取临界值的数值；

d_i——i 点所代表的土层厚度（m），可采用与该标准贯入试验点相邻的上、下两标准贯入试验点深度差的一半，但上界不小于地下水位深度，下界不大于液化深度；

W_i——i 层土单位土层厚度的层位影响权函数值（单位为 m^{-1}）。当判别深度为 15m 时，且该层中点的深度不大于 5m 时应采用 10，等于 15m 时应采用零值，5～15m 时应按线性内插法取值；当判别深度为 20m 时，且该层中点的深度不大于 5m 时应采用 10，等于 20m 时应采用零值，5～20m 时应按线性内插法取值。

式（2-36）中的 d_i、W_i 等可参照图 2-16 所示方法确定。

现在来进一步分析式（2-36）的物理意义。

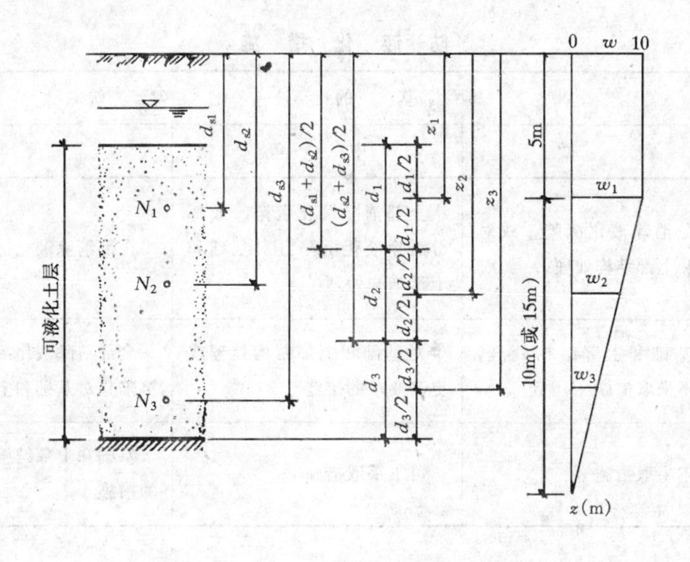

图 2-16 确定 d_i、d_{si} 和 W_i 的示意图

$$1-\frac{N_i}{N_{cri}}=\frac{N_{cri}-N_i}{N_{cri}}$$

上式分子表示 i 点标准贯入锤击数临界值与实测值之差，分母为锤击数临界值。显然，分子差值愈大，即式（2-36）括号内的数值愈大，表示该点液化程度愈严重。

显然，液化层的厚度愈厚，埋藏愈浅，它对建筑的危害性就愈大。式（2-36）中的 d_i 和 W_i 就是反映这两个因素的。我们可将 d_iW_i 的乘积看作是对 $\left(1-\frac{N_i}{N_{cri}}\right)$ 值的加权面积 A_i，也就是说，表示土层液化严重程度的值 $\left(1-\frac{N_i}{N_{cri}}\right)$ 随深度对建筑的影响是按图 2-16 的图形来加权计算的。

（三）地基液化的等级

存在液化土层的地基，根据其液化指数按表 2-8 划分液化等级：

液 化 等 级 **表 2-8**

判别深度为 15m 时的液化指数	$0<I_{lE}\leqslant5$	$5<I_{lE}\leqslant15$	$I_{lE}>15$
判别深度为 20m 时的液化指数	$0<I_{lE}\leqslant6$	$6<I_{lE}\leqslant18$	$I_{lE}>18$
液 化 等 级	轻 微	中 等	严 重

2.15 地基防液化措施有哪些？

地基防液化措施应根据建筑的抗震设防类别、地基的液化等级，结合具体情况综合确定。当液化土层较平坦且均匀时，可按表 2-9 选用抗液化措施；尚可考虑上部结构重力荷载对液化危害的影响，根据液化震陷量的估计适当调整抗液化措施。

防液化措施 表2-9

建筑抗震设防类别	地基的液化等级		
	轻微	中等	严重
乙类	部分消除液化沉陷，或对基础和上部结构处理	全部消除液化沉陷，或部分消除液化沉陷且对基础和上部结构处理	全部消除液化沉陷
丙类	对基础和上部结构处理，亦可不采取措施	对基础和上部结构处理或更高要求的措施	全部消除液化沉陷或部分消除液化沉陷且对基础和上部结构处理
丁类	可不采取措施	可不采取措施	基础和上部结构处理，或其他经济的措施

不宜将未经处理的液化土层作为天然地基持力层。

现将表2-9中的抗液化措施具体要求说明如下：

1. 全部消除地基液化沉陷措施，应符合下列要求：

（1）采用桩基时，桩端伸入液化深度以下稳定土中的长度（不包括桩尖部分），应按计算确定，且对碎石土、砾、粗、中砂，坚硬黏性土和密实粉土尚不应小于0.5m，对其他非岩石土尚不宜小于1.5m。

（2）采用深基础时，基础底面应埋入液化深度以下的稳定土层中，其深度不应小于0.5m。

（3）采用加密法（如振冲、振动加密、挤密碎石桩、强夯等）加固时，应处理至液化深度下界；振冲或挤密碎石桩加固后，桩间土的标准贯入锤击数不宜小于液化判别标准贯入锤击数临界值。

（4）用非液化土替换全部液化土。

（5）采用加密法或换土法处理时，在基础边缘以外的处理宽度，应超过基础底面下处理深度的1/2且不小于基础宽度的1/5。

2. 部分消除地基液化沉陷措施，应符合下列要求：

（1）处理深度应使处理后的地基液化指数减少，当判别深度为15m时，其值不宜大于4，当判别深度为20m时；其值不宜大于5；对独立基础和条形基础，尚不应小于基础底面下液化土特征深度和基础宽度的较大值。

（2）采用振冲或挤密碎石桩加固后，桩间土的标准贯入锤击数不宜小于液化判别标准贯入锤击数临界值。

（3）基础边缘以外的处理宽度，应超过基础底面下处理深度的1/2且不小于基础宽度的1/5。

3. 减轻液化影响的基础和上部结构处理，可综合采用下列各项措施：

（1）选择合适的基础埋置深度。

（2）调整基础底面积，减少基础偏心。

（3）加强基础的整体性和刚度，如采用箱形基础、筏形基础或钢筋混凝土交叉条形基础，加设基础圈梁等。

（4）减轻荷载，增强上部结构的整体刚度和均匀对称性，合理设置沉降缝，避免采用对不均匀沉降敏感的结构形式等。

（5）管道穿过建筑处应预留足够尺寸或采用柔性接头等。

4. 液化等级为中等液化和严重液化的故河道、现代河滨、海滨，当有液化侧向扩展或流滑可能时，在距常时水线[1] 约 100m 以内不宜修建永久性建筑，否则应进行抗滑动验算、采取防土体滑动措施或结构抗裂措施。

2.16 哪些建筑的桩基不需进行抗震验算？

震害表明，承受以竖向荷载为主的低承台桩基，当地面下无液化土层、且桩承台周围无淤泥、淤泥质土和地基静承载力特征值不大于 100kPa 的填土时，下列建筑的桩基很少发生震害。因此，《抗震规范》规定，下列建筑的桩基可不进行地震承载力验算：

（1）砌体房屋。

（2）7 度Ⅰ、Ⅱ类场地，并采取相应抗震措施的柱高不超过 10m，且结构单元两端均有山墙的单跨和等高多跨钢筋混凝土柱厂房（锯齿形厂房除外）。

（3）7 度Ⅰ、Ⅱ类场地，并采取相应抗震措施的柱顶标高不超过 4.5m，且结构单元两端均有山墙的单跨和等高多跨砖柱厂房。

（4）7 度和 8 度时，一般单层厂房、单层空旷房屋和不超过 8 层且高度在 25m 以下的一般民用框架房屋及与其基础荷载相当的多层框架厂房。

（5）6 度时的建筑（建造于Ⅳ类场地上较高的高层建筑除外）。

2.17 怎样进行低承台桩基抗震验算？

1. 非液化土中桩基

非液化土中低承台桩基的抗震验算，应符合下列规定：

（1）单桩的竖向和水平向抗震承载力特征值，可均比非抗震设计时提高 25%。

（2）当承台侧面的回填土夯至干密度不小于《建筑地基基础设计规范》（GB 50007）对填土的要求时，可由承台正面填土与桩共同承担水平地震作用；但不应计入承台底面与地基土间的摩擦力。

2. 存在液化土层的桩基

存在液化土层的低承台桩基的抗震验算，应符合下列规定：

（1）对一般浅基础，不宜计入承台侧面土的抗力或刚性地坪对水平地震作用的分担作用。

（2）当桩承台底面上、下分别有厚度不小于 1.5m、1.0m 的非液化土层或非软弱土层时，可按下列两种情况进行桩的抗震验算，并按不利情况设计：

---

[1] 常时水线宜按建筑使用期内年平均最高水位采用，也可按近期年最高水位采用。

1）主震时

桩承受全部地震作用，考虑到这时土尚未充分液化，桩承载力计算可按非液化土考虑，但液化土的桩周摩阻力及桩水平抗力均应乘以表2-10折减系数。

土层液化影响折减系数 **表2-10**

$n=N_{63.5}/N_{cr}$	饱和土标准贯入点深度 d_s（m）	折减系数
$n\leqslant0.6$	$d_s\leqslant10$	0
	$10<d_s\leqslant20$	1/3
$0.6<n\leqslant0.8$	$d_s\leqslant10$	1/3
	$10<d_s\leqslant20$	2/3
$n>0.8$	$d_s\leqslant10$	2/3
	$10<d_s\leqslant20$	1

2）余震时

主震后可能发生余震。《抗震规范》规定，这时地震作用按地震影响系数最大值的10%采用，桩承载力仍按非抗震设计时提高25%取用。但应扣除液化土层的全部摩阻力及桩承台下2m深度范围内非液化土的桩周摩阻力。

（3）打入式预制桩及其他挤土桩，当平均桩距为2.5～4倍桩径且桩数不少于5×5时，可计入打桩对土的加密作用及桩身对液化土变形限制的有利影响。当打桩后桩间土的标准贯入锤击数达到不液化的要求时，单桩承载力可不折减，但对桩尖持力层作强度校核时，桩群外侧的应力扩散角应取为零。打桩后桩间土的标准贯入锤击数宜由试验确定，也可按下式计算：

$$N_1 = N_p + 100\rho(1 - e^{-0.3N_p}) \tag{2-37}$$

式中 N_1——打桩后桩间土的标准贯入锤击数；

ρ——打入式预制桩的面积置换率；

N_p——打桩前土的标准贯入锤击数。

3. 桩基抗震验算的其他一些规定

（1）处于液化土中的桩基承台周围，宜用非液化土填筑夯实，若用砂土或粉土则应使土层的标准贯入锤击数不小于液化标准贯入锤击数临界值。

（2）液化土中桩的配筋范围，应自桩顶至液化深度以下符合全部消除液化沉陷所要求的深度，其纵向钢筋应与桩顶部相同，箍筋应加密。

（3）在有液化侧向扩展的地段，距常时水线100m范围内的桩基除应满足本节中的其他的规定外，尚应考虑土流动时的侧向作用力，且承受侧向推力的面积应按边桩外缘间的宽度计算。

第3章　地震作用与结构抗震验算

3.1　为什么不应称"地震荷载"而应称"地震作用"？

地震释放的能量，以地震波的形式向四周扩散，地震波到达地面后引起地面运动，使地面原来处于静止的建筑物受到动力作用而产生强迫振动。在振动过程中作用在结构上的惯性力就是地震荷载。这样，地震荷载可以理解为一种能反映地震影响的等效荷载。实际上，地震荷载是由于地面运动引起结构的动态作用，按照《建筑结构设计通用符号、计量单位和基本术语》(GBJ 83—85）的规定，属于间接作用，不应该称为"地震荷载"，应称为"地震作用"。

3.2　地震作用与一般荷载有何不同？

在地震作用效应和其他荷载效应的基本组合超出结构构件的承载力，或在地震作用下结构的侧移超过允许值，建筑物就遭到破坏，以至于倒塌。因此，在建筑抗震设计中，确定地震作用是一个十分重要的问题。

地震作用与一般静荷载不同，它不仅取决于地震烈度大小和震中距远近的情况，而且与建筑结构的动力特性（如结构自振周期、阻尼等）有密切关系。而一般静荷载与结构的动力特性无关，可以独立地确定。因此，确定地震作用比确定一般静荷载复杂得多。

3.3　怎样确定地震作用？

目前，在我国和其他许多国家的抗震设计规范中，广泛采用反应谱理论来确定地震作用。其中以加速度反应谱应用最多。所谓加速度反应谱，就是单质点弹性体系在一定的地面运动作用下，最大反应加速度（一般用相对值）与体系自振周期的变化曲线。如果已知体系的自振周期，利用反应谱曲线和相应计算公式，就可很方便地确定体系的反应加速度，进而求出地震作用。

应用反应谱理论不仅可以解决单质点体系的地震反应计算问题，而且通过振型分解法还可以计算多质点体系的地震反应。

在工程上，除采用反应谱计算结构地震作用外，对于高层建筑和特别不规则建筑等，还常采用时程分析法来计算结构的地震反应。这个方法先选定地震地面加速度图，然后用数值积分方法求解运动方程，算出每一时间增量的结构反应，如位移、速度和加速度反应。

3.4 怎样建立单质点弹性体系在地震作用下的运动方程？

一、什么是单质点弹性体系

图 3-1 表示单质点弹性体系的计算简图。所谓单质点弹性体系，是指可以将结构参与振动的全部质量集中于一点，用无重量的弹性直杆支承于地面上的体系。例如，水塔、单层房屋，由于它们的质量大部分集中于结构的顶部，所以，通常将这些结构都简化成单质点体系。

由于忽略质点的竖向位移和转动（图 3-2*a*），质点只考虑沿水平向移动，因而单质点体系只有一个自由度。

二、运动方程的建立

通常，计算弹性体系的地震反应时，一般假定地基不产生转动，而把地基的运动分解为一个竖向和两个水平向的分量，然后分别计算这些分量对结构的影响。

图 3-2（*a*）表示单质点弹性体系在地震时地面水平运动分量作用下的运动状态。其中$x_g(t)$表示地面水平位移，是时间 t 的函数，它的变化规律可自地震时地面运动实测记录求得；$x(t)$ 表示质点对于地面的相对弹性位移或相对位移反应，它也是时间 t 的函数，是待求的未知量。

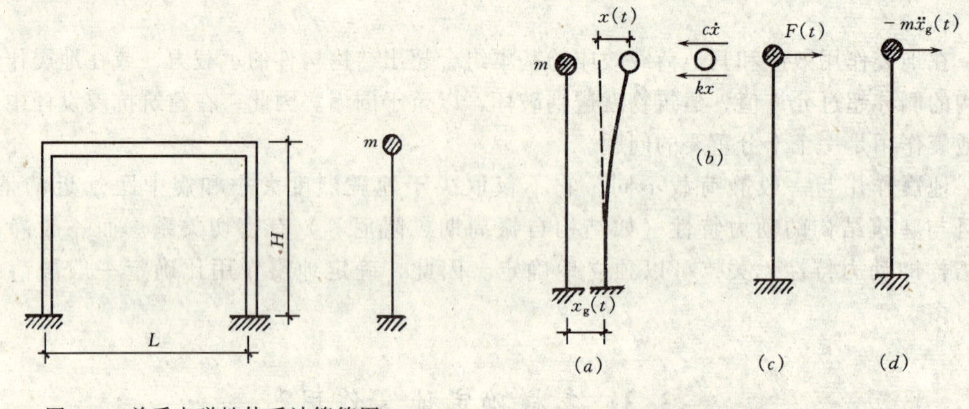

图 3-1 单质点弹性体系计算简图　　图 3-2 地震时单质点体系运动状态

为了确定当地面位移按 $x_g(t)$ 的规律变化时单质点弹性体系相对位移反应 $x(t)$，下面来讨论如何建立运动方程。

取质点 m 为隔离体，并绘出受力图（图 3-2*b*），由动力学知道，作用在它上面的力有：

(1) 弹性恢复力 S

这是使质点从振动位置回到平衡位置的一种力，其大小与质点 m 的相对位移$x(t)$成正比，即

$$S=-kx(t) \tag{3-1a}$$

式中 k——弹性直杆的刚度系数，即质点发生单位水平位移时在质点处所施加的力。负号表示 S 力的指向总是和位移方向相反。

(2) 阻尼力 R

在振动过程中，由于外部介质阻力，构件和支座部分连接处的摩擦和材料的非弹性变形以及通过地基散失能量（由地基振动引起）等原因，结构的振动将逐渐衰减。这种使结构振动衰减的力就称为阻尼力。在工程计算中一般采用黏滞阻尼理论确定，即假定阻尼力与速度成正比：

$$R = -c\dot{x}(t) \tag{3-1b}$$

式中 c——阻尼系数；

$\dot{x}(t)$——质点速度。负号表示阻尼力与速度 $\dot{x}(t)$ 的方向相反。

显然，在地震作用下，质点的绝对加速度为 $\ddot{x}_g(t)+\ddot{x}(t)$。根据牛顿第二定律，质点运动方程可写作：

$$m[\ddot{x}_g(t)+\ddot{x}(t)] = -kx(t) - c\dot{x}(t) \tag{3-2a}$$

经整理后得：

$$m\ddot{x}(t) + c\dot{x}(t) + kx(t) = -m\ddot{x}_g(t) \tag{3-2b}$$

上式就是在地震作用下质点运动的微分方程。如果将式（3-2b）与动力学中单质点弹性体系在动荷载 $F(t)$（图 3-2c）作用下的运动方程

$$m\ddot{x}(t) + c\dot{x}(t) + kx(t) = F(t) \tag{3-3}$$

比较，就会发现：两个运动方程基本相同，其区别仅在于式（3-2b）等号右边为地震时地面运动加速度与质量的乘积；而式（3-3）等号右边为作用在质点上的动荷载。由此可见，地面运动对质点的影响相当于在质点上加一个动荷载，其值等于 $m\ddot{x}_g(t)$，指向与地面运动加速度方向相反（图 3-2d）。因此，计算结构的地震反应时，必须知道地震地面运动加速度 $\ddot{x}_g(t)$ 的变化规律。$\ddot{x}_g(t)$ 可由地震时地面加速度记录得到。

为了使方程（3-2b）进一步简化，设

$$\omega^2 = \frac{k}{m}, \qquad \zeta = \frac{c}{2\sqrt{km}} = \frac{c}{2\omega m}$$

将上式代入式（3-2b），经简化后得：

$$\ddot{x}(t) + 2\zeta\omega\dot{x}(t) + \omega^2 x(t) = -\ddot{x}_g(t) \tag{3-4}$$

式（3-4）就是所要建立的单质点弹性体系在地震作用下的运动微分方程。

3.5 怎样解运动微分方程？

式（3-4）是一个二阶常系数线性非齐次微分方程，它的解包含两部分：一个是对应于齐次微分方程的通解；另一个是微分方程的特解。前者表示自由振动，后者表示强迫振动。

（一）齐次微分方程的通解

对应方程（3-4）的齐次方程为：

$$\ddot{x}(t)+2\zeta\omega\dot{x}(t)+\omega^2x(t)=0 \tag{3-5}$$

根据微分方程理论，其通解为：

$$x(t)=e^{-\zeta\omega t}(A\cos\omega' t+B\sin\omega' t) \tag{3-6}$$

式中，$\omega'=\omega\sqrt{1-\zeta^2}$；$A$ 和 B 为常数，其值可按问题的初始条件确定。当阻尼为零时，即 $\zeta=0$，于是式（3-6）变为：

$$x(t)=A\cos\omega t+B\sin\omega t \tag{3-7}$$

这是无阻尼单质点体系自由振动的通解，表示质点作简谐振动，这里 $\omega=\sqrt{k/m}$ 为无阻尼自振频率。对比式（3-6）和式（3-7）可知，有阻尼单质点体系的自由振动为按指数函数衰减的等时振动，其振动频率为 $\omega'=\omega\sqrt{1-\zeta^2}$，故 ω' 称为有阻尼的自振频率。

根据初始条件来确定常数 A 和 B。当 $t=0$ 时

$$x(t)=x(0),\quad \dot{x}(t)=\dot{x}(0)$$

其中 $x(0)$ 和 $\dot{x}(0)$ 分别为初始位移和初始速度。

将 $t=0$ 和 $x(t)=x(0)$ 代入式（3-6），得：

$$A=x(0)$$

再将式（3-6）对时间 t 求一阶导数，并将 $t=0,\dot{x}(t)=\dot{x}(0)$ 代入，得：

$$B=\frac{\dot{x}(0)+\zeta\omega x(0)}{\omega'}$$

将所求得 A、B 值代入式（3-6）得：

$$x(t)=e^{-\zeta\omega t}\left[x(0)\cos\omega' t+\frac{\dot{x}(0)+\zeta\omega x(0)}{\omega'}\sin\omega' t\right] \tag{3-8}$$

上式就是式（3-5）在给定的初始条件时的解答。

由 $\omega'=\omega\sqrt{1-\zeta^2}$ 和 $\zeta=c/2m\omega$ 可以看出，有阻尼自振频率 ω' 随阻尼系数 c 增大而减小，即阻尼愈大，自振频率愈慢。当阻尼系数达到某一数值 c_r 时，也就是

$$c=c_r=2m\omega=2\sqrt{km}$$

即 $\zeta=1$ 时，则 $\omega'=0$，表示结构不再产生振动。这时的阻尼系数 c_r 称为临界阻尼系数。它是由结构的质量 m 和刚度 k 决定的，不同的结构有不同的阻尼系数。根据这种分析

$$\zeta=\frac{c}{2m\omega}=\frac{c}{c_r} \tag{3-9}$$

表示结构的阻尼系数 c 与临界阻尼系数 c_r 的比值，所以 ζ 称为临界阻尼比，简称阻尼比。

在建筑抗震设计中，常采用阻尼比 ζ 表示结构的阻尼参数。由于阻尼比 ζ 的值很小，它的变化范围在 0.01～0.1 之间，计算时通常取 0.05。因此，有阻尼自振频率 $\omega' = \omega\sqrt{1-\zeta^2}$ 和无阻尼自振频率 ω 很接近，即 $\omega' \approx \omega$。也就是说，计算体系的自振频率时，通常可不考虑阻尼的影响。

阻尼比 ζ 值可通过对结构的振动试验确定。

（二）地震作用下运动方程的特解

求运动方程

$$\ddot{x}(t) + 2\zeta\omega\dot{x}(t) + \omega^2 x(t) = -\ddot{x}_g(t)$$

的解答时，可将 $-\ddot{x}_g(t)$ 看作是随时间变化的 $m=1$ 的“扰力”，并认为它是由无穷多个连续作用的微分脉冲所组成，如图 3-3 所示。

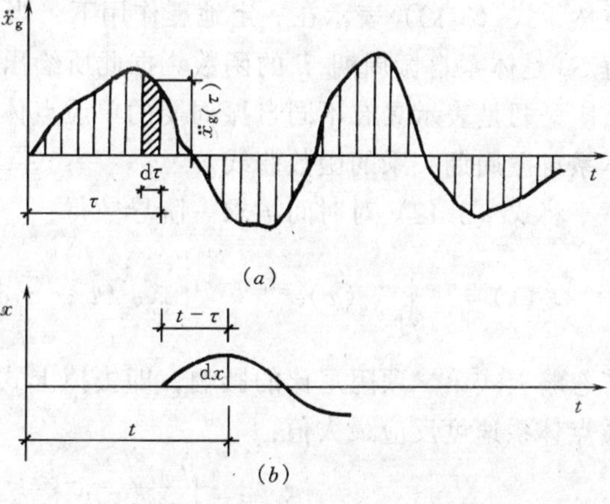

图 3-3 地震作用下运动方程解答附图

（a）地面加速度时程曲线；（b）微分脉冲引起的位移反应

今以任一微分脉冲的作用进行讨论。设它在 $t=\tau-d\tau$ 开始作用，作用时间为 $d\tau$，则此微分脉冲大小为 $-\ddot{x}_g(t)d\tau$ 。显然体系在微分脉冲作用后只产生自由振动。这时体系的位移可按式（3-8）确定。但是，式中的 $x(0)$ 和 $\dot{x}(0)$ 应为微分脉冲作用后瞬时的位移和速度值。

现在来确定 $x(0)$ 和 $\dot{x}(0)$ 值。因为微分脉冲作用前质点位移和速度均为零，所以在微分脉冲作用前后的瞬时，其位移不会发生变化，而应为零，即 $x(0)=0$ 。但速度有变化，这个速度变化可从脉冲-动量关系中求得。设微分脉冲 $-\ddot{x}_g(\tau)d\tau$ 作用后的速度为 $\dot{x}(0)$，于是具有单位质量质点的动量变化就是 $\dot{x}(0)$，根据动量定理

$$\dot{x}(0) = -\ddot{x}_g(\tau)d\tau \tag{3-10}$$

将 $x(0)=0$ 和 $\dot{x}(0)$ 的值代入式（3-8），即可求得时间 τ 作用的微分脉冲所产生的位移反应

$$dx = -e^{-\zeta\omega(t-\tau)}\frac{\ddot{x}_g(\tau)}{\omega'}\sin\omega'(t-\tau)d\tau \tag{3-11}$$

将所有组成扰力的微分脉冲作用效果叠加，就可得到全部加载过程所引起的总反应。因此，将式（3-11）积分，可得时间为 t 的位移

$$x(t) = -\frac{1}{\omega'}\int_0^t \ddot{x}_g(\tau)e^{-\zeta\omega(t-\tau)}\sin\omega'(t-\tau)d\tau \tag{3-12}$$

上式就是非齐次线性微分方程（3-4）的特解、通称杜哈梅（Duhamel）积分。它与齐次微分方程（3-5）的通解之和就是微分方程（3-4）的全解。但是，由于结构阻尼的作用，自由振动很快就会衰减，式（3-6）的影响通常可以忽略不计。

3.6 什么是位移反应谱、速度反应谱和加速度反应谱？它们之间有何联系？

取式（3.12）的最大绝对值，并忽略 ω' 和 ω 的微小差别，则得单质点体系位移反应最大值：

$$S_{\mathrm{d}}=\frac{1}{\omega}\left|\int_0^t \ddot{x}_{\mathrm{g}}(\tau)\mathrm{e}^{-\zeta\omega(t-\tau)}\sin\omega(t-\tau)\mathrm{d}\tau\right|_{\max} \tag{3-13}$$

显然，式（3-13）表示在一定地震作用下，当给定阻尼比 ζ 时，单质点体系位移反应最大值 S_{d} 是体系自振周期 T 的函数。据此所绘出的曲线就称为位移反应谱曲线。因此，位移反应谱乃是表示具有不同自振周期的单质点体系，在一定地震作用下，位移反应最大值与体系自振周期关系的函数曲线。

将式（3.12）对时间 t 求一阶导数得：

$$\dot{x}(t)=-\int_0^t \ddot{x}_{\mathrm{g}}(\tau)\mathrm{e}^{-\zeta\omega(t-\tau)}\cos\omega'(t-\tau)\mathrm{d}\tau+\frac{\zeta\omega}{\omega'}\int_0^t \ddot{x}_{\mathrm{g}}(\tau)\mathrm{e}^{-\zeta\omega(t-\tau)}\sin\omega'(t-\tau)\mathrm{d}\tau$$

若忽略上式第二项阻尼比的影响，即去掉上式第二项，并取 $\dot{x}(t)$ 最大绝对值，则得单质点体系速度反应最大值：

$$S_{\mathrm{v}}=\left|\int_0^t \ddot{x}_{\mathrm{g}}(\tau)\mathrm{e}^{-\zeta\omega(t-\tau)}\cos\omega(t-\tau)\mathrm{d}\tau\right|_{\max} \tag{3-14}$$

显然，单质点体系速度反应最大值 S_{v} 也是自振周期 T 的函数。$S_{\mathrm{v}}-T$ 曲线就是速度反应谱。

若取

$$\left|\int_0^t \ddot{x}_{\mathrm{g}}(\tau)\mathrm{e}^{-\zeta\omega(t-\tau)}\cos\omega(t-\tau)\mathrm{d}\tau\right|_{\max}=\left|\int_0^t \ddot{x}_{\mathrm{g}}(\tau)\mathrm{e}^{-\zeta\omega(t-\tau)}\sin(t-\tau)\mathrm{d}\tau\right|_{\max}$$

并比较式（3-13）和式（3-14），可得位移反应谱与速度反应谱之间的关系：

$$S_{\mathrm{v}}=\omega S_{\mathrm{d}} \tag{3-15}$$

由式（3-4）可得：

$$\ddot{x}(t)+\ddot{x}_{\mathrm{g}}(t)=-2\zeta\omega\dot{x}(t)-\omega^2x(t)$$

如忽略阻尼的影响，单质点体系最大绝对加速度

$$|\ddot{x}(t)+\ddot{x}_{\mathrm{g}}(t)|_{\max}=\omega^2|x(t)|_{\max} \tag{3-16}$$

取式（3-12）最大绝对值，并代入式右端，则得：

$$S_{\mathrm{a}}=|\ddot{x}(t)+\ddot{x}_{\mathrm{g}}(t)|_{\max}=\omega\left|\int_0^t \ddot{x}_{\mathrm{g}}(\tau)\mathrm{e}^{-\zeta\omega(t-\tau)}\sin(t-\tau)\mathrm{d}\tau\right|_{\max} \tag{3-17}$$

因此，$S_a = \left|\ddot{x}(t)+\ddot{x}_g(t)\right|_{max}$ 则是加速度反应谱。于是得加速度反应谱与位移反应谱之间的关系：

$$S_a = \omega^2 S_d \tag{3-18a}$$

根据式（3-15）和式（3-18a），可把三个反应谱之间的关系写成：

$$S_a = \omega^2 S_d = \omega S_v \tag{3-18b}$$

在上列公式中 S_d、S_v 和 S_a 在推导时忽略了阻尼的影响，故它们又分别称为拟位移反应谱、拟速度反应谱和拟加速度反应谱。

图 3-4 是根据 1940 年 5 月 18 日美国加利福尼亚州埃尔森特罗（Elcentro）地震测得的 N-S 方向地面加速度记录 $\ddot{x}_g(t)$ 绘制的不同阻尼比的位移反应谱、速度反应谱和加速度反应谱。

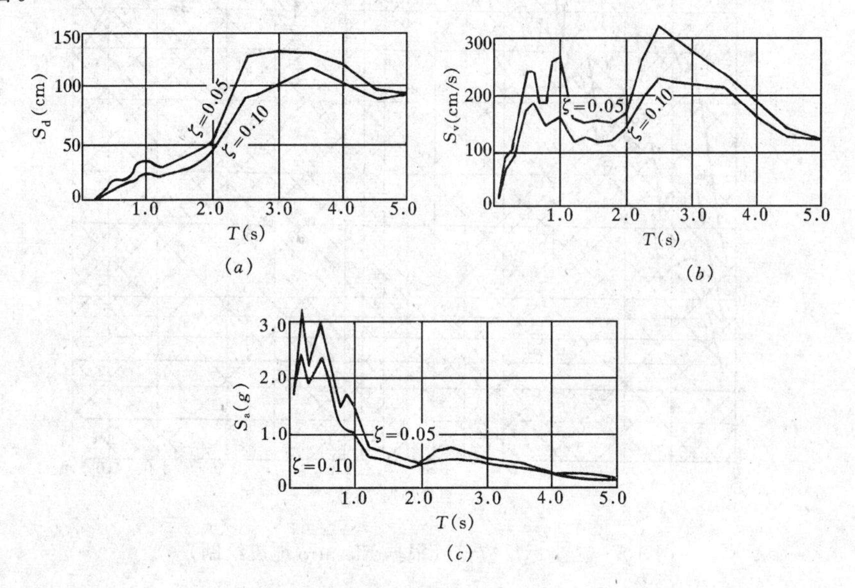

图 3-4　反应谱实例（Elcentro）

（a）位移反应谱；（b）速度反应谱；（c）加速度反应谱

3.7　什么是三坐标反应谱？

对式（3-15）和式（3-18b）等号两边取对数，并注意到 $\omega=\frac{2\pi}{T}$，则得：

$$\lg S_v = -\lg T + \lg 2\pi + \lg S_d \tag{3-19}$$

和

$$\lg S_v = \lg T - \lg 2\pi + \lg S_a \tag{3-20}$$

取直角坐标系，并以 $\lg T$ 为横轴，以 $\lg S_v$ 为纵轴，以 S_d 和 S_a 为参数，则由式（3-19）和式（3-20）可知，它们的图像分别为一组平行线。因为式（3-19）的斜率为 -1，而式（3-20）的斜率为 1，所以，前者的图像为与横轴成 45°角斜向下的一组平行线；而后者的图像为与横轴成 45°角斜向上的一组平行线。

这样，只要根据任一反应谱数据，例如加速度反应谱的坐标（T_i，S_{ai}），在上述坐标系中绘出反应谱曲线，就可根据该曲线求出相应自振周期 T 时的加速度反应 S_a（T）、速度反应 S_v（T）和位移反应 S_d（T），故称该图为三坐标反应谱。因此，一条反应谱曲线可代替三种反应谱曲线的作用。

图 3-5 为根据 1940 年埃尔森特罗（Elcentro）地震绘制的三坐标反应谱。

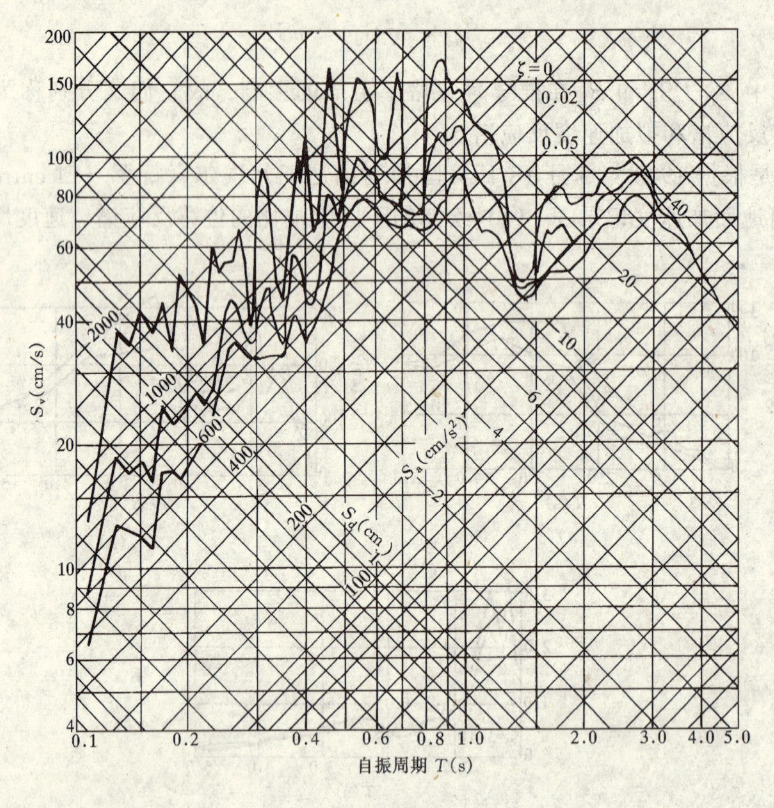

图 3-5　三坐标反应谱（根据 Elcentro 地震绘制）

3.8　为什么说地震时作用在质点上的惯性力可以理解为能反映地震影响的等效荷载？

作用在质点上的惯性力等于质量 m 乘以它的绝对加速度，方向与绝对加速度的方向相反，即

$$F(t) = -m[\ddot{x}_g(t) + \ddot{x}(t)] \tag{3-21}$$

式中，$F(t)$ 为作用在质点上的惯性力，其余符号意义同前。

若将式（3-2a）代入式（3-21），并考虑到 $c\dot{x}(t) \ll kx(t)$ 而略去不计，则得：

$$F(t) = kx(t) = m\omega^2 x(t) \tag{3-22}$$

或

$$x(t) = F(t)\frac{1}{k} = F(t)\delta \tag{3-23}$$

式中，$\delta=\frac{1}{k}$为杆件柔度系数，即杆端作用单位水平力时在该处所产生的侧移。

现在来分析式（3-23）。等号左端 $x(t)$ 为地震作用时质点产生的相对位移，而等号右端 $F(t)\delta$ 为该瞬时惯性力使质点产生的相对位移。因此，可以认为在某瞬时地震作用使结构产生的相对位移是该瞬时的惯性力引起的。这也就是为什么可以将惯性力理解为一种能反映地震影响的等效荷载的原因。

3.9 水平地震作用 F_{Ek}基本公式是怎样推导的?

将式（3-12）代入式（3-22），并忽略 ω' 和 ω 的微小差别，则得

$$F(t)=-m\omega\int_0^t \ddot{x}_g(\tau)e^{-\zeta\omega(t-\tau)}\sin\omega(t-\tau)d\tau \tag{3-24}$$

由上式可见，水平地震作用是时间 t 的函数，它的大小和方向随时间 t 而变化。在结构抗震设计中，并不需要求出每一时刻的地震作用数值，而只需求出水平作用的最大绝对值。设 F 表示水平地震作用的最大绝对值，由式（3-24）得：

$$F=m\omega\left|\int_0^t \ddot{x}_g(\tau)e^{-\zeta\omega(t-\tau)}\sin\omega(t-\tau)d\tau\right|_{max} \tag{3-25}$$

或

$$F=mS_a \tag{3-26}$$

这里

$$S_a=\omega\left|\int_0^t \ddot{x}_g(\tau)e^{-\zeta\omega(t-\tau)}\sin\omega(t-\tau)d\tau\right|_{max} \tag{3-27}$$

令

$$S_a=\beta\,|\ddot{x}_g|_{max}$$

$$|\ddot{x}_g|_{max}=kg$$

代入式（3-26），并以 F_{Ek}代替 F，则得：

$$F_{Ek}=mk\beta g=k\beta G \tag{3-28}$$

式中 F_{Ek}——水平地震作用标准值；

S_a——质点加速度最大值；

$|\ddot{x}_g|_{max}$——地震动峰值加速度；

k——地震系数；

β——动力系数；

G——建筑的重力荷载代表值（标准值）。

式（3-28）就是计算水平地震作用的基本公式。

3.10 什么是地震系数 k？怎样确定它的数值？

地震系数 k 是地震动峰值加速度与重力加速度之比，即

$$k = \frac{|\ddot{x}_g|_{max}}{g} \tag{3-29}$$

也就是以重力加速度为单位的地震动峰值加速度。显然，地面加速度愈大，地震的影响就愈强烈，即地震烈度愈大。所以，地震系数与地震烈度有关，都是地震强烈程度的参数。例如，地震时在某处地震加速度记录的最大值，就是这次地震在该处的 k 值（以重力加速度 g 为单位）。如果同时根据该处的地表破坏现象、建筑的损坏程度等，按地震烈度表评定该处的宏观烈度 I，就可提供它们之间的一个对应关系。根据许多这样的资料，就可确定出 $I-k$ 的对应关系。

根据《中国地震动峰值加速度区划图 A1》所规定的地震动峰值加速度取值，可得出抗震设防烈度与地震系数值的对应关系，见表 3-1。我国部分省市地震动峰值加速度（g）区划图参见图 3-6。

地震动峰值加速度与《抗震规范》中的设计基本地震加速度相当。它是 50 年设计基准期超越概率 10％的地震加速度的设计取值。我国主要城镇设计基本地震加速度取值见《抗震规范》附录 A。

设防烈度 I 与地震系数 k 的对应关系 **表 3-1**

设防烈度 I	6	7	8	9
地震系数 k	0.05	0.10（0.15）	0.20（0.30）	0.40

注：1. 括号内的数字分别用于《抗震规范》附录 A 中的设计基本地震加速度 $0.15g$ 和 $0.30g$ 地区内的建筑。

2. 设计基本地震加速度为 $0.15g$ 和 $0.30g$ 地区内的建筑，除《抗震规范》另有规定外，应分别按设防烈 7 度和 8 度的要求进行抗震设计。

3.11 什么是放大系数 β？怎样确定它的数值？

动力系数 β 是单质点弹性体系在地震作用下最大反应加速度与地面最大加速度之比，即

$$\beta = \frac{S_a}{|\ddot{x}_g|_{max}} \tag{3-30}$$

也就是质点最大反应加速度比地面最大加速度放大的倍数。将式（3-27）代入式（3-30），得：

$$\beta = \frac{\omega}{|\ddot{x}_g|_{max}} \left| \int_0^t \ddot{x}_g(\tau) e^{-\zeta\omega(t-\tau)} \sin\omega(t-\tau) d\tau \right|_{max} \tag{3-31}$$

在结构抗震计算中，通常将频率用自振周期表示，即 $\omega = 2\pi/T$。所以，上式又可写成

$$\beta = \frac{2\pi}{T} \cdot \frac{1}{|\ddot{x}_g|_{max}} \left| \int_0^t \ddot{x}_g(\tau) e^{-\zeta\frac{2\pi}{T}(t-\tau)} \sin\frac{2\pi}{T}(t-\tau) d\tau \right|_{max} \tag{3-32}$$

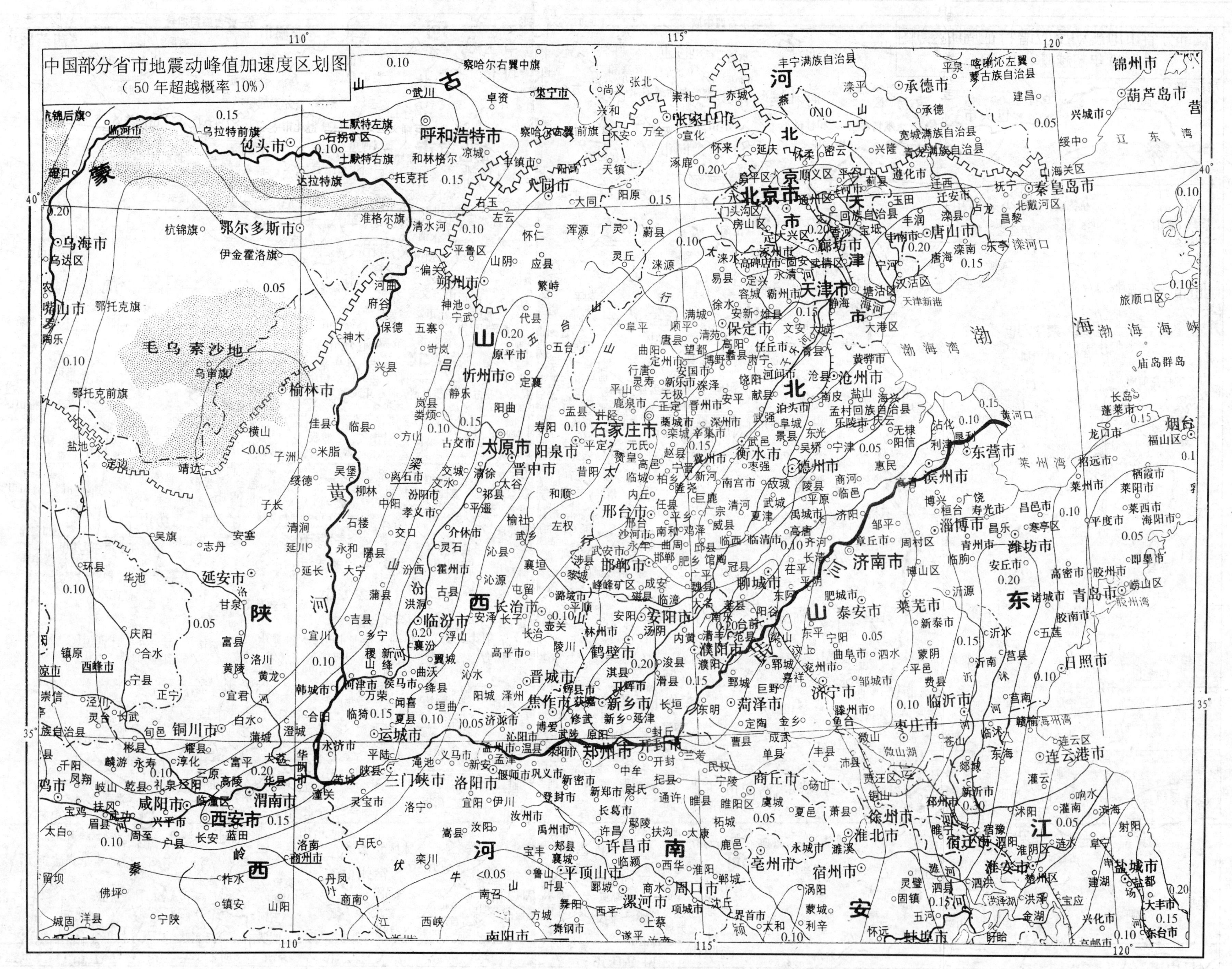

图 3-6　我国部分省市地震动峰值加速度区划图

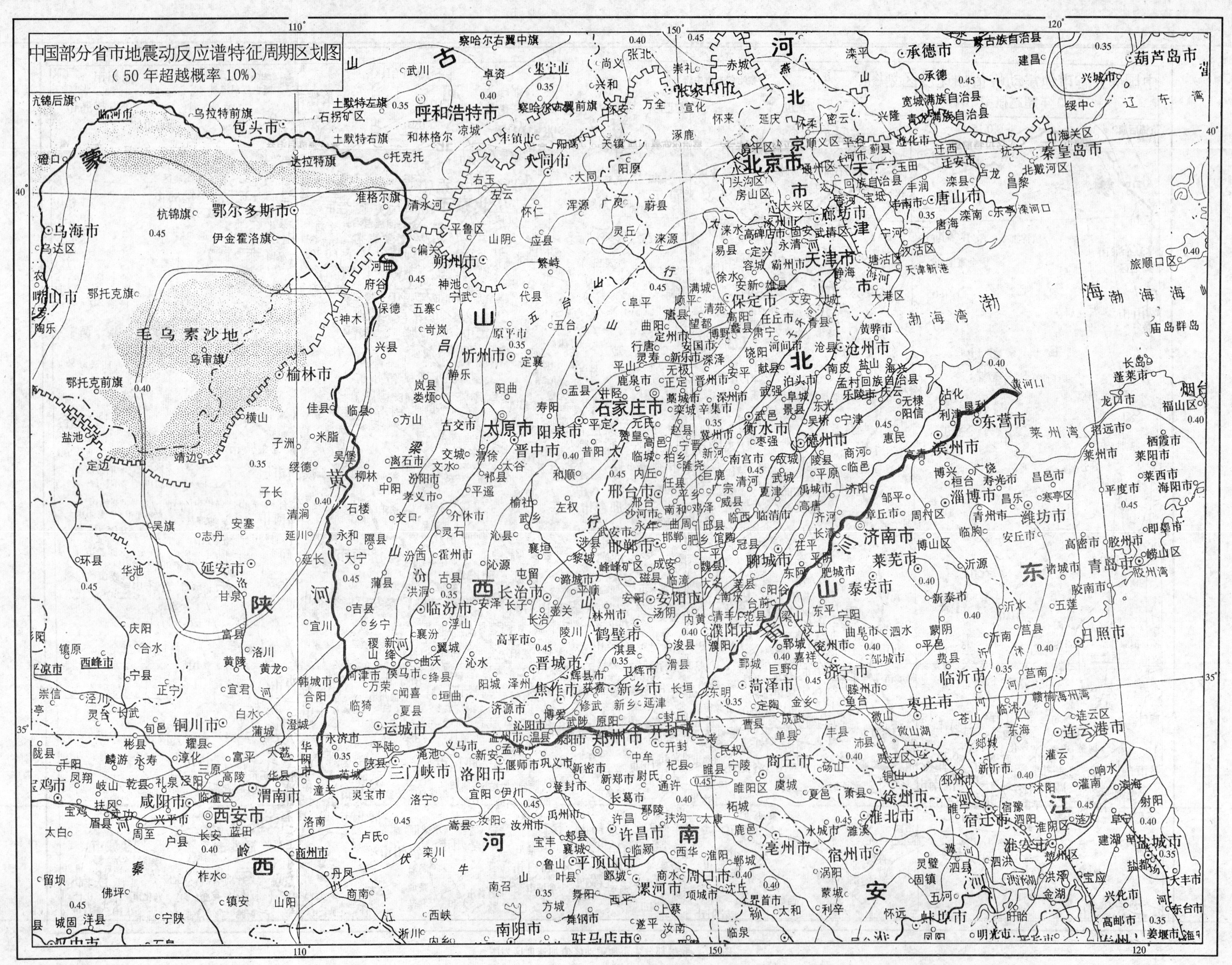

图 3-9　我国部分省市地震动反应谱特征周期区划图

由上式可知，动力系数 β 与地面运动加速度记录 $\ddot{x}_g(t)$ 的特征、结构的自振周期 T 以及阻尼比 ζ 有关。当地面加速度记录 $\ddot{x}_g(t)$ 和阻尼比 ζ 给定时，就可根据不同的 T 值算出动力系数 β[1]，从而得到一条 β-T 曲线。这条曲线就称为动力系数反应谱曲线。动力系数是单质点 m 最大反应加速度 S_a 与地面运动最大加速度 $|\ddot{x}_g|_{max}$ 之比，所以 β-T 曲线实质上是一种加速度反应谱曲线。

图 3-7 是根据某次地震时地面加速度记录 $\ddot{x}_g(t)$ 和阻尼比 $\zeta = 0.05$ 绘制的动力系数反应谱曲线。

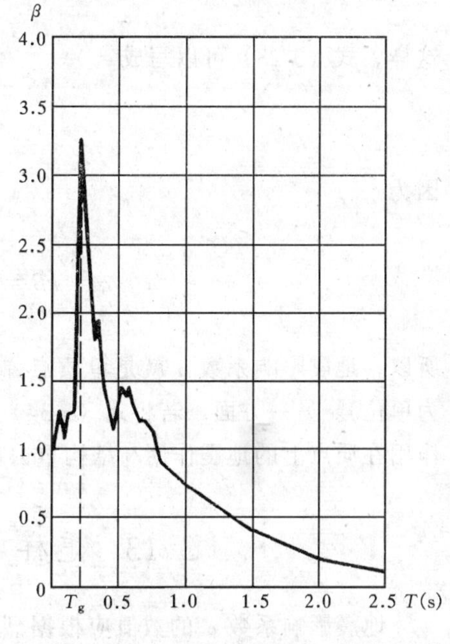

图 3-7　β 反应谱曲线

由图 3-7 可见，当结构自振周期 T 小于某一数值 T_g 时，β 反应谱曲线将随 T 的增加急剧上升；当 $T = T_g$ 时，动力系数达到最大值；当 $T > T_g$ 时，曲线波动下降。这里的 T_g 就是对应反应谱曲线峰值的结构自振周期，这个周期与场地的振动卓越周期相符。所以，当结构自振周期与场地的卓越周期相等或相近时，地震反应最大。这种现象与结构在动荷载作用下的共振相似。因此，在结构抗震设计中，应使结构的自振周期远离场地的卓越周期，以避免发生类共振现象。

分析表明，虽然在每次地震中测得的地面加速度曲线各不相同，从外观上看极不规律，但根据它们绘制的动力系数反应谱曲线，却有其共同的特征，这就给应用反应谱曲线确定地震作用提供了可能性。从而，根据结构的自振周期 T，就可以很方便地求出动力系数 β 值。

但是，上面的加速度反应谱曲线是根据一次地震的地面加速度记录 $\ddot{x}_g(t)$ 绘制的。不同的地震记录会有不同的反应谱曲线，虽然它们有某些共同的特征，但仍有差别。在结构抗震设计中，不可能预知建筑物将遭到怎样的地面运动，因而也就无法知道 $\ddot{x}_g(t)$ 是怎样的变化曲线。因此，在建筑抗震设计中，只采用按某一次地震记录 $\ddot{x}_g(t)$ 绘制的反应谱曲线作为设计依据是没有意义的。

根据不同的地面运动记录的统计分析表明，场地的特性、震中距的远近，对反应谱曲线有比较明显的影响。例如，场地愈软，震中距愈远，曲线主峰位置愈向右移，曲线主峰也愈扁平。因此，应按场地类别、近震和远震分别绘出反应谱曲线，然后根据统计分析，从大量的反应谱曲线中找出每种场地和近、远震有代表性的平均反应谱曲线，作为设计用的标准反应谱曲线。

---

[1] 式（3-32）中 $\ddot{x}_g(t)$ 一般不能用简单的解析式表示，通常采用数值积分法用电子计算机计算。

3.12 《抗震规范》中地震影响系数 α 的含义是什么?

将上述地震系数 k 和动力系数 β 以其乘积 α 表示，α 就称为地震影响系数。

$$\alpha = k\beta \tag{3-33}$$

这样，式（3-28）可以写成

$$F_{Ek} = \alpha G \tag{3-34}$$

因为

$$\alpha = k\beta = \frac{|\ddot{x}_g|_{max}}{g}\frac{S_a}{|\ddot{x}_g|_{max}} = \frac{S_a}{g} \tag{3-35}$$

所以，地震影响系数 α 就是单质点弹性体系在地震时最大反应加速度（以重力加速度 g 为单位)。另一方面，若将式（3-34）写成 $\alpha = F_{Ek}/G$，则可以看出，地震影响系数乃是作用在质点上的地震作用与结构重力荷载代表值之比。

3.13 怎样确定地震影响系数 α 值?

地震影响系数 α 的数值应根据烈度、场地类别、设计地震分组以及结构自振周期和阻尼比确定:

(一) 当建筑结构阻尼比 $\zeta = 0.05$ 时[1]

当建筑结构阻尼比为 0.05 时，地震影响系数 α 值按图 3-8（a）采用。现将地震影响系数 α 曲线一些特征及有关系数取值说明如下:

1. 周期 $T \leqslant 0.1$s 区段：在这一区段 α 为线性上升段，$T = 0.1$s 时 $\alpha = \alpha_{max}$。

2. $0.1\text{s} \leqslant T \leqslant T_g$ 区段：在这一区段作了平滑处理，为安全计，这一段取水平线，即均按 α_{max} 取值。

其中 T_g 称为设计特征周期。其值应根据建筑物所在地区的地震环境确定。所谓地震环境，是指建筑物所在地区及周围可能发生地震的震源机制、震级大小、震中距远近以及建筑物所在地区的场地条件等。《中国地震动反应谱特征周期区划图 B1》给出了我国主要城镇Ⅱ类场地设计特征周期值，考虑到规范的延续性，《抗震规范》在它的基础上进行了调整，并补充了Ⅰ类、Ⅲ类和Ⅳ类场地的设计特征周期值。我国部分省市地震动反应谱特征周期（s）区划图参见图 3-9。为了表达方便起见，根据我国主要城镇设计特征周期数值大小将设计地震分为三组。这样，就可根据不同地区所属设计地震分组和场地类别确定设计特征周期了（见表 3-2)。

《抗震规范》附录 A 列出了我国主要城镇的设计地震分组。

---

[1] 除有专门规定外，建筑结构的阻尼比应取 0.05。

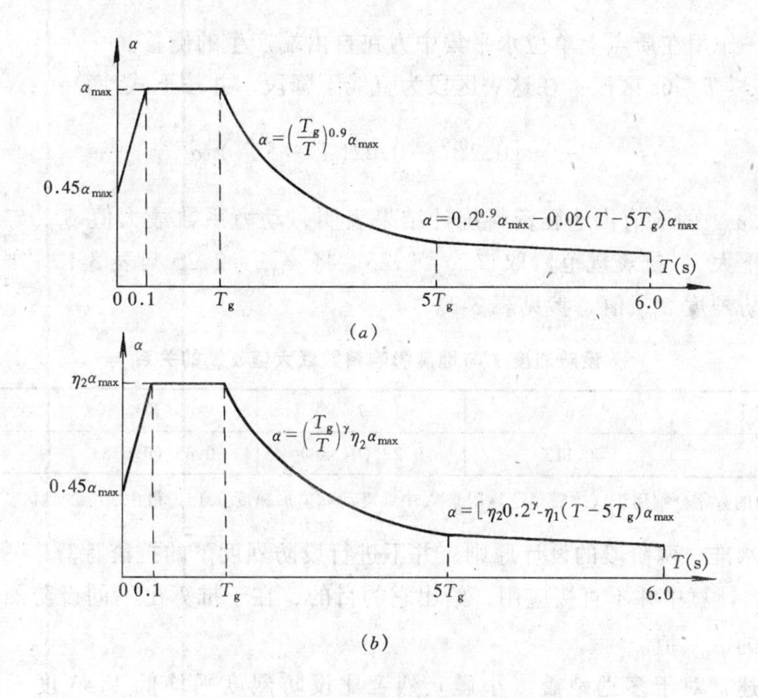

图 3-8 地震影响系数曲线

(*a*) 阻尼比 ζ 等于 0.05；(*b*) 阻尼比 ζ 不等于 0.05

特征周期 T_g 值 (s) **表 3-2**

设计地震分组	场地类别			
	Ⅰ	Ⅱ	Ⅲ	Ⅳ
第一组	0.25	0.35	0.45	0.65
第二组	0.30	0.40	0.55	0.75
第三组	0.35	0.45	0.65	0.90

注：为了避免处于不同场地分界附近的特征周期突变，《抗震规范》规定，当有可靠剪切波速和覆盖层厚度时，可采用插入法确定边界附近（指 15% 范围）的特征周期值。

3. $T_g \leqslant T \leqslant 5T_g$ 区段：在这一区段为曲线下降段，曲线呈双曲线变化：

$$\alpha = \left(\frac{T_g}{T}\right)^{0.9} \alpha_{max} \tag{3-36}$$

式中 α——地震影响系数；

T_g——特征周期 (s)；

T——单质点体系自振周期 (s)，按下式计算：

$$T = 2\pi\sqrt{\frac{G\delta}{g}} \tag{3-37}$$

式中 G——质点重力荷载代表值；

δ——作用在质点上单位水平集中力在自由端产生的侧移。

4．$5T_g \leqslant T \leqslant 6s$ 区段：在这一区段为直线下降段，并按下式计算：

$$\alpha = [0.2^{0.9} - 0.02(T - 5T_g)]\alpha_{max} \tag{3-38}$$

5．关于 α_{max}的取值：地震资料统计结果表明，动力系数最大值 β_{max}与地震烈度、地震环境影响不大，《抗震规范》取 $\beta_{max}=2.25$。将 $\beta_{max}=2.25$ 与表 3-1 所列 k 值相乘，便得出不同设防烈度 α_{max}值，参见表 3-3。

设防烈度 *I* 与地震影响系数最大值 α_{max}的关系 **表 3-3**

设防烈度 I	6	7	8	9
α_{max}	0.113	0.23（0.338）	0.45（0.675）	0.90

注：括号内的数字分别用于《抗震规范》附录 A 中地震动峰值加速度 $0.15g$ 和 $0.30g$ 的地区。

根据三水准、两阶段的设计原则，并不进行设防烈度下的抗震计算。因此，表 3-3 中 α_{max}值在抗震计算中并不直接应用，给出它的目的，在于推算出不同设防烈度下小震烈度和大震烈度的 α_{max}值。

如前所述，对于多遇地震（小震）烈度比设防烈度平均低 1.55 度。研究表明，其 α_{max}值比设防烈度时的小 1/2.82，故多遇地震时的 α_{max}可取表 3-3 中 α_{max}值的 1/2.82，按这个数值计算地震作用大体上相当于 1978 年《建筑抗震设计规范》的设计水准。罕遇地震（大震）时的 α_{max}值，分别大致取表 3-3 中相应 7、8、9 度的 α_{max}值的 2.13、1.88、1.56 倍。多遇地震和罕遇地震的 α_{max}值参见表 3-4。

水平地震影响系数最大值 α_{max} **表 3-4**

设防烈度 I	6	7	8	9
多遇地震	0.04	0.08（0.12）	0.16（0.24）	0.32
罕遇地震	—	0.50（0.72）	0.90（1.20）	1.40

注：表中括号内的数字分别用于《抗震规范》附录 A 中设计基本地震加速度 $0.15g$ 和 $0.30g$ 地区的建筑。

6．关于 $T=0$ 时，$\alpha=0.45\alpha_{max}$，因为 $\alpha=k\beta$，当 $T=0$ 时（即刚性体系），$\beta=1$（不放大），即 $\alpha=k\times1=k$，而 $\alpha_{max}=k\beta_{max}$

即
$$k = \frac{\alpha_{max}}{\beta_{max}}$$

由此
$$\alpha = k = \frac{\alpha_{max}}{\beta_{max}} = \frac{\alpha_{max}}{2.25} \approx 0.45\alpha_{max}$$

7．计算 8、9 度罕遇地震作用时，特征周期应增加 0.05s。

8．周期大于 6s 的建筑结构所采用的地震影响系数应专门研究。

（二）当建筑结构阻尼比不等于 0.05 时[1]

这时水平地震影响系数曲线按图 3-8（b）确定，但形状参数和阻尼调整系数应按下列规定调整：

---

[1] 在多遇地震作用下，对不超过 12 层的钢结构的阻尼比 ζ 可采用 0.035；超过 12 层的钢结构 ζ 可采用 0.02。

1. 曲线下降段的衰减指数，按下式确定：

$$\gamma = 0.9 + \frac{0.05 - \zeta}{0.5 + 5\zeta} \tag{3-39}$$

式中 γ——曲线下降段的衰减指数；

ζ——阻尼比。

2. 直线下降段的下降斜率调整系数，按下式确定：

$$\eta_1 = 0.02 + (0.05 - \zeta)\frac{1}{8} \tag{3-40}$$

式中 η_1——直线下降段的下降斜率调整系数，小于 0 时取 0；

3. 阻尼调整系数，按下式确定：

$$\eta_2 = 1 + \frac{0.05 - \zeta}{0.06 + 1.7\zeta} \tag{3-41}$$

η_2——阻尼调整系数，当小于 0.55 时，取 0.55。

3.14 怎样确定地震动峰值加速度？

地震动峰值加速度可按下述方法确定：首先由加速度反应谱求得峰值 $S_{a,max}$，然后根据式（3-30），即可求得地震峰值加速度，但注意式中各值应取最大值：

$$|\ddot{x}_g|_{max} = \frac{S_{a,max}}{\beta_{max}} \text{❶} \tag{3-42}$$

式中 $|\ddot{x}_g|_{max}$——地震动峰值加速度；

$S_{a,max}$——加速度反应谱峰值；

β_{max}——动力系数最大值。

3.15 怎样确定地震动反应谱特征周期

根据《中国地震动参数区划图》(GB 18306—2001）的定义，地震动反应谱特征周期是指，地震动加速度反应谱开始下降点的周期。另一方面，根据地震动资料表明，该周期也是地震动速度反应谱进入平台（速度反应谱峰值）点的周期❷。因此，地震动反应谱特征周期可按式（3-18b）计算，但注意式中 $\omega = \frac{2\pi}{T}$、S_v 和 S_a 应取最大值。

$$T_g = 2\pi\frac{S_{v,max}}{S_{a,max}} \tag{3-43}$$

式中 T_g——反应谱特征周期；

$S_{v,max}$——速度反应谱峰值；

$S_{a,max}$——加速度反应谱峰值。

地震动反应谱特征周期 T_g 也可由三坐标反应谱 $S_{a,max}$ 线段与 $S_{v,max}$ 线段的交点对应

---

❶ 地震动峰值加速度也可取 $T = 0$(即 $\beta = 1$) 直接按式(3-30) 计算。

❷ 参见参考文献 [20]。

的周期求得。

3.16 什么是多质点体系？

在实际工程中，除有些结构可以简化成单质点体系外，很多建筑结构，像多层和高层工业与民用建筑等，则应简化成多质点体系，这样才能得出比较切合实际的计算结果。

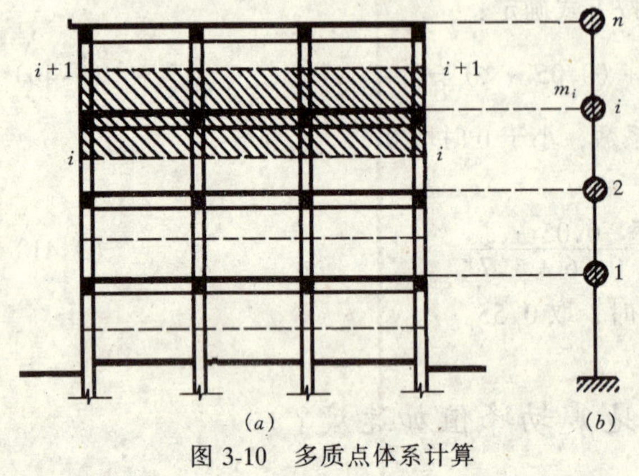

图 3-10 多质点体系计算

(a) 多层框架；(b) 多质点弹性体系

对于图 3-10 (a) 所示的多层框架结构，应按集中质量法将 $i-i$ 和 $(i+1)-(i+1)$ 之间的结构重力荷载、楼面和屋面可变荷载集中于楼面和屋面标高处。设它们的质量为 m_i ($i=1, 2, 3, \cdots, n$)，并假设这些质点由无重量的弹性直杆支承于地面上（图 3-10b）。这样，就可将多层框架结构简化成多质点弹性体系。一般说来具有 n 层的框架，可以简化成具有 n 个自由度的质点弹性体系。

3.17 怎样计算二个质点弹性体系的自由振动？

一、微分方程组的建立

图 3-11 表示二个质点体系作自由振动，m_1、m_2 分别为二个质点的集中质量，设在振动过程中某瞬时的位移分别为 $x_1(t)$ 和 $x_2(t)$，则作用在 m_1 和 m_2 上的惯性力分别为 $-m_1\ddot{x}_1(t)$ 和 $-m_2\ddot{x}_2(t)$。设不考虑阻尼的影响，根据叠加原理，可写出质点 m_1 和 m_2 的位移表达式：

$$\left.\begin{aligned} x_1(t) &= -m_1\ddot{x}_1(t)\delta_{11} - m_2\ddot{x}_2(t)\delta_{12} \\ x_2(t) &= -m_1\ddot{x}_1(t)\delta_{21} - m_2\ddot{x}_2(t)\delta_{22} \end{aligned}\right\} \quad (3\text{-}44)$$

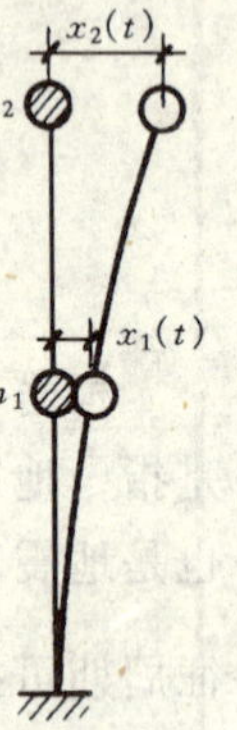

式中，δ_{ik}表示在 k 点作用一个单位力而在 i 点所引起的位移，它的大小反映结构的柔软程度，故称它为柔度系数。

图 3-11

在式 (3-44) 中，因为自变量和它们的二阶导数在两个方程中都出现，所以，它是一个微分方程组。现将式 (3-44) 写成标准形式：

$$\left.\begin{aligned} x_1(t) + m_1\ddot{x}_1(t)\delta_{11} + m_2\ddot{x}_2(t)\delta_{12} = 0 \\ x_2(t) + m_1\ddot{x}_1(t)\delta_{21} + m_2\ddot{x}_2(t)\delta_{22} = 0 \end{aligned}\right\} \quad (3\text{-}45)$$

这就是表示两个质点体系运动的微分方程组。它的每一项均表示位移，所以称它为自由振动位移方程。

二、微分方程组的解

现在讨论方程组 (3-45) 的解。我们知道，$x_1(t)$ 和 $x_2(t)$ 是质点位置和时间 t

的函数，故可将它们表示为：

$$\left.\begin{aligned} x_1(t) &= x(1)T(t) \\ x_2(t) &= x(2)T(t) \end{aligned}\right\} \tag{3-46a}$$

式中　x（1）、x（2）——分别为与质点 1 和 2 位置有关的函数；T（t）——时间 t 的函数。

而

$$\left.\begin{aligned} \ddot{x}_1(t) &= x(1)\ddot{T}(t) \\ \ddot{x}_2(t) &= x(2)\ddot{T}(t) \end{aligned}\right\} \tag{3-46b}$$

将式（3-46a）和（3-46b）代入式（3-45）得：

$$\left.\begin{aligned} x(1)T(t) + [m_1\delta_{11}x(1) + m_2\delta_{12}x(2)]\ddot{T}(t) = 0 \\ x(2)T(t) + [m_1\delta_{21}x(1) + m_2\delta_{22}x(2)]\ddot{T}(t) = 0 \end{aligned}\right\} \tag{3-47}$$

把上式改写成下面形式：

$$\frac{\ddot{T}(t)}{T(t)} = \frac{-x(1)}{m_1\delta_{11}x(1) + m_2\delta_{12}x(2)}$$

$$\frac{\ddot{T}(t)}{T(t)} = \frac{-x(2)}{m_1\delta_{21}x(1) + m_2\delta_{22}x(2)}$$

由上式不难看出，等号左右项分别是时间 t 和质点位置的函数，故只有等号两边都等于某一常数时上式才能成立。我们以 $-\omega^2$ 表示这一常数，于是得：

$$\ddot{T}(t) + \omega^2 T(t) = 0 \tag{3-48}$$

将式（3-48）代入（3-47），可得：

$$\left.\begin{aligned} \left(m_1\delta_{11} - \frac{1}{\omega^2}\right)x(1) + m_2\delta_{12}x(2) = 0 \\ m_1\delta_{21}x(1) + \left(m_2\delta_{22} - \frac{1}{\omega^2}\right)x(2) = 0 \end{aligned}\right\} \tag{3-49}$$

这是关于两个未知数 x（1）和 x（2）的齐次代数方程组。显然，x（1）$=x$（2）$=0$ 是一组解答。由式（3-46a）可知，这一组零解表示体系处于静止状态，而不发生振动，这不是我们需要的解。现在求 x（1）和 x（2）不同时为零时方程（3-49）的可能解。

根据克莱姆（Cramer）法则可得：

$$x(1) = \frac{\begin{vmatrix} 0 & m_2\delta_{12} \\ 0 & \left(m_2\delta_{22} - \frac{1}{\omega^2}\right) \end{vmatrix}}{\begin{vmatrix} \left(m_1\delta_{11} - \frac{1}{\omega^2}\right) & m_2\delta_{12} \\ m_1\delta_{21} & \left(m_2\delta_{22} - \frac{1}{\omega^2}\right) \end{vmatrix}}$$

$$x(2)=\frac{\begin{vmatrix}\left(m_1\delta_{11}-\frac{1}{\omega^2}\right) & 0\\ m_1\delta_{21} & 0\end{vmatrix}}{\begin{vmatrix}\left(m_1\delta_{11}-\frac{1}{\omega^2}\right) & m_2\delta_{12}\\ m_1\delta_{21} & \left(m_2\delta_{22}-\frac{1}{\omega^2}\right)\end{vmatrix}}$$

由上面 x（1）和 x（2）的表达式可见，它们的分子行列式无论在任何情况下都等于零，如果分母不为零，必导致 x（1）$=x$（2）$=0$，故欲求其不为零的解的必要条件是分母亦为零，即

$$D=\begin{vmatrix}\left(m_1\delta_{11}-\frac{1}{\omega^2}\right) & m_2\delta_{12}\\ m_1\delta_{21} & \left(m_2\delta_{22}-\frac{1}{\omega^2}\right)\end{vmatrix}=0$$

将上面行列式展开，得

$$m_1m_2(\delta_{11}\delta_{22}-\delta_{12}^2)\omega^4-(m_1\delta_{11}+m_2\delta_{22})\omega^2+1=0 \tag{3-50}$$

在式（3-50）中，质量 m_1、m_2 和柔度系数 δ_{11}、δ_{12}、δ_{21}和 δ_{22}均为常数，只有 ω 是未知数，故上式是一个关于 ω^2 的二次代数方程，它的解为：

$$\omega_{1,2}^2=\frac{(m_1\delta_{11}+m_2\delta_{22})\mp\sqrt{(m_1\delta_{11}+m_2\delta_{22})^2-4m_1m_2(\delta_{11}\delta_{22}-\delta_{12}^2)}}{2m_1m_2(\delta_{11}\delta_{22}-\delta_{12}^2)} \tag{3-51}$$

将上式开平方可得 ω 的两个正实根。其中较小的一个以 ω_1 表示；另一个以 ω_2 表示，将它们分别代入式（3-48），得

$$\ddot{T}_1(t)+\omega_1^2T_1(t)=0 \tag{3-52a}$$

和

$$\ddot{T}_2(t)+\omega_2^2T_2(t)=0 \tag{3-52b}$$

由单质点无阻尼自由振动可知，上两式的解分别为：

$$T_1(t)=a_1\sin(\omega_1t+\varphi_1) \tag{3-53a}$$

$$T_2(t)=a_2\sin(\omega_2t+\varphi_2) \tag{3-53b}$$

将式（3-53a）代入式（3-46a），可得质点 m_1 和 m_2 对应于 ω_1 的振动方程的特解：

$$\left.\begin{aligned}x_{11}(t)&=x_1(1)a_1\sin(\omega_1t+\varphi_1)=A_{11}\sin(\omega_1t+\varphi_1)\\x_{21}(t)&=x_1(2)a_1\sin(\omega_1t+\varphi_1)=A_{21}\sin(\omega_1t+\varphi_1)\end{aligned}\right\} \tag{3-54a}$$

将式（3-53b）代入式（3-46a）可得质点 m_1 和 m_2 对应于 ω_2 的振动方程的特解：

$$\left.\begin{aligned}x_{12}(t)&=x_2(1)a_2\sin(\omega_2t+\varphi_2)=A_{12}\sin(\omega_2t+\varphi_2)\\x_{22}(t)&=x_2(2)a_2\sin(\omega_2t+\varphi_2)=A_{22}\sin(\omega_2t+\varphi_2)\end{aligned}\right\} \tag{3-54b}$$

式中 ω_j——体系的第 j 频率；

x_{ij}（t）——当 $\omega=\omega_j$ 时质点 i 的位移；

x_j（i）——当 $\omega=\omega_j$ 时与质点 i 位置有关的函数；

A_{ij}——当 $\omega=\omega_j$ 时，质点 i 的振幅；

φ_j——相应于 ω_j 的初相角。

由式（3-54a）和（3-54b）可知，质点 m_1 和 m_2 均作简谐振动，而 ω_j 为其振动频率。因此，将确定 ω_j 的方程（3-50）叫做频率方程。由上可知，两个质点的体系，共有两个频率，其中较小者 ω_1 叫做第一频率或基本频率，较大者 ω_2 叫做第二频率。由频率方程（3-50）知道，ω_1 和 ω_2 的大小仅取决于体系的刚度和质量的分布情况，而与引起自由振动的初始条件无关。频率 ω_1 和 ω_2 是体系所固有的，故又叫做固有频率或自振频率。

三、什么是振型

现在我们分别讨论当固有频率 $\omega=\omega_1$ 和 $\omega=\omega_2$ 时，对应的特解的一些性质，最后引入主振型的概念。

如前所述，对应于 $\omega=\omega_1$ 的特解为：

$$\left.\begin{aligned}x_{11}(t) &= x_1(1)a_1\sin(\omega_1 t+\varphi_1)\\ x_{21}(t) &= x_1(2)a_1\sin(\omega_1 t+\varphi_1)\end{aligned}\right\}\tag{3-54a}$$

分析上式可以得出以下两点结论：

（1）质点 m_1 和 m_2 均按同一频率 ω_1 作同步振动，所谓同步就是各质点从同一相角 φ_1 开始，按同一频率作简谐振动，并且同时达到幅值；

（2）体系在振动过程中，两质点的位移比值 x_{21}（t）/x_{11}（t）是一个常数。

结论（1）是显然的，下面就结论（2）做些讨论。

将 $\omega=\omega_1$ 代入式（3-49），得

$$\left.\begin{aligned}\left(m_1\delta_{11}-\frac{1}{\omega_1^2}\right)x_1(1)+m_2\delta_{12}x_1(2) &= 0\\ m_1\delta_{21}x_1(1)+\left(m_2\delta_{22}-\frac{1}{\omega_1^2}\right)x_1(2) &= 0\end{aligned}\right\}\tag{3-55}$$

当体系振动时，上式的系数行列式应等于零，即

$$D=\begin{vmatrix}\left(m_1\delta_{11}-\dfrac{1}{\omega_1^2}\right) & m_2\delta_{12}\\ m_1\delta_{21} & \left(m_2\delta_{22}-\dfrac{1}{\omega_1^2}\right)\end{vmatrix}=0\tag{3-56}$$

根据齐次线性方程组性质可知，齐次方程组（3-55）中的两个方程并不是彼此独立的，其中一个方程可以从另一个方程用线性组合的方法得到。所以，两个方程实际上只起到一个方程的作用。即未知数的数目比方程的数目多一个。这时方程式只能有不定解，即只能假定其中的一个未知数等于某一定值时，才能从方程（3-55）中任一个方程求出另一个未知数。也就是说，只能从方程（3-55）中求出 x_1（2）和 x_1（1）的比值来：

$$\frac{x_1(2)}{x_1(1)}=\frac{-\left(m_1\delta_{11}-\dfrac{1}{\omega_1^2}\right)}{m_2\delta_{12}}=\frac{-m_1\delta_{21}}{\left(m_2\delta_{22}-\dfrac{1}{\omega_1^2}\right)}\tag{3-57}$$

显然，这一比值与时间 t 无关。于是，由式（3-54a）可见，体系在振动过程中的任何时刻各质点的位移的比值 $x_{21}(t)/x_{11}(t)$ 始终保持不变，且等于 $x_1(2)/x_1(1)$。

而对应于 $\omega=\omega_2$ 的特解为：

$$\left.\begin{aligned} x_{12}(t) &= x_2(1)a_2\sin(\omega_2 t + \varphi_2) \\ x_{22}(t) &= x_2(2)a_2\sin(\omega_2 t + \varphi_2) \end{aligned}\right\} \quad (3\text{-}54b)$$

由上式可见，质点 m_1 和 m_2 均按同一频率 ω_2 作同步的简谐振动。

同理，将 $\omega=\omega_2$ 代入式（3-49），也只能求出 x_2（2）和 x_2（1）的比值：

$$\frac{x_2(2)}{x_2(1)} = \frac{-\left(m_1\delta_{11} - \frac{1}{\omega_2^2}\right)}{m_2\delta_{12}} = \frac{-m_1\delta_{21}}{\left(m_2\delta_{22} - \frac{1}{\omega_2^2}\right)} \quad (3\text{-}58)$$

显然，这一比值也与时间 t 无关。体系按 ω_2 振动过程中，任何瞬时各质点的位移比值$x_{22}(t)/x_{12}(t)$也始终保持不变，且等于$x_2(2)/x_2(1)$。

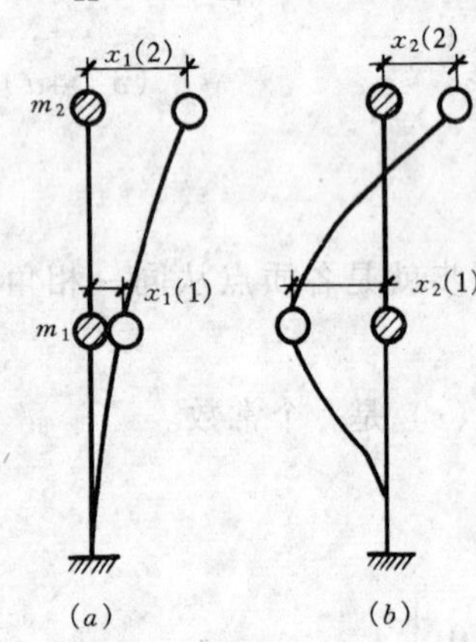

图 3-12

综上所述，对应于频率 ω_1 和 ω_2 微分方程组（3-45）的特解乃是对应于这样两种振动：前者各质点按$x_1(2)/x_1(1)$的比值作简谐振动；而后者各质点按$x_2(2)/x_2(1)$的比值作简谐振动。因此，它们在振动过程中，各自振动形式保持不变，而只改变其大小。我们将相应于 ω_1 的振动形式叫做第一主振型(简称第一振型或基本振型)；将相应于 ω_2 的振动形式叫做第二主振型（简称第二振型）。在实际计算中，绘振型曲线时，常令某一质点的位移等于1，另一质点的位移则可根据相应的比值确定。图 3-12（a）和图 3-12（b）分别为两个质点体系的第一振型和第二振型的示意图。

对于两个质点的振动体系而言，一般可求出两个互相独立的特解，故对应地就有两个主振型，它们也是体系所固有的一种特性。就每一个振型而言，只有在特定的初始条件下，振动才会呈现这种形式。下面我们来说明在什么样的初始条件下，体系才会按主振型振动。

当体系按第一主振型振动时，各质点的位移为：

$$\left.\begin{aligned} x_{11}(t) &= A_{11}\sin(\omega_1 t + \varphi_1) \\ x_{21}(t) &= A_{21}\sin(\omega_1 t + \varphi_1) \end{aligned}\right\} \quad (3\text{-}54a)$$

当体系按第二主振型振动时，各质点的位移为：

$$\left.\begin{aligned} x_{12}(t) &= A_{12}\sin(\omega_2 t + \varphi_2) \\ x_{22}(t) &= A_{22}\sin(\omega_2 t + \varphi_2) \end{aligned}\right\} \quad (3\text{-}54b)$$

体系按第一振型振动时，各质点的速度为：

$$\left.\begin{aligned} \dot{x}_{11}(t) &= A_{11}\omega_1\cos(\omega_1 t + \varphi_1) \\ \dot{x}_{21}(t) &= A_{21}\omega_1\cos(\omega_1 t + \varphi_1) \end{aligned}\right\} \quad (3\text{-}59a)$$

而当体系按第二振型振动时，各质点的速度为：

$$\left.\begin{aligned} \dot{x}_{12}(t) &= A_{12}\omega_2\cos(\omega_2 t + \varphi_2) \\ \dot{x}_{22}(t) &= A_{22}\omega_2\cos(\omega_2 t + \varphi_2) \end{aligned}\right\} \quad (3\text{-}59b)$$

当 $t=0$ 时，由式（3-54a）和式（3-54b）可知：

$$\frac{x_{21}(0)}{x_{11}(0)} = \frac{A_{21}}{A_{11}} = \frac{x_1(2)}{x_1(1)}$$

$$\frac{x_{22}(0)}{x_{12}(0)} = \frac{A_{22}}{A_{12}} = \frac{x_2(2)}{x_2(1)}$$

由式（3-59a）和（3-59b）可知：

$$\frac{\dot{x}_{21}(0)}{\dot{x}_{11}(0)} = \frac{A_{21}}{A_{11}} = \frac{x_1(2)}{x_1(1)}$$

$$\frac{\dot{x}_{22}(0)}{\dot{x}_{12}(0)} = \frac{A_{22}}{A_{12}} = \frac{x_2(2)}{x_2(1)}$$

由上面的关系式不难看出，当质点的初始位移 x_{ij}（0）或初始速度 $\dot{x}_{ij}$（0）的比值与某一主振型的比值相同时，体系才会按该振型振动。在一般初始条件下，体系的振动曲线，将包含全部振型。这一点可从微分方程组（3-45）的通解看到。由微分方程理论知道，通解等于各特解的线性组合，即

$$\left.\begin{aligned} x_1(t) &= A_{11}\sin(\omega_1 t + \varphi_1) + A_{12}\sin(\omega_2 t + \varphi_2) \\ x_2(t) &= A_{21}\sin(\omega_1 t + \varphi_1) + A_{22}\sin(\omega_2 t + \varphi_2) \end{aligned}\right\} \tag{3-60}$$

由上式可见，在一般初始条件下，任一质点的振动都是由各主振型的简谐振动叠加而成的复合振动。显然，如果初始条件接近某一振型时，则这个振型在组合中所占的分量就大。当初始条件分布完全符合某一振型时，则其他振型分量就不会产生。但是这是很难实现的。试验结果表明，振型愈高，衰减愈快。所以在一般初始条件下，体系作自由振动时，其中高振型只在振动初期才比较明显，以后逐渐衰减。

3.18 怎样计算多质点体系的自由振动？

一、按位移方程求解

现讨论多质点体系的自由振动。设质点的数目为 n，于是，n 个质点体系的自由振动位移方程可写作：

$$\left.\begin{aligned} x_1 + m_1\ddot{x}_1\delta_{11} + m_2\ddot{x}_2\delta_{12} + \cdots m_n\ddot{x}_n\delta_{1n} &= 0 \\ x_2 + m_1\ddot{x}_1\delta_{21} + m_2\ddot{x}_2\delta_{22} + \cdots m_n\ddot{x}_n\delta_{2n} &= 0 \\ \cdots\cdots\cdots\cdots\cdots\cdots\cdots\cdots\cdots\cdots\cdots \\ x_n + m_1\ddot{x}_1\delta_{n1} + m_2\ddot{x}_2\delta_{n2} + \cdots m_n\ddot{x}_n\delta_{nn} &= 0 \end{aligned}\right\} \tag{3-61a}$$

为了书写简洁，便于运算，将上式用矩阵形式表达：

$$\begin{Bmatrix} x_1 \\ x_2 \\ \vdots \\ x_n \end{Bmatrix} + \begin{bmatrix} \delta_{11} & \delta_{12} & \cdots & \delta_{1n} \\ \delta_{21} & \delta_{22} & \cdots & \delta_{2n} \\ \cdots & \cdots & \cdots & \cdots \\ \delta_{n1} & \delta_{n2} & \cdots & \delta_{nn} \end{bmatrix} \begin{bmatrix} m_1 & & & 0 \\ & m_2 & & \\ & & \ddots & \\ 0 & & & m_n \end{bmatrix} \begin{Bmatrix} \ddot{x}_1 \\ \ddot{x}_2 \\ \vdots \\ \ddot{x}_n \end{Bmatrix} = \begin{Bmatrix} 0 \\ 0 \\ \vdots \\ 0 \end{Bmatrix} \tag{3-61b}$$

或简写作：

$$\{X\}+[\delta][m]\{\ddot{X}\}=\{0\} \tag{3-61c}$$

式中　$\{X\}$ ——位移列向量；

$[\delta]$ ——柔度矩阵；

$[m]$ ——质量矩阵；

$\{\ddot{X}\}$ ——加速度列向量。

参照两个质点体系的情形。不难看出，式（3-61）的特解具有下面形式：

$$\{X\}=\{A\}\sin(\omega t+\varphi) \tag{3-62}$$

式中 $\{A\}$ 叫做振幅向量。它是体系按某一频率 ω 振动时 n 个质点的振幅依次排列的一个列向量。所以 $\{A\}$ 也就是对应该频率的振型。

将式（3-62）对时间 t 求二阶导数：

$$\frac{d^2}{dt^2}\{X\}=\{\ddot{X}\}=-\{A\}\omega^2\sin(\omega t+\varphi) \tag{3-63}$$

将式（3-62）代入上式，得

$$\{\ddot{X}\}=-\omega^2\{X\} \tag{3-64a}$$

将式（3-64a）代入式（3-61b），经简单运算后得：

$$\begin{bmatrix} \left(m_1\delta_{11}-\frac{1}{\omega^2}\right) & m_2\delta_{12} & \cdots & m_n\delta_{1n} \\ m_1\delta_{21} & \left(m_2\delta_{22}-\frac{1}{\omega^2}\right) & \cdots & m_n\delta_{2n} \\ \cdots & \cdots & \cdots & \cdots \\ m_1\delta_{n1} & m_2\delta_{n2} & \cdots & \left(m_n\delta_{nn}-\frac{1}{\omega^2}\right) \end{bmatrix} \begin{Bmatrix} x_1 \\ x_2 \\ \vdots \\ x_n \end{Bmatrix} = \begin{Bmatrix} 0 \\ 0 \\ \vdots \\ 0 \end{Bmatrix} \tag{3-64b}$$

式（3-64b）是个齐次线性代数方程组。它有非零解的充分必要条件是其系数行列式等于零，即

$$\begin{vmatrix} \left(m_1\delta_{11}-\frac{1}{\omega^2}\right) & m_2\delta_{12} & \cdots & m_n\delta_{1n} \\ m_1\delta_{21} & \left(m_2\delta_{22}-\frac{1}{\omega^2}\right) & \cdots & m_n\delta_{2n} \\ \cdots & \cdots & \cdots & \cdots \\ m_1\delta_{n1} & m_2\delta_{n2} & \cdots & \left(m_n\delta_{nn}-\frac{1}{\omega^2}\right) \end{vmatrix}=0 \tag{3-65a}$$

上式就是 n 个质点的频率方程，把它展开可得一个以频率平方为未知数的 n 次方程式。它的 n 个根就是 n 个自振频率的平方，如果将它们由小到大依次排列：ω_1，ω_2，…，ω_n，则 ω_1 称为第一频率或基本频率；其余的频率统称为高频率。对于某一频率，例如 ω_j，就称为第 j 频率。

若令：　　$m_i\delta_{ki}=a_{ki}$，　　$\lambda=1/\omega^2$

则式（3-64b）可写成：

$$\begin{bmatrix} (a_{11}-\lambda) & a_{12} & \cdots & a_{1n} \\ a_{21} & (a_{22}-\lambda) & \cdots & a_{2n} \\ \cdots & \cdots & \cdots & \cdots \\ a_{n1} & a_{n2} & \cdots & (a_{nn}-\lambda) \end{bmatrix} \begin{Bmatrix} x_1 \\ x_2 \\ \vdots \\ x_n \end{Bmatrix} = \begin{Bmatrix} 0 \\ 0 \\ \vdots \\ 0 \end{Bmatrix} \tag{3-65b}$$

或简写成：

$$([a]-\lambda[I])\{X\}=0 \tag{3-65c}$$

式中　$[I]$——单位矩阵；$[a]$——由元素 a_{ki} 所形成的方阵。

$$[a]=\begin{bmatrix} a_{11} & a_{12} & \cdots a_{1n} \\ a_{21} & a_{22} & \cdots a_{2n} \\ \cdots & \cdots & \cdots \\ a_{n1} & a_{n2} & \cdots a_{nn} \end{bmatrix} \tag{3-66}$$

而频率方程（3-65a）又可变为：

$$\begin{vmatrix} (a_{11}-\lambda) & a_{12} & \cdots & a_{1n} \\ a_{21} & (a_{22}-\lambda) & \cdots & a_{2n} \\ \cdots & \cdots & \cdots & \cdots \\ a_{n1} & a_{n2} & \cdots & (a_{nn}-\lambda) \end{vmatrix}=0 \tag{3-67}$$

式（3-67）叫做方阵 $[a]$ 的特征方程，而满足式（3-67）的 λ_j（$j=1，2，\cdots，n$）叫做方阵 $[a]$ 的特征根。将 λ_j 代入式（3-65b）解出的 $\{X\}_j$ 叫做方阵 $[a]$ 的与 λ_j 对应的特征向量，即第 j 振型。

二、按动力平衡方程求解

在求体系的自振频率和振型时，除了应用位移方程求解外，也常常采用动力平衡方程来求解。下面我们首先推导动力平衡方程式。

将位移方程（3-61c）：

$$\{X\}+[\delta][m]\{\ddot{X}\}=\{0\}$$

的各项左乘以柔度矩阵的逆阵 $[\delta]^{-1}$，经简化后得：

$$[m]\{\ddot{X}\}+[\delta]^{-1}\{X\}=\{0\} \tag{3-68a}$$

令 $[\delta]^{-1}=[k]$，则上式可进一步写成：

$$[m]\{\ddot{X}\}+[k]\{X\}=\{0\} \tag{3-68b}$$

对于两个质点体系情形（图 3-13a），上式可以写得更具体一些：

$$\begin{bmatrix} m_1 & 0 \\ 0 & m_2 \end{bmatrix}\begin{Bmatrix} \ddot{x}_1 \\ \ddot{x}_2 \end{Bmatrix}+\begin{bmatrix} k_{11} & k_{12} \\ k_{21} & k_{22} \end{bmatrix}\begin{Bmatrix} x_1 \\ x_2 \end{Bmatrix}=\begin{Bmatrix} 0 \\ 0 \end{Bmatrix} \tag{3-68c}$$

我们来分析一下矩阵 $[k]$ 中各元素的物理意义。为此，将式（3-68c）展开，

$$\left.\begin{aligned} m_1\ddot{x}_1+k_{11}x_1+k_{12}x_2=0 \\ m_2\ddot{x}_2+k_{21}x_1+k_{22}x_2=0 \end{aligned}\right\} \tag{3-68d}$$

不难看出，上列方程组的第一个方程表示质点 m_1 的振动方程；第二个方程表示质点 m_2 的振动方程。每个方程的第一项表示作用在相应质点上的惯性力；第二和第三项之和表示作用在相应质点上的弹性恢复力。若用 S_1 和 S_2 分别表示作用在质点 m_1 和 m_2 上的

恢复力，则有

$$S_1 = k_{11}x_1 + k_{12}x_2$$
$$S_2 = k_{21}x_1 + k_{22}x_2$$

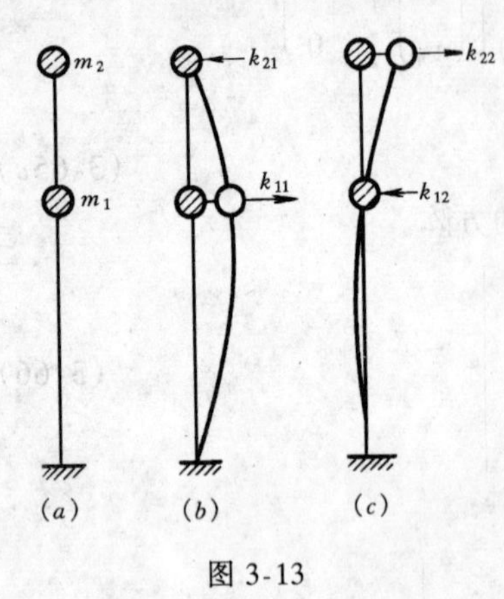

图 3-13

实际上，k_{11}等于当 $x_1=1$，$x_2=0$ 时作用在质点 m_1 上的恢复力，也就是当质点 m_2 不发生位移，而质点 m_1 产生单位位移，在质点 m_1 处所施加的力；而 k_{21}是在上述情况下，在质点 m_2 处所产生的弹性反力（图 3-13b）。同理，k_{22}是当 $x_2=1$，$x_1=0$ 时，在 m_2 处所施加的力；而 k_{12}是在上述情况下，在质点 m_1 处所产生的弹性反力（图 3-13c）。

因为 k_{ij}值反应了结构的刚度大小，所以称它为刚度系数。由刚度系数所组成的矩阵叫做刚度矩阵。因为 $[k] = [\delta]^{-1}$，所以刚度矩阵等于柔度矩阵的逆矩阵。

平衡方程式（3-68）表示质点处于假想平衡状态，故称式（3-68）为动力平衡方程。

现在来说明如何根据动力平衡方程求体系的自振频率和振型。

我们来考察动力平衡方程（3-68b）：

$$[m]\{\ddot{X}\} + [k]\{X\} = \{0\}$$

显然，它的解也是正弦或余弦函数，故有 $\{\ddot{X}\} = -\omega^2\{X\}$，代入上式得

$$[k]\{X\} = \omega^2[m]\{X\} \tag{3-69a}$$

如果将上式左乘以 $[m]^{-1}$，则可写成：

$$[m]^{-1}[k]\{X\} = \omega^2[m]^{-1}[m]\{X\}$$

或

$$[a]\{X\} = \omega^2\{X\} \tag{3-69b}$$

其中矩阵：

$$[a] = [m]^{-1}[k]$$

而

$$[m]^{-1} = \begin{bmatrix} \frac{1}{m_1} & & & \\ & \frac{1}{m_2} & 0 & \\ & & \ddots & \\ 0 & & & \frac{1}{m_n} \end{bmatrix}$$

和

$$[k] = \begin{bmatrix} k_{11} & k_{12} & \cdots & k_{1n} \\ k_{21} & k_{22} & \cdots & k_{2n} \\ \cdots & \cdots & \cdots & \cdots \\ k_{n1} & k_{n2} & \cdots & k_{nn} \end{bmatrix}$$

于是矩阵 $[a]$ 等于：

$$[a]=\begin{bmatrix}\frac{k_{11}}{m_1} & \frac{k_{12}}{m_1} & \cdots & \frac{k_{1n}}{m_1}\\ \frac{k_{21}}{m_2} & \frac{k_{22}}{m_2} & \cdots & \frac{k_{2n}}{m_2}\\ \cdots & \cdots & \cdots & \cdots\\ \frac{k_{n1}}{m_n} & \frac{k_{n2}}{m_n} & \cdots & \frac{k_{nn}}{m_n}\end{bmatrix}=\begin{bmatrix}a_{11} & a_{12} & \cdots & a_{1n}\\ a_{21} & a_{22} & \cdots & a_{2n}\\ \cdots & \cdots & \cdots & \cdots\\ a_{n1} & a_{n2} & \cdots & a_{nn}\end{bmatrix} \tag{3-66}^*$$

其中
$$a_{\mathrm{k}i}=\frac{k_{\mathrm{k}i}}{m_{\mathrm{k}}}$$

将式（3-66）* 代入式（3-69b），并令 $\omega^2=\lambda$，则得

$$\begin{bmatrix}(a_{11}-\lambda) & a_{12} & \cdots & a_{1n}\\ a_{21} & (a_{22}-\lambda) & \cdots & a_{2n}\\ \cdots & \cdots & \cdots & \cdots\\ a_{n1} & a_{n2} & \cdots & (a_{nn}-\lambda)\end{bmatrix}\begin{Bmatrix}x_1\\ x_2\\ \vdots\\ x_n\end{Bmatrix}=\begin{Bmatrix}0\\ 0\\ \vdots\\ 0\end{Bmatrix} \tag{3-65b}^*$$

或简写为

$$([a]-\lambda[I])\{X\}=\{0\} \tag{3-65c}^*$$

式（3-65c）* 也是一个齐次线性代数方程组，它有非零解的充分和必要条件是对应矩阵（$[a]-\lambda[I]$）的行列式等于零，即

$$|[a]-\lambda[I]|=0 \tag{3-67}^*$$

上式就是特征方程。求得特征根 λ_j（$j=1, 2\cdots n$）后，相应的频率即可按下式求得：

$$\omega_j=\sqrt{\lambda_j}\quad(j=1,2,\cdots,n)$$

求得 λ_j 后，将 λ_j 代入方程（3-67）* 便可求得与 λ_j 相应的特征向量 $\{X\}_j$，即第 j 振型。

这里需要注意的是，式（3-66）* 和式（3-66）所表示的矩阵［a］的意义是不同的。前者的元素 $a_{\mathrm{k}i}=k_{\mathrm{k}i}/m_{\mathrm{k}}$；而后者 $a_{\mathrm{k}i}=m_i\delta_{\mathrm{k}i}$，同时式（3-65$b$）* 中 $\lambda=\omega^2$；而式（3-65b）中 $\lambda=1/\omega^2$，不要混淆。

自由振动位移方程（3-61c）和动力平衡方程（3-68b）都是表示多质点体系运动规律的。只是表达形式不同而已。在结构动力分析中，采用那一个方程计算，应视确定 $\delta_{\mathrm{k}i}$ 和 $k_{\mathrm{k}i}$ 何者方便而定。

最后，我们提一下多质点体系振动方程的通解问题。因为 n 个质点的体系共有 n 个自振频率，因而也就具有 n 个振型。任一质量 m_i 的振动，都是由对应于每一频率的简谐振动叠加而成的复杂的振动，故方程的通解可表示为：

$$x_i=\sum_{j=1}^{n}A_j(i)\sin(\omega_j t+\varphi_j)\quad(i=1,2,\cdots,n) \tag{3-70}$$

3.19 什么是主振型的正交性？

对于多质点弹性体系而言，它的不同的两个主振型之间，存在着一个重要的特性，即

主振型的正交性。在体系的动力计算中，经常要利用这个特性。

一、主振型关于质量矩阵的正交性

主振型关于质量矩阵的正交性，用数学形式表达的条件就是

$$\{X\}_j^{\mathrm{T}}[m]\{X\}_{\mathrm{k}}=0 \quad (k \neq j) \tag{3-71}$$

式中 $\{X\}_j^{\mathrm{T}}$——与 λ_j 相应的特征向量，即第 j 振型；

$[m]$ ——质量矩阵；

$\{X\}_{\mathrm{k}}$——与 λ_{k} 相应的特征向量，即第 k 振型。

为了便于说明主振型正交条件（3-71）的物理意义，我们将式（3-71）改写成

$$\sum_{i=1}^{n} m_i x_{i\mathrm{k}} x_{ij}=0 \quad (k \neq j) \tag{3-72}$$

式中 m_i——质点 i 的质量；

$x_{i\mathrm{k}}$、x_{ij}——分别为第 k 振型和第 j 振型 i 点的位移（图 3-14）。

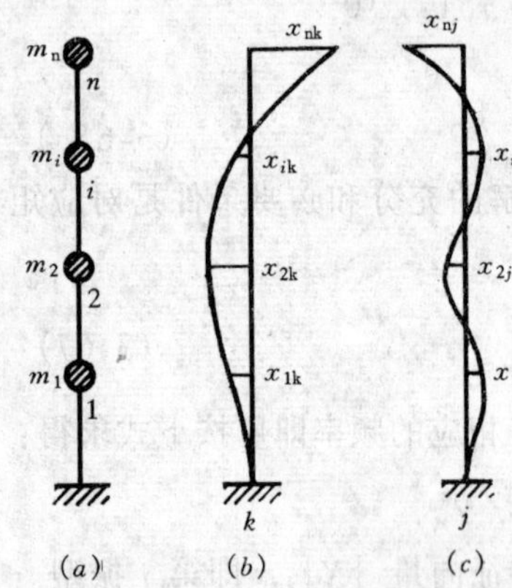

图 3-14

(a) 多质点体系；(b) 第 j 振型；(c) 第 k 振型

由式（3-72）可见，所谓主振型关于质量矩阵的正交性是指这样一种性质：两个不同的主振型对应位置上的质点位移相乘，再乘以该质点的质量，然后将各质点求出的上述乘积作代数和，其值应等于零。

下面证明主振型正交条件（3-71）。

设振动体系的特征方程（3-67）* 的第 k 个特征根为 λ_{k}，将它代入动力平衡方程（3-69a），并注意关系式，$\omega_{\mathrm{k}}^2=\lambda_{\mathrm{k}}$，于是得到：

$$[k]\{X\}_{\mathrm{k}}=\lambda_{\mathrm{k}}[m]\{X\}_{\mathrm{k}} \tag{3-73}$$

将上式左乘 $\{X\}_j^{\mathrm{T}}$ 得：

$$\{X\}_j^{\mathrm{T}}[k]\{X\}_{\mathrm{k}}=\lambda_{\mathrm{k}}\{X\}_j^{\mathrm{T}}[m]\{X\}_{\mathrm{k}} \tag{3-74}$$

类似地，将第 j 个特征根 λ_j 代入式（3-69a）则有：

$$k\{X\}_j=\lambda_j[m]\{X\}_j \tag{3-75}$$

将上式左乘以 $\{X\}_{\mathrm{k}}^{\mathrm{T}}$ 得：

$$\{X\}_{\mathrm{k}}^{\mathrm{T}}[k]\{X\}_j=\lambda_j\{X\}_{\mathrm{k}}^{\mathrm{T}}[m]\{X\}_j \tag{3-76}$$

将式（3-76）等号两边矩阵转置，并注意对称矩阵转置后仍为原矩阵，即 $[k]^{\mathrm{T}}=[k]$，$[m]^{\mathrm{T}}=[m]$，所以，

$$\{X\}_j^{\mathrm{T}}[k]\{X\}_{\mathrm{k}}=\lambda_j\{X\}_j^{\mathrm{T}}[m]\{X\}_{\mathrm{k}} \tag{3-77}$$

式（3-74）减式（3-77），经整理后得

$$(\lambda_{\mathrm{k}}-\lambda_j)\{X\}_j^{\mathrm{T}}[m]\{X\}_{\mathrm{k}}=0 \tag{3-78}$$

因为 $\lambda_{\mathrm{k}} \neq \lambda_j$，则有

$$\{X\}_j^{\mathrm{T}}[m]\{X\}_{\mathrm{k}} = 0 \tag{3-71}$$

这就是要证明的主振型正交条件，因为上式中包含矩阵［m］，故条件（3-72）常称为主振型关于质量矩阵的正交性。

下面我们来分析主振型关于质量矩阵的正交性的物理意义。

设体系以第 j 振型作自由振动，那么作用在质点上的惯性力将是 ω_j^2［m］$\{X\}_i$，它在另一个振型 $\{X\}_{\mathrm{k}}$ 上所做的功为：

$$\omega_j^2\{X\}_j^{\mathrm{T}}[m]\{X\}_{\mathrm{k}}$$

由正交条件（3-72）知，上式等于零。这就是说，某一振型在振动过程中在其他振型上不做功，所以它的动能就不会转移到别的振型上去，即它不会引起别的振型振动。这也就是前面所说的，如果体系作自由振动时，它的初始位移或初始速度完全符合某一振型时，则体系始终保持按这一振型振动。

二、主振型关于刚度矩阵的正交性

若将式（3-71）代入式（3-74），又可得到

$$\{X\}_j^{\mathrm{T}}[k]\{X\}_{\mathrm{k}} = 0 \tag{3-79}$$

这个关系式就叫做主振型关于刚度矩阵的正交性。条件（3-79）的物理意义解释如下：

矩阵［k］和 $\{X\}_{\mathrm{k}}$ 相乘是第 k 振型上各质点处的弹性恢复力，而 $\{X\}_j^{\mathrm{T}}$［k］$\{X\}_{\mathrm{k}}$ 则表示该弹性恢复力在第 j 振型上所做的功。由于它等于零，所以，体系按某一振型振动时，它的位能也不会转移到别的振型上去。

上面我们讨论了当 $k \neq j$ 时，主振型之间存在正交条件。现在来分析 $k=j$ 时的情形。很明显，这时 $\{X\}_{\mathrm{k}}^{\mathrm{T}}$［$m$］$\{X\}_{\mathrm{k}}$ 是一个数值，令它等于 M_{k}，即

$$\{X\}_{\mathrm{k}}^{\mathrm{T}}[m]\{X\}_{\mathrm{k}} = M_{\mathrm{k}} \tag{3-80}$$

其中，M_{k} 与质量有许多相似的特点，故称它为第 k 振型的广义质量。

类似地，有

$$\{X\}_{\mathrm{k}}^{\mathrm{T}}[k]\{X\}_{\mathrm{k}} = K_{\mathrm{k}} \tag{3-81}$$

其中，K_{k} 与体系的刚度有许多相似的特点，故称它为第 k 振型的广义刚度。

3.20 什么是振型矩阵、广义质量和广义刚度？

对于 n 个质点的振动体系，如果将所求得的主振型从左至右依次排列，形成一个 $n \times n$ 阶方阵，则这个方阵就叫做振型矩阵，用［P］表示，并按列形成分块矩阵。

$$[P] = \begin{bmatrix} x_{11} & x_{12} & \cdots & x_{1n} \\ x_{21} & x_{22} & \cdots & x_{2n} \\ \vdots & \vdots & & \vdots \\ x_{n1} & x_{n2} & \cdots & x_{nn} \end{bmatrix} = [\{X\}_1\{X\}_2\cdots\{X\}_n] \tag{3-82}$$

将振型矩阵 $[P]$ 转置，并按行组成分块矩阵：

$$[P]^{\mathrm{T}} = \begin{bmatrix} x_{11} & x_{21} & \cdots & x_{n1} \\ \hdashline x_{12} & x_{22} & \cdots & x_{n2} \\ \hdashline \cdots & \cdots & \cdots & \cdots \\ \hdashline x_{1n} & x_{2n} & & x_{nn} \end{bmatrix} = \begin{Bmatrix} \{X\}_1^{\mathrm{T}} \\ \{X\}_2^{\mathrm{T}} \\ \vdots \\ \{X\}_n^{\mathrm{T}} \end{Bmatrix} \tag{3-83}$$

于是

$$[P]^{\mathrm{T}}[m][P] = \begin{Bmatrix} \{X\}_1^{\mathrm{T}} \\ \{X\}_2^{\mathrm{T}} \\ \vdots \\ \{X\}_n^{\mathrm{T}} \end{Bmatrix} [m][\{X\}_1\{X\}_2\cdots\{X\}_n]$$

$$= \begin{Bmatrix} \{X\}_1^{\mathrm{T}}[m]\{X\}_1 & \{X\}_1^{\mathrm{T}}[m]\{X\}_2\cdots\{X\}_1^{\mathrm{T}}[m]\{X\}_n \\ \{X\}_2^{\mathrm{T}}[m]\{X\}_1 & \{X\}_2^{\mathrm{T}}[m]\{X\}_2\cdots\{X\}_2^{\mathrm{T}}[m]\{X\}_n \\ \cdots\cdots & \\ \{X\}_n^{\mathrm{T}}[m]\{X\}_1 & \{X\}_n^{\mathrm{T}}[m]\{X\}_2\cdots\{X\}_2^{\mathrm{T}}[m]\{X\}_n \end{Bmatrix} \tag{3-84}$$

式（3-84）中非对角线项 $\{X\}_j^{\mathrm{T}}[m]\{X\}_{\mathrm{k}}$ 因正交均等于零；而主对角线项 $\{X\}_j^{\mathrm{T}}[m]\{X\}_j$ 为第 j 主振型的广义质量，于是式（3-84）变成：

$$[P]^{\mathrm{T}}[m][P] = \begin{bmatrix} M_1 & & & \\ & M_2 & 0 & \\ & 0 & \ddots & \\ & & & M_n \end{bmatrix} = [M] \tag{3-85}$$

应当注意，这里的 M_j 是第 j 振型的广义质量，不要和振动体系的第 i 个质量 m_i 相混淆。

不难证明：

$$[P]^{\mathrm{T}}[k][P] = \begin{bmatrix} K_1 & & & \\ & K_2 & 0 & \\ & 0 & \ddots & \\ & & & K_n \end{bmatrix} = [K] \tag{3-86}$$

同样，也应注意，这里的 K_j 是第 j 振型的广义刚度，而不要和振动体系的刚度系数 k_{ij} 相混淆。

3.21 怎样按振型分解法分析多质点自由振动？

我们来考察多质点体系的动力平衡方程（3-68b）：

$$[m]\{\ddot{X}\}+[k]\{X\}=\{0\}$$

把它写得具体一些，则

$$\begin{bmatrix} m_1 & & & \\ & m_2 & 0 & \\ & 0 & \ddots & \\ & & & m_n \end{bmatrix}\begin{Bmatrix} \ddot{x}_1 \\ \ddot{x}_2 \\ \vdots \\ \ddot{x}_n \end{Bmatrix}+\begin{bmatrix} k_{11} & k_{12} & \cdots & k_{1n} \\ k_{21} & k_{22} & \cdots & k_{2n} \\ \cdots\cdots & & & \\ k_{n1} & k_{n2} & \cdots & k_{nn} \end{bmatrix}\begin{Bmatrix} x_1 \\ x_2 \\ \vdots \\ x_n \end{Bmatrix}=\begin{Bmatrix} 0 \\ 0 \\ \vdots \\ 0 \end{Bmatrix} \tag{3-87}$$

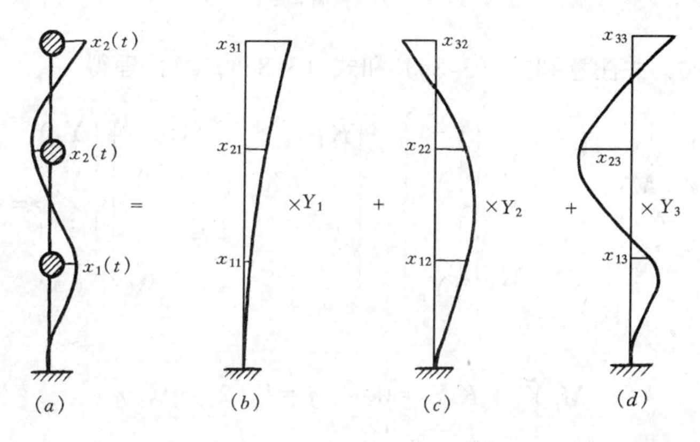

图 3-15

这是一个由 n 个方程式组成的微分方程组。当 $n>3$ 时，如采用前述解特征方程的方法求解，将遇到许多困难。如前所述，为了简化计算起见，在抗震计算中，通常将它简化成 n 个独立的单质点体系的振动微分方程来求解。然后应用振型组合的方法对结构进行计算。

下面就来讨论如何将上面的微分方程组简化成独立的微分方程。

设向量 $\{X\}$ 是微分方程组的解。我们通过振型矩阵进行坐标变换：

设
$$\{X\}=[P]\{Y\} \tag{3-88}$$

式中 $\{X\}$ ——多质点体系的质点的位移向量，即原坐标；

$[P]$ ——振型矩阵；

$\{Y\}$ ——体系质点的新坐标或广义坐标。

为了叙述简明起见，今以三个质点的体系为例说明式（3-88）的意义。对于具有三个质点的体系，式（3-88）可写成（图 3-15）：

$$\begin{Bmatrix} x_1 \\ x_2 \\ x_3 \end{Bmatrix}=\begin{bmatrix} x_{11} & x_{12} & x_{13} \\ x_{21} & x_{22} & x_{23} \\ x_{31} & x_{32} & x_{33} \end{bmatrix}\begin{Bmatrix} Y_1 \\ Y_2 \\ Y_3 \end{Bmatrix}=\begin{Bmatrix} x_{11} \\ x_{21} \\ x_{31} \end{Bmatrix}Y_1+\begin{Bmatrix} x_{12} \\ x_{22} \\ x_{32} \end{Bmatrix}Y_2+\begin{Bmatrix} x_{13} \\ x_{23} \\ x_{33} \end{Bmatrix}Y_3 \tag{3-89}$$

其中列向量元素 x_i 是质点 i 的位移，它是时间 t 的函数。当时间 t 确定后，x_i 就确定了。我们将它叫做质点的原坐标。振型矩阵的每一列阵是特征向量，它可自特征方程求出特征根，再代回振动方程解得，而新坐标 Y_i 是待求的未知量。如果原坐标和特征向量已知，则新坐标即可由式（3-89）求得。反之，如果新坐标 Y_i 已知，则由式（3-89）也可求出原坐标 x_i。这说明通过式（3-89）可以把解原坐标 x_i 转化成解新坐标 Y_i 的问题，即线性代数中标准的线性变换问题。

将式（3-88）对时间求二阶导数：

$$\{\ddot{X}\} = [P]\{\ddot{Y}\} \tag{3-90}$$

并把式（3-88）和式（3-90）代入式（3-68b），得

$$[m][P]\{\ddot{Y}\} + [k][P]\{Y\} = \{0\} \tag{3-91}$$

以 $[P]^{T}$ 左乘上式，并注意到式（3-85）和式（3-86），经整理得

$$\begin{bmatrix} M_1 & & & \\ & M_2 & & 0 \\ 0 & & \ddots & \\ & & & M_n \end{bmatrix} \begin{Bmatrix} \ddot{Y}_1 \\ \ddot{Y}_2 \\ \vdots \\ \ddot{Y}_n \end{Bmatrix} + \begin{bmatrix} K_1 & & & \\ & K_2 & & 0 \\ 0 & & \ddots & \\ & & & K_n \end{bmatrix} \begin{Bmatrix} Y_1 \\ Y_2 \\ \vdots \\ Y_n \end{Bmatrix} = \begin{Bmatrix} 0 \\ 0 \\ \vdots \\ 0 \end{Bmatrix} \tag{3-92}$$

或

$$M_j \ddot{Y}_j + K_j Y_j = 0 \quad (j = 1, 2, \cdots, n) \tag{3-93a}$$

$$\ddot{Y}_j + \omega_j^2 Y_j = 0 \tag{3-93b}$$

式中 M_j——第 j 振型的广义质量；

K_j——第 j 振型的广义刚度；

Y_j、$\ddot{Y}_j$——第 j 振型的广义坐标及其对时间的二阶导数；

ω_j^2——对应第 j 振型的振动频率，它等于广义刚度 K_j 除以广义质量 M_j，即

$$\omega_j^2 = \frac{K_j}{M_j} \tag{3-94}$$

式（3-94）是容易证明的。由动力平衡方程：

$$[k]\ \{X\}_j = \lambda_j\ [m]\ \{X\}_j$$

将上式左乘以 $\{X\}_j^{T}$，则有

$$\{X\}_j^{T}\ [k]\ \{X\}_j = \lambda_j\ \{X\}_j^{T}\ [m]\ \{X\}_j$$

于是

$$K_j = \lambda_j M_j$$

或

$$\omega_j^2 = \frac{K_j}{M_j}$$

这样，我们将原来的微分方程组，通过坐标变换，简化成 n 个独立的关于广义坐标 Y_j 的单质点 M_j 的振动方程（3-93b）。于是，对于单质点自由振动微分方程的解答这里全

部适用。所以，式（3-93b）的解可写成［参见式（3-8），这里是无阻尼振动，故 $\zeta=0$］如下形式：

$$Y_j = Y_j(0)\cos\omega_j t + \frac{\dot{Y}_j(0)}{\omega_j}\sin\omega_j t \tag{3-95}$$

其中，$Y_j(0)$ 和 $\dot{Y}_j(0)$ 分别为第 j 个广义坐标的初始位移和初始速度，其值可根据给定的原坐标的初始位移列向量 $\{X(0)\}$ 和初始速度列向量 $\{\dot{X}(0)\}$，分别按下式求得：

$$\{Y(0)\} = [P]^{-1}\{X(0)\} \tag{3-96a}$$

$$\{\dot{Y}(0)\} = [P]^{-1}\{\dot{X}(0)\} \tag{3-96b}$$

求出广义坐标向量 $\{Y\}$ 后，原坐标向量即可由式（3-88）求得：

$$\{X\} = [P]\{Y\}$$

3.22 怎样计算多质点体系地震反应？

一、振动方程组的建立

图 3-16 表示多质点弹性体系在地震作用下的变位情形。其中 $x_g(t)$ 表示地面的水平位移，$x_i(t)$ 表示质点 i 相对位移反应。我们来建立第 i 质点的运动方程。作用在质点 i 上的力有：

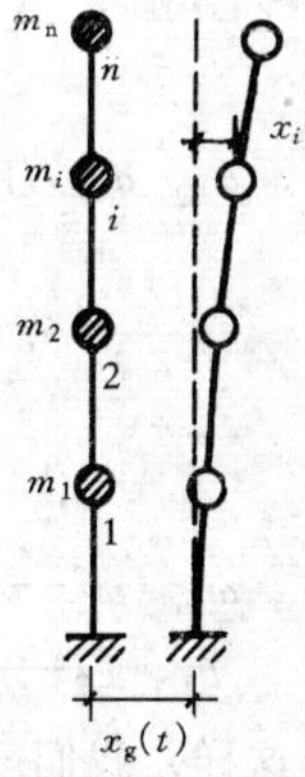

图 3-16

弹性恢复力：

$$S_i = -(k_{i1}x_1 + k_{i2}x_2 + \cdots + k_{in}x_n) = -\sum_{r=1}^{n} k_{ir}x_r \quad (i = 1,2,\cdots,n) \tag{3-97}$$

阻尼力：

$$R_i = -(c_{i1}\dot{x}_1 + c_{i2}\dot{x}_2 + \cdots + c_{in}\dot{x}_n) = -\sum_{r=1}^{n} c_{ir}x_r \quad (i = 1,2,\cdots,n) \tag{3-98}$$

式中　k_{ir}——第 r 点产生单位位移，其余点不动，在 i 点产生的弹性反力；

c_{ir}——第 r 点产生单位速度，其余点不动，在 i 点产生的阻尼力。

根据牛顿第二定律建立运动微分方程：

$$m_i(\ddot{x}_0 + \ddot{x}_i) = -\sum_{r=1}^{n} k_{ir}x_r - \sum_{r=1}^{n} c_{ir}\dot{x}_r \quad (i = 1,2,\cdots,n) \tag{3-99}$$

将上式整理后得：

$$m_i\ddot{x}_i + \sum_{r=1}^{n} k_{ir}x_r + \sum_{r=1}^{n} c_{ir}\dot{x}_r = -m_i\ddot{x}_g \quad (i = 1,2,\cdots,n) \tag{3-100}$$

上式就是多质点弹性体系在地震作用下的运动微分方程组。它的矩阵形式为：

$$\begin{bmatrix} m_1 & & & \\ & m_2 & & 0 \\ & & \ddots & \\ 0 & & & m_n \end{bmatrix} \begin{Bmatrix} \ddot{x}_1 \\ \ddot{x}_2 \\ \vdots \\ \ddot{x}_n \end{Bmatrix} + \begin{bmatrix} c_{11} & c_{12} & \cdots & c_{1n} \\ c_{21} & c_{22} & \cdots & c_{2n} \\ & \cdots\cdots & & \\ c_{n1} & c_{n2} & & c_{nn} \end{bmatrix} \begin{Bmatrix} \dot{x}_1 \\ \dot{x}_2 \\ \vdots \\ \dot{x}_n \end{Bmatrix} + \begin{bmatrix} k_{11} & k_{12} & \cdots & k_{1n} \\ k_{21} & k_{22} & \cdots & k_{2n} \\ & \cdots\cdots & & \\ k_{n1} & k_{n2} & & k_{nn} \end{bmatrix} \begin{Bmatrix} x_1 \\ x_2 \\ \vdots \\ x_n \end{Bmatrix}$$

$$= -\ddot{x}_g \begin{bmatrix} m_1 & & & \\ & m_2 & & 0 \\ & & \ddots & \\ 0 & & & m_n \end{bmatrix} \begin{Bmatrix} 1 \\ 1 \\ \vdots \\ 1 \end{Bmatrix} \tag{3-101a}$$

或简写成

$$[m]\{\ddot{X}\} + [C]\{\dot{X}\} + [k]\{X\} = -\ddot{x}_0\,[m]\{1\} \tag{3-101b}$$

其中，$[m]$ 为质量矩阵；$\{\ddot{X}\}$ 为加速度向量；$[C]$ 为阻尼矩阵；$\{\dot{X}\}$ 为速度向量；$[k]$ 为刚度矩阵；$\{X\}$ 为位移向量；$\{1\}$ 为单位向量。

二、振动方程组的解

目前，在解微分方程组（3-101）时，通常假定阻尼矩阵可以取成质量矩阵和刚度矩阵的线性组合，以消除由于阻尼矩阵使各振型之间的耦合作用，即

$$[C] = \alpha_1\,[m] + \alpha_2\,[k] \tag{3-102}$$

其中，α_1、α_2 为两个比例系数，它们可分别按下式确定：

$$\alpha_1 = \frac{2\omega_1\omega_2\,(\zeta_1\omega_2 - \zeta_2\omega_1)}{\omega_2^2 - \omega_1^2} \tag{3-103}$$

$$\alpha_2 = \frac{2\,(\zeta_2\omega_2 - \zeta_1\omega_1)}{\omega_2^2 - \omega_1^2} \tag{3-104}$$

式中 ω_1、ω_2——分别为体系第一和第二自振频率；

ζ_1、ζ_2——分别为与 ω_1 和 ω_2 相对应的振型阻尼比，其值可由实验确定。

这样，我们就可应用振型分解法将微分方程组分解成几个独立的微分方程，使计算过程大为简化。

我们进行坐标变换，令

$$\{X\} = [P]\{Y\} \tag{3-88}$$

而

$$\{\dot{X}\} = [P]\{\dot{Y}\} \tag{3-105}$$

$$\{\ddot{X}\} = [P]\{\ddot{Y}\} \tag{3-90}$$

将上列关系式代入式（3-101b），并以 $[P]^{\mathrm{T}}$ 左乘各项，得

$$[P]^{\mathrm{T}}[m][P]\{\ddot{Y}\} + [P]^{\mathrm{T}}[C][P]\{\dot{Y}\} + [P]^{\mathrm{T}}[k][P]\{Y\} = -\ddot{x}_g[P]^{\mathrm{T}}[m]\{1\} \tag{3-106}$$

将式（3-102）代入式（3-106），并根据关系式：

$$[P]^{\mathrm{T}}\,[m]\,[P] = [M] \tag{3-85}$$

和

$$[P]^{\mathrm{T}}\,[k]\,[P] = [K] \tag{3-86}$$

于是式（3-106）变成：

$$[M]\{\ddot{Y}\}+(\alpha_1[M]+\alpha_2[K])\{\dot{Y}\}+[K]\{Y\}=-\ddot{x}_g[P]^T[m]\{1\} \tag{3-107}$$

或

$$\begin{bmatrix} M_1 & & & \\ & M_2 & & 0 \\ & & \ddots & \\ 0 & & & M_n \end{bmatrix}\begin{Bmatrix}\ddot{Y}_1\\ \ddot{Y}_2\\ \vdots\\ \ddot{Y}_n\end{Bmatrix}+\left(\alpha_1\begin{bmatrix} M_1 & & & \\ & M_2 & & 0 \\ & & \ddots & \\ 0 & & & M_n \end{bmatrix}+\alpha_2\begin{bmatrix} K_1 & & & \\ & K_2 & & 0 \\ & & \ddots & \\ 0 & & & K_n \end{bmatrix}\right)\begin{Bmatrix}\dot{Y}_1\\ \dot{Y}_2\\ \vdots\\ \dot{Y}_n\end{Bmatrix}+$$

$$+\begin{bmatrix} K_1 & & & \\ & K_2 & & 0 \\ & & \ddots & \\ 0 & & & K_n \end{bmatrix}\begin{Bmatrix}Y_1\\ Y_2\\ \vdots\\ Y_n\end{Bmatrix}=-\ddot{x}_g\begin{bmatrix} x_{11} & x_{21} & \cdots & x_{n1} \\ x_{12} & x_{22} & \cdots & x_{n2} \\ \vdots & & & \\ x_{1n} & x_{2n} & \cdots & x_{nn} \end{bmatrix}\begin{bmatrix} m_1 & & & \\ & m_2 & & 0 \\ & & \ddots & \\ 0 & & & m_n \end{bmatrix}\begin{Bmatrix}1\\ 1\\ \vdots\\ 1\end{Bmatrix} \tag{3-108}$$

把上式展开，便得到 n 个独立的二阶微分方程：

$$M_j\ddot{Y}_j+(\alpha_1 M_j+\alpha_2 K_j)\dot{Y}_j+K_jY_j=-\ddot{x}_g\sum_{i=1}^{n}m_ix_{ij}\quad(j=1,2,\cdots,n) \tag{3-109}$$

以广义质量 M_j 除各项，并注意$\frac{K_j}{M_j}=\omega_j^2$，于是上式可写成：

$$\ddot{Y}_j+(\alpha_1+\alpha_2\omega_j^2)\dot{Y}_j+\omega_j^2Y_j=-\frac{\ddot{x}_g}{M_j}\sum_{i=1}^{n}m_ix_{ij}(j=1,2,\cdots,n) \tag{3-110a}$$

令

$$2\zeta_j=\left(\frac{\alpha_1}{\omega_j}+\alpha_2\omega_j\right)\quad(j=1,\ 2,\ \cdots,\ n) \tag{3-110b}$$

又

$$M_j=\{X\}_j^T[m]\{X\}_j=\sum_{i=1}^{n}m_ix_{ij}^2 \tag{3-80}$$

将上列关系式代入式（3-110a），得

$$\ddot{Y}_j+2\zeta_j\omega_j\dot{Y}_j+\omega_j^2Y_j=-\gamma_j\ddot{x}_g \tag{3-111}$$

式中

$$\gamma_j=\frac{\sum_{i=1}^{n}m_ix_{ij}}{\sum_{i=1}^{n}m_ix_{ij}^2}\qquad(j=1,2,\cdots,n) \tag{3-112}$$

其中，γ_j 叫做振型参与系数。

这样，我们将原来的微分方程组分解成 n 个独立的微分方程了。它与单质点体系在地震作用下的振动微分方程基本相同，所不同的只是方程（3-4）中的 ζ 改成 ζ_j；ω 改成 ω_j，同时，等号右端多了一个系数 γ_j。所以式（3-111）的解可比照式（3-4）积分求得：

$$Y_j(t)=-\frac{\gamma_j}{\omega_j}\int_0^t\ddot{x}_0(\tau)e^{-\zeta_j\omega_j(t-\tau)}\sin\omega_j(t-\tau)d\tau \tag{3-113a}$$

或

$$Y_j(t)=\gamma_j\Delta_j(t) \tag{3-113b}$$

其中

$$\Delta_j(t) = -\frac{1}{\omega_j}\int_0^t \ddot{x}_0(\tau)\mathrm{e}^{-\zeta_j\omega_j(t-\tau)}\sin\omega_j(t-\tau)\mathrm{d}\tau \tag{3-114}$$

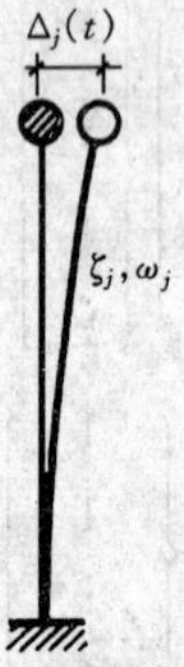

比较式（3-114）和式（3-4）可见，Δ_j（t）相当于阻尼比为 ζ_j，自振频率为 ω_j 的单质点体系在地震作用下的位移（图 3-17）。这个单质点体系称做与振型 j 相应的振子。

求得各振型的广义坐标 Y_j（t）（$j=1$，2，…，n）后，就可按式(3-88)求出以原坐标表示的质点位移向量：

$$\{X\} = [P]\{Y\}$$

或

$$\{X(t)\} = \sum_{j=1}^{n} Y_j(t)\{X\}_j = \sum_{j=1}^{n}\gamma_j\Delta_j(t)\{X\}_j \tag{3-115}$$

对于其中第 i 质点的相对位移 x_i（t），可写成：

图 3-17

$$x_i(t) = \sum_{j=1}^{n} Y_j(t)x_{ij} = \sum_{j=1}^{n}\gamma_j\Delta_j(t)x_{ij} \tag{3-116}$$

上式表明，多质点弹性体系质点 m_i 的地震位移反应等于各振型参与系数与该振型相应的“振子”的地震位移反应的乘积，再乘以该振型质点 m_i 的相对位移，然后再把它们总和起来。这样，我们就将多质点体系的问题分解为单质点体系来解决了。这种按振型分解法不仅对计算多质点体系的地震位移反应十分简便，而且也为按反应谱理论计算多质点体系的地震作用提供了方便条件。

3.23 怎样按振型分解法计算多质点体系水平地震作用?

多质点弹性体系在地震影响下，在质点 i 上所产生的地震作用等于质点 i 上的惯性力

$$F_i(t) = -m_i[\ddot{x}_g(t) + \ddot{x}_i(t)] \tag{3-117}$$

式中，m_i 为第 i 质点的质量；$\ddot{x}_i$（t）为质点 i 的相对加速度，其值等于

$$\ddot{x}_i(t) = \sum_{j=1}^{n}\gamma_j\ddot{\Delta}_j(t)x_{ij} \tag{3-118}$$

$\ddot{x}_g$（t）为地震时地面加速度。为了使推导公式简便起见，把它写成

$$\ddot{x}_g(t) = \ddot{x}_g(t)\sum_{j=1}^{n}\gamma_j x_{ij} \tag{3-119}$$

其中

$$\sum_{j=1}^{n}\gamma_j x_{ij} = 1 \tag{3-120}$$

下面证明公式（3-120）

将 1 按振型展开

$$1 = \sum_{s=1}^{n} a_s x_{is} \tag{a}$$

用 $\sum_{j=1}^{n} m_i x_{ij}$ 乘上式等号两边，得：

$$\sum_{i=1}^{n} m_i x_{ij} = \sum_{i=1}^{n}\sum_{s=1}^{n} a_s m_i x_{ij} x_{is} \tag{b}$$

由主振型正交性可知，在上式等号右边，凡是 $s \neq j$ 的各项均等于零，只剩下 $s=j$ 项。于是，上式变成

$$\sum_{i=1}^{n} m_i x_{ij} = a_j \sum_{i=1}^{n} m_i x_{ij}^2 \tag{c}$$

或写作

$$a_j = \frac{\sum_{i=1}^{n} m_i x_{ij}}{\sum_{i=1}^{n} m_i x_{ij}^2} = \gamma_j \tag{d}$$

将式（a）中符号下标 s 换成 j，并将上式代入，即得：

$$\sum_{j=1}^{n} \gamma_j x_{ij} = 1$$

证完。

将式（3-118）和式（3-119）代入式（3-117），得：

$$F_i(t) = -m_i \sum_{j=1}^{n} \gamma_j x_{ij} [\ddot{x}_g(t) + \ddot{\Delta}_j(t)]$$

其中，$\ddot{x}_g(t) + \ddot{\Delta}_j(t)$ 为第 j 振型对应的振子（它的自振频率为 ω_j，阻尼比为 ζ_j）的绝对加速度。

在第 j 振型第 i 质点上的地震作用最大绝对值，可写成

$$F_{ij} = m_i \gamma_j x_{ij} |\ddot{x}_g(t) + \ddot{\Delta}_j(t)|_{\max} \tag{3-121}$$

或

$$F_{ij} = \alpha_j \gamma_j x_{ij} G_i \tag{3-122}$$

其中

$$\alpha_j = \frac{|\ddot{x}_g(t) + \ddot{\Delta}_j(t)|_{\max}}{g} \tag{3-123}$$

$$G = m_i g \tag{3-124}$$

式（3-123）是第 j 振型对应的振子的最大绝对加速度与重力加速度之比，所以它是相应于第 j 振型的地震影响系数。这时，自振周期为与第 j 振型相对应的振子的周期 T_j，即为第 j 振型的自振周期。

这样，多质点弹性体系第 j 振型第 i 质点的水平地震作用标准值，可写成

$$F_{ij} = \alpha_j \gamma_j x_{ij} G_i \quad (i = 1,2,\cdots,n; j = 1,2,\cdots,n) \tag{3-125}$$

式中 F_{ij}——第 j 振型第 i 质点的水平地震作用标准值；

α_j——相应于第 j 振型自振周期的地震影响系数，按图 3-8 确定；

γ_j——第 j 振型参与系数，按式（3-112）计算；

x_{ij}——第 j 振型第 i 质点的水平相对位移；

G_i——集中于质点 i 的重力荷载代表值，应取结构和构配件自重标准值和各可变荷载组合值之和，各可变荷载的组合值系数，应按表 3-5 采用。

组合值系数　　　　　　　　　　　　　　　表 3-5

可变荷载种类	组合值系数	可变荷载种类		组合值系数
雪荷载	0.5	按等效均布活荷载考虑的楼面活荷载	藏书库、档案库	0.8
屋面积灰荷载	0.5		其他民用建筑	0.5
屋面活荷载	不考虑	吊车悬吊物重力	硬钩吊车	0.3
按实际情况考虑的楼面活荷载	1.0		软钩吊车	不考虑

注：硬钩吊车的吊重较大时，组合值系数应按实际情况采用。

3.24　按振型分解法求出地震作用后如何计算体系的地震作用效应？

求出第 j 振型质点 i 上的水平地震作用 F_{ij} 后，就可按一般力学方法计算结构的地震作用效应 S_j（弯矩、剪力、轴向力和变形）。我们知道，根据振型分解反应谱法确定的相应于各振型的地震作用 F_{ij}（$i=1, 2, \cdots, n$；$j=1, 2, \cdots, n$）均为最大值。所以，按 F_{ij} 所求得的地震作用效应 S_j（$j=1, 2, \cdots, n$）也是最大值。但是，相应于各振型的最大地震作用效应 S_j 不会同时发生，这样就出现了如何将 S_j 进行组合，以确定合理的地震作用效应问题。

《抗震规范》根据概率论的方法，得出了结构地震作用效应“平方和开平方”的近似计算公式：

$$S = \sqrt{\sum_{j=1}^{n} S_j^2} \tag{3-126}$$

式中　S——水平地震效应；

S_j——第 j 振型水平地震作用产生的作用效应，可只取 2～3 个振型，当基本自振周期大于 1.5s 或房屋高宽比大于 5 时，振型个数可适当增加。

3.25　怎样按底部剪力法求水平地震作用？

按振型分解反应谱法计算水平地震作用，特别是房屋层数较多时，计算过程十分冗繁。为了简化计算，《抗震规范》规定，在满足一定条件下，可采用近似计算法，即底部剪力法。

理论分析表明，对于重量和刚度沿高度分布比较均匀、高度不超过 40m，并以剪切变形为主（房屋高宽比小于 4 时）的结构，振动时具有以下特点：

（1）位移反应以基本振型为主；

（2）基本振型接近直线，参见图 3-18（a）。

因此，在满足上述条件下，在计算各质点上的地震作用时，可仅考虑基本振型，而忽略高振型的影响。这样，基本振型质点的相对水平位移 x_{i1} 将与质点的计算高度 H_i 成正比，即 $x_{i1}=\eta H_i$，其中 η 为比例常数（图 3-18b），于是，作用在第 i 质点上的水平地震作用标准值可写成

$$F_{i1} = \alpha_1 \gamma_1 \eta H_i G_i \tag{a}$$

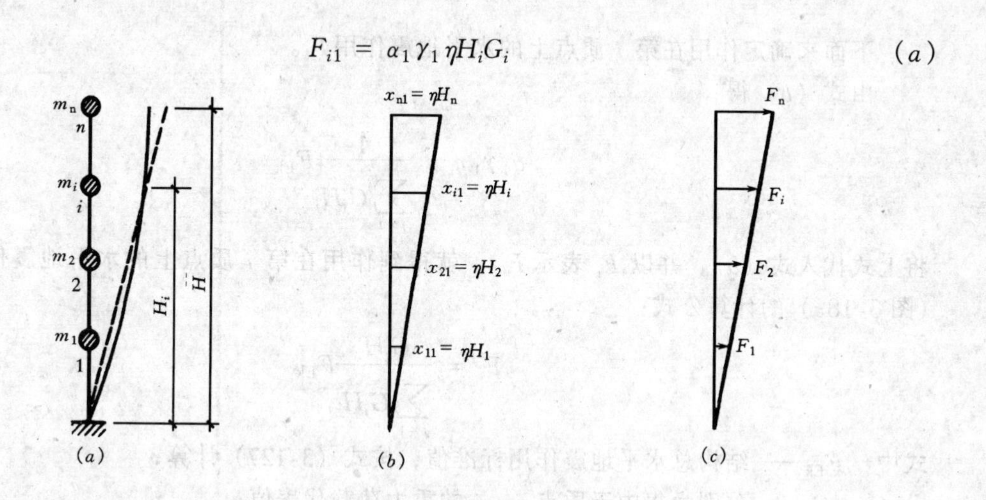

图 3-18 底部剪力法附图

则结构总水平地震作用标准值，即结构底部剪力，可写成

$$F_{Ek} = \sum_{i=1}^{n} F_{i1} = \alpha_1 \gamma_1 \eta \sum_{i=1}^{n} H_i G_i \tag{b}$$

其中

$$\gamma_1 = \frac{\sum_{i=1}^{n} G_i \eta H_i}{\sum_{i=1}^{n} G_i (\eta H_i)^2} = \frac{\sum_{i=1}^{n} G_i H_i}{\eta \sum_{i=1}^{n} G_i H_i^2} \tag{c}$$

代入式（b），得：

$$F_{Ek} = \alpha_1 \frac{\left(\sum_{i=1}^{n} G_i H_i\right)^2}{\sum_{i=1}^{n} G_i H_i^2} \tag{d}$$

将上式乘以$\frac{G}{\sum_{i=1}^{n} G_i}$，得：

$$F_{Ek} = \alpha_1 \frac{\left(\sum_{i=1}^{n} G_i H_i\right)^2}{\sum_{i=1}^{n} G_i H_i^2} \cdot \frac{G}{\sum_{i=1}^{n} G_i} = \alpha_1 \xi G \tag{e}$$

于是，结构总水平地震作用标准值最后计算公式可写成

$$F_{Ek} = \alpha_1 G_{eq} \tag{3-127}$$

式中 α_1——相应于结构基本周期的水平地震影响系数；

G_{eq}——结构等效总重力荷载；

$$G_{eq} = \xi G \tag{3-128}$$

G——结构总重力荷载，$G = \sum_{i=1}^{n} G_i$；

ξ——等效重力荷载系数，《抗震规范》规定 $\xi = 0.85$。

下面来确定作用在第 i 质点上的水平地震作用 F_i。

由式（b）得：

$$\alpha_1 \gamma_1 \eta = \frac{1}{\sum_{j=1}^{n} G_j H_j} F_{\mathrm{Ek}} \tag{f}$$

将上式代入式（a），并以 F_i 表示 F_{i1}，就得到作用在第 i 质点上的水平地震作用标准值（图 3-18c）的计算公式：

$$F_i = \frac{G_i H_i}{\sum_{j=1}^{n} G_j H_j} F_{\mathrm{Ek}} \tag{3-129}$$

式中　F_{Ek}——结构总水平地震作用标准值，按式（3-127）计算；

G_i、G_j——分别为集中于质点 i、j 的重力荷载代表值；

H_i、H_j——分别为质点 i、j 的计算高度。

对于自振周期比较长的多层钢筋混凝土房屋、多层内框架砖房，经计算发现，在房屋顶部的地震剪力按底部剪力法计算结果较精确法偏小，为了减小这一误差，《抗震规范》采取调整地震作用的办法，使顶层地震剪力有所增加。

对于上述建筑，《抗震规范》规定，按下式计算质点 i 的水平地震作用标准值：

$$F_i = \frac{G_i H_i}{\sum_{j=1}^{n} G_j H_j} F_{\mathrm{Ek}} (1 - \delta_{\mathrm{n}}) \tag{3-130}$$

$$\Delta F_{\mathrm{n}} = \delta_{\mathrm{n}} F_{\mathrm{Ek}} \tag{3-131}$$

式中　δ_{n}——顶部附加地震作用系数，多层钢筋混凝土房屋按表 3-6 采用；多层内框架砖房可采用 0.2，其他房屋不考虑；

ΔF_{n}——顶部附加水平地震作用（图 3-19）

F_{Ek}——结构总水平地震作用标准值，按式（3-127）计算。

顶部附加地震作用系数 δ_{n}　　表 3-6

T_{g}（s）	$T_1 > 1.4T_{\mathrm{g}}$	$T_1 \leqslant 1.4T_{\mathrm{g}}$
≤0.35	$0.08T_1 + 0.07$	不考虑
<0.35～0.55	$0.08T_1 + 0.01$	
>0.55	$0.08T_1 - 0.02$	

注：T_{g} 为特征周期；T_1 为结构基本自振周期

其余符号意义同前。

震害表明，突出屋面的屋顶间（电梯机房、水箱间）女儿墙、烟囱等，它们的震害比下面主体结构严重。这是由于出屋面的这些建筑的质量和刚度突然变小，地震反应随之增大的缘故。在地震工程中，把这种现象称为“鞭端效应”。因此，《抗震规范》规定，采用底部剪力法时，对这些结构的地震作用效应，宜乘以增大系数3，此增大部分不应往下传递。

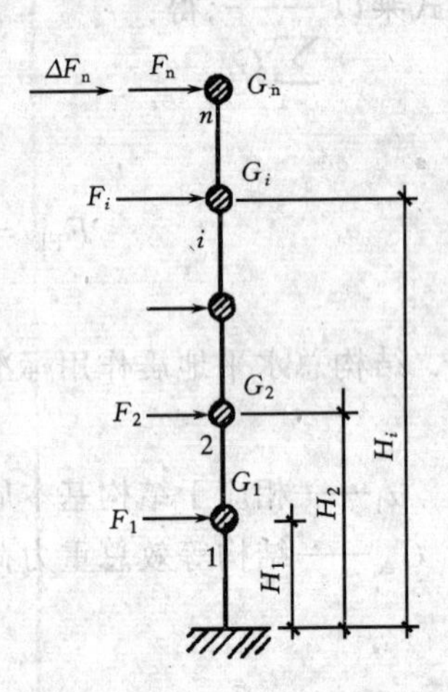

图 3-19　结构水平地震作用计算简图

3.26 等效重力荷载系数 $\xi=0.85$ 是怎样确定的？

等效重力荷载系数

$$\xi=\frac{\left(\sum_{i=1}^{n}G_iH_i\right)^2}{\sum_{i=1}^{n}G_iH_i^2\cdot\sum_{i=1}^{n}G_i} \tag{3-132}$$

由上式可见，ξ 与质点 G_i、H_i 有关，结构确定后，ξ 就确定了。现用最小二乘法确定最优的 ξ 值。为此，建立目标函数

$$f(\xi)=\sum_{k=1}^{m}\left\{\alpha_1\frac{\left(\sum_{i=1}^{n}G_iH_i\right)^2}{\sum_{i=1}^{n}G_iH_i^2}-\xi\alpha_1G\right\}_{\mathrm{k}}^2 \tag{3-133}$$

式中，k 为结构序号；i 为质点序号；m 为结构总数；n 为质点总数。为了求得使 $f(\xi)$ 值为最小的 ξ 值，现对式（3-80）求导，并令其为零，于是解得：

$$\xi=\sum_{k=1}^{m}\frac{\left(\sum_{i=1}^{n}G_iH_i\right)_{\mathrm{k}}^2}{\left(\sum_{i=1}^{n}G_iH_i^2\right)_{\mathrm{k}}}\cdot\frac{1}{\sum_{k=1}^{n}G_{\mathrm{k}}} \tag{3-134}$$

根据式（3-134）可算得若干个结构总的 ξ 值。并考虑到结构的可靠度的要求，《抗震规范》取 $\xi=0.85$。

3.27 为什么要调整水平地震作用下结构地震内力？怎样调整？

（一）突出屋面附属结构地震内力的调整

震害表明，突出屋面的屋顶间（电梯机房、水箱间）、女儿墙、烟囱等，它们的震害比下面的主体结构严重。这是由于突出屋面的这些结构的质量和刚度突然减小，地震反应随之增大的缘故，在地震工程中把这种现象称为“鞭端效应”。因此，《抗震规范》规定，采用底部剪力法时，突出屋面的屋顶间、女儿墙、烟囱等地震作用效应，宜乘以增大系数3。此增大部分不应往下传递，但与该突出部分相连的构件应予计入；单层厂房突出屋面的天窗架的地震作用效应的增大系数应按第 9 章有关规定采用。

（二）长周期结构地震内力的调整

由于地震影响系数在长周期区段下降较快，对于基本周期大于 3.5s 的结构按公式算得的水平地震作用可能太小。而对长周期结构，地震地面运动速度和位移可能对结构的破坏具有更大的影响，《抗震规范》所采用的振型分解反应谱法尚无法对此做出估计。出于对结构安全的考虑，增加了对各楼层水平地震剪力最小值的要求。因此，《抗震规范》规定，按振型分解法和底部剪力法所算得的结构的层间剪力应符合下式要求：

$$V_{\mathrm{E}ki} > \lambda \sum_{j=1}^{n} G_j \tag{3-135}$$

式中 $V_{\mathrm{E}ki}$——第 i 层对应于水平地震作用标准值的楼层剪力；

λ——剪力系数，不应小于表 3-7 规定的楼层最小地震剪力系数值，对竖向不规则结构的薄弱层，尚应乘以 1.15 的增大系数；

G_j——第 j 层的重力荷载代表值。

楼层最小地震剪力系数值 **表 3-7**

类别	烈度		
	7	8	9
扭转效应明显或基本周期 $T_1 \leqslant 3.5$s 的结构	0.016（0.024）	0.032（0.048）	0.064
基本周期 $T_1 > 5.0$s 的结构	0.012（0.018）	0.024（0.032）	0.040

注：1. 基本周期 T_1 介于 3.5s 和 5.0s 之间的结构，可按插入法取值

2. 表中括号内的数字分别用于《抗震规范》附录 A 中设计基本地震加速度 $0.15g$ 和 $0.30g$ 地区。

（三）考虑地基与结构相互作用的影响结构地震内力的调整

理论分析表明，由于地基与结构相互作用的影响，按刚性地基分析的水平地震作用在一定范围有明显的减小，但考虑到我国地震作用取值与国外相比还较小，故仅在必要时才考虑对水平地震作用予以折减。因此《抗震规范》规定，结构抗震计算，一般情况下可不考虑地基与结构相互作用的影响；8 度和 9 度时，建造在Ⅲ、Ⅳ类场地，采用箱基、刚性较好的筏基和桩箱联合基础的钢筋混凝土高层建筑，当结构基本自振周期处于特征周期的 1.2 倍至 5 倍范围时，若计入地基与结构相互作用的影响，这时，对刚性地基假定计算的水平的地震剪力可按下列规定折减，其层间变形可按折减后的楼层剪力计算。

1. 高宽比小于 3 的结构

各楼层地震剪力折减系数，按下式计算：

$$\psi = \left(\frac{T_1}{T_1 + \Delta T}\right)^{0.9} \tag{3-136}$$

式中 ψ——考虑地基与结构相互作用后的地震剪力折减系数；

T_1——按刚性地基假定确定的结构自振基本周期（s）；

ΔT——考虑地基与结构相互作用的附加周期（s），可按表 3-8 采用。

附加周期（s） **表 3-8**

烈度	场地类别	
	Ⅲ 类	Ⅳ 类
8	0.08	0.20
9	0.10	0.25

2. 高宽比不小于 3 的结构

研究表明，对高宽比较大的高层建筑，考虑地基与结构相互作用后各楼层水平地震作用折减系数并非各楼层均为同一常数，由于高振型的影响，结构上部几层水平地震作用不

宜折减。大量分析计算表明，折减系数沿结构高度的变化较符合抛物线型的分布。

因此，《抗震规范》规定，底部的地震剪力按上述规定折减，顶部不折减，中间各层按线性插入折减。

折减后各楼层的水平地震剪力，不应小于按式（3-135）算得的结果。

3.28 什么是地震作用反应时程分析法？

如前所述，时程分析法是用数值积分求解运动微分方程的一种方法，在数学上称为逐步积分法。这种方法是由初始状态开始逐步积分直至地震终止，求出结构在地震作用下从静止到振动、直至振动终止整个过程的地震反应（位移、速度和加速度）。

逐步积分法根据假定不同，分为线性加速度法、威尔逊（Wilson）θ 法、纽马克(Newmark) β 法等。

下面以单质点弹性体系为例，说明按线性加速度法求解运动微分方程的基本原理。

这种方法的基本假定是，质点的加速度反应在任一微小时段，即积分时段 Δt 内的变化呈线性关系，参见图 3-20。这时，加速度的变化率为：

$$\dddot{x}(t_i)=\frac{\ddot{x}(t_i+\Delta t)-\ddot{x}(t_i)}{\Delta t}=\frac{\Delta\ddot{x}(t_i)}{\Delta t}=\text{常数} \qquad (a)$$

设已求出 t_i 时刻质点的地震位移 x（t_i）、速度 $\dot{x}$（t_i）和加速度 $\ddot{x}$（t_i）、现推导出经过时段 Δt 后在 t_{i+1} 时刻的位移 x（$t_i+\Delta t$）、速度 $\dot{x}$（$t_i+\Delta t$）和加速度 $\ddot{x}$（$t_i+\Delta t$）的表达式。为此，将质点位移和速度分别在 t_i 时刻按泰勒公式展开，并考虑到由于假设加速度在 Δt 时段内呈线性变化，故三阶以上导数为零，于是得：

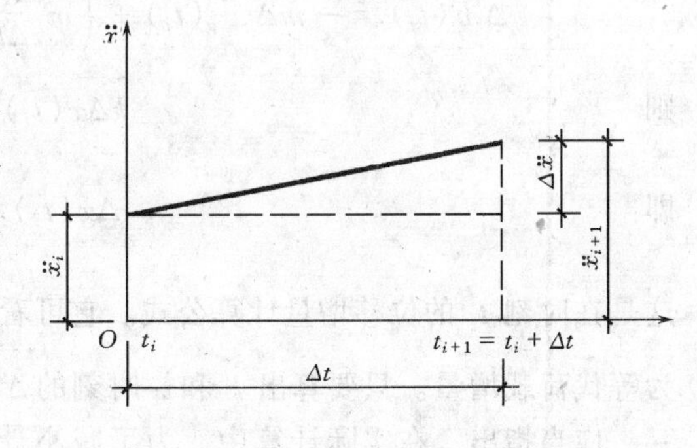

图 3-20　时段 Δt 内加速度的变化

$$x(t_i+\Delta t)=x(t_i)+\dot{x}(t_i)\Delta t+\frac{\ddot{x}(t_i)}{2!}\Delta t^2+\frac{\dddot{x}(t_i)}{3!}\Delta t^3 \qquad (b)$$

和

$$\dot{x}(t_i+\Delta t)=\dot{x}(t_i)+\ddot{x}(t_i)\Delta t+\frac{\dddot{x}(t_i)}{2!}\Delta t^2 \qquad (c)$$

令 Δx（t_i）$=x$（$t_i+\Delta t$）$-x$（t_i），$\Delta\dot{x}$（t_i）$=\dot{x}$（$t_i+\Delta t$）$-\dot{x}$（t_i），并注意到式(a)，则式（b）和式（c）经简单变换后可分别写成：

$$\frac{3\Delta x(t_i)}{\Delta t}=3\dot{x}(t_i)+\frac{3}{2}\ddot{x}(t_i)\Delta t+\frac{\Delta\ddot{x}(t_i)}{2}\Delta t \qquad (d)$$

和

$$\Delta\dot{x}(t_i)=\ddot{x}(t_i)\Delta t+\frac{\Delta\ddot{x}(t_i)}{2}\Delta t \qquad (e)$$

将式（e）减式（d），得：

$$\Delta \dot{x}(t_i) = \frac{3}{\Delta t}\Delta x(t_i) - 3\dot{x}(t_i) - \frac{\Delta t}{2}\ddot{x}(t_i) \tag{3-137a}$$

由式（d）得：

$$\Delta \ddot{x}(t_i) = \frac{6}{\Delta t^2}\Delta x(t_i) - \frac{6}{\Delta t}\dot{x}(t_i) - 3\ddot{x}(t_i) \tag{3-137b}$$

式（3-137a）和式（3-137b）分别是在时刻 t_i 的速度增量和加速度增量计算公式。只要已知该时刻的位移增量 Δx（t_i）、速度 $\dot{x}$（t_i）、加速度 $\ddot{x}$（t_i）和时间步长 Δt，即可算出它们的数值。

将式（3-137a）和式（3-137b）代入增量运动微分方程：

$$m\Delta \ddot{x}(t_i) + c\Delta \dot{x}(t_i) + k\Delta x(t_i) = -m\Delta \ddot{x}_{\mathrm{g}}(t_i) \tag{3-137c}$$

则得：

$$m\left[\frac{6\Delta x(t_i)}{\Delta t^2} - \frac{6\dot{x}(t_i)}{\Delta t} - 3\ddot{x}(t_i)\right] + c\left[\frac{3\Delta x(t_i)}{\Delta t} - 3\dot{x}(t_i) - \frac{\ddot{x}(t)}{2}\Delta t\right] + k\Delta x(t_i)$$

$$= -m\Delta \ddot{x}_{\mathrm{g}}(t_i)$$

令

$$\tilde{k} = k + \frac{6}{\Delta t^2}m + \frac{3}{\Delta t}c \tag{3-137d}$$

$$\Delta \tilde{F}(t_i) = -m\Delta \ddot{x}_{\mathrm{g}}(t_i) + \left(m\frac{6}{\Delta t} + 3c\right)\dot{x}(t_i) + \left(3m + \frac{\Delta t}{2}c\right)\ddot{x}(t_i) \tag{3-137e}$$

则

$$\tilde{k}\Delta x(t_i) = \Delta \tilde{F}(t_i)$$

即

$$\Delta x(t_i) = \frac{\Delta \tilde{F}(t_i)}{\tilde{k}} \tag{3-137f}$$

这是在时刻 t_i 的位移增量计算公式。它可看作是静力平衡方程。$\tilde{k}$ 称为等代刚度；$\Delta\tilde{F}$称为等代荷载增量。只要算出 $\tilde{k}$ 和 t_i 时刻的$\Delta\tilde{F}$值即可算该时刻的质点位移增量。

应当指出，在实际计算中，为了减小计算误差，通常并不采用式（3-137b）计算加速度增量，而是采用增量运动微分方程算出它的数值：

$$\Delta \ddot{x}(t_i) = \frac{1}{m}\left[-m\ddot{x}_{\mathrm{g}}(t_i) - c\Delta \dot{x}(t_i) - k\Delta x(t_i)\right]$$

式（3-137b）可作为校核公式来用。

这样，在时刻 $t_i + \Delta t$ 的位移、速度和加速度可按下列公式计算：

$$\left.\begin{aligned} x(t_i + \Delta t) &= x(t_i) + \Delta x(t_i) \\ \dot{x}(t_i + \Delta t) &= \dot{x}(t_i) + \Delta \dot{x}(t_i) \\ \ddot{x}(t_i + \Delta t) &= \ddot{x}(t_i) + \Delta \ddot{x}(t_i) \end{aligned}\right\} \tag{3-138}$$

显然，时程分析法的精度与时间步长 Δt 的取值有关。根据经验，一般取等于或小于结构自振周期的 1/10，即 $\Delta t \leqslant \frac{1}{10}T$，就可得到满意的结果。

按时程分析法进行地震反应计算步骤是：选定经过数字化的地面加速度 $\ddot{x}_{\mathrm{g}}$（t）记录；计算体系的动力特性；确定时间步长 Δt 和步数，从 $t = 0$ 时刻开始，一个时段一个时段地逐步运算，在每一时段均利用前一步的结果，而最初时段应根据问题的初始条件来确定初始值。

3.29 在什么情况下须考虑竖向地震作用？

《抗震规范》规定，8.9度时的大跨结构和长悬臂结构及9度时的高层建筑，应计算竖向地震作用。

3.30 怎样计算竖向地震作用？

关于竖向地震作用的计算，各国所采用的方法不尽相同。我国《抗震规范》根据建筑类别不同，分别采用竖向反应谱法和静力法。现分述如下：

（一）竖向反应谱法

1. 竖向反应谱

《抗震规范》根据搜集到的203条实际地震记录绘制了竖向反应谱，并按场地类别进行分组，分别求出它们的平均反应谱，其中Ⅰ类场地的竖向平均反应谱，如图3-21所示。图中实线为竖向反应谱；虚线为水平地震反应谱。

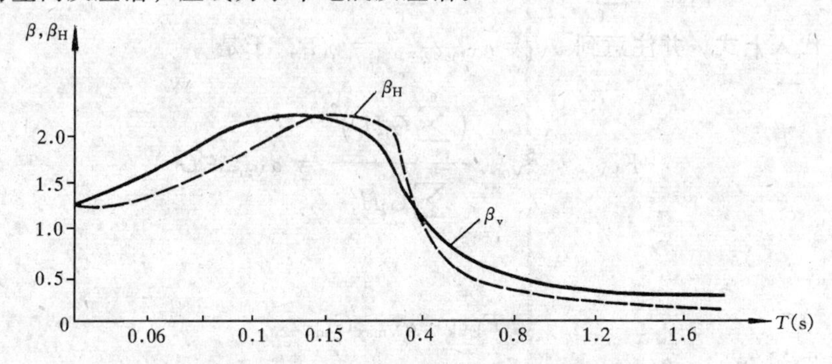

图3-21 竖向、水平平均反应谱（Ⅰ类场地）

由统计分析结果表明，各类场地的竖向反应谱 β_V 与水平反应谱 β_H 相差不大。因此，在竖向地震作用计算中，可近似采用水平反应谱。另据统计，地面竖向最大加速度与地面水平最大加速度比值为1/2～2/3。对震中距较小地区宜采用较大数值。所以，竖向地震系数与水平地震系数之比取 $k_V/k_H=2/3$。因此，竖向地震影响系数

$$\alpha_V=k_V\beta_V=\frac{2}{3}k_H\beta_H=\frac{2}{3}\alpha_H=0.65\alpha_H$$

其中，k_V、k_H 分别为竖向和水平地震系数；β_V、β_H 分别为竖向和水平动力系数；α_V、α_H 分别为竖向、水平地震影响系数。

由上可知，竖向地震影响系数，可取水平地震影响系数的0.65。

2. 竖向地震作用计算

9度时的高层建筑，其竖向地震作用标准值可按反应谱法计算。

分析表明，高层建筑结构取第一振型竖向地震作用作为结构的竖向地震作用时其误差

是不大的。而第一振型接近于直线，于是，质点 i 上的地震作用可写成

$$F_{EVi}=\alpha_{V1}\gamma_1 y_{i1} G_i \tag{a}$$

式中 F_{EVi}——第 i 质点上的地震作用标准值（图 3-22）；

α_{V1}——相应于结构基本周期的竖向地震影响系数，由于竖向基本周期较短，$T_{V1}=0.1\sim0.2\text{s}$，故 $\alpha_{V1}=\alpha_{Vmax}$；

y_{i1}——第一振型质点 i 的相对竖向位移，由于第一振型呈直线变化，故 $y_{i1}=\eta H_i$；

η——比例系数；

G_i——第 i 质点重力荷载代表值；

γ_1——第一振型参与系数，按下式计算。

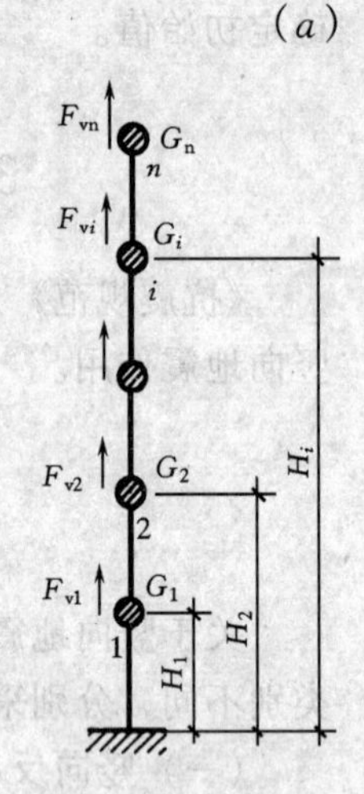

图 3-22 结构竖向地震作用计算简图

$$\gamma_1=\frac{\sum_{i=1}^{n}G_i y_{i1}}{\sum_{i=1}^{n}G_i y_{i1}^2}=\frac{\sum_{i=1}^{n}G_i H_i}{\eta\sum_{i=1}^{n}G_i H_i^2} \tag{b}$$

结构总竖向地震作用标准值

$$F_{EVk}=\sum_{i=1}^{n}F_{Vi}=\alpha_{V1}\gamma_1\sum_{i=1}^{n}y_{i1}G_i \tag{c}$$

将式（b）代入上式，并注意到 $\alpha_{V1}=\alpha_{Vmax}$，$y_{i1}=\eta H_i$，于是

$$F_{EVk}=\alpha_{Vmax}\frac{\left(\sum_{i=1}^{n}G_i H_i\right)^2}{\sum_{i=1}^{n}G_i H_i^2}=\alpha_{Vmax}\xi' G$$

或

$$F_{EVk}=\alpha_{Vmax}G_{eq} \tag{3-139a}$$

式中 G_{eq}——结构等效重力荷载；

$$G_{eq}=\xi' G$$

G——结构总重力荷载 $G=\sum_{i=1}^{n}G_i$；

ξ'——等效重力荷载系数，《抗震规范》规定取 0.75。

将式（c）改写成

$$\alpha_{V1}\gamma_1=\frac{1}{\eta\sum_{i=1}^{n}G_i H_i}F_{EVk} \tag{d}$$

将式（d）代入式（a），并注意到 $y_{i1}=\eta H_i$，于是

$$F_{Vi}=\frac{G_i H_i}{\sum_{i=1}^{n}G_i H_i}F_{EVk} \tag{3-139b}$$

式中 G_i——第 i 质点重力荷载代表值；

H_i——第 i 质点的高度。

其余符号意义与前相同。

楼层的竖向地震作用效应可按各构件承受的重力荷载代表值比例分配，并乘以增大系数1.5。等效重力荷载系数

$$\xi' = \frac{\left(\sum_{i=1}^{n} G_i H_i\right)^2}{\sum_{i=1}^{n} G_i H_i^2} \cdot \frac{1}{G} \tag{3-140}$$

也可由最小二乘法确定最优的 ξ' 值。它的目标函数

$$f(\xi') = \sum_{k=1}^{m} \left[\alpha_{\text{Vmax}} \frac{\left(\sum_{i=1}^{n} G_i H_i\right)^2}{\sum_{i=1}^{n} G_i H_i^2} - \xi' \alpha_{\text{Vmax}} G \right]_{\text{k}}^2 \tag{3-141}$$

式中　k——结构序号；

i——质点序号；

m——结构总数；

n——质点总数。

为了求得使 $f(\xi')$ 值为最小的 ξ' 值，令 $\frac{\mathrm{d}f(\xi')}{\mathrm{d}\xi'}=0$，并从中求得

$$\xi' = \sum_{k=1}^{m} \frac{\left(\sum_{i=1}^{n} G_i H_i\right)_{\text{k}}^2}{\left(\sum_{i=1}^{n} G_i H_i^2\right)_{\text{k}}} \frac{1}{\sum_{k=1}^{m} G_{\text{k}}} \tag{3-142}$$

根据统计分析表明，求得最优值 $\xi'=0.73$，为偏于安全计，取 $\xi'=0.75$。

《抗震规范》采用竖向等效重力荷载系数 $\xi'=0.75$，实际上，相当将高层建筑、烟囱和类似高耸结构，看作是等截面质量均匀分布的直杆推导出来的。设杆的重力代表值为 q(kN/m)(图 3-23)，则它的等效总重力荷载

$$G_{\text{eq}} = \frac{\left(\int_0^{\text{H}} qz\,\mathrm{d}z\right)^2}{\int_0^{\text{H}} qz^2\,\mathrm{d}z} = \frac{3}{4}Hq = 0.75G \tag{3-143}$$

即

$$\xi' = 0.75$$

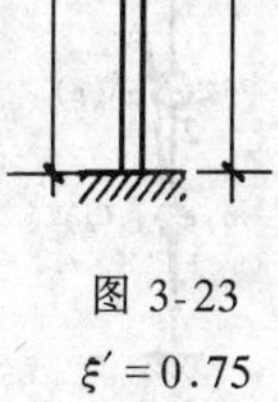

图 3-23　$\xi'=0.75$ 意义的另一解释

（二）静力法

根据对跨度24～60m的平板钢网架和大于24m以上的标准屋架以及大跨结构竖向地震作用振型分解法的分析表明，竖向地震作用的内力和重力荷载作用下的内力比值，一般比较稳定。因此，《抗震规范》规定，对平板型网架屋盖、跨度大于24m屋架、长悬臂结构及其他大跨度结构的竖向地震作用标准值，可静力法计算：

$$F_{\text{V}i} = \lambda G_i \tag{3-144}$$

式中　λ——竖向地震作用系数，平板型网架、钢屋架、钢筋混凝土屋架，可按表3-9

采用；长悬臂结构及其他大跨度结构，8 度、9 度可分别取 0.10 和 0.20，设计基本地震加速度为 $0.30g$ 时，可取该结构、构件重力荷载代表值的 15%；

G_i——结构、构件重力荷载代表值。

竖向地震作用系数 λ **表 3-9**

结构类型	烈　度	场地烈度		
		Ⅰ	Ⅱ	Ⅲ、Ⅳ
平板型网架、钢屋架	8	可不计算（0.10）	0.08（0.12）	0.10（0.15）
	9	0.15	0.15	0.20
钢筋混凝土屋架	8	0.10（0.15）	0.13（0.19）	0.13（0.19）
	9	0.20	0.25	0.25

注：括号中数值用于设计基本地震加速度为 $0.30g$ 的地区。

3.31 怎样按瑞利（Rayleigh）法计算结构基本周期？

瑞利法也称为能量法。这个方法是根据体系在振动过程中能量守恒定律导出的。能量法是求多质点体系基频的一种近似方法。

图 3-24（a）表示一个具有 n 个质点的弹性体系，质点 i 的质量为 m_i，体系按第一振型作自由振动时的频率为 ω_1。假设各质点的重力荷载 G_i 水平作用于相应质点 m_i 上的弹性曲线作为基本振型。Δ_i 为 i 点的水平位移（图 3-24b）。则体系的最大位能为：

$$U_{\max} = \frac{1}{2}\sum_{i=1}^{n} G_i\Delta_i = \frac{1}{2}g\sum_{i=1}^{n} m_i\Delta_i \qquad (a)$$

而最大动能为：

$$T_{\max} = \frac{1}{2}\sum_{i=1}^{n} m_i(\omega_1\Delta_i)^2 \qquad (b)$$

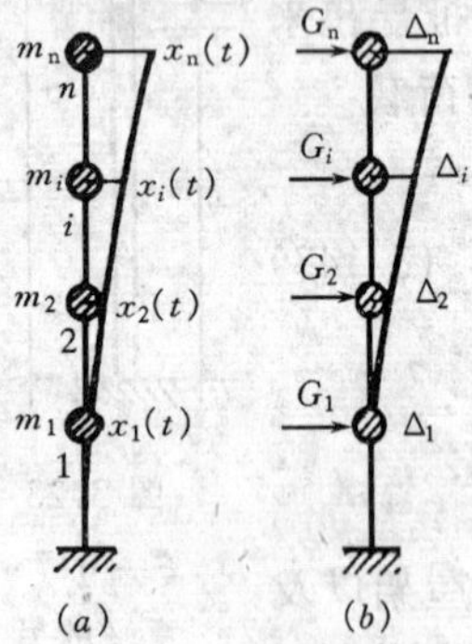

图 3-24　能量法
（a）多质点体系第一振型；
（b）以 G_i 作为水平荷载产生的侧移

令 $U_{\max} = T_{\max}$，得体系的基频的近似计算公式为：

$$\omega_1 = \sqrt{\frac{g\sum_{i=1}^{n} m_i\Delta_i}{\sum_{i=1}^{n} m_i\Delta_i^2}} \qquad (c)$$

或

$$\omega_1 = \sqrt{\frac{g\sum_{i=1}^{n} G_i\Delta_i}{\sum_{i=1}^{n} G_i\Delta_i^2}} \qquad (d)$$

而基本周期为：

$$T_1 = 2\pi \sqrt{\frac{\sum_{i=1}^{n} G_i \Delta_i^2}{g \sum_{i=1}^{n} G_i \Delta_i}} \text{[1]} \tag{3-145}$$

或

$$T_1 = 2 \sqrt{\frac{\sum_{i=1}^{n} G_i \Delta_i^2}{\sum_{i=1}^{n} G_i \Delta_i}} \tag{3-146}$$

3.32 怎样按折算质量法计算结构基本周期？

折算质量法是求体系基本频率的另一种常用的近似计算方法。它的基本原理是，在计算多质点体系基本频率时，用一个单质点体系代替原体系，使这个单质点体系的自振频率与原体系的基本频率相等或接近。这个单质点体系的质量就称为折算质量，以 M_{zh} 表示。应当指出，这个单质点体系的约束条件和刚度应与原体系的完全相同。

折算质量 M_{zh} 与它所在体系的位置有关，如果它在体系上的位置一经确定，则对应的 M_{zh} 也就随之确定。根据经验，如将折算质量放在体系振动时产生最大水平位移处，则计算较为方便。

折算质量 M_{zh} 应根据代替原体系的单质点体系振动时的最大动能等于原体系的最大动能的条件确定。

例如求图 3-25(*a*)多质点体系的基本频率时，可用图 3-25(*b*)的单质点体系代替。根据两者按第一振型振动时最大动能相等，得：

$$\frac{1}{2} M_{zh} (\omega_1 x_m)^2 = \frac{1}{2} \sum_{i=1}^{n} m_i (\omega_1 x_i)^2$$

即

$$M_{zh} = \frac{\sum_{i=1}^{n} m_i x_i^2}{x_m^2} \tag{3-147}$$

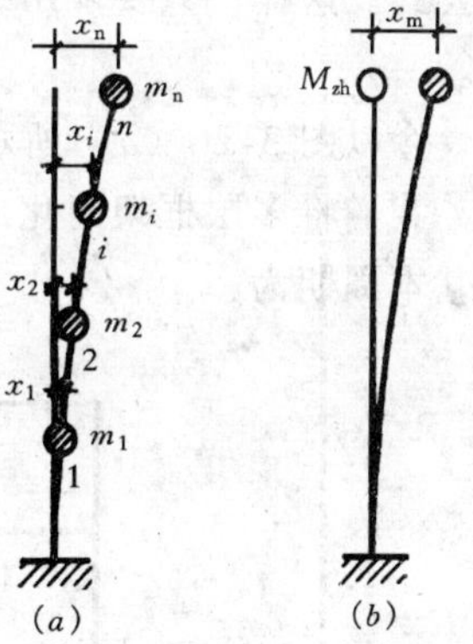

图 3-25 折算质量法
（*a*）多质点体系第一振型；
（*b*）折算成单质点休体系

式中 x_m——体系按第 1 振型振动时，相应于折算质量所在位置的最大位移，对图 3-25 而言，$x_m = x_n$；

x_i——质点 m_i 的位移。

对于质量沿悬臂杆高度 H 连续分布的体系，求折算质量的公式将变为：

$$M_{zh} = \frac{\int_0^H \overline{m}(y) x^2(y) \mathrm{d}y}{x_m^2} \tag{3-148}$$

---

[1] 当为单质点体系时，基本周期变成

$$T_1 = 2\pi = \sqrt{\frac{\Delta}{g}} = 2\pi \sqrt{\frac{G\delta}{g}}$$

此公式即为式（3-37）。

式中　$\overline{m}(y)$——悬臂杆单位长度上的质量；

$x(y)$——体系按第一振型振动时任一截面 y 的位移。

有了折算质量就可按单质点体系计算基本频率：

$$\omega_1=\sqrt{\frac{1}{M_{zh}\delta}} \tag{3-149}$$

而基本周期为：

$$T_1=2\pi\sqrt{M_{zh}\delta} \tag{3-150}$$

式中　δ——单位水平力作用下悬臂杆的顶点位移。

显然，按折算质量法求基本频率时，也需假设一条接近第一振型的弹性曲线，这样才能应用上面公式。

3.33　怎样按顶点位移法计算结构基本周期？

顶点位移法也是求结构基频的一种方法。它的基本原理是将结构按其质量分布情况，简化成有限个质点或无限个质点的悬臂直杆，然后求出以结构顶点位移表示的基本频率计算公式。这样，只要求出结构的顶点水平位移，就可按公式算出结构的基本频率或基本周期。

今以图 3-26（a）所示多层框架为例，介绍顶点位移法计算公式。

我们将多层框架简化成均匀的无限质点的悬臂直杆（图 3-26b），若体系按弯曲振动，则基本周期为：

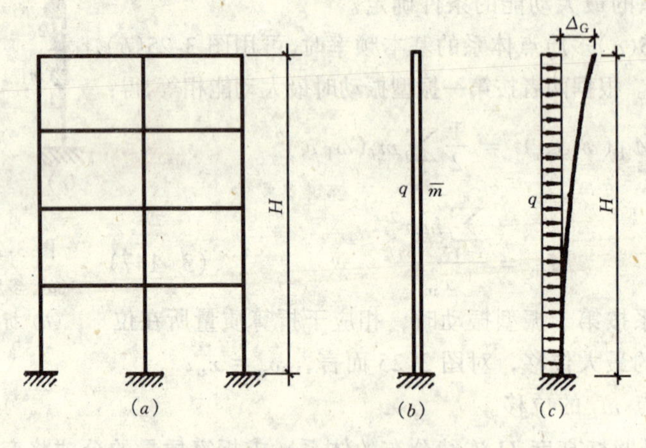

图 3-26　顶点位移法

$$T_1=1.78H^2\sqrt{\frac{\overline{m}}{EI}} \tag{a}$$

或

$$T_1=1.78\sqrt{\frac{qH^4}{gEI}} \tag{b}$$

而悬臂直杆在水平均布荷载 q 作用下的顶点水平位移（图 3-26c）

$$\Delta_G=\frac{qH^4}{8EI} \tag{c}$$

即

$$8\Delta_G=\frac{H^4}{EI} \tag{d}$$

将上式代入式（b），得：

$$T_1=1.60\sqrt{\Delta_G} \tag{3-151}$$

若体系按剪切振动，则其基本周期为：

$$T_1=1.28\sqrt{\frac{\xi qH^2}{GA}} \tag{e}$$

式中 ξ——剪应力不均匀系数；

G——剪切模量；

A——杆件横截面面积。

其余符号意义同前。

这时悬臂直杆的顶点水平位移为：

$$\Delta_G=\frac{\xi qH^2}{2GA} \tag{f}$$

即

$$2\Delta_G=\frac{\xi qH^2}{GA} \tag{g}$$

将上式代入式（e），得：

$$T_1=1.80\sqrt{\Delta_G} \tag{3-152}$$

若体系按剪弯振动时，则其基本周期可按下式确定：

$$T_1=1.70\sqrt{\Delta_G} \tag{3-153}$$

由上述公式可见，只要求得框架的顶点位移 Δ_G（m），即可算出其基本周期。

3.34 怎样按矩阵迭代法计算结构周期和振型？

矩阵迭代法是求振动体系基频和高频的一种常用方法。这种方法不仅可以求出体系的频率，而且还可以同时求出相应的振型。

（一）振动方程组矩阵表示法

我们将振动位移方程组（3-61a）写成矩阵形式：

$$\begin{Bmatrix} x_1 \\ x_2 \\ \vdots \\ x_n \end{Bmatrix}+\begin{bmatrix} \delta_{11} & \delta_{12} & \cdots & \delta_{1n} \\ \delta_{21} & \delta_{22} & \cdots & \delta_{2n} \\ \cdots & \cdots & \cdots & \cdots \\ \delta_{n1} & \delta_{n2} & \cdots & \delta_{nn} \end{bmatrix}\begin{bmatrix} m_1 & & & \\ & m_2 & & 0 \\ & & \ddots & \\ & 0 & & m_n \end{bmatrix}\begin{Bmatrix} \ddot{x}_1 \\ \ddot{x}_2 \\ \vdots \\ \ddot{x}_n \end{Bmatrix}=\begin{Bmatrix} 0 \\ 0 \\ \vdots \\ 0 \end{Bmatrix} \tag{3-154a}$$

或简写成

$$\{X\}+[\delta][m]\{\ddot{X}\}=\{0\} \tag{3-154b}$$

式中，$\{X\}$ 为位移列向量；$[\delta]$ 为柔度矩阵；$[m]$ 为质量矩阵；$\{\ddot{X}\}$ 为加速度列向量。

参照两个质点体系情形，不难看出，式（3-154）的解，具有下面形式

$$\{X\} = \{A\} \sin(\omega t+\varphi) \tag{3-155}$$

式中，$\{A\}$ 称为振幅向量。

将式（3-155）对时间 t 求二阶导数。

$$\{\ddot{X}\} = -\{A\} \omega^2 \sin(\omega t+\varphi) \tag{3-156}$$

将式（3-155）代入式（3-156），得：

$$\{\ddot{X}\} = -\omega^2 \{X\} \tag{3-157}$$

将式（3-157）代入式（3-154a），经简单运算后得：

$$\begin{bmatrix} \left(m_1\delta_{11}-\frac{1}{\omega^2}\right) & m_2\delta_{12} & \cdots & m_n\delta_{1n} \\ m_1\delta_{21} & \left(m_2\delta_{22}-\frac{1}{\omega^2}\right) & \cdots & m_n\delta_{2n} \\ \cdots & \cdots & \cdots & \cdots \\ m_1\delta_{n1} & m_2\delta_{n2} & \cdots & \left(m_n\delta_{nn}-\frac{1}{\omega^2}\right) \end{bmatrix} \begin{Bmatrix} x_1 \\ x_2 \\ \vdots \\ x_n \end{Bmatrix} = \begin{Bmatrix} 0 \\ 0 \\ \vdots \\ 0 \end{Bmatrix} \tag{3-158}$$

若令 $m_i\delta_{ki}=\alpha_{ki}$，$\lambda=1/\omega^2$

则式（3-158）可写成

$$\begin{bmatrix} (a_{11}-\lambda) & a_{12} & \cdots & a_{1n} \\ a_{21} & (a_{22}-\lambda) & \cdots & a_{2n} \\ \cdots & \cdots & \cdots & \cdots \\ a_{n1} & a_{n2} & \cdots & (a_{nn}-\lambda) \end{bmatrix} \begin{Bmatrix} x_1 \\ x_2 \\ \vdots \\ x_n \end{Bmatrix} = \begin{Bmatrix} 0 \\ 0 \\ \vdots \\ 0 \end{Bmatrix} \tag{3-159}$$

或简写成

$$([a]-\lambda[I])\{X\} = \{0\} \tag{3-160}$$

式中　$[I]$——单位矩阵；

$[a]$——由元素 a_{ki} 所形成的矩阵。

$$[a] = \begin{bmatrix} a_{11} & a_{12} & \cdots & a_{1n} \\ a_{21} & a_{22} & \cdots & a_{2n} \\ \cdots & \cdots & \cdots & \cdots \\ a_{n1} & a_{n2} & \cdots & a_{nn} \end{bmatrix} \tag{3-161}$$

式（3-159）是个齐次线性代数方程组。它非零解的充分和必要条件是其系数行列式等于零，即

$$\begin{vmatrix} (a_{11}-\lambda) & a_{12} & \cdots & a_{1n} \\ a_{21} & (a_{22}-\lambda) & \cdots & a_{2n} \\ \cdots & \cdots & \cdots & \cdots \\ a_{n1} & a_{n2} & \cdots & (a_{nn}-\lambda) \end{vmatrix} = 0 \tag{3-162}$$

式（3-162）称为方阵 $[a]$ 的特征方程，而满足式（3-162）的 λ_j（$j=1$，2，…，n）称为方阵 $[a]$ 的特征根。将 λ_j 代入式（3-159）解出的 $\{X\}_j$，称为与 λ_j 相对应的矩阵 $[a]$ 的特征向量，即第 j 振型。

（二）求基频和第一振型

将式（3-160）改写成

$$[a]\{X\} = \lambda\{X\} \tag{3-163}$$

或

$$\begin{bmatrix} a_{11} & a_{12} & \cdots & a_{1n} \\ a_{21} & a_{22} & \cdots & a_{2n} \\ \cdots & \cdots & \cdots & \cdots \\ a_{n1} & a_{n2} & \cdots & a_{nn} \end{bmatrix} \begin{Bmatrix} x_1 \\ x_2 \\ \vdots \\ x_n \end{Bmatrix} = \lambda \begin{Bmatrix} x_1 \\ x_2 \\ \vdots \\ x_n \end{Bmatrix} \tag{3-164}$$

所谓矩阵迭代法，就是假定一个列向量，记作 $\{X\}^{(0)}$，并称为初始向量，上标（0）表示第0次迭代。然后，代入式（3-163）左端与矩阵［a］相乘，得$[a]\{X\}^{(0)} = \{X\}^{(1)}$。为了运算方便起见，把 $\{X\}^{(1)}$中各元素除以其中第一个或最后一个元素，这样，第1个或最后一个元素变成1，而其余元素将按比例缩小或增大。这样处理称为对向量 $\{X\}^{(1)}$的归一化。归一了的列阵 $\{X\}^{(1)}$再代入式（3-163）左端 $\{X\}$ 进行矩阵乘法运算。对于第 m 次迭代过程可写成：

$$[a]\{X\}^{(m-1)} = \{X\}^{(m)} \tag{3-165}$$

若迭代次数 m 足够多时，我们会发现 $\{X\}^{(m)}$为 $\{X\}^{(m-1)}$的 λ 倍，即

$$[a]\{X\}^{(m-1)} = \{X\}^{(m)} = \lambda\{X\}^{(m-1)}$$

其中，λ 就是矩阵［a］的特征根。而相应的列阵 $\{X\}^{(m-1)}$为对应 λ 的特征向量。于是，由 λ 就可求出频率。

在上述迭代过程中，当迭代次数 m 足够多时，结果必收敛于基本振型和对应的 λ_1 值。我们知道，对于式（3-164）的特征根有 n 个，即 $\lambda_1 > \lambda_2 > \cdots > \lambda_n$，相应的特征向量 $\{X\}_1$，$\{X\}_2$，…，$\{X\}_n$，它们都满足方程

$$[a]\{X\}_j = \lambda_j\{X\}_j \qquad (j = 1, 2, \cdots, n)$$

我们把假定的初始向量 $\{X\}^{(0)}$按振型展开，于是，

$$\{X\}^{(0)} = a_1\{X\}_1 + a_2\{X\}_2 + \cdots + a_n\{X\}_n \tag{3-166}$$

以［a］左乘上式等号两边，这相当作第一次迭代：

$$\begin{aligned}\{X\}^{(1)} = [a]\{X\}^{(0)} &= [a](a_1\{X\}_1 + a_2\{X\}_2 + \cdots + a_n\{X\}_n) \\ &= a_1[a]\{X\}_1 + a_2[a]\{X\}_2 + \cdots + a_n[a]\{X\}_n\end{aligned}$$

因为

$$[a]\{X\}_j = \lambda_j\{X\}_j$$

于是上式变成：

$$\begin{aligned}\{X\}^{(1)} &= a_1\lambda_1\{X\}_1 + a_2\lambda_2\{X\}_2 + \cdots + a_n\lambda_n\{X\} \\ &= \lambda_1\left(a_1\{X\}_1 + a_2\frac{\lambda_2}{\lambda_1}\{X\}_2 + \cdots + a_n\frac{\lambda_n}{\lambda_1}\{X\}_n\right)\end{aligned}$$

因为上式等号右端括号内 λ_2/λ_1，λ_3/λ_1，…，均小于1，所以在 $\{X\}^{(1)}$中除第一特征向量 $\{X\}_1$ 外，其余特征向量均相对地缩小。因而，$\{X\}^{(1)}$比 $\{X\}^{(0)}$更接近第一特征向量 $\{X\}_1$。

当进行第二次迭代时，

$$\{X\}^{(2)} = [a]\{X\}^{(1)} = \lambda_1^2\left[a_1\{X\}_1 + a_2\left(\frac{\lambda_2}{\lambda_1}\right)^2\{X\}_2 + \cdots + a_n\left(\frac{\lambda_n}{\lambda_1}\right)^2\{X\}_n\right]$$

经过第二次迭代后，向量 $\{X\}^{(2)}$ 中除第一特征向量外，其余向量更加缩小了。因此，当迭代的次数 m 足够多时，

$$\{X\}^{(m)}=[a]\{X\}^{(m-1)}=\lambda_1^m\left[a_1\{X\}_1+a_2\left(\frac{\lambda_2}{\lambda_1}\right)^m\{X\}_2+\cdots+a_n\left(\frac{\lambda_n}{\lambda_1}\right)^m\{X\}_n\right]$$

$$\approx\lambda_1^m a_1\{X\}_1 \tag{3-167}$$

再迭代一次，得：

$$\{X\}^{(m+1)}=[a]\{X\}^{(m)}\approx\lambda_1^{m+1}a_1\{X\}_1=\lambda_1\lambda_1^m a_1\{X\}_1 \tag{3-168}$$

比较式（3-167）和式（3-168）得：

$$\{X\}^{(m+1)}=[a]\{X\}^{(m)}\approx\lambda_1\{X\}^{(m)}$$

上式表明，上述迭代过程将收敛于最大特征值 λ_1 和它所对应的基本振型 $\{X\}_1$，而基本频率则通过最大特征值算出。

（三）求高阶频率及相应振型

矩阵迭代法对于求高阶自振频率仍然适用，但需对所假定的迭代向量作适当的处理。由式（3-166）可以看出，如能使初始迭代向量不包含第一振型，即 $a_1=0$，则经迭代后，可以收敛到第二自振频率和第二振型。

为了从迭代向量中消除掉第一振型，将式（3-166）等号两边左乘以 $\{X\}_1^T[m]$，得：

$$\{X\}_1^T[m]\{X\}^{(0)}=a_1\{X\}_1^T[m]\{X\}_1+a_2\{X\}_1^T[m]\{X\}_2+\cdots+a_n\{X\}_1^T[m]\{X\}_n$$

根据正交性条件可知，上式等式右端除第一项外，其余各项均为零，于是，

$$\{X\}_1^T[m]\{X\}^{(0)}=a_1\{X\}_1^T[m]\{X\}_1$$

若初始迭代向量 $\{X\}^{(0)}$ 中不包含第一振型分量，则应使 $a_1=0$，即上述等号右端应等于零，也就是

$$\{X\}_1^T[m]\{X\}^{(0)}=\{x_{11}x_{21}\cdots x_{n1}\}\begin{bmatrix}m_1 & & & 0\\ & m_2 & & \\ & & \ddots & \\ 0 & & & m_n\end{bmatrix}\begin{Bmatrix}x_1\\x_2\\\vdots\\x_n\end{Bmatrix}=0$$

即迭代向量应与第一振型正交。我们将上式展开：

$$m_1x_{11}x_1+m_2x_{21}x_2+\cdots+m_nx_{n1}x_n=\sum_{i=1}^{n}m_ix_{i1}x_i=0 \tag{3-169}$$

式中 x_{i1}——第一振型第 i 质点的相对位移；

x_i——初始迭代向量第 i 个元素。

将式（3-169）写成下面形式

$$\left.\begin{aligned}&x_1=0x_1-\frac{m_2}{m_1}\left(\frac{x_{21}}{x_{11}}\right)x_2-\cdots-\frac{m_n}{m_1}\left(\frac{x_{n1}}{x_{11}}\right)x_n\\&x_2=x_2\\&\cdots\cdots\cdots\cdots\\&x_n=x_n\end{aligned}\right\} \tag{3-170}$$

除第 1 个方程外，后面 $n-1$ 个方程只是 $n-1$ 个恒等式。这样写的目的在于，将迭代向量与第一振型正交条件写成矩阵形式：

$$\begin{Bmatrix} x_1 \\ x_2 \\ \vdots \\ x_n \end{Bmatrix} = \begin{bmatrix} 0-\left(\frac{m_2}{m_1}\right)\left(\frac{x_{21}}{x_{11}}\right) & \cdots & -\left(\frac{m_n}{m_1}\right)\left(\frac{x_{n1}}{x_{11}}\right) \\ 0 \quad 1 & \cdots & 0 \\ \cdots\cdots & \cdots & \\ 0 \quad 0 & \cdots & 1 \end{bmatrix} \begin{Bmatrix} x_1 \\ x_2 \\ \vdots \\ x_n \end{Bmatrix} \tag{3-171}$$

或写成：

$$\{X\}^{(0)'} = [S]_1 \{X\}^{(0)} \tag{3-172}$$

矩阵 $[S]_1$ 与初始迭代向量迭代后，可将 $\{X\}^{(0)}$ 中的第一振型分量清除掉。故矩阵 $[S]_1$ 称为清除矩阵。

这样，经过上述处理后的初始迭代向量 $\{X\}^{(0)'}$，代入式（3-163）左端进行迭代，即应收敛于第二振型及相应的特征值。但是，由于所求得的第一振型是近似值，加之数字运算难免产生误差，所以不可能将初始迭代向量 $\{X\}^{(0)}$ 清除得绝对“干净”；此外，在迭代过程中的舍入误差，也可能产生第一振型 $\{X\}_1$ 的微小分量，而这个微小分量经过多层迭代之后，将逐渐增大，最后仍可能收敛于第 1 振型。为了避免发生这种情况，在迭代的每次循环中，应将迭代向量左乘以清除矩阵。为了简化计算，我们可先将 $[S]_1$ 右乘矩阵 $[a]$，然后直接用初始迭代向量 $\{X\}^{(0)}$ 进行迭代，这样即可收敛于第二振型。当迭代次数 m 足够多时，下式将必成立：

$$[a][S]_1 \{X\}^{(m)} \approx \lambda_2 \{X\}^{(m)} \tag{3-173}$$

或

$$[a]_1 \{X\}^{(m)} \approx \lambda_2 \{X\}^{(m)} \tag{3-174}$$

其中

$$[a]_1 = [a][S]_1 \tag{3-175}$$

要求第三频率及相应的振型，类似地，应从初始迭代向量中同时清除第一和第二振型分量。上面我们已经建立了清除第一振型分量的条件（3-169），现在来建立清除第二振型分量的条件。为此，将初始迭代向量表达式（3-166）两端左乘以 $\{X\}_2^T[m]$，得：

$$\{X\}_2^T[m]\{X\}^{(0)} = a_1\{X\}_2^T[m]\{X\}_1 + a_2\{X\}_2^T[m]\{X\}_2 + \cdots + a_n\{X\}_2^T[m]\{X\}_n$$

根据振型正交条件可知，上式等号右端除第二项外，其余各项均等于零。于是：

$$\{X\}_2^T[m]\{X\}^{(0)} = a_2\{X\}_2^T[m]\{X\}_2$$

为了使初始迭代向量 $\{X\}^{(0)}$ 中不包含第二振型分量，令 $a_2=0$，于是，

$$\{X\}_2^{T'}[m]\{X\}^{(0)} = 0$$

即迭代向量应与第二振型正交，我们将上式展开：

$$m_1x_{12}x_1 + m_2x_{22}x_2 + \cdots + m_nx_{n2}x_n = \sum_{i=1}^{n} m_ix_{i2}x_i = 0 \tag{3-176}$$

式中 x_{i2}——第二振型第 i 质点的相对位移；

x_i——初始迭代向量第 i 个元素。

这样，从初始迭代向量中清除第一和第二振型分量的条件为：

$$\left.\begin{aligned}\sum_{i=1}^{n} m_i x_{i1} x_i &= 0\\ \sum_{i=1}^{n} m_i x_{i2} x_i &= 0\end{aligned}\right\} \tag{3-177}$$

将上式写成下面形式：

$$\left.\begin{aligned}x_1 &= \sum_{i=1}^{n} \frac{m_i(x_{21}x_{i2} - x_{22}x_{i1})}{m_1(x_{11}x_{22} - x_{12}x_{21})} x_i\\ x_2 &= \sum_{i=1}^{n} \frac{m_i(x_{12}x_{i1} - x_{11}x_{i2})}{m_2(x_{11}x_{22} - x_{12}x_{21})} x_i\\ x_3 &= x_3\\ &\cdots\cdots\\ x_n &= x_n\end{aligned}\right\} \tag{3-178}$$

将上式写成矩阵形式：

$$\begin{Bmatrix} x_1 \\ x_2 \\ x_3 \\ \vdots \\ x_n \end{Bmatrix} = \begin{bmatrix} 0 & 0 & d_{13} & \cdots & d_{1n} \\ 0 & 0 & d_{23} & \cdots & d_{2n} \\ 0 & 0 & 1 & \cdots & 0 \\ \vdots & & & & \vdots \\ 0 & 0 & 0 & \cdots & 1 \end{bmatrix} \begin{Bmatrix} x_1 \\ x_2 \\ x_3 \\ \vdots \\ x_n \end{Bmatrix} \tag{3-179}$$

或缩写成

$$\{X\}^{(0)''} = [S]_2 \{X\}^{(0)} \tag{3-180}$$

其中，$[S]_2$ 为从初始迭代向量中清除第一和第二振型分量的清除矩阵，其中元素

$$d_{13} = \frac{m_3 \ (x_{21}x_{32} - x_{22}x_{31})}{m_1 \ (x_{11}x_{22} - x_{12}x_{21})}, \ \cdots, \ d_{1n} = \frac{m_n \ (x_{21}x_{n2} - x_{22}x_{n1})}{m_1 \ (x_{11}x_{22} - x_{12}x_{21})}$$

$$d_{23} = \frac{m_3 \ (x_{12}x_{31} - x_{11}x_{32})}{m_2 \ (x_{11}x_{22} - x_{12}x_{21})}, \ \cdots, \ d_{2n} = \frac{m_n \ (x_{12}x_{n1} - x_{11}x_{n2})}{m_2 \ (x_{11}x_{22} - x_{12}x_{21})}$$

将式（3-180）代入式（3-163）左端进行迭代，最后将收敛于第三振型和相应的特征值 λ_s，也就是当迭代次数 m 足够多时，则有

$$[a] \ [S]_2 \ \{X\}^{(m)} \approx \lambda_3 \ \{X\}^{(m)} \tag{3-181}$$

或

$$[a]_2 \ \{X\}^{(m)} \approx \lambda_3 \ \{X\}^{(m)} \tag{3-182}$$

其中

$$[a]_2 = [a] \ [S]_2 \tag{3-183}$$

求出特征值 λ_s 后，就可算得相应频率 ω_3。

3.35 《抗震规范》对计算地震作用有哪些规定？

一、各类建筑结构地震作用的规定：

（1）一般情况下，可在建筑结构的两个主轴方向分别考虑水平地震作用并进行抗震验算，各方向的水平地震作用应由该方向抗侧力构件承担。

（2）有斜交抗侧力构件的结构，当相交角度大于 15°时，应分别考虑各抗侧力构件方

向的水平地震作用。

（3）质量和刚度分布明显不对称的结构，应考虑双向水平地震作用下的扭转影响；其他情况，宜采用调整地震作用效应的方法考虑扭转影响。

（4）8度和9度时的大跨度结构、长悬臂结构，9度时的高层建筑，应考虑竖向地震作用。

二、各类建筑结构的抗震计算

（1）高度不超过40m，以剪切变形为主且质量和刚度沿高度分布比较均匀的结构，以及近似于单质点体系的结构，宜采用底部剪力法等简化方法。

（2）除上述以外的建筑结构，宜采用振型分解反应谱法。

（3）特别不规则的建筑、甲类建筑和表3-10所列高度范围的高层建筑，应采用时程分析法进行多遇地震下的补充计算，可取多条时程曲线计算结果的平均值与振型分解反应谱法计算结果的较大值。

采用时程分析法的房屋高度范围 **表3-10**

烈度、场地类别	房屋高度范围（m）	烈度、场地类别	房屋高度范围（m）
8度Ⅰ、Ⅱ类场地和7度	＞100	9度	＞60
8度Ⅲ、Ⅳ类场地	＞80		

采用时程分析法时。应按建筑场地类别和设计地震分组选用不少于二组的实际强震记录和一组人工模拟的加速度时程曲线，其平均地震影响系数曲线应与振型分解反应谱法所采用的地震影响系数曲线在统计意义上相符，其加速度时程的最大值可按表3-11采用。弹性时程分析时，每条时程曲线计算所得结构底部剪力不应小于振型分解反应谱法计算结果的65%，多条时程曲线计算所得结构底部剪力的平均值不应小于振型分解反应谱法计算结果的80%。

时程分析所用地震加速度时程曲线的最大值（cm/s^2） **表3-11**

地震影响	烈度			
	6	7	8	9
多遇地震	18	35（55）	70（110）	140
罕遇地震	—	220（310）	400（510）	620

注：括号内的数值分别用于设计基本地震加速度0.15g和0.30g的地区。

3.36 怎样进行结构抗震验算？

如前所述，在进行建筑结构抗震验算时，《抗震规范》采用二阶段设计法，即

第一阶段设计：按多遇地震作用效应和其他荷载效应的基本组合验算构件截面抗震承载力，以及多遇地震作用下验算结构的弹性变形；

第二阶段设计：按罕遇地震作用下验算结构的弹塑性变形。

一、截面抗震验算

结构构件的地震作用效应和其他荷载效应的基本组合，应按下式计算：

$$S=\gamma_G S_{GE}+\gamma_{Eh}S_{Ehk}+\gamma_{Ev}S_{Evk}+\Psi_w\gamma_w S_{wk} \quad (3\text{-}184)$$

式中 S——结构构件内力组合的设计值，包括组合的弯矩、轴向力和剪力设计值；

γ_G——重力荷载分项系数，一般情况取 1.2，当重力荷载效应对构件承载能力有利时，不应大于 1.0；

γ_{Eh}、γ_{Ev}——分别为水平、竖向地震作用分项系数，应按表 3-12 采用；

γ_w——风荷载分项系数，应采用 1.4；

S_{GE}——重力荷载代表值的效应，有吊车时，尚应包括悬吊物重力标准值的效应；

S_{Ehk}——水平地震作用标准值的效应，尚应乘以相应的增大系数或调整系数；

S_{Evk}——竖向地震作用标准值的效应，尚应乘以相应的增大系数或调整系数；

S_{wk}——风荷载标准值的效应；

Ψ_w——风荷载组合系数，一般结构可不考虑，风荷载起控制作用的高层建筑应采用 0.2。

地 震 作 用 分 项 系 数　　表 3-12

地震作用	γ_{Eh}	γ_{Ev}	地震作用	γ_{Eh}	γ_{Ev}
仅计算水平地震作用	1.3	不考虑	同时计算水平与竖向地震作用	1.3	0.5
仅计算竖向地震作用	不考虑	1.3			

结构构件的截面抗震验算，应采用下列表达式：

$$S\leqslant\frac{R}{\gamma_{RE}} \quad (3\text{-}185)$$

式中 γ_{RE}——承载力抗震调整系数，除另有规定外，应按表 3-13 采用；

R——结构构件承载力设计值。

承载力抗震调整系数　　表 3-13

材料	结构构件	受力状态	γ_{RE}
钢	柱、梁		0.75
	支撑		0.80
	节点板件、连接螺栓		0.85
	连接焊缝		0.90
砌体	两端均有构造柱、芯柱的抗震墙	受剪	0.9
	其他抗震墙	受剪	1.0
混凝土	梁	受弯	0.75
	轴压比小于 0.15 柱	偏压	0.75
	轴压比不小于 0.15 柱	偏压	0.80
	抗震墙	偏压	0.85
	各类构件	受剪、偏拉	0.85

当仅计算竖向地震作用时，各类结构构件承载力抗震承载力调整系数均宜采用 1.0。

二、抗震变形验算

（一）多遇地震作用下结构抗震变形验算

表3-14所列各类结构应进行多遇地震作用下的抗震变形验算，其楼层内最大弹性层间位移应符合下式要求：

$$\Delta u_e \leqslant [\theta_e]\ h \tag{3-186}$$

式中 Δu_e——多遇地震作用标准值产生的楼层内最大的弹性层间位移；计算时，除以弯曲变形为主的高层建筑外，可不扣除结构整体弯曲变形，应计入扭转变形，各作用分项系数应采用1.0；钢筋混凝土结构构件的截面刚度可采用弹性刚度；

$[\theta_e]$——弹性层间位移角限值，宜按表3-14采用；

h——计算楼层层高。

弹性层间位移角限值 **表3-14**

结构类型	$[\theta_e]$	结构类型	$[\theta_e]$
钢筋混凝土框架	1/550	钢筋混凝土框支层	1/1000
钢筋混凝土框架-抗震墙、板柱-抗震墙、框架-核心筒	1/800	多、高层钢结构	1/300
钢筋混凝土抗震墙、筒中筒	1/1000		

（二）结构在罕遇地震作用下薄弱层的弹塑性变形验算

1. 计算范围

（1）下列结构应进行弹塑性变形验算：

1）8度Ⅲ、Ⅳ类场地和9度时，高大的单层钢筋混凝土柱厂房的横向排架；

2）7～9度时楼层屈服强度系数小于0.5的钢筋混凝土框架结构；

3）高度大于150m的钢结构；

4）甲类建筑和9度时乙类建筑中的钢筋混凝土结构和钢结构；

5）采用隔震和消能减震设计的结构。

（2）下列结构宜进行弹塑性变形验算：

1）表3-10所列高度范围且属于表1-4所列竖向不规则类型的高层建筑结构；

2）7度Ⅲ、Ⅳ类场地和8度乙类建筑中的钢筋混凝土结构和钢结构；

3）板柱-抗震墙结构和底部框架砖房；

4）高度不大于150m的高层钢结构。

2. 计算方法

（1）简化方法

不超过12层且层刚度无突变的钢筋混凝土框架结构、单层钢筋混凝土柱厂房可采用简化方法计算结构薄弱层（部位）弹塑性位移。

按简化方法计算时。需确定结构薄弱层（部位）的位置。所谓结构薄弱层，是指在强烈地震作用下结构首先发生屈服并产生较大弹塑性位移的部位。

楼层屈服强度系数大小及其沿建筑高度分布情况可判断结构薄弱层部位。对于多层和高层建筑结构，楼层屈服强度系数按下式计算：

$$\xi_y = \frac{V_y}{V_e} \tag{3-187a}$$

式中　ξ_y——楼层屈服强度系数；

V_y——按构件实际配筋面积和材料强度标准值计算的楼层受剪承载力；

V_e——按罕遇地震作用标准值计算的楼层弹性地震剪力。

对于排架柱，楼层屈服强度系数按下式计算：

$$\xi_y = \frac{M_y}{M_e} \tag{3-187b}$$

式中　M_y——按实际配筋面积、材料强度标准值和轴向力计算的正截面受弯承载力；

M_e——按罕遇地震作用标准值计算的弹性地震弯矩。

《抗震规范》规定，当结构薄弱层（部位）的楼层屈服强度系数不小于相邻层（部位）该系数平均值的0.8，即符合下列条件时：

$$\xi_y(i) > 0.8[\xi_y(i+1) + \xi_y(i-1)]\frac{1}{2} \quad （标准层） \tag{3-188}$$

$$\xi_y(n) > 0.8\xi_y(n-1) \quad （顶层） \tag{3-189}$$

$$\xi_y(1) > 0.8\xi_y(2) \quad （首层） \tag{3-190}$$

则认为该结构楼层屈服强度系数沿建筑高度分布均匀，否则认为不均匀。

结构薄弱层（部位）的位置可按下列情况确定：

1）楼层屈服强度系数沿高度分布均匀的结构，可取底层；

2）楼层屈服强度系数沿高度分布不均匀的结构，可取该系数最小的楼层（部位）和相对较小的楼层，一般不超过2～3处；

3）单层工业厂房，可取上柱。

弹塑性层间位移可按下列公式计算：

$$\Delta u_p = \eta_p \Delta u_e \tag{3-191a}$$

$$\Delta u_p = \mu \Delta u_y = \frac{\eta_p}{\xi_y}\Delta u_y \tag{3-191b}$$

式中　Δu_p——弹塑性层间位移；

Δu_y——层间屈服位移；

μ——楼层延性系数；

Δu_e——罕遇地震作用下按弹性分析的层间位移；

η_p——弹塑性层间位移增大系数，当薄弱层（部位）的屈服强度系数不小于相邻层（部位）该系数平均值的0.8时，可按表3-15采用。当不大于该平均值的0.5时，可按表内相应数值的1.5倍采用；其他情况可采用内插法取值；

ξ_y——楼层屈服强度系数。

弹塑性层间位移增大系数　　　　表 3-15

结构类型	总层数 n 或部位	ξ_y		
		0.5	0.4	0.3
多层均匀框架结构	2～4	1.30	1.40	1.60
	5～7	1.50	1.65	1.80
	8～12	1.80	2.00	2.20
单层厂房	上柱	1.30	1.60	2.00

结构薄弱层（部位）弹塑性层间位移，应符合下式要求：

$$\Delta u_p \leqslant [\theta_p] h \tag{3-192}$$

式中　$[\theta_p]$——弹塑性层间位移角限值，可按表3-16采用，对钢筋混凝土框架结构，当轴压比小于0.40时，可提高10%；当柱全高的箍筋构造比表4-12中最小含箍特征值大30%时，可提高20%，但累计不超过25%。

h——薄弱层楼层高度或单层厂房上柱高度。

弹塑性层间位移增大系数　　　　表 3-16

结　构　类　型	$[\theta_p]$
单层钢筋混凝土柱排架	1/30
钢筋混凝土框架	1/50
底部框架砖房中的框架-抗震墙	1/100
钢筋混凝土框架-抗震墙、板柱-抗震墙、框架-核心筒	1/100
钢筋混凝土抗震墙、筒中筒	1/120
多、高层钢结构	1/50

（2）除上述适用简化方法以外的建筑结构，可采用静力弹塑性分析方法或弹塑性时程分析法等。

（3）规则结构可采用弯剪层模型或平面杆系模型；不规则结构应采用空间结构模型。

第4章　钢筋混凝土框架结构

4.1　怎样计算钢筋混凝土框架结构水平地震作用？

《抗震规范》规定，在一般情况下，应沿结构两个主轴方向分别考虑水平地震作用，以进行截面承载力和变形验算。各方向的水平地震作用应全部由该方向抗侧力构件承担。

对于高度不超过40m，以剪切变形为主且质量和刚度沿高度分布比较均匀的框架结构的水平地震作用标准值，可按底部剪力法计算：

$$F_{\mathrm{Ek}} = \alpha_1 G_{\mathrm{eq}} \tag{4-1}$$

$$F_i = \frac{G_i H_i}{\sum_{j=1}^{n} G_j H_j} F_{\mathrm{Ek}}(1 - \delta_{\mathrm{n}}) \tag{4-2}$$

$$\Delta F_{\mathrm{n}} = \delta_{\mathrm{n}} F_{\mathrm{Ek}} \tag{4-3}$$

式中符号与前相同。

按上列公式计算水平地震作用时，首先要确定结构的基本周期。对于钢筋混凝土框架，由于它的侧移容易计算，故一般采用能量法计算基本周期。此外，也可用经验公式计算，但由于该法具有较大的局限性，所以，选用时应注意其适用范围。按能量法计算结构基本周期的公式为：

$$T_1 = 2\psi_{\mathrm{T}} \sqrt{\frac{\sum_{i=1}^{n} G_i \Delta_i^2}{\sum_{i=1}^{n} G_i \Delta_i}} \tag{4-4}$$

式中　ψ_{T}——结构基本周期考虑非承重砖墙影响的折减系数，民用框架结构取0.6～0.7；

G_i——集中在各层楼面处的重力荷载代表值（kN）；

Δ_i——假想把集中在各层楼面处的重力荷载代表值 G_i 作为水平荷载而算得的结构各层楼面处位移（m）。

4.2　怎样按反弯点法求框架内力？

反弯点法是求在水平荷载作用下框架内力和侧移的一种简化方法。下面叙述该法的基本原理。

框架在水平荷载作用下，节点将同时产生转角和侧移，参见图4-1（a）。根据分析，当梁的线刚度 $k_{\mathrm{b}} = \frac{EI_{\mathrm{b}}}{l}$ 和柱的线刚度 $k_{\mathrm{c}} = \frac{EI_{\mathrm{c}}}{H}$ 之比大于3时，节点转角 θ 将很小，它对

框架的内力影响不大。因此，为了简化计算，通常把它忽略不计，即假定 $\theta=0$（图 4-1b）。实际上，这就等于把框架横梁简化成线刚度 $k_b=\infty$ 的刚性梁。这样处理，可使计算大为简化，而其误差一般不超过 5%。

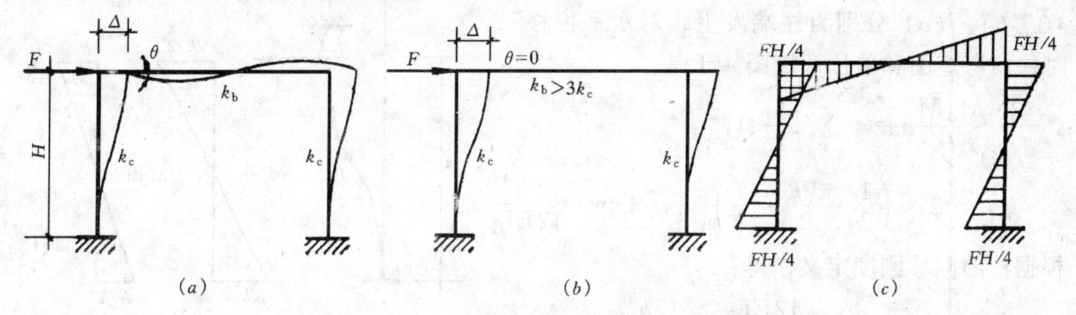

图 4-1　反弯点法

采用上述假定后，在柱的 1/2 高度处[1] 截面弯矩为零（图 4-1c）。柱的弹性曲线在该处改变凹凸方向，故此处称为反弯点（图 4-1b），反弯点距柱底的距离称为反弯点高度。

柱的反弯点确定后，如果再求得柱的剪力，即可绘出框架的弯矩图。

现说明框架在水平地震作用下柱的剪力确定方法。

图 4-2（a）所示为多层框架，现将框架从第 i 层反弯点处切开。设作用在该层的总

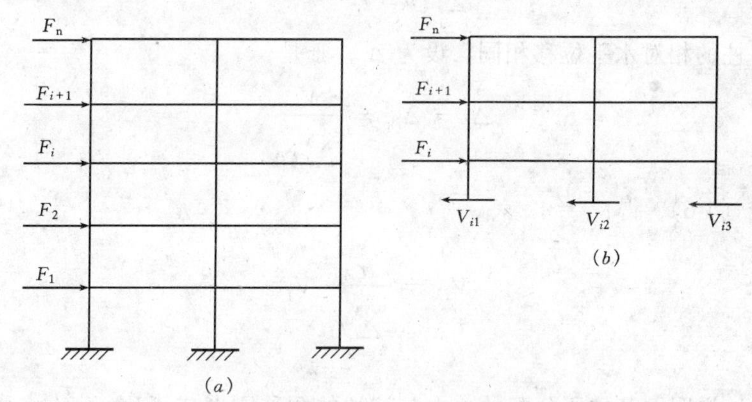

图 4-2　框架柱剪力的确定

剪力为 $V_i=\sum\limits_i^n F_i$，则根据水平力的平衡条件 $\Sigma X=0$（图 4-2b），得：

$$\Sigma V_{ik}=V_i \tag{4-5}$$

其中，V_{ik} 为第 i 层第 k 根柱所分配的剪力，其值为：

$$V_{ik}=\frac{12k_{ik}}{h^2}\Delta_{ik}=r_{ik}\Delta_{ik} \tag{4-6}$$

式中，$r_{ik}=\dfrac{12k_{ik}}{h^2}$ 称为柱的侧移刚度，表示柱端产生相对单位水平位移（$\Delta_{ik}=1$）时，在柱内产生附加的剪力。

[1] 为了使计算结果更精确一些，框架首层柱常取其 2/3 高度处截面弯矩为零。

为了证明柱的侧移刚度 $r_{ik}=\dfrac{12k_{ik}}{h^2}$，将第 i 层第 k 根柱从框架中切出（图 4-3a）。设该柱在剪力作用下产生的相对水平位移为 Δ。图 4-3（b）、（c）分别为柱端发生相对水平位移 Δ 时柱的弯矩图和单位弯矩图。于是，

$$\Delta=\int_0^h\frac{M_\Delta\overline{M}}{EI_{ik}}\mathrm{d}x=\sum\frac{1}{EI_{ik}}\Omega y_c$$

$$=\frac{1}{EI_{ik}}\cdot 2\times\left(\frac{1}{2}\cdot\frac{Vh}{2}\cdot\frac{h}{2}\right)\left(\frac{2}{3}\cdot\frac{h}{2}\right)=\frac{Vh^3}{12EI_{ik}}$$

根据柱的侧移刚度定义，得：

$$r_{ik}=\frac{V}{\Delta}=\frac{12EI_{ik}}{h^3}=\frac{12k_{ik}}{h^2}$$

其中

$$k_{ik}=\frac{EI_{ik}}{h}\qquad(4\text{-}7)$$

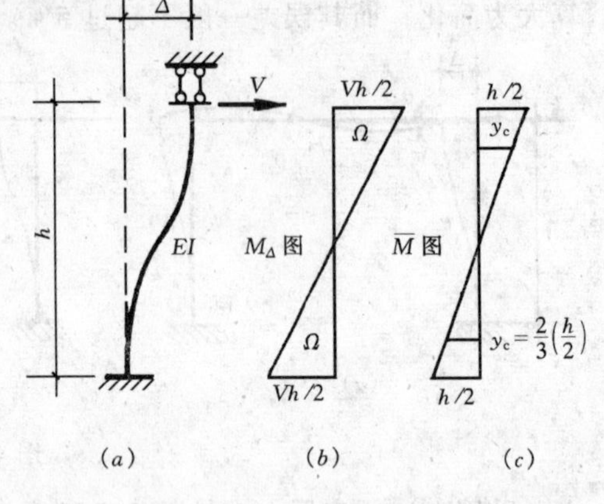

图 4-3　框架柱侧移刚度的确定

现将式（4-6）代入式（4-5），得：

$$\sum_{k=1}^{n}r_{ik}\Delta_{ik}=V_i\qquad(4\text{-}8)$$

因为同一层各柱的相对水平位移相同，设为 Δ_i，于是，

$$\Delta_i=\Delta_{ik}=\frac{V_i}{\sum\limits_{k=1}^{n}r_{ik}}\qquad(4\text{-}9)$$

将上式代入式（4-6），得：

$$V_{ik}=\frac{r_{ik}}{\sum\limits_{k=1}^{n}r_{ik}}V_i\qquad(4\text{-}10)$$

式（4-10）说明，各柱所分配的剪力与该柱的侧移刚度成正比，$\dfrac{r_{ik}}{\sum\limits_{i=1}^{n}r_{ik}}$ 称为剪力分配系数。因此，楼层剪力 V_i 按剪力分配系数分配给各柱。

柱端弯矩由柱的剪力和反弯点高度的数值确定，边节点梁端弯矩可由节点力矩平衡条件确定，而中间节点两侧梁端弯矩则可按梁的转动刚度分配柱端弯矩求得。

反弯点法适用于少层框架结构情形，因为这时柱截面尺寸较小，容易满足梁柱线刚度比大于 3 的条件。

4.3　怎样按改进的反弯点法求框架的内力？

上述反弯点法只适用于梁柱线刚度比大于 3 的情形。如不满足这个条件，柱的侧移刚度和反弯点位置，都将随框架节点转角大小而改变。这时，再采用反弯点法求框架内力，就会产生较大的误差。

下面介绍改进的反弯点法。这个方法近似地考虑了框架节点转动对柱的侧移刚度和反弯点高度的影响。改进的反弯点法是目前分析框架内力比较简单、而又比较精确的一种近似方法。因此，在工程中广泛采用。

改进反弯点法求得柱的侧移刚度，工程上用 D 表示，故改进反弯点法又称“D 值法”。

(1) 柱的侧移刚度

图 4-4（a）为多层框架；图 4-4（b）是柱 AB 及其邻近杆件受水平力变形后的情形。

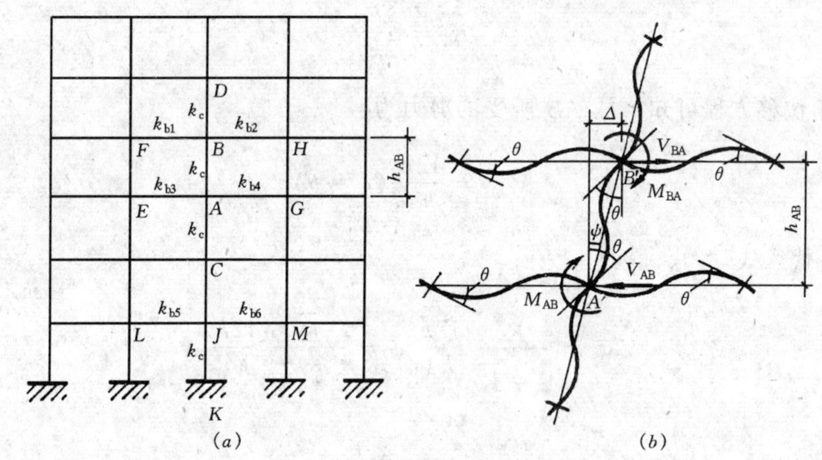

图 4-4[1] 一般层 D 值的确定

1）一般层柱的侧移刚度

为了简化计算，作如下假定：

①柱 AB 以及与柱 AB 相邻的各杆的杆端转角均为 θ；

②柱 AB 及其相邻上下柱的线刚度均为 k_c，且它们的弦转角均为 ψ。

由节点 A 的平衡条件 $\Sigma M_A = 0$，得：

$$M_{AB} + M_{AG} + M_{AC} + M_{AB} = 0$$

式中

$$M_{AB} = 2k_c(2\theta + \theta - 3\psi) = 6k_c(\theta - \psi)$$
$$M_{AG} = 2k_{b4}(2\theta + \theta) = 6k_{b4}\theta \qquad (a)$$
$$M_{AC} = 2k_c(2\theta + \theta - 3\psi) = 6k_c(\theta - \psi)$$
$$M_{AE} = 2k_{b3}(2\theta + \theta) = 6k_{b3}\theta$$

其中，k_{b3}、k_{b4}分别为与节点 A 左梁和右梁的线刚度。将上列公式代入式（a）得：

$$6(k_{b3} + k_{b4})\theta + 12k_c\theta - 12k_c\psi = 0 \qquad (b)$$

同理，由节点 B 的平衡条件 $\Sigma M_B = 0$，得：

$$6(k_{b1} + k_{b2})\theta + 12k_c\theta - 12k_c\psi = 0 \qquad (c)$$

其中，k_{b1}、k_{b2}分别为节点 B 左梁和右梁的线刚度。

将式（b）与式（c）相加，经整理后得：

---

[1] 图中梁柱变形曲线是按结构力学中规定的正方向绘制的。

$$\theta = \frac{2}{2 + \frac{\Sigma k_b}{2k_c}} \psi = \frac{2}{2 + \overline{K}} \psi \qquad (d)$$

式中　Σk_b——梁的线刚度之和，

$$\Sigma k_b = k_{b1} + k_{b2} + k_{b3} + k_{b4} \qquad (4\text{-}11)$$

$\overline{K}$——一般层梁柱线刚度比。

$$\overline{K} = \frac{\Sigma k_b}{2k_c} \qquad (4\text{-}12)$$

由转角位移方程可知，柱 AB 所受的剪力为：

$$V_{AB} = \frac{12k_c}{h_{AB}}(\psi - \theta) \qquad (e)$$

将式（d）代入式（e），得：

$$V_{AB} = \frac{\overline{K}}{2 + \overline{K}} \frac{12k_c}{h_{AB}} \psi = \frac{\overline{K}}{2 + \overline{K}} \frac{12k_c}{h_{AB}^2} \Delta$$

令

$$\alpha = \frac{\overline{K}}{2 + \overline{K}} \qquad (4\text{-}13)$$

则

$$V_{AB} = \alpha \frac{12k_c}{h_{AB}^2} \Delta$$

由此得柱 AB 的侧移刚度

$$D_{AB} = \frac{V_{AB}}{\Delta} = \alpha \frac{12k_c}{h_{AB}^2} \qquad (4\text{-}14)$$

当框架横梁的线刚度为无穷大，即 $\overline{K}_b \rightarrow \infty$ 时，则 $\alpha \rightarrow 1$。由此可知，α 是考虑框架节点转动对柱侧移刚度的影响系数。

2）首层柱的侧移刚度

现以柱 JK 为例，说明首层柱侧移刚度的计算方法，参见图 4-5。

由转角位移方程可知

$$M_{JL} = 2k_{b5}(2\theta + \theta) = 6k_{b5}\theta$$

$$M_{JM} = 2k_{b6}(2\theta + \theta) = 6k_{b6}\theta$$

$$M_{JK} = 2k_c(2\theta - 3\psi) = 4k_c\theta - 6k_c\psi$$

式中　k_{b5}、k_{b6}——分别节点 J 左梁和右梁的线刚度；

k_c——首层柱的线刚度；

θ——节点 J 的转角；

ψ——柱 JK 的弦转角。

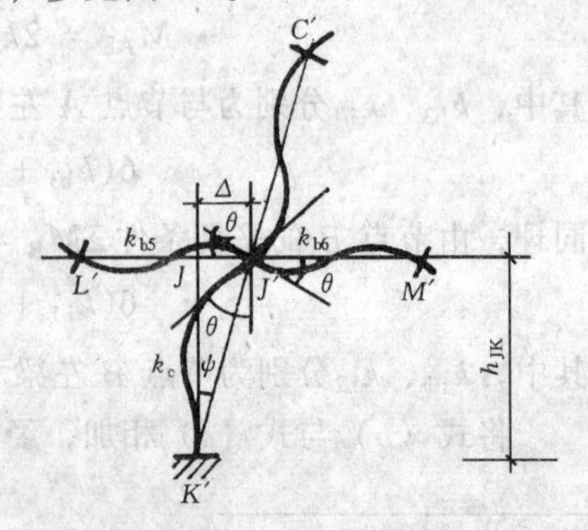

图 4-5　底层 D 值的确定

设

$$\alpha = \frac{M_{\mathrm{JK}}}{M_{\mathrm{JL}} + M_{\mathrm{JM}}} = \frac{4k_{\mathrm{c}}\theta - 6k_{\mathrm{c}}\psi}{6(k_{\mathrm{b5}} + k_{\mathrm{b6}})\theta} = \frac{2\theta - 3\dfrac{\Delta}{h_{\mathrm{JK}}}}{3\left(\dfrac{k_{\mathrm{b5}} + k_{\mathrm{b6}}}{k_{\mathrm{c}}}\right)\theta}$$

设

$$\overline{K} = \frac{k_{\mathrm{b5}} + k_{\mathrm{b6}}}{k_{\mathrm{c}}} = \frac{\Sigma k_{\mathrm{b}}}{k_{\mathrm{c}}} \tag{4-15}$$

于是

$$\theta = \frac{3}{2 - 3\alpha\overline{K}} \frac{\Delta}{h_{\mathrm{JK}}}$$

式中　$\overline{K}$ ——首层梁柱线刚度比。

柱 JK 所受到的剪力

$$V_{\mathrm{JK}} = -\frac{6k_{\mathrm{c}}}{h_{\mathrm{JK}}}\left(\theta - 2\frac{\Delta}{h_{\mathrm{JK}}}\right) = \frac{12k_{\mathrm{c}}\Delta}{h_{\mathrm{JK}}^2}\left(1 - \frac{1.5}{2 - 3\alpha\overline{K}}\right)$$

$$= \left(\frac{0.5 - 3\alpha\overline{K}}{2 - 3\alpha\overline{K}}\right)\frac{12k_{\mathrm{c}}}{h_{\mathrm{JK}}^2}\Delta$$

由此可得

$$D_{\mathrm{JK}} = \frac{V_{\mathrm{JK}}}{\Delta} = \left(\frac{0.5 - 3\alpha\overline{K}}{2 - 3\alpha\overline{K}}\right)\frac{12k_{\mathrm{c}}}{h_{\mathrm{JK}}^2}$$

设

$$\alpha = \frac{0.5 - 3\alpha\overline{K}}{2 - 3\alpha K}$$

显然，α 就是框架节点转动对首层柱侧移刚度的影响系数。其中 α 是个变数，在实际工程中，为了计算简化，且误差不大的条件下，可取 $\alpha = -\dfrac{1}{3}$，于是

$$\alpha = \frac{0.5 + \overline{K}}{2 + \overline{K}} \tag{4-16}$$

因此

$$D_{\mathrm{JK}} = \alpha\frac{12k_{\mathrm{c}}}{h_{\mathrm{JK}}^2} \tag{4-17}$$

α 值计算公式汇总于表 4-1。

表 4-1 中，$k_{\mathrm{b1}} \sim k_{\mathrm{b6}}$ 为梁的线刚度；k_{c} 为柱的线刚度。在计算梁的线刚度时，可以考虑楼板对梁的刚度有利影响，即板作为梁的翼缘参加工作。在工程上，为了简化计算，通常，梁均先按矩形截面计算其惯性矩 I_0，然后，再乘以表 4-2 中的增大系数，以考虑楼板或楼板上的现浇层对梁刚度的影响。

α 值计算公式表 **表 4-1**

层	边柱	中柱	α
一般层	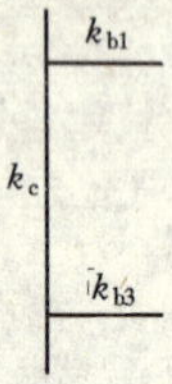 $\overline{K}=\frac{k_{b1}+k_{b3}}{2k_c}$	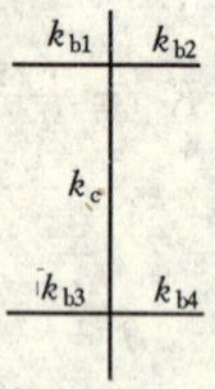 $\overline{K}=\frac{k_{b1}+k_{b2}+k_{b3}+k_{b4}}{2k_c}$	$\alpha=\frac{\overline{K}}{2+\overline{K}}$
首层	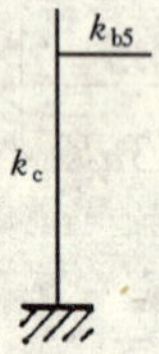 $\overline{K}=\frac{k_{b5}}{k_c}$	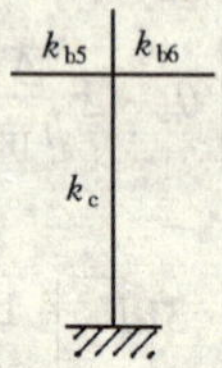 $\overline{K}=\frac{k_{b5}+k_{b6}}{k_c}$	$\alpha=\frac{0.5+\overline{K}}{2+\overline{K}}$

框架梁截面惯性矩增大系数 **表 4-2**

结构类型	中框架	边框架
现浇整体梁板结构	2.0	1.5
装配整体式叠合梁	1.5	1.2

注：中框架是指梁两侧有楼板的框架；边框架是指梁一侧有楼板的框架。

(2) 反弯点高度的确定

D 值法的反弯点高度按下式确定

$$h'=(y_0+y_1+y_2+y_3)h \tag{4-18a}$$

式中 y_0——标准反弯点高度比。其值根据框架总层数 m、该柱所在层数 n 和梁柱线刚度比 $\overline{K}$，由表 4-3 查得；

y_1——某层上下梁线刚度不同时，该层柱反弯点高度比修正值。当 $k_{b1}+k_{b2}<k_{b3}+k_{b4}$ 时，令

$$\alpha_1=\frac{k_{b1}+k_{b2}}{k_{b3}+k_{b4}} \tag{4-18b}$$

根据比值 α_1 和梁柱线刚度比 $\overline{K}$，由表 4-4 查得。这时反弯点上移，故 y_1 取正值（图 4-6a）；当 $k_{b1}+k_{b2}>k_{b3}+k_{b4}$ 时，则令

$$\alpha_1 = \frac{k_{b3} + k_{b4}}{k_{b1} + k_{b2}} \tag{4-18c}$$

仍由表 4-4 查得。这时反弯点下移，故 y_1 取负值（图 4-6b）。对于首层不考虑 y_1 值；

y_2——上层高度 $h_上$ 与本层高度 h 不同时（图 4-7），反弯点高度比修正值。其值根据 $\alpha_2 = \frac{h_上}{h}$ 和 $\overline{K}$ 的数值由表 4-5 查得；

y_3——下层高度 $h_下$ 与本层高度 h 不同时（图 4-7）反弯点高度比修正值。其值根据 $\alpha_3 = \frac{h_下}{h}$ 和 $\overline{K}$ 仍由表 4-5 查得。

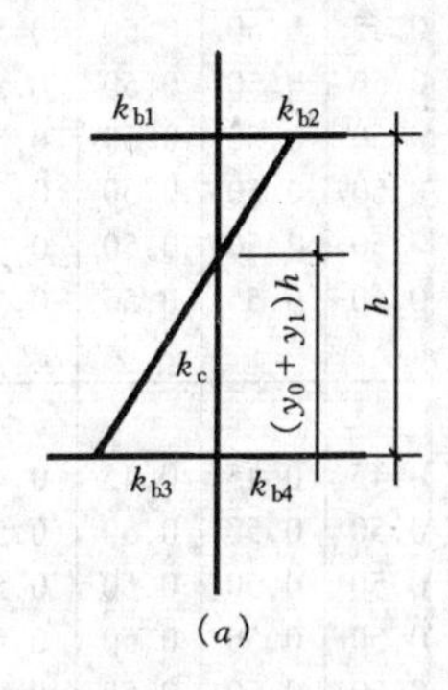

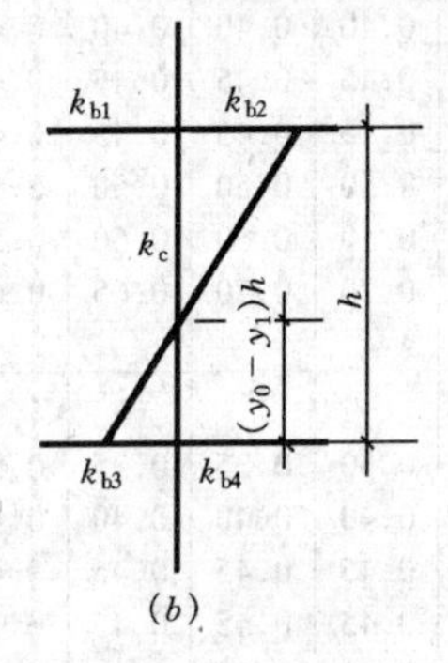

图 4-6 梁的线刚度对反弯点高度的影响

图 4-7 上下层高与本层不同时对反弯点高度的影响

综上所述，D 值法计算框架内力的步骤如下：

反弯点高度比 y_0（倒三角形节点荷载） 表 4-3

m	n \ $\overline{K}$	0.1	0.2	0.3	0.4	0.5	0.6	0.7	0.8	0.9	1.0	2.0	3.0	4.0	5.0
1	1	0.80	0.75	0.70	0.65	0.65	0.60	0.60	0.60	0.60	0.55	0.55	0.55	0.55	0.55
2	2	0.50	0.45	0.40	0.40	0.40	0.40	0.40	0.40	0.40	0.45	0.45	0.45	0.45	0.50
	1	1.00	0.85	0.25	0.70	0.65	0.65	0.65	0.65	0.60	0.60	0.55	0.55	0.55	0.55
3	3	0.25	0.25	0.25	0.30	0.30	0.35	0.35	0.35	0.40	0.40	0.45	0.45	0.45	0.50
	2	0.60	0.50	0.50	0.50	0.50	0.45	0.45	0.45	0.45	0.45	0.50	0.50	0.55	0.50
	1	1.15	0.90	0.80	0.75	0.75	0.70	0.70	0.65	0.65	0.65	0.55	0.55	0.55	0.55
4	4	0.10	0.15	0.20	0.25	0.30	0.35	0.35	0.35	0.35	0.40	0.45	0.45	0.45	0.45
	3	0.35	0.35	0.35	0.40	0.40	0.40	0.40	0.45	0.45	0.45	0.45	0.50	0.50	0.50
	2	0.70	0.60	0.55	0.50	0.50	0.50	0.50	0.50	0.50	0.50	0.50	0.50	0.50	0.50
	1	1.20	0.95	0.85	0.80	0.75	0.70	0.70	0.65	0.65	0.65	0.55	0.55	0.55	0.55
5	5	−0.05	0.10	0.20	0.25	0.30	0.30	0.35	0.35	0.35	0.35	0.40	0.45	0.45	0.45
	4	0.20	0.25	0.35	0.35	0.40	0.40	0.40	0.40	0.45	0.45	0.45	0.50	0.50	0.50
	3	0.45	0.40	0.45	0.45	0.45	0.45	0.45	0.45	0.45	0.50	0.50	0.50	0.50	0.50
	2	0.75	0.60	0.55	0.55	0.55	0.50	0.50	0.50	0.50	0.50	0.50	0.50	0.50	0.50
	1	1.30	1.00	0.85	0.80	0.75	0.70	0.70	0.65	0.65	0.65	0.60	0.55	0.55	0.55

续表

m	n \ $\overline{K}$	0.1	0.2	0.3	0.4	0.5	0.6	0.7	0.8	0.9	1.0	2.0	3.0	4.0	5.0
6	6	−0.15	0.05	0.15	0.20	0.25	0.30	0.30	0.35	0.35	0.35	0.40	0.45	0.45	0.45
	5	0.10	0.25	0.30	0.35	0.35	0.40	0.40	0.40	0.35	0.45	0.45	0.50	0.50	0.50
	4	0.30	0.35	0.40	0.40	0.45	0.45	0.45	0.45	0.45	0.45	0.50	0.50	0.50	0.50
	3	0.50	0.45	0.45	0.45	0.45	0.45	0.45	0.45	0.45	0.50	0.50	0.50	0.50	0.50
	2	0.80	0.65	0.55	0.55	0.55	0.55	0.50	0.50	0.50	0.50	0.50	0.50	0.50	0.50
	1	1.30	1.00	0.85	0.80	0.75	0.70	0.70	0.65	0.65	0.65	0.60	0.55	0.55	0.55
7	7	−0.20	0.05	0.15	0.20	0.25	0.30	0.30	0.35	0.35	0.35	0.45	0.45	0.45	0.45
	6	0.05	0.20	0.30	0.35	0.35	0.40	0.40	0.40	0.40	0.45	0.45	0.50	0.50	0.50
	5	0.20	0.30	0.35	0.40	0.40	0.45	0.45	0.45	0.45	0.45	0.50	0.50	0.50	0.50
	4	0.35	0.40	0.40	0.45	0.45	0.45	0.45	0.45	0.45	0.45	0.50	0.50	0.50	0.50
	3	0.55	0.50	0.50	0.50	0.50	0.50	0.50	0.50	0.50	0.50	0.50	0.50	0.50	0.50
	2	0.80	0.65	0.60	0.55	0.55	0.55	0.50	0.50	0.50	0.50	0.50	0.50	0.50	0.50
	1	1.30	1.00	0.90	0.80	0.75	0.70	0.70	0.70	0.65	0.65	0.60	0.55	0.55	0.55
8	8	−0.20	0.05	0.15	0.20	0.25	0.30	0.30	0.35	0.35	0.35	0.45	0.45	0.45	0.45
	7	0.00	0.20	0.30	0.35	0.35	0.40	0.40	0.40	0.40	0.45	0.50	0.50	0.50	0.50
	6	0.15	0.30	0.35	0.40	0.40	0.45	0.45	0.45	0.45	0.45	0.50	0.50	0.50	0.50
	5	0.30	0.35	0.40	0.45	0.45	0.45	0.45	0.45	0.45	0.45	0.50	0.50	0.50	0.50
	4	0.40	0.45	0.45	0.45	0.45	0.45	0.45	0.50	0.50	0.50	0.50	0.50	0.50	0.50
	3	0.60	0.50	0.50	0.50	0.50	0.50	0.50	0.50	0.50	0.50	0.50	0.50	0.50	0.50
	2	0.85	0.65	0.60	0.55	0.55	0.55	0.50	0.50	0.50	0.50	0.50	0.50	0.50	0.50
	1	1.30	1.00	0.90	0.80	0.75	0.70	0.70	0.70	0.65	0.65	0.60	0.55	0.55	0.55
9	9	−0.25	0.00	0.15	0.20	0.25	0.30	0.30	0.30	0.35	0.40	0.45	0.45	0.45	0.45
	8	−0.00	0.20	0.30	0.35	0.35	0.40	0.40	0.40	0.40	0.45	0.45	0.50	0.50	0.50
	7	0.15	0.30	0.35	0.40	0.40	0.45	0.45	0.45	0.45	0.45	0.50	0.50	0.50	0.50
	6	0.25	0.35	0.40	0.40	0.45	0.45	0.45	0.45	0.45	0.50	0.50	0.50	0.50	0.50
	5	0.35	0.40	0.45	0.45	0.45	0.45	0.45	0.45	0.50	0.50	0.50	0.50	0.50	0.50
	4	0.45	0.45	0.45	0.45	0.45	0.50	0.50	0.50	0.50	0.50	0.50	0.50	0.50	0.50
	3	0.60	0.50	0.50	0.50	0.50	0.50	0.50	0.50	0.50	0.50	0.50	0.50	0.50	0.50
	2	0.85	0.65	0.60	0.55	0.55	0.55	0.55	0.50	0.50	0.50	0.50	0.50	0.50	0.50
	1	1.35	1.00	0.90	0.80	0.75	0.75	0.70	0.70	0.65	0.65	0.60	0.55	0.55	0.55
10	10	−0.25	0.00	0.15	0.20	0.25	0.30	0.30	0.35	0.35	0.40	0.45	0.45	0.45	0.45
	9	−0.05	0.20	0.30	0.35	0.35	0.40	0.40	0.40	0.40	0.45	0.45	0.50	0.50	0.50
	8	−0.10	0.30	0.35	0.40	0.40	0.40	0.45	0.45	0.45	0.45	0.50	0.50	0.50	0.50
	7	0.20	0.35	0.40	0.40	0.45	0.45	0.45	0.45	0.45	0.50	0.50	0.50	0.50	0.50
	6	0.30	0.40	0.40	0.45	0.45	0.45	0.45	0.45	0.45	0.50	0.50	0.50	0.50	0.50
	5	0.40	0.45	0.45	0.45	0.45	0.45	0.45	0.50	0.50	0.50	0.50	0.50	0.50	0.50
	4	0.50	0.45	0.45	0.45	0.50	0.50	0.50	0.50	0.50	0.50	0.50	0.50	0.50	0.50
	3	0.60	0.55	0.50	0.50	0.50	0.50	0.50	0.50	0.50	0.50	0.50	0.50	0.50	0.50
	2	0.85	0.65	0.60	0.55	0.55	0.55	0.55	0.50	0.50	0.50	0.50	0.50	0.50	0.50
	1	1.35	1.00	0.90	0.80	0.75	0.75	0.70	0.70	0.65	0.65	0.60	0.55	0.55	0.55

续表

m	n \ $\overline{K}$	0.1	0.2	0.3	0.4	0.5	0.6	0.7	0.8	0.9	1.0	2.0	3.0	4.0	5.0
11	11	−0.25	0.00	0.15	0.20	0.25	0.30	0.30	0.30	0.35	0.35	0.45	0.45	0.45	0.45
	10	0.05	0.20	0.25	0.30	0.35	0.40	0.40	0.40	0.40	0.45	0.45	0.50	0.50	0.50
	9	0.10	0.30	0.35	0.40	0.40	0.40	0.45	0.45	0.45	0.45	0.50	0.50	0.50	0.50
	8	0.20	0.35	0.40	0.40	0.45	0.45	0.45	0.45	0.45	0.45	0.50	0.50	0.50	0.50
	7	0.25	0.40	0.40	0.45	0.45	0.45	0.45	0.45	0.45	0.50	0.50	0.50	0.50	0.50
	6	0.35	0.40	0.45	0.45	0.45	0.45	0.45	0.50	0.50	0.50	0.50	0.50	0.50	0.50
	5	0.40	0.44	0.45	0.45	0.45	0.50	0.50	0.50	0.50	0.50	0.50	0.50	0.50	0.50
	4	0.50	0.50	0.50	0.50	0.50	0.50	0.50	0.50	0.50	0.50	0.50	0.50	0.50	0.50
	3	0.65	0.55	0.50	0.50	0.50	0.50	0.50	0.50	0.50	0.50	0.50	0.50	0.50	0.50
	2	0.85	0.65	0.60	0.55	0.50	0.55	0.55	0.50	0.50	0.50	0.50	0.50	0.50	0.50
	1	1.35	1.50	0.90	0.80	0.75	0.75	0.70	0.70	0.65	0.65	0.60	0.55	0.55	0.55
12层以上	自上1	−0.30	0.00	0.15	0.20	0.25	0.30	0.30	0.30	0.35	0.35	0.40	0.45	0.45	0.45
	2	−0.10	0.20	0.25	0.30	0.35	0.40	0.40	0.40	0.40	0.40	0.45	0.45	0.45	0.50
	3	0.05	0.25	0.35	0.40	0.40	0.40	0.45	0.45	0.45	0.45	0.45	0.50	0.50	0.50
	4	0.15	0.30	0.40	0.40	0.45	0.45	0.45	0.45	0.45	0.45	0.45	0.50	0.50	0.50
	5	0.25	0.35	0.40	0.45	0.45	0.45	0.45	0.45	0.45	0.45	0.50	0.50	0.50	0.50
	6	0.30	0.40	0.40	0.45	0.45	0.45	0.45	0.45	0.45	0.45	0.50	0.50	0.50	0.50
	7	0.35	0.40	0.40	0.45	0.45	0.45	0.50	0.50	0.50	0.50	0.50	0.50	0.50	0.50
	8	0.35	0.45	0.45	0.45	0.50	0.50	0.50	0.50	0.50	0.50	0.50	0.50	0.50	0.50
	中间	0.45	0.45	0.45	0.45	0.50	0.50	0.50	0.50	0.50	0.50	0.50	0.50	0.50	0.50
	自下4	0.55	0.50	0.50	0.50	0.50	0.50	0.50	0.50	0.50	0.50	0.50	0.50	0.50	0.50
	3	0.65	0.55	0.50	0.50	0.50	0.50	0.50	0.50	0.50	0.50	0.50	0.50	0.50	0.50
	2	0.70	0.70	0.60	0.55	0.55	0.55	0.55	0.50	0.50	0.50	0.50	0.50	0.50	0.50
	1	1.35	1.05	0.90	0.80	0.75	0.70	0.70	0.70	0.65	0.65	0.60	0.55	0.55	0.55

注：m 为总层数；n 为所在楼层的位置；$\overline{K}$ 为平均线刚度比。

上下层横梁线刚度比对 y_0 的修正值 y_1　　表 4-4

α_1 \ $\overline{K}$	0.1	0.2	0.3	0.4	0.5	0.6	0.7	0.8	0.9	1.0	2.0	3.0	4.0	5.0
0.4	0.55	0.40	0.30	0.25	0.20	0.20	0.20	0.15	0.15	0.15	0.05	0.05	0.05	0.05
0.5	0.45	0.30	0.20	0.20	0.15	0.15	0.15	0.10	0.10	0.10	0.05	0.05	0.05	0.05
0.6	0.30	0.20	0.15	0.15	0.10	0.10	0.10	0.10	0.05	0.05	0.05	0.05	0	0
0.7	0.20	0.15	0.10	0.10	0.10	0.10	0.05	0.05	0.05	0.05	0.05	0	0	0
0.8	0.15	0.10	0.05	0.05	0.05	0.05	0.05	0.05	0.05	0	0	0	0	0
0.9	0.05	0.05	0.05	0.05	0	0	0	0	0	0	0	0	0	0

上下层高变化对 y_0 的修正值 y_2 和 y_3　　表 4-5

α_2	α_3 \ $\overline{K}$	0.1	0.2	0.3	0.4	0.5	0.6	0.7	0.8	0.9	1.0	2.0	3.0	4.0	5.0
2.0		0.25	0.15	0.15	0.10	0.10	0.10	0.10	0.10	0.05	0.05	0.05	0.05	0.0	0.0
1.8		0.20	0.15	0.10	0.10	0.10	0.05	0.05	0.05	0.05	0.05	0.05	0.0	0.0	0.0
1.6	0.4	0.15	0.10	0.10	0.05	0.05	0.05	0.05	0.05	0.05	0.05	0.0	0.0	0.0	0.0
1.4	0.6	0.10	0.05	0.05	0.05	0.05	0.05	0.05	0.05	0.05	0.0	0.0	0.0	0.0	0.0
1.2	0.8	0.05	0.05	0.05	0.0	0.0	0.0	0.0	0.0	0.0	0.0	0.0	0.0	0.0	0.0
1.0	1.0	0.0	0.0	0.0	0.0	0.0	0.0	0.0	0.0	0.0	0.0	0.0	0.0	0.0	0.0
0.8	1.2	−0.05	−0.05	−0.05	0.0	0.0	0.0	0.0	0.0	0.0	0.0	0.0	0.0	0.0	0.0
0.6	1.4	−0.10	−0.05	−0.05	−0.05	−0.05	−0.05	−0.05	−0.05	−0.05	0.0	0.0	0.0	0.0	0.0
0.4	1.6	−0.15	−0.10	−0.10	−0.05	−0.05	−0.05	−0.05	−0.05	−0.05	−0.05	0.0	0.0	0.0	0.0
	1.8	−0.20	−0.15	−0.10	−0.10	−0.10	−0.05	−0.05	−0.05	−0.05	−0.05	−0.05	0.0	0.0	0.0
	2.0	−0.25	−0.15	−0.15	−0.10	−0.10	−0.10	−0.10	−0.10	−0.05	−0.05	−0.05	−0.05	0.0	0.0

（1）分别按式（4-14）和式（4-17）计算各层柱的侧移刚度 D_{ik}；其中 α 值按表 4-1 所列公式计算。

（2）按下式计算各柱所分配的剪力

$$V_{ik}=\frac{D_{ik}}{\sum_{k=1}^{n}D_{ik}}V_i \tag{4-19}$$

式中 V_{ik}——框架第 i 层第 k 根柱所分配的地震剪力；

D_{ik}——第 i 层第 k 根柱的侧移刚度；

$\sum_{k=1}^{n}D_{ik}$——第 i 层柱侧移刚度之和；

V_i——第 i 层地震剪力，$V_i=\sum_{i}^{n}F_i$。

（3）按式（4-18a）计算柱的反弯点高度。

（4）根据 V_{ik} 和反弯点高度确定柱端弯矩，然后，按节点弯矩平衡条件和梁的转动刚度确定梁端弯矩。

4.4 怎样求框架的弹性侧移？

《抗震规范》规定，框架结构，宜进行低于本地区设防烈度的多遇地震作用下结构的抗震变形验算，其层间弹性侧移应符合式（3-186）的要求：

$$\Delta u_e \leqslant [\theta_e]h$$

式中，Δu_e 即为多遇地震作用标准值产生的层间弹性侧移。其余符号意义同前。

现来说明 Δu_e 的计算方法：

设 Δu_{eik}和 V_{ik}为第 i 层第 k 根柱柱端相对侧移和地震剪力，根据柱的侧移刚度定义，得

$$D_{ik}=\frac{V_{ik}}{\Delta u_{eik}} \tag{a}$$

或

$$V_{ik}=\Delta u_{eik}D_{ik} \tag{b}$$

等号两边取总和号 $\sum_{k=1}^{n}$，于是

$$\sum_{k=1}^{n}V_{ik}=\sum_{i=1}^{n}\Delta u_{eik}D_{ik}=V_i \tag{c}$$

因为在同一层各柱的相对侧移（即层间位移）Δu_{eik}相同[1]，等于该层框架层间侧移 Δu_{ei}，则得：

$$\Delta u_{ei}=\frac{V_i}{\sum_{k=1}^{n}D_{ik}} \tag{4-20}$$

式中 V_i——多遇地震作用标准值产生的层间地震剪力。

[1] 假定楼盖刚度在平面内刚度为无穷大。

由式（4-20）可见，框架弹性层间侧移等于层间地震剪力标准值除以该层各柱侧移刚度之和。

综上所述，验算框架在多遇地震作用下其层间弹性侧移的步骤可归纳为：

（1）计算框架结构的梁、柱线刚度。

（2）计算柱的侧移刚度 D_{ik} 及 $\sum_{k=1}^{n} D_{ik}$。

（3）确定结构的基本自振周期 T_1［参见式（4-4）］

（4）由表 3-4 查得多遇地震的 α_{max}，并按图 3-8 确定 α。

（5）按式（3-127）计算结构底部剪力，按式（3-130）计算各质点的水平地震作用标准值，并求出楼层地震剪力标准值。

（6）按式（4-20）求出层间侧移 Δu_{ei}。

（7）验算层间位移条件

$$\Delta u_{ei} \leqslant [\theta_e] h_i$$ [1]

4.5 怎样求框架弹塑性侧移？

（1）计算范围

《抗震规范》规定，下列结构应进行高于本地区设防烈度预估的罕遇地震作用下薄弱层（部位）的弹塑性侧移的计算：

1）7～9 度时楼层屈服强度系数 $\xi_y < 0.5$ 的钢筋混凝土框架结构。

2）甲类建筑和 9 度时乙类建筑中的钢筋混凝土框架结构。

（2）结构薄弱层位置的确定

结构薄弱层的位置可按下列情况确定：

1）楼层屈服强度系数 ξ_y 沿高度分布均匀的结构，可取底层。

2）楼层屈服强度系数 ξ_y 沿高度分布不均匀的结构，可取该系数最小的楼层和相对较小的楼层，一般不超过 2～3 处。

（3）楼层屈服强度系数 ξ_y 的计算

楼层屈服强度系数按下式计算：

$$\xi_y(i) = \frac{V_y(i)}{V_e(i)} \tag{4-21}$$

式中 $\xi_y(i)$ ——第 i 层的层间屈服强度系数；

$V_e(i)$ ——罕遇地震作用下第 i 层的弹性剪力；

$V_y(i)$ ——第 i 层的层间屈服剪力。

层间屈服剪力应按构件实际配筋和材料强度标准值确定。其计算步骤如下：

1）按下式计算梁、柱屈服弯矩

梁：

$$M_{yb} = 0.9 f_{yk} A_s h_0 \tag{4-22}$$

---

[1] 式中 $\Delta u_{ei} \leqslant [\theta_e]\ h_i$ 即为《抗震规范》中公式（5.5.1）所示的 $\Delta u_e \leqslant [\theta_e]\ h$。

式中　M_{yb}——梁的屈服弯矩；

f_{yk}——钢筋强度标准值；

A_s——梁内受拉钢筋实际配筋面积；

h_0——梁的截面有效高度。

柱（对称配筋）：

大偏心受压情形 $\left(\xi = \frac{N}{\alpha_1 f_c b h_0} \leqslant \xi_b\right)$

当 $\xi h_0 \geqslant 2a'_s$ 时

按下式确定 e 值：

$$e = \frac{A'_s f'_{yk}(h_0 - a'_s) + \alpha_1 f_{ck} b h_0^2 \xi(1 - 0.5\xi)}{N} \tag{4-23}$$

按下式算出偏心距

$$e_0 = \left(e - \frac{h}{2} + a'_s\right) \tag{4-24}$$

当 $\xi h_0 < 2a'_s$ 时

按下式确定 e' 值：

$$e' = \frac{A_s f_{yk}(h_0 - a'_s)}{N} \tag{4-25}$$

按下式算出偏心距

$$e_0 = \left(e' + \frac{h}{2} - a'_s\right) \tag{4-26}$$

于是，柱的屈服弯矩

$$M_{yc} = Ne_0 \tag{4-27}$$

小偏心受压情形（$\xi > \xi_b$）

按式（4-28）确定 e 值：

$$e = \frac{A'_s f'_{yk}(h_0 - a'_s) + \alpha_1 f_{ck} b h_0^2 \xi(1 - 0.5\xi)}{N} \tag{4-28}$$

按下式算出偏心距

$$e_0 = \left(e - \frac{h}{2} + a_s\right) \tag{4-29}$$

柱的屈服弯矩

$$M_{yc} = Ne_0$$

式（4-23）～（4-29）中

A_s、A'_s——柱截面一侧受拉和受压实配钢筋面积；

f_{yk}、f'_{yk}——钢筋受拉和受压强度标准值；

h_0——柱的截面有效高度；

a_s、a'_s——柱截面一侧受拉和受压钢筋中心至截面近边的距离；

f_{ck}——混凝土抗压强度标准值；

α_1——系数，当混凝土强度等级不超过 C50 时，$\alpha_1 = 1.0$；当为 C80 时，$\alpha_1 =$

0.94，其间按直线内插法取用；

b——柱的宽度；

ξ——相对受压区高度；

ξ_b——界限相对受压区高度；

N——与配筋相应的柱截面轴向力。

2）计算柱端截面有效屈服弯矩 $\widetilde{M}_{yc}(i)$

当 $\Sigma M_{yb} > \Sigma M_{yc}$ 时，即弱柱型（图 4-8b）

柱的有效屈服弯矩为：

$$\left.\begin{aligned}&\text{柱上端:}\quad \widetilde{M}^{上}_{yc}(i)_k = M^{上}_{yc}(i)_k\\&\text{柱下端:}\quad \widetilde{M}^{下}_{yc}(i)_k = M^{下}_{yc}(i)_k\end{aligned}\right\}\tag{4-30}$$

式中 ΣM_{yb}——框架节点左右梁端反时针或顺时针方向截面屈服弯矩之和；

ΣM_{yc}——同一节点上下柱端顺时针或反时针方向截面屈服弯矩之和；

$\widetilde{M}^{上}_{yc}(i)_k$——第 i 层第 k 根柱柱顶截面有效屈服弯矩；

$\widetilde{M}^{下}_{yc}(i)_k$——第 i 层第 k 根柱柱底截面有效屈服弯矩；

$M^{上}_{yc}(i)_k$——第 i 层第 k 根柱柱顶截面屈服弯矩；

$M^{下}_{yc}(i)_k$——第 i 层第 k 根柱柱底截面屈服弯矩。

以上符号意义参见图 4-8（a）、（b）。

当 $\Sigma M_{yb} < \Sigma M_{yc}$ 时，即弱梁型（图 4-8c）。

柱的有效屈服弯矩

柱上端截面：

$$\left.\begin{aligned}\widetilde{M}^{上}_{yc}(i)_k &= \frac{k_c(i)_k}{k_c(i)_k + k_c(i+1)_k}\Sigma M^{上}_{yb}(i)\\\widetilde{M}^{上}_{yc}(i)_k &= M^{上}_{yc}(i)_k\end{aligned}\right\}\tag{4-31}$$

取其中较小者。

柱下端截面：

$$\left.\begin{aligned}\widetilde{M}^{下}_{yc}(i)_k &= \frac{k_c(i)_k}{k_c(i)_k + k_c(i-1)_k}\Sigma M^{下}_{yb}(i)\\\widetilde{M}^{下}_{yc}(i)_k &= M^{下}_{yc}(i)_k\end{aligned}\right\}\tag{4-32}$$

取其中较小者。

式中 $k_c(i)_k$——第 i 层第 k 根柱的线刚度；

$k_c(i+1)_k$——第 $i+1$ 层第 k 根柱的线刚度；

$k_c(i-1)_k$——第 $i-1$ 层第 k 根柱的线刚度；

$\Sigma M^{上}_{yb}(i)$——第 i 层上节点梁端截面屈服弯矩之和，$\Sigma M^{上}_{yb}(i) = M^{左上}_{yb}(i) + M^{右上}_{yb}(i)$；

$\Sigma M^{下}_{yb}(i)$——第 i 层下节点梁端截面屈服弯矩之和，$\Sigma M^{下}_{yb}(i) = M^{左下}_{yb}(i) + M^{右下}_{yb}(i)$。

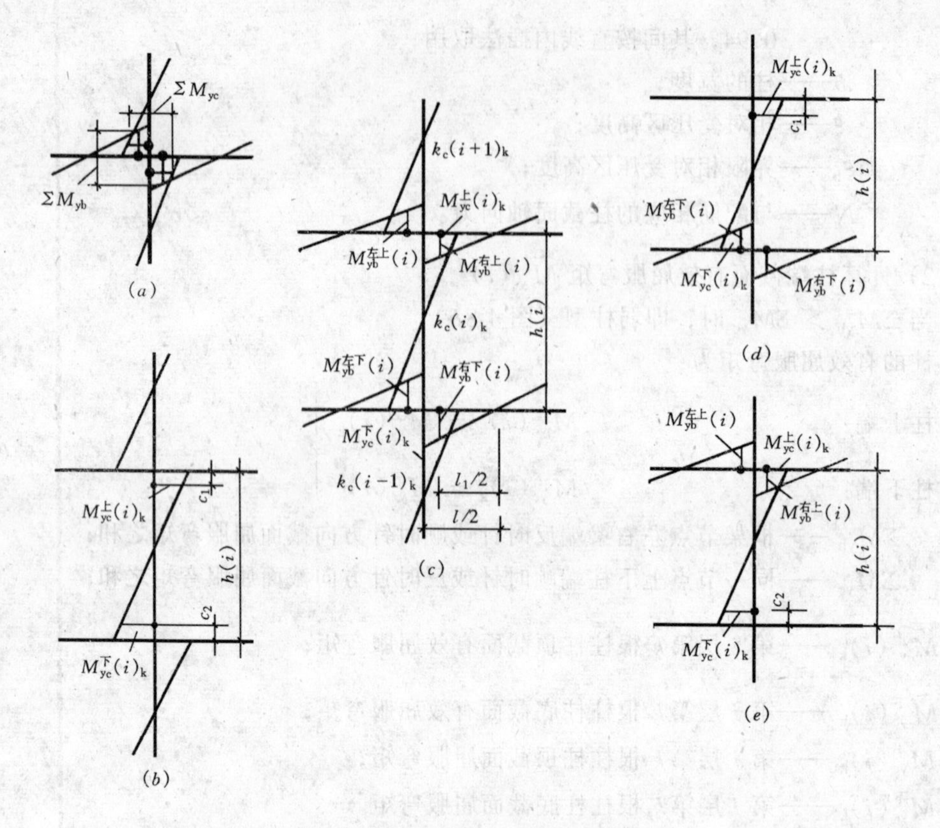

图 4-8　柱的有效屈服弯矩的计算

(a) 梁柱屈服弯矩；(b) 弱柱型；(c) 弱梁型；

(d) 上端节点为弱柱型，上端节点为弱梁型；

(e) 上端节点为弱梁型，下端节点为弱柱型

应当指出，在式（4-31）、式（4-32）中，当取 $\widetilde{M}^{上}_{yc}(i)_k = M^{上}_{yc}(i)_k$ 或 $\widetilde{M}^{下}_{yc}(i)_k = M^{下}_{yc}(i)_k$ 时，所在节点另一柱端的截面有效屈服弯矩值应按该节点弯矩平衡条件求得，即

$$M^{下}_{yc}(i+1) = \Sigma M^{上}_{yb}(i) - M^{上}_{yc}(i)_k$$

$$M^{上}_{yc}(i-1) = \Sigma M^{下}_{yb}(i) - M^{下}_{yc}(i)_k$$

当第 i 层柱的上端节点为弱柱型，下端节点为弱梁型（图 4-8d）或相反情形（图 4-8e）时，则柱端有效屈服弯矩应分别按式（4-30）和式（4-32）或式（4-31）和式（4-30）计算。

3）计算第 i 层第 k 根柱的屈服剪力 $V_y(i)_k$

$$V_y(i)_k = \frac{\widetilde{M}^{上}_{yc}(i)_k + \widetilde{M}^{下}_{yc}(i)_k}{h_n(i)} \tag{4-33}$$

式中　$h_n(i)$ ——第 i 层的净高，$h_n(i) = h(i) - c_1 - c_2$ [1]。

4）计算第 i 层的层间屈服剪力 $V_y(i)$

将第 i 层各柱的屈服剪力相加，即得该层层间屈服剪力：

---

[1] c_1、c_2 为 i 层上梁、下梁的半高。

$$V_y(i) = \sum_{k=1}^{n} V_y(i)_k \tag{4-34}$$

（4）层间弹塑性侧移的计算

如前所述，当不超过12层且楼层刚度无突变的钢筋混凝土框架结构，层间弹塑性侧移可按式（3-191a）计算

$$\Delta u_p = \eta_p \Delta u_e$$

其中，Δu_e为罕遇地震作用下按弹性分析的层间侧移。其值（第i层）可按式（4-35）计算：

$$\Delta u_e = \frac{V_e}{\sum_{k=1}^{n} D_{ik}} \tag{4-35}$$

式中　V_e——罕遇地震作用下框架层间剪力。

其余符号意义同前。

综上所述，按简化方法验算框架结构在罕遇地震作用下层间弹塑性侧移的步骤是：

（1）按式（4-34）计算楼层层间屈服剪力

$$V_y(i) = \sum_{k=1}^{n} V_y(i)_k \quad (i = 1,2,\cdots,n)$$

（2）按表3-4确定罕遇地震作用下的地震影响系数最大值α_{max}，按图3-8确定α_1，进一步计算层间弹性地震剪力$V_e(i)$。

（3）按式（4-35）计算层间弹性侧移Δu_e。

（4）按式（4-21）计算楼层屈服强度系数$\xi_y(i)$，并找出薄弱层的层位。

（5）计算薄弱层的弹塑性层间侧移$\Delta u_p = \eta_p \Delta u_e$。

（6）按式（3-192）复核层间位移条件：

$$\Delta u_p \leqslant [\theta_p] h$$

4.6　怎样计算重力荷载作用下框架的内力？

框架在重力荷载作用下的内力分析，通常采用力矩二次分配法。

力矩二次分配法是一种近似计算法。这种方法就是将各节点的不平衡弯矩，同时作分配和传递，并以两次分配为限。力矩二次分配法所得结果与精确法比较，相差甚小，其计算精度已满足工程要求。

4.7　为什么对框架梁端弯矩调幅？怎样调幅？

框架结构梁端弯矩较大，配筋较多，因而不便施工。由于超静定钢筋混凝土结构具有塑性内力重分布的性质，所以在重力荷载作用下可乘以调幅系数β，适当降低梁端弯矩。根据工程经验，对现浇钢筋混凝土框架，可取$\beta=0.8\sim0.9$；对装配式钢筋混凝土框架，可取$\beta=0.7\sim0.8$。梁端弯矩降低后，跨中弯矩增加。这样，梁端弯矩调幅后，不仅可以

减少梁端配筋数量，达到方便施工的目的，而且还可以提高柱的安全储备，以满足“强柱弱梁”的设计原则。

4.8 怎样确定框架梁、柱控制截面的内力不利组合？

在进行构件截面设计时，需求得控制截面的最不利内力组合作为配筋的依据。对于框架梁，一般选梁的两端截面和跨中截面作为控制截面；对于柱，则选柱的上、下端截面作为控制截面。内力不利组合就是使控制截面配筋最大的内力组合。

如前所述，对于一般结构，当考虑地震作用时，应按下式进行内力组合和验算构件承载力：

$$S = 1.2C_{G}G_{E} + 1.3C_{Eh}E_{hk} \leqslant \frac{R}{\gamma_{RE}} \tag{4-36}$$

式中 S——结构构件内力组合的设计值；

1.2、1.3——分别为重力荷载代表值和水平地震作用分项系数；

C_{G}、C_{Eh}——分别为重力荷载代表值和水平地震作用效应系数；

G_{E}、E_{hk}——分别为重力荷载代表值和水平地震作用标准值；

R——结构构件承载力设计值，按现行国家标准《混凝土结构设计规范》（GB 50010）计算；

γ_{RE}——承载力抗震调整系数，按表 3-13 采用。

考虑到地震时可变荷载组合值系数一般为 0.5～0.8，以及承载力抗震调整系数 $\gamma_{RE}=0.75\sim0.85$，所以，框架在正常重力荷载作用下构件承载力验算条件有可能比考虑地震作用时更为不利。因此，构件除按有地震作用组合内力进行构件承载力验算外，尚需按无地震作用时，在正常重力荷载下内力进行承载力验算。

为了简化计算，将式（4-36）改写成：

$$S=\gamma_{RE}\ (1.2C_{G}G_{E}+1.3C_{Eh}E_{hk}) \leqslant R \tag{4-37a}$$

当 S 表示梁的剪力 V 时，为了简化计算，将式（4-36）写成：

$$V=\gamma_{RE}\left(\eta_{vb}\frac{M_{b}^{l}+M_{b}^{r}}{l_{n}}+V_{Gb}\right)\frac{1}{0.6+k} \leqslant V_{c} \tag{4-37b}$$ [1]

式中 η_{vb}——梁端剪力增大系数[2]，一级框架为 1.3，二级为 1.2，三级为 1.1；

M_{b}^{l}、M_{b}^{r}——分别为梁左右端反时针或顺时针方向组合弯矩设计值，一级框架两端均为负弯矩时[3]，绝对值较小一端的弯矩取零；

l_{n}——梁的净跨；

V_{Gb}——梁在重力荷载代表值作用下，按简支梁分析的梁端截面剪力设计值；

---

[1] 一级框架结构及 9 度时括号内各项尚应以式（4-50）右端各项替换进行验算。

[2] 剪力增大系数是考虑使构件剪切破坏晚于受弯破坏，以达到“强剪弱弯”的设计原则，避免构件过早地发生脆性破坏。

[3] 这里梁端负弯矩是指梁的上边缘受拉，它与位移法中梁端的符号规定有所不同。

V_c——梁的混凝土受剪承载力设计值，$V_c = 0.7bh_0f_t$；

f_t——混凝土抗拉强度设计值；

k——梁端箍筋加密区箍筋受剪承载力设计值（加密区箍筋要求见表4-10）与混凝土受剪承载力设计值之比，其值可由表4-6查得。

k 值 表 **表 4-6**

梁宽 (mm)	一级（$\phi10@100$）			二级（$\phi8@100$）			三级（$\phi8@150$）		
	C20	C25	C30	C20	C25	C30	C20	C25	C30
250	2.141	1.854	1.647	1.372	1.188	1.055	0.915	0.792	0.704
300	1.784	1.545	1.372	1.143	0.990	0.879	0.762	0.660	0.586
350	1.529	1.325	1.176	0.980	0.849	0.754	0.653	0.566	0.503
400	1.338	1.159	1.029	0.857	0.743	0.660	0.572	0.495	0.440

注：表中括号内箍筋数量为相应抗震等级的框架结构梁端加密区最小配箍量。

于是，式（4-37a）和式（4-37b）右端项分别只剩下正常荷载下梁端承载力设计值 R 和混凝土受剪承载力设计值 V_c。这样，就可以同重力荷载一样进行梁的承载力计算。这时梁的内力不利组合可直接按下式确定：

（一）梁的内力不利组合

梁的负弯矩，取下式两者较大值

$$\left.\begin{aligned} -M &= -\gamma_{RE}\ (1.3M_{Ek} + 1.2M_{GE}) \\ -M &= -\gamma_0\ (1.2M_{Gk} + 1.4M_{Qk}) \end{aligned}\right\} \tag{4-38}$$

梁端正弯矩按下式确定

$$M = \gamma_{RE}\ (1.3M_{Ek} - 1.0M_{GE}) \tag{4-39}$$

梁端剪力，取下式两者较大值

$$\left.\begin{aligned} V &= \gamma_{RE}\left(\eta_{vb}\frac{M_b^l + M_b^r}{l_n} + V_{Gb}\right)\frac{1}{0.6+k} \\ V &= \gamma_0\ (1.2V_{Gk} + 1.4V_{Qk})\ \frac{1}{1+k} \end{aligned}\right\} \tag{4-40}$$

跨中正弯矩，取下式两者较大值

$$\left.\begin{aligned} M_{中} &= \gamma_{RE}\ (1.3M_{Ek} + 1.2M_{GE}) \\ M_{中} &= \gamma_0\ (1.2M_{Gk} + 1.4M_{Qk}) \end{aligned}\right\} \tag{4-41}$$

式中 γ_0——结构重要性系数，对于安全等级为一级、二级、三级[1]的结构构件分别取1.1、1.0、0.9；

M_{Ek}——由地震作用在梁内产生的弯矩标准值；

M_{GE}——由重力荷载代表值在梁内产生的弯矩；

M_{Gk}——由恒载在梁内产生的弯矩的标准值；

M_{Qk}——由活载在梁内产生的弯矩标准值；

V_{Gk}——由恒载在梁内产生的剪力标准值；

[1] 安全等级为一级、二级、三级分别对应于重要、一般和次要建筑。

V_{Qk}——由活载在梁内产生的剪力标准值。

式（4-41）第一式括号内为重力荷载代表值与水平地震作用在梁内产生的跨中最大组合弯矩设计值，用 $M_{b,max}$表示，即 $M_{b,max}=1.3M_{Ek}+1.2M_{GE}$，其值由作图法或解析法求得。

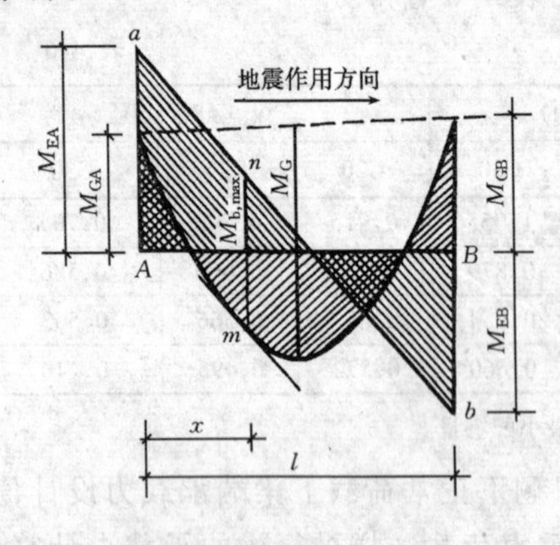

图 4-9 梁的组合弯矩的图解法

1. 按作图法求 $M_{b,max}$

作图步骤如下（参见图 4-9）：

(1) 按一定比例尺作出重力荷载设计值（荷载分项系数 $\gamma_G=1.2$）作用下梁的 M_G 弯矩图。

(2) 在 M_G 图上，以同一比例尺作水平地震作用设计值下梁的 M_E 弯矩图，作图时正弯矩绘在基线以上，负弯矩绘在基线以下。

(3) 在 M_G 弯矩图上作平行于 a、b 连线的切线，从切点 m 向上作铅垂线与直线$\overline{ab}$交于 n 点，$\overline{mn}$长度即为$M_{b,max}$的设计值。

2. 按解析法求 $M_{b,max}$

现以框架梁上只承受重力均布线荷载情形为例，说明按解析法求解 $M_{b,max}$的具体步骤。

图 4-10 为从框架中隔离出来的梁，其上作用有与地震作用组合的重力线荷载设计值 q，由重力荷载代表值在梁的左端和右端产生的弯矩设计值分别为 M_{GA}和 M_{GB}；设地震自左向右作用，则由其在梁的左端和右端产生的弯矩设计值分别为 M_{EA}和 M_{EB}。

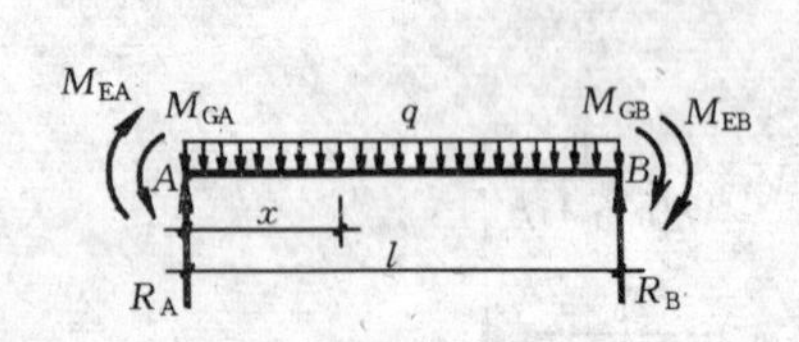

图 4-10 梁的组合弯矩计算

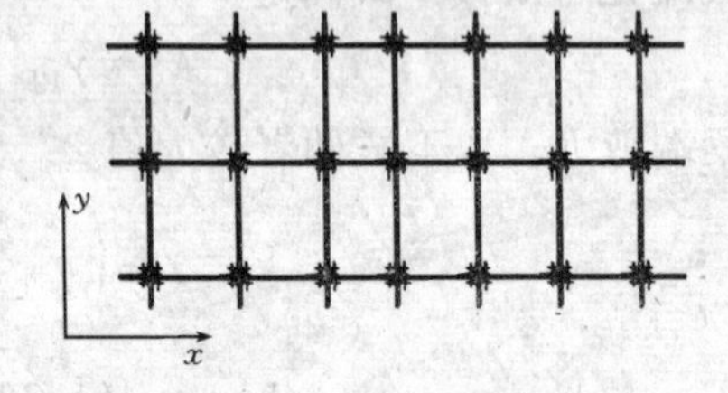

图 4-11 框架平面图

距梁左端 A 距离为 x 的截面的弯矩方程

$$M_x=R_Ax-\frac{qx^2}{2}-M_{GA}+M_{EA} \tag{a}$$

由$\frac{dM_x}{dx}=0$，解得最大弯矩截面离梁的 A 端的距离为

$$x=\frac{R_A}{q} \tag{b}$$

将式（b）代入式（a），得

$$M_{b,max}=\frac{R_A^2}{2q}-M_{GA}+M_{EA} \tag{4-42}$$

式（4-42）中 R_A 为在均布荷载 q 和梁端弯矩M_{GA}、M_{GB}、M_{EA}和 M_{EB}共同作用下在梁端 A 产生的反力，其值为：

$$R_A=\frac{ql}{2}-\frac{1}{l}\left(M_{GB}-M_{GA}+M_{EA}+M_{EB}\right) \tag{4-43}$$

当地震作用方向从右向左时，式（4-43）中 M_{EA}、M_{EB}应以负号代入。

（二）柱的内力不利组合

今以双向偏心受压柱为例，说明柱的内力不利组合方法。

现建立坐标系，设 x 轴平行于框架结构平面的长边；y 轴平行于短边（参见图4-11）。

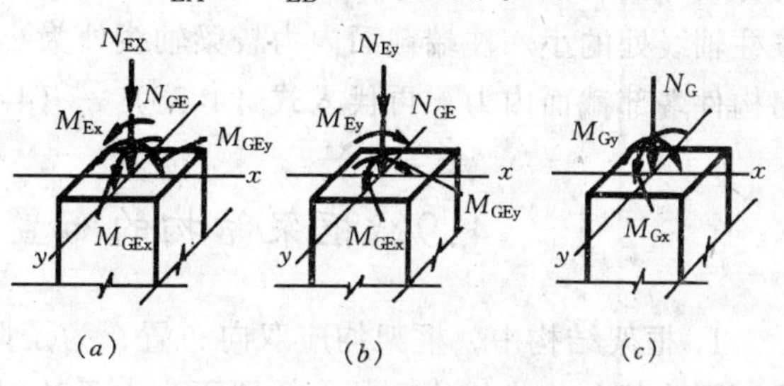

图 4-12 柱的组合弯矩计算

当地震沿结构横向（垂直于 x 轴）作用时（图 4-12a）

$$\left.\begin{aligned}M_x&=\gamma_{RE}(1.3M_{Ex}+1.2M_{GEx})\\M_y&=\gamma_{RE}1.2M_{GEy}\\N&=\gamma_{RE}(1.2N_{GE}\pm1.3N_{Ex})\end{aligned}\right\}\quad(4\text{-}44)❶$$

当地震沿结构纵向（垂直于 y 轴）作用时（图 4-12b）

$$\left.\begin{aligned}M_x&=\gamma_{RE}1.2M_{GEx}\\M_y&=\gamma_{RE}(1.3M_{Ey}+1.2M_{GEy})\\N&=\gamma_{RE}(1.2N_{GE}\pm1.3N_{Ey})\end{aligned}\right\}\quad(4\text{-}45)$$

当无地震作用时（图 4-12c）

$$\left.\begin{aligned}M_x&=\gamma_0M_{Gx}=\gamma_0\ (1.2M_{Gkx}+1.4M_{Qkx})\\M_y&=\gamma_0M_{Gy}=\gamma_0\ (1.2M_{Gky}+1.4M_{Qky})\\N&=\gamma_0N_G=\gamma_0\ (1.2N_{Gk}+1.4N_{Qk})\end{aligned}\right\}\quad(4\text{-}46)$$

式中 M_x、M_y——分别为对柱的 x 轴、y 轴的弯矩设计值；

M_{Ex}、M_{Ey}——分别为地震作用对柱的 x 轴和 y 轴产生的弯矩标准值；

M_{GEx}、M_{GEy}——分别为由重力荷载代表值对柱的 x 轴和 y 轴产生的弯矩标准值；

N——柱的轴向力设计值；

N_{Ex}、N_{Ey}——地震作用垂直于柱的 x 轴和 y 轴时，柱所受到的轴向力标准值；

N_{GE}——重力荷载代表值对柱产生的轴力；

M_{Gkx}、M_{Gky}——分别为恒载对柱的 x 轴和 y 轴产生的弯矩标准值；

M_{Qkx}、M_{Qky}——分别为活载对柱的 x 轴和 y 轴产生的弯矩标准值；

N_{Gk}、N_{Qk}——分别为恒载和活载对柱产生的轴向力标准值。

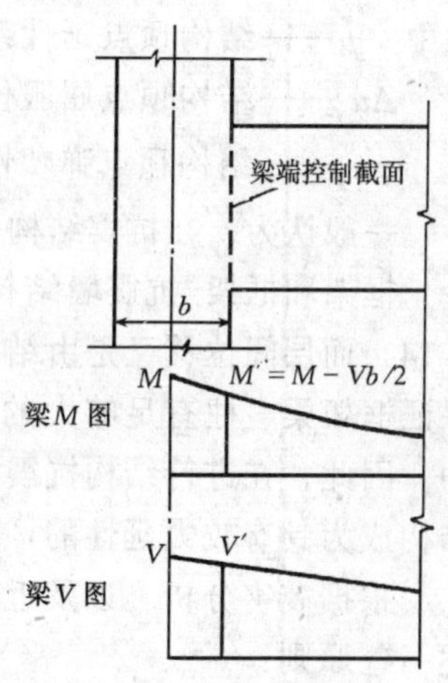

图 4-13 构件端部组合弯矩的计算

应当指出，在框架梁、柱端部截面配筋计算中，应采用

❶ 在式(4-44)、式(4-45)中，当柱为大偏心受压时，N_{GE}的分项系数 1.2 改为 1.0。

构件端部控制截面的内力，而不是轴线处的内力。由图 4-13 可见，梁端截面弯矩、剪力较柱轴线处的小。柱端截面内力较梁轴线处为小。因此，在梁、柱内力不利组合前，须求出构件端部截面内力，再代入式（4-38）～（4-46）中求组合内力。

4.9 框架结构的布置应注意哪些问题？

1. 框架结构中，框架均应双向布置，为了防止在地震作用下柱发生扭转，抗震墙中线、梁中线与柱中线之间的偏心距不宜大于柱宽的1/4。

2. 框架结构单独基础系梁的设置：

框架结构单独基础有下列情况之一时，宜沿两个主轴方向设置基础系梁：

（1）一级框架和Ⅳ类场地的二级框架。

（2）各柱基承受的重力荷载代表值差别较大。

（3）基础埋置较深，或各基础埋置深度差别较大。

（4）地基主要受力层范围内存在软弱黏土层、液化土层和严重不均匀土层。

（5）桩基承台之间。

4.10 设计框架结构梁、柱的基本要求是什么？

为了防止钢筋混凝土房屋当遭受高于本地区设防烈度的罕遇地震影响时，不致倒塌或发生危及生命的严重破坏，结构应具有足够大的延性。结构的延性一般用结构顶点的延性系数表示

$$\mu = \frac{\Delta u_p}{\Delta u_y}$$

式中　μ——结构顶点延性系数；

Δu_y——结构顶点屈服位移；

Δu_p——结构顶点弹塑性位移限值。

一般认为，在抗震结构中结构顶点延性系数 μ 应不小于 3～4。

框架和框架-抗震墙结构顶点位移 Δ 是由楼层的层间位移 Δu_c 累积产生的（参见图 4-14）而层间位移又是由结构构件的变形形成的。因此，要求结构具有一定的延性就必须保证框架梁、柱有足够大的延性。而梁、柱的延性是以其截面塑性铰的转动能力来度量的。因此，在进行结构抗震设计时，应注意梁、柱塑性铰的设计，使框架和框架-抗震墙结构成为具有较大延性的“延性结构”。

根据震害分析，以及近年来国内外试验研究资料，关于梁、柱塑性铰设计，应遵循下述一些原则：

（1）强柱弱梁　要控制梁、柱的相对强度，使塑性铰首先在梁中出现（图 4-15*a*），尽量避免或减少在柱中出现。因为塑性铰在柱中出现，很容易形成几何可变体系而倒塌（图 4-15*b*）。

（2）强剪弱弯　对于梁、柱构件而言，要保证构件出现塑性铰，而不过早地发生剪切破坏。这就要求构件的抗剪承载力大于塑性铰的抗弯承载力。为此，要提高构件的抗剪强

度，形成“强剪弱弯”。

(3) 强节点、强锚固　为了保证延性结构的要求，在梁的塑性铰充分发挥作用前，框架节点、钢筋的锚固不应过早地破坏。

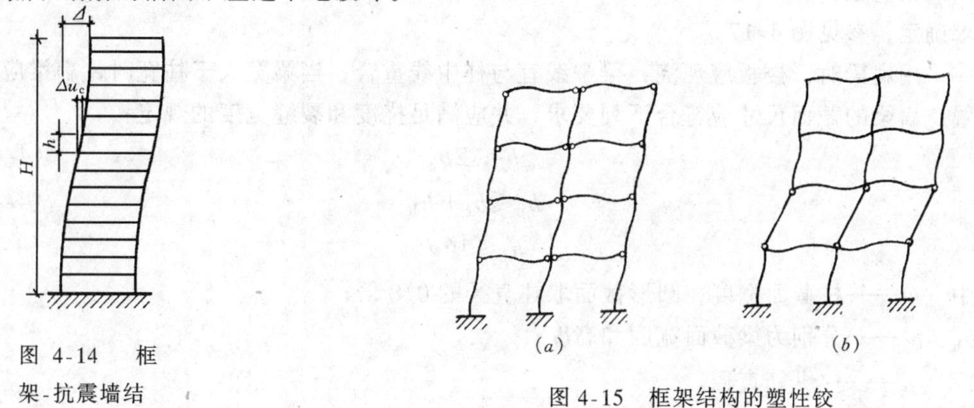

图 4-14　框架-抗震墙结构的侧移

图 4-15　框架结构的塑性铰
(a) 框架梁产生塑性铰；(b) 框架柱产生塑性铰

4.11　设计框架梁时应注意哪些问题?

(一) 梁的截面尺寸

梁的截面尺寸，宜符合下列要求：

(1) 梁的截面宽度不宜小于 200mm。

(2) 梁截面的高宽比不宜大于 4。

(3) 为了避免发生剪切破坏，梁净跨与截面高度之比不宜小于 4。

通常，框架梁的高度取 $h=(1/12\sim1/8)\ l$，其中 l 为梁的跨度。在设计框架结构时，为了增大结构的横向刚度，一般多采用横向框架承重。所以，横向框架梁的高度要设计得大一些，一般多采用 $h\geqslant\frac{1}{10}l$。采用横向框架承重设计方案时，纵向框架有时虽不直接承受楼板上的重力荷载，但它要承受外纵墙或内纵墙的重量，以及纵向地震作用。因此，在高烈度区，纵向框架梁的高度也不宜太小，一般取 $h\geqslant\frac{l}{12}$，且不宜小于 500mm，否则配筋太多，甚至有可能发生超筋现象。为了避免在框架节点处纵、横钢筋相互干扰，通常，取纵梁底部比横梁底部高出 50mm 以上（图 4-16）。

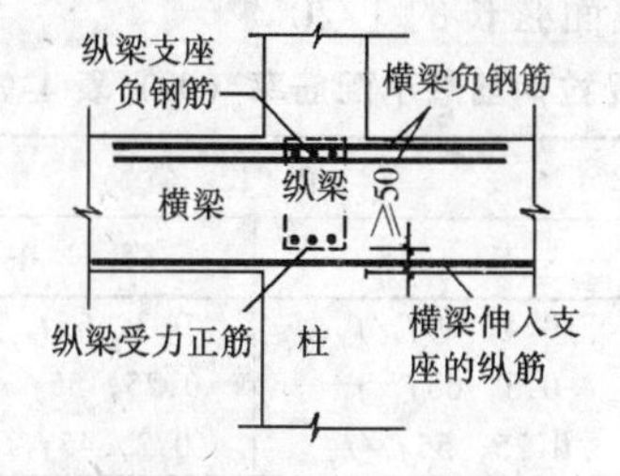

图 4-16　框架结构梁的尺寸

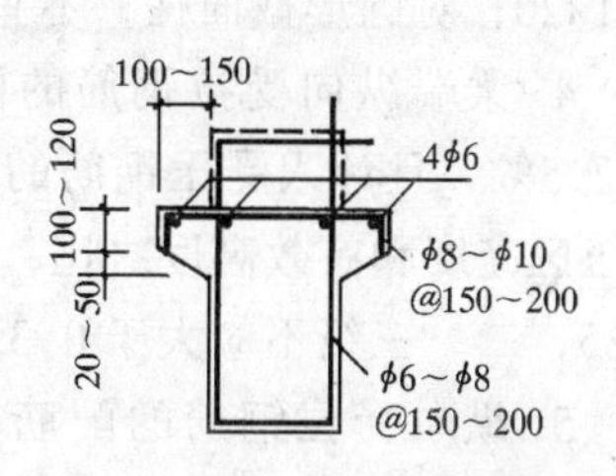

图 4-17　框架结构花篮梁

框架梁的宽度，一般取 $b=(1/3\sim1/2)\ h$，从采用定型模板考虑，多取 $b=250$mm，当梁的负荷较重或跨度较大时，也常采用 $b \geqslant 300$mm。

框架横梁上多设挑檐，主要用作搁置预制楼板。桃檐宽度一般为 100～150mm，并保证预制板搁置长度不小于 80mm。挑檐厚度应由抗剪强度条件确定，挑檐内的配筋按构造要求确定，参见图 4-17。

采用扁梁时，楼板应现浇，梁中线宜与柱中线重合；当梁宽大于柱宽时，扁梁应双向布置；扁梁的截面尺寸应符合下列要求，并应满足挠度和裂缝宽度的规定：

$$b_b \leqslant 2b_c \tag{4-47a}$$

$$b_b \leqslant b_c + h_b \tag{4-47b}$$

$$h_b \leqslant 16d \tag{4-47c}$$

式中 b_c——柱截面宽度，圆形截面取柱直径的 0.8 倍；

b_b、h_b——分别为梁截面宽度和高度；

d——柱纵筋直径。

（二）梁的混凝土和钢筋的强度等级

1. 框架梁当按一级抗震等级设计时，其混凝土强度等级不应低于 C30；当按二、三级抗震等级设计时，其混凝土强度等级不应低于 C20。梁的纵向受力钢筋，宜选用 HRB400 级、HRB335 级热轧钢筋；箍筋宜选用 HRB335、HRB400 和 HPB235 级热轧钢筋。

2. 按一、二级抗震等级设计的框架结构，其纵向受力钢筋采用普通钢筋时，其检验所得的强度实测值，应符合下列要求：

钢筋抗拉强度实测值与屈服强度实测值的比值，不应小于 1.25；钢筋屈服强度实测值与钢筋强度标准值的比值，不应大于 1.30。

（三）梁的正截面受弯承载力计算

按式（4-38）、式（4-39）和式（4-41）求出梁的控制截面组合弯矩后，即可按一般钢筋混凝土结构构件的计算方法进行配筋计算。

梁的纵向钢筋配置，应符合下列各项要求：

1. 梁端截面的底面和顶面配筋量的比值，除按计算确定外，一级不应小于 0.5；二三级不应小于 0.3。

2. 沿梁全长顶面和底面的配筋，一、二级不应少于 $2\phi14$、且分别不应少于梁两端顶面和底面纵向配筋中较大截面面积的 1/4，三、四级不应少于 $2\phi12$。

3. 一、二级框架梁内贯通中柱的每根纵向钢筋直径，不宜大于柱在该方向截面尺寸的 1/20；对圆形截面柱，不宜大于纵向钢筋所在位置柱截面弦长的 1/20。[1]

4. 梁端纵向受拉钢筋的配筋率不应大于 2.5%，且计入受压钢筋的梁端，混凝土受压区高度和有效高度之比，一级不应大于 0.25，二、三级不应大于 0.35。

5. 纵向受拉钢筋的配筋率，不应小于表 4-7 规定的数值。

梁内纵向受拉钢筋最小配筋率（%）表 4-7

抗震等级	梁中位置	
	支座	跨中
一级	0.4，$80f_t/f_y$	0.3，$65f_t/f_y$
二级	0.3，$65f_t/f_y$	0.25，$55f_t/f_y$
三、四级	0.25，$55f_t/f_y$	0.2，$45f_t/f_y$

[1] 这一条件是为了保证中柱两侧框架梁出现塑性铰后，钢筋仍具有 $\geqslant 20d$ 的锚固长度。

（四）梁的斜截面受剪承载力计算

1. 剪压比的限制

梁内平均剪应力与混凝土抗压强度设计值之比，称为梁的剪压比。梁的截面出现斜裂缝之前，构件剪力基本上由混凝土抗剪强度来承受，箍筋因抗剪而引起的拉应力很低。如果构件截面的剪压比过大，混凝土就会过早地发生斜压破坏。

因此，必须对剪压比加以限制。实际上，对梁的剪压比的限制，也就是对梁的最小截面的限制。

框架梁和连梁的截面组合剪力设计值应符合下列要求：

跨高比大于2.5时：

$$V_b \leqslant \frac{1}{\gamma_{RE}}(0.2 f_c b h_0) \tag{4-48a}$$

跨高比等于或小于2.5时：

$$V \leqslant \frac{1}{\gamma_{RE}}(0.15 f_c b h_0) \tag{4-48b}$$

式中 V_b——梁的端部截面组合的剪力设计值，应按式（4-49）计算；

f_c——混凝土轴心抗压强度设计值；

b——梁的截面宽度；

h_0——梁的截面有效高度；

γ_{RE}——承载力抗震调整系数。

2. 按“强剪弱弯”的原则调整梁的截面剪力

为了避免梁在弯曲破坏前发生剪切破坏，应按“强剪弱弯”的原则调整框架梁端部截面组合的剪力设计值；

一、二、三级框架梁

$$V_b = \eta_{vb} \frac{M_b^l + M_b^r}{l_n} + V_{Gb} \tag{4-49}$$

9度，一级框架结构尚应符合：

$$V_b = 1.1 \frac{M_{bua}^l + M_{bua}^r}{l_n} + V_{Gb} \tag{4-50}$$

式中 l_n——梁的净跨；

V_{Gb}——梁在重力荷载代表值（9度时高层建筑还应包括竖向地震作用标准值）作用下，按简支梁分析的梁端截面剪力设计值；

M_b^l、M_b^r——分别为梁左、右端反时针或顺时针方向正截面组合的弯矩设计值，一级框架两端弯矩均为负弯矩时，绝对值较小一端的弯矩取零；

M_{bua}^l、M_{bua}^r——分别为梁左、右端反时针或顺时针方向根据实配钢筋面积（考虑受压钢筋）和材料强度标准值计算的受弯承载力所对应的弯矩值；

η_{vb}——梁的剪力增大系数，一级为1.3，二级为1.2，三级为1.1。

3. 斜截面受剪承载力的验算

矩形、T形和工字形截面一般框架梁，其斜截面抗震承载力、仍采用非地震时梁的斜截面受剪承载力公式形式进行验算，但除应除以承载力抗震调整系数外，尚应考虑在反复荷载作用下，钢筋混凝土斜截面强度有所降低，于是，框架梁受剪承载力抗震验算公式为：

$$V_{\mathrm{b}} \leqslant \frac{1}{\gamma_{\mathrm{RE}}}\left[0.42 f_{\mathrm{t}} b h_{0}+1.25 f_{\mathrm{yv}} \frac{A_{\mathrm{sv}}}{s} h_{0}\right] \tag{4-51a}$$

对集中荷载作用下的框架梁（包括有多种荷载，且其中集中荷载对节点边缘产生的剪力值占总剪力值的75%以上的情况），其斜截面受剪承载力应按下面公式验算：

$$V_{\mathrm{b}} \leqslant \frac{1}{\gamma_{\mathrm{RE}}}\left[\frac{1.05}{\lambda+1} f_{\mathrm{t}} b h_{0}+f_{\mathrm{yv}} \frac{A_{\mathrm{sv}}}{s} h_{0}\right] \tag{4-51b}$$

式中　λ——计算截面剪跨比，当 $\lambda<1.5$ 时，取 $\lambda=1.5$，当 $\lambda>3$ 时取 $\lambda=3$；

f_{yv}——箍筋抗拉强度设计值；

A_{sv}——配置在同一截面内箍筋各肢的全部截面积；

s——沿构件长度方向上箍筋的间距。

4.12　设计框架柱时应注意哪些问题？

（一）柱的截面尺寸宜符合下列各项要求：

（1）截面的宽度和高度均不宜小于300mm；圆柱直径不宜小于350。

（2）截面长边与短边的边长比不宜大于3。

（3）剪跨比宜大于2，其值按下式计算：

$$\lambda=\frac{M^{\mathrm{c}}}{V^{\mathrm{c}} h_{0}} \tag{4-52}$$

式中　λ——剪跨比，取柱上下端计算结果的较大值；

M^{c}——柱端截面组合弯矩计算值；

V^{c}——柱端截面组合剪力计算值；

h_0——截面有效高度。

按式（4-52）计算剪跨比 λ 时，应取柱上下端计算结果的较大值；反弯点位于柱高中部的框架柱，可按柱净高与2倍柱截面高度之比计算。

（二）柱的材料强度等级

柱的混凝土强度等级和钢筋强度等级的要求与梁相同。

（三）柱的正截面承载力的计算

按式（4-44）～式（4-46）确定柱的内力不利组合后，即可按一般钢筋混凝土偏心受压构件计算方法进行配筋计算。

为了提高柱的延性，增强结构的抗震能力，在柱的正截面计算中，应注意以下一些问题：

1. 轴压比的限制

轴压比是指柱组合的轴压力设计值与柱的全截面面积和混凝土抗压强度设计值乘积之比，即$\frac{N}{bhf_{\mathrm{c}}}$，其中 N 为柱组合轴压力设计值；b、h 为柱的短边、长边；f_{c} 为混凝土抗压强度设计值。

轴压比是影响柱的延性重要因素之一。试验研究表明，柱的延性随轴压比的增大急剧下降，尤其在高轴压比条件下，箍筋对柱的变形能力的影响很小。因此，在框架抗震设计中，必须限制轴压比，以保证柱具有一定的延性。

《抗震规范》规定，柱轴压比不应超过表 4-8 的规定；但Ⅳ类场地上较高的高层建筑，柱轴压比限值应适当减小。

柱轴压比限值 **表 4-8**

结构类型	抗震等级		
	一	二	三
框　架	0.70	0.80	0.90
框架-抗震墙	0.75	0.85	0.95

注：1. 轴压比指柱组合的轴压力设计值与柱的全截面面积和混凝土轴心抗压强度设计值乘积之比值；可不进行地震作用计算的结构，取无地震作用组合的轴力设计值。

2. 表内限值适用于剪跨比大于 2、混凝土强度等级不高于 C60 的柱；剪跨比不大于 2 的柱轴压比限值应降低 0.05；剪跨比小于 1.5 的柱，轴压比限值应专门研究并采取特殊构造措施。

3. 沿柱全高采用井字复合箍且箍筋肢距不大于 200mm、间距不大于 100mm、直径不小于 $\phi 12$，或沿柱全高采用复合螺旋箍、螺距不大于 100mm、箍筋肢距不大于 200mm、直径不小于 $\phi 12$，或沿柱全高采用连续复合矩形螺旋箍、螺旋净距不大于 80mm、箍筋肢距不大于 200mm、直径不小于 $\phi 10$，轴压比限值均可增加 0.10；上述三种箍筋的配箍特征值均应按增大的轴压比由表 4-12 确定。

4. 在柱的截面中部附加芯柱，其中另加的纵向钢筋的总面积不少于柱截面面积的 0.8%，轴压比限值可增加 0.05；此项措施与注 3 的措施共同采用时，轴压比限值可增加 0.15，但箍筋的配箍特征值仍可按轴压比增加 0.10 的要求确定。

5. 柱轴压比不应大于 1.05。

2. 按“强柱弱梁”原则调整柱端弯矩设计值

为了使框架结构在地震作用下塑性铰首先在梁中出现，这就必须做到在同一节点柱的抗弯能力大于梁的抗弯能力，即满足“强柱弱梁”的要求。为此，《抗震规范》规定，一、二、三级框架的梁、柱节点处，除顶层和柱轴压比小于 0.15 者外，柱端组合弯矩设计值应符合下列公式要求：

$$\Sigma M_c = \eta_c \Sigma M_b \tag{4-53}$$

9 度和一级框架结构尚应符合：

$$\Sigma M_c = 1.2 \Sigma M_{bua} \tag{4-54}$$

式中 ΣM_c——节点上下柱端截面顺时针或反时针方向组合的弯矩设计值之和，上下柱端的弯矩设计值，一般情况可按弹性分析分配；

ΣM_b——节点左右梁端截面反时针或顺时针方向组合弯矩设计值之和，一级框架节点左右梁端均为负弯矩时，绝对值较小的弯矩应取零；

ΣM_{bua}——节点左右梁端截面反时针或顺时针方向根据实配钢筋面积（考虑受压筋）和材料强度标准值计算的抗震受弯承载力所对应的弯矩值之和；

η_c——柱端弯矩增大系数，一级为 1.4，二级为 1.2，三级为 1.1。

当反弯点不在柱的层高范围内时，柱端截面组合弯矩设计值可乘以上述柱端弯矩增大系数。

由于框架底层柱柱底过早出现塑性铰将影响整个框架的变形能力，从而对框架造成不利影响。同时，随着框架梁塑性铰的出现，由于内力塑性重分布，使底层框架柱的反弯点位置具有较大的不确定性。因此，《抗震规范》规定，一、二、三级框架底层柱底截面组合的弯矩设计值，应分别乘以增大系数 1.5、1.25 和 1.15。

3. 柱的纵向钢筋的配置

柱的纵向钢筋配置，应符合下列各项要求：

(1) 宜对称配置。

(2) 截面尺寸大于 400mm 的柱，纵向钢筋间距不宜大于 200mm。

(3) 柱纵向钢筋的最小总配筋率应按表 4-9 采用，同时应满足每一侧配筋率不小于 0.2%，对Ⅳ类场地上较高的高层建筑，表中的数值应增加 0.1。

(4) 柱总配筋率不应大于 5%。

(5) 一级且剪跨比大于 2 的柱，每侧纵向钢筋配筋率不宜大于 1.2%。

(6) 边柱、角柱在地震作用组合产生小偏心受拉时，柱内纵筋总截面面积应比计算值增加 25%。

(7) 柱纵向钢筋的绑扎接头应避开柱端的箍筋加密区。

柱纵向钢筋的最小总配筋率（%） 表 4-9

类别	抗震等级			
	一	二	三	四
框架中柱和边柱	1.0	0.8	0.7	0.6
框架角柱	1.2	1.0	0.9	0.8

注：采用 HRB400 级热轧钢筋时应允许减小 0.1，混凝土强度等级高于 C60 时增加 0.1。

(四) 柱的斜截面承载力的计算

1. 剪压比的限制

柱内平均剪应力与混凝土轴心抗压强度设计值之比，称为柱的剪压比。与梁一样，为了防止构件截面的剪压比过大，在箍筋屈服前，混凝土过早地发生剪切破坏，必须限制柱的剪压比，亦即限制柱的截面最小尺寸。《抗震规范》规定，框架柱端截面组合的剪力设计值应符合下列要求：

剪跨比大于 2 时：

$$V_c \leqslant \frac{1}{\gamma_{RE}}(0.20 f_c b h_0) \tag{4-55}$$

剪跨比不大于 2 时：

$$V_c \leqslant \frac{1}{\gamma_{RE}}(0.15 f_c b h_0) \tag{4-56}$$

式中 V_c——柱端部截面组合的剪力设计值，按式（4-57）或式（4-58）计算；

f_c——混凝土轴心抗压强度设计值；

b——柱截面宽度；

h_0——柱截面有效高度。

2. 按"强剪弱弯"的原则调整柱的截面剪力

为了防止柱在压弯破坏前发生剪切破坏，应按"强剪弱弯"的原则，对柱的端部截面组合的剪力设计值予以调整：

一、二、三级框架结构：

$$V_c = \eta_{vc} \frac{M_c^t + M_c^b}{H_n} \tag{4-57}$$

9度，一级框架结构尚应符合：

$$V_c = 1.2 \frac{M_{cua}^t + M_{cua}^b}{H_n} \tag{4-58}$$

式中 H_n——柱的净高；

M_c^t、M_c^b——分别为上、下端顺时针或反时针方向截面组合的弯矩设计值，其取值应符合式（4-53）、（4-54）的要求，同时对于一、二、三级框架结构的底层柱下端截面的弯矩设计值尚应乘以相应增大系数；

M_{cua}^t、M_{cua}^b——分别为柱的上下端顺时针或反时针方向根据实际配筋面积、材料强度标准值和轴向压力等计算的受压承载力所对应的弯矩值；

η_{vc}——柱剪力增大系数，一级为1.4，二级为1.2，三级为1.1。

应当指出，按两个主轴方向分别考虑地震作用时，由于角柱扭转作用明显，因此，《抗震规范》规定，一、二、三级框架结构的角柱按调整后的弯矩、剪力设计值尚应乘以不小于1.10的增大系数。

3. 斜截面承载力验算

在进行框架柱斜截面抗震承载力验算时，仍采用非地震时承载力的验算公式形式，但应除以承载力抗震调整系数，同时考虑地震作用对钢筋混凝土框架柱承载力降低的不利影响，即可得出框架柱斜截面抗震承载力验算公式：

$$V_c \leqslant \frac{1}{\gamma_{RE}}\left(\frac{1.05}{\lambda + 1} f_t b h_0 + f_{yv} \frac{A_{sv}}{s} h_0 + 0.056N\right) \tag{4-59}$$

式中 λ——剪跨比，反弯点位于柱高中部的框架柱，取 $\lambda = \frac{H_n}{2h_0}$。当 $\lambda < 1$ 时，取 $\lambda = 1$，当 $\lambda > 3$ 时，取 $\lambda = 3$；

f_{yv}——箍筋抗拉强度设计值；

A_{sv}——配置在柱的同一截面内箍筋各肢的全部截面面积；

s——沿柱高方向上箍筋的间距；

N——考虑地震作用组合下框架柱的轴向压力设计值，当 $N > 0.3 f_c A$ 时，取 $N = 0.3 f_c A$；

A——柱的横截面面积。

其余符号意义与式（4-55）相同。

当框架柱出现拉力时，其斜截面受剪承载力应按下列公式计算：

$$V_c \leqslant \frac{1}{\gamma_{RE}}\left(\frac{1.05}{\lambda + 1} f_t b h_0 + f_{yv} \frac{A_{sv}}{s} h_0 - 0.2N\right) \tag{4-60}$$

式中 N——考虑地震作用组合下框架顶层柱的轴向拉力设计值。

应当指出，当式（4-60）右边括号内的计算值小于 $f_{yv}\frac{A_{sv}}{s}h_0$ 时，取等于 $f_{yv}\frac{A_{sv}}{s}h_0$，且 $f_{yv}\frac{A_{sv}}{s}h_0$ 值不应小于 $0.36 f_t b h_0$。

4.13 怎样设计框架节点？

在进行框架结构抗震设计时，除了保证框架梁、柱具有足够的强度和延性外，还必须保证框架节点的强度。震害调查表明，框架节点破坏主要是由于节点核芯区箍筋数量不足，在剪力和压力共同作用下节点核芯区混凝土出现斜裂缝，箍筋屈服甚至被拉断，柱的纵向钢筋被压曲引起的。因此，为了防止节点核芯区发生剪切破坏，必须保证节点核芯区混凝土的强度和配置足够数量的箍筋。

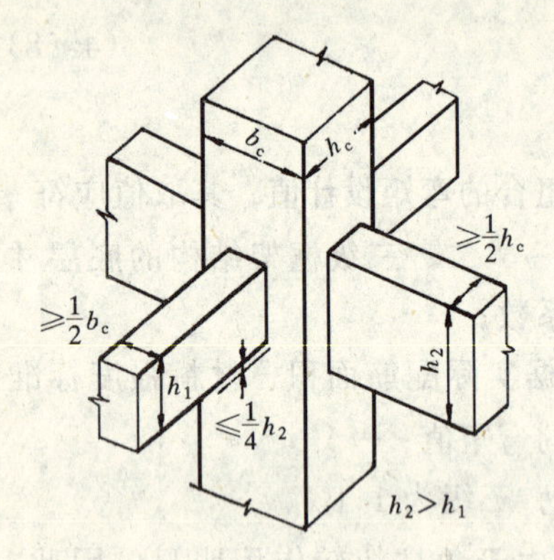

图 4-18　节点核心区强度验算

（一）节点剪压比的控制

为了使节点核芯区的剪应力不致过高，避免过早地出现斜裂缝，《抗震规范》规定，节点核芯区组合的剪力设计值应符合下列条件

$$V_j \leqslant \frac{1}{\gamma_{RE}}(0.30\eta_j f_c b_j h_j) \tag{4-61}$$

式中　V_j——节点核芯区组合的剪力设计值，按式（4-64）计算；

γ_{RE}——承载力抗震调整系数，取 $\gamma_{RE}=0.85$；

η_j——正交梁的约束影响系数，楼板现浇，梁柱中线重合，四侧各梁截面宽度不小于该侧柱截面宽度的1/2，且正交方向梁的高度不小于框架梁高度的3/4时（图4-18），可采用1.5，9度时宜采用1.25，其他情况采用1.0；

h_j——节点核芯区的截面高度，可采用验算方向的柱截面高度；

b_j——节点核芯区截面有效验算宽度，当验算方向的梁截面宽度不小于该侧柱截面宽度的1/2时，可采用该侧柱截面宽度，当小于时可采用下列二者的较小值：

$$\left.\begin{aligned} b_j &= b_b + 0.5h_c \\ b_j &= b_c \end{aligned}\right\} \tag{4-62a}$$

b_b、b_c——分别为验算方向梁的宽度和柱的宽度；

h_c——验算方向的柱截面高度。

当梁、柱中线不重合时且偏心距不大于柱宽的1/4时，核芯区的截面有效验算宽度可采用式（4-62a）和下式计算结果的较小值，柱箍筋宜沿柱全高加密。

$$b_j = 0.5(b_b + b_c) + 0.25h_c - e \tag{4-62b}$$

式中　e——梁与柱中心线偏心距。

（二）框架节点核芯区截面受剪承载力的验算

节点核芯区截面抗震验算，应符合下式要求：

一、二级框架

$$V_j \leqslant \frac{1}{\gamma_{RE}}\left(1.1\eta_j f_t b_j h_j + 0.05\eta_j N\frac{b_j}{b_c} + f_{yv}A_{svj}\frac{h_{b0}-a'_s}{s}\right) \tag{4-63a}$$

9 度时

$$V_j \leqslant \frac{1}{\gamma_{RE}}\left(0.9\eta_j f_t b_j h_j + f_{yv}A_{svj}\frac{h_{b0}-a'_s}{s}\right) \tag{4-63b}$$

式中 f_t——混凝土抗拉强度设计值；

N——对应于组合剪力设计值的上柱组合轴向压力较小值，其取值不应大于柱的截面面积和混凝土轴心抗压强度设计值的乘积的 50%；当 N 为拉力，取 $N=0$；

f_{yv}——箍筋抗拉强度设计值；

A_{svj}——核芯区有效验算宽度范围内同一截面验算方向箍筋的总截面面积；

s——箍筋间距；

$h_{b0}-a'_s$——梁上部钢筋合力点至下部钢筋合力点的距离；

γ_{RE}——承载力抗震调整系数，可采用 0.85。

应当指出，三、四级框架节点核芯区，可不进行抗震验算，但应符合构造措施的要求。

（三）节点核芯区组合的剪力设计值 V_j

图 4-19a 为中柱节点受力简图。现取节点 1-1 截面上半部为隔离体，由 $\Sigma X=0$，得：

$$-V_c - V_j + \frac{\Sigma M_b}{h_0 - a'_s} = 0 \tag{a}$$

或

$$V_j = \frac{\Sigma M_b}{h_0 - a'_s} - V_c \tag{b}$$

式中 V_j——节点核芯区组合的剪力设计值（作用于 1-1 截面）；

ΣM_b——梁的左右端顺时针或反时针方向截面组合的弯矩设计值之和，即 $\Sigma M_b = M_b^l + M_b^r$；

V_c——节点上柱截面组合的剪力设计值，可按下式确定

$$V_c = \frac{\Sigma M_c}{H_c - h_b} = \frac{\Sigma M_b}{H_c - h_b} \tag{c}$$

ΣM_c——节点上下柱反时针或顺时针方向截面组合的弯矩设计值之和，$\Sigma M_c = M_c^u + M_c^l = \Sigma M_b = M_b^l + M_b^r$（图 4-19$b$）；

H_c——柱的计算高度，可采用节点上、下柱反弯点之间的距离；

h_b——梁的截面高度，节点两侧梁截面高度不等时可采用平均值。

其余符号意义与前相同。

将式（c）代入式（b），经整理后，得

$$V_j = \frac{\Sigma M_b}{h_0 - a'_s}\left(1 - \frac{h_0 - a'_s}{H_c - h_b}\right) \tag{d}$$

考虑到梁端出现塑性铰后，塑性变形较大，钢筋应力常常超过屈服强度而进入强化阶段。因此，梁端截面组合弯矩应予以调整。于是，式（d）改写成：

$$V_j = \frac{\eta_{jb}\Sigma M_b}{h_0 - a'_s}\left(1 - \frac{h_0 - a'_s}{H_c - h_b}\right) \tag{4-64}$$

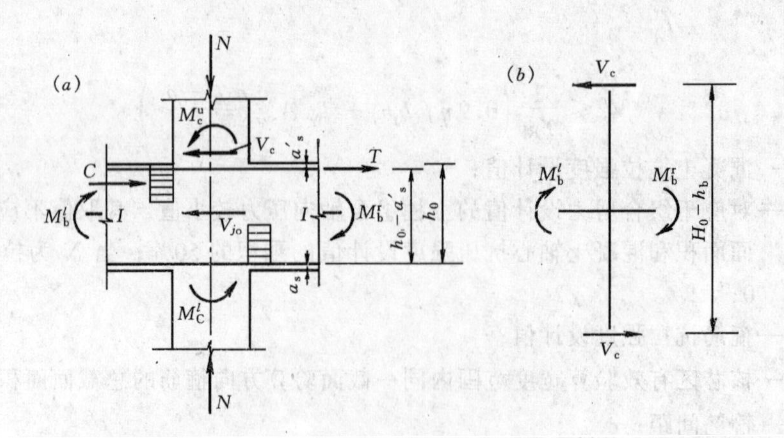

图 4-19　节点核心区剪力计算

式中　η_{jb}——节点剪力增大系数，一级为 1.35，二级为 1.2。

9 度和一级框架结构尚应符合下式要求：

$$V_j=\frac{1.15\Sigma M_{\text{bua}}}{h_0-a_s'}\left(1-\frac{h_0-a_s'}{H_c-h_b}\right) \tag{4-65}$$

式中符号意义同前。

4.14　梁、柱端部及节点核芯区的箍筋配置有哪些要求？

震害调查和理论分析表明，在地震作用下，梁柱端部剪力最大，该处极易产生剪切破坏。因此《抗震规范》规定，在梁柱端部一定长度范围内，箍筋间距应适当加密。一般称梁柱端部这一范围为箍筋加密区。

（一）梁端加密区的箍筋配置，应符合下列要求：

1. 加密区的长度、箍筋最大间距和最小直径应按表 4-10 采用。当梁端纵向受拉钢筋配筋率大于 2%时，表中箍筋最小直径数值应增大 2mm。

梁端箍筋加密区的长度、箍筋最大间距和最小直径　　**表 4-10**

抗震等级	加密区长（采用较大值）(mm)	箍筋最大间距（采用较小值）(mm)	箍筋最小直径
一	$2h_b$，500	$h_b/4$，$6d$，100	$\phi10$
二	$1.5h_b$，500	$h_b/4$，$8d$，100	$\phi8$
三	$1.5h_b$，500	$h_b/4$，$8d$，150	$\phi8$
四	$1.5h_b$，500	$h_b/4$，$8d$，150	$\phi6$

注：1. 箍筋直径不应小于纵向钢筋直径的 1/4。

2. d 为纵向钢筋直径，h_b 为梁高。

2. 梁端加密区箍筋肢距，一级不宜大于 200mm 和 20 倍箍筋直径的较大值，二、三级不宜大于 250mm 和 20 倍箍筋直径的较大值，四级不宜大于 300mm。

（二）柱的箍筋加密范围

按下列规定采用：

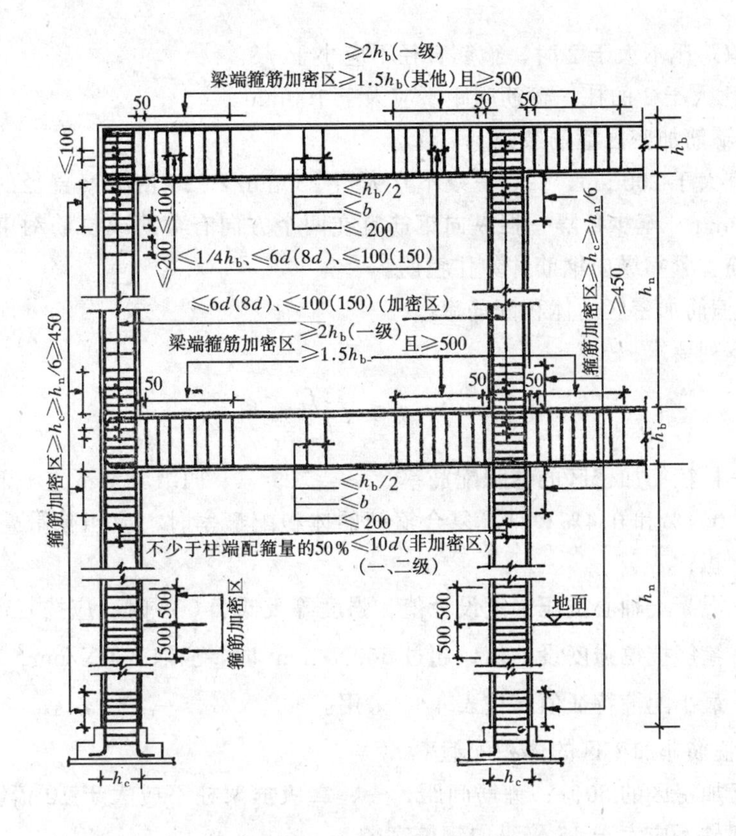

图 4-20 梁柱端部及节点核芯区箍筋配置

1. 柱端，取截面高度（圆柱直径），柱净高的 1/6 和 500mm 三者的较大值。

2. 底层柱，柱根不小于柱净高的 1/3；当有刚性地面时，除柱端外尚应取刚性地面上下各 500mm。

3. 剪跨比大于 2 的柱和因填充墙等形成的柱净高与柱截面高度之比不大于 4 的柱，取全高。

4. 一级、二级的框架角柱，取全高。

（三）柱箍筋加密区的箍筋间距和直径

应符合下列要求：

1. 一般情况下，箍筋的最大间距和最小直径，应按表 4-11 采用：

柱箍筋加密区的箍筋最大间距和最小直径 **表 4-11**

抗震等级	箍筋最大间距（采用较小值）(mm)	箍筋最小直径 (mm)	抗震等级	箍筋最大间距（采用较小值）(mm)	箍筋最小直径 (mm)
一	$6d$，100	$\phi10$	三	$8d$，150（柱根 100）	$\phi8$
二	$8d$，100	$\phi8$	四	$8d$，150（柱根 100）	$\phi6$（柱根 $\phi8$）

注：1. d 为柱纵筋最小直径。

2. 柱根指框架底层柱的嵌固部位。

2. 二级框架柱的箍筋直径不小于 $\phi10$ 且箍筋肢距不大于 200mm 时，除柱根外最大间距允许采用 150mm；三级框架柱的截面尺寸不大于 400mm 时，箍筋最小直径可采用 $\phi6$；

四级柱架柱剪跨比不大于2时，箍筋直径不应小于 $\phi 8$。

3. 剪跨比大于2的柱，箍筋间距不应大于100mm。

（四）柱箍筋加密区箍筋肢距

一级不宜大于200mm，二、三级不宜大于250mm和20倍箍筋直径的较大值，四级不宜大于300mm。至少每隔一根纵向钢筋宜在两个方向有箍筋或拉筋约束；采用拉筋复合箍时，拉筋宜紧靠纵向钢筋并勾住箍筋。

（五）柱箍筋加密区的体积配筋率

应符合下列要求：

$$\rho_v \geqslant \frac{\lambda_v f_c}{f_{yv}} \tag{4-66}$$

式中 ρ_v——柱箍筋加密区的体积配筋率，一、二、三、四级分别不应小于0.8%、0.6%、0.4%和0.4%；计算复合箍筋的体积配箍率时，应扣除重叠部分的箍筋体积；

f_c——混凝土轴心抗压强度设计值，强度等级低于C35时，应按C35计算；

f_{yv}——箍筋抗拉强度设计值，超过360N/mm^{2}时，应取360N/mm^{2}计算；

λ_v——最小配箍特征值，按表4-12采用。

（六）柱箍筋非加密区的体积配箍率

不宜小于加密区的50%；箍筋间距，一、二级框架柱不应大于10倍纵向钢筋直径，三、四级框架柱不应大于15倍纵向钢筋直径。

（七）框架节点核芯区箍筋的最大间距和最小直径

宜按柱箍筋加密区的要求采用。一、二、三级框架节点核芯区配箍特征值分别不宜小于0.12、0.10、0.08且体积配箍率分别不宜小于0.6%、0.5%和0.4%。柱剪跨比不大于2的框架节点核芯区配箍特征值不宜小于核芯区上、下柱端的较大配箍特征值。

柱箍筋加密区的箍筋最小配箍特征值 **表4-12**

抗震等级	箍筋形式	柱轴压比								
		≤0.3	0.4	0.5	0.6	0.7	0.8	0.9	1.0	1.05
一	普通箍、复合箍	0.10	0.11	0.13	0.15	0.17	0.20	0.23		
	螺旋箍、复合或连续复合矩形螺旋箍	0.08	0.09	0.11	0.13	0.15	0.18	0.21		
二	普通箍、复合箍	0.08	0.09	0.11	0.13	0.15	0.17	0.19	0.22	0.24
	螺旋箍、复合或连续复合矩形螺旋箍	0.06	0.07	0.09	0.11	0.13	0.15	0.17	0.20	0.22
三	普通箍、复合箍	0.06	0.07	0.09	0.11	0.13	0.15	0.17	0.20	0.22
	螺旋箍、复合或连续复合矩形螺旋箍	0.05	0.06	0.07	0.09	0.11	0.13	0.15	0.18	0.20

注：1. 普通箍指单个矩形箍和单个圆形箍；复合箍指由矩形、多边形、圆形箍或拉筋组成的箍筋；复合螺旋箍指由螺旋箍与矩形、多边形、圆形箍或拉筋组成的箍筋；连续复合矩形螺旋箍指全部螺旋箍为同一根钢筋加工而成的箍。

2. 剪跨比不大于2的柱宜采用复合螺旋箍或井字复合箍，其体积配箍率不应小于1.2%；9度时不应小于1.5%。

3. 计算复合螺旋箍体积配箍率时，其非螺旋箍的箍筋体积应乘以换算系数0.8。

4.15 框架梁、柱纵向受力钢筋的锚固和接头有何要求？箍筋锚固有何要求？

为了保证纵向钢筋和箍筋可靠的工作，钢筋锚固与接头除应符合现行国家标准《钢筋混凝土工程施工及验收规范》的要求外，尚应符合下列要求：

1. 纵向钢筋的最小锚固长度应按下列公式计算：

一、二级 $$l_{aE}=1.15l_a \tag{4-67a}$$

三级 $$l_{aE}=1.05l_a \tag{4-67b}$$

四级 $$l_{aE}=1.0l_a \tag{4-67c}$$

式中 l_a——纵向钢筋的锚固长度，按《混凝土结构设计规范》确定。

2. 钢筋接头位置，宜避开梁端、柱端箍筋加密区。但如有可靠依据及措施时，也可将接头布置在加密区。

3. 当采用绑扎搭接接头时，其搭接接头长度不应小于 ζl_{aE}；ζ 为纵向受拉钢筋搭接长度修正系数，其值按表4-13采用：

纵向受拉钢筋搭接长度修正系数 ζ 　　**表 4-13**

纵向钢筋搭接接头面积百分数率（%）	≤25	50	100
ζ	1.2	1.45	1.8

注：纵向钢筋搭接接头面积百分率按《混凝土结构设计规范》第9.4.3条的规定取为在同一连接范围内有搭接接头的受力钢筋与全部受力钢筋面积之比。

4. 对于钢筋混凝土框架结构梁、柱的纵向受力钢筋接头方法应遵守以下规定：

（1）框架梁：一级抗震等级，宜选用机械接头，二、三、四级抗震等级，可采用绑扎搭接接头或焊接接头。

（2）框架柱：一级抗震等级，宜选用机械接头；二、三、四级抗震等级，宜选用机械接头，也可采用绑扎搭接接头或焊接接头。

5. 框架梁柱纵向钢筋在框架节点核芯区锚固和搭接

（1）框架梁在框架中间层的中间节点内的上部纵向钢筋应贯穿中间节点，对一、二级梁的下部纵向钢筋伸入中间节点的锚固长度不应小于 I_{aE}，且伸过中心线不应小于 $5d$（图4-21a）。梁内贯穿中柱的每根纵向钢筋直径，对于一、二级抗震等级，不宜大于柱在该方向截面尺寸的1/20。对于圆柱截面，梁最外侧贯穿节点的钢筋直径，不宜大于纵向钢筋所在位置柱截面弦长的1/20。

（2）中间层端节点内的上部纵向钢筋锚固长度除应符合式（4-67）的规定外，并应伸过节点中心线不小于 $5d$，当纵向钢筋在端节点内的水平锚固长度不够时，沿柱节点外边向下弯折，经弯折前的水平投影长度，不应小于 $0.4I_{aE}$，垂直投影长度取 $15d$（图4-21b）。梁下部纵向钢筋在中间层端节点中的锚固措施与梁上的相同，但竖直段应向上弯入节点。

（3）框架梁在框架顶层的中间节点内的上部纵向钢筋的配置，对一级抗震等级，上部纵向钢筋应穿过柱轴线，伸至柱对边向下弯折，经弯折后的垂直投影长度取 $15d$（图4-

21c)；对二、三级抗震等级，上部纵向钢筋可贯穿中间节点。对矩形截面柱节点，纵向钢筋直径不宜大于柱在该方向截面尺寸的1/25，对圆柱节点，不宜大于纵向钢筋所在位置柱截面弦长的1/25。顶层中间节点下部纵向钢筋，在节点中的锚固要求与中间层节点处相同。

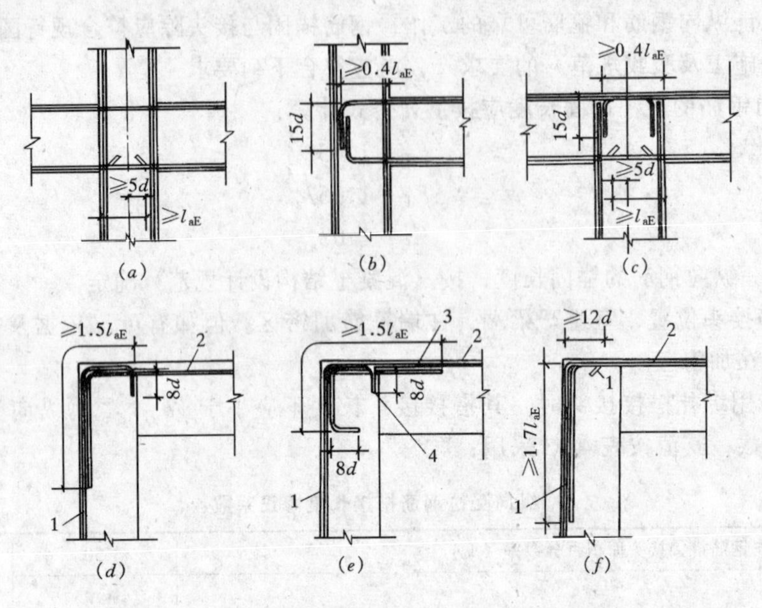

图 4-21　框架梁柱纵向钢筋在节点的锚固和搭接

(a) 中间层中节点；(b) 中间层端节点；(c) 顶层中节点；

(d) 顶层端节点；(e) 顶层端节点；(f) 顶层端节点

1—柱外侧纵向钢筋，截面面积 A_{cs}；2—梁上部纵向钢筋；3—伸入梁内的柱纵向钢筋，截面面积不小于 $0.65A_{cs}$；4—不能伸入梁内的柱角部纵向钢筋

在顶层中间节点内的框架柱的纵向钢筋锚固长度除应满足 l_{aE}要求外，并应伸到柱顶，当柱纵向钢筋在节点内的竖向锚固长度不够时，应伸至柱顶后向内或向外水平弯折，弯折前的锚固段竖向投影长度不应小于 $0.5l_{aE}$，弯折后的水平投影长度取 $12d$。

(4) 在框架顶层端节点中，梁上部纵向钢筋与柱外侧纵向钢筋搭接应符合下规定：对一、二、三级抗震等级，搭接接头可采用沿节点上边及柱外边布置（图 4-21d）或沿节点外边及梁上边布置（图 4-21e）两种方案，搭接长度均不应小于 $1.5l_{aE}$。在后一方案中，伸入梁的柱纵向钢筋应不小于柱外侧计算需要的柱纵向钢筋的2/3。对二、三级抗震等级，当梁、柱配筋率较高时，可采用搭接接头沿柱外边布置方案（图 4-21f），搭接长度不应小于 $1.7l_{aE}$。且搭接时，搭接接头的纵向钢筋一次截断的配筋百分率不宜大于1%，超过部分应分批截断，每批配筋百分率不宜大于1%，每批截断点的距离不应小于 $20d$。柱外侧纵向钢筋应伸至柱顶，并向内弯折，弯折水平投影长度不宜小于 $12d$。

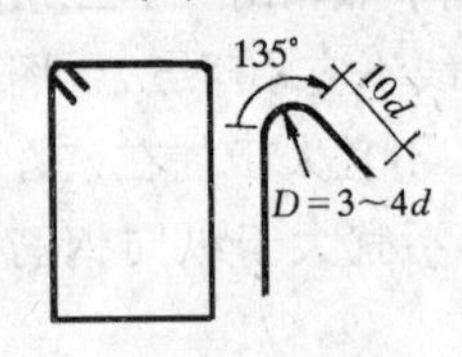

图 4-22　箍筋的弯钩

6. 箍筋的弯钩

箍筋的末端应做成135°弯钩，弯钩端头平直段长度不应小于 $10d$（d 为箍筋直径）

(图 4-22)。

4.16 框架结构的砌体填充墙应符合哪些要求?

(1) 填充墙在平面和竖向的布置，宜均匀对称，宜避免形成薄弱层和短柱。

(2) 砌体的砂浆强度等级不应低于 M5，墙顶应与框架梁密切结合。

(3) 填充墙应沿框架柱全高每隔 500mm 设 2ϕ6 拉筋，拉筋伸入墙内的长度，6、7 度时不应小于墙长的 1/5 且不小于 700mm；8、9 度时宜沿墙全长贯通。

(4) 墙长大于 5m 时，墙顶与梁宜有拉结；墙长超过层高 2 倍时，宜设置钢筋混凝土构造柱；墙高超过 4m 时，墙体半高宜设置与柱连接且沿墙全长贯通的钢筋混凝土水平系梁。

第5章　钢筋混凝土抗震墙结构[1]

5.1　什么是钢筋混凝土抗震墙结构？应用范围如何？

抗震墙结构是由纵、横向的钢筋混凝土墙所组成的结构。这种墙体除抵抗水平荷载和竖向荷载作用外，还对房屋起围护和分割作用。这种结构适用于高层住宅、旅馆等建筑。因为抗震墙结构的墙体较多，侧向刚度大，所以它可以建得很高。目前，我国抗震墙结构用于高层住宅、旅馆建筑的高度可达百米。

5.2　什么是双肢墙？什么是多肢墙？

具有一列洞口且排列整齐的抗震墙称为双肢抗震墙（洞口两侧墙体称为墙肢），简称双肢墙（图5-1a）；具有一列以上洞口且排列整齐的抗震墙称为多肢抗震墙，简称多肢墙（图5-1b）。

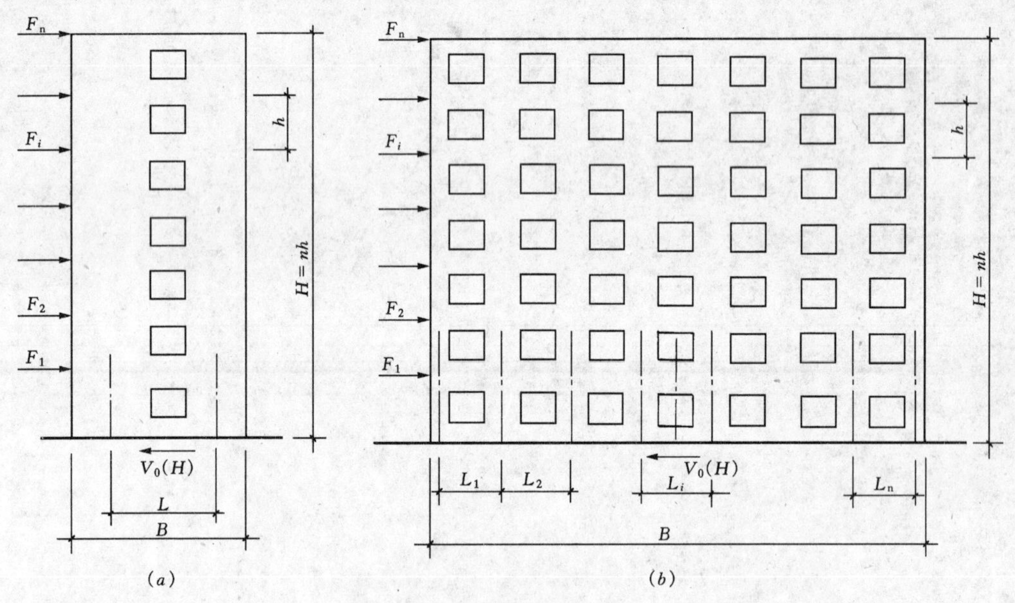

图5-1　钢筋混凝土抗震墙

（a）双肢墙；（b）多肢墙

[1] 《混凝土设计规范》(GB 50010—2002) 称为钢筋混凝土剪力墙结构。

5.3　什么是短肢抗震墙？什么是一般抗震墙？

短肢抗震墙是指墙肢截面高度与厚度之比为5～8的抗震墙，一般抗震墙是指墙肢截面高度与厚度之比大于8的抗震墙。

5.4　为什么在地震区高层建筑（10层及10层以上或房屋高度超过28m）不应采用全部为短肢墙的抗震墙结构？

短肢抗震墙虽有利于住宅建筑布置，又可进一步减轻结构自重。但是由于其抗震性能较差，地震区应用经验不多，为安全起见，高层建筑结构不应全部采用短肢抗震墙的抗震墙结构。短肢抗震墙较多时，应布置一定数量的一般抗震墙，形成短肢抗震墙与一般抗震墙共同抵抗水平地震作用的抗震墙结构。

5.5　在布置抗震墙时应注意哪些问题？

1. 抗震墙的门窗洞口宜上下对齐、成列布置，形成明确的墙肢和连梁。宜避免使墙肢刚度相差悬殊的洞口设置。

2. 较长的抗震墙宜开设洞口，将其分成长度较均匀的若干墙段，墙段之间宜采用约束弯矩较小的弱连梁[1]（其跨高比大于6）连接。每个独立墙段的总高度与其截面高度之比不应小于2，墙肢截面高度不宜大于8m。以上设计原则的目的在于，使墙肢在地震作用下避免产生脆性的剪切破坏。

3. 抗震墙宜自下而上连续布置，避免刚度突变。

4. 应控制抗震墙平面外发生弯曲。

5.6　计算双肢墙内力和侧移时通常采取哪些假定？

计算双肢墙在水平荷载作用下的内力和位移时，通常采取下面一些假定：

（1）楼板在其自身平面内的刚度为无限大，两墙肢的刚度相差不过分悬殊，这样两墙肢变形曲线相似，且在同一高度上侧向位移和转角均相等；

（2）房屋的层数足够多，因此，可假定每一楼层标高处的连梁简化成沿墙高均匀分布的刚性连杆；

（3）墙肢线刚度远大于连梁的线刚度，因此，可认为连梁嵌固在墙肢上。

5.7　怎样建立双肢墙的微分方程？

1. 微分方程的建立

[1] 弱连梁的约束弯矩小，墙肢的剪力就小［见式（5-43）］。因此，就可减小墙肢的剪切破坏。

双肢墙在水平荷载作用下，在墙肢内产生弯矩、剪力和轴力，而在连梁内仅考虑产生弯矩和剪力。

双肢墙在水平荷载作用下，如果连梁是完全刚性的，双肢墙的变形特征如同竖向整截面悬臂构件一样；如果连梁是完全柔性的，那么，每个墙肢将各自独立地变形。在这两种极端情况下，在双肢墙水平截面内产生的正应力分别如图 5-2（*a*）、（*b*）所示。实际上，连梁具有一定的刚度，这时双肢墙内的正应力图形如图 5-2（*c*）所示。这样，在各墙肢内的正应力图形可以看作是在弯矩和轴力共同作用下叠加而成。显然，在任意截面内的全部外弯矩（图 5-3）。

$$M_0 = \Sigma M_i + NL \tag{5-1}$$

式中 M_i——在水平荷载作用下在第 i 墙肢内产生的弯矩；

N——在水平荷载作用下在第 i 墙肢内产生的轴力；

L——墙肢截面重心轴之间的距离。

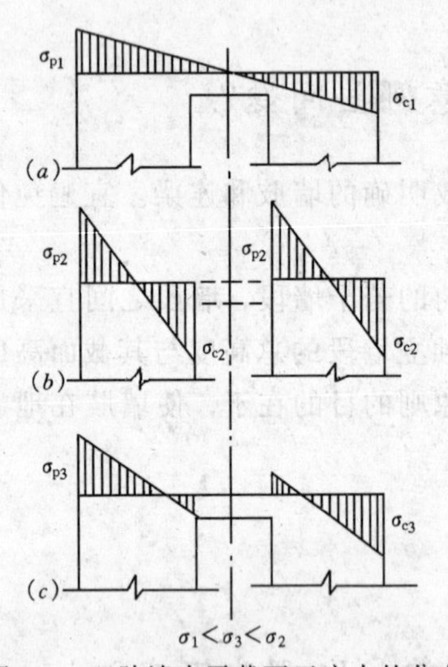

图 5-2 双肢墙水平截面正应力的分布

（*a*）连梁为绝对刚性时；（*b*）为绝对柔性时；（*c*）为有限刚度时

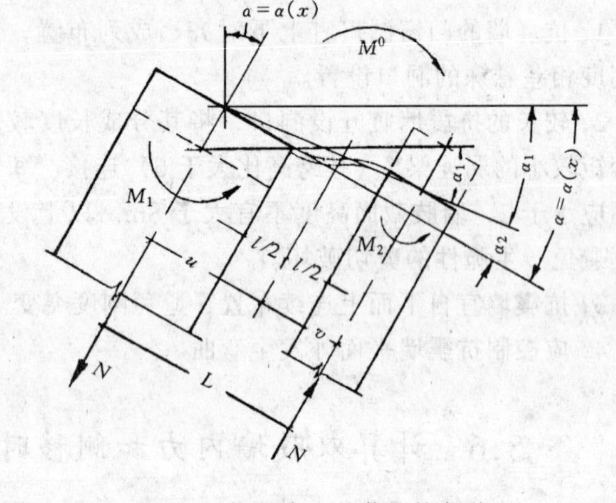

图 5-3 抗震墙 *x* 处截面的变形

因为墙肢的弯矩 M_i 可用抗震墙的转角 α 表示，如果再知道 α 与墙肢轴力 N 之间的关系，则式（5-1）可写成具有一个未知数 N 的方程，下面就来建立这种关系。由于连梁抵抗弯曲变形和剪切变形，在墙肢上将产生轴力，现把它表示成连梁两端相对线位移 δ_i 的函数（图 5-4）。在第 i 层连梁标高处的反力，即第 i 层墙肢的轴向力增量 N_i 等于：

$$N_i = \frac{12EI_b}{l_0^3}\delta_i \tag{a}$$

式中 E——连梁混凝土的弹性模量；

l_0——连梁计算跨度，取洞口边柱中心距，当无边柱时取洞口宽度加梁高的 1/2；

δ_i——连梁两端相对位移。

I_b——连梁的截面惯性矩，当考虑连梁的剪切变形时，取等效惯性矩 I_{b0}；

$$I_{b0}=\frac{I_b}{1+\frac{12\mu EI_b}{A_bGl_0^2}} \tag{5-2}$$

μ——剪切不均匀系数，当截面为矩形时，$\mu=1.2$；

G——连梁混凝土剪切模量，$G=0.42E$；

A_b——连梁横截面面积。

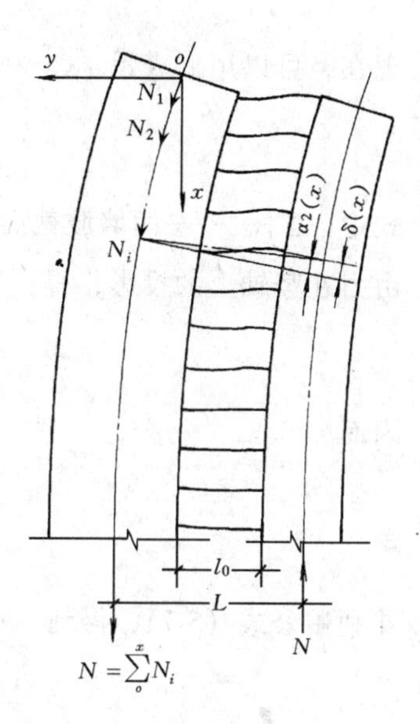

图 5-4 双肢墙转角与位移关系

因为假定连梁沿抗震墙高度连续均匀分布，所以，当层高为 h 时，轴向力在 dx 区段上的增量为：

$$dN=\frac{12EI_b}{hl_0^3}\delta(x)dx \tag{b}$$

由图 5-3 和图 5-4 可见，$\delta(x)=L\alpha_2(x)$，把它代入（b），经过简单变换后，就可建立起任意截面轴向力 N 与角度 $\alpha_2(x)$ 之间的关系式：

$$\frac{dN}{dx}=\frac{12EI_bL}{hl_0^3}\alpha_2(x) \tag{c}$$

改写式（c），就得到关于 $\alpha_2(x)$ 的表达式：

$$\alpha_2(x)=\frac{hl_0^3}{12LEI_b}\frac{dN}{dx}=S\frac{dN}{dx} \tag{5-3}$$

式中 S——连梁的柔度系数，按下式计算：

$$S=\frac{hl_0^3}{12LEI_b} \tag{5-4}$$

L——洞口两侧墙肢轴线间的距离；

h——层高；

l_0——连梁的计算跨度；

I_b——连梁惯性矩，考虑刚度折减，应乘以系数 $\beta=0.55$。

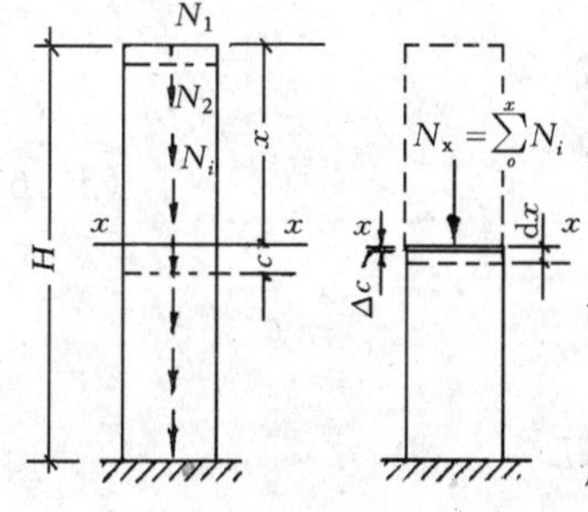

图 5-5 在轴向力作用下墙肢轴向变形的确定

由图 5-3 可见

$$\alpha(x)=\alpha_1(x)+\alpha_2(x) \tag{5-5}$$

因此，如果再已知 $\alpha_1(x)$ 后，就可求得 $\alpha(x)$。

$\alpha_1(x)$ 是由于 $N(x)$ 作用使墙产生的转角，它沿墙高按某一规律分布（图 5-5）。

设符号 c 为墙肢在截面 x 的轴向位移，E 和 A 分别为墙肢的弹性模量和横截面的面积。根据虎克定律得到，在长度 dx 的位移增量为：

$$\Delta c=\frac{N(x)dx}{EA} \tag{5-6}$$

全部位移 c 等于墙肢变形区段（$H-x$）上的位移增量之和。在这范围内对式（5-6）积分，就得到按任意分布的轴力（压力或拉力）作用下墙肢截面 x 的竖向位移：

$$c=\pm\frac{1}{EA}\int_x^H N(x)dx \tag{5-7}$$

现在，可以用 c 表示 α_1（x）

$$\alpha_1(x) = \frac{\Sigma \mid c \mid}{L} \tag{5-8}$$

式中 $\Sigma|c|$——两墙肢截面竖向位移绝对值之和（图 5-3)。

由力在竖轴上的投影，得：

$$N_1 = N_2 = N \tag{5-9}$$

因而

$$\frac{c_2}{E_1 A_1} = \frac{c_1}{E_2 A_2} \tag{5-10}$$

令

$$\beta = \frac{E_2 A_2}{E_1 A_1} \tag{5-11}$$

并利用公式（5-7），得到

$$\alpha_1 = \frac{1 + \beta}{L E_2 A_2} \int_x^H N \mathrm{d}x \tag{5-12}$$

将式（5-3）和（5-12）代入式（5-5），可得墙的转角 α（x）和轴向力 N（x）之间的重要公式：

$$\alpha = \frac{h l_0^3}{12 L E I_{\mathrm{b}}} \frac{\mathrm{d}N}{\mathrm{d}x} + \frac{1 + \beta}{E_2 A_2 L} \int_x^H N \mathrm{d}x \tag{5-13}$$

或写成更一般的形式：

$$\alpha = SN' + k \int_x^H N \mathrm{d}x \tag{5-14}$$

其中

$$k = \frac{1 + \beta}{E_2 A_2 L} \tag{5-15}$$

由材料力学知道，$\Sigma M_i = -\frac{\mathrm{d}\alpha}{\mathrm{d}x} \Sigma EI_i$，于是，式（5-1）可写成：

$$M_0 = -\frac{\mathrm{d}\alpha}{\mathrm{d}x} \Sigma EI_i + LN \tag{5-16}$$

式中 ΣEI_i——墙肢抗弯刚度之和。

将式（5-14）微分，并代入式（5-16），则得：

$$M_0 = -\Sigma EI_i \left(S \frac{\mathrm{d}^2 N}{\mathrm{d}x^2} - kN \right) + NL$$

因而

$$\frac{\mathrm{d}^2 N}{\mathrm{d}x^2} - \lambda^2 N = -\frac{M_0(x)}{S \Sigma EI_i} \tag{5-17}$$

式中

$$\lambda = \sqrt{\frac{k}{S} + \frac{L}{S \Sigma EI_i}} \tag{5-18}$$

或 $$\lambda=\sqrt{\frac{12L^2I_bI_0}{hl_0^3I_n\Sigma I_i}} \tag{5-19}$$

式中 I_n——抗震墙组合截面的惯性矩 I_0 与两墙肢惯性矩之和 ΣI_i 的差，$I_n=I_0-\Sigma I_i$。

式（5-17）就是所要建立的双肢墙承受沿房屋高度按任意分布的水平荷载以轴力为未知数的基本微分方程式。

根据式（5-14）可得基本微分方程关于转角 α（x）的另一表达式。其中 N 可由式（5-16）求得，同时求出它的一阶导数 N'，把它们代入式（5-14），经简单变换后，得：

$$\frac{d^2\alpha}{dx^2}-\lambda^2\alpha=\frac{k}{S\Sigma EI_i}\int_H^x M_0 dx-\frac{V_0}{\Sigma EI_i} \tag{5-20}$$

5.8 怎样解双肢墙微分方程？

现采用相对坐标，设 $x=\xi H$，即 $\xi=\frac{x}{h}$，同时注意到在常用的三种水平荷载作用下（图 5-6）剪力墙横截面内的总弯矩别为：

$$M_0(\xi)=\begin{cases}\frac{1}{2}qH^2\xi^2(1-\frac{1}{3}\xi) & \text{（倒三角形荷载）}\\ \frac{1}{2}qH^2\xi^2 & \text{（均布荷载）}\\ F\xi H & \text{（顶部集中荷载）}\end{cases} \tag{5-21}$$

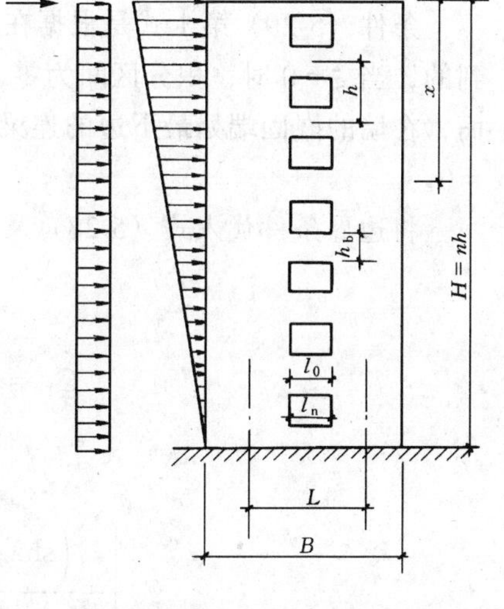

图 5-6 双肢墙在三种荷载作用下情形

式中 q——三角形荷载最大值或均布荷载值；

F——顶部集中荷载。

将上式代入式（5-17）得

$$\frac{d^2N}{d\xi^2}-\lambda^2H^2N=-\begin{cases}\frac{qH^4\xi^2}{2S\Sigma EI_i}\left(1-\frac{\xi}{3}\right) & \text{（倒三角形荷载）}\\ \frac{qH^4\xi^2}{2S\Sigma EI_i} & \text{（均布荷载）}\\ \frac{FH^3\xi}{S\Sigma EI_i} & \text{（顶部集中荷载）}\end{cases} \tag{5-22}$$

令 $$\lambda_1=\lambda H \tag{5-23}$$

$$\varepsilon_1=\frac{qH^4}{S\Sigma EI_i} \tag{5-24}$$

$$\varepsilon_2=\frac{qH^4}{S\Sigma EI_i} \tag{5-25}$$

$$\varepsilon_3=\frac{FH^3}{S\Sigma EI_i} \tag{5-26}$$

于是式（5-22）变成：

$$\frac{d^2N}{d\xi^2}-\lambda_1^2N=-\begin{cases}\frac{1}{2}\varepsilon_1\xi^2\left(1-\frac{1}{3}\xi\right)\\ \frac{1}{2}\varepsilon_2\xi^2\\ \varepsilon_3\xi\end{cases}\tag{5-27}$$

微分方程式（5-27）的通解：

$$N(\xi)=C_1\mathrm{ch}\lambda_1\xi+C_2\mathrm{sh}\lambda_1\xi+\begin{cases}-\frac{\varepsilon_1}{2\lambda^2}\left(\frac{1}{3}\xi^3-\xi^2+\frac{2}{\lambda^2}\xi-\frac{2}{\lambda^2}\right)\\ \frac{\varepsilon_2}{2\lambda_1^2}\left(\xi^2+\frac{2}{\lambda_1^2}\right)\\ \frac{\varepsilon_3}{\lambda_1^2}\xi\end{cases}\tag{5-28}$$

积分常数由边界条件确定：

$$\left.\begin{aligned}N(0)&=0\\ N'(1)&=0\end{aligned}\right\}\tag{5-29}$$

条件（5-29）第1式是根据在连梁内沿墙肢高度分布的剪力的积分（即轴力）结果得到的，当$\xi=0$时，积分区间为零，$N(0)=0$；第2式是根据墙的嵌固端转角为零，因而，在墙的嵌固端处最下边的连梁（假定刚性连杆连续）内的分布剪力为零，即$N'(1)=0$。

将边界条件代入式（5-28）及其微分表达式，得：

$$C_1=\begin{cases}-\frac{\varepsilon_1}{\lambda_1^4} & \text{（倒三角形荷载）}\\ -\frac{\varepsilon_2}{\lambda_1^4} & \text{（均布荷载）}\\ 0 & \text{（顶部集中荷载）}\end{cases}\tag{5-30}$$

$$C_2=\begin{cases}\frac{\varepsilon_1\left(\mathrm{sh}\lambda_1-0.5\lambda_1+\frac{1}{\lambda_1}\right)}{\lambda_1^4\mathrm{ch}\lambda_1} & \text{（倒三角形荷载）}\\ \frac{\varepsilon_2(\mathrm{sh}\lambda_1-\lambda_1)}{\lambda_1^4\mathrm{ch}\lambda_1} & \text{（均布荷载）}\\ -\frac{\varepsilon_3}{\lambda_1^3\mathrm{ch}\lambda_1} & \text{（顶部集中荷载）}\end{cases}\tag{5-31}$$

5.9 怎样计算双肢墙的内力？

（1）墙肢轴力

将积分常数表达式（5-30）和（5-31）代入式（5-28），就得到抗震墙由于常用的三种水平荷载作用下，在墙肢内所引起的轴向力表达式：

$$N=\pm\left(\frac{N}{\varepsilon_i}\right)\varepsilon_i\quad(i=1,2,3)\tag{5-32}$$

其中，$\left(\frac{N}{\varepsilon_i}\right)$为轴力计算系数，它与水平荷载类型有关：

1）倒三角形荷载：

$$\left(\frac{N}{\varepsilon_1}\right)=\frac{1}{\lambda_1^4}\left[-\mathrm{ch}\lambda_1\xi+\left(\mathrm{sh}\lambda_1-\frac{\lambda_1}{2}+\frac{1}{\lambda_1}\right)\frac{\mathrm{sh}\lambda_1\xi}{\mathrm{ch}\lambda_1}-\frac{\lambda_1^2}{6}\xi^3+\frac{\lambda_1^2}{2}\xi^2-\xi+1\right] \tag{5-33}$$

2）均布荷载：

$$\left(\frac{N}{\varepsilon_2}\right)=\frac{1}{\lambda_1^4}\left(-\mathrm{ch}\lambda_1\xi+\frac{\mathrm{sh}\lambda_1-\lambda_1}{\mathrm{ch}\lambda_1}\mathrm{sh}\lambda_1\xi+\frac{\lambda_1^2}{2}\xi^2+1\right) \tag{5-34}$$

3）顶部集中荷载：

$$\left(\frac{N}{\varepsilon_3}\right)=\frac{1}{\lambda_1^2}\left(-\frac{1}{\lambda_1\mathrm{ch}\lambda_1}\mathrm{sh}\lambda_1\xi+\xi\right) \tag{5-35}$$

$\left(\frac{N}{\varepsilon_i}\right)$（$i=1$，2，3）可根据 λ_1 和 ξ 分别由表 5-1、表 5-2 和表 5-3 查得。

其中，ε_i 为计算参数，分别按式（5-24）～（5-26）计算。

式（5-32）中的正负号表示在水平荷载作用下一个墙肢受拉，另一个墙肢受拉压。

（2）墙肢弯矩

第 i 墙肢弯矩：

$$M_i=\frac{EI_i}{\Sigma EI_i}(M_0-NL) \tag{5-36}$$

式中　M_0——由荷载在双肢墙内产生的弯矩；

（3）连梁剪力

根据前面的假设，连梁剪力沿墙高连续分布，它等于轴向力 N 对 x 的微分，但是，实际上连梁是集中分布的，其距离等于层高 h。因而，距顶端为 x 处的连梁的剪力为

$$V_{\mathrm{b}}=\frac{\mathrm{d}N}{\mathrm{d}x}h=\frac{\mathrm{d}N}{H\mathrm{d}\xi}h=\left(\frac{V_{\mathrm{b}}}{\varepsilon_i}\right)\varepsilon_i\quad(i=4,5,6) \tag{5-37}$$

$$\left.\begin{aligned}
&\text{倒三角形荷载}\\
&\left(\frac{V_{\mathrm{b}}}{\varepsilon_4}\right)=\frac{1}{\lambda_1^3}\left[-\mathrm{sh}\lambda_1\xi+\left(\mathrm{sh}\lambda_1-\frac{\lambda_1}{2}+\frac{1}{\lambda_1}\right)\frac{\mathrm{ch}\lambda_1\xi}{\mathrm{ch}\lambda_1}-\frac{\lambda_1}{2}\xi^2+\lambda_1\xi-\frac{1}{\lambda_1}\right]\\
&\text{均布荷载}\\
&\left(\frac{V_{\mathrm{b}}}{\varepsilon_5}\right)=\frac{1}{\lambda_1^3}\left(-\mathrm{sh}\lambda_1\xi+\frac{\mathrm{sh}\lambda_1-\lambda_1}{\mathrm{ch}\lambda_1}\mathrm{ch}\lambda_1\xi+\lambda_1\xi\right)\\
&\text{顶部集中荷载}\\
&\left(\frac{V_{\mathrm{b}}}{\varepsilon_6}\right)=\frac{1}{\lambda_1^2}\left(-\frac{1}{\mathrm{ch}\lambda_1}\mathrm{ch}\lambda_1\xi+1\right)
\end{aligned}\right\} \tag{5-38}$$

式中

$$\varepsilon_4=\frac{qH^3h}{S\Sigma EI_i} \tag{5-39}$$

$$\varepsilon_5 = \frac{qH^3 h}{S\Sigma EI_i} \tag{5-40}$$

$$\varepsilon_6 = \frac{FH^2 h}{S\Sigma EI_i} \tag{5-41}$$

$\left(\frac{V_b}{\varepsilon_i}\right)$值可根据$\lambda_1$和$\xi$值分别由表5-4、表5-5和表5-6查得。

（4）连梁固端弯矩：

$$M_b = \frac{1}{2} V_b l_n \tag{5-42}$$

式中　l_n——连梁的净跨。

（5）墙肢剪力

根据所有力在水平轴上的投影等于零的平衡条件，各墙肢剪力之和应等于由于外部水平荷载在抗震墙内产生的全部剪力。在墙肢内产生的剪力 V 不等于作用在这个墙肢内的弯矩 M 的一阶导数。这是因为在墙肢内的弯矩 M 是由水平荷载产生的弯矩和由连梁产生的分布弯矩组成的。分布弯矩 $m = m\ (x)$ 的符号与外弯矩符号相反，于是

$$\frac{dM}{dx} = V - m$$

或

$$V = \frac{dM}{dx} + m \tag{5-43}$$

由式（5-36）得

$$M'_i = \frac{EI_i}{\Sigma EI_i}(M'_q - N'L) \tag{a}$$

分布弯矩 $m = m\ (x)$ 等于作用在连梁内的剪力乘以从连梁跨中到相应墙肢重心的距离。因为连梁中剪力等于轴向力 N 对 x 的一阶导数，所以，双肢墙任一墙肢内分布弯矩可由下式求得：

$$m_i = \frac{dN}{dx}u_i = \frac{V_b}{h}u_i \tag{b}$$

由此，根据式（a），并考虑到式（5-43）和式（5-37），第 i 墙肢的剪力为：

$$V_i = \frac{I_i}{\Sigma I_i}V_0 + \frac{V_b}{h}\left(u_i - \frac{LI_i}{\Sigma I_i}\right) \tag{5-44a}$$

式中　V_0——由荷载在双肢墙内产生的剪力；

　　u_i——双肢墙洞口中心至第 i 墙肢轴线之间的距离。

当两墙肢相同时，式（5-44a）中第二项括号内的值等于零，于是

$$V_1 = V_2 = \frac{V_0}{2} \tag{5-44b}$$

倒三角形荷载（N/ε_1）$\times 10^{-2}$值表 表 5-1

ξ \ λ_1	1.00	1.20	1.40	1.60	1.80	2.00	2.20	2.40	2.60	2.80	3.00
0.00	0.000	0.000	0.000	0.000	0.000	0.000	0.000	0.000	0.000	0.000	0.000
0.02	0.171	0.150	0.130	0.112	0.096	0.083	0.071	0.062	0.053	0.046	0.040
0.04	0.343	0.299	0.259	0.224	0.192	0.166	0.143	0.123	0.107	0.093	0.081
0.06	0.514	0.449	0.389	0.336	0.289	0.249	0.215	0.186	0.161	0.140	0.122
0.08	0.686	0.599	0.519	0.448	0.386	0.332	0.287	0.248	0.215	0.187	0.163
0.10	0.857	0.749	0.649	0.561	0.483	0.416	0.359	0.311	0.270	0.235	0.205
0.12	1.029	0.899	0.780	0.674	0.581	0.501	0.432	0.374	0.325	0.283	0.247
0.14	1.201	1.050	0.911	0.787	0.679	0.586	0.506	0.438	0.380	0.332	0.290
0.16	1.373	1.201	1.042	0.901	0.777	0.671	0.580	0.503	0.437	0.381	0.333
0.18	1.545	1.352	1.174	1.015	0.876	0.757	0.655	0.568	0.494	0.431	0.378
0.20	1.717	1.503	1.306	1.130	0.976	0.844	0.730	0.634	0.552	0.482	0.423
0.22	1.890	1.655	1.438	1.245	1.076	0.931	0.807	0.701	0.610	0.534	0.468
0.24	2.062	1.806	1.570	1.360	1.177	1.019	0.883	0.768	0.670	0.586	0.515
0.26	2.233	1.957	1.703	1.476	1.278	1.107	0.961	0.836	0.730	0.639	0.562
0.28	2.405	2.109	1.836	1.592	1.380	1.196	1.039	0.905	0.791	0.693	0.610
0.30	2.576	2.260	1.969	1.709	1.482	1.285	1.118	0.974	0.852	0.748	0.659
0.32	2.746	2.411	2.101	1.825	1.584	1.375	1.197	1.044	0.914	0.804	0.709
0.34	2.915	2.561	2.234	1.942	1.686	1.466	1.276	1.115	0.977	0.860	0.759
0.36	3.084	2.711	2.366	2.058	1.789	1.556	1.357	1.186	1.041	0.916	0.810
0.38	3.252	2.860	2.498	2.174	1.891	1.647	1.437	1.258	1.105	0.974	0.862
0.40	3.418	3.008	2.629	2.290	1.994	1.738	1.518	1.330	1.169	1.032	0.914
0.42	3.583	3.155	2.759	2.406	2.096	1.829	1.599	1.402	1.234	1.090	0.967
0.44	3.747	3.301	2.889	2.521	2.198	1.919	1.680	1.475	1.299	1.149	1.020
0.46	3.908	3.445	3.017	2.635	2.300	2.010	1.761	1.547	1.364	1.208	1.074
0.48	4.068	3.588	3.145	2.748	2.401	2.100	1.841	1.620	1.430	1.267	1.128
0.50	4.225	3.729	3.271	2.861	2.501	2.190	1.922	1.692	1.495	1.327	1.182
0.52	4.380	3.868	3.395	2.972	2.600	2.279	2.002	1.764	1.561	1.386	1.236
0.54	4.532	4.005	3.518	3.081	2.698	2.367	2.081	1.836	1.626	1.445	1.290
0.56	4.682	4.139	3.638	3.189	2.795	2.454	2.160	1.907	1.690	1.504	1.344
0.58	4.827	4.271	3.756	3.295	2.891	2.540	2.237	1.978	1.755	1.563	1.398
0.60	4.970	4.400	3.872	3.400	2.984	2.624	2.314	2.047	1.818	1.621	1.451
0.62	5.109	4.525	3.985	3.501	3.076	2.707	2.389	2.116	1.881	1.678	1.504
0.64	5.243	4.647	4.095	3.601	3.166	2.789	2.463	2.183	1.942	1.735	1.556
0.66	5.374	4.765	4.202	3.697	3.253	2.868	2.535	2.249	2.003	1.790	1.607
0.68	5.499	4.879	4.305	3.791	3.338	2.945	2.606	2.313	2.062	1.845	1.657
0.70	5.620	4.989	4.405	3.881	3.420	3.020	2.674	2.376	2.119	1.898	1.706
0.72	5.735	5.094	4.500	3.968	3.499	3.092	2.740	2.436	2.175	1.949	1.754
0.74	5.845	5.194	4.592	4.051	3.575	3.161	2.803	2.494	2.228	1.999	1.800
0.76	5.949	5.289	4.678	4.129	3.647	3.227	2.863	2.550	2.280	2.047	1.844
0.78	6.047	5.379	4.760	4.204	3.715	3.289	2.921	2.603	2.329	2.092	1.887
0.80	6.138	5.462	4.836	4.274	3.778	3.347	2.975	2.653	2.375	2.135	1.927
0.82	6.222	5.539	4.907	4.338	3.838	3.402	3.025	2.700	2.419	2.175	1.965
0.84	6.299	5.610	4.971	4.398	3.892	3.452	3.071	2.743	2.459	2.213	2.000
0.86	6.368	5.674	5.030	4.451	3.942	3.498	3.114	2.782	2.495	2.247	2.032
0.88	6.429	5.730	5.082	4.499	3.986	3.539	3.151	2.817	2.528	2.278	2.060
0.90	6.482	5.779	5.127	4.540	4.024	3.574	3.184	2.848	2.557	2.305	2.086
0.92	6.526	5.819	5.164	4.575	4.056	3.604	3.212	2.873	2.581	2.327	2.107
0.94	6.561	5.852	5.194	4.603	4.082	3.628	3.234	2.894	2.600	2.346	2.124
0.96	6.587	5.875	5.216	4.623	4.100	3.645	3.251	2.909	2.615	2.359	2.137
0.98	6.602	5.890	5.229	4.635	4.112	3.656	3.261	2.919	2.623	2.368	2.145
1.00	6.608	5.895	5.234	4.640	4.116	3.659	3.264	2.922	2.627	2.370	2.148

续表

ξ \ λ_1	3.20	3.40	3.60	3.80	4.00	4.20	4.40	4.60	4.80	5.00	5.20
0.00	0.000	0.000	0.000	0.000	0.000	0.000	0.000	0.000	0.000	0.000	0.000
0.02	0.035	0.031	0.027	0.024	0.021	0.019	0.017	0.015	0.014	0.012	0.011
0.04	0.071	0.062	0.055	0.048	0.043	0.038	0.034	0.031	0.027	0.025	0.022
0.06	0.107	0.094	0.083	0.073	0.065	0.058	0.052	0.046	0.042	0.037	0.034
0.08	0.143	0.126	0.111	0.098	0.087	0.077	0.069	0.062	0.056	0.050	0.046
0.10	0.179	0.158	0.139	0.123	0.110	0.098	0.087	0.078	0.071	0.064	0.058
0.12	0.217	0.191	0.168	0.149	0.133	0.118	0.106	0.095	0.086	0.077	0.070
0.14	0.254	0.224	0.198	0.176	0.156	0.140	0.125	0.112	0.101	0.092	0.083
0.16	0.293	0.258	0.228	0.203	0.181	0.161	0.145	0.130	0.118	0.107	0.097
0.18	0.332	0.293	0.259	0.230	0.206	0.184	0.165	0.149	0.135	0.122	0.111
0.20	0.372	0.328	0.291	0.259	0.231	0.207	0.186	0.168	0.152	0.138	0.126
0.22	0.412	0.365	0.324	0.288	0.258	0.231	0.208	0.188	0.170	0.155	0.141
0.24	0.454	0.402	0.357	0.318	0.285	0.256	0.230	0.208	0.189	0.172	0.157
0.26	0.496	0.440	0.391	0.349	0.313	0.281	0.254	0.230	0.208	0.190	0.173
0.28	0.539	0.478	0.426	0.381	0.341	0.307	0.277	0.251	0.229	0.208	0.191
0.30	0.583	0.518	0.461	0.413	0.371	0.334	0.302	0.274	0.249	0.228	0.208
0.32	0.628	0.558	0.498	0.446	0.401	0.362	0.327	0.297	0.271	0.248	0.227
0.34	0.673	0.599	0.535	0.480	0.432	0.390	0.353	0.321	0.293	0.268	0.246
0.36	0.719	0.641	0.573	0.514	0.463	0.419	0.380	0.346	0.316	0.289	0.266
0.38	0.766	0.683	0.612	0.550	0.496	0.449	0.408	0.371	0.339	0.311	0.286
0.40	0.813	0.726	0.651	0.586	0.529	0.479	0.436	0.397	0.364	0.334	0.307
0.42	0.861	0.770	0.691	0.622	0.562	0.510	0.464	0.424	0.388	0.357	0.328
0.44	0.909	0.814	0.731	0.659	0.596	0.542	0.493	0.451	0.413	0.380	0.350
0.46	0.958	0.858	0.772	0.697	0.631	0.574	0.523	0.479	0.439	0.404	0.373
0.48	1.007	0.903	0.813	0.735	0.666	0.606	0.553	0.507	0.465	0.429	0.396
0.50	1.057	0.949	0.855	0.773	0.702	0.639	0.584	0.535	0.492	0.453	0.419
0.52	1.106	0.994	0.897	0.812	0.738	0.672	0.615	0.564	0.519	0.479	0.443
0.54	1.156	1.040	0.939	0.851	0.774	0.706	0.646	0.593	0.546	0.504	0.467
0.56	1.205	1.085	0.981	0.890	0.810	0.740	0.678	0.623	0.574	0.530	0.491
0.58	1.255	1.131	1.023	0.929	0.846	0.773	0.709	0.652	0.601	0.556	0.515
0.60	1.304	1.176	1.065	0.968	0.883	0.807	0.741	0.682	0.629	0.582	0.540
0.62	1.353	1.221	1.107	1.007	0.919	0.841	0.772	0.711	0.657	0.608	0.565
0.64	1.401	1.266	1.148	1.045	0.955	0.875	0.804	0.741	0.685	0.635	0.589
0.66	1.448	1.310	1.189	1.083	0.990	0.908	0.835	0.770	0.713	0.661	0.614
0.68	1.495	1.353	1.229	1.121	1.026	0.941	0.866	0.800	0.740	0.687	0.639
0.70	1.540	1.395	1.269	1.158	1.060	0.974	0.897	0.828	0.767	0.712	0.663
0.72	1.854	1.437	1.308	1.194	1.094	1.005	0.927	0.857	0.794	0.737	0.687
0.74	1.627	1.477	1.345	1.229	1.127	1.037	0.956	0.884	0.820	0.762	0.710
0.76	1.669	1.515	1.381	1.263	1.159	1.067	0.984	0.911	0.845	0.786	0.733
0.78	1.708	1.553	1.416	1.296	1.190	1.096	1.012	0.937	0.870	0.810	0.755
0.80	1.746	1.588	1.449	1.327	1.219	1.123	1.038	0.962	0.894	0.832	0.776
0.82	1.781	1.621	1.480	1.356	1.247	1.150	1.063	0.986	0.916	0.853	0.797
0.84	1.814	1.652	1.509	1.384	1.273	1.174	1.086	1.008	0.937	0.873	0.816
0.86	1.844	1.680	1.536	1.409	1.297	1.197	1.108	1.028	0.957	0.892	0.834
0.88	1.871	1.706	1.560	1.432	1.319	1.218	1.128	1.047	0.975	0.909	0.850
0.90	1.895	1.728	1.582	1.452	1.338	1.236	1.145	1.064	0.990	0.924	0.865
0.92	1.915	1.747	1.600	1.470	1.354	1.252	1.160	1.078	1.004	0.938	0.877
0.94	1.932	1.763	1.614	1.484	1.368	1.264	1.172	1.090	1.015	0.948	0.888
0.96	1.944	1.774	1.625	1.494	1.377	1.274	1.181	1.098	1.024	0.956	0.895
0.98	1.951	1.781	1.632	1.500	1.384	1.280	1.187	1.104	1.029	0.961	0.900
1.00	1.954	1.784	1.635	1.503	1.386	1.282	1.189	1.106	1.031	0.963	0.902

续表

ξ \ λ_1	5.50	6.00	6.50	7.00	7.50	8.00	8.50	9.00	9.50	10.00	10.50
0.00	0.000	0.000	0.000	0.000	0.000	0.000	0.000	0.000	0.000	0.000	0.000
0.02	0.010	0.008	0.006	0.005	0.004	0.003	0.003	0.002	0.002	0.002	0.002
0.04	0.019	0.015	0.012	0.010	0.008	0.007	0.006	0.005	0.004	0.004	0.003
0.06	0.029	0.023	0.019	0.015	0.013	0.011	0.009	0.008	0.007	0.006	0.005
0.08	0.039	0.031	0.025	0.021	0.017	0.014	0.012	0.010	0.009	0.008	0.007
0.10	0.050	0.040	0.032	0.026	0.022	0.018	0.016	0.013	0.012	0.010	0.009
0.12	0.061	0.049	0.040	0.033	0.027	0.023	0.019	0.017	0.015	0.013	0.011
0.14	0.072	0.058	0.047	0.039	0.033	0.028	0.024	0.020	0.018	0.015	0.014
0.16	0.084	0.068	0.055	0.046	0.038	0.033	0.028	0.024	0.021	0.018	0.016
0.18	0.097	0.078	0.064	0.053	0.045	0.038	0.033	0.028	0.025	0.022	0.019
0.20	0.110	0.089	0.073	0.061	0.051	0.044	0.038	0.033	0.029	0.025	0.022
0.22	0.123	0.100	0.082	0.069	0.058	0.050	0.043	0.037	0.033	0.029	0.026
0.24	0.137	0.112	0.092	0.077	0.066	0.056	0.049	0.042	0.037	0.033	0.030
0.26	0.152	0.124	0.103	0.086	0.073	0.063	0.055	0.048	0.042	0.037	0.034
0.28	0.168	0.137	0.114	0.096	0.082	0.070	0.061	0.054	0.047	0.042	0.038
0.30	0.184	0.151	0.125	0.106	0.090	0.078	0.068	0.060	0.053	0.047	0.042
0.32	0.200	0.165	0.137	0.116	0.099	0.086	0.075	0.066	0.058	0.052	0.047
0.34	0.217	0.179	0.150	0.127	0.109	0.094	0.082	0.072	0.064	0.057	0.052
0.36	0.235	0.194	0.163	0.138	0.119	0.103	0.090	0.079	0.071	0.063	0.057
0.38	0.254	0.210	0.176	0.150	0.129	0.112	0.098	0.087	0.077	0.069	0.062
0.40	0.272	0.226	0.190	0.162	0.139	0.121	0.106	0.094	0.084	0.075	0.068
0.42	0.292	0.243	0.204	0.174	0.150	0.131	0.115	0.102	0.091	0.081	0.073
0.44	0.312	0.260	0.219	0.187	0.162	0.141	0.124	0.110	0.098	0.088	0.079
0.46	0.332	0.277	0.234	0.200	0.173	0.151	0.133	0.118	0.105	0.095	0.085
0.48	0.353	0.295	0.250	0.214	0.185	0.162	0.143	0.127	0.113	0.102	0.092
0.50	0.374	0.313	0.266	0.228	0.198	0.173	0.152	0.135	0.121	0.109	0.098
0.52	0.396	0.332	0.282	0.242	0.210	0.184	0.162	0.144	0.129	0.116	0.105
0.54	0.418	0.351	0.298	0.257	0.223	0.195	0.173	0.153	0.137	0.124	0.112
0.56	0.440	0.370	0.315	0.271	0.236	0.207	0.183	0.163	0.146	0.131	0.119
0.58	0.462	0.389	0.332	0.286	0.249	0.219	0.193	0.172	0.154	0.139	0.126
0.60	0.485	0.409	0.349	0.301	0.263	0.231	0.204	0.182	0.163	0.147	0.133
0.62	0.507	0.429	0.367	0.317	0.276	0.243	0.215	0.192	0.172	0.155	0.141
0.64	0.530	0.448	0.384	0.332	0.290	0.255	0.226	0.202	0.181	0.163	0.148
0.66	0.553	0.468	0.401	0.348	0.304	0.267	0.237	0.212	0.190	0.172	0.156
0.68	0.575	0.488	0.419	0.363	0.317	0.280	0.248	0.222	0.199	0.180	0.163
0.70	0.597	0.508	0.436	0.378	0.331	0.292	0.259	0.232	0.208	0.188	0.171
0.72	0.619	0.527	0.453	0.394	0.345	0.304	0.271	0.242	0.218	0.197	0.179
0.74	0.641	0.546	0.470	0.409	0.359	0.317	0.282	0.252	0.227	0.205	0.186
0.76	0.662	0.565	0.487	0.424	0.372	0.329	0.293	0.262	0.236	0.214	0.194
0.78	0.683	0.583	0.503	0.438	0.385	0.341	0.304	0.272	0.245	0.222	0.202
0.80	0.703	0.601	0.519	0.453	0.398	0.352	0.314	0.282	0.254	0.230	0.209
0.82	0.722	0.618	0.534	0.466	0.410	0.364	0.324	0.291	0.263	0.238	0.217
0.84	0.740	0.634	0.549	0.479	0.422	0.374	0.334	0.300	0.271	0.246	0.224
0.86	0.756	0.649	0.562	0.492	0.433	0.385	0.344	0.309	0.279	0.253	0.231
0.88	0.772	0.662	0.575	0.503	0.444	0.394	0.352	0.317	0.286	0.260	0.237
0.90	0.785	0.675	0.586	0.513	0.453	0.403	0.360	0.324	0.293	0.266	0.243
0.92	0.797	0.686	0.596	0.522	0.461	0.411	0.368	0.331	0.299	0.272	0.248
0.94	0.807	0.694	0.604	0.530	0.468	0.417	0.373	0.336	0.305	0.277	0.253
0.96	0.814	0.701	0.610	0.535	0.474	0.422	0.378	0.341	0.309	0.281	0.257
0.98	0.819	0.705	0.614	0.539	0.477	0.425	0.381	0.344	0.311	0.283	0.259
1.00	0.820	0.707	0.615	0.540	0.478	0.426	0.382	0.345	0.312	0.284	0.260

续表

λ_1 / ξ	11.00	12.00	13.00	14.00	15.00	17.00	19.00	21.00	23.00	25.00	28.00
0.00	0.000	0.000	0.000	0.000	0.000	0.000	0.000	0.000	0.000	0.000	0.000
0.02	0.001	0.001	0.001	0.001	0.001	0.000	0.000	0.000	0.000	0.000	0.000
0.04	0.003	0.002	0.002	0.001	0.001	0.001	0.001	0.000	0.000	0.000	0.000
0.06	0.004	0.003	0.003	0.002	0.002	0.001	0.001	0.001	0.001	0.000	0.000
0.08	0.006	0.005	0.004	0.003	0.003	0.002	0.001	0.001	0.001	0.001	0.001
0.10	0.008	0.006	0.005	0.004	0.003	0.003	0.002	0.001	0.001	0.001	0.001
0.12	0.010	0.008	0.006	0.005	0.004	0.003	0.003	0.002	0.002	0.001	0.001
0.14	0.012	0.010	0.008	0.007	0.006	0.004	0.003	0.003	0.002	0.002	0.001
0.16	0.015	0.012	0.010	0.008	0.007	0.005	0.004	0.003	0.003	0.002	0.002
0.18	0.017	0.014	0.012	0.010	0.008	0.006	0.005	0.004	0.003	0.003	0.002
0.20	0.020	0.016	0.014	0.011	0.010	0.007	0.006	0.005	0.004	0.003	0.003
0.22	0.023	0.019	0.016	0.013	0.011	0.009	0.007	0.005	0.005	0.004	0.003
0.24	0.027	0.022	0.018	0.015	0.013	0.010	0.008	0.006	0.005	0.004	0.004
0.26	0.030	0.025	0.021	0.018	0.015	0.012	0.009	0.007	0.006	0.005	0.004
0.28	0.034	0.028	0.023	0.020	0.017	0.013	0.010	0.008	0.007	0.006	0.005
0.30	0.038	0.031	0.026	0.022	0.019	0.015	0.012	0.010	0.008	0.007	0.005
0.32	0.042	0.035	0.029	0.025	0.022	0.017	0.013	0.011	0.009	0.007	0.006
0.34	0.047	0.039	0.033	0.028	0.024	0.019	0.015	0.012	0.010	0.008	0.007
0.36	0.051	0.043	0.036	0.031	0.027	0.020	0.016	0.013	0.011	0.009	0.007
0.38	0.056	0.047	0.039	0.034	0.029	0.023	0.018	0.015	0.012	0.010	0.008
0.40	0.061	0.051	0.043	0.037	0.032	0.025	0.020	0.016	0.013	0.011	0.009
0.42	0.067	0.055	0.047	0.040	0.035	0.027	0.021	0.017	0.015	0.012	0.010
0.44	0.072	0.060	0.051	0.044	0.038	0.029	0.023	0.019	0.016	0.013	0.011
0.46	0.078	0.065	0.055	0.047	0.041	0.032	0.025	0.021	0.017	0.014	0.012
0.48	0.083	0.070	0.059	0.051	0.044	0.034	0.027	0.022	0.018	0.016	0.012
0.50	0.089	0.075	0.063	0.054	0.047	0.037	0.029	0.024	0.020	0.017	0.013
0.52	0.095	0.080	0.068	0.058	0.051	0.039	0.031	0.026	0.021	0.018	0.014
0.54	0.102	0.085	0.072	0.062	0.054	0.042	0.033	0.027	0.023	0.019	0.015
0.56	0.108	0.091	0.077	0.066	0.058	0.045	0.036	0.029	0.024	0.021	0.016
0.58	0.115	0.096	0.082	0.070	0.061	0.047	0.038	0.031	0.026	0.022	0.017
0.60	0.121	0.102	0.086	0.074	0.065	0.050	0.040	0.033	0.027	0.023	0.018
0.62	0.128	0.107	0.091	0.079	0.068	0.053	0.043	0.035	0.029	0.024	0.020
0.64	0.135	0.113	0.096	0.083	0.072	0.056	0.045	0.037	0.031	0.026	0.021
0.66	0.142	0.119	0.101	0.087	0.076	0.059	0.047	0.039	0.032	0.027	0.022
0.68	0.149	0.125	0.107	0.092	0.080	0.062	0.050	0.041	0.034	0.029	0.023
0.70	0.156	0.131	0.112	0.096	0.084	0.065	0.052	0.043	0.036	0.030	0.024
0.72	0.163	0.137	0.117	0.101	0.088	0.068	0.055	0.045	0.037	0.032	0.025
0.74	0.170	0.143	0.122	0.105	0.092	0.072	0.057	0.047	0.039	0.033	0.026
0.76	0.177	0.149	0.127	0.110	0.096	0.075	0.060	0.049	0.041	0.035	0.028
0.78	0.184	0.155	0.133	0.115	0.100	0.078	0.062	0.051	0.043	0.036	0.029
0.80	0.191	0.161	0.138	0.119	0.104	0.081	0.065	0.053	0.044	0.038	0.030
0.82	0.198	0.167	0.143	0.124	0.108	0.084	0.068	0.055	0.046	0.039	0.031
0.84	0.205	0.173	0.148	0.128	0.112	0.087	0.070	0.057	0.048	0.041	0.032
0.86	0.211	0.179	0.153	0.132	0.116	0.091	0.073	0.060	0.050	0.042	0.034
0.88	0.217	0.184	0.158	0.137	0.119	0.094	0.075	0.062	0.052	0.044	0.035
0.90	0.223	0.189	0.162	0.140	0.123	0.096	0.078	0.064	0.053	0.045	0.036
0.92	0.228	0.193	0.166	0.144	0.126	0.099	0.080	0.066	0.055	0.047	0.037
0.94	0.232	0.197	0.169	0.147	0.129	0.101	0.082	0.067	0.056	0.048	0.038
0.96	0.235	0.200	0.172	0.150	0.131	0.103	0.083	0.069	0.058	0.049	0.039
0.98	0.238	0.202	0.174	0.151	0.133	0.105	0.085	0.070	0.059	0.050	0.040
1.00	0.239	0.203	0.175	0.152	0.133	0.105	0.085	0.070	0.059	0.050	0.040

连续均布水平荷载（N/ε_2）$\times 10^{-2}$值表　　表 5-2

ξ \ λ_1	1.00	1.20	1.40	1.60	1.80	2.00	2.20	2.40	2.60	2.80	3.00
0.00	0.000	0.000	0.000	0.000	0.000	0.000	0.000	0.000	0.000	0.000	0.000
0.02	0.227	0.198	0.171	0.147	0.126	0.108	0.093	0.080	0.069	0.060	0.052
0.04	0.454	0.396	0.342	0.294	0.252	0.216	0.186	0.160	0.138	0.119	0.104
0.06	0.682	0.594	0.513	0.441	0.379	0.325	0.279	0.240	0.207	0.179	0.156
0.08	0.909	0.792	0.685	0.589	0.506	0.434	0.373	0.321	0.277	0.240	0.208
0.10	1.137	0.991	0.857	0.737	0.633	0.544	0.467	0.403	0.348	0.301	0.262
0.12	1.365	1.190	1.029	0.886	0.761	0.654	0.562	0.485	0.419	0.363	0.316
0.14	1.593	1.390	1.202	1.035	0.890	0.765	0.658	0.568	0.491	0.426	0.371
0.16	1.822	1.590	1.376	1.186	1.020	0.877	0.755	0.652	0.564	0.490	0.426
0.18	2.050	1.790	1.550	1.336	1.150	0.990	0.853	0.737	0.638	0.554	0.483
0.20	2.279	1.991	1.725	1.488	1.281	1.103	0.952	0.823	0.713	0.620	0.541
0.22	2.508	2.192	1.900	1.640	1.413	1.218	1.051	0.910	0.789	0.687	0.600
0.24	2.737	2.393	2.076	1.793	1.546	1.334	1.152	0.998	0.867	0.755	0.660
0.26	2.966	2.594	2.252	1.946	1.680	1.450	1.254	1.087	0.945	0.825	0.722
0.28	3.195	2.796	2.428	2.101	1.815	1.568	1.357	1.178	1.025	0.895	0.785
0.30	3.424	2.998	2.605	2.255	1.950	1.686	1.461	1.269	1.106	0.967	0.849
0.32	3.652	3.199	2.783	2.411	2.086	1.806	1.566	1.362	1.188	1.040	0.914
0.34	3.879	3.401	2.960	2.567	2.223	1.926	1.672	1.456	1.272	1.114	0.980
0.36	4.106	3.602	3.137	2.723	2.360	2.047	1.779	1.551	1.356	1.190	1.048
0.38	4.332	3.803	3.315	2.879	2.498	2.169	1.887	1.647	1.442	1.267	1.117
0.40	4.556	4.002	3.491	3.035	2.636	2.291	1.996	1.743	1.528	1.344	1.187
0.42	4.780	4.201	3.668	3.191	2.774	2.414	2.105	1.841	1.616	1.423	1.258
0.44	5.001	4.399	3.844	3.347	2.913	2.537	2.215	1.939	1.704	1.503	1.330
0.46	5.221	4.596	4.019	3.503	3.051	2.660	2.325	2.038	1.793	1.583	1.403
0.48	5.439	4.791	4.193	3.658	3.189	2.784	2.436	2.138	1.883	1.664	1.477
0.50	5.654	4.984	4.365	3.812	3.327	2.907	2.546	2.237	1.973	1.746	1.552
0.52	5.866	5.175	4.536	3.965	3.464	3.030	2.657	2.337	2.063	1.828	1.627
0.54	6.076	5.363	4.705	4.116	3.599	3.152	2.767	2.437	2.154	1.911	1.702
0.56	6.282	5.549	4.872	4.266	3.734	3.273	2.877	2.536	2.244	1.994	1.778
0.58	6.484	5.732	5.037	4.414	3.868	3.394	2.986	2.636	2.335	2.077	1.854
0.60	6.682	5.911	5.198	4.560	3.999	3.513	3.094	2.734	2.425	2.159	1.930
0.62	6.876	6.087	5.357	4.703	4.129	3.630	3.201	2.832	2.514	2.241	2.006
0.64	7.064	6.258	5.512	4.844	4.256	3.746	3.306	2.928	2.603	2.323	2.081
0.66	7.247	6.425	5.663	4.981	4.381	3.860	3.410	3.023	2.690	2.403	2.156
0.68	7.425	6.586	5.810	5.114	4.502	3.971	3.511	3.116	2.776	2.483	2.229
0.70	7.596	6.743	5.953	5.244	4.620	4.079	3.611	3.207	2.860	2.561	2.301
0.72	7.760	6.893	6.090	5.369	4.735	4.183	3.707	3.296	2.942	2.637	2.372
0.74	7.918	7.037	6.221	5.489	4.845	4.284	3.800	3.382	3.022	2.711	2.441
0.76	8.067	7.174	6.347	5.604	4.950	4.381	3.889	3.465	3.099	2.782	2.508
0.78	8.208	7.304	6.466	5.713	5.051	4.474	3.975	3.544	3.172	2.851	2.572
0.80	8.340	7.425	6.577	5.816	5.145	4.561	4.056	3.619	3.243	2.917	2.634
0.82	8.463	7.538	6.682	5.912	5.234	4.643	4.132	3.690	3.309	2.978	2.692
0.84	8.575	7.642	6.777	6.000	5.316	4.719	4.202	3.756	3.370	3.036	2.746
0.86	8.677	7.737	6.865	6.081	5.390	4.788	4.267	3.816	3.427	3.089	2.796
0.88	8.768	7.821	6.942	6.153	5.457	4.850	4.325	3.871	3.478	3.137	2.842
0.90	8.846	7.894	7.010	6.216	5.515	4.905	4.376	3.918	3.523	3.180	2.882
0.92	8.912	7.955	7.067	6.269	5.565	4.951	4.419	3.959	3.561	3.216	2.916
0.94	8.965	8.004	7.113	6.311	5.604	4.988	4.454	3.992	3.592	3.245	2.944
0.96	9.003	8.040	7.146	6.342	5.634	5.016	4.480	4.016	3.615	3.267	2.965
0.98	9.027	8.062	7.167	6.362	5.652	5.033	4.496	4.031	3.629	3.281	2.978
1.00	9.035	8.069	7.174	6.368	5.658	5.038	4.501	4.037	3.634	3.286	2.982

续表

ξ \ λ_1	3.20	3.40	3.60	3.80	4.00	4.20	4.40	4.60	4.80	5.00	5.20
0.00	0.000	0.000	0.000	0.000	0.000	0.000	0.000	0.000	0.000	0.000	0.000
0.02	0.045	0.039	0.034	0.030	0.027	0.024	0.021	0.019	0.017	0.015	0.013
0.04	0.090	0.079	0.069	0.061	0.054	0.047	0.042	0.037	0.034	0.030	0.027
0.06	0.136	0.118	0.104	0.091	0.081	0.071	0.063	0.057	0.051	0.045	0.041
0.08	0.182	0.159	0.139	0.123	0.108	0.096	0.085	0.076	0.068	0.061	0.055
0.10	0.228	0.200	0.175	0.154	0.136	0.121	0.108	0.096	0.086	0.077	0.070
0.12	0.275	0.241	0.212	0.187	0.165	0.147	0.131	0.117	0.105	0.094	0.085
0.14	0.324	0.284	0.249	0.220	0.195	0.173	0.154	0.138	0.124	0.112	0.101
0.16	0.373	0.327	0.288	0.254	0.225	0.200	0.179	0.160	0.144	0.130	0.117
0.18	0.423	0.371	0.327	0.289	0.257	0.229	0.204	0.183	0.165	0.149	0.135
0.20	0.474	0.417	0.367	0.325	0.289	0.258	0.231	0.207	0.186	0.168	0.153
0.22	0.526	0.463	0.409	0.363	0.322	0.288	0.258	0.232	0.209	0.189	0.172
0.24	0.580	0.511	0.452	0.401	0.357	0.319	0.286	0.258	0.233	0.211	0.191
0.26	0.634	0.560	0.495	0.440	0.393	0.351	0.316	0.284	0.257	0.233	0.212
0.28	0.690	0.610	0.541	0.481	0.429	0.385	0.346	0.312	0.283	0.257	0.234
0.30	0.748	0.661	0.587	0.523	0.467	0.419	0.378	0.341	0.309	0.281	0.257
0.32	0.806	0.714	0.634	0.566	0.507	0.455	0.410	0.371	0.337	0.307	0.280
0.34	0.866	0.768	0.683	0.610	0.547	0.492	0.444	0.402	0.366	0.333	0.305
0.36	0.927	0.823	0.733	0.656	0.589	0.530	0.479	0.435	0.396	0.361	0.330
0.38	0.989	0.879	0.784	0.702	0.631	0.569	0.515	0.468	0.426	0.390	0.357
0.40	1.052	0.937	0.837	0.750	0.675	0.610	0.553	0.502	0.458	0.419	0.385
0.42	1.117	0.995	0.890	0.799	0.720	0.651	0.591	0.538	0.491	0.450	0.413
0.44	1.182	1.055	0.945	0.849	0.766	0.694	0.630	0.574	0.525	0.481	0.443
0.46	1.249	1.116	1.000	0.901	0.813	0.737	0.671	0.612	0.560	0.514	0.473
0.48	1.316	1.177	1.057	0.953	0.862	0.782	0.712	0.650	0.596	0.547	0.504
0.50	1.384	1.240	1.114	1.006	0.911	0.827	0.754	0.690	0.632	0.582	0.536
0.52	1.453	1.303	1.173	1.059	0.960	0.874	0.797	0.730	0.670	0.617	0.569
0.54	1.522	1.367	1.232	1.114	1.011	0.921	0.841	0.771	0.708	0.652	0.603
0.56	1.592	1.431	1.291	1.169	1.062	0.968	0.885	0.812	0.747	0.689	0.637
0.58	1.662	1.496	1.351	1.225	1.114	1.016	0.930	0.854	0.787	0.726	0.672
0.60	1.732	1.561	1.411	1.281	1.166	1.065	0.976	0.897	0.827	0.764	0.708
0.62	1.802	1.625	1.471	1.337	1.218	1.114	1.022	0.940	0.867	0.802	0.744
0.64	1.872	1.690	1.532	1.393	1.271	1.163	1.068	0.983	0.908	0.840	0.780
0.66	1.941	1.754	1.592	1.449	1.323	1.212	1.114	1.027	0.949	0.879	0.816
0.68	2.009	1.818	1.651	1.504	1.376	1.262	1.160	1.070	0.990	0.918	0.853
0.70	2.077	1.881	1.710	1.560	1.427	1.310	1.206	1.114	1.031	0.957	0.890
0.72	2.143	1.943	1.768	1.614	1.478	1.358	1.252	1.157	1.071	0.995	0.926
0.74	2.207	2.003	1.824	1.667	1.529	1.406	1.296	1.199	1.112	1.033	0.962
0.76	2.270	2.062	1.879	1.719	1.578	1.452	1.340	1.240	1.151	1.070	0.998
0.78	2.330	2.118	1.933	1.769	1.625	1.497	1.383	1.281	1.189	1.107	1.033
0.80	2.388	2.173	1.984	1.818	1.671	1.540	1.424	1.320	1.227	1.142	1.066
0.82	2.442	2.224	2.033	1.864	1.714	1.582	1.463	1.357	1.262	1.177	1.099
0.84	2.494	2.273	2.078	1.907	1.756	1.621	1.501	1.393	1.296	1.209	1.130
0.86	2.541	2.317	2.121	1.948	1.794	1.657	1.535	1.426	1.328	1.239	1.159
0.88	2.584	2.358	2.159	1.984	1.829	1.691	1.567	1.457	1.357	1.267	1.186
0.90	2.622	2.394	2.194	2.017	1.860	1.721	1.596	1.484	1.383	1.292	1.210
0.92	2.654	2.425	2.223	2.045	1.887	1.746	1.621	1.508	1.406	1.314	1.231
0.94	2.681	2.450	2.247	2.068	1.909	1.768	1.641	1.527	1.425	1.332	1.249
0.96	2.701	2.469	2.265	2.085	1.926	1.783	1.656	1.542	1.439	1.346	1.262
0.98	2.713	2.481	2.277	2.096	1.936	1.794	1.666	1.551	1.448	1.355	1.270
1.00	2.717	2.485	2.281	2.100	1.940	1.797	1.669	1.555	1.451	1.358	1.273

续表

ξ \ λ_1	5.50	6.00	6.50	7.00	7.50	8.00	8.50	9.00	9.50	10.00	10.50
0.00	0.000	0.000	0.000	0.000	0.000	0.000	0.000	0.000	0.000	0.000	0.000
0.02	0.012	0.009	0.007	0.006	0.005	0.004	0.003	0.003	0.002	0.002	0.002
0.04	0.023	0.018	0.014	0.012	0.010	0.008	0.007	0.006	0.005	0.004	0.004
0.06	0.035	0.027	0.022	0.018	0.015	0.012	0.010	0.009	0.007	0.006	0.005
0.08	0.047	0.037	0.030	0.024	0.020	0.016	0.014	0.012	0.010	0.009	0.008
0.10	0.060	0.047	0.038	0.031	0.025	0.021	0.018	0.015	0.013	0.011	0.010
0.12	0.073	0.058	0.046	0.038	0.031	0.026	0.022	0.019	0.016	0.014	0.012
0.14	0.087	0.069	0.056	0.045	0.038	0.032	0.027	0.023	0.020	0.017	0.015
0.16	0.101	0.081	0.065	0.053	0.044	0.037	0.032	0.027	0.024	0.021	0.018
0.18	0.117	0.093	0.075	0.062	0.052	0.044	0.037	0.032	0.028	0.025	0.022
0.20	0.132	0.106	0.086	0.071	0.060	0.050	0.043	0.037	0.033	0.029	0.025
0.22	0.149	0.120	0.098	0.081	0.068	0.058	0.049	0.043	0.038	0.033	0.029
0.24	0.167	0.134	0.110	0.091	0.077	0.065	0.056	0.049	0.043	0.038	0.034
0.26	0.185	0.150	0.123	0.102	0.086	0.074	0.064	0.055	0.049	0.043	0.038
0.28	0.205	0.166	0.136	0.114	0.096	0.082	0.071	0.062	0.055	0.049	0.043
0.30	0.225	0.183	0.151	0.126	0.107	0.092	0.080	0.070	0.061	0.054	0.049
0.32	0.246	0.200	0.166	0.139	0.118	0.102	0.088	0.077	0.068	0.061	0.054
0.34	0.268	0.219	0.182	0.153	0.130	0.112	0.097	0.086	0.076	0.067	0.060
0.36	0.291	0.238	0.198	0.167	0.143	0.123	0.107	0.094	0.083	0.074	0.067
0.38	0.315	0.259	0.216	0.182	0.156	0.135	0.117	0.103	0.092	0.082	0.073
0.40	0.340	0.280	0.234	0.198	0.170	0.147	0.128	0.113	0.100	0.090	0.081
0.42	0.365	0.302	0.253	0.214	0.184	0.159	0.140	0.123	0.109	0.098	0.088
0.44	0.392	0.325	0.272	0.232	0.199	0.173	0.151	0.134	0.119	0.106	0.096
0.46	0.420	0.348	0.293	0.249	0.215	0.187	0.164	0.145	0.129	0.115	0.104
0.48	0.448	0.372	0.314	0.268	0.231	0.201	0.176	0.156	0.139	0.125	0.112
0.50	0.477	0.398	0.336	0.287	0.248	0.216	0.190	0.168	0.150	0.134	0.121
0.52	0.507	0.423	0.358	0.306	0.265	0.231	0.203	0.180	0.161	0.144	0.130
0.54	0.538	0.450	0.381	0.327	0.283	0.247	0.217	0.193	0.172	0.155	0.140
0.56	0.569	0.477	0.405	0.347	0.301	0.263	0.232	0.206	0.184	0.166	0.150
0.58	0.601	0.505	0.429	0.369	0.320	0.280	0.247	0.220	0.196	0.177	0.160
0.60	0.634	0.533	0.454	0.391	0.339	0.298	0.263	0.234	0.209	0.188	0.170
0.62	0.667	0.562	0.479	0.413	0.359	0.315	0.279	0.248	0.222	0.200	0.181
0.64	0.700	0.591	0.505	0.436	0.380	0.333	0.295	0.263	0.235	0.212	0.192
0.66	0.734	0.620	0.531	0.459	0.400	0.352	0.311	0.278	0.249	0.224	0.203
0.68	0.768	0.650	0.557	0.482	0.421	0.370	0.328	0.293	0.263	0.237	0.215
0.70	0.801	0.680	0.583	0.506	0.442	0.389	0.345	0.308	0.277	0.250	0.227
0.72	0.835	0.710	0.610	0.529	0.463	0.409	0.363	0.324	0.291	0.263	0.239
0.74	0.869	0.739	0.636	0.553	0.485	0.428	0.380	0.340	0.306	0.276	0.251
0.76	0.902	0.769	0.663	0.576	0.506	0.447	0.398	0.356	0.320	0.290	0.263
0.78	0.934	0.798	0.689	0.600	0.527	0.466	0.415	0.372	0.335	0.303	0.276
0.80	0.966	0.826	0.714	0.623	0.548	0.485	0.432	0.388	0.349	0.316	0.288
0.82	0.996	0.853	0.738	0.645	0.568	0.503	0.449	0.403	0.364	0.330	0.300
0.84	1.025	0.879	0.762	0.666	0.587	0.521	0.466	0.418	0.378	0.343	0.312
0.86	1.052	0.904	0.784	0.687	0.606	0.538	0.481	0.433	0.391	0.355	0.324
0.88	1.078	0.927	0.805	0.706	0.624	0.555	0.496	0.447	0.404	0.367	0.335
0.90	1.100	0.948	0.824	0.723	0.640	0.569	0.510	0.459	0.416	0.378	0.345
0.92	1.120	0.966	0.841	0.739	0.654	0.583	0.522	0.471	0.427	0.388	0.355
0.94	1.137	0.981	0.855	0.752	0.666	0.594	0.533	0.481	0.436	0.397	0.363
0.96	1.149	0.993	0.866	0.762	0.675	0.603	0.541	0.488	0.443	0.404	0.369
0.98	1.157	1.000	0.873	0.768	0.681	0.608	0.546	0.493	0.448	0.408	0.374
1.00	1.160	1.003	0.875	0.770	0.683	0.610	0.548	0.495	0.450	0.410	0.375

续表

ξ \ λ_1	11.00	12.00	13.00	14.00	15.00	17.00	19.00	21.00	23.00	25.00	28.00
0.00	0.000	0.000	0.000	0.000	0.000	0.000	0.000	0.000	0.000	0.000	0.000
0.02	0.002	0.001	0.001	0.001	0.001	0.000	0.000	0.000	0.000	0.000	0.000
0.04	0.003	0.002	0.002	0.002	0.001	0.001	0.001	0.000	0.000	0.000	0.000
0.06	0.005	0.004	0.003	0.002	0.002	0.001	0.001	0.001	0.001	0.000	0.000
0.08	0.007	0.005	0.004	0.003	0.003	0.002	0.001	0.001	0.001	0.001	0.001
0.10	0.009	0.007	0.006	0.005	0.004	0.003	0.002	0.002	0.001	0.001	0.001
0.12	0.011	0.009	0.007	0.006	0.005	0.004	0.003	0.002	0.002	0.001	0.001
0.14	0.013	0.011	0.009	0.007	0.006	0.004	0.003	0.003	0.002	0.002	0.001
0.16	0.016	0.013	0.011	0.009	0.007	0.006	0.004	0.003	0.003	0.002	0.002
0.18	0.019	0.016	0.013	0.011	0.009	0.007	0.005	0.004	0.003	0.003	0.002
0.20	0.023	0.018	0.015	0.013	0.011	0.008	0.006	0.005	0.004	0.003	0.003
0.22	0.026	0.021	0.018	0.015	0.013	0.010	0.007	0.006	0.005	0.004	0.003
0.24	0.030	0.025	0.020	0.017	0.015	0.011	0.009	0.007	0.006	0.005	0.004
0.26	0.034	0.028	0.023	0.020	0.017	0.013	0.010	0.008	0.007	0.006	0.004
0.28	0.039	0.032	0.027	0.023	0.019	0.015	0.012	0.009	0.008	0.007	0.005
0.30	0.044	0.036	0.030	0.026	0.022	0.017	0.013	0.011	0.009	0.007	0.006
0.32	0.049	0.040	0.034	0.029	0.025	0.019	0.015	0.012	0.010	0.008	0.007
0.34	0.054	0.045	0.038	0.032	0.028	0.021	0.017	0.014	0.011	0.010	0.008
0.36	0.060	0.050	0.042	0.036	0.031	0.024	0.019	0.015	0.013	0.011	0.008
0.38	0.066	0.055	0.046	0.039	0.034	0.026	0.021	0.017	0.014	0.012	0.009
0.40	0.073	0.060	0.051	0.043	0.038	0.029	0.023	0.019	0.015	0.013	0.010
0.42	0.080	0.066	0.056	0.048	0.041	0.032	0.025	0.021	0.017	0.014	0.011
0.44	0.087	0.072	0.061	0.052	0.045	0.035	0.028	0.022	0.019	0.016	0.013
0.46	0.094	0.078	0.066	0.057	0.049	0.038	0.030	0.025	0.020	0.017	0.014
0.48	0.102	0.085	0.072	0.061	0.053	0.041	0.033	0.027	0.022	0.019	0.015
0.50	0.110	0.091	0.077	0.066	0.058	0.044	0.035	0.029	0.024	0.020	0.016
0.52	0.118	0.099	0.083	0.072	0.062	0.048	0.038	0.031	0.026	0.022	0.017
0.54	0.127	0.106	0.090	0.077	0.067	0.052	0.041	0.034	0.028	0.024	0.019
0.56	0.136	0.113	0.096	0.083	0.072	0.055	0.044	0.036	0.030	0.025	0.020
0.58	0.145	0.121	0.103	0.088	0.077	0.059	0.047	0.039	0.032	0.027	0.022
0.60	0.155	0.129	0.110	0.094	0.082	0.063	0.051	0.041	0.034	0.029	0.023
0.62	0.165	0.138	0.117	0.100	0.087	0.068	0.054	0.044	0.037	0.031	0.025
0.64	0.175	0.146	0.124	0.107	0.093	0.072	0.057	0.047	0.039	0.033	0.026
0.66	0.185	0.155	0.132	0.113	0.099	0.076	0.061	0.050	0.042	0.035	0.028
0.68	0.196	0.164	0.140	0.120	0.104	0.081	0.065	0.053	0.044	0.037	0.030
0.70	0.207	0.173	0.148	0.127	0.111	0.086	0.069	0.056	0.047	0.039	0.031
0.72	0.218	0.183	0.156	0.134	0.117	0.091	0.072	0.059	0.049	0.042	0.033
0.74	0.229	0.192	0.164	0.141	0.123	0.096	0.077	0.063	0.052	0.044	0.035
0.76	0.240	0.202	0.172	0.149	0.130	0.101	0.081	0.066	0.055	0.046	0.037
0.78	0.252	0.212	0.181	0.156	0.136	0.106	0.085	0.069	0.058	0.049	0.039
0.80	0.263	0.222	0.189	0.164	0.143	0.111	0.089	0.073	0.061	0.051	0.041
0.82	0.274	0.232	0.198	0.171	0.149	0.117	0.093	0.077	0.064	0.054	0.043
0.84	0.285	0.241	0.207	0.179	0.156	0.122	0.098	0.080	0.067	0.057	0.045
0.86	0.296	0.251	0.215	0.186	0.163	0.127	0.102	0.084	0.070	0.059	0.047
0.88	0.307	0.260	0.223	0.193	0.169	0.133	0.107	0.087	0.073	0.062	0.049
0.90	0.317	0.269	0.231	0.200	0.175	0.138	0.111	0.091	0.076	0.065	0.052
0.92	0.325	0.277	0.238	0.207	0.181	0.142	0.115	0.094	0.079	0.067	0.054
0.94	0.333	0.283	0.244	0.212	0.186	0.147	0.118	0.098	0.082	0.070	0.056
0.96	0.339	0.289	0.249	0.217	0.191	0.150	0.122	0.100	0.084	0.072	0.057
0.98	0.343	0.293	0.253	0.220	0.193	0.153	0.124	0.102	0.086	0.073	0.059
1.00	0.345	0.294	0.254	0.221	0.195	0.154	0.125	0.103	0.087	0.074	0.059

顶部集中水平荷载（N/ε_3）$\times 10^{-2}$值表　　表 5-3

ξ \ λ_1	1.00	1.20	1.40	1.60	1.80	2.00	2.20	2.40	2.60	2.80	3.00
0.00	0.000	0.000	0.000	0.000	0.000	0.000	0.000	0.000	0.000	0.000	0.000
0.02	0.704	0.622	0.546	0.478	0.419	0.367	0.323	0.285	0.252	0.224	0.200
0.04	1.407	1.243	1.091	0.956	0.837	0.734	0.645	0.569	0.504	0.448	0.400
0.06	2.109	1.863	1.636	1.433	1.255	1.100	0.967	0.854	0.756	0.672	0.600
0.08	2.810	2.483	2.180	1.909	1.672	1.466	1.289	1.137	1.007	0.896	0.800
0.10	3.509	3.100	2.722	2.384	2.088	1.831	1.610	1.421	1.258	1.119	0.999
0.12	4.205	3.715	3.263	2.858	2.503	2.195	1.930	1.703	1.509	1.342	1.198
0.14	4.898	4.327	3.801	3.329	2.916	2.557	2.249	1.985	1.758	1.564	1.396
0.16	5.587	4.937	4.336	3.799	3.327	2.919	2.567	2.266	2.007	1.785	1.594
0.18	6.272	5.543	4.869	4.265	3.736	3.278	2.883	2.545	2.255	2.006	1.792
0.20	6.952	6.144	5.398	4.729	4.143	3.635	3.198	2.823	2.502	2.225	1.988
0.22	7.628	6.742	5.923	5.190	4.547	3.990	3.511	3.100	2.747	2.444	2.184
0.24	8.297	7.334	6.444	5.648	4.949	4.343	3.822	3.375	2.991	2.662	2.378
0.26	8.960	7.921	6.961	6.101	5.347	4.693	4.131	3.648	3.234	2.878	2.572
0.28	9.616	8.502	7.473	6.551	5.742	5.041	4.437	3.919	3.475	3.093	2.764
0.30	10.265	9.077	7.979	6.996	6.133	5.385	4.741	4.188	3.714	3.306	2.956
0.32	10.907	9.645	8.479	7.436	6.520	5.725	5.042	4.455	3.951	3.518	3.146
0.34	11.539	10.206	8.974	7.870	6.902	6.062	5.339	4.719	4.186	3.728	3.334
0.36	12.163	10.759	9.462	8.300	7.280	6.396	5.634	4.980	4.419	3.936	3.521
0.38	12.777	11.304	9.943	8.723	7.653	6.725	5.925	5.238	4.649	4.142	3.706
0.40	13.381	11.841	10.416	9.140	8.021	7.049	6.212	5.494	4.877	4.346	3.889
0.42	13.974	12.368	10.882	9.551	8.383	7.369	6.496	5.746	5.102	4.548	4.070
0.44	14.557	12.885	11.339	9.954	8.739	7.684	6.775	5.994	5.323	4.747	4.249
0.46	15.127	13.392	11.788	10.351	9.088	7.993	7.050	6.239	5.542	4.943	4.426
0.48	15.685	13.889	12.227	10.739	9.432	8.297	7.320	6.479	5.757	5.136	4.601
0.50	16.230	14.374	12.657	11.119	9.768	8.595	7.585	6.716	5.969	5.326	4.772
0.52	16.762	14.848	13.077	11.490	10.097	8.887	7.844	6.947	6.177	5.513	4.941
0.54	17.279	15.309	13.486	11.853	10.418	9.172	8.098	7.174	6.380	5.697	5.107
0.56	17.782	15.758	13.885	12.206	10.731	9.451	8.346	7.396	6.580	5.876	5.270
0.58	18.270	16.193	14.271	12.549	11.036	9.721	8.588	7.613	6.774	6.052	5.429
0.60	18.741	16.614	14.646	12.882	11.331	9.985	8.823	7.824	6.964	6.224	5.584
0.62	19.197	17.021	15.008	13.204	11.618	10.240	9.051	8.029	7.149	6.391	5.736
0.64	19.635	17.413	15.358	13.514	11.894	10.487	9.272	8.227	7.328	6.553	5.883
0.66	20.055	17.790	15.693	13.813	12.161	10.725	9.486	8.419	7.501	6.710	6.026
0.68	20.457	18.150	16.015	14.100	12.416	10.954	9.691	8.604	7.669	6.862	6.165
0.70	20.840	18.493	16.322	14.374	12.661	11.173	9.888	8.782	7.829	7.008	6.298
0.72	21.203	18.819	16.613	14.634	12.894	11.382	10.076	8.952	7.983	7.148	6.426
0.74	21.546	19.128	16.889	14.881	13.115	11.580	10.255	9.113	8.130	7.282	6.549
0.76	21.868	19.417	17.149	15.113	13.323	11.768	10.424	9.266	8.269	7.409	6.665
0.78	22.168	19.688	17.391	15.331	13.519	11.943	10.583	9.410	8.400	7.529	6.775
0.80	22.446	19.938	17.616	15.533	13.700	12.107	10.731	9.545	8.523	7.641	6.878
0.82	22.701	20.168	17.823	15.719	13.868	12.258	10.868	9.669	8.636	7.745	6.974
0.84	22.932	20.377	18.011	15.888	14.020	12.396	10.993	9.783	8.741	7.841	7.062
0.86	23.139	20.564	18.179	16.040	14.157	12.520	11.105	9.886	8.835	7.927	7.142
0.88	23.320	20.728	18.328	16.174	14.278	12.630	11.205	9.977	8.919	8.005	7.213
0.90	23.476	20.869	18.455	16.289	14.383	12.725	11.292	10.056	8.991	8.072	7.275
0.92	23.605	20.987	18.561	16.385	14.469	12.804	11.364	10.122	9.052	8.128	7.328
0.94	23.707	21.079	18.645	16.461	14.538	12.866	11.421	10.175	9.101	8.173	7.369
0.96	23.781	21.146	18.706	16.516	14.588	12.912	11.463	10.214	9.136	8.206	7.400
0.98	23.825	21.187	18.743	16.549	14.619	12.940	11.489	10.237	9.158	8.226	7.419
1.00	23.841	21.201	18.755	16.561	14.630	12.950	11.498	10.245	9.166	8.233	7.426

续表

ξ \ λ_1	3.20	3.40	3.60	3.80	4.00	4.20	4.40	4.60	4.80	5.00	5.20
0.00	0.000	0.000	0.000	0.000	0.000	0.000	0.000	0.000	0.000	0.000	0.000
0.02	0.179	0.161	0.146	0.132	0.120	0.110	0.101	0.093	0.085	0.079	0.073
0.04	0.359	0.323	0.292	0.265	0.241	0.220	0.202	0.185	0.171	0.158	0.146
0.06	0.538	0.484	0.437	0.397	0.361	0.330	0.302	0.278	0.256	0.237	0.219
0.08	0.717	0.645	0.583	0.529	0.481	0.440	0.403	0.370	0.341	0.316	0.292
0.10	0.896	0.806	0.729	0.661	0.601	0.549	0.503	0.463	0.427	0.394	0.366
0.12	1.074	0.967	0.874	0.793	0.721	0.659	0.604	0.555	0.512	0.473	0.439
0.14	1.252	1.127	1.019	0.924	0.841	0.768	0.704	0.647	0.597	0.552	0.512
0.16	1.430	1.287	1.163	1.055	0.961	0.878	0.804	0.740	0.682	0.630	0.584
0.18	1.607	1.447	1.308	1.186	1.080	0.987	0.904	0.832	0.767	0.709	0.657
0.20	1.783	1.606	1.451	1.317	1.199	1.096	1.004	0.923	0.851	0.787	0.730
0.22	1.959	1.764	1.595	1.447	1.318	1.204	1.104	1.015	0.936	0.866	0.803
0.24	2.134	1.922	1.738	1.577	1.436	1.312	1.203	1.106	1.020	0.944	0.875
0.26	2.308	2.079	1.880	1.706	1.554	1.420	1.302	1.198	1.105	1.022	0.947
0.28	2.481	2.235	2.021	1.835	1.672	1.528	1.401	1.289	1.189	1.099	1.020
0.30	2.653	2.391	2.162	1.963	1.789	1.635	1.499	1.379	1.272	1.177	1.092
0.32	2.824	2.545	2.302	2.091	1.905	1.742	1.598	1.470	1.356	1.254	1.163
0.34	2.994	2.698	2.442	2.217	2.021	1.848	1.695	1.560	1.439	1.331	1.235
0.36	3.162	2.851	2.580	2.343	2.136	1.953	1.792	1.649	1.522	1.408	1.306
0.38	3.329	3.002	2.717	2.469	2.250	2.058	1.889	1.738	1.604	1.485	1.378
0.40	3.494	3.152	2.853	2.593	2.364	2.163	1.985	1.827	1.686	1.561	1.448
0.42	3.658	3.300	2.988	2.716	2.477	2.266	2.080	1.915	1.768	1.637	1.519
0.44	3.820	3.447	3.122	2.838	2.589	2.369	2.175	2.003	1.849	1.712	1.589
0.46	3.979	3.592	3.254	2.959	2.699	2.471	2.269	2.089	1.930	1.787	1.659
0.48	4.137	3.735	3.385	3.078	2.809	2.572	2.362	2.176	2.010	1.861	1.728
0.50	4.293	3.876	3.514	3.196	2.917	2.672	2.454	2.261	2.089	1.935	1.797
0.52	4.446	4.016	3.641	3.313	3.025	2.770	2.545	2.345	2.167	2.008	1.865
0.54	4.596	4.153	3.766	3.428	3.130	2.868	2.636	2.429	2.245	2.080	1.932
0.56	4.744	4.288	3.889	3.541	3.234	2.964	2.724	2.512	2.322	2.152	1.999
0.58	4.889	4.420	4.010	3.652	3.337	3.059	2.812	2.593	2.397	2.222	2.065
0.60	5.030	4.549	4.129	3.761	3.437	3.151	2.898	2.673	2.472	2.292	2.130
0.62	5.169	4.675	4.245	3.868	3.536	3.243	2.983	2.752	2.545	2.361	2.194
0.64	5.303	4.799	4.358	3.972	3.632	3.332	3.066	2.829	2.618	2.428	2.258
0.66	5.434	4.918	4.468	4.074	3.726	3.419	3.147	2.905	2.688	2.494	2.320
0.68	5.560	5.035	4.575	4.172	3.818	3.504	3.226	2.978	2.757	2.559	2.380
0.70	5.683	5.147	4.679	4.268	3.906	3.587	3.303	3.050	2.824	2.622	2.439
0.72	5.800	5.255	4.778	4.360	3.992	3.666	3.377	3.120	2.889	2.683	2.497
0.74	5.912	5.358	4.874	4.449	4.074	3.743	3.449	3.187	2.952	2.742	2.553
0.76	6.019	5.457	4.965	4.534	4.153	3.817	3.518	3.251	3.013	2.799	2.607
0.78	6.121	5.550	5.052	4.614	4.228	3.887	3.584	3.313	3.071	2.854	2.658
0.80	6.216	5.638	5.134	4.690	4.299	3.953	3.646	3.372	3.126	2.906	2.707
0.82	6.304	5.721	5.210	4.761	4.366	4.016	3.704	3.427	3.178	2.955	2.754
0.84	6.386	5.796	5.280	4.827	4.427	4.073	3.759	3.478	3.226	3.001	2.797
0.86	6.460	5.865	5.345	4.887	4.484	4.126	3.809	3.525	3.271	3.043	2.837
0.88	6.526	5.927	5.402	4.941	4.534	4.174	3.853	3.567	3.311	3.081	2.873
0.90	6.584	5.981	5.452	4.988	4.579	4.216	3.893	3.605	3.347	3.115	2.906
0.92	6.632	6.026	5.495	5.028	4.616	4.252	3.927	3.637	3.377	3.144	2.933
0.94	6.671	6.063	5.529	5.061	4.647	4.280	3.954	3.663	3.402	3.167	2.956
0.96	6.700	6.089	5.555	5.085	4.670	4.302	3.975	3.682	3.421	3.185	2.973
0.98	6.718	6.106	5.570	5.099	4.684	4.315	3.987	3.695	3.432	3.196	2.983
1.00	6.724	6.112	5.576	5.105	4.689	4.320	3.992	3.699	3.436	3.200	2.987

续表

ξ \ λ_1	5.50	6.00	6.50	7.00	7.50	8.00	8.50	9.00	9.50	10.00	10.50
0.00	0.000	0.000	0.000	0.000	0.000	0.000	0.000	0.000	0.000	0.000	0.000
0.02	0.066	0.055	0.047	0.041	0.036	0.031	0.028	0.025	0.022	0.020	0.018
0.04	0.131	0.111	0.094	0.081	0.071	0.062	0.055	0.049	0.044	0.040	0.036
0.06	0.197	0.166	0.142	0.122	0.107	0.094	0.083	0.074	0.066	0.060	0.054
0.08	0.262	0.221	0.189	0.163	0.142	0.125	0.111	0.099	0.089	0.080	0.073
0.10	0.328	0.276	0.236	0.204	0.178	0.156	0.138	0.123	0.111	0.100	0.091
0.12	0.393	0.332	0.283	0.244	0.213	0.187	0.166	0.148	0.133	0.120	0.109
0.14	0.459	0.387	0.330	0.285	0.249	0.219	0.194	0.173	0.155	0.140	0.127
0.16	0.524	0.442	0.377	0.326	0.284	0.250	0.221	0.197	0.177	0.160	0.145
0.18	0.589	0.497	0.424	0.366	0.320	0.281	0.249	0.222	0.199	0.180	0.163
0.20	0.655	0.552	0.472	0.407	0.355	0.312	0.277	0.247	0.222	0.200	0.181
0.22	0.720	0.607	0.519	0.448	0.390	0.343	0.304	0.271	0.244	0.220	0.200
0.24	0.785	0.662	0.566	0.488	0.426	0.375	0.332	0.296	0.266	0.240	0.218
0.26	0.850	0.717	0.613	0.529	0.461	0.406	0.360	0.321	0.288	0.260	0.236
0.28	0.915	0.772	0.659	0.570	0.497	0.437	0.387	0.345	0.310	0.280	0.254
0.30	0.979	0.827	0.706	0.610	0.532	0.468	0.415	0.370	0.332	0.300	0.272
0.32	1.044	0.881	0.753	0.651	0.567	0.499	0.442	0.395	0.354	0.320	0.290
0.34	1.108	0.936	0.800	0.691	0.603	0.530	0.470	0.419	0.377	0.340	0.308
0.36	1.173	0.990	0.846	0.731	0.638	0.561	0.498	0.444	0.399	0.360	0.326
0.38	1.237	1.044	0.893	0.772	0.673	0.592	0.525	0.469	0.421	0.380	0.345
0.40	1.300	1.099	0.939	0.812	0.708	0.623	0.553	0.493	0.443	0.400	0.363
0.42	1.364	1.152	0.986	0.852	0.744	0.654	0.580	0.518	0.465	0.420	0.381
0.44	1.427	1.206	1.032	0.892	0.779	0.685	0.608	0.542	0.487	0.440	0.399
0.46	1.490	1.260	1.078	0.932	0.814	0.716	0.635	0.567	0.509	0.460	0.417
0.48	1.553	1.313	1.124	0.972	0.849	0.747	0.662	0.591	0.531	0.479	0.435
0.50	1.615	1.366	1.169	1.012	0.883	0.778	0.690	0.616	0.553	0.499	0.453
0.52	1.676	1.419	1.215	1.051	0.918	0.808	0.717	0.640	0.575	0.519	0.471
0.54	1.737	1.471	1.260	1.090	0.952	0.839	0.744	0.664	0.597	0.539	0.489
0.56	1.798	1.523	1.305	1.129	0.987	0.869	0.771	0.689	0.619	0.559	0.507
0.58	1.858	1.574	1.349	1.168	1.021	0.899	0.798	0.713	0.641	0.579	0.525
0.60	1.917	1.625	1.393	1.207	1.055	0.930	0.825	0.737	0.662	0.598	0.543
0.62	1.975	1.675	1.437	1.245	1.089	0.959	0.852	0.761	0.684	0.618	0.561
0.64	2.033	1.724	1.480	1.283	1.122	0.989	0.878	0.785	0.705	0.637	0.579
0.66	2.089	1.773	1.522	1.320	1.155	1.018	0.904	0.808	0.727	0.657	0.596
0.68	2.145	1.821	1.564	1.357	1.187	1.047	0.930	0.832	0.748	0.676	0.614
0.70	2.199	1.868	1.605	1.393	1.219	1.076	0.956	0.855	0.769	0.695	0.631
0.72	2.251	1.914	1.645	1.428	1.251	1.104	0.981	0.878	0.790	0.714	0.648
0.74	2.302	1.958	1.684	1.463	1.282	1.132	1.006	0.900	0.810	0.733	0.666
0.76	2.352	2.001	1.722	1.497	1.312	1.159	1.031	0.922	0.830	0.751	0.682
0.78	2.399	2.043	1.759	1.529	1.341	1.185	1.054	0.944	0.850	0.769	0.699
0.80	2.445	2.083	1.794	1.561	1.369	1.211	1.078	0.965	0.869	0.786	0.715
0.82	2.487	2.121	1.828	1.591	1.396	1.235	1.100	0.985	0.887	0.803	0.731
0.84	2.528	2.156	1.859	1.619	1.422	1.258	1.121	1.005	0.905	0.820	0.746
0.86	2.565	2.189	1.889	1.646	1.446	1.280	1.141	1.023	0.922	0.835	0.760
0.88	2.598	2.219	1.916	1.670	1.468	1.300	1.159	1.040	0.938	0.850	0.774
0.90	2.628	2.246	1.940	1.692	1.488	1.318	1.176	1.055	0.952	0.863	0.786
0.92	2.654	2.269	1.961	1.711	1.505	1.335	1.191	1.069	0.965	0.875	0.797
0.94	2.675	2.288	1.978	1.727	1.520	1.348	1.203	1.081	0.976	0.885	0.807
0.96	2.691	2.302	1.991	1.739	1.531	1.358	1.213	1.089	0.984	0.893	0.814
0.98	2.701	2.312	2.000	1.747	1.538	1.365	1.219	1.095	0.989	0.898	0.819
1.00	2.705	2.315	2.003	1.749	1.541	1.367	1.221	1.097	0.991	0.900	0.821

续表

ξ \ λ_1	11.00	12.00	13.00	14.00	15.00	17.00	19.00	21.00	23.00	25.00	28.00
0.00	0.000	0.000	0.000	0.000	0.000	0.000	0.000	0.000	0.000	0.000	0.000
0.02	0.017	0.014	0.012	0.010	0.009	0.007	0.006	0.005	0.004	0.003	0.003
0.04	0.033	0.028	0.024	0.020	0.018	0.014	0.011	0.009	0.008	0.006	0.005
0.06	0.050	0.042	0.036	0.031	0.027	0.021	0.017	0.014	0.011	0.010	0.008
0.08	0.066	0.056	0.047	0.041	0.036	0.028	0.022	0.018	0.015	0.013	0.010
0.10	0.083	0.069	0.059	0.051	0.044	0.035	0.028	0.023	0.019	0.016	0.013
0.12	0.099	0.083	0.071	0.061	0.053	0.042	0.033	0.027	0.023	0.019	0.015
0.14	0.116	0.097	0.083	0.071	0.062	0.048	0.039	0.032	0.026	0.022	0.018
0.16	0.132	0.111	0.095	0.082	0.071	0.055	0.044	0.036	0.030	0.026	0.020
0.18	0.149	0.125	0.107	0.092	0.080	0.062	0.050	0.041	0.034	0.029	0.023
0.20	0.165	0.139	0.118	0.102	0.089	0.069	0.055	0.045	0.038	0.032	0.026
0.22	0.182	0.153	0.130	0.112	0.098	0.076	0.061	0.050	0.042	0.035	0.028
0.24	0.198	0.167	0.142	0.122	0.107	0.083	0.066	0.054	0.045	0.038	0.031
0.26	0.215	0.181	0.154	0.133	0.116	0.090	0.072	0.059	0.049	0.042	0.033
0.28	0.231	0.194	0.166	0.143	0.124	0.097	0.078	0.063	0.053	0.045	0.036
0.30	0.248	0.208	0.178	0.153	0.133	0.104	0.083	0.068	0.057	0.048	0.038
0.32	0.264	0.222	0.189	0.163	0.142	0.111	0.089	0.073	0.060	0.051	0.041
0.34	0.281	0.236	0.201	0.173	0.151	0.118	0.094	0.077	0.064	0.054	0.043
0.36	0.297	0.250	0.213	0.184	0.160	0.125	0.100	0.082	0.068	0.058	0.046
0.38	0.314	0.264	0.225	0.194	0.169	0.131	0.105	0.086	0.072	0.061	0.048
0.40	0.330	0.278	0.237	0.204	0.178	0.138	0.111	0.091	0.076	0.064	0.051
0.42	0.347	0.292	0.248	0.214	0.187	0.145	0.116	0.095	0.079	0.067	0.054
0.44	0.363	0.305	0.260	0.224	0.196	0.152	0.122	0.100	0.083	0.070	0.056
0.46	0.380	0.319	0.272	0.235	0.204	0.159	0.127	0.104	0.087	0.074	0.059
0.48	0.396	0.333	0.284	0.245	0.213	0.166	0.133	0.109	0.091	0.077	0.061
0.50	0.413	0.347	0.296	0.255	0.222	0.173	0.139	0.113	0.095	0.080	0.064
0.52	0.429	0.361	0.308	0.265	0.231	0.180	0.144	0.118	0.098	0.083	0.066
0.54	0.446	0.375	0.319	0.275	0.240	0.187	0.150	0.122	0.102	0.086	0.069
0.56	0.462	0.389	0.331	0.286	0.249	0.194	0.155	0.127	0.106	0.090	0.071
0.58	0.479	0.402	0.343	0.296	0.258	0.201	0.161	0.132	0.110	0.093	0.074
0.60	0.495	0.416	0.355	0.306	0.267	0.208	0.166	0.136	0.113	0.096	0.077
0.62	0.511	0.430	0.367	0.316	0.275	0.215	0.172	0.141	0.117	0.099	0.079
0.64	0.527	0.444	0.378	0.326	0.284	0.221	0.177	0.145	0.121	0.102	0.082
0.66	0.544	0.457	0.390	0.336	0.293	0.228	0.183	0.150	0.125	0.106	0.084
0.68	0.560	0.471	0.402	0.347	0.302	0.235	0.188	0.154	0.129	0.109	0.007
0.70	0.576	0.485	0.413	0.357	0.311	0.242	0.194	0.159	0.132	0.112	0.089
0.72	0.592	0.498	0.425	0.367	0.320	0.249	0.199	0.163	0.136	0.115	0.092
0.74	0.607	0.511	0.436	0.377	0.328	0.256	0.205	0.168	0.140	0.118	0.094
0.76	0.623	0.525	0.448	0.386	0.337	0.263	0.210	0.172	0.144	0.122	0.097
0.78	0.638	0.538	0.459	0.396	0.346	0.269	0.216	0.177	0.147	0.125	0.099
0.80	0.653	0.550	0.470	0.406	0.354	0.276	0.221	0.181	0.151	0.128	0.102
0.82	0.667	0.563	0.481	0.415	0.362	0.283	0.227	0.186	0.155	0.131	0.105
0.84	0.681	0.575	0.491	0.425	0.371	0.289	0.232	0.190	0.159	0.134	0.107
0.86	0.695	0.586	0.502	0.434	0.379	0.296	0.237	0.194	0.162	0.137	0.110
0.88	0.707	0.597	0.511	0.442	0.386	0.302	0.242	0.199	0.166	0.140	0.112
0.90	0.719	0.608	0.520	0.450	0.393	0.308	0.247	0.203	0.169	0.143	0.115
0.92	0.729	0.617	0.528	0.457	0.400	0.313	0.252	0.207	0.173	0.146	0.117
0.94	0.738	0.625	0.535	0.464	0.406	0.318	0.256	0.210	0.176	0.149	0.119
0.96	0.745	0.631	0.541	0.469	0.410	0.322	0.259	0.213	0.178	0.151	0.121
0.98	0.750	0.635	0.545	0.472	0.414	0.325	0.261	0.215	0.180	0.153	0.122
1.00	0.751	0.637	0.546	0.474	0.415	0.326	0.262	0.216	0.181	0.154	0.123

倒三角形荷载（V_b/ε_4）$\times 10^{-2}$值表　　表 5-4

ξ \ λ_1	1.00	1.20	1.40	1.60	1.80	2.00	2.20	2.40	2.60	2.80	3.00
0.00	8.562	7.476	6.476	5.585	4.808	4.139	3.568	3.082	2.669	2.319	2.022
0.02	8.564	7.478	6.479	5.588	4.811	4.142	3.571	3.085	2.673	2.323	2.025
0.04	8.568	7.484	6.485	5.596	4.819	4.151	3.581	3.095	2.683	2.333	2.035
0.06	8.574	7.492	6.496	5.607	4.833	4.165	3.595	3.110	2.698	2.349	2.051
0.08	8.581	7.502	6.509	5.623	4.850	4.184	3.615	3.131	2.719	2.369	2.072
0.10	8.589	7.514	6.524	5.641	4.870	4.206	3.638	3.155	2.744	2.394	2.097
0.12	8.596	7.526	6.540	5.661	4.893	4.231	3.665	3.183	2.772	2.423	2.126
0.14	8.602	7.538	6.557	5.682	4.917	4.258	3.694	3.213	2.804	2.455	2.158
0.16	8.606	7.549	6.574	5.704	4.943	4.287	3.725	3.246	2.838	2.490	2.193
0.18	8.608	7.558	6.590	5.725	4.969	4.317	3.758	3.280	2.873	2.526	2.229
0.20	8.607	7.565	6.605	5.746	4.996	4.347	3.791	3.316	2.910	2.564	2.268
0.22	8.602	7.570	6.617	5.766	5.021	4.377	3.824	3.351	2.948	2.602	2.307
0.24	8.593	7.571	6.627	5.784	5.045	4.406	3.857	3.387	2.985	2.641	2.346
0.26	8.578	7.568	6.634	5.799	5.067	4.434	3.889	3.422	3.023	2.680	2.386
0.28	8.558	7.560	6.637	5.811	5.087	4.459	3.919	3.456	3.059	2.718	2.425
0.30	8.532	7.547	6.636	5.820	5.104	4.483	3.948	3.488	3.094	2.755	2.463
0.32	8.499	7.528	6.629	5.824	5.117	4.503	3.974	3.518	3.127	2.791	2.500
0.34	8.459	7.503	6.617	5.824	5.126	4.520	3.996	3.546	3.158	2.824	2.535
0.36	8.411	7.470	6.599	5.818	5.130	4.532	4.016	3.570	3.186	2.855	2.568
0.38	8.354	7.430	6.575	5.806	5.129	4.540	4.031	3.591	3.211	2.883	2.599
0.40	8.288	7.383	6.543	5.788	5.123	4.543	4.041	3.608	3.233	2.908	2.626
0.42	8.213	7.326	6.503	5.763	5.110	4.541	4.047	3.620	3.250	2.929	2.650
0.44	8.128	7.261	6.456	5.731	5.091	4.532	4.047	3.627	3.263	2.946	2.671
0.46	8.032	7.186	6.399	5.691	5.065	4.517	4.042	3.629	3.271	2.959	2.687
0.48	7.926	7.101	6.334	5.642	5.031	4.495	4.030	3.625	3.273	2.967	2.699
0.50	7.808	7.005	6.258	5.585	4.989	4.466	4.011	3.615	3.270	2.969	2.706
0.52	7.678	6.899	6.173	5.518	4.938	4.429	3.985	3.598	3.261	2.966	2.707
0.54	7.536	6.781	6.077	5.442	4.878	4.384	3.951	3.574	3.245	2.957	2.703
0.56	7.381	6.651	5.971	5.355	4.809	4.329	3.909	3.543	3.222	2.941	2.693
0.58	7.213	6.509	5.852	5.258	4.730	4.266	3.859	3.503	3.192	2.918	2.677
0.60	7.031	6.354	5.722	5.150	4.641	4.193	3.800	3.456	3.154	2.888	2.654
0.62	6.836	6.186	5.580	5.030	4.541	4.110	3.731	3.399	3.107	2.850	2.623
0.64	6.626	6.005	5.425	4.899	4.430	4.016	3.652	3.333	3.052	2.804	2.585
0.66	6.401	5.809	5.256	4.754	4.307	3.911	3.563	3.257	2.988	2.750	2.539
0.68	6.161	5.599	5.074	4.597	4.172	3.795	3.463	3.171	2.914	2.686	2.484
0.70	5.905	5.375	4.879	4.427	4.024	3.667	3.352	3.075	2.830	2.613	2.420
0.72	5.634	5.135	4.668	4.243	3.863	3.527	3.230	2.967	2.735	2.530	2.347
0.74	5.347	4.880	4.443	4.045	3.689	3.374	3.095	2.848	2.630	2.436	2.263
0.76	5.043	4.609	4.203	3.833	3.502	3.207	2.947	2.717	2.513	2.331	2.169
0.78	4.722	4.322	3.947	3.606	3.299	3.027	2.786	2.573	2.384	2.215	2.064
0.80	4.384	4.019	3.676	3.363	3.082	2.833	2.612	2.416	2.242	2.087	1.948
0.82	4.029	3.698	3.388	3.104	2.850	2.624	2.423	2.245	2.087	1.946	1.819
0.84	3.656	3.360	3.083	2.830	2.602	2.400	2.220	2.060	1.918	1.792	1.678
0.86	3.265	3.005	2.761	2.539	2.338	2.160	2.002	1.861	1.736	1.623	1.523
0.88	2.855	2.632	2.422	2.230	2.058	1.904	1.768	1.646	1.538	1.441	1.354
0.90	2.427	2.241	2.065	1.905	1.760	1.632	1.517	1.415	1.324	1.243	1.170
0.92	1.980	1.831	1.690	1.561	1.445	1.342	1.250	1.168	1.095	1.029	0.970
0.94	1.515	1.402	1.296	1.199	1.112	1.034	0.965	0.903	0.848	0.799	0.755
0.96	1.029	0.954	0.883	0.819	0.761	0.709	0.662	0.621	0.584	0.551	0.521
0.98	0.525	0.487	0.452	0.419	0.390	0.364	0.341	0.320	0.302	0.285	0.270
1.00	0.000	0.000	0.000	0.000	0.000	0.000	0.000	0.000	0.000	0.000	0.000

续表

ξ \ λ_1	3.20	3.40	3.60	3.80	4.00	4.20	4.40	4.60	4.80	5.00	5.20
0.00	1.768	1.552	1.367	1.208	1.071	0.952	0.850	0.761	0.683	0.615	0.555
0.02	1.772	1.555	1.370	1.211	1.074	0.956	0.853	0.764	0.686	0.618	0.558
0.04	1.782	1.565	1.380	1.221	1.083	0.965	0.862	0.773	0.695	0.626	0.566
0.06	1.797	1.581	1.395	1.236	1.098	0.979	0.876	0.786	0.708	0.639	0.579
0.08	1.818	1.601	1.415	1.255	1.118	0.998	0.895	0.804	0.726	0.657	0.596
0.10	1.843	1.626	1.440	1.279	1.141	1.021	0.917	0.826	0.747	0.677	0.616
0.12	1.872	1.655	1.468	1.307	1.168	1.048	0.943	0.851	0.771	0.701	0.639
0.14	1.904	1.686	1.499	1.338	1.198	1.077	0.971	0.879	0.798	0.727	0.664
0.16	1.939	1.721	1.533	1.371	1.231	1.109	1.002	0.909	0.827	0.755	0.691
0.18	1.975	1.757	1.569	1.406	1.265	1.142	1.035	0.941	0.858	0.785	0.720
0.20	2.013	1.795	1.606	1.443	1.301	1.177	1.069	0.974	0.890	0.816	0.750
0.22	2.053	1.834	1.645	1.481	1.338	1.214	1.104	1.008	0.923	0.848	0.781
0.24	2.093	1.874	1.684	1.520	1.376	1.251	1.140	1.043	0.957	0.881	0.813
0.26	2.133	1.914	1.724	1.559	1.414	1.288	1.177	1.078	0.991	0.914	0.845
0.28	2.172	1.953	1.763	1.598	1.453	1.325	1.213	1.114	1.026	0.947	0.877
0.30	2.211	1.992	1.802	1.636	1.491	1.362	1.249	1.149	1.060	0.980	0.909
0.32	2.249	2.031	1.840	1.674	1.528	1.399	1.285	1.184	1.093	1.013	0.940
0.34	2.285	2.067	1.877	1.711	1.564	1.435	1.320	1.218	1.126	1.045	0.971
0.36	2.319	2.102	1.913	1.746	1.599	1.469	1.354	1.251	1.158	1.076	1.001
0.38	2.351	2.135	1.946	1.780	1.632	1.502	1.386	1.282	1.189	1.106	1.031
0.40	2.381	2.166	1.977	1.811	1.664	1.533	1.417	1.313	1.219	1.135	1.059
0.42	2.407	2.194	2.006	1.840	1.693	1.563	1.446	1.341	1.247	1.162	1.085
0.44	2.430	2.218	2.032	1.867	1.720	1.590	1.473	1.368	1.273	1.188	1.110
0.46	2.449	2.239	2.054	1.891	1.745	1.614	1.498	1.392	1.298	1.212	1.134
0.48	2.464	2.257	2.074	1.911	1.766	1.636	1.520	1.415	1.320	1.234	1.155
0.50	2.474	2.270	2.089	1.928	1.784	1.655	1.539	1.434	1.339	1.253	1.175
0.52	2.480	2.279	2.100	1.941	1.798	1.670	1.555	1.451	1.356	1.270	1.192
0.54	2.480	2.282	2.107	1.950	1.809	1.682	1.568	1.464	1.370	1.285	1.206
0.56	2.475	2.281	2.108	1.954	1.815	1.690	1.577	1.475	1.381	1.296	1.218
0.58	2.464	2.274	2.105	1.953	1.817	1.694	1.582	1.481	1.389	1.305	1.227
0.60	2.446	2.261	2.096	1.947	1.814	1.693	1.584	1.484	1.393	1.309	1.233
0.62	2.422	2.242	2.081	1.936	1.806	1.687	1.580	1.482	1.393	1.311	1.235
0.64	2.390	2.216	2.060	1.919	1.792	1.677	1.572	1.476	1.388	1.308	1.234
0.66	2.351	2.183	2.032	1.895	1.772	1.660	1.558	1.465	1.379	1.301	1.228
0.68	2.303	2.142	1.996	1.865	1.746	1.638	1.539	1.448	1.365	1.289	1.218
0.70	2.248	2.093	1.954	1.828	1.713	1.609	1.514	1.426	1.346	1.272	1.204
0.72	2.183	2.035	1.903	1.782	1.673	1.573	1.482	1.398	1.321	1.250	1.184
0.74	2.108	1.969	1.843	1.729	1.625	1.530	1.443	1.363	1.289	1.221	1.158
0.76	2.024	1.893	1.775	1.667	1.569	1.479	1.397	1.321	1.251	1.187	1.127
0.78	1.929	1.807	1.697	1.596	1.504	1.420	1.343	1.272	1.206	1.145	1.088
0.80	1.823	1.710	1.608	1.515	1.430	1.352	1.280	1.214	1.152	1.096	1.043
0.82	1.705	1.602	1.509	1.424	1.346	1.274	1.208	1.147	1.090	1.038	0.989
0.84	1.575	1.482	1.398	1.321	1.250	1.186	1.126	1.070	1.019	0.971	0.927
0.86	1.432	1.350	1.275	1.207	1.144	1.086	1.033	0.984	0.938	0.895	0.855
0.88	1.275	1.204	1.139	1.080	1.025	0.975	0.928	0.885	0.845	0.808	0.773
0.90	1.104	1.044	0.989	0.939	0.893	0.851	0.811	0.775	0.741	0.710	0.680
0.92	0.917	0.869	0.825	0.784	0.747	0.713	0.681	0.651	0.624	0.598	0.574
0.94	0.714	0.678	0.644	0.614	0.586	0.560	0.536	0.513	0.492	0.473	0.455
0.96	0.494	0.470	0.448	0.427	0.408	0.391	0.375	0.360	0.346	0.332	0.320
0.98	0.257	0.244	0.233	0.223	0.213	0.205	0.197	0.189	0.182	0.175	0.169
1.00	0.000	0.000	0.000	0.000	0.000	0.000	0.000	0.000	0.000	0.000	0.000

续表

ξ \ λ_1	5.50	6.00	6.50	7.00	7.50	8.00	8.50	9.00	9.50	10.00	10.50
0.00	0.479	0.379	0.305	0.248	0.204	0.170	0.143	0.122	0.104	0.090	0.078
0.02	0.482	0.382	0.307	0.250	0.207	0.172	0.145	0.124	0.106	0.092	0.080
0.04	0.490	0.389	0.314	0.257	0.213	0.178	0.151	0.129	0.111	0.096	0.084
0.06	0.502	0.401	0.325	0.267	0.222	0.187	0.159	0.136	0.118	0.103	0.091
0.08	0.518	0.415	0.338	0.280	0.234	0.198	0.169	0.146	0.127	0.112	0.099
0.10	0.537	0.433	0.355	0.295	0.248	0.211	0.182	0.158	0.138	0.122	0.108
0.12	0.559	0.453	0.373	0.312	0.264	0.226	0.195	0.170	0.150	0.133	0.119
0.14	0.583	0.475	0.394	0.331	0.281	0.242	0.210	0.184	0.163	0.145	0.130
0.16	0.609	0.499	0.416	0.351	0.300	0.259	0.226	0.199	0.176	0.157	0.141
0.18	0.636	0.524	0.439	0.372	0.319	0.277	0.242	0.214	0.190	0.170	0.153
0.20	0.665	0.550	0.463	0.394	0.339	0.295	0.259	0.229	0.204	0.183	0.166
0.22	0.694	0.577	0.487	0.416	0.359	0.314	0.276	0.245	0.219	0.197	0.178
0.24	0.724	0.605	0.512	0.439	0.380	0.332	0.293	0.261	0.233	0.210	0.190
0.26	0.754	0.632	0.537	0.462	0.401	0.351	0.311	0.276	0.248	0.223	0.202
0.28	0.785	0.660	0.562	0.484	0.422	0.370	0.328	0.292	0.262	0.237	0.215
0.30	0.815	0.687	0.587	0.507	0.442	0.389	0.345	0.308	0.276	0.250	0.226
0.32	0.845	0.715	0.612	0.529	0.462	0.407	0.362	0.323	0.290	0.262	0.238
0.34	0.874	0.741	0.636	0.552	0.482	0.426	0.378	0.338	0.304	0.275	0.250
0.36	0.903	0.768	0.660	0.573	0.502	0.443	0.394	0.353	0.317	0.287	0.261
0.38	0.931	0.793	0.683	0.594	0.521	0.461	0.410	0.367	0.330	0.229	0.272
0.40	0.957	0.818	0.705	0.614	0.540	0.477	0.425	0.381	0.343	0.311	0.282
0.42	0.983	0.841	0.727	0.634	0.557	0.493	0.440	0.394	0.355	0.322	0.293
0.44	1.007	0.863	0.747	0.653	0.574	0.509	0.454	0.407	0.367	0.333	0.303
0.46	1.030	0.884	0.767	0.670	0.591	0.524	0.468	0.420	0.378	0.343	0.312
0.48	1.051	0.904	0.785	0.687	0.606	0.538	0.480	0.431	0.389	0.353	0.321
0.50	1.070	0.922	0.802	0.703	0.620	0.551	0.493	0.443	0.400	0.362	0.330
0.52	1.087	0.938	0.817	0.717	0.634	0.564	0.504	0.453	0.409	0.371	0.338
0.54	1.101	0.953	0.831	0.730	0.646	0.575	0.515	0.463	0.418	0.380	0.346
0.56	1.113	0.965	0.843	0.742	0.657	0.585	0.524	0.472	0.427	0.388	0.353
0.58	1.123	0.975	0.853	0.752	0.667	0.595	0.533	0.480	0.434	0.395	0.360
0.60	1.130	0.983	0.862	0.760	0.675	0.603	0.541	0.487	0.441	0.401	0.366
0.62	1.133	0.988	0.868	0.767	0.682	0.609	0.547	0.494	0.447	0.407	0.372
0.64	1.134	0.990	0.871	0.771	0.686	0.614	0.552	0.499	0.452	0.412	0.376
0.66	1.130	0.989	0.872	0.773	0.689	0.618	0.556	0.503	0.456	0.416	0.380
0.68	1.122	0.985	0.870	0.773	0.690	0.619	0.558	0.505	0.459	0.419	0.383
0.70	1.111	0.977	0.864	0.769	0.688	0.619	0.558	0.506	0.461	0.421	0.385
0.72	1.094	0.964	0.855	0.763	0.684	0.616	0.557	0.505	0.461	0.421	0.386
0.74	1.072	0.947	0.842	0.753	0.676	0.610	0.553	0.502	0.459	0.420	0.386
0.76	1.045	0.925	0.825	0.739	0.665	0.601	0.546	0.497	0.455	0.417	0.383
0.78	1.011	0.898	0.802	0.721	0.650	0.589	0.536	0.489	0.448	0.412	0.379
0.80	0.970	0.865	0.775	0.698	0.631	0.573	0.522	0.478	0.439	0.404	0.373
0.82	0.922	0.824	0.741	0.669	0.607	0.552	0.505	0.463	0.426	0.393	0.363
0.84	0.866	0.776	0.700	0.634	0.577	0.527	0.483	0.444	0.409	0.378	0.351
0.86	0.801	0.720	0.652	0.592	0.540	0.495	0.455	0.419	0.388	0.359	0.334
0.88	0.725	0.655	0.594	0.542	0.496	0.456	0.420	0.389	0.361	0.335	0.312
0.90	0.639	0.579	0.528	0.483	0.444	0.409	0.378	0.351	0.327	0.305	0.285
0.92	0.541	0.492	0.450	0.413	0.381	0.353	0.328	0.305	0.285	0.267	0.250
0.94	0.430	0.392	0.360	0.332	0.308	0.286	0.266	0.249	0.233	0.219	0.207
0.96	0.303	0.278	0.257	0.238	0.221	0.206	0.193	0.181	0.170	0.161	0.152
0.98	0.161	0.148	0.137	0.128	0.119	0.112	0.105	0.099	0.094	0.089	0.084
1.00	0.000	0.000	0.000	0.000	0.000	0.000	0.000	0.000	0.000	0.000	0.000

续表

ξ \ λ_1	11.00	12.00	13.00	14.00	15.00	17.00	19.00	21.00	23.00	25.00	28.00
0.00	0.068	0.053	0.042	0.034	0.028	0.019	0.014	0.010	0.008	0.006	0.004
0.02	0.070	0.054	0.043	0.035	0.029	0.020	0.015	0.011	0.009	0.007	0.005
0.04	0.074	0.058	0.047	0.038	0.032	0.023	0.017	0.013	0.010	0.008	0.006
0.06	0.080	0.064	0.052	0.043	0.036	0.026	0.020	0.016	0.013	0.010	0.008
0.08	0.088	0.071	0.058	0.048	0.041	0.031	0.024	0.019	0.015	0.013	0.010
0.10	0.097	0.079	0.065	0.055	0.047	0.035	0.028	0.022	0.018	0.015	0.012
0.12	0.106	0.087	0.073	0.062	0.053	0.040	0.032	0.026	0.021	0.018	0.014
0.14	0.117	0.096	0.081	0.069	0.060	0.046	0.036	0.030	0.025	0.021	0.017
0.16	0.128	0.106	0.089	0.076	0.066	0.051	0.041	0.033	0.028	0.023	0.019
0.18	0.139	0.116	0.098	0.084	0.073	0.056	0.045	0.037	0.031	0.026	0.021
0.20	0.150	0.125	0.106	0.091	0.079	0.062	0.049	0.040	0.034	0.029	0.023
0.22	0.162	0.135	0.115	0.099	0.086	0.067	0.054	0.044	0.037	0.031	0.025
0.24	0.173	0.145	0.123	0.106	0.093	0.072	0.058	0.047	0.040	0.034	0.027
0.26	0.184	0.155	0.132	0.114	0.099	0.077	0.062	0.051	0.042	0.036	0.029
0.28	0.195	0.164	0.140	0.121	0.105	0.082	0.066	0.054	0.045	0.038	0.031
0.30	0.207	0.174	0.148	0.128	0.112	0.087	0.070	0.057	0.048	0.041	0.032
0.32	0.217	0.183	0.156	0.135	0.118	0.092	0.074	0.060	0.050	0.043	0.034
0.34	0.228	0.192	0.164	0.142	0.124	0.097	0.077	0.063	0.053	0.045	0.036
0.36	0.238	0.201	0.172	0.148	0.129	0.101	0.081	0.066	0.055	0.047	0.037
0.38	0.248	0.209	0.179	0.155	0.135	0.105	0.085	0.069	0.058	0.049	0.039
0.40	0.258	0.218	0.186	0.161	0.140	0.110	0.088	0.072	0.060	0.051	0.041
0.42	0.267	0.226	0.193	0.167	0.146	0.114	0.091	0.075	0.062	0.053	0.042
0.44	0.277	0.233	0.200	0.172	0.151	0.118	0.094	0.077	0.065	0.055	0.044
0.46	0.285	0.241	0.206	0.178	0.155	0.121	0.097	0.080	0.067	0.056	0.045
0.48	0.294	0.248	0.212	0.183	0.160	0.125	0.100	0.082	0.069	0.058	0.046
0.50	0.302	0.255	0.218	0.189	0.165	0.129	0.103	0.085	0.071	0.060	0.048
0.52	0.309	0.261	0.224	0.193	0.169	0.132	0.106	0.087	0.072	0.061	0.049
0.54	0.317	0.268	0.229	0.198	0.173	0.135	0.108	0.089	0.074	0.063	0.050
0.56	0.323	0.274	0.234	0.203	0.177	0.138	0.111	0.091	0.076	0.064	0.051
0.58	0.330	0.279	0.239	0.207	0.181	0.141	0.113	0.093	0.077	0.066	0.052
0.60	0.335	0.284	0.243	0.211	0.184	0.144	0.116	0.095	0.079	0.067	0.053
0.62	0.341	0.289	0.248	0.214	0.187	0.147	0.118	0.096	0.080	0.068	0.054
0.64	0.345	0.293	0.251	0.218	0.190	0.149	0.120	0.098	0.082	0.069	0.055
0.66	0.349	0.296	0.255	0.221	0.193	0.151	0.122	0.100	0.083	0.070	0.056
0.68	0.352	0.300	0.258	0.224	0.196	0.153	0.123	0.101	0.084	0.072	0.057
0.70	0.354	0.302	0.260	0.226	0.198	0.155	0.125	0.102	0.086	0.072	0.058
0.72	0.355	0.303	0.261	0.227	0.200	0.157	0.126	0.104	0.087	0.073	0.059
0.74	0.355	0.304	0.262	0.229	0.201	0.158	0.127	0.105	0.088	0.074	0.059
0.76	0.354	0.303	0.262	0.229	0.201	0.159	0.128	0.106	0.088	0.075	0.060
0.78	0.350	0.301	0.261	0.229	0.201	0.159	0.129	0.106	0.089	0.076	0.060
0.80	0.345	0.297	0.259	0.227	0.200	0.159	0.129	0.107	0.089	0.076	0.061
0.82	0.337	0.292	0.255	0.224	0.198	0.158	0.129	0.107	0.090	0.076	0.061
0.84	0.326	0.283	0.248	0.219	0.195	0.156	0.128	0.106	0.089	0.076	0.061
0.86	0.311	0.272	0.239	0.212	0.189	0.153	0.125	0.105	0.089	0.076	0.061
0.88	0.292	0.256	0.227	0.202	0.181	0.147	0.122	0.102	0.087	0.075	0.060
0.90	0.267	0.236	0.210	0.188	0.169	0.139	0.116	0.098	0.084	0.072	0.059
0.92	0.235	0.209	0.187	0.168	0.152	0.127	0.107	0.091	0.079	0.068	0.056
0.94	0.195	0.174	0.157	0.143	0.130	0.109	0.093	0.080	0.070	0.062	0.052
0.96	0.144	0.130	0.118	0.108	0.099	0.084	0.073	0.064	0.056	0.050	0.043
0.98	0.080	0.073	0.067	0.062	0.057	0.049	0.043	0.039	0.035	0.031	0.027
1.00	0.000	0.000	0.000	0.000	0.000	0.000	0.000	0.000	0.000	0.000	0.000

连续均布水平荷载（V_b/ε_5）$\times 10^{-2}$值表 表 5-5

ξ \ λ_1	1.00	1.20	1.40	1.60	1.80	2.00	2.20	2.40	2.60	2.80	3.00
0.00	11.354	9.891	8.544	7.346	6.302	5.405	4.641	3.991	3.442	2.976	2.582
0.02	11.356	9.893	8.548	7.350	6.306	5.409	4.645	3.996	3.446	2.981	2.586
0.04	11.362	9.901	8.557	7.360	6.318	5.422	4.657	4.009	3.459	2.994	2.599
0.06	11.371	9.913	8.571	7.377	6.336	5.441	4.677	4.029	3.480	3.015	2.620
0.08	11.382	9.928	8.590	7.398	6.359	5.466	4.704	4.057	3.508	3.043	2.648
0.10	11.394	9.945	8.612	7.424	6.388	5.497	4.737	4.090	3.542	3.077	2.682
0.12	11.407	9.965	8.637	7.453	6.421	5.533	4.774	4.129	3.582	3.117	2.722
0.14	11.420	9.985	8.663	7.486	6.458	5.573	4.816	4.173	3.626	3.162	2.767
0.16	11.431	10.005	8.691	7.520	6.497	5.616	4.862	4.221	3.675	3.211	2.816
0.18	11.441	10.025	8.720	7.555	6.538	5.662	4.911	4.272	3.727	3.264	2.869
0.20	11.448	10.043	8.748	7.592	6.581	5.709	4.962	4.325	3.783	3.320	2.925
0.22	11.452	10.059	8.775	7.628	6.624	5.758	5.015	4.381	3.840	3.378	2.983
0.24	11.451	10.072	8.800	7.662	6.667	5.807	5.069	4.438	3.899	3.438	3.044
0.26	11.446	10.082	8.822	7.696	6.709	5.856	5.123	4.495	3.959	3.500	3.106
0.28	11.435	10.086	8.841	7.726	6.749	5.904	5.176	4.553	4.019	3.562	3.168
0.30	11.417	10.086	8.855	7.754	6.787	5.950	5.229	4.610	4.079	3.623	3.231
0.32	11.391	10.079	8.865	7.777	6.822	5.993	5.279	4.665	4.138	3.685	3.294
0.34	11.358	10.065	8.868	7.796	6.853	6.034	5.327	4.719	4.195	3.745	3.355
0.36	11.315	10.043	8.865	7.808	6.878	6.070	5.371	4.769	4.250	3.803	3.415
0.38	11.262	10.013	8.855	7.815	6.899	6.102	5.412	4.816	4.303	3.858	3.473
0.40	11.199	9.973	8.836	7.814	6.913	6.128	5.448	4.860	4.351	3.911	3.528
0.42	11.124	9.923	8.808	7.805	6.920	6.148	5.478	4.898	4.395	3.960	3.580
0.44	11.037	9.862	8.771	7.788	6.920	6.161	5.502	4.931	4.435	4.004	3.628
0.46	10.937	9.789	8.722	7.761	6.910	6.166	5.519	4.957	4.469	4.043	3.672
0.48	10.823	9.703	8.662	7.723	6.892	6.163	5.529	4.977	4.496	4.077	3.710
0.50	10.694	9.604	8.590	7.674	6.863	6.151	5.530	4.989	4.517	4.104	3.743
0.52	10.549	9.490	8.504	7.613	6.822	6.128	5.521	4.992	4.529	4.124	3.769
0.54	10.387	9.361	8.404	7.539	6.770	6.094	5.503	4.986	4.534	4.137	3.787
0.56	10.208	9.216	8.290	7.451	6.705	6.049	5.474	4.970	4.528	4.140	3.798
0.58	10.011	9.053	8.159	7.348	6.627	5.991	5.432	4.943	4.513	4.135	3.800
0.60	9.794	8.873	8.011	7.230	6.534	5.919	5.379	4.904	4.487	4.118	3.792
0.62	9.558	8.673	7.846	7.095	6.425	5.832	5.311	4.853	4.448	4.091	3.775
0.64	9.300	8.454	7.662	6.942	6.300	5.731	5.229	4.787	4.397	4.052	3.745
0.66	9.021	8.214	7.459	6.771	6.157	5.612	5.132	4.708	4.333	4.000	3.704
0.68	8.719	7.953	7.235	6.581	5.996	5.477	5.018	4.612	4.253	3.934	3.650
0.70	8.393	7.668	6.989	6.370	5.815	5.322	4.886	4.500	4.158	3.854	3.582
0.72	8.042	7.361	6.721	6.138	5.614	5.149	4.736	4.371	4.046	3.757	3.498
0.74	7.666	7.028	6.429	5.883	5.392	4.955	4.567	4.223	3.917	3.643	3.398
0.76	7.263	6.670	6.113	5.604	5.147	4.739	4.376	4.055	3.768	3.511	3.281
0.78	6.833	6.286	5.771	5.301	4.878	4.500	4.164	3.865	3.599	3.360	3.146
0.80	6.375	5.874	5.403	4.972	4.584	4.237	3.929	3.654	3.408	3.188	2.990
0.82	5.887	5.433	5.007	4.616	4.264	3.949	3.669	3.419	3.195	2.994	2.813
0.84	5.368	4.963	4.582	4.232	3.917	3.635	3.383	3.159	2.958	2.777	2.614
0.86	4.818	4.462	4.126	3.819	3.541	3.293	3.071	2.873	2.695	2.535	2.390
0.88	4.236	3.929	3.640	3.375	3.136	2.921	2.730	2.558	2.405	2.266	2.141
0.90	3.620	3.363	3.122	2.900	2.699	2.520	2.359	2.215	2.086	1.969	1.864
0.92	2.969	2.763	2.569	2.391	2.230	2.086	1.957	1.841	1.737	1.643	1.558
0.94	2.283	2.128	1.982	1.848	1.727	1.618	1.521	1.434	1.355	1.285	1.220
0.96	1.560	1.457	1.359	1.270	1.189	1.116	1.051	0.993	0.940	0.893	0.850
0.98	0.799	0.748	0.699	0.654	0.614	0.577	0.545	0.515	0.489	0.465	0.444
1.00	0.000	0.000	0.000	0.000	0.000	0.000	0.000	0.000	0.000	0.000	0.000

续表

ξ \ λ_1	3.20	3.40	3.60	3.80	4.00	4.20	4.40	4.60	4.80	5.00	5.20
0.00	2.247	1.962	1.719	1.511	1.333	1.179	1.047	0.932	0.833	0.746	0.670
0.02	2.251	1.966	1.723	1.515	1.337	1.183	1.051	0.936	0.836	0.750	0.674
0.04	2.264	1.979	1.736	1.527	1.349	1.195	1.062	0.947	0.847	0.760	0.684
0.06	2.285	1.999	1.755	1.547	1.368	1.213	1.080	0.964	0.864	0.776	0.700
0.08	2.312	2.026	1.782	1.573	1.393	1.238	1.104	0.987	0.886	0.798	0.721
0.10	2.346	2.060	1.815	1.605	1.424	1.268	1.133	1.016	0.914	0.824	0.746
0.12	2.386	2.098	1.853	1.642	1.460	1.303	1.167	1.049	0.945	0.855	0.776
0.14	2.430	2.142	1.895	1.683	1.501	1.342	1.205	1.086	0.981	0.890	0.809
0.16	2.479	2.190	1.942	1.729	1.545	1.386	1.247	1.126	1.020	0.927	0.845
0.18	2.531	2.242	1.993	1.779	1.593	1.432	1.292	1.170	1.062	0.968	0.885
0.20	2.587	2.297	2.047	1.831	1.645	1.482	1.340	1.216	1.107	1.011	0.926
0.22	2.645	2.354	2.104	1.887	1.698	1.534	1.391	1.265	1.154	1.056	0.970
0.24	2.705	2.414	2.162	1.944	1.754	1.588	1.443	1.315	1.203	1.103	1.015
0.26	2.767	2.475	2.222	2.003	1.811	1.644	1.497	1.368	1.253	1.152	1.061
0.28	2.830	2.537	2.284	2.063	1.870	1.701	1.552	1.421	1.305	1.201	1.109
0.30	2.893	2.600	2.346	2.124	1.929	1.759	1.608	1.475	1.357	1.252	1.157
0.32	2.956	2.663	2.408	2.185	1.989	1.817	1.665	1.530	1.410	1.302	1.206
0.34	3.018	2.725	2.469	2.245	2.049	1.875	1.721	1.584	1.463	1.353	1.256
0.36	3.079	2.786	2.530	2.306	2.108	1.933	1.777	1.639	1.515	1.405	1.305
0.38	3.138	2.846	2.590	2.365	2.166	1.990	1.833	1.693	1.568	1.455	1.354
0.40	3.195	2.904	2.648	2.422	2.223	2.046	1.888	1.746	1.619	1.505	1.402
0.42	3.249	2.959	2.704	2.478	2.278	2.100	1.941	1.798	1.670	1.554	1.450
0.44	3.300	3.011	2.757	2.531	2.331	2.152	1.992	1.849	1.719	1.602	1.496
0.46	3.346	3.059	2.806	2.581	2.381	2.202	2.042	1.897	1.766	1.648	1.541
0.48	3.388	3.104	2.852	2.628	2.428	2.249	2.088	1.943	1.812	1.693	1.584
0.50	3.424	3.143	2.893	2.671	2.471	2.293	2.132	1.986	1.855	1.735	1.625
0.52	3.455	3.177	2.929	2.709	2.511	2.333	2.172	2.027	1.894	1.774	1.664
0.54	3.478	3.204	2.960	2.741	2.545	2.368	2.208	2.063	1.931	1.810	1.700
0.56	3.495	3.225	2.984	2.769	2.574	2.399	2.240	2.095	1.964	1.843	1.733
0.58	3.503	3.239	3.002	2.789	2.597	2.424	2.266	2.123	1.992	1.872	1.762
0.60	3.503	3.244	3.012	2.803	2.614	2.443	2.287	2.145	2.016	1.896	1.787
0.62	3.492	3.240	3.013	2.809	2.623	2.455	2.302	2.162	2.034	1.916	1.807
0.64	3.472	3.226	3.005	2.806	2.625	2.460	2.310	2.172	2.046	1.929	1.822
0.66	3.440	3.202	2.988	2.794	2.617	2.457	2.310	2.175	2.051	1.937	1.831
0.68	3.395	3.166	2.959	2.771	2.600	2.444	2.301	2.170	2.049	1.937	1.834
0.70	3.337	3.117	2.918	2.737	2.573	2.422	2.283	2.156	2.038	1.930	1.829
0.72	3.265	3.055	2.865	2.692	2.533	2.388	2.255	2.132	2.019	1.913	1.816
0.74	3.178	2.979	2.798	2.633	2.482	2.343	2.215	2.098	1.989	1.888	1.794
0.76	3.074	2.886	2.715	2.559	2.416	2.285	2.163	2.051	1.947	1.851	1.761
0.78	2.952	2.776	2.616	2.470	2.336	2.212	2.098	1.992	1.894	1.802	1.717
0.80	2.811	2.648	2.500	2.364	2.239	2.124	2.017	1.918	1.826	1.741	1.661
0.82	2.650	2.500	2.364	2.239	2.124	2.018	1.920	1.829	1.744	1.664	1.590
0.84	2.466	2.331	2.208	2.095	1.991	1.894	1.805	1.722	1.644	1.572	1.504
0.86	2.259	2.140	2.030	1.929	1.836	1.750	1.670	1.596	1.526	1.462	1.401
0.88	2.027	1.923	1.828	1.740	1.659	1.584	1.514	1.449	1.388	1.331	1.278
0.90	1.768	1.680	1.600	1.526	1.457	1.394	1.335	1.279	1.228	1.179	1.134
0.92	1.480	1.409	1.344	1.284	1.229	1.177	1.129	1.084	1.042	1.003	0.966
0.94	1.162	1.108	1.059	1.014	0.971	0.932	0.896	0.862	0.830	0.800	0.772
0.96	0.810	0.774	0.741	0.711	0.683	0.656	0.632	0.609	0.587	0.567	0.548
0.98	0.424	0.406	0.389	0.374	0.360	0.347	0.334	0.323	0.312	0.302	0.292
1.00	0.000	0.000	0.000	0.000	0.000	0.000	0.000	0.000	0.000	0.000	0.000

续表

ξ \ λ_1	5.50	6.00	6.50	7.00	7.50	8.00	8.50	9.00	9.50	10.00	10.50
0.00	0.574	0.449	0.357	0.288	0.235	0.194	0.162	0.137	0.116	0.100	0.086
0.02	0.577	0.452	0.360	0.291	0.238	0.197	0.164	0.139	0.118	0.102	0.088
0.04	0.587	0.461	0.368	0.298	0.245	0.203	0.171	0.145	0.124	0.107	0.093
0.06	0.602	0.475	0.381	0.310	0.256	0.213	0.180	0.154	0.132	0.115	0.100
0.08	0.622	0.493	0.398	0.325	0.270	0.227	0.193	0.165	0.143	0.125	0.110
0.10	0.646	0.516	0.418	0.344	0.287	0.243	0.207	0.179	0.156	0.137	0.121
0.12	0.674	0.541	0.442	0.366	0.307	0.261	0.224	0.194	0.170	0.150	0.133
0.14	0.706	0.570	0.468	0.389	0.329	0.281	0.242	0.211	0.186	0.164	0.147
0.16	0.740	0.601	0.496	0.415	0.352	0.302	0.262	0.229	0.202	0.180	0.161
0.18	0.777	0.635	0.526	0.443	0.377	0.325	0.283	0.249	0.220	0.196	0.176
0.20	0.816	0.670	0.559	0.472	0.404	0.349	0.305	0.269	0.238	0.213	0.192
0.22	0.857	0.707	0.592	0.502	0.431	0.374	0.328	0.289	0.258	0.231	0.208
0.24	0.900	0.746	0.627	0.534	0.460	0.400	0.351	0.311	0.277	0.249	0.224
0.26	0.944	0.785	0.663	0.566	0.489	0.426	0.375	0.333	0.297	0.267	0.241
0.28	0.989	0.826	0.699	0.599	0.519	0.453	0.400	0.355	0.317	0.285	0.258
0.30	1.034	0.867	0.736	0.633	0.549	0.481	0.424	0.377	0.338	0.304	0.275
0.32	1.080	0.909	0.774	0.666	0.579	0.508	0.449	0.400	0.358	0.323	0.293
0.34	1.127	0.951	0.812	0.701	0.610	0.536	0.475	0.423	0.379	0.342	0.310
0.36	1.173	0.993	0.850	0.735	0.641	0.564	0.500	0.446	0.400	0.361	0.327
0.38	1.220	1.035	0.888	0.769	0.672	0.592	0.525	0.469	0.421	0.380	0.345
0.40	1.265	1.077	0.926	0.803	0.703	0.620	0.551	0.492	0.442	0.399	0.362
0.42	1.311	1.118	0.963	0.837	0.734	0.648	0.576	0.515	0.463	0.418	0.380
0.44	1.355	1.158	1.000	0.871	0.764	0.676	0.601	0.538	0.484	0.438	0.397
0.46	1.398	1.198	1.036	0.904	0.794	0.703	0.626	0.561	0.505	0.456	0.415
0.48	1.439	1.236	1.071	0.936	0.824	0.730	0.650	0.583	0.525	0.475	0.432
0.50	1.479	1.273	1.106	0.968	0.853	0.756	0.675	0.605	0.545	0.494	0.449
0.52	1.517	1.309	1.139	0.998	0.881	0.782	0.698	0.627	0.565	0.512	0.466
0.54	1.552	1.342	1.170	1.027	0.908	0.807	0.721	0.648	0.585	0.530	0.483
0.56	1.584	1.373	1.199	1.055	0.934	0.831	0.744	0.669	0.604	0.548	0.499
0.58	1.613	1.402	1.227	1.081	0.958	0.854	0.765	0.689	0.623	0.565	0.515
0.60	1.639	1.427	1.252	1.105	0.981	0.875	0.785	0.708	0.640	0.582	0.531
0.62	1.660	1.449	1.274	1.126	1.002	0.895	0.804	0.726	0.657	0.598	0.546
0.64	1.676	1.467	1.292	1.145	1.020	0.913	0.822	0.742	0.673	0.613	0.560
0.66	1.688	1.481	1.307	1.161	1.036	0.929	0.837	0.757	0.688	0.627	0.573
0.68	1.693	1.489	1.318	1.173	1.049	0.943	0.851	0.771	0.701	0.639	0.585
0.70	1.691	1.492	1.324	1.181	1.058	0.953	0.861	0.781	0.712	0.650	0.596
0.72	1.682	1.488	1.324	1.184	1.063	0.959	0.869	0.790	0.720	0.659	0.605
0.74	1.665	1.477	1.318	1.181	1.064	0.962	0.873	0.795	0.726	0.666	0.612
0.76	1.638	1.457	1.304	1.172	1.058	0.959	0.872	0.796	0.729	0.669	0.616
0.78	1.600	1.429	1.282	1.155	1.046	0.950	0.866	0.793	0.727	0.669	0.617
0.80	1.551	1.389	1.250	1.130	1.026	0.935	0.855	0.784	0.721	0.665	0.615
0.82	1.488	1.337	1.208	1.095	0.997	0.911	0.835	0.768	0.708	0.655	0.607
0.84	1.410	1.272	1.153	1.049	0.958	0.878	0.808	0.745	0.688	0.638	0.593
0.86	1.316	1.192	1.084	0.990	0.907	0.834	0.769	0.712	0.660	0.613	0.572
0.88	1.204	1.094	0.999	0.915	0.842	0.777	0.719	0.667	0.621	0.579	0.541
0.90	1.071	0.977	0.895	0.824	0.760	0.704	0.654	0.609	0.569	0.532	0.499
0.92	0.914	0.838	0.771	0.712	0.660	0.614	0.572	0.535	0.501	0.471	0.443
0.94	0.732	0.674	0.623	0.578	0.538	0.502	0.470	0.441	0.415	0.391	0.370
0.96	0.522	0.482	0.448	0.417	0.390	0.365	0.344	0.324	0.306	0.290	0.275
0.98	0.279	0.259	0.241	0.226	0.212	0.200	0.189	0.179	0.170	0.161	0.154
1.00	0.000	0.000	0.000	0.000	0.000	0.000	0.000	0.000	0.000	0.000	0.000

续表

ξ \ λ_1	11.00	12.00	13.00	14.00	15.00	17.00	19.00	21.00	23.00	25.00	28.00
0.00	0.075	0.058	0.046	0.036	0.030	0.020	0.015	0.011	0.008	0.006	0.005
0.02	0.077	0.059	0.047	0.038	0.031	0.021	0.016	0.012	0.009	0.007	0.005
0.04	0.081	0.064	0.051	0.041	0.034	0.024	0.018	0.014	0.011	0.009	0.007
0.06	0.088	0.070	0.056	0.046	0.039	0.028	0.021	0.017	0.013	0.011	0.009
0.08	0.097	0.078	0.063	0.053	0.044	0.033	0.025	0.020	0.016	0.014	0.011
0.10	0.108	0.087	0.072	0.060	0.051	0.038	0.030	0.024	0.020	0.017	0.013
0.12	0.119	0.097	0.081	0.068	0.058	0.044	0.035	0.028	0.023	0.020	0.015
0.14	0.132	0.108	0.090	0.077	0.066	0.050	0.040	0.032	0.027	0.023	0.018
0.16	0.145	0.120	0.100	0.086	0.074	0.057	0.045	0.037	0.030	0.026	0.020
0.18	0.159	0.132	0.111	0.095	0.082	0.063	0.050	0.041	0.034	0.029	0.023
0.20	0.173	0.144	0.122	0.104	0.090	0.070	0.056	0.046	0.038	0.032	0.026
0.22	0.188	0.157	0.133	0.114	0.099	0.077	0.061	0.050	0.042	0.035	0.028
0.24	0.204	0.170	0.144	0.124	0.107	0.083	0.067	0.054	0.045	0.038	0.031
0.26	0.219	0.183	0.155	0.134	0.116	0.090	0.072	0.059	0.049	0.042	0.033
0.28	0.235	0.196	0.167	0.144	0.125	0.097	0.078	0.064	0.053	0.045	0.036
0.30	0.250	0.210	0.178	0.154	0.134	0.104	0.083	0.068	0.057	0.048	0.038
0.32	0.266	0.223	0.190	0.164	0.142	0.111	0.089	0.073	0.060	0.051	0.041
0.34	0.282	0.237	0.202	0.174	0.151	0.118	0.094	0.077	0.064	0.054	0.043
0.36	0.298	0.250	0.213	0.184	0.160	0.125	0.100	0.082	0.068	0.058	0.046
0.38	0.314	0.264	0.225	0.194	0.169	0.132	0.105	0.086	0.072	0.061	0.048
0.40	0.330	0.278	0.237	0.204	0.178	0.138	0.111	0.091	0.076	0.064	0.051
0.42	0.346	0.291	0.248	0.214	0.187	0.145	0.116	0.095	0.079	0.067	0.054
0.44	0.362	0.305	0.260	0.224	0.195	0.152	0.122	0.100	0.083	0.070	0.056
0.46	0.378	0.319	0.272	0.234	0.204	0.159	0.127	0.104	0.087	0.074	0.059
0.48	0.394	0.332	0.283	0.245	0.213	0.166	0.133	0.109	0.091	0.077	0.061
0.50	0.410	0.346	0.295	0.255	0.222	0.173	0.138	0.113	0.095	0.080	0.064
0.52	0.426	0.359	0.307	0.265	0.231	0.180	0.144	0.118	0.098	0.083	0.066
0.54	0.441	0.372	0.318	0.275	0.240	0.187	0.150	0.122	0.102	0.086	0.069
0.56	0.456	0.385	0.329	0.285	0.248	0.194	0.155	0.127	0.106	0.090	0.071
0.58	0.471	0.398	0.341	0.295	0.257	0.200	0.161	0.131	0.110	0.093	0.074
0.60	0.486	0.411	0.352	0.304	0.266	0.207	0.166	0.136	0.113	0.096	0.077
0.62	0.500	0.423	0.363	0.314	0.274	0.214	0.172	0.141	0.117	0.099	0.079
0.64	0.513	0.435	0.373	0.323	0.282	0.221	0.177	0.145	0.121	0.102	0.082
0.66	0.526	0.447	0.383	0.332	0.291	0.227	0.182	0.149	0.125	0.106	0.084
0.68	0.538	0.457	0.393	0.341	0.299	0.234	0.188	0.154	0.128	0.109	0.087
0.70	0.548	0.467	0.402	0.349	0.306	0.240	0.193	0.158	0.132	0.112	0.089
0.72	0.557	0.476	0.411	0.357	0.313	0.246	0.198	0.163	0.136	0.115	0.092
0.74	0.564	0.483	0.418	0.364	0.320	0.252	0.203	0.167	0.139	0.118	0.094
0.76	0.569	0.489	0.424	0.370	0.326	0.257	0.208	0.171	0.143	0.121	0.097
0.78	0.571	0.492	0.428	0.375	0.330	0.262	0.212	0.175	0.146	0.124	0.099
0.80	0.570	0.493	0.429	0.377	0.333	0.265	0.215	0.178	0.149	0.127	0.102
0.82	0.564	0.489	0.428	0.377	0.335	0.268	0.218	0.181	0.152	0.129	0.104
0.84	0.552	0.482	0.423	0.374	0.333	0.268	0.219	0.183	0.154	0.131	0.106
0.86	0.534	0.468	0.413	0.367	0.328	0.266	0.219	0.183	0.155	0.133	0.107
0.88	0.507	0.447	0.396	0.354	0.318	0.260	0.215	0.181	0.154	0.133	0.108
0.90	0.469	0.416	0.371	0.333	0.301	0.248	0.208	0.176	0.151	0.131	0.107
0.92	0.418	0.373	0.335	0.303	0.275	0.230	0.194	0.166	0.144	0.126	0.104
0.94	0.350	0.315	0.285	0.259	0.237	0.200	0.172	0.149	0.130	0.115	0.096
0.96	0.261	0.237	0.216	0.198	0.183	0.157	0.136	0.120	0.106	0.095	0.081
0.98	0.147	0.134	0.124	0.114	0.106	0.093	0.082	0.073	0.066	0.060	0.052
1.00	0.000	0.000	0.000	0.000	0.000	0.000	0.000	0.000	0.000	0.000	0.000

顶部集中水平荷载（V_b/ε_6）$\times 10^{-2}$值表　　表 5-6

ξ \ λ_1	1.00	1.20	1.40	1.60	1.80	2.00	2.20	2.40	2.60	2.80	3.00
0.00	35.195	31.091	27.300	23.907	20.932	18.355	16.138	14.237	12.608	11.210	10.007
0.02	35.182	31.080	27.291	23.899	20.926	18.350	16.134	14.233	12.605	11.207	10.005
0.04	35.143	31.047	27.263	23.876	20.906	18.334	16.121	14.222	12.596	11.200	10.000
0.06	35.078	30.992	27.216	23.837	20.874	18.307	16.099	14.204	12.581	11.188	9.990
0.08	34.987	30.914	27.151	23.783	20.829	18.270	16.068	14.179	12.560	11.171	9.976
0.10	34.870	30.815	27.067	23.713	20.771	18.222	16.028	14.146	12.533	11.149	9.957
0.12	34.727	30.693	26.964	23.627	20.699	18.163	15.980	14.106	12.500	11.121	9.935
0.14	34.558	30.549	26.843	23.525	20.615	18.093	15.922	14.059	12.461	11.089	9.909
0.16	34.363	30.382	26.702	23.408	20.517	18.012	15.855	14.004	12.416	11.052	9.878
0.18	34.142	30.193	26.543	23.274	20.406	17.920	15.779	13.941	12.364	11.009	9.843
0.20	33.894	29.981	26.364	23.125	20.281	17.816	15.693	13.870	12.305	10.961	9.803
0.22	33.620	29.747	26.166	22.958	20.143	17.701	15.598	13.791	12.240	10.907	9.758
0.24	33.319	29.490	25.948	22.776	19.991	17.575	15.493	13.704	12.168	10.847	9.709
0.26	32.992	29.209	25.711	22.577	19.824	17.436	15.378	13.609	12.089	10.782	9.654
0.28	32.638	28.906	25.454	22.361	19.644	17.285	15.252	13.505	12.002	10.710	9.595
0.30	32.256	28.579	25.177	22.127	19.448	17.123	15.117	13.392	11.908	10.631	9.529
0.32	31.848	28.229	24.879	21.877	19.238	16.947	14.970	13.269	11.806	10.547	9.459
0.34	31.413	27.854	24.562	21.609	19.013	16.758	14.813	13.138	11.697	10.455	9.382
0.36	30.950	27.456	24.223	21.323	18.773	16.557	14.644	12.996	11.578	10.356	9.299
0.38	30.459	27.034	23.863	21.019	18.517	16.342	14.463	12.845	11.451	10.249	9.209
0.40	29.941	26.587	23.482	20.696	18.244	16.113	14.271	12.683	11.315	10.134	9.113
0.42	29.394	26.116	23.080	20.354	17.956	15.869	14.066	12.511	11.170	10.012	9.009
0.44	28.820	25.620	22.655	19.994	17.651	15.612	13.848	12.327	11.015	9.881	8.898
0.46	28.216	25.098	22.209	19.614	17.328	15.339	13.617	12.132	10.849	9.740	8.779
0.48	27.585	24.551	21.739	19.214	16.988	15.050	13.373	11.924	10.673	9.590	8.651
0.50	26.924	23.978	21.247	18.793	16.630	14.746	13.114	11.704	10.486	9.431	8.515
0.52	26.234	23.379	20.732	18.352	16.254	14.425	12.841	11.471	10.287	9.261	8.369
0.54	25.514	22.753	20.192	17.890	15.859	14.088	12.553	11.225	10.076	9.080	8.214
0.56	24.765	22.101	19.629	17.406	15.444	13.733	12.249	10.964	9.852	8.887	8.047
0.58	23.985	21.421	19.041	16.899	15.009	13.360	11.928	10.689	9.615	8.682	7.870
0.60	23.175	20.713	18.428	16.370	14.554	12.968	11.591	10.398	9.363	8.465	7.682
0.62	22.335	19.978	17.789	15.818	14.078	12.557	11.236	10.091	9.097	8.234	7.480
0.64	21.463	19.213	17.124	15.242	13.580	12.126	10.863	9.767	8.816	7.989	7.266
0.66	20.560	18.420	16.433	14.642	13.059	11.675	10.471	9.426	8.519	7.728	7.038
0.68	19.625	17.598	15.714	14.017	12.515	11.202	10.059	9.067	8.204	7.453	6.796
0.70	18.658	16.746	14.968	13.366	11.948	10.707	9.627	8.688	7.872	7.160	6.537
0.72	17.659	15.863	14.194	12.688	11.356	10.189	9.173	8.290	7.521	6.850	6.263
0.74	16.626	14.949	13.390	11.984	10.739	9.648	8.698	7.871	7.150	6.521	5.970
0.76	15.560	14.005	12.557	11.252	10.095	9.082	8.198	7.429	6.759	6.173	5.660
0.78	14.461	13.028	11.694	10.491	9.425	8.491	7.675	6.965	6.346	5.804	5.329
0.80	13.327	12.018	10.801	9.701	8.727	7.873	7.127	6.477	5.910	5.414	4.978
0.82	12.158	10.976	9.875	8.881	8.000	7.227	6.552	5.964	5.450	5.000	4.605
0.84	10.955	9.900	8.918	8.031	7.244	6.554	5.950	5.424	4.965	4.562	4.208
0.86	9.716	8.789	7.927	7.148	6.457	5.850	5.320	4.857	4.453	4.099	3.787
0.88	8.440	7.644	6.903	6.233	5.638	5.116	4.660	4.262	3.913	3.608	3.339
0.90	7.128	6.463	5.844	5.284	4.787	4.351	3.969	3.636	3.344	3.088	2.863
0.92	5.779	5.246	4.749	4.300	3.902	3.552	3.246	2.978	2.744	2.539	2.357
0.94	4.392	3.992	3.619	3.281	2.982	2.719	2.489	2.287	2.111	1.957	1.820
0.96	2.967	2.700	2.451	2.226	2.026	1.850	1.696	1.562	1.444	1.341	1.250
0.98	1.503	1.370	1.245	1.132	1.032	0.944	0.867	0.800	0.741	0.689	0.644
1.00	0.000	0.000	0.000	0.000	0.000	0.000	0.000	0.000	0.000	0.000	0.000

续表

ξ \ λ_1	3.20	3.40	3.60	3.80	4.00	4.20	4.40	4.60	4.80	5.00	5.20
0.00	8.971	8.074	7.295	6.616	6.021	5.499	5.038	4.631	4.269	3.946	3.657
0.02	8.969	8.072	7.294	6.615	6.020	5.498	5.038	4.630	4.269	3.946	3.657
0.04	8.964	8.068	7.290	6.612	6.018	5.497	5.037	4.629	4.268	3.945	3.657
0.06	8.956	8.062	7.285	6.607	6.015	5.494	5.034	4.627	4.266	3.944	3.655
0.08	8.945	8.052	7.277	6.601	6.009	5.489	5.031	4.624	4.264	3.942	3.654
0.10	8.930	8.040	7.267	6.593	6.003	5.484	5.026	4.621	4.260	3.939	3.652
0.12	8.911	8.025	7.255	6.583	5.994	5.477	5.020	4.616	4.257	3.936	3.649
0.14	8.890	8.007	7.240	6.571	5.984	5.469	5.014	4.611	4.252	3.932	3.646
0.16	8.864	7.986	7.223	6.556	5.973	5.459	5.006	4.604	4.247	3.928	3.642
0.18	8.835	7.962	7.203	6.540	5.959	5.448	4.997	4.596	4.240	3.923	3.638
0.20	8.802	7.935	7.181	6.522	5.944	5.435	4.986	4.588	4.233	3.917	3.633
0.22	8.766	7.905	7.155	6.501	5.927	5.421	4.974	4.578	4.225	3.910	3.628
0.24	8.725	7.871	7.127	6.478	5.907	5.405	4.961	4.567	4.216	3.902	3.621
0.26	8.679	7.833	7.096	6.452	5.886	5.387	4.946	4.554	4.206	3.894	3.614
0.28	8.630	7.792	7.062	6.423	5.862	5.367	4.929	4.541	4.194	3.884	3.606
0.30	8.576	7.747	7.024	6.392	5.836	5.345	4.911	4.525	4.181	3.873	3.597
0.32	8.516	7.697	6.983	6.357	5.807	5.321	4.891	4.508	4.167	3.861	3.587
0.34	8.452	7.644	6.938	6.319	5.775	5.294	4.868	4.489	4.151	3.848	3.575
0.36	8.382	7.585	6.888	6.278	5.740	5.265	4.843	4.468	4.133	3.833	3.562
0.38	8.307	7.522	6.835	6.232	5.702	5.232	4.816	4.445	4.113	3.816	3.548
0.40	8.226	7.453	6.777	6.183	5.660	5.197	4.786	4.419	4.091	3.797	3.532
0.42	8.138	7.379	6.714	6.130	5.615	5.158	4.753	4.391	4.067	3.777	3.515
0.44	8.044	7.299	6.646	6.072	5.565	5.116	4.717	4.360	4.041	3.754	3.495
0.46	7.943	7.212	6.572	6.009	5.511	5.070	4.677	4.326	4.011	3.728	3.473
0.48	7.834	7.119	6.493	5.941	5.453	5.019	4.634	4.289	3.979	3.700	3.449
0.50	7.717	7.019	6.407	5.867	5.389	4.964	4.586	4.247	3.943	3.669	3.422
0.52	7.592	6.912	6.314	5.787	5.320	4.905	4.534	4.202	3.904	3.635	3.392
0.54	7.458	6.796	6.214	5.700	5.245	4.839	4.477	4.152	3.861	3.597	3.359
0.56	7.314	6.672	6.106	5.606	5.163	4.768	4.415	4.098	3.813	3.555	3.322
0.58	7.161	6.538	5.990	5.505	5.074	4.690	4.347	4.038	3.760	3.509	3.281
0.60	6.997	6.395	5.865	5.396	4.978	4.606	4.272	3.972	3.702	3.457	3.235
0.62	6.821	6.242	5.730	5.277	4.874	4.514	4.191	3.900	3.638	3.401	3.185
0.64	6.634	6.077	5.585	5.149	4.761	4.414	4.102	3.821	3.568	3.338	3.129
0.66	6.433	5.900	5.429	5.011	4.638	4.305	4.005	3.735	3.490	3.268	3.066
0.68	6.219	5.711	5.261	4.862	4.505	4.186	3.899	3.639	3.405	3.192	2.997
0.70	5.990	5.508	5.081	4.701	4.361	4.057	3.783	3.535	3.311	3.107	2.921
0.72	5.746	5.290	4.886	4.527	4.205	3.916	3.656	3.421	3.207	3.013	2.835
0.74	5.486	5.057	4.677	4.339	4.036	3.763	3.518	3.295	3.093	2.909	2.741
0.76	5.208	4.808	4.453	4.136	3.852	3.597	3.367	3.158	2.968	2.795	2.636
0.78	4.911	4.540	4.211	3.917	3.653	3.416	3.202	3.007	2.830	2.668	2.520
0.80	4.594	4.254	3.951	3.681	3.438	3.219	3.021	2.842	2.678	2.528	2.391
0.82	4.256	3.947	3.672	3.426	3.205	3.005	2.824	2.660	2.510	2.373	2.248
0.84	3.896	3.619	3.372	3.150	2.952	2.772	2.609	2.461	2.326	2.202	2.089
0.86	3.511	3.267	3.049	2.853	2.677	2.519	2.374	2.243	2.123	2.013	1.912
0.88	3.101	2.890	2.702	2.533	2.381	2.243	2.118	2.004	1.900	1.805	1.717
0.90	2.664	2.487	2.329	2.187	2.059	1.943	1.838	1.742	1.654	1.574	1.499
0.92	2.197	2.055	1.927	1.813	1.710	1.617	1.532	1.455	1.384	1.319	1.258
0.94	1.700	1.592	1.496	1.410	1.333	1.262	1.198	1.140	1.086	1.037	0.991
0.96	1.169	1.097	1.033	0.975	0.923	0.876	0.833	0.794	0.758	0.725	0.694
0.98	0.603	0.567	0.535	0.506	0.480	0.457	0.435	0.415	0.397	0.381	0.365
1.00	0.000	0.000	0.000	0.000	0.000	0.000	0.000	0.000	0.000	0.000	0.000

续表

ξ \ λ_1	5.50	6.00	6.50	7.00	7.50	8.00	8.50	9.00	9.50	10.00	10.50
0.00	3.279	2.764	2.360	2.037	1.776	1.561	1.384	1.234	1.108	1.000	0.907
0.02	3.279	2.764	2.360	2.037	1.776	1.561	1.384	1.234	1.108	1.000	0.907
0.04	3.278	2.764	2.360	2.037	1.776	1.561	1.383	1.234	1.108	1.000	0.907
0.06	3.277	2.763	2.359	2.037	1.776	1.561	1.383	1.234	1.108	1.000	0.907
0.08	3.276	2.762	2.359	2.036	1.775	1.561	1.383	1.234	1.108	1.000	0.907
0.10	3.275	2.761	2.358	2.036	1.775	1.561	1.383	1.234	1.108	1.000	0.907
0.12	3.273	2.760	2.357	2.036	1.775	1.561	1.383	1.234	1.108	1.000	0.907
0.14	3.270	2.759	2.357	2.035	1.775	1.561	1.383	1.234	1.108	1.000	0.907
0.16	3.268	2.757	2.356	2.035	1.774	1.560	1.383	1.234	1.108	1.000	0.907
0.18	3.264	2.755	2.354	2.034	1.774	1.560	1.383	1.234	1.108	1.000	0.907
0.20	3.261	2.753	2.353	2.033	1.773	1.560	1.382	1.234	1.107	1.000	0.907
0.22	3.256	2.750	2.351	2.032	1.772	1.559	1.382	1.233	1.107	1.000	0.907
0.24	3.252	2.747	2.349	2.030	1.772	1.559	1.382	1.233	1.107	0.999	0.907
0.26	3.246	2.744	2.347	2.029	1.771	1.558	1.381	1.233	1.107	0.999	0.907
0.28	3.240	2.740	2.344	2.027	1.770	1.558	1.381	1.233	1.107	0.999	0.907
0.30	3.233	2.735	2.341	2.025	1.768	1.557	1.380	1.232	1.107	0.999	0.906
0.32	3.225	2.730	2.338	2.023	1.767	1.556	1.380	1.232	1.106	0.999	0.906
0.34	3.216	2.724	2.334	2.021	1.765	1.555	1.379	1.231	1.106	0.999	0.906
0.36	3.206	2.717	2.330	2.018	1.763	1.553	1.378	1.231	1.105	0.998	0.906
0.38	3.195	2.710	2.324	2.014	1.761	1.552	1.377	1.230	1.105	0.998	0.906
0.40	3.182	2.701	2.319	2.010	1.758	1.550	1.376	1.229	1.104	0.998	0.905
0.42	3.168	2.692	2.312	2.006	1.755	1.547	1.374	1.228	1.104	0.997	0.905
0.44	3.153	2.681	2.305	2.000	1.751	1.545	1.372	1.227	1.103	0.996	0.904
0.46	3.135	2.669	2.296	1.994	1.747	1.542	1.370	1.225	1.101	0.995	0.904
0.48	3.116	2.655	2.286	1.987	1.742	1.538	1.367	1.223	1.100	0.994	0.903
0.50	3.094	2.639	2.275	1.979	1.736	1.534	1.364	1.221	1.098	0.993	0.902
0.52	3.069	2.622	2.262	1.970	1.729	1.529	1.361	1.218	1.096	0.992	0.901
0.54	3.042	2.602	2.248	1.959	1.721	1.523	1.356	1.215	1.094	0.990	0.900
0.56	3.011	2.579	2.231	1.947	1.712	1.516	1.351	1.211	1.091	0.988	0.898
0.58	2.977	2.554	2.212	1.933	1.702	1.508	1.345	1.206	1.088	0.985	0.896
0.60	2.939	2.526	2.191	1.917	1.689	1.499	1.338	1.201	1.083	0.982	0.893
0.62	2.896	2.493	2.167	1.898	1.675	1.488	1.329	1.194	1.078	0.978	0.890
0.64	2.849	2.457	2.139	1.877	1.658	1.475	1.319	1.186	1.072	0.973	0.886
0.66	2.796	2.416	2.107	1.852	1.639	1.460	1.307	1.177	1.064	0.967	0.881
0.68	2.737	2.370	2.071	1.824	1.616	1.442	1.293	1.165	1.055	0.959	0.876
0.70	2.671	2.319	2.030	1.791	1.590	1.421	1.276	1.152	1.044	0.950	0.868
0.72	2.597	2.260	1.983	1.753	1.560	1.396	1.256	1.135	1.031	9.939	0.859
0.74	2.514	2.194	1.930	1.710	1.525	1.367	1.232	1.116	1.014	0.926	0.848
0.76	2.423	2.120	1.869	1.660	1.484	1.333	1.204	1.092	0.995	0.909	0.834
0.78	2.320	2.036	1.800	1.603	1.436	1.294	1.171	1.064	0.971	0.889	0.817
0.80	2.205	1.941	1.722	1.538	1.381	1.247	1.131	1.030	9.942	0.865	0.796
0.82	2.077	1.834	1.632	1.462	1.317	1.192	1.084	0.990	0.908	0.835	0.770
0.84	1.934	1.714	1.530	1.375	1.242	1.128	1.029	0.942	0.866	0.798	0.738
0.86	1.775	1.579	1.414	1.275	1.156	1.053	0.963	0.884	0.815	0.753	0.698
0.88	1.597	1.426	1.282	1.160	1.055	0.964	0.885	0.815	0.754	0.699	0.650
0.90	1.398	1.253	1.131	1.027	0.938	0.860	0.793	0.733	0.680	0.632	0.590
0.92	1.177	1.059	0.960	0.875	0.802	0.739	0.683	0.634	0.590	0.551	0.515
0.94	0.929	0.840	0.764	0.700	0.644	0.596	0.553	0.515	0.481	0.451	0.424
0.96	0.653	0.593	0.542	0.498	0.461	0.428	0.399	0.373	0.350	0.330	0.311
0.98	0.344	0.314	0.289	0.267	0.248	0.231	0.216	0.203	0.192	0.181	0.172
1.00	0.000	0.000	0.000	0.000	0.000	0.000	0.000	0.000	0.000	0.000	0.000

续表

ξ \ λ_1	11.00	12.00	13.00	14.00	15.00	17.00	19.00	21.00	23.00	25.00	28.00
0.00	0.826	0.694	0.592	0.510	0.444	0.346	0.277	0.227	0.189	0.160	0.128
0.02	0.826	0.694	0.592	0.510	0.444	0.346	0.277	0.227	0.189	0.160	0.128
0.04	0.826	0.694	0.592	0.510	0.444	0.346	0.277	0.227	0.189	0.160	0.128
0.06	0.826	0.694	0.592	0.510	0.444	0.346	0.277	0.227	0.189	0.160	0.128
0.08	0.826	0.694	0.592	0.510	0.444	0.346	0.277	0.227	0.189	0.160	0.128
0.10	0.826	0.694	0.592	0.510	0.444	0.346	0.277	0.227	0.189	0.160	0.128
0.12	0.826	0.694	0.592	0.510	0.444	0.346	0.277	0.227	0.189	0.160	0.128
0.14	0.826	0.694	0.592	0.510	0.444	0.346	0.277	0.227	0.189	0.160	0.128
0.16	0.826	0.694	0.592	0.510	0.444	0.346	0.277	0.227	0.189	0.160	0.128
0.18	0.826	0.694	0.592	0.510	0.444	0.346	0.277	0.227	0.189	0.160	0.128
0.20	0.826	0.694	0.592	0.510	0.444	0.346	0.277	0.227	0.189	0.160	0.128
0.22	0.826	0.694	0.592	0.510	0.444	0.346	0.277	0.227	0.189	0.160	0.128
0.24	0.826	0.694	0.592	0.510	0.444	0.346	0.277	0.227	0.189	0.160	0.128
0.26	0.826	0.694	0.592	0.510	0.444	0.346	0.277	0.227	0.189	0.160	0.128
0.28	0.826	0.694	0.592	0.510	0.444	0.346	0.277	0.227	0.189	0.160	0.128
0.30	0.826	0.694	0.592	0.510	0.444	0.346	0.277	0.227	0.189	0.160	0.128
0.32	0.826	0.694	0.592	0.510	0.444	0.346	0.277	0.227	0.189	0.160	0.128
0.34	0.826	0.694	0.592	0.510	0.444	0.346	0.277	0.227	0.189	0.160	0.128
0.36	0.826	0.694	0.592	0.510	0.444	0.346	0.277	0.227	0.189	0.160	0.128
0.38	0.826	0.694	0.592	0.510	0.444	0.346	0.277	0.227	0.189	0.160	0.128
0.40	0.825	0.694	0.591	0.510	0.444	0.346	0.277	0.227	0.189	0.160	0.128
0.42	0.825	0.694	0.591	0.510	0.444	0.346	0.277	0.227	0.189	0.160	0.128
0.44	0.825	0.694	0.591	0.510	0.444	0.346	0.277	0.227	0.189	0.160	0.128
0.46	0.824	0.693	0.591	0.510	0.444	0.346	0.277	0.227	0.189	0.160	0.128
0.48	0.824	0.693	0.591	0.510	0.444	0.346	0.277	0.227	0.189	0.160	0.128
0.50	0.823	0.693	0.591	0.510	0.444	0.346	0.277	0.227	0.189	0.160	0.128
0.52	0.822	0.692	0.591	0.510	0.444	0.346	0.277	0.227	0.189	0.160	0.128
0.54	0.821	0.692	0.590	0.509	0.444	0.346	0.277	0.227	0.189	0.160	0.128
0.56	0.820	0.691	0.590	0.509	0.444	0.346	0.277	0.227	0.189	0.160	0.128
0.58	0.818	0.690	0.589	0.509	0.444	0.346	0.277	0.227	0.189	0.160	0.128
0.60	0.816	0.689	0.588	0.508	0.443	0.346	0.277	0.227	0.189	0.160	0.128
0.62	0.814	0.687	0.587	0.508	0.443	0.345	0.277	0.227	0.189	0.160	0.128
0.64	0.811	0.685	0.586	0.507	0.442	0.345	0.277	0.227	0.189	0.160	0.128
0.66	0.807	0.683	0.585	0.506	0.442	0.345	0.277	0.227	0.189	0.160	0.128
0.68	0.802	0.680	0.582	0.504	0.441	0.345	0.276	0.226	0.189	0.160	0.128
0.70	0.796	0.675	0.580	0.503	0.440	0.344	0.276	0.226	0.189	0.160	0.128
0.72	0.788	0.670	0.576	0.500	0.438	0.343	0.276	0.226	0.189	0.160	0.128
0.74	0.779	0.664	0.572	0.497	0.435	0.342	0.275	0.226	0.189	0.160	0.127
0.76	0.767	0.655	0.566	0.492	0.432	0.340	0.274	0.225	0.188	0.160	0.127
0.78	0.753	0.645	0.558	0.487	0.428	0.338	0.273	0.225	0.188	0.159	0.127
0.80	0.735	0.631	0.548	0.479	0.422	0.334	0.271	0.223	0.187	0.159	0.127
0.82	0.712	0.614	0.535	0.469	0.415	0.330	0.268	0.222	0.186	0.158	0.127
0.84	0.684	0.593	0.518	0.456	0.404	0.323	0.264	0.219	0.184	0.157	0.126
0.86	0.649	0.565	0.496	0.438	0.390	0.314	0.258	0.215	0.181	0.155	0.125
0.88	0.606	0.530	0.467	0.415	0.371	0.301	0.249	0.209	0.177	0.152	0.123
0.90	0.551	0.485	0.430	0.384	0.345	0.283	0.236	0.199	0.170	0.147	0.120
0.92	0.484	0.429	0.383	0.344	0.311	0.257	0.216	0.184	0.159	0.138	0.114
0.94	0.399	0.356	0.320	0.290	0.264	0.221	0.188	0.162	0.141	0.124	0.104
0.96	0.294	0.265	0.240	0.219	0.201	0.171	0.147	0.129	0.114	0.101	0.086
0.98	0.163	0.148	0.135	0.125	0.115	0.100	0.088	0.078	0.070	0.063	0.055
1.00	0.000	0.000	0.000	0.000	0.000	0.000	0.000	0.000	0.000	0.000	0.000

5.10 怎样计算双肢墙的侧移和等效刚度?

解微分方程(5-20),可得墙肢转角 α 的表达式:

$$\alpha(x)=C_3\mathrm{sh}\lambda x+C_4\mathrm{ch}\lambda x+\frac{k}{\lambda^2 S\Sigma EI_i}\left[-\int_H^x M_0(x)\mathrm{d}x+\left(\frac{S}{k}-\frac{1}{\lambda^2}\right)V_0(x)-\left(\frac{S}{\lambda^2 k}-\frac{1}{\lambda^4}\right)\frac{\mathrm{d}q}{\mathrm{d}x}\right] \tag{5-45}$$

积分常数 C_3 和 C_4 由下列边界条件确定:

$$\frac{\mathrm{d}\alpha(0)}{\mathrm{d}x}=0$$

$$\alpha(H)=0 \tag{5-46}$$

上述两个条件,其中一个是根据房屋顶点(即 $x=0$)弯矩,即转角的微商等于零确定的;另一个是根据底面,即固定端处($x=H$)地基倾角等于零确定的。

由这些条件求得:

$$C_3=\left(S\lambda-\frac{k}{\lambda}\right)\frac{q}{\lambda^4 S\Sigma EI_i} \tag{5-47}$$

$$C_4=\left(S\lambda-\frac{k}{\lambda}\right)\frac{qA}{\lambda^4 S\Sigma EI_i} \tag{5-48}$$

其中

$$A=\left(-\frac{1}{\lambda H}+\frac{\lambda H}{2}-\mathrm{sh}\lambda H\right)\frac{1}{\mathrm{ch}\lambda h} \quad (倒三角形荷载) \tag{5-49a}$$

$$A=(\lambda H-\mathrm{sh}\lambda H)\frac{1}{\mathrm{ch}\lambda H} \quad (均布荷载) \tag{5-49b}$$

将所求得的积分常数 C_3 和 C_4 代入式(5-45)就可得到抗震墙的转角。若再考虑墙肢剪切变形的影响,则其侧移为:

$$y(x)=\int_x^H \alpha_{\mathrm{M+N}}(x)\mathrm{d}x+\int_x^H \alpha_{\mathrm{V}}(x)\mathrm{d}x \tag{5-50a}$$

其中 $\alpha_{\mathrm{M+N}}(x)$——墙肢在水平荷载作用下考虑弯曲变形和轴向变形影响时的转角;

$\alpha_{\mathrm{V}}(x)$——墙肢在水平荷载作用下仅考虑剪切变形时的转角,可按下式确定:

$$\alpha_{\mathrm{V}}(x)=\frac{\mu V_{\mathrm{q}}(x)}{G\Sigma A_i} \tag{5-51}$$

G——混凝土剪切模量度;

ΣA_i——双肢墙横截面之和。

将上列关系代入式(5-50a),得剪力墙在倒三角形荷载和均布荷载作用下的侧移:

当倒三角形荷载时

$$y=y_0(x)+\frac{I_{\mathrm{n}}}{\lambda^2 I_0\Sigma EI_i}\left\{\frac{q}{\lambda^2}\left[\mathrm{ch}\lambda H-\mathrm{ch}\lambda x+A(\mathrm{sh}\lambda H-\mathrm{sh}\lambda x)+\left(1-\frac{x}{H}\right)\right]+[M_0(H)-M_0(x)]\right\}-\frac{\mu V_0(H)H}{G\Sigma A_i}\left\{1-\left(\frac{x}{H}\right)^2-\frac{1}{3}\left[1-\left(\frac{x}{H}\right)^3\right]\right\} \tag{5-52}$$

当均布荷载时

$$y = y_0(x) + \frac{I_n}{\lambda^2 I_0 \Sigma EI_i}\left\{\frac{q}{\lambda^2}[\text{ch}\lambda H - \text{ch}\lambda x + A(\text{sh}\lambda H - \text{sh}\lambda x)] + [M_0(H) - M_0(x)]\right\} - \frac{\mu V_0(H)H}{2G\Sigma A_i}\left[1 - \left(\frac{x}{H}\right)^2\right] \tag{5-53}$$

式中　y_0（x）——连梁为绝对刚性时抗震墙在水平荷载作用下的侧移；

I_n——抗震墙组合截面的惯性矩与两墙肢惯性矩之和的差。$I_n = I_0 - \Sigma I_i$。

对于水平集中荷载，采用式（5-14）计算墙的侧移较为方便。将式（5-14）用相对坐标表示：

$$\alpha = S\frac{1}{H}N'(\xi) + kH\int_\xi^1 N\text{d}\xi \tag{5-54}$$

其中

$$N(\xi) = \frac{FH^3}{\lambda_1^2 S\Sigma EI}\left(\xi - \frac{\text{sh}\lambda_1\xi}{\lambda_1\text{ch}\lambda_1}\right) \tag{5-55}$$

而
$$N'(\xi) = \frac{FH^3}{\lambda_1^2 S\Sigma EI}\left(1 - \frac{\text{ch}\lambda_1\xi}{\text{ch}\lambda_1}\right) \tag{5-56}$$

将上列公式代入式（5-54）经计算得：

$$\alpha(\xi) = \frac{FH^2}{EI_0}\left[\frac{I_n}{\lambda_1^2\Sigma EI}\left(1 - \frac{\text{ch}\lambda_1\xi}{\text{ch}\lambda_1}\right) + \frac{1}{2}(1 - \xi^2)\right] \tag{5-57}$$

同时考虑墙肢剪切变形的影响，则墙的总位移为：

$$y(\xi) = H\int_\xi^1 \alpha_{\text{M+N}}(\xi)\text{d}\xi + H\int_\xi^1 \alpha_{\text{V}}(\xi)\text{d}\xi \tag{5-50b}$$

其中

$$\alpha_{\text{V}}(\xi) = \frac{\mu V_p(\xi)}{G\Sigma A_i} = \frac{\mu F}{G\Sigma A_i} \tag{5-51$'$}$$

将式（5-57）和式（5-51）′代入式（5-50b）经计算后得：

$$y = \frac{FH^3}{EI_0}\left\{\frac{I_n}{\lambda_1^3\Sigma EI_i}\left[\lambda_1(1-\xi) - \text{th}\lambda_1 + \frac{\text{sh}\lambda_1\xi}{\text{ch}\lambda_1}\right] + \frac{1}{3} - \frac{\xi}{2} + \frac{\xi^3}{6}\right\} + \frac{\mu FH}{G\Sigma A_i}(1-\xi) \tag{5-58}$$

令 $x=0$（即 $\xi=0$），则由式（5-52）、（5-53）和（5-58）可得三种荷载顶点侧移为：

$$\Delta = \begin{cases} \dfrac{11qH^4}{120B_0}\left(1 + \dfrac{I_n}{\Sigma I_i}A_0 + 3.64\gamma\right) & \text{（倒三角形分布荷载）} \\ \dfrac{qH^4}{8B_0}\left(1 + \dfrac{I_n}{\Sigma I_i}A_0 + 4\gamma\right) & \text{（均布荷载）} \\ \dfrac{FH^3}{3B_0}\left(1 + \dfrac{I_n}{\Sigma I_i}A_0 + 3\gamma\right) & \text{（顶部集中荷载）} \end{cases} \tag{5-59a}$$

或写成
$$\Delta = \begin{cases} \dfrac{11qH^4}{120EI_{\text{we}}} \\ \dfrac{qH^4}{8EI_{\text{we}}} \\ \dfrac{FH^3}{3EI_{\text{we}}} \end{cases} \tag{5-59b}$$

式中　H——抗震墙高度；

B_0——抗震墙组合截面的抗弯刚度，$B_0 = EI_0$

EI_{we}——抗震墙等效刚度。

等效刚度是指按顶点侧移相等的原则，将考虑墙肢弯曲、剪切变形和轴向变形的双肢墙等效只考虑弯曲变形的实体墙。后者的刚度就称为前者的等效刚度。因此，双肢墙的等效刚度可由式（5-59a）得到：

$$EI_{\mathrm{we}} = \begin{cases} \dfrac{EI_0}{1 + \dfrac{I_{\mathrm{n}}}{\Sigma I_i}A_0 + 3.64\gamma} & \text{（倒三角形荷载）} \\ \dfrac{EI_0}{1 + \dfrac{I_{\mathrm{n}}}{\Sigma I_i}A_0 + 4\gamma} & \text{（均布荷载）} \\ \dfrac{EI_0}{1 + \dfrac{I_{\mathrm{n}}}{\Sigma I_i}A_0 + 3\gamma} & \text{（顶部集中荷载）} \end{cases} \tag{5-60}$$

式中，系数 A_0 应分别按式（5-61）计算。

$$A_0 = \begin{cases} \dfrac{120}{11\lambda_1^2}\left\{\dfrac{1}{\lambda_1^2}\left[\mathrm{ch}\lambda_1 + \left(\dfrac{\lambda_1}{2} - \dfrac{1}{\lambda_1} - \mathrm{sh}\lambda_1\right)\mathrm{th}\lambda_1\right] - \dfrac{1}{3}\right\} & \text{（倒三角形荷载）} \\ \dfrac{8}{\lambda_1^2}\left\{\dfrac{1}{\lambda_1^2}\left[\mathrm{ch}\lambda_1 + (\lambda_1 - \mathrm{sh}\lambda_1)\mathrm{th}\lambda_1 - 1\right] - \dfrac{1}{2}\right\} & \text{（均布荷载）} \\ \dfrac{3}{\lambda_1^2}\left(1 - \dfrac{\mathrm{th}\lambda_1}{\lambda_1}\right) & \text{（集中荷载）} \end{cases} \tag{5-61}$$

其值可根据 λ_1 分别由表 5-7 表 5-8 和表 5-9 查得。

$$\gamma = \frac{\mu B_0}{H^2 G \Sigma A_i} \tag{5-62}$$

5.11　怎样计算各片抗震墙的地震剪力？

在分析抗震墙结构内力时，可采用简化方法计算，即可将抗震墙结构沿两个正交主轴方向分别划分为若干个平面抗侧力结构（即单片抗震墙），每个方向上的地震作用和水平荷载所产生的剪力由该方向上的平面抗侧结构承受。并按各平面抗震结构的等效刚度比例分配：

$$V_{\mathrm{w}ij} = \frac{EI_{\mathrm{we}j}}{\Sigma EI_{\mathrm{we}j}} V_{\mathrm{w}i} \tag{5-63}$$

式中　$V_{\mathrm{w}ij}$——第 i 层第 j 片抗震墙的剪力；

$V_{\mathrm{w}i}$——第 i 层抗震墙地震剪力；

$EI_{\mathrm{we}j}$——第 j 片抗震墙等效刚度。

倒三角形荷载 A_0（×1/10）值表　　　　表 5-7

λ_1	1.00	1.05	1.10	1.15	1.20	1.25	1.30	1.35	1.40	1.45	1.50
A_0	7.208	7.010	6.814	6.521	6.431	6.244	6.062	5.883	5.710	5.540	5.376
λ_1	1.55	1.60	1.65	1.70	1.75	1.80	1.85	1.90	1.95	2.00	2.05
A_0	5.216	5.061	4.911	4.766	4.626	4.490	4.359	4.232	4.110	3.992	3.878
λ_1	2.10	2.15	2.20	2.25	2.30	2.35	2.40	2.45	2.50	2.55	2.60
A_0	3.769	3.663	3.561	3.462	3.367	3.276	3.188	3.103	3.021	2.942	2.865
λ_1	2.65	2.70	2.75	2.80	2.85	2.90	2.95	3.00	3.05	3.10	3.15
A_0	2.792	2.721	2.652	2.586	2.522	2.460	2.401	2.343	2.287	2.234	2.182
λ_1	3.20	3.25	3.30	3.35	3.40	3.45	3.50	3.55	3.60	3.65	3.70
A_0	2.131	2.083	2.036	1.990	1.946	1.903	1.862	1.822	1.783	1.746	1.709
λ_1	3.75	3.80	3.85	3.90	3.95	4.00	4.05	4.10	4.15	4.20	4.25
A_0	1.674	1.639	1.606	1.574	1.542	1.512	1.482	1.454	1.426	1.398	1.372
λ_1	4.30	4.40	4.50	4.60	4.70	4.80	4.90	5.00	5.10	5.20	5.30
A_0	1.346	1.297	1.250	1.206	1.164	1.125	1.087	1.051	1.017	0.984	0.953
λ_1	5.40	5.50	5.60	5.70	5.80	5.90	6.00	6.10	6.20	6.30	6.40
A_0	0.923	0.895	0.868	0.842	0.817	0.794	0.771	0.750	0.729	0.709	0.690
λ_1	6.50	6.60	6.70	6.80	6.90	7.00	7.10	7.20	7.30	7.40	7.50
A_0	0.671	0.654	0.637	0.620	0.605	0.589	0.575	0.561	0.547	0.534	0.522
λ_1	7.60	7.70	7.80	7.90	8.00	8.10	8.20	8.30	8.40	8.50	8.60
A_0	0.510	0.498	0.487	0.476	0.465	0.455	0.445	0.435	0.426	0.417	0.408
λ_1	8.80	9.00	9.20	9.40	9.60	9.80	10.00	10.20	10.40	10.60	10.80
A_0	0.392	0.376	0.361	0.347	0.334	0.322	0.310	0.299	0.289	0.279	0.269
λ_1	11.00	11.20	11.40	11.60	11.80	12.00	12.20	12.40	12.60	12.80	13.00
A_0	0.260	0.252	0.244	0.236	0.228	0.221	0.215	0.208	0.202	0.196	0.191
λ_1	13.20	13.40	13.60	13.80	14.00	14.20	14.40	14.60	14.80	15.00	15.20
A_0	0.185	0.180	0.175	0.170	0.166	0.161	0.157	0.153	0.149	0.146	0.142
λ_1	15.50	16.00	16.50	17.00	17.50	18.00	18.50	19.00	19.50	20.00	20.50
A_0	0.137	0.129	0.122	0.115	0.109	0.103	0.098	0.093	0.088	0.084	0.080
λ_1	21.00	22.00	23.00	24.00	25.00	26.00	27.00	28.00	29.00	30.00	31.00
A_0	0.077	0.070	0.064	0.059	0.055	0.051	0.047	0.044	0.041	0.038	0.036

水平均布荷载 A_0（×1/10）值表 表 5-8

λ_1	1.00	1.05	1.10	1.15	1.20	1.25	1.30	1.35	1.40	1.45	1.50
A_0	7.228	7.031	6.837	6.644	6.456	6.270	6.089	5.912	5.739	5.571	5.407
λ_1	1.55	1.60	1.65	1.70	1.75	1.80	1.85	1.90	1.95	2.00	2.05
A_0	5.249	5.095	4.945	4.801	4.661	4.526	4.396	4.270	4.148	4.031	3.917
λ_1	2.10	2.15	2.20	2.25	2.30	2.35	2.40	2.45	2.50	3.55	2.60
A_0	3.808	3.703	3.601	3.503	3.408	3.317	3.229	3.144	3.063	2.984	2.907
λ_1	2.65	2.70	2.75	2.80	2.85	2.90	2.95	3.00	3.05	3.10	3.15
A_0	2.834	2.763	2.695	2.628	2.565	2.503	2.443	2.386	2.330	2.276	2.224
λ_1	3.20	3.25	3.30	3.35	3.40	3.45	3.50	3.55	3.60	3.65	3.70
A_0	2.174	2.125	2.078	2.032	1.988	1.945	1.904	1.864	1.825	1.787	1.750
λ_1	3.75	3.80	3.85	3.90	3.95	4.00	4.05	4.10	4.15	4.20	4.25
A_0	1.715	1.680	1.647	1.614	1.583	1.552	1.522	1.493	1.465	1.438	1.411
λ_1	4.30	4.40	4.50	4.60	4.70	4.80	4.90	5.00	5.10	5.20	5.30
A_0	1.385	1.335	1.288	1.244	1.201	1.161	1.123	1.086	1.052	1.019	0.987
λ_1	5.40	5.50	5.60	5.70	5.80	5.90	6.00	6.10	6.20	6.30	6.40
A_0	0.957	0.928	0.901	0.874	0.849	0.825	0.802	0.780	0.759	0.738	0.719
λ_1	6.50	6.60	6.70	6.80	6.90	7.00	7.10	7.20	7.30	7.40	7.50
A_0	0.700	0.682	0.665	9.648	0.632	0.616	0.601	0.587	0.573	0.560	0.547
λ_1	7.60	7.70	7.80	7.90	8.00	8.10	8.20	8.30	8.40	8.50	8.60
A_0	0.534	0.522	0.510	0.499	0.488	0.478	0.467	0.458	0.448	0.439	0.430
λ_1	8.80	9.00	9.20	9.40	9.60	9.80	10.00	10.20	10.40	10.60	10.80
A_0	0.412	0.396	0.381	0.367	0.353	0.340	0.328	0.316	0.306	0.295	0.285
λ_1	11.00	11.20	11.40	11.60	11.80	12.00	12.20	12.40	12.60	12.80	13.00
A_0	0.276	0.267	0.259	0.250	0.243	0.235	0.228	0.222	0.215	0.209	0.203
λ_1	13.20	13.40	13.60	13.80	14.00	14.20	14.40	14.60	14.80	15.00	15.20
A_0	0.197	0.192	0.187	0.182	0.177	0.172	0.168	0.164	0.160	0.156	0.152
λ_1	15.50	16.00	16.50	17.00	17.50	18.00	18.50	19.00	19.50	20.00	20.50
A_0	0.146	0.138	0.130	0.123	0.117	0.111	0.105	0.100	0.095	0.090	0.086
λ_1	21.00	22.00	23.00	24.00	25.00	26.00	27.00	28.00	29.00	30.00	31.00
A_0	0.082	0.075	0.069	0.064	0.059	0.055	0.051	0.048	0.044	0.042	0.039

顶部集中荷载 A_0（×1/10）值表 表 5-9

λ_1	1.00	1.05	1.10	1.15	1.20	1.25	1.30	1.35	1.40	1.45	1.50
A_0	7.152	6.950	6.751	6.554	6.360	6.170	5.985	5.803	5.627	5.455	5.228
λ_1	1.55	1.60	1.65	1.70	1.75	1.80	1.85	1.90	1.95	2.00	2.05
A_0	5.125	4.968	4.816	4.669	4.526	4.389	4.256	4.128	4.004	3.885	3.770
λ_1	2.10	2.15	2.20	2.25	2.30	2.35	2.40	2.45	2.50	2.55	2.60
A_0	3.659	3.552	3.449	3.350	3.254	3.162	3.074	2.988	2.906	2.826	2.750
λ_1	2.65	2.70	2.75	2.80	2.85	2.90	2.95	3.00	3.05	3.10	3.15
A_0	2.676	2.605	2.536	2.470	2.406	2.345	2.285	2.228	2.172	2.119	2.067
λ_1	3.20	3.25	3.30	3.35	3.40	3.45	3.50	3.55	3.60	3.65	3.70
A_0	2.017	1.969	1.992	1.877	1.834	1.791	1.751	1.711	1.673	1.636	1.600
λ_1	3.75	3.80	3.85	3.90	3.95	4.00	4.05	4.10	4.15	4.20	4.25
A_0	1.565	1.531	1.499	1.467	1.436	1.407	1.378	1.350	1.322	1.296	1.270
λ_1	4.30	4.40	4.50	4.60	4.70	4.80	4.90	5.00	5.10	5.20	5.30
A_0	1.245	1.198	1.152	1.110	1.069	1.031	0.995	0.960	0.927	0.896	0.860
λ_1	5.40	5.50	5.60	5.70	5.80	5.90	6.00	6.10	6.20	6.30	6.40
A_0	0.838	0.811	0.786	0.761	0.738	0.716	0.694	0.674	0.655	0.636	0.618
λ_1	6.50	6.60	6.70	6.80	6.90	7.00	7.10	7.20	7.30	7.40	7.50
A_0	0.601	0.584	0.569	0.553	0.539	0.525	0.511	0.498	0.486	0.474	0.462
λ_1	7.60	7.70	7.80	7.90	8.00	8.10	8.20	8.30	8.40	8.50	8.60
A_0	0.451	0.440	0.430	0.420	0.410	0.401	0.392	0.383	0.375	0.366	0.358
λ_1	8.80	9.00	9.20	9.40	9.60	9.80	10.00	10.20	10.40	10.60	10.80
A_0	0.343	0.329	0.316	0.303	0.292	0.280	0.270	0.260	0.251	0.242	0.233
λ_1	11.00	11.20	11.40	11.60	11.80	12.00	12.20	12.40	12.60	12.80	13.00
A_0	0.225	0.218	0.211	0.204	0.197	0.191	0.185	0.179	0.174	0.169	0.164
λ_1	13.20	13.40	13.60	13.80	14.00	14.20	14.40	14.60	14.80	15.00	15.20
A_0	0.159	0.155	0.150	0.146	0.142	0.138	0.135	0.131	0.128	0.124	0.121
λ_1	15.50	16.00	16.50	17.00	17.50	18.00	18.50	19.00	19.50	20.00	20.50
A_0	0.117	0.110	0.104	0.098	0.092	0.087	0.083	0.079	0.075	0.071	0.068
λ_1	21.00	22.00	23.00	24.00	25.00	26.00	27.00	28.00	29.00	30.00	31.00
A_0	0.065	0.059	0.054	0.050	0.046	0.043	0.040	0.037	0.034	0.032	0.030

5.12　怎样计算对称三肢墙的内力、侧移和等效刚度？

（一）对称三肢墙在水平荷载作用下内力的计算

1. 微分方程的建立

在水平荷载作用下，对称三肢墙截面 x 的变形如图 5-7 所示。这时在墙肢内将产生弯矩、剪力和轴力，而在连梁内仅考虑弯矩和剪力。显然，中间墙肢的轴力等于零，于是，在抗震墙任一截面内的外弯矩等于（对边墙肢中心取矩）：

$$M_0 = \Sigma M_i + NL \tag{5-1$'$}$$

式中　ΣM_i——各墙肢弯矩之和；

N——边墙肢的轴力；

L——两边墙肢轴线之间的距离。

采用推导双肢墙微分方程（5-17）的方法，将未知数 ΣM_i 和 N 用相应的截面转角表示（图 5-7）：

$$\Sigma M_i = -\alpha'\Sigma EI_i \qquad (a)$$

由图 5-7 可见

$$\alpha = \alpha_1 + \alpha_2 \qquad (b)$$

式中 $$\alpha_1 = \frac{c}{\frac{L}{2}} = \frac{2}{LEA_1}\int_x^H N\mathrm{d}x \qquad (c)$$

$$\alpha_2 = \frac{hl_0^3}{12\times\frac{L}{2}EI_\mathrm{b}}N' = SN' \qquad (d)$$

将式（c）、（d）代入式（b），并对 x 求一阶导数，然后代入式（a），最后再代式（5-1）′，得：

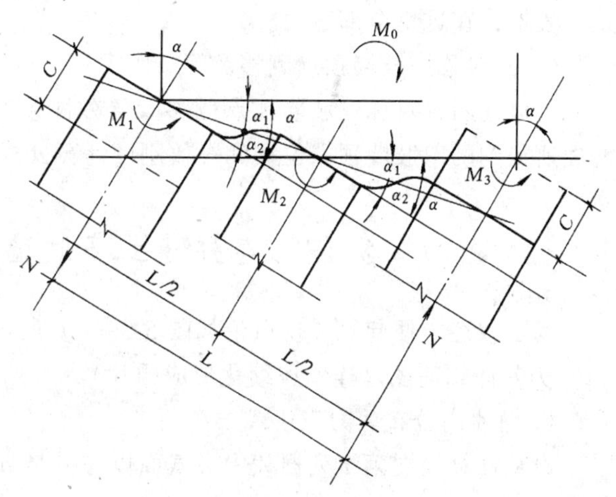

图 5-7　对称三墙肢截面的变形

$$\frac{\mathrm{d}^2N}{\mathrm{d}x^2} - \left(\frac{1}{SEA_1\frac{L}{2}} + \frac{L}{S\Sigma EI_i}\right)N = -\frac{M_0}{S\Sigma EI_i} \tag{5-17a)$'$ (}$$

令

$$\lambda = \sqrt{\frac{1}{SEA_1\frac{L}{2}} + \frac{L}{S\Sigma EI_i}} \tag{5-18$'$}$$

或

$$\lambda = \sqrt{\frac{12I_\mathrm{b}I_0}{hl_0^3A_1\Sigma I_i}} \tag{5-19$'$}$$

则

$$\frac{\mathrm{d}^2N}{\mathrm{d}x^2} - \lambda^2N = -\frac{M_0}{S\Sigma EI_i} \tag{5-17b)$'$ (}$$

其余符号与前相同。

2. 微分方程的解

将式（5-17b）′用相对坐标表示，并考虑到在常用三种水平荷载作用下情形，则式

(5-17b)′可写成：

$$\frac{d^2N}{d\xi^2}-\lambda_2^2N=-\begin{cases}\frac{1}{2}\varepsilon_1\xi^2\left(1-\frac{1}{3}\xi\right) & \text{（倒三角形荷载）}\\ \frac{1}{2}\varepsilon_2\xi^2 & \text{（均布荷载）}\\ \varepsilon_3\xi & \text{（顶部集中荷载）}\end{cases} \tag{5-27}'$$

式中

$$\lambda_2=H\sqrt{\frac{12I_bI_0}{hl_0^3A_1\Sigma I_i}} \tag{5-23}'$$

比较式（5-27）′与双肢墙微分方程（5-27），我们发现，两者的差别，仅刚度特征值不同。对于对称三肢墙，若以 λ_2 代替前面相应公式中的 λ_1，同时注意到，I_0 和 ΣI_i 分别为三肢墙对组合截面形心的惯性矩和各墙肢惯性矩之和，那么，前面所得到的双肢墙内力计算公式、表格，在这里全部适用。

（二）对称三肢墙顶点侧移及等效刚度

可以证明，对称三肢墙顶点侧移及等效刚度与双肢墙的区别也仅在于 λ_2 值，因此，前面所得到的双肢墙顶点位移和等效刚度计算公式、表格在这里也全部适用。

5.13 怎样建立多肢墙的微分方程组？

为了叙述方便起见，现讨论如图 5-8（a）所示，具有 n 列墙肢的多肢墙情形。图 5-8（b）为其计算简图（连梁连续化形成栅片）。

1. 栅片内分布剪力表达式

设从计算简图第 i 列栅片中央截面以左沿竖直方向截取 dx 微分体（图 5-8b、c），并设第 i 列栅片中央截面分布剪力为 τ_i（x）。现讨论其平衡：

$$\Sigma x=0,\qquad \sum_{k=1}^{i}(N_k+dN_k)-\sum_{k=1}^{i}N_k-\tau_i(x)dx=0$$ [1]

经整理后，得

$$\tau_i(x)=\sum_{k=1}^{i}N'_k \tag{5-64}$$

式中　N_k——第 k 列墙肢轴力。

由式（5-64）可见，第 i 列栅片中央截面的分布剪力 τ_i（x）等于该截面以左（或以右）各墙肢横截面上的轴力对 x 的一阶导数的代数和。

2. 剪力墙的转角

现考察第 i 和第 $i+1$ 墙肢的变形情况

（1）墙肢轴向变形引起的转角

由材料力学可知，第 i 和第 $i+1$ 墙肢的轴向变形分别为：

---

[1] 在一般情况下，轴力的方向预先是不知道的，本书在推导公式时假定各墙肢轴力均为拉力，墙肢轴力的实际方向应按解方程组后的正负号确定。

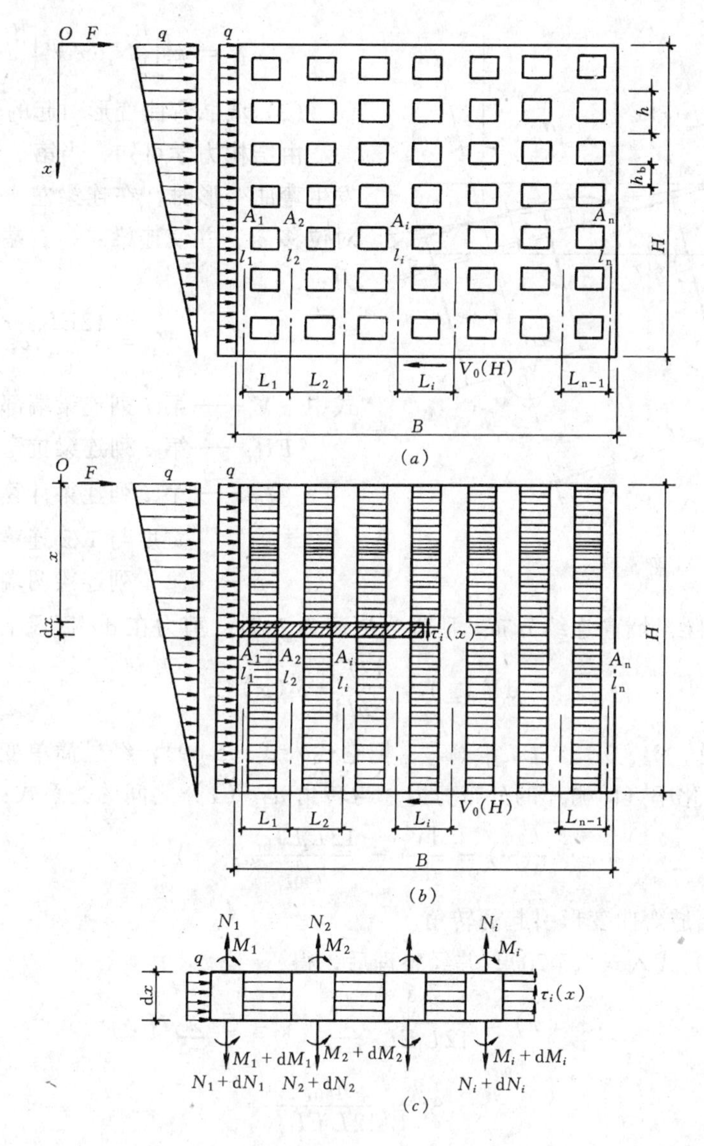

图 5-8

$$\Delta_i = \frac{1}{EA_i}\int_x^H N_i \mathrm{d}x \tag{5-65a}$$

和

$$\Delta_{i+1} = \frac{1}{EA_{i+1}}\int_x^H N_{i+1} \mathrm{d}x \tag{5-65b}$$

由此而引起的相邻两墙肢的转角为（图 5-9）：

$$\alpha_{1i} = \frac{\Delta_i - \Delta_{i+1}}{L_i}$$

将式（5-65a）、式（5-65b）代入上式，并令

$$k_i^l = \frac{1}{EA_iL_i}, \qquad k_i^{\mathrm{r}} = \frac{1}{EA_{i+1}L_i} \tag{5-66}$$

则得

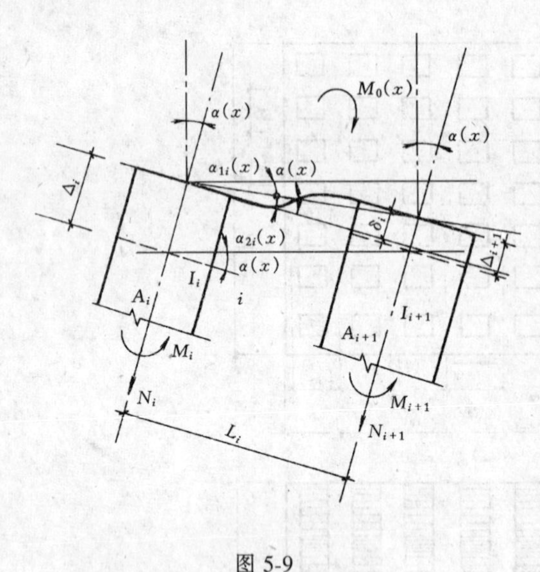

图 5-9

$$\alpha_{1i} = k_i^l\int_x^H N_i \mathrm{d}x - k_i^{\mathrm{r}}\int_x^H N_{i+1}\mathrm{d}x \tag{5-67}$$

(2) 墙肢弯曲变形引起的转角

由结构力学可知，当第 i 和第 $i+1$ 墙肢发生弯曲变形时，在连梁左、右端将产生相对位移 δ_i，并使连梁左、右端截面内产生剪力：

$$V_i = \frac{12EI_{\mathrm{b}i}}{l_{0i}^3}\delta_i \tag{5-68}$$

式中 V_i——第 i 列连梁端部截面剪力；

$EI_{\mathrm{b}i}$——第 i 列连梁抗弯刚度；

l_{0i}——第 i 列连梁计算跨度，取洞口宽度与 1/2 连梁高度之和；

δ_i——第 i 列连梁两端相对位移。

因为假定连梁沿墙高连续分布，所以当层高为 h 时，剪力在 $\mathrm{d}x$ 区段上的增量：

$$\mathrm{d}V_i(x) = \frac{12EI_{\mathrm{b}i}}{hl_{0i}^3}\delta_i(x)\mathrm{d}x \tag{5-69}$$

由图（5-9）可见，$\delta_i(x) = L_i\alpha_{2i}(x)$，把它代入式（5-69），经过简单变换后，就可建立起连梁剪力变化率（即栅片的分布剪力）与转角 $\alpha_{2i}(x)$ 之间的关系式：

$$\tau(x) = \frac{\mathrm{d}V_i}{\mathrm{d}x} = \frac{12L_iEI_{\mathrm{b}i}}{hl_{0i}^3}\alpha_{2i}(x) \tag{5-70}$$

式中 α_{2i}——墙肢弯曲变形引起的转角。

将式（5-64）代入式（5-70），并经整理后，得

$$\alpha_{2i}(x) = \frac{hl_{0i}^3}{12L_iEI_{\mathrm{b}i}}\sum_{k=1}^{i}N'_{\mathrm{k}} = S_i\sum_{k=1}^{i}N'_{\mathrm{k}} \tag{5-71}$$

其中
$$S_i = \frac{hl_{0i}^3}{12L_iEI_{\mathrm{b}i}} \tag{5-72}$$

S_i 称为连梁柔度系数。

由图可见：

$$\alpha_i(x) = \alpha_{1i}(x) + \alpha_{2i}(x) \tag{5-73}$$

将式（5-67）和式（5-71）代入式（5-73），并考虑到转角 $\alpha_i(x) = \alpha(x)$，则得剪力墙转角表达式

$$\alpha(x) = S_i\sum_{k=1}^{i}N'_{\mathrm{k}} + k_i^l\int_x^H N_i\mathrm{d}x - k_i^{\mathrm{r}}\int_x^H N_{i+1}\mathrm{d}x \tag{5-74}$$

3. 多肢墙微分方程组通式

现考察图 5-10，作用在隔离体上的内外力对第 n 墙肢截面形心取矩，则得整个结构平衡方程式：

$$M_0 = \Sigma M + \sum_{i=1}^{n-1}(N_i\sum_{k=i}^{n-1}L_{\mathrm{k}}) \tag{5-75}$$

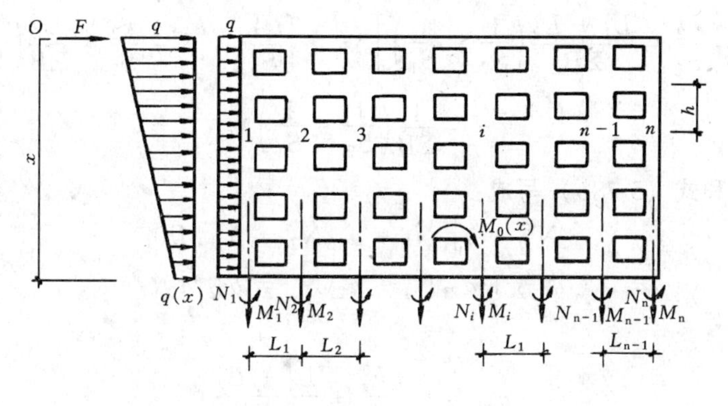

图 5-10

式中　　M_0——外部水平荷载在剪力墙横截面 x 内产生的总弯矩；

ΣM——各墙肢弯矩之和；

L_k——第 k 列栅片两侧墙肢形心之间的距离。

由材料力学得知：

$$\Sigma M = -\alpha' \sum_{i=1}^{n} EI_i = -\alpha' \Sigma B_i \tag{5-76}$$

其中 $\Sigma EI_i = \Sigma B_i$ 为各墙肢抗弯刚度之和。

将式（5-74）对 x 微分一次，并代入式（5-76），再代入式（5-75），经整理后得：

$$S_i \sum_{k=1}^{i} N''_k - k_i^l N_i + k_i^r N_{i+1} = \frac{1}{\Sigma B_i}\Big[\sum_{i=1}^{n-1}(N_i \sum_{k=i}^{n-1} L_k) - M_0\Big] \tag{5-77a}$$

$$(i = 1,2,\cdots,n-1)$$

将式（5-77a）中第 i 和第 $i-1$ 个方程各项分别除以 S_i 和 S_{i-1}，并令两式相减，再经整理后便得到微分方程组的一般形式：

$$N''_i + \frac{k_{i-1}^l}{S_{i-1}} N_{i-1} - \left(\frac{k_{i-1}^r}{S_{i-1}} + \frac{k_i^l}{S_i}\right) N_i + \frac{k_i^r}{S_i} N_{i+1} = \frac{1}{\Sigma B}\Big[\sum_{i=1}^{n-1}(N_i \sum_{k=i}^{n-1} L_k) - M_0\Big]\left(\frac{1}{S_I} - \frac{1}{S_{i-1}}\right)$$

$$(i = 1,2,\cdots,n-1) \tag{5-77b}$$

5.14　怎样解多肢墙微分方程组？

微分方程组（5-77b）包含 $n-1$ 个方程，但未知数有 n 个。由平衡方程 $\Sigma N = 0$，可得到不足的方程。

为了叙述简明扼要，又不失一般性，现以非对称三肢墙为例，具体说明多肢墙微分方程组的建立及其理论解答。

1. 三肢墙微分方程组

当为三肢墙时，由式（5-77b）（这时 $i=1$，2），并注意到补充方程

$$N_1 + N_2 + N_3 = 0$$

经简单变换后可得：

$$N''_1 - \left(\frac{k_1^l}{S_1} + \frac{L_1 + L_2}{S_1 \Sigma B}\right) N_1 + \left(\frac{k_1^r}{S_1} - \frac{L_2}{S_1 \Sigma B}\right) N_2 = -\frac{1}{S_1 \Sigma B} M_0 \tag{5-78a}$$

$$N''_2+\left[\frac{k_1^l}{S_1}-\frac{k_2^r}{S_2}-\frac{L_1+L_2}{\Sigma B}\left(\frac{1}{S_2}-\frac{1}{S_1}\right)\right]N_1-\left[\frac{k_1^r}{S_1}+\frac{k_2^l}{S_2}+\frac{k_2^r}{S_2}+\frac{L_2}{\Sigma B}\left(\frac{1}{S_2}-\frac{1}{S_1}\right)\right]N_2$$

$$=-\frac{1}{\Sigma B}\left(\frac{1}{S_2}-\frac{1}{S_1}\right)M_0 \qquad (5\text{-}78b)$$

将式（5-78a）和式（5-78b）写成：

$$\left.\begin{aligned}N''_1+a_{11}N_1+a_{12}N_2&=b_{01}M_0\\N''_2+a_{21}N_1+a_{22}N_2&=b_{02}M_0\end{aligned}\right\} \qquad (5\text{-}79)$$

其中：

$$a_{11}=-\left(\frac{k_1^l}{S_1}+\frac{L_1+L_2}{S_1\Sigma B}\right) \qquad (5\text{-}80a)$$

$$a_{12}=\frac{k_1^r}{S_1}-\frac{L_2}{S_1\Sigma B} \qquad (5\text{-}80b)$$

$$b_{01}=-\frac{1}{S_1\Sigma B} \qquad (5\text{-}80c)$$

$$a_{21}=\left[\frac{k_1^l}{S_1}-\frac{k_2^r}{S_2}-\frac{L_1+L_2}{\Sigma B}\left(\frac{1}{S_2}-\frac{1}{S_1}\right)\right] \qquad (5\text{-}80d)$$

$$a_{22}=-\left[\frac{k_1^r}{S_1}+\frac{k_2^l}{S_2}+\frac{k_2^r}{S_2}+\frac{L_2}{\Sigma B}\left(\frac{1}{S_2}-\frac{1}{S_1}\right)\right] \qquad (5\text{-}80e)$$

$$b_{02}=-\frac{1}{\Sigma B}\left(\frac{1}{S_2}-\frac{1}{S_1}\right) \qquad (5\text{-}80f)$$

将式（5-79）写成矩阵形式：

$$\{N''\}+[A]\{N\}=\{b_0\}M_0 \qquad (5\text{-}81)$$

其中：

$$\{N''\}=\begin{Bmatrix}N''_1\\N''_2\end{Bmatrix},\quad [A]=\begin{bmatrix}a_{11}&a_{12}\\a_{21}&a_{22}\end{bmatrix} \qquad (5\text{-}82a)$$

$$\{N\}=\begin{Bmatrix}N_1\\N_2\end{Bmatrix},\quad \{b_0\}=\begin{Bmatrix}b_{01}\\b_{02}\end{Bmatrix} \qquad (5\text{-}82b)$$

在式（5-81）中总弯矩 M_0（x），对于常用的三种荷载，它们的表达式可别写成：

$$M_0(x)=\begin{cases}-\dfrac{1}{6H}qx^3+\dfrac{1}{2}qx^2 & \text{（倒三角形分布荷载）}\\[2mm]\dfrac{1}{2}qx^2 & \text{（均布荷载）}\\[2mm]Fx & \text{（集中荷载）}\end{cases} \qquad (5\text{-}82c)$$

2. 微分方程组的解

(1) 微分方程组的齐次解

设齐次微分方程组

$$\left.\begin{aligned}N''_1+a_{11}N_1+a_{12}N_2&=0\\N''_2+a_{21}N_1+a_{22}N_2&=0\end{aligned}\right\} \qquad (5\text{-}83)$$

的解为：

$$N_{0i}(x) = f_{ik}e^{\pm\lambda_k x} \qquad (i = 1,2) \tag{5-84}$$

将式（5-84）及其对 x 的二阶导数代入方程组（5-83），经整理后得：

$$\left.\begin{aligned}(\lambda_k^2 + a_{11})f_{1k} + a_{12}f_{2k} = 0\\ a_{21}f_{1k} + (\lambda_k^2 + a_{22})f_{2k} = 0\end{aligned}\right\} \tag{5-85a}$$

将式（5-85a）写成矩阵形式：

$$(\lambda^2[I] + [A])\{f\} = 0 \tag{5-85b}$$

方程组（5-85a）是齐次线性方程组，它有非零解的充分和必要条件是对应矩阵（λ^2［I］＋［A］）的行列式等于零：

$$\begin{vmatrix}(\lambda_k^2 + a_{11}) & a_{12}\\ a_{21} & (\lambda_k^2 + a_{22})\end{vmatrix} = 0 \tag{5-86}$$

式（5-86）称为方阵［A］的特征方程，满足式（5-86）的 λ_k（$k=1$，2）称为方阵［A］的特征根。将 λ_k 代入式（5-85a）解出的 f_{ik}（$i=1$，2；$k=1$，2）称为方阵［A］与 λ_k 对应的特征向量。

因为式（5-85a）为齐次线性方程组，为了确定特征向量 f_{ik}，现令 $f_{1k}=1$，则由式（5-85a）第1式得：

$$f_{2k} = -\frac{\lambda_k^2 + a_{11}}{a_{12}} \tag{5-87}$$

这样，齐次微分方程组的解可写成：

$$\begin{Bmatrix}N_{01}(x)\\ N_{02}(x)\end{Bmatrix} = \begin{bmatrix}f_{11} & f_{12}\\ f_{21} & f_{22}\end{bmatrix}\left[\begin{Bmatrix}C_1\text{ch}\lambda_1 x\\ C_2\text{ch}\lambda_2 x\end{Bmatrix} + \begin{Bmatrix}D_1\text{sh}\lambda_1 x\\ D_2\text{sh}\lambda_2 x\end{Bmatrix}\right] \tag{5-88}$$

或写作：

$$\{N_0\} = [F](\{C_x\} + \{D_x\}) \tag{5-89}$$

（2）微分方程组的特解

对于常用的三种荷载，非齐次微分方程组的特解可分别写成：

$$\{N_p\} = \begin{cases}\{A_1\}x^3 + \{A_2\}x^2 + \{A_3\}x + \{A_4\} & \text{（倒三角形荷载）}\\ \{B_1\}x^2 + \{B_2\}x + \{B_3\} & \text{（均布荷载）}\\ \{C_1\}x + \{C_2\} & \text{（集中荷载）}\end{cases} \tag{5-90}$$

为了确定上式的各项系数矩阵，将式（5-90）及其对 x 的二阶导数代入式（5-81），比较等号两边同类项系数矩阵，则得这些系数矩阵的表达式。最后将这些系数矩阵代入非齐次微分方程组，便得特解：

$$\{N_p\} = \begin{cases}\{t_0\}M_0(x) - \{v_0\}\left(\dfrac{x}{H} - 1\right)\\ \{t_0\}M_0(x) + \{v_0\}\\ \{t_0\}M_0(x)\end{cases} \tag{5-91}$$

式中

$$\{t_0\} = \{A\}^{-1}\{b_0\} \tag{5-92}$$

$$\{v_0\} = -[A]^{-1}\{t_0\}q = -[A]^{-1}[A]^{-1}\{b_0\}q \tag{5-93}$$

（3）非齐次微分方程组的通解

根据微分方程组理论可知，非齐次微分方程组的通解等于相应方程组的齐次解和特解之和：

$$\{N\}=[F](\{C_{\mathrm{x}}\}+\{D_{\mathrm{x}}\})+\begin{cases}\{t_0\}M_0(x)-\{v_0\}\left(\dfrac{x}{H}-1\right)\\ \{t_0\}M_0(x)+\{v_0\}\\ \{t_0\}M_0(x)\end{cases}\tag{5-94}$$

(4) 确定微分方程组齐次解的积分常数

现根据边界条件确定式（5-94）中的积分常数所形成的列阵 $\{C\}$、$\{D\}$。

第一组边界条件：在墙的顶端（$x=0$），各墙肢的轴力等于零，即 N_i（0）＝0，将这些条件代入式（5-94），得：

$$\{0\}=[F]\{C\}+\begin{cases}\{v_0\}\\ \{v_0\}\\ 0\end{cases}\tag{5-95}$$

解得：

$$\{C\}=-\begin{cases}\{F\}^{-1}\{v_0\}\\ \{F\}^{-1}\{v_0\}\\ \{0\}\end{cases}\tag{5-96}$$

第二组边界条件：在墙的固定端（$x=H$）处，连梁分布剪力为零，即 N'_i（H）＝0。将式（5-94）对 x 微分一次，并令 $x=H$，得：

$$\{0\}=[F]([\lambda_{\mathrm{SH}}]\{C\}+[\lambda_{\mathrm{CH}}]\{D\})+\begin{cases}\{t_0\}V_0(H)-\{v_0\}\dfrac{1}{H}\\ \{t_0\}V_0(H)\\ \{t_0\}V_0(H)\end{cases}\tag{5-97}$$

由此，

$$\{D\}=-[\lambda_{\mathrm{CH}}]^{-1}\begin{cases}\{F\}^{-1}\left(\{t_0\}V_0(H)-\dfrac{\{v_0\}}{H}\right)+[\lambda_{\mathrm{SH}}]\{C\}\\ \{F\}^{-1}\{t_0\}V_0(H)+[\lambda_{\mathrm{SH}}]\{C\}\\ [F]^{-1}\{t_0\}V_0(H)\end{cases}\tag{5-98}$$

式（5-97）和（5-98）中

$$[\lambda_{\mathrm{CH}}]=\begin{bmatrix}\lambda_1\mathrm{ch}\lambda_1H & 0\\ 0 & \lambda_2\mathrm{ch}\lambda_2H\end{bmatrix}\tag{5-99}$$

$$[\lambda_{\mathrm{SH}}]=\begin{bmatrix}\lambda_1\mathrm{sh}\lambda_1H & 0\\ 0 & \lambda_2\mathrm{sh}\lambda_2H\end{bmatrix}\tag{5-100}$$

$$[\lambda_{\mathrm{CH}}]^{-1}=\begin{bmatrix}\dfrac{1}{\lambda_1\mathrm{ch}\lambda_1H} & 0\\ 0 & \dfrac{1}{\lambda_2\mathrm{ch}\lambda_2H}\end{bmatrix}\tag{5-101}$$

V_0（H）为外部荷载在剪力墙底部截面内产生的总剪力。

这样，各常数所形成的列阵全部求得，也就是说，微分方程组（5-79）的通解（5-94）完全确定了。

5.15 怎样求多肢墙其余内力（除墙肢轴力 N_i）？

解微分方程组（5-79）求得墙肢轴力 N_i（x）后，就可按下式确定多肢墙其余内力：

连梁剪力

$$V_{\mathrm{b}i}(x)=h\tau_i(x)=h\sum_{k=1}^{i}N'_{\mathrm{k}}(x) \tag{5-102}$$

连梁固端弯矩

$$M_{\mathrm{b}i}(x)=\frac{1}{2}V_{\mathrm{b}i}(x)l_{\mathrm{n}} \tag{5-103}$$

墙肢弯矩

$$M_i(x)=\frac{EI_i}{\Sigma EI_i}\Sigma M_i(x)=\frac{EI_i}{\Sigma EI_i}\left[M_0(x)-\sum_{i=1}^{n-1}N_i(x)\sum_{k=l}^{n-1}L_{\mathrm{k}}\right] \tag{5-104}$$

墙肢剪力

$$V_i(x)=M'_i(x)+\frac{1}{h}\left[V_{\mathrm{b},i-1}(x)v_{i-1}+V_{\mathrm{b}i}(x)u_i\right] \tag{5-105}$$

5.16 怎样计算多肢墙的侧移?

多肢墙的顶点侧移可按精确法或近似法计算。兹分述如下:

1. 精确法

对式(5-74)积分并考虑墙肢剪切变形的影响,便可得到多肢墙的顶点侧移:

$$\Delta=S_i\int_0^H\sum_{k=1}^{i}N'_{\mathrm{k}}\mathrm{d}x+\int_0^H\left(k_i^l\int_x^H N_i\mathrm{d}x-k_i^{\mathrm{r}}\int_x^H N_{i+1}\mathrm{d}x\right)\mathrm{d}x+\int_0^H\frac{\mu V_0}{G\Sigma A_i}\mathrm{d}x \tag{5-106a}$$

式中符号意义同前。

2. 近似法

多肢墙的顶点侧移仍可按双肢墙公式(5-59b)计算,但这时墙的等效刚度应按下列近似公式确定:

$$EI_{\mathrm{we}}=\begin{cases}\dfrac{\sum_{i=1}^{n}EI_i}{1-T+3.64\gamma_1+A_0T} & \text{(倒三角形分布荷载)}\\[2ex]\dfrac{\sum_{i=1}^{n}EI_i}{1-T+4\gamma_1+A_0T} & \text{(均布荷载)}\\[2ex]\dfrac{\sum_{i=1}^{n}EI_i}{1-T+3\gamma_1+A_0T} & \text{(顶部集中荷载)}\end{cases} \tag{5-106b}$$

式中 T——系数。墙肢数目 $n=3\sim4$ 时,$T=0.80$;$n=5\sim7$ 时,$T=0.85$;8 以上时,$T=0.90$。

$$\gamma_1=\frac{\mu E\Sigma I_i}{H^2G\Sigma A_i} \tag{5-106c}$$

其余符号与前相同。

5.17 为什么要调整抗震墙各墙肢截面的组合内力？怎样调整？

如果完全按等效静力法确定的抗震墙弯矩图变化配筋，塑性铰就可能沿墙高任何位置发生。为了提高抗震墙的延性，以增加结构的变形能力，获得经济合理的效果，应设法使塑性铰在墙的底部产生，为此，《抗震规范》规定，抗震墙各墙肢截面组合弯矩的设计值应按下列规定采用：

（1）一级抗震墙底部加强部位及以上一层，应按墙肢底部截面组合弯矩设计值采用；其他部位，墙肢截面组合弯矩设计值应乘以增大系数，其值可采用 1.2。

（2）抗震墙底部加强部位的高度，可取墙总高度的 1/8 和底部二层二者的较大值，且不大于 15m。

（3）一、二、三级的抗震墙底部加强部位，其截面组合的剪力设计值应按下式调整：

$$V = \eta_{vw} V_w \tag{5-107}$$

9 度时尚应符合

$$V = 1.1 \frac{M_{wua}}{M_w} V_w \tag{5-108}$$

式中 V——抗震墙底部加强部位截面组合剪力设计值；

V_w——抗震墙底部加强部位截面组合剪力计算值；

M_{wua}——抗震墙底部截面实配的抗震受弯承载力所对应的弯矩值，根据实配纵向钢筋面积、材料强度标准值和轴力等计算；有翼墙时应计入墙两侧各一倍翼墙厚度范围内的纵向钢筋；

M_w——抗震墙底部截面组合弯矩设计值；

η_{vw}——抗震墙剪力增大系数，一级为 1.6，二级为 1.4，三级为 1.2。

5.18 怎样确定抗震墙的厚度？

抗震墙的厚度，一、二级不应小于 160mm，且不小于层高的 1/20，三四级不应小于 140mm 且不应小于层高的 1/25。底部加强部位的墙厚，一、二级不宜小于 200mm 且不宜小于层高的 1/16；无端柱和翼墙时不应小于层高的 1/12。

抗震墙墙板厚度除满足上述条件外，其墙肢截面尚应符合下式要求：

$$\lambda > 2.5 \quad V_w \leqslant \frac{1}{\gamma_{RE}}(0.20\beta_c f_c b_w h_w) \tag{5-109a}$$

$$\lambda \leqslant 2.5 \quad V_w \leqslant \frac{1}{\gamma_{RE}}(0.15\beta_c f_c b_w h_w) \tag{5-109b}$$

式中 λ——抗震墙剪跨比 $\lambda = \frac{M^c}{V^c h_0}$；

M^c、V^c——分别为抗震墙端部截面组合的弯矩和剪力计算值；

h_0——抗震墙有效高度，可取的墙肢长度；

V_w——墙端截面组合的剪力设计值；

b_w——矩形截面墙肢的宽度或 I 形截面、T 形截面墙肢的腹板宽度；

h_w——墙肢截面的高度；

f_c——混凝土轴心抗压强度设计值；

γ_{RE}——承载力抗震力调整系数，取 $\gamma_{RE}=0.85$。

5.19　怎样验算抗震墙墙肢正截面承载力？

墙肢在轴力、弯矩和剪力共同作用下为复合受力构件，其正截面承载力计算方法与偏心受压或偏心受拉构件相同。

1．偏心受压

（1）墙肢大小偏心受压的判别

当 $\xi \leqslant \xi_b$ 时　为大偏心受压；

当 $\xi > \xi_b$ 时　为小偏心受压。

式中　ξ——墙肢相对受压区高度；

ξ_b——墙肢相对界限受压区高度，

$$\xi_b = \frac{\beta_1}{1 + \dfrac{f_y}{\varepsilon_{cu} E_s}} \tag{5-110}$$

f_y——钢筋抗拉强度设计值；

E_s——钢筋弹性模量。

β_1——系数，当混凝土强度等级≤C50 时，$\beta=0.8$；当 C80 时，$\beta_1=0.74$；

ε_{cu}——非均匀受压时的混凝土极限压应变，$\varepsilon_{cu}=0.0033-(f_{cu,k}-50)\times 10^{-5}$，其中 $f_{cu,k}$ 为混凝土立方体抗压强度标准值。

（2）大偏心受压（对称配筋）

图 5-11 为 I 形截面大偏心受压墙肢。为了充分发挥墙肢内钢筋的作用，除墙肢内横截面配置必要的构造钢筋（配筋率 $\rho_w \geqslant 0.2\%$）外，主要受力钢筋应配置在墙肢的端部。由于墙肢内分布钢筋直径都比较小，为了简化计算，在计算时只考虑受拉区屈服钢筋的作用，而忽略受压区分布钢筋和靠近中性轴附近受拉区分布钢筋的作用。

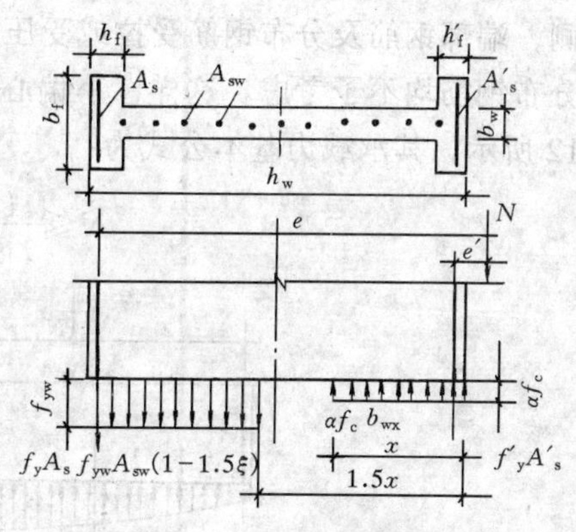

图 5-11　I 形截面大偏心受压墙肢应力分布图

根据上面的分析，我们假设，离受压区边缘 $1.5x$ 以外受拉区的分布钢筋参加工作。因此，大偏心受压墙肢达到极限状态时截面上的应力分布如图 5-11 所示。其承载力基本公式为：

$$N \leqslant \frac{1}{\gamma_{RE}}[N_c - (h_{w0} - 1.5x) b_w f_{yw} \rho_w] \tag{5-111}$$

$$Ne \leqslant \frac{1}{\gamma_{RE}}\left[A'_s f'_y (h_{w0} - a'_s) + M_c - \frac{1}{2}(h_{w0} - 1.5x)^2 b_w f_{yw} \rho_w\right] \tag{5-112}$$

$$e = e_0 + \frac{h_w}{2} - a_s$$

当 $x > h'_f$ 时

$$N_c = \alpha_1 f_c b_w x + \alpha_1 f_c (b'_f - b_w) h'_f \tag{5-113}$$

$$M_c = \alpha_1 f_c b_w x \left(h_{w0} - \frac{x}{2}\right) + \alpha_1 f_c (b'_f - b_w) h'_f \left(h_{w0} - \frac{h'_f}{2}\right) \tag{5-114}$$

当 $x \leqslant h'_f$ 时

$$N_c = \alpha_1 f_c b'_f x \tag{5-115}$$

$$M_c = \alpha_1 f_c b'_f x \left(h_{w0} - \frac{x}{2}\right) \tag{5-116}$$

式中　f'_y、f_{yw}——分别为墙肢端部、受压钢筋和墙体竖向分布钢筋强度设计值；

f_c——混凝土轴心抗压强度设计值；

α_1——系数，当 $f_{cu,k} \leqslant 50\text{N/mm}^2$ 时，$\alpha_1 = 1$；当 $f_{cu,k} = 80\text{N/mm}^2$ 时，$\alpha_1 = 0.8$，其间按内插法取用；

e_0——偏心距，$e_0 = M/N$；

h_{w0}——墙肢截面有效高度，$h_{w0} = h_w - a_s$；

a'_s——墙肢受压区端部钢筋合力点到受压区边缘的距离；

A'_s、A_s——分别为墙肢端部受压和受拉钢筋面积；

ρ_w——墙体竖向分布钢筋配筋率，$\rho_w = \frac{A_{sw}}{b_w h_{w0}} 100\%$；

A_{sw}——为墙肢竖向分布钢筋面积。

(3) 小偏心受压（当 $x > \xi_b h_{w0}$ 时）

墙肢小偏心受压破坏时，横截面大部分受压或全部受压，在压应力较大的一侧混凝土达到极限抗压强度，该侧的端部钢筋及分布钢筋也达到屈服强度；而距中性轴较远的一侧，端部钢筋及分布钢筋受拉或受压，但均未达到屈服强度，因此，小偏心受压时墙肢的分布钢筋均不予考虑。这样，小偏心受压墙肢达到极限状态时截面上的应力分布如图 5-12 所示，其承载力基本公式为：

$$N \leqslant \frac{1}{\gamma_{RE}} (A'_s f'_y \quad A_s \sigma_s + N_c) \tag{5-117}$$

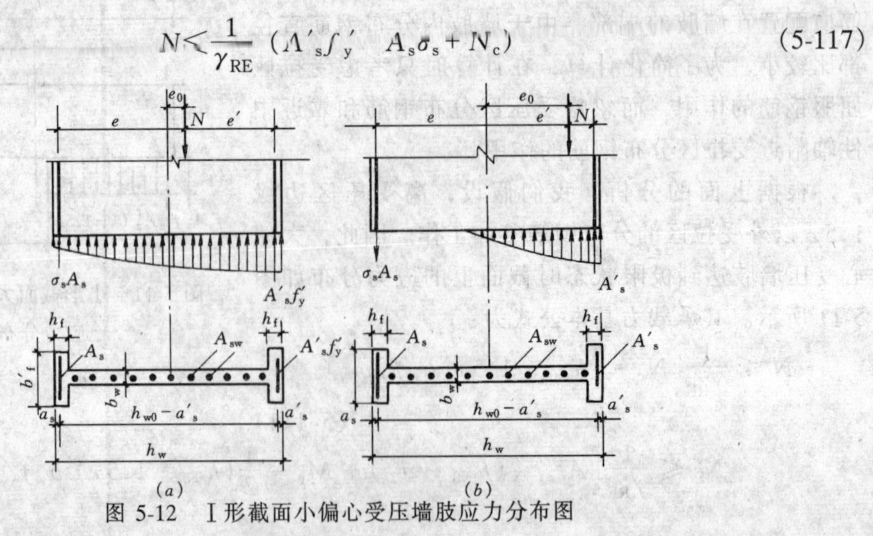

图 5-12　I 形截面小偏心受压墙肢应力分布图

$$Ne \leqslant \frac{1}{\gamma_{RE}}[A'_s f'_y(h_{w0} - a_s) + M_c] \tag{5-118}$$

$$e = e_0 + \frac{h_w}{2} - a_s$$

$$\sigma_s = \frac{f_y}{\xi_b - \beta_1}\left(\frac{x}{h_{w0}} - \beta_1\right)$$

$$N_c = \alpha_1 f_c b_w x + \alpha_1 f_c (b'_f - b_w) h'_f \tag{5-119}$$

$$M_c = \alpha_1 f_c b_w x\left(h_{w0} - \frac{x}{2}\right) + \alpha_1 f_c (b'_f - b_w) h'_f\left(h_{w0} - \frac{h'_f}{2}\right) \tag{5-120}$$

(4) 平面外承载力验算

当为矩形截面小偏心受压墙肢时，尚需验算墙肢平面外承载力。这时不考虑墙体竖向分布钢筋的作用，而只考虑端部钢筋的作用，其承载力计算公式为：

$$N \leqslant \frac{1}{\gamma_{RE}}\varphi(f_y b_w h_w + f'_y A'_s) \tag{5-121}$$

式中 φ——墙肢平面外受压稳定系数；

A'_s——墙肢端部钢筋面积。

其余符号意义同前。

2. 偏心受拉

矩形截面偏心受拉墙肢正截面承载力可按下列近似公式计算：

$$N \leqslant \frac{1}{\gamma_{RE}}\left(\frac{1}{\frac{1}{N_{0u}} + \frac{e_0}{M_{wu}}}\right) \tag{5-122}$$

其中

$$N_{0u} = 2A_s f_y + A_{sw} f_{yw} \tag{5-123}$$

$$M_{wu} = A_s f_y (h_{w0} - a'_s) + A_{sw} f_{yw}\frac{h_{w0} - a'_s}{2} \tag{5-124}$$

式中 A_{sw}——墙肢腹板竖向分布钢筋全部截面面积。

5.20 怎样验算抗震墙墙肢斜截面承载力？

1. 偏心受压时

偏心受压抗震墙其斜截面受剪承载力按下式计算：

$$V_w \leqslant \frac{1}{\gamma_{RE}}\left[\frac{1}{\lambda - 0.5}\left(0.4 f_t b_w h_{w0} + 0.1N\frac{A_w}{A}\right) + 0.8 f_{yh}\frac{A_{sh}}{s}h_{w0}\right] \tag{5-125}$$

式中 N——抗震墙轴向压力设计值，当 $N > 0.2 f_c b_w h_w$ 时，取 $N = 0.2 f_c b_w h_w$。

A——抗震墙截面面积；

A_w——T 形或 I 形截面抗震墙腹板的面积，矩形截面时取 A_w 等于 A；

λ——计算截面处的剪跨比，$\lambda = M/Vh_{w0}$，$\lambda < 1.5$ 时，取 $\lambda = 1.5$，$\lambda > 2.2$ 时，取 $\lambda = 2.2$；此处 M 为与 V 相应的弯矩值；当计算截面与墙底之间的距离小于 $h_{w0}/2$ 时，λ 应按距墙底 $h_{w0}/2$ 处的弯矩与剪力取值；

s——抗震墙水平分布钢筋的间距。

2. 偏心受拉时

偏心受拉抗震墙其斜截面受剪承载力按下式计算：

$$V_w \leqslant \frac{1}{\gamma_{RE}}\left[\frac{1}{\lambda-0.5}\left(0.4f_t b_w h_{w0} - 0.1N\frac{A_w}{A}\right) + 0.8f_{yh}\frac{A_{sh}}{s}h_{w0}\right] \tag{5-126}$$

当上式右边计算值小于$\frac{1}{\gamma_{RE}}\left(0.8f_{yh}\frac{A_{sh}}{s}h_{w0}\right)$时，取等于$\frac{1}{\gamma_{RE}}\left(0.8f_{yh}\frac{A_{sh}}{s}h_{w0}\right)$。

5.21 怎样验算连梁的承载力？

（一）连梁正截面承载力的计算

抗震墙洞口处的连梁其承载力应按下列规定计算：

（1）当连梁的跨高比 $l_0/h>5$ 时，其正截面受弯承载力按一般受弯构件计算；

（2）当 $l_0/h\leqslant 5$ 时，其正截面受弯承载力按深梁计算，其公式右端应除以相应的承载力抗震调整系数。

（二）连梁斜截面承载力的计算

1. 连梁截面尺寸应符合下列条件：

当 $l_0/h>2.5$ 时，
$$V_b \leqslant \frac{1}{\gamma_{RE}}(0.20\beta_c f_c b h_0) \tag{5-127}$$

当 $l_0/h\leqslant 2.5$ 时，
$$V_b \leqslant \frac{1}{\gamma_{RE}}(0.15\beta_c f_c b h_0) \tag{5-128}$$

式中　V_b——连梁的剪力设计值。

b、h_0——分别为连梁截面宽度和有效高度。

2. 连梁剪力的调整

跨高比$\frac{l_0}{h}>2.5$的连梁，其梁端剪力设计值，一、二、三级应按下式调整：

$$V_b = \eta_{vb}(M_b^l + M_b^r)\frac{1}{l_n} + V_{Gb} \tag{5-129a}$$

9 度和一级
$$V_b = 1.1(M_{lua}^l + M_{lua}^r)\frac{1}{l_n} + V_{Gb} \tag{5-129b}$$

式中符号意义同前。

3. 连梁斜截面承载力按下列公式计算：

当 $l_0/h>2.5$ 时

$$V_b \leqslant \frac{1}{\gamma_{RE}}\left(0.42f_t b h_0 + f_{yv}\frac{A_{sv}}{s}h_0\right) \tag{5-130}$$

当 $l_0/h\leqslant 2.5$ 时

$$V_b \leqslant \frac{1}{\gamma_{RE}}\left(0.38f_t b h_0 + 0.9f_{yv}\frac{A_{sv}}{s}h_0\right) \tag{5-131}$$

5.22 当抗震墙连梁不满足条件（5-127）和（5-128）时应如何处理？

1. 减小连梁截面高度

减小连梁截面高度的目的在于减小其抗震墙结构的特征值 λ_1，增大连梁柔度系数 S 从而减小连梁的剪力 V_b［见式（5-37）］以满足条件式（5-127）、式（5-128）的要求。

2. 对连梁梁端弯矩进行调幅，从而减小连梁剪力 V_b。

应当指出，在进行抗震墙结构内力计算时已按《抗震规范》规定，对刚度降低的连梁，其调幅范围应当加以限制或不再继续调幅。当部分连梁降低弯矩设计值后，其余部位连梁和墙肢的弯矩设计值应相应提高。

3. 当连梁破坏对承受竖向荷载无明显影响时，可考虑在大震作用下连梁不参加工作，即假定连梁为铰接连杆，按独立墙肢进行第二次多遇地震作用下内力分析并进行配筋。

5.23 什么是抗震墙的边缘构件？它的作用是什么？

在抗震墙端部（包括洞口两侧）设置的暗柱、明柱、翼柱统称为抗震墙的边缘构件。它的作用是改善抗震墙混凝土的受压性能，增大其延性，提高墙肢的抗震性能。

5.24 在什么情况下应采用约束边缘构件？怎样确定约束边缘构件的尺寸和配筋？

一、二级抗震设计的抗震墙底部加强部位及其上一层的墙肢端部应按下面要求设置约束边缘构件：

1. 约束边缘构件沿墙肢方向的长度 l_c 和箍筋配箍特征值 λ_v 宜符合表 5-10 的要求，且一、二级抗震设计时箍筋直径均不应小于 8mm、箍筋间距分别不应大于 100mm 和 150mm。箍筋的配筋范围如图 5-13 的阴影面积所示，其体积配箍率 ρ_v 应符合下列要求：

$$\rho_v \geqslant \lambda_v \frac{f_c}{f_{yv}} \tag{5-132}$$

式中 λ_v——约束边缘构件配箍特征值；

f_c——混凝土轴心抗压强度设计值；

f_{yv}——箍筋或拉筋的抗拉强度设计值，超过 360MPa 时，应按 360MPa 计算。

2. 约束边缘构件纵向钢筋的配筋范围不应小于图 5-13 中阴影面积，其纵向钢筋最小截面面积，一、二级抗震设计时分别不应小于图中阴影面积的 1.2% 和 1.0% 并分别不应小于 6ϕ16 和 6ϕ14。

约束边缘构件沿墙肢的长度 l_c 及其配箍特征值 λ_v 　　**表 5-10**

抗震等级（设防烈度）		一级（9度）	一级（8度）	二 级
λ_v		0.2	0.2	0.2
l_c (mm)	暗 柱	$0.25h_w$、$1.5b_w$、450 中的最大值	$0.25h_w$、$1.5b_w$、450 中的最大值	$0.2h_w$、$1.5b_w$、450 中的最大值
	端柱、翼墙或转角墙	$0.2h_w$、$1.5b_w$、450 中的最大值	$0.15h_w$、$1.5b_w$、450 中的最大值	$0.15h_w$、$1.5b_w$、450 中的最大值

注：1. 翼墙长度小于其厚度 3 倍时，视为无翼墙剪力墙；端柱截面边长小于墙厚 2 倍时，视为无端柱剪力墙。
2. 约束边缘构件沿墙肢长度 l_c 除满足表 5-10 的要求外，当有端柱、翼墙或转角墙时，尚不应小于翼墙厚度或端柱沿墙肢方向截面高度加 300mm。
3. 约束边缘构件的箍筋或拉筋沿竖向的间距，对一级抗震等级不宜大于 100mm，对二级抗震等级不宜大于 150mm。
4. h_w 为剪力墙墙肢的长度。

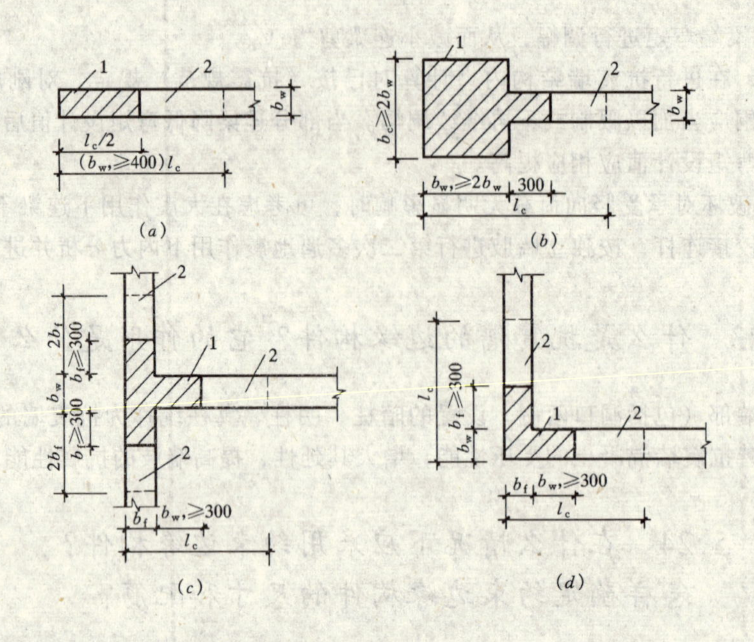

图 5-13 剪力墙的约束边缘构件

注：图中尺寸单位为 mm。

（a）暗柱；（b）端柱；（c）翼墙；（d）转角墙

1—配箍特征值为 λ_v 的区域；2—配箍特征值为 $\lambda_v/2$ 的区域

5.25 在什么情况下可采用构造边缘构件？怎样确定构造边缘构件的尺寸及配筋？

一、二级抗震设计的抗震墙，除底部加强部位及其上一层的墙肢端部外，其他部位和三、四级抗震墙墙肢端部以及墙肢底截面在重力荷载代表值作用下的轴压比小于表 5-11 的规定值时可按表 5-12 设置构造边缘构件。

抗震墙的构造边缘构件的范围，宜按图 5-14 采用，构造边缘构件的配筋应满足受弯承载力要求，并宜符合表 5-12 的要求。

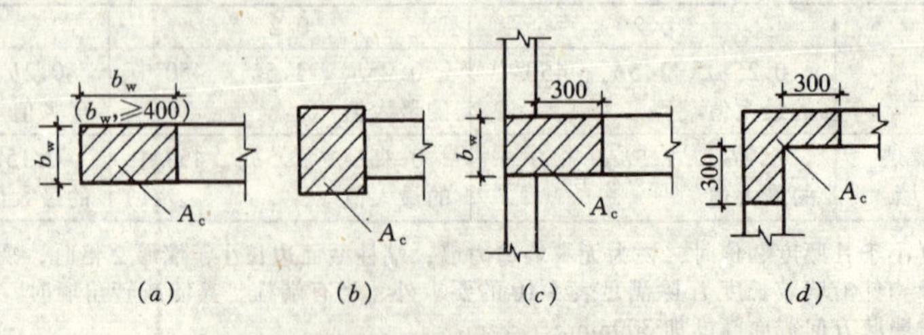

图 5-14 剪力墙的构造边缘构件

（a）暗柱；（b）端柱；（c）翼墙；（d）转角墙

注：图中尺寸单位为 mm。

抗震墙设置构造边缘构件的最大轴压比　　表 5-11

等级或烈度	一级（9 度）	一级（8 度）	二　级
轴压比	0.1	0.2	0.3

构造边缘构件的构造配筋要求　　表 5-12

抗震等级	底部加强部位			其他部位		
	纵向钢筋最小配筋量	箍筋、拉筋		纵向钢筋最小配筋量	箍筋、拉筋	
		最小直径（mm）	沿竖向最大间距（mm）		最小直径（mm）	沿竖向最大间距（mm）
一	$0.01A_c$ 和 6 根直径为 16mm 的钢筋中的较大值	8	100	$0.008A_c$ 和 6 根直径为 14mm 的钢筋中的较大值	8	150
二	$0.008A_c$ 和 6 根直径为 14mm 的钢筋中的较大值	8	150	$0.006A_c$ 和 6 根直径为 12mm 的钢筋中的较大值	8	200
三	$0.005A_c$ 和 4 根直径为 12mm 的钢筋中的较大值	6	150	$0.004A_c$ 和 4 根直径为 12mm 的钢筋中的较大值	6	200
四	$0.005A_c$ 和 4 根直径为 12mm 的钢筋中的较大值	6	200	$0.004A_c$ 和 4 根直径为 12mm 的钢筋中的较大值	6	250

注：1. A_c 为图 5-14 中所示的阴影面积。

2. 对其他部位，拉筋的水平间距不应大于纵向钢筋间距的 2 倍，转角处宜设置箍筋。

3. 当端柱承受集中荷载时，应满足框架柱配筋要求。

第6章　钢筋混凝土框架-抗震墙结构

6.1　什么是框架-抗震墙结构？在什么情况下宜采用这种结构？

计算表明，房屋在水平地震或风荷载作用下，靠近底层的承重构件的内力（弯距 M、剪力 V）和房屋的侧移随房屋高度的增加而急剧增大。因此，当房屋高度超过一定限度后，再采用框架结构，框架梁、柱截面就会很大。这样，房屋造价不仅会增加，而且建筑使用面积也会减少。在这种情况下，通常采用钢筋混凝土框架-抗震墙结构（以下简称框架-抗震墙结构）。

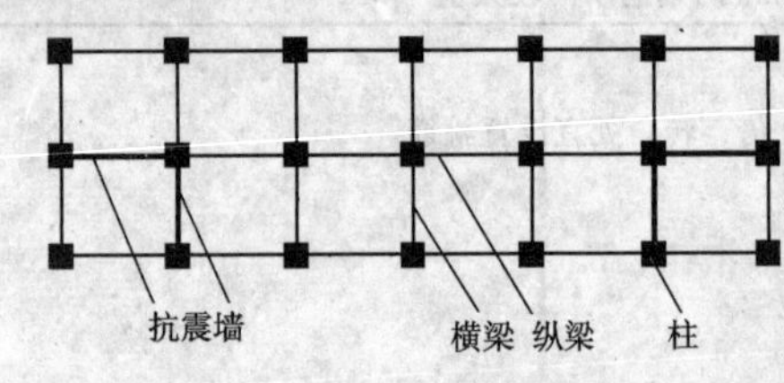

图 6-1　框架-抗震墙结构

框架-抗震墙结构是在框架结构纵、横方向的适当位置，在柱与柱之间设置几道钢筋混凝土墙体而成的（图 6-1）。由于在这种结构中抗震墙平面内的侧向刚度比框架的侧向刚度大得多，所以在水平地震作用下产生的剪力主要由抗震墙来承受，小部分剪力由框架承受，而框架主要承受重力荷载。由于框架-抗震墙结构充分发挥了抗震墙和框架各自的优点，因此在高层建筑中采用框架-抗震墙结构比框架结构更经济合理。

6.2　框架-抗震墙结构的布置应注意哪些问题？

1. 框架-抗震墙结构中，框架和抗震墙均应双向布置，为了防止在水平地震作用下柱发生扭转，抗震墙、梁与柱中中心线之间的偏心距不宜大于柱宽的 1/4。

2. 框架-抗震墙结构中，抗震墙之间无大洞口的楼、屋盖的长宽比，不宜超过表 6-1 的规定；超过时，应考虑楼盖平面内变形的影响。

抗震墙之间楼（屋）盖长宽比　　　　**表 6-1**

楼（屋）盖类别	烈度			
	6	7	8	9
现浇或叠合梁板	4.0	4.0	3.0	2.0
装配式楼盖	3.0	3.0	2.5	不宜采用

3. 框架-抗震墙结构采用装配式楼、屋盖时，应采取措施保证楼、屋盖的整体性，及其与抗震墙的可靠连接。采用配筋现浇层加强时，面层厚度不宜小于 50mm。

4. 框架-抗震墙结构中的抗震墙的设置，宜符合下列要求：

（1）抗震墙宜贯通房屋全高，且横向与纵向的抗震墙宜相连。

（2）抗震墙宜设置在墙面不需要开大洞口的位置。

（3）房屋较长时，刚度较大的纵向抗震墙不宜设置在房屋的端开间。

（4）抗震墙洞口宜上下对齐；洞边距端柱不宜小于 300mm。

（5）一、二级抗震墙的洞口连梁，跨高比不宜大于 5，且梁截面高度不宜小于 400mm。

5. 框架-抗震墙结构中的基础，应符合下列要求：

（1）框架-抗震墙结构中的抗震墙基础应有良好的整体性和抗转动能力。

（2）地下室顶板作为上部结构的嵌固部位时，应避免在顶板开设大洞口，并应采用现浇梁板结构，顶板厚度不宜小于 180mm，混凝土强度等级不宜低于 C30，应采用双层双向配筋，且每层每个方向的配筋率不应小于 0.25%；地下室结构楼层的侧向刚度不宜小于相邻上部结构楼层侧向刚度的 2 倍，地下室柱的纵向钢筋面积，除应满足计算要求外，不应少于地上一层对应柱纵筋面积的 1.1 倍。

6.3 怎样选择框架-抗震墙结构的计算简图？

框架-抗震墙结构在水平地震作用下的内力和侧移的分析，是个复杂的空间超静定问题。要精确计算是十分困难的。为了简化计算，通常把它简化成平面结构来解。计算时一般采用下面一些假定：

（1）楼板在自身平面内的刚度为无穷大；

（2）结构的刚度中心与质量中心重合，结构在水平地震作用下不发生扭转；

（3）在计算框架-抗震墙协同工作时，不考虑框架柱的轴向变形，但计算具有洞口的抗震墙时，考虑墙肢轴向变形的影响。

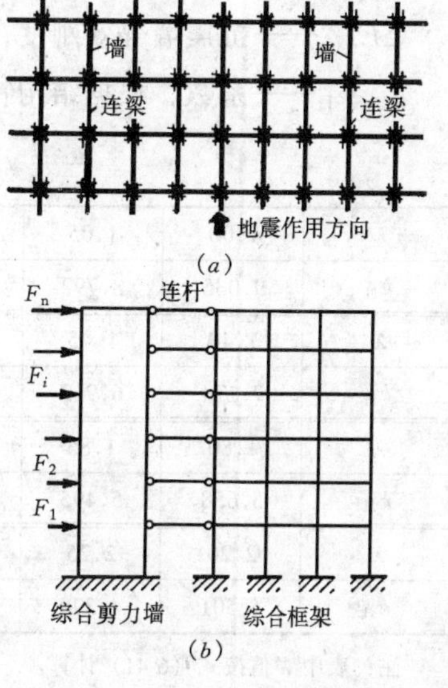

图 6-2　框架-抗震墙结构

（a）框架-抗震墙平面图；

（b）框架-抗震墙结构计算简图

根据上面的假定，可将房屋或变形缝区段内所有与地震方向平行的抗震墙（包括有洞口的墙）合并在一起，组成“综合抗震墙”，将所有这个方向的框架合并在一起，组成“综合框架”。综合抗震墙和综合框架之间，在楼板标高处用铰接连杆连接，以代替楼板和连梁❶的作用。于是，图6-2（*a*）所示框架-抗震墙结构在横向，可简化成如图 6-2（*b*）所示的计算简图。

这样，就把一个十分复杂的高次超静定空间结构简化成平面结构了。计算这种结构可采用力法或微分方程法。当房屋层数较少时，采用力法较为方便，而当层数较多时，宜采用微分方程法。

❶　这里所说的连梁是指抗震墙与框架之间的梁，而不包括抗震墙之间的梁。

6.4 怎样计算钢筋混凝土框架-抗震墙结构的水平地震作用？

在这种情况下，水平地震作用一般仍按式（3-130）、式（3-131）确定。这时结构基本周期可按《高层建筑混凝土结构技术规程》(JGJ 3—2002）公式（6-1）计算：

$$T_1 = 1.7\psi_T\sqrt{u_T} \tag{6-1}$$

式中 ψ_T——系数，框架-抗震墙结构取0.7～0.8；

u_T——计算结构的基本周期用的结构顶点假想位移(m)，即假想把集中在各层楼面处的重力荷载代表值 G_i 作为水平荷载而算得的结构顶点位移。对于框架-抗震墙结构，需将各层 G_i 折算成连续均布水平荷载，再求结构顶点移，即：

$$q = \frac{\Sigma G_i}{H} \tag{6-2}$$

q——各层重力荷载代表值假想折算成连续均布水平荷载；

G_i——各质点重力荷载代表值；

H——结构总高度；

$$u_T = k_H\frac{qH^4}{\Sigma EI_{we}} \tag{6-3}$$

ΣEI_{we}——抗震墙等效刚度，参见式（5-60）

k_H——系数，根据结构特征刚度 λ 由表6-2查得。

系 数 k_H 值（$\times10^{-2}$） **表 6-2**

λ	1.00	1.05	1.10	1.15	1.20	1.25	1.30	1.35
k_H	9.035	8.792	8.547	8.304	8.070	7.836	7.610	7.389
λ	1.40	1.45	1.50	1.55	1.60	1.65	1.70	1.75
k_H	7.174	6.963	6.759	6.561	6.368	6.182	6.001	5.827
λ	1.80	1.85	1.90	1.95	2.00	2.05	2.10	2.15
k_H	5.658	5.495	5.337	5.185	5.038	4.897	4.760	4.628
λ	2.20	2.25	2.30	2.35	2.40	2.45	2.50	2.55
k_H	4.501	4.378	4.260	4.146	4.037	3.931	3.828	3.730

注：表中 λ 值按式（6-41）计算。

6.5 怎样按微分方程法求解框架-抗震墙结构的内力和侧移？

（一）微分方程的建立

将综合抗震墙从计算简图6-2（a）中隔离出来。为了建立微分方程，将作用在抗震墙楼板标高处的地震作用 F_i（$i=1$，2，…，n），以连续分布的等效倒三角形荷载 q（x）

代替（图 6-3a）。设作用在墙顶的等效荷载集度为 $q_{\max}$，其值可根据代替前后两者在结构底部产生的弯矩相等的原则确定，即

$$q_{\max}=\frac{3M_0}{H^2} \tag{6-4}$$

其中，M_0 为地震作用 F_i（$i=1$，2，…，n）在结构底部产生的弯矩，$M_0=\sum_{i=1}^{n}F_iH_i$

同样，将作用在墙上的连杆未知力 X_i（$i=1$，2，…，n）也以连续分布的未知力 p（x）代替。

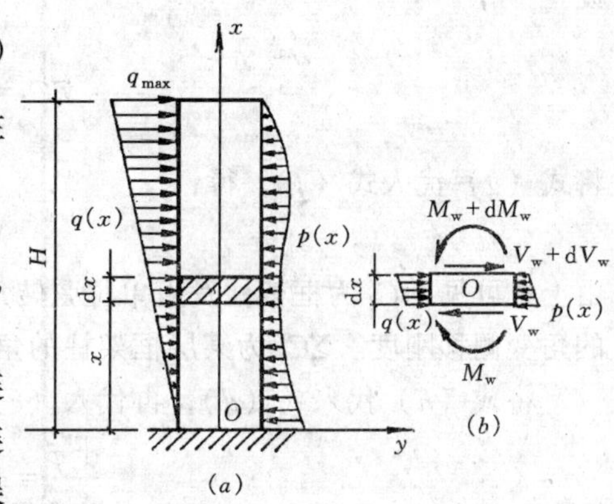

图 6-3 抗震墙受力图

显然，以连续分布的等效荷载 q（x）和连续分布未知力 p（x）分别代替地震作用 F_i 和连杆未知力 X_i，对抗震墙的内力和侧移所引起的误差，将随房屋层数的增加而减小。计算表明，当房屋层数 $n\geqslant5$ 时，其计算精度完全能满足工程设计的要求。因此，当 $n\geqslant5$ 时，即可按微分方程法分析框架-抗震墙结构的内力和侧移。

现从抗震墙上取出微分体（图 6-3b），根据平衡条件 $\Sigma M_0=0$，得：

$$M_w-(M_w+\mathrm{d}M_w)+V_w\mathrm{d}x+p(x)\frac{\mathrm{d}x^2}{2}-q(x)\frac{\mathrm{d}x^2}{2}=0$$

忽略上式高阶无穷小量，并经整理后得：

$$\frac{\mathrm{d}M_w}{\mathrm{d}x}=V_w \tag{a}$$

由材料力学知道，式（a）可写成：

$$\frac{\mathrm{d}M_w}{\mathrm{d}x}=V_w=-\Sigma EI_{we}\frac{\mathrm{d}^2\varphi}{\mathrm{d}x^2} \tag{b}$$

式中 ΣEI_{we}——综合抗震墙的等效刚度；

φ——墙在 x 处的转角。

将式（b）改写成：

$$\frac{\mathrm{d}^2\varphi}{\mathrm{d}x^2}=-\frac{V_w}{\Sigma EI_{we}} \tag{c}$$

其中

$$V_w=V_i-V_f \tag{d}$$

式中 V_i——框架-抗震墙结构在高度 x 处所承受的地震剪力；

V_f——框架在高度 x 处所承受的地震剪力，其值可按下式计算：

$$V_f=\delta\Sigma D \tag{e}$$

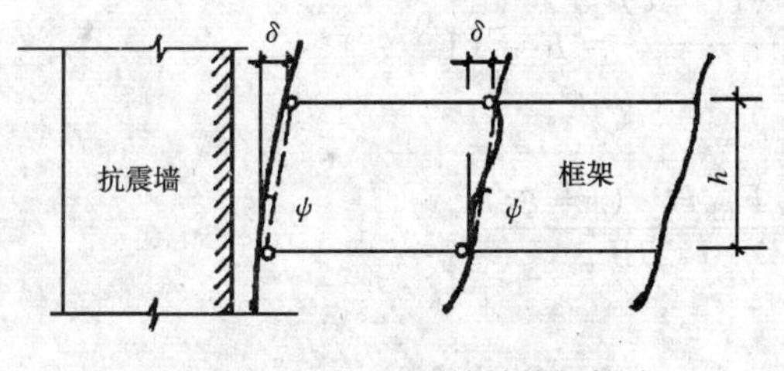

图 6-4 框架-抗震墙结构的侧移

由于假设楼板在自身平面内的刚度为无穷大，所以，在第 i 层抗震墙的层间位移与框架的层间位移相等，即两者的弦转角 $\psi=\dfrac{\delta}{h}$ 相等，参见图 6-4。于是，式（e）可写成：

$$V_{\mathrm{f}} = h\tan\psi\Sigma D \approx h\psi\Sigma D \tag{f}$$

设

$$\Sigma C_{\mathrm{f}} = h\Sigma D = \frac{12k_{\mathrm{c}}}{h}\alpha \tag{g}$$

将式（g）代入式（f），得：

$$V_{\mathrm{f}} = \psi\Sigma C_{\mathrm{f}} \tag{h}$$

由上式可见，C_{f} 为框架柱发生单位弦转角（即 $\psi=1$）时，在柱内产生的剪力。它称为柱的角变侧移刚度。ΣC_{f} 为某层框架柱的角变侧移刚度之和。

将式（h）代入式（d），再代入（c），得：

$$\frac{\mathrm{d}^2\varphi}{\mathrm{d}x^2} = \frac{\Sigma C_{\mathrm{f}}}{\Sigma EI_{\mathrm{we}}}\psi - \frac{V_i}{\Sigma EI_{\mathrm{we}}}$$

或

$$\frac{\mathrm{d}^2\varphi}{\mathrm{d}x^2} - \frac{\Sigma C_{\mathrm{f}}}{\Sigma EI_{\mathrm{we}}}\psi = -\frac{V_i}{\Sigma EI_{\mathrm{we}}} \tag{i}$$

上面微分方程包含两个未知数 φ 和 ψ，故不能求解。为了便于微分方程求解，我们近似地假定 $\psi\approx\varphi$。实际上，抗震墙在楼层某处的转角才等于该层的弦转角（图 6-5）。在计算中，可近似地取 $\psi\approx\varphi=\frac{1}{2}(\varphi_i+\varphi_{i+1})$。

根据以上假设，微分方程（i）可写成：

$$\frac{\mathrm{d}^2\varphi}{\mathrm{d}x^2} - \frac{\Sigma C_{\mathrm{f}}}{\Sigma EI_{\mathrm{we}}}\varphi = \frac{-V_i}{\Sigma EI_{\mathrm{we}}} \tag{6-5}$$

这就是要建立的地震作用下框架-抗震墙结构的转角微分方程式。

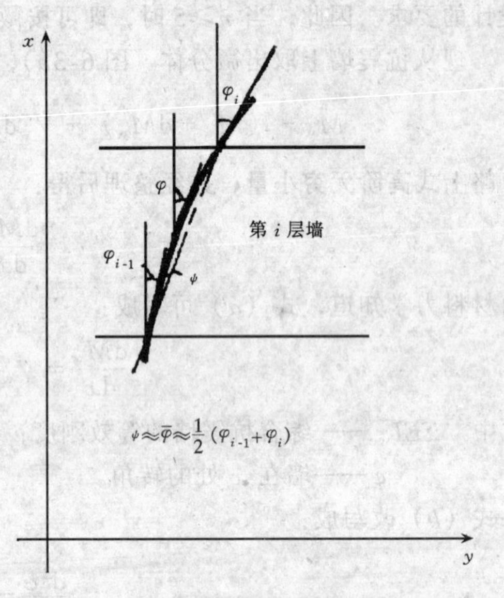

图 6-5 抗震墙转角和旋转角的关系

（二）微分方程的解

1. 倒三角形分布荷载

为了便于绘制图表，现采用相对坐标。

设 $x=\xi H$，即 $\xi=\frac{x}{H}$，于是在结构截面 ξ 处的地震剪力可写成：

$$V(\xi) = \frac{\left(q_{\max}+q_{\max}\frac{x}{H}\right)(H-x)}{2} = F_{\mathrm{Ek}}(1-\xi^2)$$

则式（6-5）变成

$$\frac{\mathrm{d}^2\varphi}{\mathrm{d}\xi^2} - \frac{H^2\Sigma C_{\mathrm{f}}}{\Sigma EI_{\mathrm{we}}}\varphi = -\frac{F_{\mathrm{Ek}}H^2(1-\xi^2)}{\Sigma EI_{\mathrm{we}}}$$

设

$$\lambda^2=\frac{H^2\Sigma C_{\mathrm{f}}}{\Sigma EI_{\mathrm{we}}} \tag{6-6a}$$

$$\varepsilon=\frac{H^2F_{\mathrm{Ek}}}{\Sigma EI_{\mathrm{we}}} \tag{6-6b}$$

于是

$$\frac{\mathrm{d}^2\varphi}{\mathrm{d}\xi^2}-\lambda^2\varphi=\varepsilon\xi^2-\varepsilon \tag{6-7}$$

上式是二阶常系数非齐次线性微分方程。其解由两部分组成：一个是方程（6-7）对应的齐次方程的通解；另一个是方程（6-7）的特解。

（1）齐次微分方程的通解

对应的齐次微分方程为：

$$\frac{\mathrm{d}^2\varphi}{\mathrm{d}\xi^2}-\lambda^2\varphi=0 \tag{6-8a}$$

因为其特征方程 $r^2-\lambda^2=0$，所以，$r=\pm\lambda$，因此，齐次微分方程（6-8a）的通解为：

$$\varphi_1=C_1\mathrm{ch}\lambda\xi+C_2\mathrm{sh}\lambda\xi \tag{6-8b}$$

（2）微分方程的特解

因为非齐次微分方程右边的函数 $f(\xi)=\varepsilon\xi^2-\varepsilon$ 属于 $P_{\mathrm{m}}(\xi)e^{\alpha\xi}$类型［$P_{\mathrm{m}}(\xi)=\varepsilon\xi^2-\varepsilon$ 是二次多项式，$\alpha=0$］，因此设特解 $\varphi^*=\xi^{\mathrm{k}}Q_2(\xi)$。因为 $\alpha=0$ 不是式（6-8a）对应特征方程的根，故 $k=0$。又因为 $Q_2(\xi)$ 也是二次多项式，因而我们令：

$$\varphi^*=b_0\xi^2+b_1\xi+b_2$$

将 φ^* 及其二阶导数代入非齐次微分方程（6-7），得：

$$2b_0-\lambda^2(b_0\xi^2+b_1\xi+b_2)=\varepsilon\xi^2-\varepsilon$$

比较等号两边同类项的系数得：

$$\begin{cases}-\lambda^2b_0=\varepsilon\\-\lambda^2b_1=0\\2b_0-\lambda^2b_2=-\varepsilon\end{cases}$$

由此求得 $b_0=-\frac{\varepsilon}{\lambda^2}$，$b_1=0$，$b_2=\frac{\varepsilon}{\lambda^2}\left(1-\frac{2}{\lambda^2}\right)$，于是特解为：

$$\varphi^*=\frac{\varepsilon}{\lambda^2}\left(1-\frac{2}{\lambda^2}-\xi^2\right)$$

（3）微分方程的通解

$$\varphi=\varphi_1+\varphi^*=C_1\mathrm{ch}\lambda\xi+C_2\mathrm{sh}\lambda\xi+\frac{\varepsilon}{\lambda^2}\left(1-\frac{2}{\lambda^2}-\xi^2\right) \tag{6-9}$$

积分常数 C_1、C_2 由边界条件确定。

当 $\xi=0$ 时，$\varphi=0$（固定端转角等于零），得：

$$C_1=-\frac{\varepsilon}{\lambda^2}\left(1-\frac{2}{\lambda^2}\right)$$

当 $\xi=1$ 时，$M_{\mathrm{w}}=0$（墙顶弯矩为零），则$\frac{\mathrm{d}\varphi}{\mathrm{d}\xi}=0$，得：

$$C_2=\left[\frac{\varepsilon}{\lambda}\left(1-\frac{2}{\lambda^2}\right)\mathrm{sh}\lambda+\frac{2\varepsilon}{\lambda^2}\right]\frac{1}{\lambda\,\mathrm{ch}\lambda}$$

将 C_1、C_2 代入式（6-9），经简化后得通解的最后形式：

$$\varphi=\frac{2\varepsilon}{\lambda^3}\left[\omega\mathrm{sh}\lambda\xi+\beta\left(1-\mathrm{ch}\lambda\xi\right)-\frac{\lambda\xi^2}{2}\right] \tag{6-10}$$

其中

$$\beta=\lambda\left(\frac{1}{2}-\frac{1}{\lambda^2}\right) \tag{6-11a}$$

$$\omega=\frac{1+\beta\mathrm{sh}\lambda}{\mathrm{ch}\lambda} \tag{6-11b}$$

（4）结构的内力和侧移

1）框架的剪力

$$V_{\mathrm{f}}=\varphi\Sigma C_{\mathrm{f}} \tag{6-12}$$

由式（6-6a）得：

$$\Sigma C_{\mathrm{f}}=\frac{\lambda^2\Sigma EI_{\mathrm{w}}}{H^2} \tag{6-13}$$

将上式及式（6-10）一并代入式（6-12），并注意到 $\varepsilon=\frac{F_{\mathrm{Ek}}H^2}{\Sigma EI_{\mathrm{w}}}$ 和 $F_{\mathrm{Ek}}=\frac{q_{\max}H}{2}$，则得：

$$V_{\mathrm{f}}=\frac{q_{\max}H}{\lambda}\left[\omega\mathrm{sh}\lambda\xi+\beta\left(1-\mathrm{ch}\lambda\xi\right)-\frac{\lambda\xi^2}{2}\right] \tag{6-14}$$

2）抗震墙的弯矩

$$M_{\mathrm{w}}=-\Sigma EI_{\mathrm{we}}\frac{\mathrm{d}\varphi}{\mathrm{d}\xi}\cdot\frac{1}{H}$$

对式（6-10）进行一次微分，并代入上式，得：

$$M_{\mathrm{w}}=\frac{q_{\max}H^2}{\lambda^2}\left[\beta\mathrm{sh}\lambda\xi-\omega\mathrm{ch}\lambda\xi+\xi\right] \tag{6-15}$$

3）抗震墙的剪力

$$V_{\mathrm{w}}=\frac{1}{H}\cdot\frac{\mathrm{d}M_{\mathrm{w}}}{\mathrm{d}\xi}$$

对式（6-15）进行一次微分，得

$$V_{\mathrm{w}}=\frac{q_{\max}H}{\lambda}\left[\beta\mathrm{ch}\lambda\xi-\omega\mathrm{sh}\lambda\xi+\frac{1}{\lambda}\right] \tag{6-16}$$

4）抗震墙的水平位移

$$y=H\int_0^{\xi}\varphi\mathrm{d}\xi$$

将式（6-10）代入上式积分可得：

$$y=\frac{q_{\max}H^4}{\lambda^2\Sigma EI_{\mathrm{we}}}\left[\frac{\omega}{\lambda^2}\left(\mathrm{ch}\lambda\xi-1\right)+\beta\left(\frac{\xi}{\lambda}-\frac{\mathrm{sh}\lambda\xi}{\lambda^2}\right)-\frac{\xi^3}{6}\right] \tag{6-17}$$

2．顶部集中荷载（图 6-6）

在这种情况下，在结构截面 ξ 处的地震剪力为：

$$V\left(\xi\right)=\Delta F_{\mathrm{n}} \tag{6-18}$$

将上式代入式（6-5），经整理后得：

$$\frac{\mathrm{d}^2\varphi}{\mathrm{d}\xi^2}-\lambda^2\varphi=-\frac{H^2\Delta F_{\mathrm{n}}}{\Sigma EI_{\mathrm{we}}} \tag{6-19}$$

令

$$\varepsilon=\frac{H^2\Delta F_{\mathrm{n}}}{\Sigma EI_{\mathrm{we}}} \tag{6-20}$$

则

$$\frac{\mathrm{d}\varphi}{\mathrm{d}\xi^2}-\lambda^2\varphi=-\varepsilon \tag{6-21}$$

其余符号意义同前。

上式也是二阶常系数非齐次线性微分方程。它的解包括：

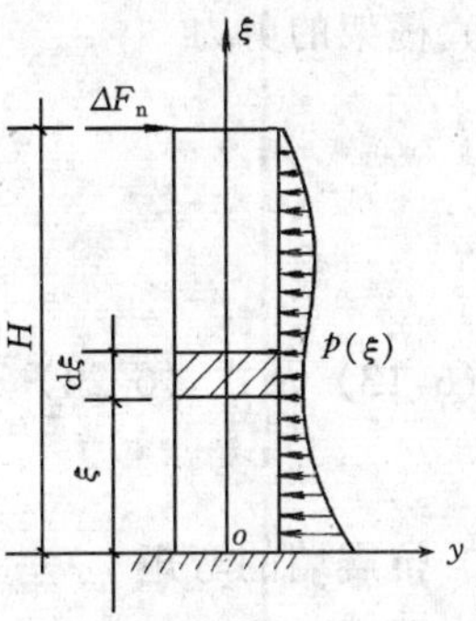

图 6-6　顶部集中荷载

（1）齐次微分方程的通解

通解的表达形式为：

$$\varphi_1=C_1\mathrm{ch}\lambda\xi+C_2\mathrm{sh}\lambda\xi \tag{6-22}$$

（2）微分方程的特解

因为非齐次方程右边的函数 $f(\xi)=-\varepsilon$ 属于 $P_{\mathrm{m}}(\xi)\mathrm{e}^{\alpha\xi}$ 类型 $[P_{\mathrm{m}}(\xi)=-\varepsilon$ 是零次多项式，$\alpha=0]$，因此设 $\varphi^*=\xi^{\mathrm{k}}Q_0(\xi)$。因为 $\alpha=0$ 不是特征方程的根，故 $k=0$。又因为 $Q_0(\xi)$ 是零次多项式，因而我们令

$$\varphi^*=b_0$$

将 φ^* 代入式（6-21），得：

$$0-\lambda^2b_0=-\varepsilon$$

即

$$b_0=\frac{\varepsilon}{\lambda^2}$$

则微分方程的特解为：

$$\varphi^*=\frac{\varepsilon}{\lambda^2}$$

（3）微分方程的通解

$$\varphi=\varphi_1+\varphi^*=C_1\mathrm{ch}\lambda\xi+C_2\mathrm{sh}\lambda\xi+\frac{\varepsilon}{\lambda^2} \tag{6-23}$$

现根据边界条件求上式积分常数 C_1、C_2：

当 $\xi=0$ 时，$\varphi=0$（固定端转角等于零），得：

$$C_1=-\frac{\varepsilon}{\lambda^2}$$

当 $\xi=1$ 时，$M_{\mathrm{w}}=0$（墙顶弯矩为零），则 $\frac{\mathrm{d}\varphi}{\mathrm{d}\xi}=0$，得：

$$C_2=\frac{\varepsilon}{\lambda^2}\mathrm{th}\lambda$$

将 C_1、C_2 代入式（6-23），经简化后得：

$$\varphi=\frac{\varepsilon}{\lambda^2}(1-\mathrm{ch}\lambda\xi+\mathrm{th}\lambda\cdot\mathrm{sh}\lambda\xi) \tag{6-24}$$

（4）结构的内力和位移

1）框架的剪力

$$V_{\mathrm{f}}=\varphi\Sigma C_{\mathrm{f}} \tag{6-25}$$

$$\Sigma C_{\mathrm{f}}=\frac{\lambda^{2}\Sigma EI_{\mathrm{we}}}{H^{2}}$$

将式（6-13）及式（6-24）一并代入式（6-25），并注意到 $\varepsilon=\frac{H^{2}\Delta F_{\mathrm{n}}}{\Sigma EI_{\mathrm{w}}}$，则得：

$$V_{\mathrm{f}}=\Delta F_{\mathrm{n}}\left(1-\mathrm{ch}\lambda\xi+\mathrm{th}\lambda\cdot\mathrm{sh}\lambda\xi\right) \tag{6-26}$$

2）抗震墙的弯矩

$$M_{\mathrm{W}}=-\Sigma EI_{\mathrm{w}}\frac{\mathrm{d}\varphi}{\mathrm{d}\xi}\cdot\frac{1}{H}$$

对式（6-24）进行一次微分，并代入上式得：

$$M_{\mathrm{w}}=\frac{\Delta F_{\mathrm{n}}H}{\lambda}\left(\mathrm{sh}\lambda\xi-\mathrm{th}\lambda\cdot\mathrm{ch}\lambda\xi\right) \tag{6-27}$$

3）抗震墙的剪力

$$V_{\mathrm{w}}=\frac{1}{H}\cdot\frac{\mathrm{d}M_{\mathrm{w}}}{\mathrm{d}\xi}$$

对式（6-27）进行一次微分，并代入上式，得：

$$V_{\mathrm{w}}=\Delta F_{\mathrm{n}}\left(\mathrm{ch}\lambda\xi-\mathrm{th}\lambda\cdot\mathrm{sh}\lambda\xi\right) \tag{6-28}$$

4）抗震墙的水平位移

$$y=H\int_{0}^{\xi}\varphi\mathrm{d}\xi$$

将式（6-24）代入上式积分可得：

$$y=\frac{\Delta F_{\mathrm{n}}H^{3}}{\lambda^{3}\Sigma EI_{\mathrm{w}}}\left[\mathrm{th}\lambda\left(\mathrm{ch}\lambda\xi-1\right)-\mathrm{sh}\lambda\xi+\lambda\xi\right] \tag{6-29}$$

6.6 怎样用图表计算结构的内力和侧移？

（一）用图表计算结构的内力和侧移

直接按式（6-14）、式（6-17）和式（6-26）～式（6-29）计算框架-抗震墙结构的内力和侧移是十分麻烦的。工程上常采用表格并结合力的平衡条件来计算。这不仅计算简便，而且还可以减小按微分方程法计算结构内力和侧移而引起的误差。

1. 查表计算法之一

将式（6-10）和式（6-24）分别写成下面形式：

$$\frac{\varphi}{\varepsilon}=\frac{2}{\lambda^{2}}\left[\omega\mathrm{sh}\lambda\xi+\beta\left(1-\mathrm{ch}\lambda\xi\right)-\frac{\lambda\xi^{2}}{2}\right]\quad（倒三角分布荷载） \tag{6-30}$$

和

$$\frac{\varphi}{\varepsilon}=\frac{1}{\lambda^{2}}\left(1-\mathrm{ch}\lambda\zeta+\mathrm{th}\lambda\cdot\mathrm{sh}\lambda\xi\right)\quad（顶部水平集中荷载） \tag{6-31}$$

由上面二式可见，在 λ 值一定情况下，依次地给出不同的 ξ 值，即可算出它们的 φ/ε 值，参见表 6-3 和表 6-4。

连续分布倒三角形荷载（φ/ε）值表　　　表 6-3

ξ \ λ	1.00	1.05	1.10	1.15	1.20	1.25	1.30	1.35	1.40	1.45	1.50
1.00	0.171	0.166	0.160	0.155	0.150	0.144	0.139	0.134	0.130	0.125	0.120
0.98	0.171	0.166	0.160	0.155	0.150	0.144	0.139	0.134	0.130	0.125	0.120
0.96	0.171	0.166	0.160	0.155	0.150	0.144	0.139	0.135	0.130	0.125	0.121
0.94	0.171	0.166	0.160	0.155	0.150	0.145	0.140	0.135	0.130	0.125	0.121
0.92	0.172	0.166	0.161	0.155	0.150	0.145	0.140	0.135	0.130	0.126	0.121
0.90	0.172	0.166	0.161	0.156	0.150	0.145	0.140	0.135	0.130	0.126	0.121
0.88	0.172	0.166	0.161	0.156	0.151	0.145	0.140	0.136	0.131	0.126	0.122
0.86	0.172	0.167	0.161	0.156	0.151	0.146	0.141	0.136	0.131	0.127	0.122
0.84	0.172	0.167	0.161	0.156	0.151	0.146	0.141	0.136	0.131	0.127	0.122
0.82	0.172	0.167	0.162	0.156	0.151	0.146	0.141	0.136	0.132	0.127	0.123
0.80	0.172	0.167	0.162	0.156	0.151	0.146	0.141	0.137	0.132	0.128	0.123
0.78	0.172	0.167	0.162	0.156	0.151	0.146	0.142	0.137	0.132	0.128	0.124
0.76	0.172	0.167	0.161	0.156	0.151	0.147	0.142	0.137	0.133	0.128	0.124
0.74	0.172	0.166	0.161	0.156	0.151	0.147	0.142	0.137	0.133	0.128	0.124
0.72	0.171	0.166	0.161	0.156	0.151	0.146	0.142	0.137	0.133	0.128	0.124
0.70	0.171	0.166	0.161	0.156	0.151	0.146	0.142	0.137	0.133	0.128	0.124
0.68	0.170	0.165	0.160	0.155	0.151	0.146	0.141	0.137	0.133	0.128	0.124
0.66	0.169	0.164	0.159	0.155	0.150	0.145	0.141	0.137	0.132	0.128	0.124
0.64	0.168	0.163	0.159	0.154	0.149	0.145	0.140	0.136	0.132	0.128	0.124
0.62	0.167	0.162	0.158	0.153	0.149	0.144	0.140	0.136	0.131	0.127	0.124
0.60	0.166	0.161	0.157	0.152	0.148	0.143	0.139	0.135	0.131	0.127	0.123
0.58	0.164	0.160	0.155	0.151	0.147	0.142	0.138	0.134	0.130	0.126	0.122
0.56	0.163	0.158	0.154	0.149	0.145	0.141	0.137	0.133	0.129	0.125	0.122
0.54	0.161	0.156	0.152	0.148	0.144	0.140	0.136	0.132	0.128	0.124	0.121
0.52	0.159	0.154	0.150	0.146	0.142	0.138	0.134	0.130	0.127	0.123	0.120
0.50	0.156	0.152	0.148	0.144	0.140	0.136	0.132	0.129	0.125	0.122	0.118
0.48	0.154	0.150	0.146	0.142	0.138	0.134	0.131	0.127	0.123	0.120	0.117
0.46	0.151	0.147	0.143	0.139	0.136	0.132	0.128	0.125	0.122	0.118	0.115
0.44	0.148	0.144	0.140	0.137	0.133	0.130	0.126	0.123	0.119	0.116	0.113
0.42	0.144	0.141	0.137	0.134	0.130	0.127	0.123	0.120	0.117	0.114	0.111
0.40	0.141	0.137	0.134	0.130	0.127	0.124	0.121	0.117	0.114	0.111	0.109
0.38	0.137	0.133	0.130	0.127	0.124	0.121	0.118	0.115	0.112	0.109	0.106
0.36	0.133	0.129	0.126	0.123	0.120	0.117	0.114	0.111	0.108	0.106	0.103
0.34	0.128	0.125	0.122	0.119	0.116	0.113	0.111	0.108	0.105	0.103	0.100
0.32	0.123	0.120	0.118	0.115	0.112	0.109	0.107	0.104	0.101	0.099	0.097
0.30	0.118	0.115	0.113	0.110	0.108	0.105	0.102	0.100	0.098	0.095	0.093
0.28	0.113	0.110	0.108	0.105	0.103	0.100	0.098	0.096	0.093	0.091	0.089
0.26	0.107	0.105	0.102	0.100	0.098	0.095	0.093	0.091	0.089	0.087	0.085
0.24	0.101	0.099	0.096	0.094	0.092	0.090	0.088	0.086	0.084	0.082	0.080
0.22	0.094	0.092	0.090	0.088	0.086	0.085	0.083	0.081	0.079	0.077	0.075
0.20	0.088	0.086	0.084	0.082	0.080	0.079	0.077	0.075	0.074	0.072	0.070
0.18	0.081	0.079	0.077	0.076	0.074	0.072	0.071	0.069	0.068	0.066	0.065
0.16	0.073	0.072	0.070	0.069	0.067	0.066	0.064	0.063	0.062	0.060	0.059
0.14	0.065	0.064	0.063	0.061	0.060	0.059	0.058	0.056	0.055	0.054	0.053
0.12	0.057	0.056	0.055	0.054	0.053	0.052	0.050	0.049	0.048	0.047	0.046
0.10	0.049	0.048	0.047	0.046	0.045	0.044	0.043	0.042	0.041	0.040	0.040
0.08	0.040	0.039	0.038	0.037	0.037	0.036	0.035	0.034	0.034	0.033	0.032
0.06	0.030	0.030	0.029	0.029	0.028	0.027	0.027	0.026	0.026	0.025	0.025
0.04	0.021	0.020	0.020	0.019	0.019	0.019	0.018	0.018	0.018	0.017	0.017
0.02	0.010	0.010	0.010	0.010	0.010	0.010	0.009	0.009	0.009	0.009	0.009
0.00	0.000	0.000	0.000	0.000	0.000	0.000	0.000	0.000	0.000	0.000	0.000

续表

ξ \ λ	1.55	1.60	1.65	1.70	1.75	1.80	1.85	1.90	1.95	2.00	2.05
1.00	0.116	0.112	0.108	0.104	0.100	0.096	0.093	0.089	0.086	0.083	0.080
0.98	0.116	0.112	0.108	0.104	0.100	0.096	0.093	0.089	0.086	0.083	0.080
0.96	0.116	0.112	0.108	0.104	0.100	0.096	0.093	0.089	0.086	0.083	0.080
0.94	0.116	0.112	0.108	0.104	0.100	0.097	0.093	0.090	0.086	0.083	0.080
0.92	0.117	0.112	0.108	0.104	0.101	0.097	0.093	0.090	0.087	0.084	0.081
0.90	0.117	0.113	0.109	0.105	0.101	0.097	0.094	0.091	0.087	0.084	0.081
0.88	0.117	0.113	0.109	0.105	0.101	0.098	0.094	0.091	0.088	0.085	0.082
0.86	0.118	0.114	0.110	0.106	0.102	0.098	0.095	0.092	0.088	0.085	0.082
0.84	0.118	0.114	0.110	0.106	0.102	0.099	0.095	0.092	0.089	0.086	0.083
0.82	0.119	0.115	0.111	0.107	0.103	0.099	0.096	0.093	0.089	0.086	0.083
0.80	0.119	0.115	0.111	0.107	0.103	0.100	0.096	0.093	0.090	0.087	0.084
0.78	0.119	0.115	0.111	0.108	0.104	0.100	0.097	0.094	0.091	0.088	0.085
0.76	0.120	0.116	0.112	0.108	0.104	0.101	0.098	0.094	0.091	0.088	0.085
0.74	0.120	0.116	0.112	0.108	0.105	0.101	0.098	0.095	0.092	0.089	0.086
0.72	0.120	0.116	0.112	0.109	0.105	0.102	0.098	0.095	0.092	0.089	0.086
0.70	0.120	0.116	0.113	0.109	0.105	0.102	0.099	0.096	0.093	0.090	0.087
0.68	0.120	0.116	0.113	0.109	0.106	0.102	0.099	0.096	0.093	0.090	0.087
0.66	0.120	0.116	0.113	0.109	0.106	0.103	0.099	0.096	0.093	0.090	0.088
0.64	0.120	0.116	0.113	0.109	0.106	0.103	0.099	0.096	0.093	0.091	0.088
0.62	0.120	0.116	0.113	0.109	0.106	0.103	0.099	0.096	0.094	0.091	0.088
0.60	0.119	0.116	0.112	0.109	0.106	0.102	0.099	0.096	0.094	0.091	0.088
0.58	0.119	0.115	0.112	0.109	0.105	0.102	0.099	0.096	0.094	0.091	0.088
0.56	0.118	0.115	0.111	0.108	0.105	0.102	0.099	0.096	0.093	0.091	0.088
0.54	0.117	0.114	0.111	0.107	0.104	0.101	0.098	0.096	0.093	0.090	0.088
0.52	0.116	0.113	0.110	0.107	0.104	0.101	0.098	0.095	0.092	0.090	0.087
0.50	0.115	0.112	0.109	0.106	0.103	0.100	0.097	0.094	0.092	0.089	0.087
0.48	0.114	0.110	0.107	0.104	0.102	0.099	0.096	0.093	0.091	0.089	0.086
0.46	0.112	0.109	0.106	0.103	0.100	0.098	0.095	0.092	0.090	0.088	0.085
0.44	0.110	0.107	0.104	0.101	0.099	0.096	0.094	0.091	0.089	0.087	0.084
0.42	0.108	0.105	0.102	0.100	0.097	0.095	0.092	0.090	0.088	0.085	0.083
0.40	0.106	0.103	0.100	0.098	0.095	0.093	0.090	0.088	0.086	0.084	0.082
0.38	0.103	0.101	0.098	0.096	0.093	0.091	0.089	0.086	0.084	0.082	0.080
0.36	0.100	0.098	0.096	0.093	0.091	0.089	0.086	0.084	0.082	0.080	0.078
0.34	0.097	0.095	0.093	0.090	0.088	0.086	0.084	0.082	0.080	0.078	0.076
0.32	0.094	0.092	0.090	0.088	0.085	0.083	0.081	0.080	0.078	0.076	0.074
0.30	0.091	0.089	0.086	0.084	0.082	0.080	0.079	0.077	0.075	0.073	0.072
0.28	0.087	0.085	0.083	0.081	0.079	0.077	0.076	0.074	0.072	0.071	0.069
0.26	0.083	0.081	0.079	0.077	0.075	0.074	0.072	0.071	0.069	0.067	0.066
0.24	0.078	0.077	0.075	0.073	0.072	0.070	0.068	0.067	0.066	0.064	0.063
0.22	0.074	0.072	0.071	0.069	0.067	0.066	0.065	0.063	0.062	0.061	0.059
0.20	0.069	0.067	0.066	0.064	0.063	0.062	0.060	0.059	0.058	0.057	0.056
0.18	0.063	0.062	0.061	0.059	0.058	0.057	0.056	0.055	0.054	0.052	0.051
0.16	0.058	0.057	0.055	0.054	0.053	0.052	0.051	0.050	0.049	0.048	0.047
0.14	0.052	0.051	0.050	0.049	0.048	0.047	0.046	0.045	0.044	0.043	0.042
0.12	0.046	0.045	0.044	0.043	0.042	0.041	0.040	0.040	0.039	0.038	0.037
0.10	0.039	0.038	0.037	0.037	0.036	0.035	0.035	0.034	0.033	0.033	0.032
0.08	0.032	0.031	0.031	0.030	0.029	0.029	0.028	0.028	0.027	0.027	0.026
0.06	0.024	0.024	0.024	0.023	0.023	0.022	0.022	0.021	0.021	0.021	0.020
0.04	0.017	0.016	0.016	0.016	0.015	0.015	0.015	0.015	0.014	0.014	0.014
0.02	0.009	0.008	0.008	0.008	0.008	0.008	0.008	0.008	0.007	0.007	0.007
0.00	0.000	0.000	0.000	0.000	0.000	0.000	0.000	0.000	0.000	0.000	0.000

续表

ξ \ λ	2.10	2.15	2.20	2.25	2.30	2.35	2.40	2.45	2.50	2.55	2.60
1.00	0.077	0.074	0.071	0.069	0.066	0.064	0.062	0.059	0.057	0.055	0.053
0.98	0.077	0.074	0.071	0.069	0.066	0.064	0.062	0.060	0.057	0.055	0.053
0.96	0.077	0.074	0.072	0.069	0.067	0.064	0.062	0.060	0.058	0.056	0.054
0.94	0.077	0.075	0.072	0.069	0.067	0.064	0.062	0.060	0.058	0.056	0.054
0.92	0.078	0.075	0.072	0.070	0.067	0.065	0.063	0.060	0.058	0.056	0.054
0.90	0.078	0.075	0.073	0.070	0.068	0.065	0.063	0.061	0.059	0.057	0.055
0.88	0.079	0.076	0.073	0.071	0.068	0.066	0.064	0.061	0.059	0.057	0.055
0.86	0.079	0.077	0.074	0.071	0.069	0.067	0.064	0.062	0.060	0.058	0.056
0.84	0.080	0.077	0.075	0.072	0.070	0.067	0.065	0.063	0.061	0.059	0.057
0.82	0.081	0.078	0.075	0.073	0.070	0.068	0.066	0.063	0.061	0.059	0.057
0.80	0.081	0.078	0.076	0.073	0.071	0.069	0.066	0.064	0.062	0.060	0.058
0.78	0.082	0.079	0.076	0.074	0.072	0.069	0.067	0.065	0.063	0.061	0.059
0.76	0.082	0.080	0.077	0.075	0.072	0.070	0.068	0.066	0.064	0.062	0.060
0.74	0.083	0.080	0.078	0.075	0.073	0.071	0.068	0.066	0.064	0.062	0.060
0.72	0.084	0.081	0.078	0.076	0.074	0.071	0.069	0.067	0.065	0.063	0.061
0.70	0.084	0.081	0.079	0.077	0.074	0.072	0.070	0.068	0.066	0.064	0.062
0.68	0.085	0.082	0.079	0.077	0.075	0.073	0.070	0.068	0.066	0.064	0.063
0.66	0.085	0.082	0.080	0.078	0.075	0.073	0.071	0.069	0.067	0.065	0.063
0.64	0.085	0.083	0.080	0.078	0.076	0.074	0.071	0.069	0.067	0.066	0.064
0.62	0.086	0.083	0.081	0.078	0.076	0.074	0.072	0.070	0.068	0.066	0.064
0.60	0.086	0.083	0.081	0.079	0.076	0.074	0.072	0.070	0.068	0.066	0.065
0.58	0.086	0.083	0.081	0.079	0.077	0.074	0.072	0.070	0.069	0.067	0.065
0.56	0.086	0.083	0.081	0.079	0.077	0.075	0.073	0.071	0.069	0.067	0.065
0.54	0.085	0.083	0.081	0.079	0.077	0.075	0.073	0.071	0.069	0.067	0.065
0.52	0.085	0.083	0.081	0.078	0.076	0.074	0.073	0.071	0.069	0.067	0.065
0.50	0.085	0.082	0.080	0.078	0.076	0.074	0.072	0.070	0.069	0.067	0.065
0.48	0.084	0.082	0.080	0.078	0.076	0.074	0.072	0.070	0.068	0.067	0.065
0.46	0.083	0.081	0.079	0.077	0.075	0.073	0.071	0.070	0.068	0.066	0.065
0.44	0.082	0.080	0.078	0.076	0.074	0.073	0.071	0.069	0.068	0.066	0.064
0.42	0.081	0.079	0.077	0.075	0.074	0.072	0.070	0.068	0.067	0.065	0.064
0.40	0.080	0.078	0.076	0.074	0.072	0.071	0.069	0.068	0.066	0.065	0.063
0.38	0.078	0.076	0.075	0.073	0.071	0.070	0.068	0.066	0.065	0.064	0.062
0.36	0.077	0.075	0.073	0.071	0.070	0.068	0.067	0.065	0.064	0.062	0.061
0.34	0.075	0.073	0.071	0.070	0.068	0.067	0.065	0.064	0.062	0.061	0.060
0.32	0.072	0.071	0.069	0.068	0.066	0.065	0.063	0.062	0.061	0.060	0.058
0.30	0.070	0.069	0.067	0.066	0.064	0.063	0.061	0.060	0.059	0.058	0.057
0.28	0.067	0.066	0.065	0.063	0.062	0.061	0.059	0.058	0.057	0.056	0.055
0.26	0.065	0.063	0.062	0.061	0.059	0.058	0.057	0.056	0.055	0.054	0.053
0.24	0.061	0.060	0.059	0.058	0.057	0.055	0.054	0.053	0.052	0.051	0.050
0.22	0.058	0.057	0.056	0.055	0.054	0.052	0.051	0.050	0.050	0.049	0.048
0.20	0.054	0.053	0.052	0.051	0.050	0.049	0.048	0.047	0.047	0.046	0.045
0.18	0.050	0.049	0.048	0.048	0.047	0.046	0.045	0.044	0.043	0.042	0.042
0.16	0.046	0.045	0.044	0.044	0.043	0.042	0.041	0.040	0.040	0.039	0.038
0.14	0.042	0.041	0.040	0.039	0.039	0.038	0.037	0.037	0.036	0.035	0.035
0.12	0.037	0.036	0.035	0.035	0.034	0.034	0.033	0.032	0.032	0.031	0.031
0.10	0.031	0.031	0.030	0.030	0.029	0.029	0.028	0.028	0.027	0.027	0.026
0.08	0.026	0.025	0.025	0.025	0.024	0.024	0.023	0.023	0.023	0.022	0.022
0.06	0.020	0.020	0.019	0.019	0.019	0.018	0.018	0.018	0.018	0.017	0.017
0.04	0.014	0.013	0.013	0.013	0.013	0.013	0.012	0.012	0.012	0.012	0.012
0.02	0.007	0.007	0.007	0.007	0.007	0.007	0.006	0.006	0.006	0.006	0.006
0.00	0.000	0.000	0.000	0.000	0.000	0.000	0.000	0.000	0.000	0.000	0.000

顶部集中荷载（φ/ε）值表

表 6-4

ξ \ λ	1.00	1.05	1.10	1.15	1.20	1.25	1.30	1.35	1.40	1.45	1.50
1.00	0.352	0.341	0.331	0.321	0.311	0.301	0.291	0.282	0.273	0.264	0.256
0.98	0.352	0.341	0.331	0.321	0.311	0.301	0.291	0.282	0.273	0.264	0.255
0.96	0.351	0.341	0.331	0.320	0.310	0.301	0.291	0.282	0.273	0.264	0.255
0.94	0.351	0.340	0.330	0.320	0.310	0.300	0.291	0.281	0.272	0.263	0.255
0.92	0.350	0.339	0.329	0.319	0.309	0.299	0.290	0.281	0.272	0.263	0.254
0.90	0.349	0.338	0.328	0.318	0.308	0.298	0.289	0.280	0.271	0.262	0.253
0.88	0.347	0.337	0.327	0.317	0.307	0.297	0.288	0.279	0.270	0.261	0.252
0.86	0.346	0.335	0.325	0.315	0.305	0.296	0.287	0.277	0.268	0.260	0.251
0.84	0.344	0.333	0.323	0.314	0.304	0.294	0.285	0.276	0.267	0.258	0.250
0.82	0.341	0.331	0.321	0.312	0.302	0.292	0.283	0.274	0.265	0.257	0.249
0.80	0.339	0.329	0.319	0.309	0.300	0.290	0.281	0.272	0.264	0.255	0.247
0.78	0.336	0.326	0.317	0.307	0.297	0.288	0.279	0.270	0.262	0.253	0.245
0.76	0.333	0.323	0.314	0.304	0.295	0.286	0.277	0.268	0.259	0.251	0.243
0.74	0.330	0.320	0.311	0.301	0.292	0.283	0.274	0.266	0.257	0.249	0.241
0.72	0.326	0.317	0.307	0.298	0.289	0.280	0.271	0.263	0.255	0.246	0.239
0.70	0.323	0.313	0.304	0.295	0.286	0.277	0.268	0.260	0.252	0.244	0.236
0.68	0.318	0.309	0.300	0.291	0.282	0.274	0.265	0.257	0.249	0.241	0.233
0.66	0.314	0.305	0.296	0.287	0.279	0.270	0.262	0.254	0.246	0.238	0.230
0.64	0.309	0.301	0.292	0.283	0.275	0.266	0.258	0.250	0.242	0.235	0.227
0.62	0.305	0.296	0.287	0.279	0.270	0.262	0.254	0.246	0.239	0.231	0.224
0.60	0.299	0.291	0.282	0.274	0.266	0.258	0.250	0.242	0.235	0.228	0.220
0.58	0.294	0.286	0.277	0.269	0.261	0.253	0.246	0.238	0.231	0.224	0.217
0.56	0.288	0.280	0.272	0.264	0.256	0.249	0.241	0.234	0.227	0.220	0.213
0.54	0.282	0.274	0.266	0.259	0.251	0.244	0.236	0.229	0.222	0.215	0.209
0.52	0.276	0.268	0.260	0.253	0.246	0.238	0.231	0.224	0.217	0.211	0.204
0.50	0.269	0.262	0.254	0.247	0.240	0.233	0.226	0.219	0.212	0.206	0.200
0.48	0.262	0.255	0.248	0.241	0.234	0.227	0.220	0.214	0.207	0.201	0.195
0.46	0.255	0.248	0.241	0.234	0.228	0.221	0.214	0.208	0.202	0.196	0.190
0.44	0.248	0.241	0.234	0.228	0.221	0.215	0.208	0.202	0.196	0.190	0.185
0.42	0.240	0.233	0.227	0.220	0.214	0.208	0.202	0.196	0.190	0.185	0.179
0.40	0.232	0.225	0.219	0.213	0.207	0.201	0.195	0.190	0.184	0.179	0.174
0.38	0.223	0.217	0.211	0.206	0.200	0.194	0.189	0.183	0.178	0.173	0.168
0.36	0.215	0.209	0.203	0.198	0.192	0.187	0.181	0.176	0.171	0.166	0.162
0.34	0.206	0.200	0.195	0.189	0.184	0.179	0.174	0.169	0.164	0.160	0.155
0.32	0.196	0.191	0.186	0.181	0.176	0.171	0.166	0.162	0.157	0.153	0.148
0.30	0.187	0.182	0.177	0.172	0.167	0.163	0.158	0.154	0.150	0.146	0.141
0.28	0.177	0.172	0.167	0.163	0.159	0.154	0.150	0.146	0.142	0.138	0.134
0.26	0.166	0.162	0.158	0.154	0.149	0.145	0.142	0.138	0.134	0.130	0.127
0.24	0.156	0.152	0.148	0.144	0.140	0.136	0.133	0.129	0.126	0.122	0.119
0.22	0.145	0.141	0.137	0.134	0.130	0.127	0.123	0.120	0.117	0.114	0.111
0.20	0.133	0.130	0.127	0.123	0.120	0.117	0.114	0.111	0.108	0.105	0.102
0.18	0.122	0.119	0.116	0.113	0.110	0.107	0.104	0.101	0.099	0.096	0.094
0.16	0.110	0.107	0.104	0.102	0.099	0.096	0.094	0.092	0.089	0.087	0.085
0.14	0.097	0.095	0.092	0.090	0.088	0.086	0.083	0.081	0.079	0.077	0.075
0.12	0.084	0.082	0.080	0.078	0.076	0.075	0.073	0.071	0.069	0.067	0.066
0.10	0.071	0.070	0.068	0.066	0.065	0.063	0.061	0.060	0.058	0.057	0.056
0.08	0.058	0.056	0.055	0.054	0.052	0.051	0.050	0.049	0.047	0.046	0.045
0.06	0.044	0.043	0.042	0.041	0.040	0.039	0.038	0.037	0.036	0.035	0.034
0.04	0.030	0.029	0.028	0.028	0.027	0.026	0.026	0.025	0.025	0.024	0.023
0.02	0.015	0.015	0.014	0.014	0.014	0.013	0.013	0.013	0.012	0.012	0.012
0.00	0.000	0.000	0.000	0.000	0.000	0.000	0.000	0.000	0.000	0.000	0.000

续表

ξ \ λ	1.55	1.60	1.65	1.70	1.75	1.80	1.85	1.90	1.95	2.00	2.05
1.00	0.247	0.239	0.231	0.224	0.216	0.209	0.203	0.196	0.190	0.184	0.178
0.98	0.247	0.239	0.231	0.224	0.216	0.209	0.202	0.196	0.190	0.183	0.178
0.96	0.247	0.239	0.231	0.223	0.216	0.209	0.202	0.196	0.189	0.183	0.177
0.94	0.246	0.238	0.231	0.223	0.216	0.209	0.202	0.195	0.189	0.183	0.177
0.92	0.246	0.238	0.230	0.223	0.215	0.208	0.202	0.195	0.189	0.183	0.177
0.90	0.245	0.237	0.229	0.222	0.215	0.208	0.201	0.194	0.188	0.182	0.176
0.88	0.244	0.236	0.229	0.221	0.214	0.207	0.200	0.194	0.188	0.182	0.176
0.86	0.243	0.235	0.228	0.220	0.213	0.206	0.199	0.193	0.187	0.181	0.175
0.84	0.242	0.234	0.226	0.219	0.212	0.205	0.199	0.192	0.186	0.180	0.174
0.82	0.241	0.233	0.225	0.218	0.211	0.204	0.197	0.191	0.185	0.179	0.174
0.80	0.239	0.231	0.224	0.217	0.210	0.203	0.196	0.190	0.184	0.178	0.173
0.78	0.237	0.230	0.222	0.215	0.208	0.201	0.195	0.189	0.183	0.177	0.171
0.76	0.235	0.228	0.220	0.213	0.207	0.200	0.194	0.187	0.181	0.176	0.170
0.74	0.233	0.226	0.219	0.212	0.205	0.198	0.192	0.186	0.180	0.174	0.169
0.72	0.231	0.224	0.216	0.210	0.203	0.196	0.190	0.184	0.178	0.173	0.167
0.70	0.229	0.221	0.214	0.207	0.201	0.194	0.188	0.182	0.177	0.171	0.166
0.68	0.226	0.219	0.212	0.205	0.199	0.192	0.186	0.181	0.175	0.169	0.164
0.66	0.223	0.216	0.209	0.203	0.196	0.190	0.184	0.178	0.173	0.168	0.162
0.64	0.220	0.213	0.207	0.200	0.194	0.188	0.182	0.176	0.171	0.166	0.161
0.62	0.217	0.210	0.204	0.197	0.191	0.185	0.179	0.174	0.169	0.163	0.158
0.60	0.214	0.207	0.201	0.194	0.188	0.182	0.177	0.171	0.166	0.161	0.156
0.58	0.210	0.204	0.197	0.191	0.185	0.180	0.174	0.169	0.164	0.159	0.154
0.56	0.206	0.200	0.194	0.188	0.182	0.177	0.171	0.166	0.161	0.156	0.151
0.54	0.202	0.196	0.190	0.184	0.179	0.173	0.168	0.163	0.158	0.153	0.149
0.52	0.198	0.192	0.186	0.181	0.175	0.170	0.165	0.160	0.155	0.151	0.146
0.50	0.194	0.188	0.182	0.177	0.171	0.166	0.161	0.157	0.152	0.147	0.143
0.48	0.189	0.184	0.178	0.173	0.168	0.163	0.158	0.153	0.149	0.144	0.140
0.46	0.184	0.179	0.174	0.168	0.163	0.159	0.154	0.149	0.145	0.141	0.137
0.44	0.179	0.174	0.169	0.164	0.159	0.154	0.150	0.146	0.141	0.137	0.133
0.42	0.174	0.169	0.164	0.159	0.155	0.150	0.146	0.142	0.138	0.134	0.130
0.40	0.169	0.164	0.159	0.154	0.150	0.146	0.141	0.137	0.133	0.130	0.126
0.38	0.163	0.158	0.154	0.149	0.145	0.141	0.137	0.133	0.129	0.126	0.122
0.36	0.157	0.152	0.148	0.144	0.140	0.136	0.132	0.128	0.125	0.121	0.118
0.34	0.151	0.146	0.142	0.138	0.134	0.131	0.127	0.123	0.120	0.117	0.114
0.32	0.144	0.140	0.136	0.132	0.129	0.125	0.122	0.118	0.115	0.112	0.109
0.30	0.137	0.134	0.130	0.126	0.123	0.119	0.116	0.113	0.110	0.107	0.104
0.28	0.130	0.127	0.123	0.120	0.117	0.114	0.110	0.108	0.105	0.102	0.099
0.26	0.123	0.120	0.117	0.113	0.110	0.107	0.105	0.102	0.099	0.096	0.094
0.24	0.116	0.113	0.109	0.107	0.104	0.101	0.098	0.096	0.093	0.091	0.088
0.22	0.108	0.105	0.102	0.099	0.097	0.094	0.092	0.089	0.087	0.085	0.083
0.20	0.100	0.097	0.094	0.092	0.090	0.087	0.085	0.083	0.081	0.079	0.077
0.18	0.091	0.089	0.087	0.084	0.082	0.080	0.078	0.076	0.074	0.072	0.070
0.16	0.082	0.080	0.078	0.076	0.074	0.072	0.071	0.069	0.067	0.066	0.064
0.14	0.073	0.071	0.070	0.068	0.066	0.065	0.063	0.061	0.060	0.059	0.057
0.12	0.064	0.062	0.061	0.059	0.058	0.056	0.055	0.054	0.052	0.051	0.050
0.10	0.054	0.053	0.052	0.050	0.049	0.048	0.047	0.046	0.045	0.044	0.043
0.08	0.044	0.043	0.042	0.041	0.040	0.039	0.038	0.037	0.036	0.036	0.035
0.06	0.034	0.033	0.032	0.031	0.031	0.030	0.029	0.028	0.028	0.027	0.027
0.04	0.023	0.022	0.022	0.021	0.021	0.020	0.020	0.019	0.019	0.019	0.018
0.02	0.012	0.011	0.011	0.011	0.011	0.010	0.010	0.010	0.010	0.009	0.009
0.00	0.000	0.000	0.000	0.000	0.000	0.000	0.000	0.000	0.000	0.000	0.000

续表

ξ \ λ	2.10	2.15	2.20	2.25	2.30	2.35	2.40	2.45	2.50	2.55	2.60
1.00	0,172	0.167	0.161	0.156	0.152	0.147	0.142	0.138	0.134	0.130	0.126
0.98	0.172	0.167	0.161	0.156	0.151	0.147	0.142	0.138	0.134	0.130	0.126
0.96	0.172	0.166	0.161	0.156	0.151	0.147	0.142	0.138	0.134	0.130	0.126
0.94	0.172	0.166	0.161	0.156	0.151	0.147	0.142	0.138	0.134	0.130	0.126
0.92	0.171	0.166	0.161	0.156	0.151	0.146	0.142	0.138	0.133	0.129	0.126
0.90	0.171	0.165	0.160	0.155	0.151	0.146	0.141	0.137	0.133	0.129	0.125
0.88	0.170	0.165	0.160	0.155	0.150	0.145	0.141	0.137	0.133	0.129	0.125
0.86	0.170	0.164	0.159	0.154	0.150	0.145	0.141	0.136	0.132	0.128	0.125
0.84	0.169	0.164	0.159	0.154	0.149	0.144	0.140	0.136	0.132	0.128	0.124
0.82	0.168	0.163	0.158	0.153	0.148	0.144	0.139	0.135	0.131	0.127	0.124
0.80	0.167	0.162	0.157	0.152	0.147	0.143	0.139	0.135	0.131	0.127	0.123
0.78	0.166	0.161	0.156	0.151	0.147	0.142	0.138	0.134	0.130	0.126	0.122
0.76	0.165	0.160	0.155	0.150	0.146	0.141	0.137	0.133	0.129	0.125	0.122
0.74	0.164	0.159	0.154	0.149	0.145	0.140	0.136	0.132	0.128	0.124	0.121
0.72	0.162	0.157	0.153	0.148	0.143	0.139	0.135	0.131	0.127	0.124	0.120
0.70	0.161	0.156	0.151	0.147	0.142	0.138	0.134	0.130	0.126	0.123	0.119
0.68	0.159	0.154	0.150	0.145	0.141	0.137	0.133	0.129	0.125	0.122	0.118
0.66	0.157	0.153	0.148	0.144	0.139	0.135	0.131	0.128	0.124	0.120	0.117
0.64	0.156	0.151	0.146	0.142	0.138	0.134	0.130	0.126	0.123	0.119	0.116
0.62	0.154	0.149	0.145	0.140	0.136	0.132	0.128	0.125	0.121	0.118	0.115
0.60	0.152	0.147	0.143	0.139	0.134	0.131	0.127	0.123	0.120	0.116	0.113
0.58	0.149	0.145	0.141	0.137	0.133	0.129	0.125	0.122	0.118	0.115	0.112
0.56	0.147	0.143	0.138	0.134	0.131	0.127	0.123	0.120	0.116	0.113	0.110
0.54	0.144	0.140	0.136	0.132	0.128	0.125	0.121	0.118	0.115	0.112	0.108
0.52	0.142	0.138	0.134	0.130	0.126	0.123	0.119	0.116	0.113	0.110	0.107
0.50	0.139	0.135	0.131	0.127	0.124	0.120	0.117	0.114	0.111	0.108	0.105
0.48	0.136	0.132	0.128	0.125	0.121	0.118	0.115	0.112	0.109	0.106	0.103
0.46	0.133	0.129	0.126	0.122	0.119	0.115	0.112	0.109	0.106	0.103	0.101
0.44	0.130	0.126	0.122	0.119	0.116	0.113	0.110	0.107	0.104	0.101	0.099
0.42	0.126	0.123	0.119	0.116	0.113	0.110	0.107	0.104	0.101	0.099	0.096
0.40	0.123	0.119	0.116	0.113	0.110	0.107	0.104	0.101	0.099	0.096	0.094
0.38	0.119	0.115	0.112	0.109	0.106	0.104	0.101	0.098	0.096	0.093	0.091
0.36	0.115	0.112	0.109	0.106	0.103	0.100	0.098	0.095	0.093	0.090	0.088
0.34	0.111	0.108	0.105	0.102	0.099	0.097	0.094	0.092	0.090	0.087	0.085
0.32	0.106	0.103	0.101	0.098	0.095	0.093	0.091	0.088	0.086	0.084	0.082
0.30	0.101	0.099	0.096	0.094	0.091	0.089	0.087	0.085	0.083	0.081	0.079
0.28	0.097	0.094	0.092	0.089	0.087	0.085	0.083	0.081	0.079	0.077	0.075
0.26	0.092	0.089	0.087	0.085	0.083	0.081	0.079	0.077	0.075	0.073	0.072
0.24	0.086	0.084	0.082	0.080	0.078	0.076	0.074	0.073	0.071	0.069	0.068
0.22	0.081	0.079	0.077	0.075	0.073	0.071	0.070	0.068	0.066	0.065	0.063
0.20	0.075	0.073	0.071	0.070	0.068	0.066	0.065	0.063	0.062	0.060	0.059
0.18	0.069	0.067	0.066	0.064	0.062	0.061	0.060	0.058	0.057	0.056	0.055
0.16	0.062	0.061	0.060	0.058	0.057	0.055	0.054	0.053	0.052	0.051	0.050
0.14	0.056	0.054	0.053	0.052	0.051	0.050	0.049	0.048	0.046	0.045	0.045
0.12	0.049	0.048	0.047	0.046	0.045	0.044	0.043	0.042	0.041	0.040	0.039
0.10	0.042	0.041	0.040	0.039	0.038	0.037	0.036	0.036	0.035	0.034	0.033
0.08	0.034	0.033	0.032	0.032	0.031	0.030	0.030	0.029	0.029	0.028	0.027
0.06	0.026	0.025	0.025	0.024	0.024	0.023	0.023	0.022	0.022	0.022	0.021
0.04	0.018	0.017	0.017	0.017	0.016	0.016	0.016	0.015	0.015	0.015	0.014
0.02	0.009	0.009	0.009	0.008	0.008	0.008	0.008	0.008	0.008	0.008	0.007
0.00	0.000	0.000	0.000	0.000	0.000	0.000	0.000	0.000	0.000	0.000	0.000

现将按表格法确定结构内力和侧移的步骤叙述如下：

(1) 计算框架柱角变侧移的刚度

按下式计算框架每层柱的角变侧移刚度

$$\Sigma C_{\mathrm{f}}=\Sigma D\cdot h=\frac{12k_{\mathrm{c}}}{h}\alpha \tag{6-32}$$

应当指出，在计算框架每层柱的根数时，不包括与地震作用方向平行的抗震墙两端的柱，该柱应视为墙的一部分。

当沿房屋高度每层框架柱的角变侧移刚度不同时，式（6-6a）中的 ΣC_{f}，应按层高加权平均值采用，即

$$\Sigma C_{\mathrm{f}}=\frac{\Sigma C_{\mathrm{f1}}h_1+\Sigma C_{\mathrm{f_2}}h_2+\cdots+\Sigma C_{\mathrm{fn}}h_{\mathrm{n}}}{h_1+h_2+\cdots+h_{\mathrm{n}}} \tag{6-33}$$

(2) 计算每层抗震墙的等效抗弯刚度❶

计算抗震墙等效抗弯刚度时，应考虑相连纵横抗震墙的共同工作。抗震墙的翼墙有效长度，每侧由墙面算起可取相邻抗震墙净距的一半、至门窗洞口的墙长度或抗震墙总高度的 15% 三者的较小值（表 6-5）。

抗震墙等效刚度计算方法参见式（5-60）。

T 形、L 形截面抗震墙翼墙有效宽度　　表 6-5

项次	考虑情况	T 形截面	L 形截面
1	按相邻抗震墙净距	$t+\frac{1}{2}(l_{01}+l_{02})$	$t+\frac{1}{2}l_{01}$
2	按至门窗洞口间的墙长	$t+a_1+a_2$	$t+a_1$
3	按抗墙总高度考虑	$0.15H$	$0.15H$

注：1. l_{01}、l_{02} 分别为左、右相邻抗震墙的净距。
2. t 为抗震墙的厚度。
3. a_1、a_2 分别为左、右洞口边缘至抗震墙墙面的距离。
4. H 为抗震墙总高度。

(3) 确定各层 $(\varphi/\varepsilon)_i$

分别按式（6-6a）、式（6-6b）计算 λ 和 ε 值，并根据各楼层高度算出它们的相对高度 $\xi=\frac{x}{H}$，然后再根据和 λ 和 ξ 值由表 6-3 或表 6-4 查出各层的 $(\varphi/\varepsilon)_i$ 值。

(4) 计算各层内力和位移

各层转角

$$\varphi_i=\left(\frac{\varphi}{\varepsilon}\right)_i\varepsilon \tag{6-34}$$

框架层间剪力

$$V_{\mathrm{f}i}=\varphi_i\Sigma C_{\mathrm{f}i} \tag{6-35}$$

抗震墙剪力

$$V_{\mathrm{w}i}=V_i-V_{\mathrm{f}i} \tag{6-36}$$

抗震墙弯矩

$$M_{\mathrm{w}i}=\sum_i^n V_{\mathrm{w}i}h_i \tag{6-37}$$

❶ 以下简称等效刚度。

结构层间位移

$$\Delta u_i = \varphi_i h_i \tag{6-38}$$

应当指出，式（6-35）中的 ΣC_{fi} 应按每层分层取值，这样，按微分方程法计算框架-抗震墙所作的连续化假设得以还原，以减小计算误差。

按以上公式算得的地震剪力沿房屋高度分布图形如图 6-7（a）所示。

如按建立微分方程时所作的连续化假设，将地震作用折算成连续分布的倒三角形等效荷载，框架和抗震墙的刚度按常数考虑，而结构地震剪力按式（6-14）和式（6-16）计算，则其沿房屋高度的分布图形如图 6-7（b）所示。

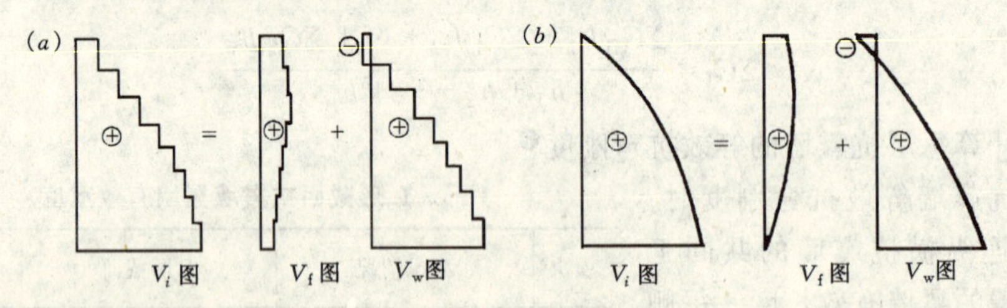

图 6-7　地震剪力沿房屋高度分布图形

2. 查表计算方法之二

按这种查表计算的特点是，不必先计算抗震墙的转角 φ，而直接就可求出结构的内力。

在式（6-14）中取 $F_{Ek} = \frac{q_{max} H}{2}$，则得：

$$\frac{V_f}{F_{Ek}} = \frac{2}{\lambda}\left[\omega \mathrm{sh}\lambda\xi + \beta\ (1 - \mathrm{ch}\lambda\xi)\ - \frac{\lambda\xi^2}{2}\right] \tag{6-39}$$

和在式（6-26）中取 $F_{Ek} = \Delta F_n$，得：

$$\frac{V_f}{F_{Ek}} = \ (1 - \mathrm{ch}\lambda\xi + \mathrm{th}\lambda \cdot \mathrm{sh}\lambda\xi) \tag{6-40}$$

依次给定 ξ 和 λ 值，便可分别算出倒三角形荷载和水平集中荷载的框架剪力 V_f 与结构底部剪力 F_{Ek} 的比值 V_f/F_{Ek}，见表 6-6 和表 6-7。

按 V_f/F_{Ek} 表格计算结构内力的步骤如下：

（1）计算 ΣC_f 和 ΣEI_{we}

（2）计算 λ 值

由式（6-6a）得：

$$\lambda = H\sqrt{\frac{\Sigma C_f}{\Sigma EI_{we}}} \tag{6-41}$$

由上式可见，当 λ 愈大时，表示框架侧移刚度愈大，而抗震墙刚度愈小。因此，λ 称为房屋刚度特征值。

（3）根据 λ 和 ξ 值，由表 6-6 或表 6-7 查得（V_f/F_{Ek}）$_i$

连续分布倒三角形荷载（V_f/F_{Ek}）值表 表 6-6

ξ \ λ	1.00	1.05	1.10	1.15	1.20	1.25	1.30	1.35	1.40	1.45	1.50
1.00	0.171	0.183	0.194	0.205	0.215	0.226	0.235	0.245	0.254	0.263	0.271
0.98	0.171	0.183	0.194	0.205	0.215	0.226	0.235	0.245	0.254	0.263	0.271
0.96	0.171	0.183	0.194	0.205	0.216	0.226	0.236	0.245	0.254	0.263	0.271
0.94	0.171	0.183	0.194	0.205	0.216	0.226	0.236	0.245	0.255	0.263	0.272
0.92	0.172	0.183	0.194	0.205	0.216	0.226	0.236	0.246	0.255	0.264	0.272
0.90	0.172	0.183	0.195	0.206	0.216	0.227	0.237	0.246	0.256	0.265	0.273
0.88	0.172	0.184	0.195	0.206	0.217	0.227	0.237	0.247	0.256	0.265	0.274
0.86	0.172	0.184	0.195	0.206	0.217	0.228	0.238	0.248	0.257	0.266	0.275
0.84	0.172	0.184	0.195	0.206	0.217	0.228	0.238	0.248	0.258	0.267	0.276
0.82	0.172	0.184	0.195	0.207	0.218	0.228	0.239	0.249	0.258	0.268	0.276
0.80	0.172	0.184	0.195	0.207	0.218	0.229	0.239	0.249	0.259	0.268	0.277
0.78	0.172	0.184	0.195	0.207	0.218	0.229	0.239	0.250	0.259	0.269	0.278
0.76	0.172	0.184	0.195	0.207	0.218	0.229	0.240	0.250	0.260	0.269	0.279
0.74	0.172	0.183	0.195	0.207	0.218	0.229	0.240	0.250	0.260	0.270	0.279
0.72	0.171	0.183	0.195	0.206	0.218	0.229	0.240	0.250	0.260	0.270	0.280
0.70	0.171	0.183	0.194	0.206	0.217	0.228	0.239	0.250	0.260	0.270	0.280
0.68	0.170	0.182	0.194	0.205	0.217	0.228	0.239	0.250	0.260	0.270	0.280
0.66	0.169	0.181	0.193	0.205	0.216	0.227	0.238	0.249	0.259	0.270	0.279
0.64	0.168	0.180	0.192	0.204	0.215	0.226	0.237	0.248	0.259	0.269	0.279
0.62	0.167	0.179	0.191	0.203	0.214	0.225	0.236	0.247	0.258	0.268	0.278
0.60	0.166	0.178	0.189	0.201	0.213	0.224	0.235	0.246	0.256	0.267	0.277
0.58	0.164	0.176	0.188	0.200	0.211	0.222	0.233	0.244	0.255	0.265	0.276
0.56	0.163	0.174	0.186	0.198	0.209	0.220	0.231	0.242	0.253	0.264	0.274
0.54	0.161	0.172	0.184	0.196	0.207	0.218	0.229	0.240	0.251	0.261	0.272
0.52	0.159	0.170	0.182	0.193	0.204	0.216	0.227	0.238	0.248	0.259	0.269
0.50	0.156	0.168	0.179	0.190	0.202	0.213	0.224	0.235	0.245	0.256	0.266
0.48	0.154	0.165	0.176	0.188	0.199	0.210	0.221	0.231	0.242	0.252	0.263
0.46	0.151	0.162	0.173	0.184	0.195	0.206	0.217	0.228	0.238	0.249	0.259
0.44	0.148	0.159	0.170	0.181	0.192	0.202	0.213	0.224	0.234	0.244	0.254
0.42	0.144	0.155	0.166	0.177	0.187	0.198	0.209	0.219	0.229	0.240	0.250
0.40	0.141	0.151	0.162	0.172	0.183	0.193	0.204	0.214	0.224	0.234	0.244
0.38	0.137	0.147	0.157	0.168	0.178	0.188	0.199	0.209	0.219	0.229	0.238
0.36	0.133	0.143	0.153	0.163	0.173	0.183	0.193	0.203	0.213	0.222	0.232
0.34	0.128	0.138	0.148	0.157	0.167	0.177	0.187	0.196	0.206	0.216	0.225
0.32	0.123	0.133	0.142	0.152	0.161	0.171	0.180	0.190	0.199	0.208	0.217
0.30	0.118	0.127	0.136	0.146	0.155	0.164	0.173	0.182	0.191	0.200	0.209
0.28	0.113	0.121	0.130	0.139	0.148	0.157	0.166	0.174	0.183	0.192	0.200
0.26	0.107	0.115	0.124	0.132	0.141	0.149	0.157	0.166	0.174	0.182	0.191
0.24	0.101	0.109	0.117	0.125	0.133	0.141	0.149	0.157	0.165	0.173	0.181
0.22	0.094	0.102	0.109	0.117	0.124	0.132	0.140	0.147	0.155	0.162	0.170
0.20	0.088	0.095	0.102	0.109	0.116	0.123	0.130	0.137	0.144	0.151	0.158
0.18	0.081	0.087	0.093	0.100	0.107	0.113	0.120	0.126	0.133	0.139	0.146
0.16	0.073	0.079	0.085	0.091	0.097	0.103	0.109	0.115	0.121	0.127	0.133
0.14	0.065	0.071	0.076	0.081	0.087	0.092	0.097	0.103	0.108	0.114	0.119
0.12	0.057	0.062	0.066	0.071	0.076	0.081	0.085	0.090	0.095	0.100	0.105
0.10	0.049	0.052	0.056	0.060	0.065	0.069	0.073	0.077	0.081	0.085	0.089
0.08	0.040	0.043	0.046	0.049	0.053	0.056	0.059	0.063	0.066	0.070	0.073
0.06	0.030	0.033	0.035	0.038	0.040	0.043	0.046	0.048	0.051	0.053	0.056
0.04	0.021	0.022	0.024	0.026	0.027	0.029	0.031	0.033	0.035	0.036	0.038
0.02	0.010	0.011	0.012	0.013	0.014	0.015	0.016	0.017	0.018	0.019	0.020
0.00	0.000	0.000	0.000	0.000	0.000	0.000	0.000	0.000	0.000	0.000	0.000

续表

ξ \ λ	1.55	1.60	1.65	1.70	1.75	1.80	1.85	1.90	1.95	2.00	2.05
1.00	0.317	0.322	0.327	0.331	0.335	0.279	0.286	0.293	0.300	0.306	0.312
0.98	0.317	0.322	0.327	0.331	0.335	0.279	0.286	0.293	0.300	0.306	0.312
0.96	0.318	0.323	0.328	0.332	0.336	0.279	0.286	0.294	0.300	0.306	0.312
0.94	0.319	0.324	0.329	0.333	0.337	0.280	0.287	0.294	0. 301	0.307	0.313
0.92	0.320	0.325	0.330	0.335	0.339	0.280	0.288	0.295	0.302	0.308	0.314
0.90	0.321	0.327	0.332	0.336	0.341	0.281	0.289	0.296	0.303	0.309	0.316
0.88	0.323	0.328	0.334	0.338	0.343	0.282	0.290	0.297	0.304	0.311	0.317
0.86	0.325	0.330	0.336	0.341	0.345	0.283	0.291	0.298	0.306	0.312	0.319
0.84	0.326	0.332	0.338	0.343	0.348	0.284	0.292	0.300	0.307	0.314	0.320
0.82	0.328	0.334	0.340	0.345	0.350	0.285	0.293	0.301	0.308	0.315	0.322
0.80	0.330	0.336	0.342	0.348	0.353	0.286	0.294	0.302	0.310	0.317	0.324
0.78	0.332	0.338	0.344	0.350	0.356	0.287	0.295	0.303	0.311	0.318	0.325
0.76	0.334	0.340	0.347	0.352	0.358	0.288	0.296	0.304	0.312	0.320	0.327
0.74	0.335	0.342	0.349	0.355	0.361	0.288	0.297	0.305	0.313	0.321	0.328
0.72	0.337	0.344	0.350	0.357	0.363	0.289	0.298	0.306	0.314	0.322	0.330
0.70	0.338	0.345	0.352	0.359	0.365	0.289	0.298	0.307	0.315	0.323	0.331
0.68	0.339	0.346	0.353	0.360	0.367	0.289	0.298	0.307	0.315	0.324	0.332
0.66	0.340	0.347	0.355	0.362	0.368	0.289	0.298	0.307	0.316	0.324	0.332
0.64	0.340	0.348	0.355	0.363	0.369	0.289	0.298	0.307	0.316	0.324	0.332
0.62	0.340	0.348	0.356	0.363	0.370	0.288	0.297	0.306	0.315	0.324	0.332
0.60	0.340	0.348	0.356	0.363	0.371	0.287	0.296	0.306	0.315	0.323	0.332
0.58	0.340	0.348	0.356	0.363	0.371	0.285	0.295	0.304	0.314	0.323	0.331
0.56	0.338	0.347	0.355	0.363	0.370	0.284	0.293	0.303	0.312	0.321	0.330
0.54	0.337	0.345	0.353	0.361	0.369	0.282	0.291	0.301	0.310	0.319	0.328
0.52	0.335	0.343	0.352	0.360	0.368	0.279	0.289	0.298	0.308	0.317	0.326
0.50	0.332	0.341	0.349	0.357	0.365	0.276	0.286	0.296	0.305	0.314	0.323
0.48	0.329	0.338	0.346	0.354	0.362	0.273	0.283	0.292	0.302	0.311	0.320
0.46	0.325	0.334	0.342	0.351	0.359	0.269	0.279	0.288	0.298	0.307	0.316
0.44	0.321	0.329	0.338	0.346	0.355	0.264	0.274	0.284	0.293	0.303	0.312
0.42	0.315	0.324	0.333	0.341	0.350	0.260	0.269	0.279	0.288	0.297	0.307
0.40	0.310	0.318	0.327	0.335	0.344	0.254	0.264	0.273	0.283	0.292	0.301
0.38	0.303	0.312	0.320	0.329	0.337	0.248	0.258	0.267	0.276	0.285	0.294
0.36	0.296	0.304	0.313	0.321	0.330	0.241	0.251	0.260	0.269	0.278	0.287
0.34	0.288	0.296	0.305	0.313	0.321	0.234	0.243	0.253	0.261	0.270	0.279
0.32	0.279	0.287	0.295	0.304	0.312	0.226	0.235	0.244	0.253	0.262	0.270
0.30	0.269	0.277	0.285	0.293	0.301	0.218	0.227	0.235	0.244	0.252	0.261
0.28	0.258	0.266	0.274	0.282	0.290	0.209	0.217	0.226	0.234	0.242	0.250
0.26	0.247	0.255	0.262	0.270	0.277	0.199	0.207	0.215	0.223	0.231	0.239
0.24	0.234	0.242	0.249	0.257	0.264	0.188	0.196	0.204	0.212	0.219	0.227
0.22	0.221	0.228	0.235	0.242	0.249	0.177	0.185	0.192	0.199	0.207	0.214
0.20	0.207	0.213	0.220	0.227	0.233	0.165	0.172	0.179	0.186	0.193	0.200
0.18	0.191	0.197	0.204	0.210	0.216	0.152	0.159	0.165	0.172	0.178	0.185
0.16	0.175	0.180	0.186	0.192	0.198	0.139	0.145	0.151	0.157	0.163	0.169
0.14	0.157	0.162	0.168	0.173	0.178	0.125	0.130	0.135	0.141	0.146	0.152
0.12	0.138	0.143	0.148	0.152	0.157	0.109	0.114	0.119	0.124	0.129	0.133
0.10	0.118	0.122	0.126	0.131	0.135	0.093	0.098	0.102	0.106	0.110	0.114
0.08	0.097	0.101	0.104	0.107	0.111	0.077	0.080	0.083	0.087	0.090	0.094
0.06	0.075	0.077	0.080	0.083	0.085	0.059	0.061	0.064	0.067	0.069	0.072
0.04	0.051	0.053	0.055	0.057	0.059	0.040	0.042	0.044	0.046	0.047	0.049
0.02	0.026	0.027	0.028	0.029	0.030	0.021	0.021	0.022	0.023	0.024	0.025
0.00	0.000	0.000	0.000	0.000	0.000	0.000	0.000	0.000	0.000	0.000	0.000

续表

ξ \ λ	2.10	2.15	2.20	2.25	2.30	2.35	2.40	2.45	2.50	2.55	2.60
1.00	0.339	0.342	0.345	0.348	0.351	0.353	0.355	0.357	0.358	0.360	0.361
0.98	0.339	0.343	0.346	0.349	0.351	0.353	0.355	0.357	0.359	0.360	0.361
0.96	0.340	0.343	0.347	0.349	0.352	0.354	0.357	0.358	0.360	0.361	0.363
0.94	0.341	0.345	0.348	0.351	0.354	0.356	0.358	0.360	0.362	0.364	0.365
0.92	0.343	0.347	0.350	0.353	0.356	0.358	0.361	0.363	0.365	0.366	0.368
0.90	0.345	0.349	0.352	0.355	0.358	0.361	0.363	0.366	0.368	0.369	0.371
0.88	0.347	0.351	0.355	0.358	0.361	0.364	0.367	0.369	0.371	0.373	0.375
0.86	0.350	0.354	0.358	0.361	0.364	0.367	0.370	0.373	0.375	0.377	0.379
0.84	0.352	0.357	0.361	0.364	0.368	0.371	0.374	0.377	0.379	0.382	0.384
0.82	0.355	0.360	0.364	0.368	0.371	0.375	0.378	0.381	0.384	0.386	0.388
0.80	0.358	0.363	0.367	0.371	0.375	0.379	0.382	0.385	0.388	0.391	0.393
0.78	0.361	0.366	0.370	0.375	0.379	0.382	0.386	0.390	0.393	0.396	0.399
0.76	0.363	0.369	0.373	0.378	0.382	0.386	0.390	0.394	0.397	0.401	0.404
0.74	0.366	0.371	0.376	0.381	0.386	0.390	0.394	0.398	0.402	0.405	0.409
0.72	0.369	0.374	0.379	0.384	0.389	0.394	0.398	0.402	0.406	0.410	0.414
0.70	0.371	0.377	0.382	0.387	0.392	0.397	0.402	0.406	0.410	0.414	0.418
0.68	0.373	0.379	0.385	0.390	0.395	0.400	0.405	0.410	0.414	0.419	0.423
0.66	0.375	0.381	0.387	0.393	0.398	0.403	0.408	0.413	0.418	0.423	0.427
0.64	0.376	0.383	0.389	0.395	0.400	0.406	0.411	0.416	0.421	0.426	0.431
0.62	0.377	0.384	0.390	0.396	0.402	0.408	0.414	0.419	0.424	0.429	0.434
0.60	0.378	0.385	0.391	0.398	0.404	0.410	0.416	0.421	0.427	0.432	0.437
0.58	0.378	0.385	0.392	0.398	0.405	0.411	0.417	0.423	0.429	0.434	0.439
0.56	0.378	0.385	0.392	0.399	0.405	0.412	0.418	0.424	0.430	0.436	0.441
0.54	0.377	0.384	0.391	0.398	0.405	0.412	0.418	0.424	0.430	0.436	0.442
0.52	0.375	0.383	0.390	0.397	0.404	0.411	0.418	0.424	0.430	0.437	0.443
0.50	0.373	0.381	0.388	0.396	0.403	0.410	0.416	0.423	0.430	0.436	0.442
0.48	0.370	0.378	0.386	0.393	0.400	0.408	0.415	0.421	0.428	0.434	0.441
0.46	0.367	0.375	0.382	0.390	0.397	0.405	0.412	0.419	0.426	0.432	0.439
0.44	0.363	0.371	0.378	0.386	0.394	0.401	0.408	0.415	0.422	0.429	0.436
0.42	0.358	0.366	0.374	0.381	0.389	0.396	0.404	0.411	0.418	0.425	0.432
0.40	0.352	0.360	0.368	0.376	0.383	0.391	0.398	0.405	0.412	0.419	0.426
0.38	0.345	0.353	0.361	0.369	0.377	0.384	0.392	0.399	0.406	0.413	0.420
0.36	0.338	0.346	0.354	0.361	0.369	0.377	0.384	0.391	0.399	0.406	0.413
0.34	0.329	0.337	0.345	0.353	0.360	0.368	0.375	0.383	0.390	0.397	0.404
0.32	0.320	0.327	0.335	0.343	0.350	0.358	0.365	0.373	0.380	0.387	0.394
0.30	0.309	0.317	0.325	0.332	0.340	0.347	0.354	0.361	0.369	0.376	0.383
0.28	0.298	0.305	0.313	0.320	0.327	0.335	0.342	0.349	0.356	0.363	0.370
0.26	0.285	0.292	0.300	0.307	0.314	0.321	0.328	0.335	0.342	0.349	0.356
0.24	0.271	0.278	0.285	0.292	0.299	0.306	0.313	0.320	0.326	0.333	0.340
0.22	0.256	0.263	0.270	0.276	0.283	0.290	0.296	0.303	0.309	0.316	0.322
0.20	0.240	0.246	0.253	0.259	0.266	0.272	0.278	0.285	0.291	0.297	0.303
0.18	0.222	0.228	0.235	0.241	0.247	0.253	0.259	0.265	0.270	0.276	0.282
0.16	0.204	0.209	0.215	0.221	0.226	0.232	0.237	0.243	0.248	0.254	0.259
0.14	0.183	0.189	0.194	0.199	0.204	0.209	0.214	0.219	0.225	0.230	0.235
0.12	0.162	0.166	0.171	0.176	0.180	0.185	0.190	0.194	0.199	0.203	0.208
0.10	0.139	0.143	0.147	0.151	0.155	0.159	0.163	0.167	0.171	0.175	0.179
0.08	0.114	0.118	0.121	0.124	0.128	0.131	0.135	0.138	0.141	0.145	0.148
0.06	0.088	0.091	0.093	0.096	0.099	0.101	0.104	0.107	0.109	0.112	0.115
0.04	0.060	0.062	0.064	0.066	0.068	0.070	0.072	0.073	0.075	0.077	0.079
0.02	0.031	0.032	0.033	0.034	0.035	0.036	0.037	0.038	0.039	0.040	0.041
0.00	0.000	0.000	0.000	0.000	0.000	0.000	0.000	0.000	0.000	0.000	0.000

顶部集中荷载（V_f/F_{Ek}）值表

表 6-7

ξ \ λ	1.00	1.05	1.10	1.15	1.20	1.25	1.30	1.35	1.40	1.45	1.50
1.00	0.352	0.376	0.401	0.424	0.448	0.470	0.493	0.514	0.535	0.555	0.575
0.98	0.352	0.376	0.401	0.424	0.448	0.470	0.492	0.514	0.535	0.555	0.575
0.96	0.351	0.376	0.400	0.424	0.447	0.470	0.492	0.513	0.534	0.555	0.574
0.94	0.351	0.375	0.399	0.423	0.446	0.469	0.491	0.513	0.533	0.554	0.573
0.92	0.350	0.374	0.398	0.422	0.445	0.468	0.490	0.511	0.532	0.552	0.572
0.90	0.349	0.373	0.397	0.421	0.444	0.466	0.488	0.510	0.531	0.551	0.570
0.88	0.347	0.372	0.395	0.419	0.442	0.464	0.486	0.508	0.529	0.549	0.568
0.86	0.346	0.370	0.394	0.417	0.440	0.462	0.484	0.505	0.526	0.546	0.565
0.84	0.344	0.368	0.391	0.415	0.438	0.460	0.482	0.503	0.523	0.543	0.563
0.82	0.341	0.365	0.389	0.412	0.435	0.457	0.479	0.500	0.520	0.540	0.559
0.80	0.339	0.363	0.386	0.409	0.432	0.454	0.475	0.496	0.517	0.536	0.556
0.78	0.336	0.360	0.383	0.406	0.428	0.450	0.472	0.493	0.513	0.533	0.552
0.76	0.333	0.357	0.380	0.402	0.425	0.446	0.468	0.488	0.509	0.528	0.547
0.74	0.330	0.353	0.376	0.399	0.421	0.442	0.463	0.484	0.504	0.523	0.542
0.72	0.326	0.349	0.372	0.394	0.416	0.438	0.459	0.479	0.499	0.518	0.537
0.70	0.323	0.345	0.368	0.390	0.412	0.433	0.454	0.474	0.439	0.513	0.531
0.68	0.318	0.341	0.363	0.385	0.406	0.428	0.448	0.468	0.488	0.507	0.525
0.66	0.314	0.336	0.358	0.380	0.401	0.422	0.442	0.462	0.481	0.500	0.518
0.64	0.309	0.331	0.353	0.374	0.395	0.416	0.436	0.456	0.475	0.493	0.511
0.62	0.305	0.326	0.348	0.369	0.389	0.410	0.429	0.449	0.468	0.486	0.504
0.60	0.299	0.321	0.342	0.362	0.383	0.403	0.422	0.442	0.460	0.478	0.496
0.58	0.294	0.315	0.336	0.356	0.376	0.396	0.415	0.434	0.452	0.470	0.488
0.56	0.288	0.309	0.329	0.349	0.369	0.388	0.407	0.426	0.444	0.462	0.479
0.54	0.282	0.302	0.322	0.342	0.361	0.380	0.399	0.417	0.435	0.453	0.470
0.52	0.276	0.296	0.315	0.334	0.354	0.372	0.391	0.409	0.426	0.443	0.460
0.50	0.269	0.289	0.308	0.327	0.345	0.364	0.382	0.399	0.416	0.433	0.450
0.48	0.262	0.281	0.300	0.318	0.337	0.355	0.372	0.389	0.406	0.423	0.439
0.46	0.255	0.274	0.292	0.310	0.328	0.345	0.362	0.379	0.396	0.412	0.428
0.44	0.248	0.266	0.283	0.301	0.318	0.335	0.352	0.369	0.385	0.400	0.416
0.42	0.240	0.257	0.274	0.292	0.308	0.325	0.341	0.357	0.373	0.389	0.404
0.40	0.232	0.249	0.265	0.282	0.298	0.314	0.330	0.346	0.361	0.376	0.391
0.38	0.223	0.240	0.256	0.272	0.288	0.303	0.319	0.334	0.349	0.363	0.377
0.36	0.215	0.230	0.246	0.261	0.277	0.292	0.307	0.321	0.336	0.350	0.364
0.34	0.206	0.221	0.236	0.251	0.265	0.280	0.294	0.308	0.322	0.336	0.349
0.32	0.196	0.211	0.225	0.239	0.253	0.267	0.281	0.295	0.308	0.321	0.334
0.30	0.187	0.200	0.214	0.228	0.241	0.254	0.268	0.281	0.293	0.306	0.318
0.28	0.177	0.190	0.203	0.216	0.228	0.241	0.254	0.266	0.278	0.290	0.302
0.26	0.166	0.179	0.191	0.203	0.215	0.227	0.239	0.251	0.262	0.274	0.285
0.24	0.156	0.167	0.179	0.190	0.202	0.213	0.224	0.235	0.246	0.257	0.267
0.22	0.145	0.155	0.166	0.177	0.188	0.198	0.209	0.219	0.229	0.239	0.249
0.20	0.133	0.143	0.153	0.163	0.173	0.183	0.193	0.202	0.212	0.221	0.230
0.18	0.122	0.131	0.140	0.149	0.158	0.167	0.176	0.185	0.194	0.202	0.211
0.16	0.110	0.118	0.126	0.134	0.143	0.151	0.159	0.167	0.175	0.183	0.190
0.14	0.097	0.105	0.112	0.119	0.127	0.134	0.141	0.148	0.155	0.162	0.169
0.12	0.084	0.091	0.097	0.104	0.110	0.116	0.123	0.129	0.135	0.141	0.148
0.10	0.071	0.077	0.082	0.088	0.093	0.098	0.104	0.109	0.115	0.120	0.125
0.08	0.058	0.062	0.067	0.071	0.076	0.080	0.084	0.089	0.093	0.097	0.102
0.06	0.044	0.047	0.051	0.054	0.057	0.061	0.064	0.068	0.071	0.074	0.078
0.04	0.030	0.032	0.034	0.037	0.039	0.041	0.043	0.046	0.048	0.050	0.053
0.02	0.015	0.016	0.017	0.019	0.020	0.021	0.022	0.023	0.024	0.026	0.027
0.00	0.000	0.000	0.000	0.000	0.000	0.000	0.000	0.000	0.000	0.000	0.000

续表

ξ \ λ	1.55	1.60	1.65	1.70	1.75	1.80	1.85	1.90	1.95	2.00	2.05
1.00	0.594	0.612	0.630	0.646	0.663	0.678	0.693	0.707	0.721	0.734	0.747
0.98	0.594	0.612	0.629	0.646	0.662	0.678	0.693	0.707	0.721	0.734	0.747
0.96	0.593	0.611	0.629	0.646	0.662	0.677	0.692	0.707	0.720	0.733	0.746
0.94	0.592	0.610	0.628	0.645	0.661	0.676	0.691	0.706	0.719	0.732	0.745
0.92	0.591	0.609	0.626	0.643	0.659	0.675	0.690	0.704	0.718	0.731	0.743
0.90	0.589	0.607	0.625	0.641	0.657	0.673	0.688	0.702	0.716	0.729	0.741
0.88	0.587	0.605	0.622	0.639	0.655	0.671	0.686	0.700	0.713	0.727	0.739
0.86	0.584	0.602	0.620	0.636	0.652	0.668	0.683	0.697	0.711	0.724	0.736
0.84	0.581	0.599	0.617	0.633	0.649	0.665	0.680	0.694	0.707	0.720	0.733
0.82	0.578	0.596	0.613	0.630	0.646	0.661	0.676	0.690	0.704	0.717	0.729
0.80	0.574	0.592	0.609	0.626	0.642	0.657	0.672	0.686	0.700	0.713	0.725
0.78	0.570	0.588	0.605	0.621	0.637	0.653	0.667	0.681	0.695	0.708	0.721
0.76	0.565	0.583	0.600	0.617	0.632	0.648	0.662	0.676	0.690	0.703	0.715
0.74	0.560	0.578	0.595	0.611	0.627	0.642	0.657	0.671	0.684	0.697	0.710
0.72	0.555	0.572	0.589	0.606	0.621	0.636	0.651	0.665	0.678	0.691	0.704
0.70	0.549	0.566	0.583	0.599	0.615	0.630	0.645	0.659	0.672	0.685	0.697
0.68	0.543	0.560	0.577	0.593	0.608	0.623	0.638	0.652	0.665	0.678	0.690
0.66	0.536	0.553	0.570	0.586	0.601	0.616	0.630	0.644	0.658	0.670	0.683
0.64	0.529	0.546	0.562	0.578	0.593	0.608	0.622	0.636	0.650	0.662	0.675
0.62	0.521	0.538	0.554	0.570	0.585	0.600	0.614	0.628	0.641	0.654	0.666
0.60	0.513	0.530	0.546	0.561	0.577	0.591	0.605	0.619	0.632	0.645	0.657
0.58	0.505	0.521	0.537	0.552	0.567	0.582	0.596	0.609	0.622	0.635	0.647
0.56	0.496	0.512	0.528	0.543	0.558	0.572	0.586	0.599	0.612	0.624	0.637
0.54	0.486	0.502	0.518	0.533	0.547	0.561	0.575	0.588	0.601	0.614	0.626
0.52	0.476	0.492	0.507	0.522	0.536	0.550	0.564	0.577	0.590	0.602	0.614
0.50	0.466	0.481	0.496	0.511	0.525	0.539	0.552	0.565	0.578	0.590	0.602
0.48	0.455	0.470	0.485	0.499	0.513	0.527	0.540	0.553	0.565	0.577	0.589
0.46	0.443	0.458	0.473	0.487	0.500	0.514	0.527	0.539	0.552	0.564	0.575
0.44	0.431	0.446	0.460	0.474	0.487	0.500	0.513	0.526	0.538	0.549	0.561
0.42	0.418	0.433	0.447	0.460	0.473	0.486	0.499	0.511	0.523	0.534	0.546
0.40	0.405	0.419	0.433	0.446	0.459	0.472	0.484	0.496	0.507	0.519	0.530
0.38	0.391	0.405	0.418	0.431	0.444	0.456	0.468	0.480	0.491	0.502	0.513
0.36	0.377	0.390	0.403	0.416	0.428	0.440	0.452	0.463	0.474	0.485	0.496
0.34	0.362	0.375	0.387	0.400	0.411	0.423	0.434	0.446	0.456	0.467	0.477
0.32	0.347	0.359	0.371	0.383	0.394	0.405	0.417	0.427	0.438	0.448	0.458
0.30	0.330	0.342	0.354	0.365	0.376	0.387	0.398	0.408	0.418	0.428	0.438
0.28	0.313	0.325	0.336	0.347	0.357	0.368	0.378	0.388	0.398	0.408	0.417
0.26	0.296	0.307	0.317	0.328	0.338	0.348	0.358	0.367	0.377	0.386	0.395
0.24	0.278	0.288	0.298	0.308	0.318	0.327	0.336	0.346	0.354	0.363	0.372
0.22	0.259	0.269	0.278	0.287	0.296	0.305	0.314	0.323	0.331	0.340	0.348
0.20	0.239	0.248	0.257	0.266	0.274	0.283	0.291	0.299	0.307	0.315	0.323
0.18	0.219	0.227	0.236	0.244	0.251	0.259	0.267	0.274	0.282	0.289	0.296
0.16	0.198	0.206	0.213	0.220	0.228	0.235	0.242	0.249	0.255	0.262	0.269
0.14	0.176	0.183	0.190	0.196	0.203	0.209	0.216	0.222	0.228	0.234	0.240
0.12	0.154	0.160	0.165	0.171	0.177	0.183	0.188	0.194	0.199	0.205	0.210
0.10	0.130	0.135	0.140	0.145	0.150	0.155	0.160	0.165	0.169	0.174	0.179
0.08	0.106	0.110	0.114	0.118	0.122	0.126	0.130	0.134	0.138	0.142	0.146
0.06	0.081	0.084	0.087	0.090	0.094	0.097	0.100	0.103	0.106	0.109	0.112
0.04	0.055	0.057	0.059	0.061	0.063	0.066	0.068	0.070	0.072	0.074	0.076
0.02	0.028	0.029	0.030	0.031	0.032	0.033	0.035	0.036	0.037	0.038	0.039
0.00	0.000	0.000	0.000	0.000	0.000	0.000	0.000	0.000	0.000	0.000	0.000

续表

ξ \ λ	2.10	2.15	2.20	2.25	2.30	2.35	2.40	2.45	2.50	2.55	2.60
1.00	0.759	0.770	0.781	0.792	0.801	0.811	0.820	0.829	0.837	0.845	0.852
0.98	0.758	0.770	0.781	0.791	0.801	0.811	0.820	0.828	0.837	0.845	0.852
0.96	0.758	0.769	0.780	0.791	0.801	0.810	0.819	0.828	0.836	0.844	0.851
0.94	0.757	0.768	0.779	0.790	0.800	0.809	0.818	0.827	0.835	0.843	0.850
0.92	0.755	0.767	0.778	0.788	0.798	0.808	0.817	0.825	0.834	0.842	0.849
0.90	0.753	0.765	0.776	0.786	0.796	0.806	0.815	0.824	0.832	0.840	0.847
0.88	0.751	0.762	0.773	0.784	0.794	0.803	0.813	0.821	0.830	0.837	0.845
0.86	0.748	0.760	0.771	0.781	0.791	0.801	0.810	0.819	0.827	0.835	0.842
0.84	0.745	0.756	0.767	0.778	0.788	0.797	0.807	0.815	0.824	0.832	0.839
0.82	0.741	0.753	0.764	0.774	0.784	0.794	0.803	0.812	0.820	0.828	0.836
0.80	0.737	0.749	0.760	0.770	0.780	0.790	0.799	0.808	0.816	0.824	0.832
0.78	0.732	0.744	0.755	0.765	0.776	0.785	0.794	0.803	0.812	0.820	0.827
0.76	0.727	0.739	0.750	0.760	0.770	0.780	0.789	0.798	0.807	0.815	0.823
0.74	0.722	0.733	0.744	0.755	0.765	0.775	0.784	0.793	0.801	0.809	0.817
0.72	0.716	0.727	0.738	0.749	0.759	0.769	0.778	0.787	0.795	0.804	0.811
0.70	0.709	0.721	0.732	0.742	0.752	0.762	0.771	0.780	0.789	0.797	0.805
0.68	0.702	0.714	0.725	0.735	0.745	0.755	0.764	0.773	0.782	0.790	0.798
0.66	0.695	0.706	0.717	0.727	0.738	0.747	0.757	0.766	0.774	0.783	0.791
0.64	0.686	0.698	0.709	0.719	0.729	0.739	0.749	0.758	0.766	0.775	0.783
0.62	0.678	0.689	0.700	0.711	0.721	0.730	0.740	0.749	0.758	0.766	0.774
0.60	0.668	0.680	0.691	0.701	0.711	0.721	0.731	0.740	0.748	0.757	0.765
0.58	0.659	0.670	0.681	0.691	0.701	0.711	0.721	0.730	0.738	0.747	0.755
0.56	0.648	0.659	0.670	0.681	0.691	0.701	0.710	0.719	0.728	0.736	0.745
0.54	0.637	0.648	0.659	0.670	0.680	0.689	0.699	0.708	0.717	0.725	0.733
0.52	0.625	0.636	0.647	0.658	0.668	0.677	0.687	0.696	0.705	0.713	0.721
0.50	0.613	0.624	0.635	0.645	0.655	0.665	0.674	0.683	0.692	0.701	0.709
0.48	0.600	0.611	0.622	0.632	0.642	0.651	0.661	0.670	0.679	0.687	0.695
0.46	0.586	0.597	0.608	0.618	0.628	0.637	0.647	0.656	0.664	0.673	0.681
0.44	0.572	0.582	0.593	0.603	0.613	0.622	0.632	0.641	0.649	0.658	0.666
0.42	0.556	0.567	0.577	0.587	0.597	0.606	0.616	0.625	0.633	0.642	0.650
0.40	0.540	0.551	0.561	0.571	0.580	0.590	0.599	0.608	0.616	0.625	0.633
0.38	0.524	0.534	0.544	0.554	0.563	0.572	0.581	0.590	0.599	0.607	0.615
0.36	0.506	0.516	0.526	0.535	0.545	0.554	0.563	0.571	0.580	0.588	0.596
0.34	0.487	0.497	0.507	0.516	0.525	0.534	0.543	0.551	0.560	0.568	0.576
0.32	0.468	0.478	0.487	0.496	0.505	0.514	0.522	0.531	0.539	0.547	0.555
0.30	0.448	0.457	0.466	0.475	0.484	0.492	0.500	0.509	0.517	0.524	0.532
0.28	0.426	0.435	0.444	0.453	0.461	0.469	0.477	0.485	0.493	0.501	0.508
0.26	0.404	0.412	0.421	0.429	0.437	0.445	0.453	0.461	0.469	0.476	0.483
0.24	0.380	0.389	0.397	0.405	0.413	0.420	0.428	0.435	0.443	0.450	0.457
0.22	0.356	0.364	0.371	0.379	0.387	0.394	0.401	0.408	0.415	0.422	0.429
0.20	0.330	0.338	0.345	0.352	0.359	0.366	0.373	0.380	0.386	0.393	0.400
0.18	0.303	0.310	0.317	0.324	0.331	0.337	0.344	0.350	0.356	0.362	0.368
0.16	0.275	0.282	0.288	0.294	0.300	0.306	0.312	0.318	0.324	0.330	0.336
0.14	0.246	0.252	0.257	0.263	0.269	0.274	0.280	0.285	0.291	0.296	0.301
0.12	0.215	0.220	0.226	0.231	0.236	0.241	0.245	0.250	0.255	0.260	0.265
0.10	0.183	0.188	0.192	0.196	0.201	0.205	0.209	0.214	0.218	0.222	0.226
0.08	0.150	0.153	0.157	0.161	0.164	0.168	0.172	0.175	0.179	0.182	0.185
0.06	0.115	0.118	0.120	0.123	0.126	0.129	0.132	0.135	0.137	0.140	0.143
0.04	0.078	0.080	0.082	0.084	0.086	0.088	0.090	0.092	0.094	0.096	0.098
0.02	0.040	0.041	0.042	0.043	0.044	0.405	0.046	0.047	0.048	0.049	0.050
0.00	0.000	0.000	0.000	0.000	0.000	0.000	0.000	0.000	0.000	0.000	0.000

(4) 计算各层内力和位移

$$V_{fi}=(V_f/F_{Ek})_i F_{Ek} \tag{6-42}$$

$$V_{wi}=V_i-V_{fi} \tag{6-43}$$

$$M_{wi}=\sum_i^n V_{wi}h_i \tag{6-44}$$

$$\Delta_{ei}=\frac{V_{fi}}{\Sigma C_f}h_i \tag{6-45}$$

6.7 怎样调整框架-抗震墙结构中框架的地震剪力?

应当指出，为了安全起见，框架-抗震墙结构中框架所承受的地震剪力不应小于某一限值。因此，《抗震规范》规定，侧向刚度沿竖向分布基本均匀的框架-抗震墙结构，任一层框架部分的地震剪力不应小于结构底部总剪力的20%和按框架部分各层按协同工作分析的地震剪力最大值1.5倍二者的较小值。换句话说，按上述算得的框架各层地震剪力V_f，应按下列规定取值:

1) $V_f \geqslant 0.2F_{Ek}$的楼层，该层地震剪力取V_f;

2) $V_f < 0.2F_{Ek}$的楼层，该层地震剪力取下式中较小者。

$$\left.\begin{matrix}1.5V_{f,max}\\0.2F_{Ek}\end{matrix}\right\} \tag{6-46}$$

式中 $V_{f,max}$——框剪层间剪力最大值;

F_{Ek}——结构底部剪力。

6.8 怎样确定框架-抗震墙结构中框架柱的内力?

经过综合框架和综合抗震墙协同工作分析后，综合框架各层所承受的地震剪力应按柱的侧移刚度比例分配给各柱:

$$V_{fik}=\frac{D_{ik}}{\Sigma D_i}V_{fi} \tag{6-47}$$

式中 V_{fik}——第i层第k根柱地震剪力;

D_{ik}——第i层第k根柱侧移刚度;

V_{fi}——综合框架第i层的地震剪力。

按式(6-47)求得第i层第k根柱地震剪力后，再按D值法计算柱和梁的端部弯矩。

6.9 怎样确定框架-抗震墙结构中各片抗震墙的内力?

综合抗震墙所承受的地震剪力和弯矩按墙的等效刚度比例分配给各抗震墙:

$$V_{wij}=\frac{EI_{wej}}{\Sigma EI_{wej}}V_{wi} \tag{6-48a}$$

$$M_{wij}=\frac{EI_{wej}}{\Sigma EI_{wej}}M_{wi} \tag{6-48b}$$

式中 V_{wij}、M_{wij}——第 i 层第 j 片抗震墙地震剪力和弯矩；

EI_{wej}——第 j 片抗震墙等效侧移刚度；

V_{wi}、M_{wi}——综合抗震墙第 i 层地震剪力和弯矩。

抗震墙等效刚度是指以弯曲变形形式表达的，而考虑弯曲、剪切变形和轴向变形❶影响的抗震墙刚度。

对于无洞口的单肢墙，等效侧移刚度可按下式计算：

$$EI_{wej}=\frac{EI_{wj}}{1+\frac{4\mu EI_{wj}}{H^2 GA_{wj}}} \tag{6-49}$$

式中 EI_{wj}——抗震墙的抗弯刚度；

G——抗震墙混凝土剪变模量；

H——房屋高度；

μ——剪应力不均匀系数，矩形截面取 1.2。

对于双肢墙，等效刚度按式（5-60）计算。求得各片双肢墙地震剪力和弯矩后，尚应计算该墙各墙肢和连梁的内力。

6.10 什么是抗震墙的等效荷载？

框架-抗震墙经协同工作分析后，实体墙求得地震内力后，就可计算其截面承载力。而对双肢墙和对称三肢墙一般则需首先求出作用在它上面的等效荷载，然后才能计算其内力。

为了确定作用在双肢墙和三肢墙上面的等效荷载，我们来分析它们的剪力图，参见图 6-8（b）。它是由式（6-48a）按墙的等效刚度分配得到的，该图与综合抗震墙剪力图相似。由图 6-8（b）可见，它可近似地看作是由两个对顶三角形组成的（虚线），并令在墙顶和墙底处的剪力值分别为 V_2 和 V_1。而这两个对顶三角形又可看作是由一个矩形和一个三角形的剪力图叠加而成（图形符号相反）（图 6-8c、d）。因此，它们的等效荷载分别等于作用在墙顶部的水平集中荷载：

$$F=V_2 \tag{6-50}$$

和作用在抗震墙全高上的水平均布荷载（两者方向相反）：

$$q=\frac{V_1+V_2}{H} \tag{6-51}$$

根据上、下对顶两个三角形面积分别等于原来剪力图相应面积 A_2、A_1 的条件，可以列出：

---

❶ 计算双肢墙和三肢墙等效刚度时除考虑弯曲、剪切变形外，还要考虑轴向变形的影响。

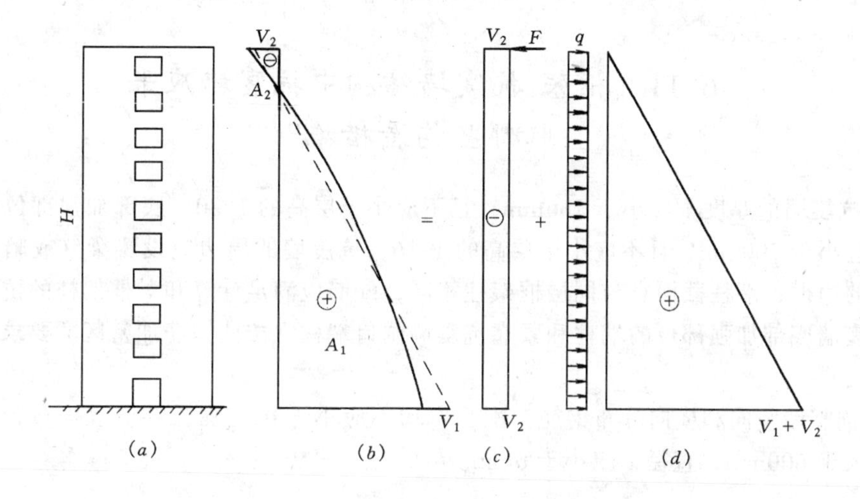

图 6-8　抗震墙上的等效荷载的计算

（a）单片抗震墙；（b）单片抗震墙的剪力图；（c）矩形剪力图及其等效荷载；（d）三角形剪力图及其等效荷载

$$V_1=\frac{2A_1}{H-x} \tag{6-52}$$

$$V_2=\frac{2A_2}{x} \tag{a}$$

$$x=\frac{V_2}{V_1+V_2}H \tag{b}$$

式中　V_1、V_2——分别为双肢墙底部和顶部截面的剪力（图 6-8）；

A_1、A_2——分别为双肢墙下部和上部原剪力图的面积（符号相反）；

x——墙顶至剪力图零点的距离。

由式（6-52）、（a）和式（b）得：

$$V_2=\frac{2A_2}{H}\left(1+\sqrt{\frac{A_1}{A_2}}\right) \tag{6-53}$$

由式（6-50）、（6-51）和式（b）得：

$$q=\frac{V_2^2}{2A_2} \tag{6-54}$$

这样，即可根据单片抗震墙的剪力图面积 A_1、A_2 求出作用在抗震墙上的等效荷载 F 和 q，从而进一步求得抗震墙的内力。

墙顶至剪力图零点的距离为：

$$x=\frac{2A_2}{V_2} \tag{6-55}$$

6.11 框架-抗震墙结构中抗震墙应采取哪些构造措施?

1. 抗震墙的厚度不应小于160mm，且不应小于层高的1/20，底部加强部位的抗震墙厚度不应小于200mm，且不应小于层高的1/16，抗震墙的周边应设置梁（或暗梁）和端柱组成的边框；端柱截面宜与同层框架柱相同，配筋应满足计算和对框架柱的抗震构造要求；抗震墙底部加强部位的端柱和紧靠抗震墙洞口端柱宜按柱箍筋加密区的要求沿全高加密布置。

2. 抗震墙竖向和横向分布钢筋，配筋率均不应小于0.25%，并应双排布置，拉筋间距不应大于600mm，直径不应小于6mm。

第7章　多层砌体房屋

7.1　多层砌体房屋抗震设计应符合哪些规定？

一、多层房屋的层数、高度和层高

国内外历次地震表明，在一般场地下，砌体房屋层数愈多，高度愈高，它的震害程度和破坏率也就愈大。因此，国内外建筑抗震设计规范都对砌体房屋的层数和总高度加以限制。实践证明，限制砌体房屋层数和总高度，是一项既经济又有效的抗震措施。

多层房屋的层数、高度和层高应符合下列要求：

1. 一般情况下，房屋的层数和总高度不应超过表7-1的规定：

房屋的层数和高度限值　　**表7-1**

房屋类别	最小 (mm)	烈度							
		6		7		8		9	
		高度	层数	高度	层数	高度	层数	高度	层数
烧结普通砖	240	24	8	21	7	18	6	12	4
烧结多孔砖	240	21	7	21	7	18	6	12	4
	190	21	7	18	6	15	5	—	—
混凝土小砌块	190	21	7	21	7	18	6	—	—

注：1. 房屋的总高度指室外地面到檐口或主要屋面板板顶的高度，半地下室可从地下室室内地面算起，全地下室和嵌固条件好的半地下室可从室外地面算起；带阁楼的坡屋面应算到山尖墙的1/2高度处；
2. 室内外高差大于0.6m时，房屋的总高度可比表中数据增加1m；

2. 对医院、教学楼等及横墙较少[1]的多层砌体房屋，总高度应比表7-1的规定降低3m，层数相应减少一层；各层横墙很少的多层砌体房屋，还应根据具体情况再适当降低总高度和减少层数。

3. 横墙较少的多层砌体住宅楼，当按本章抗震构造措施第（四）条规定采取加强措施并满足抗震承载力要求时，其高度和层数可仍按表7-1规定采用。

4. 砖和砌块砌体承重房屋的层高，不应超过3.6m。

二、房屋最大高宽比的限制

为了保证砌体房屋整体弯曲承载力，房屋总高度与总宽度的最大比值，应符合表7-2

[1] 横墙较少指同一层内开间大于4.20m的房间占该层总面积的40%以上。

的要求。

房屋最大高宽比　　表 7-2

烈　度	6	7	8	9
最大高宽比	2.5	2.5	2.0	1.5

注：1. 单面走廊房屋的总宽度不包括走廊宽度。
　　2. 建筑平面接近正方形时，其高宽比适当减小。

三、抗震横墙间距的限制

多层砌体房屋的横向水平地震作用主要由横墙来承受。对于横墙，除了要求满足抗震承载力外，还要使横墙间距能保证楼盖对传递水平地震作用所需的刚度要求。前者可通过抗震承载力验算来解决，而横墙间距则必须根据楼盖的水平刚度要求给予一定的限制。

《抗震规范》规定，多层砌体房屋抗震横墙的间距，不应超过表 7-3 的要求：

房屋抗震横墙最大间距（m）　　表 7-3

房屋类别	烈度			
	6	7	8	9
现浇或装配整体式钢筋混凝土楼、屋盖	18	18	15	11
装配式钢筋混凝土楼、屋盖	15	15	11	7
木楼、屋盖	11	11	7	4

注：1. 多层砌体房屋的顶层，最大横墙间距应允许适当放宽。
　　2. 表中木楼、屋盖的规定，不适用于混凝土小砌块砌体房屋。

四、房屋局部尺寸的限制

在强烈地震作用下，房屋首先在薄弱部位破坏。这些薄弱部位一般是，窗间墙、尽端墙段、突出屋顶的女儿墙等。因此，对窗间墙、尽端墙段、女儿墙等的尺寸应加以限制。

《抗震规范》规定，多层砌体房屋的局部尺寸限值，应符合表 7-4 的要求：

房屋局部尺寸限值（m）　　表 7-4

部　位	烈度			
	6	7	8	9
承重窗间墙最小宽度	1.0	1.0	1.2	1.5
承重外墙尽端至门窗洞边的最小距离	1.0	1.0	1.2	1.5
非承重外墙尽端至门窗洞边的最小距离	1.0	1.0	1.0	1.0
内墙阳角至门窗洞边的最小距离	1.0	1.0	1.5	2.0
无锚固女儿墙（非出入口处）的最大高度	0.5	0.5	0.5	0.0

注：1. 局部尺寸不足时应采取局部加强措施弥补。
　　2. 出入口处的女儿墙应有锚固。

五、多层砌体房屋的结构体系

多层房屋的结构体系，应符合下列要求：

1. 应优先采用横墙承重或纵、横墙共同承重的结构体系；

2. 纵、横墙的布置宜均匀对称，沿平面内宜对齐，沿竖向应上下连续；同一轴线上的窗间墙宜均匀；

3. 房屋有下列情况之一时宜设置防震缝，缝两侧均应设置墙体，缝宽应根据烈度和房屋高度确定，可采用 50～100mm：

(1) 房屋立面高差在 6m 以上；

(2) 房屋有错层，且楼板高差较大；

(3) 各部分结构刚度、质量截然不同；

4. 楼梯间不宜设置在房屋的尽端和转角处；

5. 烟道、风道、垃圾道等不应削弱墙体，当墙体被削弱时，应对墙体采取加强措施，不宜采用无竖向配筋的附墙烟囱及出屋面的烟囱；

6. 不宜采用无锚固的钢筋混凝土预制挑檐。

7.2 怎样计算水平地震作用

多层砌体房屋的水平地震作用可按底部剪力法公式（3-129）和式（3-130）计算。由于这种房屋刚度较大，基本周期较短，$T_1 = 0.2 \sim 0.3\text{s}$，故式（3-139）中 $\alpha_1 = \alpha_{\max}$；同时，《抗震规范》规定，对多层砌体房屋，式（3-130）中 $\delta_n = 0$，于是，砌体房屋总水平地震作用标准值为：

$$F_{\mathrm{Ek}} = \alpha_{\max} G_{\mathrm{cq}} \tag{7-1}$$

而第 i 点的水平地震作用标准值

$$F_i = \frac{G_i H_i}{\sum_{j=1}^{n} G_j H_j} F_{\mathrm{Ek}} \tag{7-2}$$

7.3 怎样计算楼层地震剪力？

作用在第 j 楼层（自底层算起）平行于地震作用方向的层间地震剪力，等于该楼层以上各楼层质点的水平地震作用之和（图 7-1）。

$$V_j = \sum_{i=j}^{n} F_i \tag{7-3}$$

式中 V_j——第 j 楼层的层间地震剪力；

F_i——作用在质点 i 的地震作用，按式(7-2)计算；

n——质点数目。

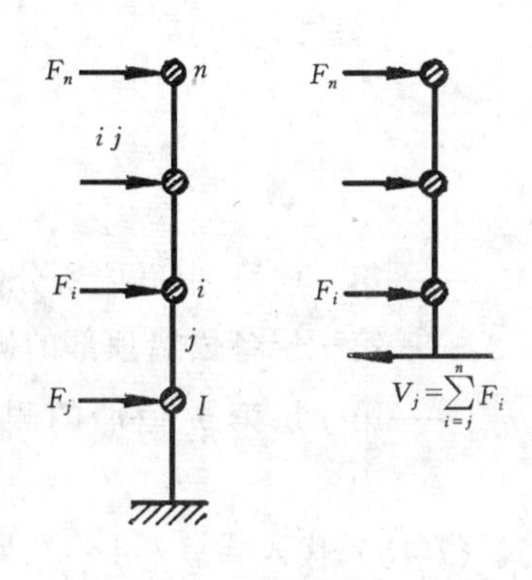

图 7-1 楼层地震剪力

7.4 怎样确定楼层横向地震剪力在各墙体上的分配？

沿房屋短的方向的水平地震作用称为横向地震作用，由其而引起的地震剪力就是横向地震剪力。由于多层砌体房屋横墙在其平面内的刚度，较纵墙在平面外的刚度大得多，所以《抗震规定》规定，在符合表 7-3 所规定的横墙间距限值条件下，多层砌体房屋的横向地震剪力，全部由横墙承受[1]。至于层间地震剪力在各墙体之间的分配原则，应视楼盖的刚度而定。

(1) 刚性楼盖

刚性楼盖是指现浇、装配整体式钢筋混凝土等楼盖。当横墙间距符合表 7-3 的规定时，则刚性楼盖在其平面内可视作支承在弹性支座（即各横墙）上的刚性连续梁，并假定房屋的刚度中心与质量中心重合，而不发生扭转。于是，各横墙的水平位移 Δ_j 相等。参见图 7-2。

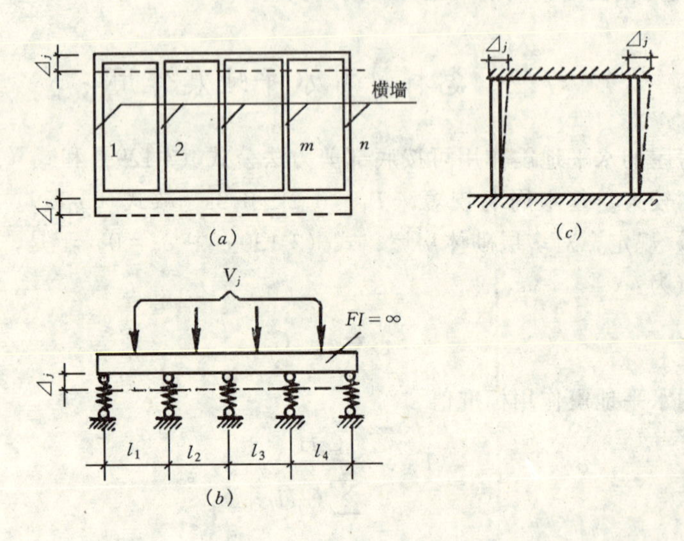

图 7-2 刚性楼盖墙体变形

显然，第 j 楼层各横墙所分配的地震剪力之和应等于该层的总地震剪力，即

$$\sum_{m=1}^{n} V_{jm} = V_j \tag{7-4a}$$

$$V_{jm} = \Delta_j k_{jm} \tag{7-4b}$$

式中 V_{jm}——第 j 层第 m 道墙所分配的地震剪力；

Δ_j——第 j 层各横墙顶部的侧移；

k_{jm}——第 j 层第 m 道墙的侧移刚度，即墙顶发生单位侧移时，在墙顶所施加的力。

将式 (7-4b) 代入式 (7-4a)，得：

$$\sum_{m=1}^{n} \Delta_j k_{jm} = V_j$$

或

[1] 指能承担地震剪力的横墙，其厚度，烧结普通砖、烧结多孔砖大于 240mm；混凝土小砌块应大于 190mm。

$$\Delta_j = \frac{1}{\sum_{m=1}^{n} k_{jm}} V_j \tag{7-4c}$$

将式（7-4c）代入式（7-4b），便得到各横墙所分配的地震剪力表达式：

$$V_{jm} = \frac{k_{jm}}{\sum_{m=1}^{n} k_{jm}} V_j \tag{7-5}$$

由式（7-5）可见，要确定刚性楼盖条件下横墙所分配的地震剪力，必须求出各横墙的侧移刚度。实验和理论分析表明，当墙体的高宽比 $h/b<1$ 时，则墙体以剪切变形为主，弯曲变形影响很小，可忽略不计；当 $1\leqslant h/b\leqslant 4$ 时，弯曲变形已占相当比例，应同时考虑剪切变形和弯曲变形，当 $h/b>4$ 时，剪切变形影响很小，可忽略不计，只需计算弯曲变形。但由于 $h/b>4$ 的墙体的侧移刚度比 $h/b\leqslant 4$ 的墙体小得多，故在分配地震剪力时，可不考虑其分配地震剪力。

下面讨论墙体侧移刚度的计算方法。

1）无洞墙体。

当 $h/b<1$ 时（图 7-3a）

如上所述，这时仅需考虑剪切变形的影响。由材料力学可知，在墙顶作用一单位力 $F=1$ 时，在该处产生的侧移，即柔度：

$$\delta = \gamma h = \frac{\tau}{G} h = \frac{\xi h}{GA} \tag{7-6}$$

式中 γ——剪应变；

τ——剪应力；

G——砌体剪变模量，$G=0.4E$；

E——砌体弹性模量；

ξ——剪应力不均匀系数，矩形截面 $\xi=1.2$；

A——墙体横截面面积，$A=bt$；

b、t——分别为墙宽和墙厚。

将上列关系代入式（7-6），并令 $\rho=\frac{h}{b}$，得：

$$\delta = \frac{3\rho}{Et} \tag{7-7}$$

于是，墙的侧移刚度

$$k = \frac{Et}{3\rho} \tag{7-8}$$

当 $1\leqslant h/b\leqslant 4$ 时（图 7-3b）

这时，需同时考虑剪切变形和弯曲变形的影响，由材料力学可知，在墙顶作用 $F=1$ 时，在该处的侧移

$$\delta = \frac{\xi h}{GA} + \frac{h^3}{12EI} \tag{7-9}$$

式中　I——墙的惯性矩，$I=\frac{1}{12}b^3t$。

将式（7-9）经过简单变换后，得：

$$\delta = (3\rho + \rho^3)\frac{1}{Et} \tag{7-10}$$

于是，墙的侧移刚度

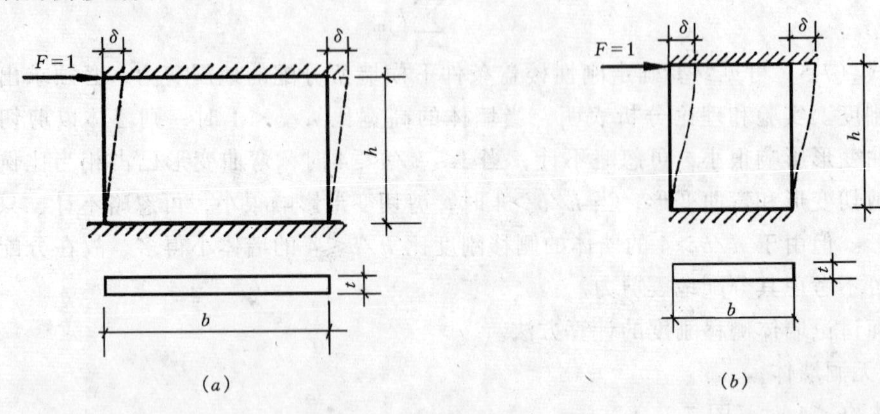

图 7-3　无洞墙体

$$k = \frac{Et}{3\rho + \rho^3} \tag{7-11}$$

2）有洞墙体

当一片墙上开有规则洞口时（图 7-4a），墙顶在 $F=1$ 作用下，该处的侧移，等于沿墙高各墙段的侧移之和，即

$$\delta = \sum_{i=1}^{n}\delta_i \tag{7-12a}$$

其中
$$\delta_i = \frac{1}{k_i} \tag{7-12b}$$

而其侧移刚度
$$k = \frac{1}{\sum_{i=1}^{n}\delta_i} \tag{7-13}$$

由于窗洞上、下的水平墙带因其高宽比 $h/b<1$，故应按式（7-8）计算其侧移刚度；而窗间墙可视为上、下嵌固的墙肢，应根据其高宽比数值，按式（7-8）或式（7-11）计算其侧移刚度，即：

对水平实心墙带

$$k_i = \frac{Et}{3\rho_i} \quad (i = 1,3) \tag{7-14}$$

对窗间墙

$$k_i = \sum_{r=1}^{s}k_{ir} \quad (i = 2) \tag{7-15}$$

其中，当 $\rho_{ir} = \frac{k_{ir}}{b_{ir}} < 1$ 时，$k_{ir} = \frac{Et}{3\rho_{ir}}$

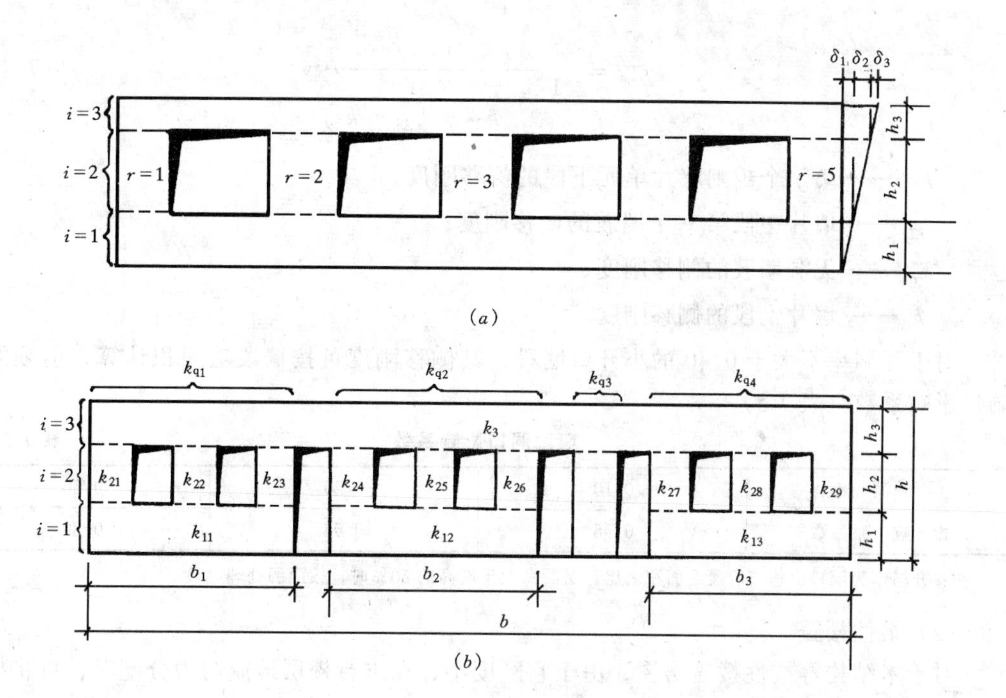

图 7-4 有洞墙体

（a）开有规则洞口时；（b）开有不规则洞口时

当 $1 \leqslant \rho_{ir} \leqslant 4$ 时，$k_{ir} = \dfrac{Et}{3\rho_{ir} + \rho_{ir}^3}$

对于具有多道水平实心墙带的墙，由于其高宽比 $\rho<1$，不考虑弯曲变形的影响，故可将各水平实心墙带的高度加在一起，一次算出它们的侧移刚度及其侧移数值。例如，对图 7-4（a）所示墙体，

$$\Sigma h = h_1 + h_3, \qquad \rho = \frac{\Sigma h}{b}$$

代入式（7-14），即可求出两段墙带的总侧移刚度。

按式（7-12a）求得沿墙高各墙段的总侧移后，即可算出具有洞口墙的侧移刚度。

对于图 7-4（b）所示开有不规则洞口的墙片，其侧移刚度可按下式计算：

$$k = \frac{1}{\dfrac{1}{k_{q1} + k_{q2} + k_{q3} + k_{q4}} + \dfrac{1}{k_3}} \tag{7-16}$$

式中 k_{qj}——第 j 个规则墙片单元的侧移刚度；

$$k_{q1} = \frac{1}{\dfrac{1}{k_{11}} + \dfrac{1}{k_{21} + k_{22} + k_{23}}} \tag{7-17a}$$

$$k_{q2} = \frac{1}{\dfrac{1}{k_{12}} + \dfrac{1}{k_{24} + k_{25} + k_{26}}} \tag{7-17b}$$

$$k_{q4}=\frac{1}{\frac{1}{k_{13}}+\frac{1}{k_{27}+k_{28}+k_{29}}} \tag{7-17c}$$

k_{1j}——第 j 个规则墙片单元下段的侧移刚度；

k_{2r}——墙片中段第 r 个墙肢的侧移刚度；

k_{q3}——无洞墙肢的侧移刚度；

k_3——墙片上段的侧移刚度。

对于开洞率不大于 0.40 的小开口墙段，其侧移刚度可按墙段毛面积计算，但须乘以洞口影响系数（表 7-5）。

墙段洞口影响系数 **表 7-5**

开洞率	0.10	0.20	0.30
影响系数	0.98	0.94	0.88

注：开洞率为洞口面积与墙段毛面积之比，窗洞高大于层高的 50%时，按门洞处理。

(2) 柔性楼盖

对于木结构等柔性楼盖房屋，由于它刚度小，在进行楼层地震剪力分配时，可将楼盖视作支承在横墙上的简支梁（图 7-5）。这样，第 m 道横墙所分配的地震剪力，可按第 m 道横墙从属面积上重力荷载代表值的比例分配。即按式（7-18）来确定：

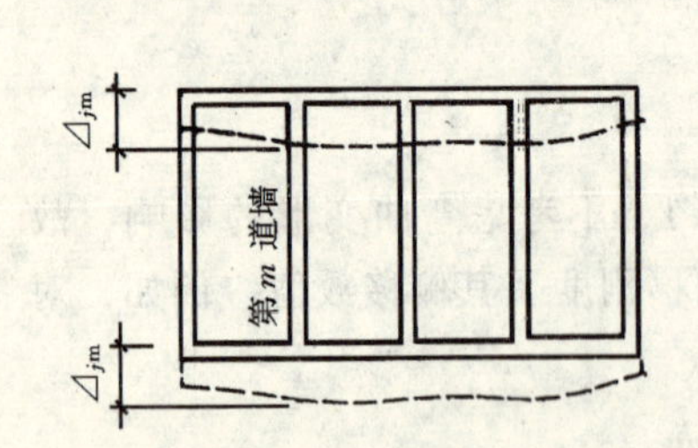

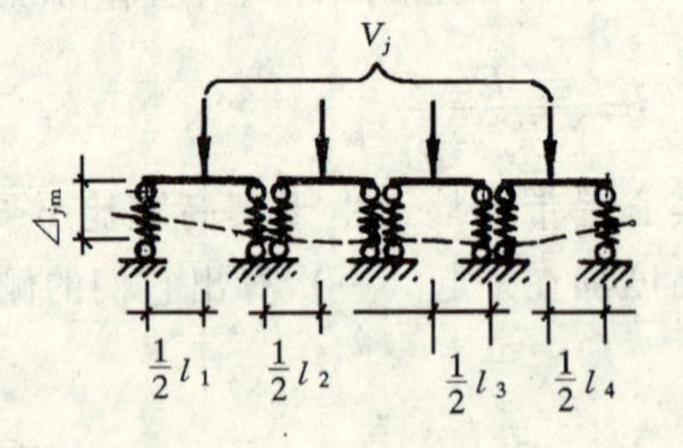

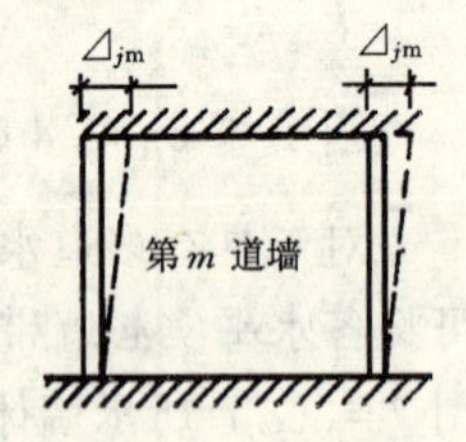

图 7-5 柔性楼盖墙体变形

$$V_{jm}=\frac{G_{jm}}{G_j}V_j \tag{7-18}$$

式中 G_{jm}——第 j 楼层第 m 道横墙从属面积上重力荷载代表值；

G_j——第 j 楼层结构总重力荷载代表值。

当楼层单位面积上的重力荷载代表值相等时，式（7-18）可进一步写成：

$$V_{jm}=\frac{F_{jm}}{F_j}V_j \tag{7-19}$$

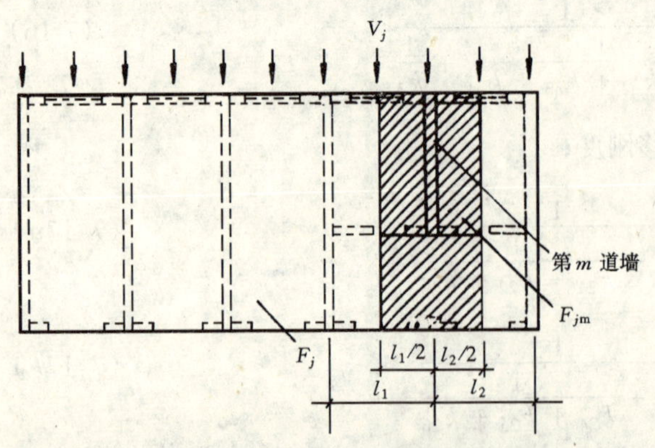

图 7-6 横墙的从属建筑面积

式中 F_{jm}——第 j 楼层第 m 道横墙所应分配地震作用的建筑面积，参见图 7-6 中阴影面积；

F_j——第 j 楼层的建筑面积。

（3）中等刚度楼盖

对于装配式钢筋混凝土等中等刚度楼盖房屋，它的横墙所分配的地震剪力，可近似地按刚性楼盖和柔性楼盖房屋分配结果的平均值采用：

$$V_{jm} = \frac{1}{2}\left(\frac{k_{jm}}{\sum_{m=1}^{n} k_{jm}} + \frac{F_{jm}}{F_j}\right)V_j \tag{7-20a}$$

或

$$V_{jm} = \frac{1}{2}\left(\frac{k_{jm}}{K_j} + \frac{F_{jm}}{F_j}\right)V_j \tag{7-20b}$$

式中　K_j—— 第 j 楼层各横墙侧移刚度之和，$K_j = \sum_{m=1}^{n} k_{jm}$。

7.5　怎样确定楼层纵向地震剪力在各墙体上的分配？

由于房屋纵向楼盖的水平刚度比横向大得多。因此，纵向地震剪力在各纵墙上的分配，可按纵墙的侧移刚度比例确定。即无论柔性的木楼盖或中等刚度的装配式钢筋混凝土楼盖，均按刚性楼盖公式（7-5）计算。

7.6　怎样确定同一道墙各墙段间的剪力？

求得某一道墙的地震剪力后，对于具有开洞的墙片，还要把地震剪力分配给该墙片洞口间和墙端的墙段，以便进一步验算各墙段截面的抗震承载力。

各墙段所分配的地震剪力数值，视各墙段间侧移刚度比例而定。第 m 道墙第 r 墙段所分配的地震剪力为：

$$V_{mr} = \frac{k_{mr}}{\sum_{r=1}^{s} k_{mr}} V_{jm} \tag{7-21}$$

式中　V_{mr}——第 m 道墙第 r 墙段所分配的地震剪力；

V_{jm}——第 j 层第 m 道墙所分配的地震剪力；

k_{mr}——第 m 道墙第 r 墙段侧移刚度，其值按下列公式计算：

当 r 墙段高宽比 $\rho_r = \frac{h_r}{b_r} < 1$ 时

$$k_{mr} = \frac{Et}{3\rho_r} \tag{7-22}$$

当 $1 \leqslant \rho_r \leqslant 4$ 时

$$k_{\mathrm{mr}} = \frac{Et}{3\rho_{\mathrm{r}} + \rho_{\mathrm{r}}^3} \tag{7-23}$$

其中，h_{r} 为洞口间墙段（如窗间墙）或墙端墙段高度（图 7-7）；b_{r} 为墙段宽度，其余符号意义与前相同。

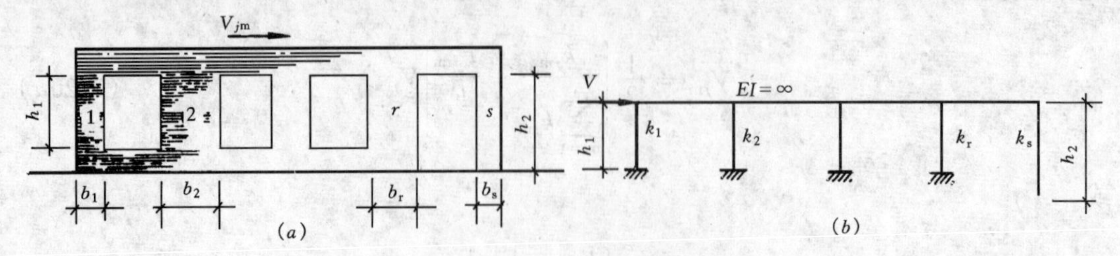

图 7-7 墙段地震剪力分配

7.7 怎样验算墙体横截面抗震承载力?

多年来，国内外不少学者对砌体抗震性能进行了大量试验研究，由于对墙体在地震作用下的破坏机理存在着不同的看法，因而提出了各种不同的截面抗震计算公式。归纳起来不外乎两类：一类为主拉应力强度理论；另一类为剪切-摩擦强度理论（简称剪摩强度理论）。

我国《抗震规范》认为，对于砖砌体，宜采用主拉应力强度理论；而对混凝土小砌块墙体，宜采用剪摩理论。

（一）烧结普通砖、烧结多孔砖和多孔砖墙体的验算（按主拉应力强度理论）

这一理论认为，在地震中，多层房屋墙体产生交叉裂缝，是因为墙体中的主拉应力超过了砌体的主拉应力强度而引起的。

《抗震规范》根据主拉应力强度理论，将烧结普通砖和烧结多孔砖墙体截面抗震承载力条件写成下面形式：

$$V \leqslant \frac{f_{\mathrm{vE}} A}{\gamma_{\mathrm{RE}}} \tag{7-24}$$

式中 V——墙体地震剪力设计值；

γ_{RE}——承载力抗震调整系数，按表 3-13 采用，对于自承重墙，取 $\gamma_{\mathrm{RE}} = 0.75$；

A——墙体横截面面积，多孔砖取毛截面面积；

f_{vE}——砌体沿阶梯形截面破坏的抗震抗剪强度设计值，按下式确定：

$$f_{\mathrm{vE}} = \zeta_{\mathrm{n}} f_{\mathrm{v}} \tag{7-25}$$

f_{v}——非抗震设计的砌体抗剪强度设计值，按国家标准《砌体结构设计规范》(GB50003) 采用，参见表 7-6；

ζ_{n}——砌体强度正应力影响系数，对于黏土砖砌体，按式（7-26）计算，或者按表 7-7 确定；

沿砌体灰缝截面破坏时抗剪强度设计值 f_v（MPa） **表 7-6**

砌体种类	砂浆强度等级			
	≥M10	M7.5	M5	M2.5
烧结普通砖、烧结多孔砖	0.17	0.14	0.11	0.08
混凝土小砌块	0.09	0.08	0.06	

$$\zeta_n = \frac{1}{1.2}\sqrt{1 + 0.45 + \frac{\sigma_0}{f_v}} \tag{7-26}$$

σ_0——对应于重力荷载代表值在墙体 1/2 高度处的横截面上产生的平均压应力。

砌体强度的正应力影响系数 ζ_n **表 7-7**

砌体类别	σ_0/f_v							
	0.0	1.0	3.0	5.0	7.0	10.0	15.0	20.0
烧结普通砖，烧结多孔砖	0.80	1.00	1.28	1.50	1.70	1.95	2.32	
混凝土小砌块		1.25	1.75	2.25	2.60	3.10	3.95	4.80

注：σ_0 为对应于重力荷载代表值的砌体截面平均压应力。

当按式（7-24）验算不满足要求时，可计入设置在墙段中部、截面不小于 240mm×240mm 且间距不大于 4m 的构造柱对受剪承载力的提高作用，按下列简化方法验算：

$$V \leqslant \frac{1}{\gamma_{RE}}[\eta_c f_{vE}(A - A_c) + \zeta f_t A_c + 0.08 f_y A_s] \tag{7-27}$$

式中 A_c——中部构造柱的横截面总面积（对横墙和内纵墙，$A_c > 0.15A$ 时，取 $0.15A$；对外纵墙，$A_c > 0.25A$ 时，取 $0.25A$）；

f_t——中部构造柱的混凝土轴心抗拉强度设计值；

A_s——中部构造柱的纵向钢筋截面总面积（配筋率不小于 0.6%，大于 1.4%时取 1.4%）；

f_y——钢筋抗拉强度设计值；

ζ——中部构造柱参与工作系数；居中设一根时取 0.5，多于一根时取 0.4；

η_c——墙体约束修正系数；一般情况取 1.0，构造柱间距不大于 2.8m 时取 1.1。

水平配筋普通黏土砖、多孔砖墙体的截面抗震受剪承载力应按下式验算：

$$V \leqslant \frac{1}{\gamma_{RE}}(f_{vE} + \zeta_s f_y \rho_v)A \tag{7-28}$$

式中 A——墙体横截面面积，多孔砖取毛截面面积；

f_y——钢筋抗拉强度设计值；

ρ_v——层间墙体体积配筋率，应不小于 0.07%且不大于 0.17%；

ζ_s——钢筋参与工作系数，可按表 7-8 采用。

钢筋参与工作系数 **表 7-8**

墙体高宽比	0.4	0.6	0.8	1.0	1.2
ζ_s	0.10	0.12	0.14	0.15	0.12

（二）混凝土小砌块墙体的验算（按剪摩强度理论）

剪摩强度理论认为：砌体剪应力达到其抗剪强度时，砌体将沿剪切面发生剪切破坏，并认为砌体抗剪强度与正应力 σ_0 呈线性关系，若采用《TJ 11—78 规范》强度指标，则剪摩强度理论公式可写成：

$$R_\tau = R_j + \sigma_0 f \tag{7-29}$$

式中 R_τ——砌体抗剪强度；

R_j——砌体沿通缝破坏抗剪强度；

f——摩擦系数。

《抗震规范》规定，混凝土小砌块墙体采用剪摩强度理论验算砌体抗震承载力时，仍可采用式（7-24）和式（7-25）计算。其中砌体强度正应力系数，按下列公式计算：

$$\zeta_n = 1 + 0.25\frac{\sigma_0}{f_v} \quad \left(1 \leqslant \frac{\sigma_0}{f_v} \leqslant 5\right) \tag{7-30}$$

$$\zeta_n = 1.4 + 0.17\frac{\sigma_0}{f_v} \quad \left(5 \leqslant \frac{\sigma_0}{f_v} \leqslant 20\right) \tag{7-31}$$

式（7-30）和式（7-31）是根据大量试验，经数理统计后得到的。它的数值也可由表 7-7 查得。

混凝土小砌块墙体的截面抗震承载力，应按下式验算：

$$V \leqslant \frac{1}{\gamma_{RE}}[f_{vE}A + (0.3f_t A_c + 0.05 f_y A_s)\zeta_c] \tag{7-32}$$

式中 f_t——芯柱[1] 混凝土轴心抗拉强度设计值；

A_c——芯柱截面总面积[2]；

A_s——芯柱钢筋截面总面积；

ζ_c——芯柱影响系数，可按表 7-9 采用。

芯柱影响系数 **表 7-9**

填孔率 ρ	$\rho<0.15$	$0.15\leqslant\rho<0.25$	$0.25\leqslant\rho<0.5$	$\rho\geqslant0.5$
ζ_c	0	1.0	1.10	1.15

注：填孔率是指芯柱根数（含构造柱和填实孔洞数量）与孔洞总数之比。

f_{vE}——砌体抗震强度设计值，按式（7-25）计算，其中砌体强度正应力系数，按式（7-30）或式（7-31）计算，或由表 7-7 查得。

在验算纵、横墙截面抗震承载力时，应选择以下不利墙段进行：

（1）承受地震作用较大的墙体。

（2）竖向正应力较小的墙段。

（3）局部截面较小的墙垛。

---

[1] 在砌块孔洞中浇筑钢筋混凝土，这样所形成的柱就称为芯柱；

[2] 当同时设置芯柱和钢筋混凝土构造柱时，构造柱截面可作为芯柱截面，构造柱钢筋可作为芯柱钢筋。

7.8 砌体强度正应力影响系数 ζ_n 的公式是怎样推导的？

为了使新旧规范衔接，不出现计算结果有大的差异，《抗震规范》在确定系数 ζ_n 时，采用了“校准法”。校准法就是通过对现存结构或构件可靠度的反演分析来确定设计时采用的结构或构件可靠指标的方法。为此，须首先将我国《工业与民用建筑抗震设计规范》(TJ 11—78)(以下简称《TJ11—78规范》)按主拉应力强度理论确定的墙体抗震强度验算公式作一简要介绍。

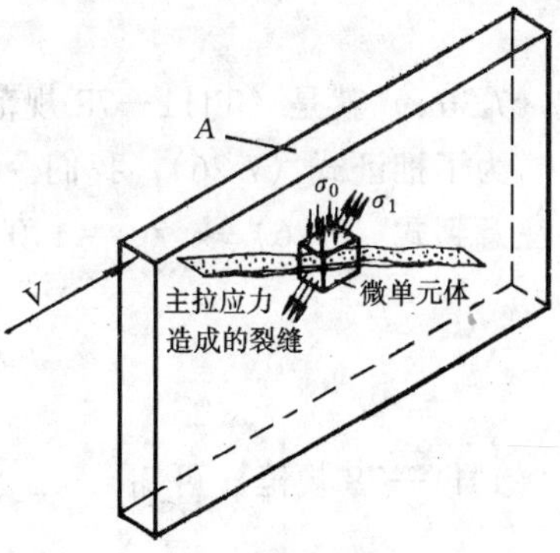

图 7-8 墙体在主应力下产生的斜裂缝

设 σ_1 表示地震剪力在墙体中产生的主拉应力(图7-8)；R_j 表示砌体主拉应力强度。则多层砌体房屋墙体的抗震承载力验算条件，可写成：

$$\sigma_1 \leqslant R_j \tag{7-33}$$

由材料力学知

$$\sigma_1 = -\frac{\sigma_0}{2} + \sqrt{\left(-\frac{\sigma_0}{2}\right)^2 + \tau^2} \tag{7-34}$$

式中 τ——地震剪力在墙体横截面上产生的剪应力，《TJ11—78 规范》规定，按式(7-35)计算。其余符号意义与前相同。

$$\tau = \frac{KQ\xi}{A} \tag{7-35}$$

式中 K——安全系数，$K = 2.0$；

Q——地震剪力；

A——在墙 1/2 高度处的净截面面积；

ξ——剪应力分布不均匀系数，对于矩形截面，取 $\xi = 1.2$。

将式(7-34)代入式(7-33)，得：

$$-\frac{\sigma_0}{2} + \sqrt{\left(-\frac{\sigma_0}{2}\right)^2 + \tau^2} \leqslant R_j$$

移项并对两端平方得：

$$\left(\sqrt{\frac{\sigma_0^2}{4} + \tau^2}\right)^2 \leqslant \left(R_j + \frac{\sigma_0}{2}\right)^2$$

$$\tau^2 + \frac{\sigma_0}{4} \leqslant R_j^2 + R_j\sigma_0 + \frac{\sigma_0^2}{4}$$

于是

$$\tau \leqslant R_j\sqrt{1 + \frac{\sigma_0}{R_j}}$$

将式(7-35)代入上式，得：

$$KQ \leqslant \frac{R_\tau A}{\xi} \tag{7-36a}$$

式中 R_τ——验算抗震强度时砖砌体抗剪强度。

$$R_\tau = R_j \sqrt{1 + \frac{\sigma_0}{R_j}} \tag{7-36b}$$

式（7-36a）就是《TJ11—78 规范》墙体抗震强度验算公式。

为了推证式（7-26），我们令式（7-24）与式（7-36a）中的墙体横截面面积 A 相等，并注意到式（7-26）取 $\gamma_{RE}=1.0$，于是得：

$$\frac{KQ\xi}{R_j\sqrt{1+\frac{\sigma_0}{R_j}}} = \frac{V}{\zeta_n f_v} \tag{7-37}$$

由《TJ11—78 规范》可知

$$Q = C\alpha_{max} W \cdot \eta \tag{7-38}$$

式中 Q——墙体验算截面上的地震剪力；

C——结构影响系数，对多层砖房 $C=0.45$；

α_{max}——相应于基本烈度的地震影响系数最大值；

W——产生地震荷载的建筑物总重量；

η——墙体验算截面上的地震剪力与结构底部剪力比值系数。

由《抗震规范》可知

$$V = \gamma_{Eh} \alpha'_{max} G_{eq} \eta \tag{7-39}$$

式中 γ_{Eh}——水平地震作用分项系数，取 $\gamma_{Eh}=1.3$；

α'_{max}——多遇地震时水平地震影响系数最大值；

G_{eq}——结构等效重力荷载。

将式（7-38）、式（7-39）代入式（7-37），经整理后，得：

$$\zeta_n = \frac{\gamma_{Eh}\alpha'_{max}G_{eq}}{KC\alpha_{max}W\xi}\frac{R_j}{f_v}\sqrt{1+\frac{\sigma_0}{R_j}}$$

注意到 $\alpha'_{max}/\alpha_{max} \approx 0.356$，$R_j/f_v \approx 2.212$，并将 $\gamma_{Eh}=1.3$，$K=2.0$，$\xi=1.2$，$G_{eq}=0.85W$ 代入，于是，上式变成

$$\zeta_n = \frac{1}{1.2}\sqrt{1+0.45\frac{\sigma_0}{f_v}}$$

证明完毕。

7.9 钢筋混凝土构造柱的作用是什么？

震害分析和试验表明，在多层砖房中的适当部位设置钢筋混凝土构造柱（以下简称构造柱）并与圈梁连接使之共同工作，可以增加房屋结构的延性[1]，提高房屋的抗侧力能

---

[1] 房屋允许变形的能力。

力，防止或延缓房屋在地震作用下发生突然倒塌，或者减轻房屋的损坏程度。因此，设置构造柱是防止房屋倒塌的一种有效措施。

7.10 普通砖、多孔砖房屋的现浇钢筋混凝土构造柱设置部位都有哪些要求（图 7-9）？

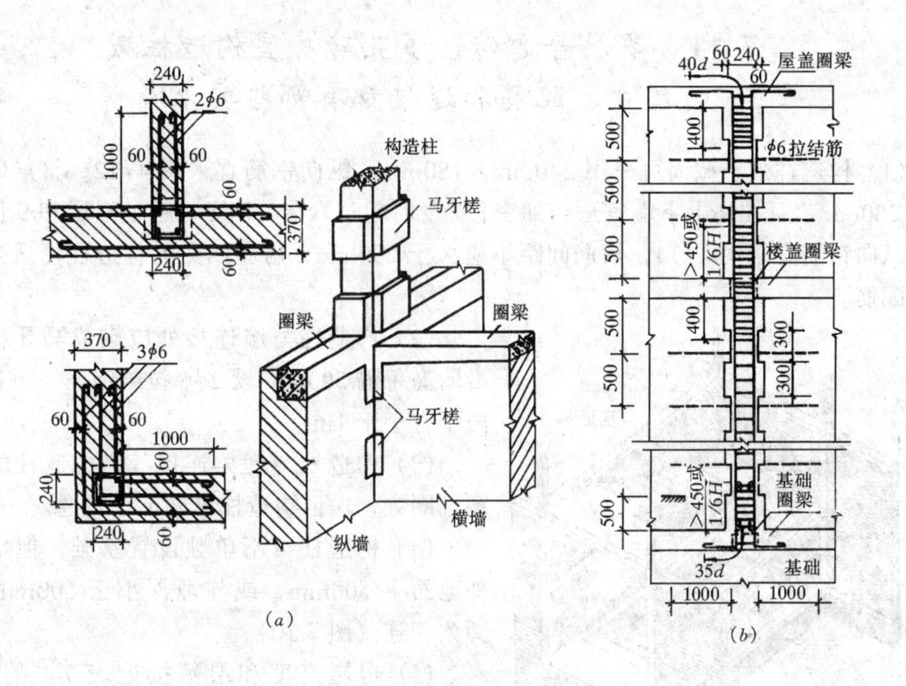

图 7-9 构造柱示意图

（1）构造柱设置部位，一般情况下应符合表 7-10 的要求：

砖房构造柱设置要求 表 7-10

房屋层数				设置部位	
6度	7度	8度	9度		
四、五	三、四	二、三		外墙四角，错层部位横墙与外纵墙交接处，较大洞口两侧，大房间内外墙交接处	7、8 度时，楼、电梯的四角，每隔 15m 左右的横墙或单元横墙与外墙交接处
六、七	五	四	二		隔开间横墙（轴线）与外墙交接处，山墙与内纵墙交接处，7～9 度时，楼、电梯的四角
八	六、七	五、六	三、四		内墙（轴线）与外墙交接处，内墙的局部较小墙垛处，7～9 度时，楼、电梯的四角，9 度时，内纵墙与横墙（轴线）交接处

注：较大洞口指宽度大于 2m。

（2）外廊式和单面走廊式的多层房屋，应根据房屋增加一层后的层数，按表 7-10 要求设置构造柱，且单面走廊两侧的纵墙均应按外墙处理；

（3）教学楼、医院等横墙较少的房屋，应根据房屋增加一层后的层数，按表 7-10 的要求设置构造柱；当教学楼、医院等横墙较少的房屋为外廊式或单面走廊式时，应按 2 款要求设置构造柱，但 6 度不超过四层、7 度不超过三层和 8 度不超过二层时，应按增加二层后的层数考虑。

7.11 多层普通砖、多孔砖房屋构造柱截面尺寸、配筋和连接都有哪些要求？

（1）构造柱最小截面可采用 240mm×180mm，纵向钢筋宜采用 4ϕ12，箍筋间距不宜大于 250mm，且在柱上下端宜适当加密；7 度时超过六层、8 度时超过五层和 9 度时，构造柱纵向钢筋宜采用 4ϕ14，箍筋间距不应大于 200mm；房屋四角的构造柱可适当加大截面及配筋。

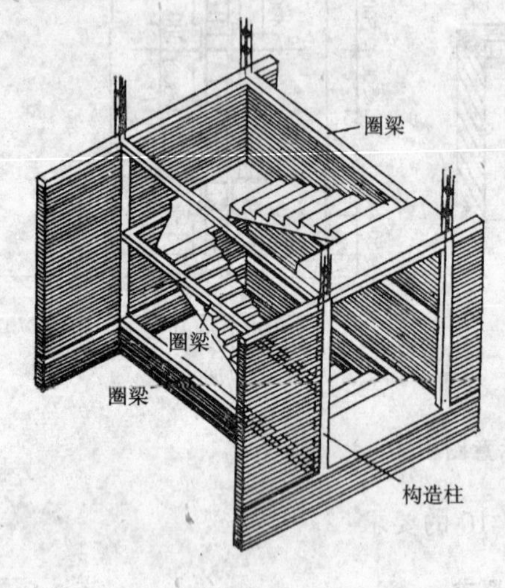

图 7-10　构造柱与圈梁和地梁的连接

（2）构造柱与墙连接处应砌成马牙槎，并应沿墙高每隔 500mm 设 2ϕ6 拉结钢筋，每边伸入墙内不宜小于 1m。

（3）构造柱与圈梁连接处，构造柱的纵筋应穿过圈梁，保证构造柱纵筋上下贯通。

（4）构造柱可不单独设置基础，但应伸入室外地面下 500mm，或与埋深小于 500mm 的基础圈梁相连（图 7-10）。

（5）房屋高度和层数接近表 7-1 的限值时，纵横墙内构造柱间距尚应符合下列要求：

1）横墙内构造柱间距不宜大于层高的二倍，下部 1/3 的楼层的构造柱间距适当减小；

2）外墙的构造柱间距应每开间设置一柱；当开间大于 3.9m 时，应另设加强措施。内纵墙的构造柱间距不宜大于 4.2m。

7.12 钢筋混凝土圈梁的作用是什么？

钢筋混凝土圈梁是增加墙体的连接，提高楼盖、屋盖刚度，抵抗地基不均匀沉降，限制墙体裂缝开展，保证房屋整体性，提高房屋抗震能力的有效构造措施，而且是减小构造柱计算长度，充分发挥抗震作用不可缺少的连接构件。因此，钢筋混凝土圈梁在砌体房屋中获得了广泛应用。

7.13 普通砖、多孔砖房屋的现浇钢筋混凝土圈梁的设置部位应符合哪些要求?

(1) 装配式钢筋混凝土楼盖、屋盖或木楼盖、屋盖的砖房，横墙承重时应按表 7-11 的要求设置圈梁，纵墙承重时每层均应设置圈梁，且抗震横墙上的圈梁间距应比表内要求适当加密。

砖房现浇钢筋混凝土圈梁设置要求　　表 7-11

墙　类	烈　度		
	6、7	8	9
外墙及内纵墙	屋盖处及每层楼盖处	屋盖处及每层楼盖处	屋盖处及每层楼盖处
内横墙	同上；屋盖处间距不应大于 7m，楼盖处间距不应大于 15m；构造柱对应部位	同上；屋盖处沿所有横墙，且间距不应大于 7m；楼盖处间距不应大于 7m；构造柱对应部位	同上，各层所有横墙

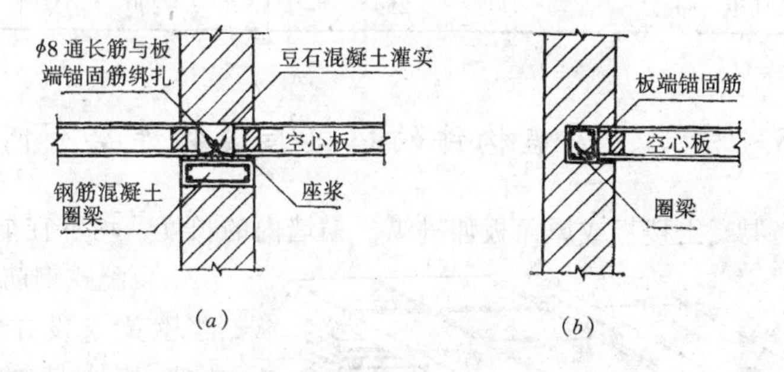

图 7-11　楼盖处圈梁的设置

(2) 现浇或装配整体式钢筋混凝土楼盖、屋盖与墙体可靠连接的房屋可不另设圈梁，

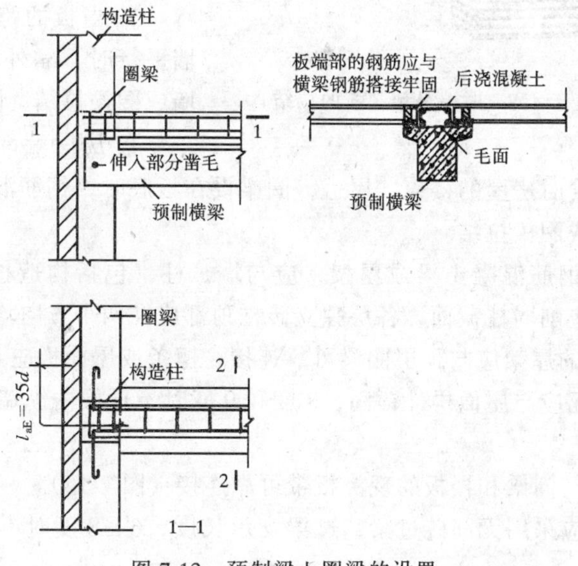

图 7-12　预制梁上圈梁的设置

但楼板沿墙体周边应加强配筋，并应与相应的构造柱钢筋可靠连接。

(3) 圈梁应闭合，遇有洞口应上下搭接，圈梁宜与预制板设在同一标高处或紧靠板底(图 7-11)。

(4) 圈梁在表 7-11 要求的间距内无横墙时，应利用梁或板缝中配筋替代圈梁（图 7-12)。

7.14 怎样确定圈梁截面尺寸和配筋?

圈梁的截面高度一般不应小于 120mm，配筋应符合表 7-12 的要求，但在软弱黏性土、液化土、新近填土或严重不均匀土层上的砌体房屋的基础圈梁，截面高度不应小于 180mm，配筋不应少于 4ϕ12。

圈梁配筋要求 **表 7-12**

配筋	烈度		
	6、7	8	9
最小纵筋	4ϕ10	4ϕ12	4ϕ14
最大箍筋间距（mm）	250	200	150

7.15 楼盖、屋盖构件的搭接长度和连接有何要求?

1. 现浇钢筋混凝土楼板或屋面板伸进纵、横墙内的长度，均不宜小于 120mm。

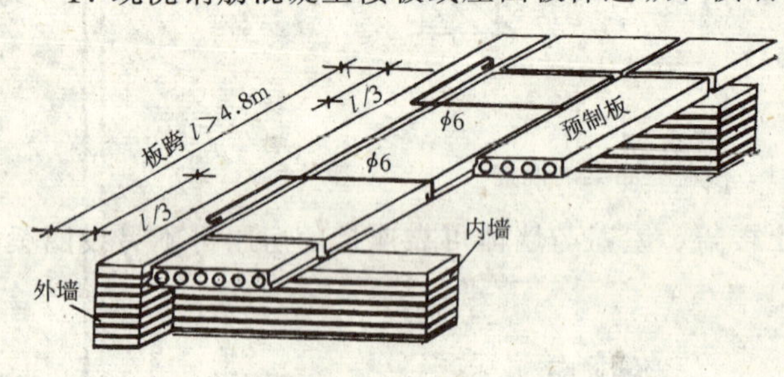

图 7-13 板跨大于 4.8m 时墙与预制板的拉结

2. 装配式钢筋混凝土楼板或屋面板，当圈梁未设在板的同一标高时，板端伸进外墙的长度不应小于 120mm，伸进内墙的长度不应小于 100mm，在梁上不应小于 80mm。

3. 当板的跨度大于 4.8m 并与外墙平行时，靠外墙的预制板侧边应与墙或圈梁拉结（图 7-13)。

4. 房屋端部大房间的楼盖，8 度时房屋的屋盖和 9 度时房屋的楼盖、屋盖，圈梁设在板底时，钢筋混凝土预制板应相互拉结，并应与梁、墙或圈梁拉结。

5. 楼、屋盖的钢筋混凝土梁或屋架，应与墙、柱（包括构造柱）或圈梁可靠连接，梁与砖柱的连接不应削弱柱截面，各层独立砖柱顶部应在两个方向均有可靠连接。

6. 坡屋顶房屋的屋架应与顶层圈梁可靠连接，檩条或屋面板应与墙及屋架可靠连接，房屋出入口的檐口瓦应与屋面构件锚固；8 度和 9 度时，顶层内纵墙顶宜增砌支撑端山墙的踏步式墙垛。

7. 预制阳台应与圈梁和楼板的现浇板带可靠连接（图 7-14)。

8. 门窗洞口不应采用无筋砖过梁，过梁支承长度，6～8 度时不应小于 240mm；9 度时不应小于 360mm。

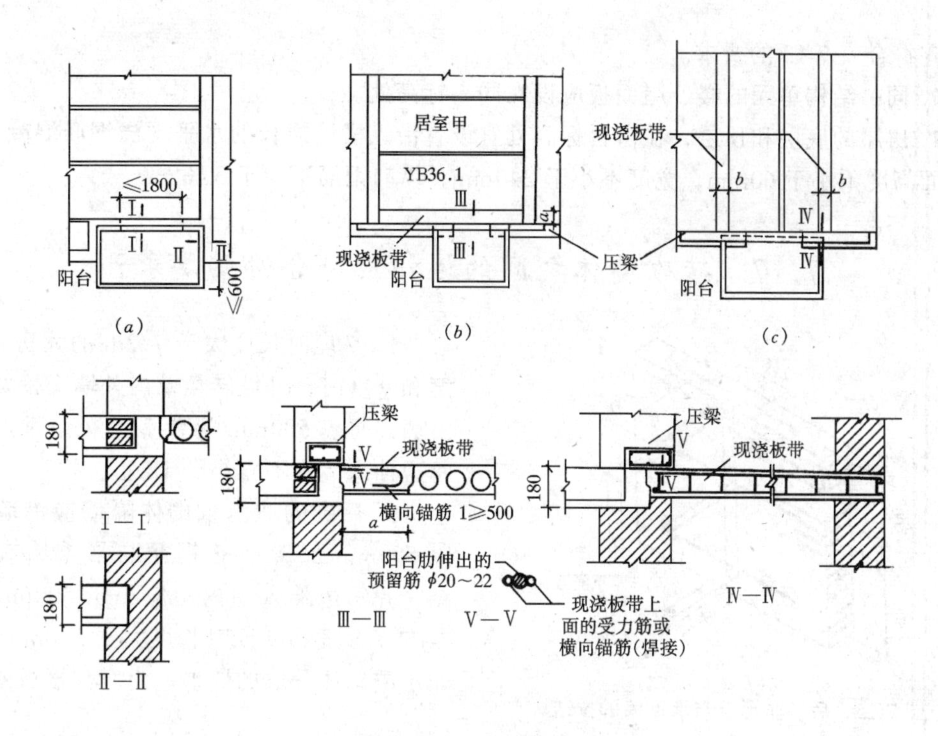

图 7-14　阳台的锚固

7.16　横墙较少砖房应采取哪些抗震构造措施?

横墙较少的多层烧结普通砖、烧结多孔砖房的总高度和层数接近或达到表 7-1 规定限值，应采取下列加强措施：

1. 房屋的最大开间尺寸不宜大于 6.60m。

2. 同一个结构单元内横墙错位数量不宜超过横墙总数的 1/3，且连续错位不宜多于两道；错位的墙体交接处均应增设构造柱，且楼、屋面板应采用现浇钢筋混凝土板。

3. 横墙和内纵墙上洞口的宽度不宜大于 1.5m；外纵墙上洞口的宽度不宜大于 2.1m 或开间尺寸的一半；内外墙上洞口位置不应影响外纵墙和横墙的整体连接。

4. 所有纵横墙均应在楼、屋盖标高处设置加强的现浇钢筋混凝土圈梁，圈梁的截面高度不小于 150mm，上下纵筋各不应少于 3ϕ10，箍筋不小于 ϕ6，间距不大于 300mm。

加强柱的纵筋和箍筋的设置要求　　　　表 7-13

位置	纵向钢筋			箍筋		
	最大配筋率（%）	最小配筋率（%）	最小直径	加密区范围（mm）	加密区间距（mm）	最小直径
角柱	1.8	0.8	ϕ14	全高	100	ϕ6
边柱	1.8	0.8	ϕ14	上端 700		
中柱	1.4	0.4	ϕ12	下端 500		

5. 所有纵横墙交接处及横墙的中部，均应设置加强柱；该加强柱在横墙内的柱距不宜大于层高，在纵墙内的柱距不宜大于 4.2m，最小截面尺寸不宜小于 240mm×240mm，

配筋宜符合表 7-13 的要求。

6. 同一结构单元的楼、屋面板应设在同一标高处。

7. 房屋的底层和顶层，在窗台标高处宜设置沿纵横墙通长的水平现浇钢筋混凝土带，其截面高度不小于 60mm，宽度不小于 240mm，纵向钢筋不少于 3ϕ6。

7.17 砖砌墙体之间的连接应符合哪些要求?

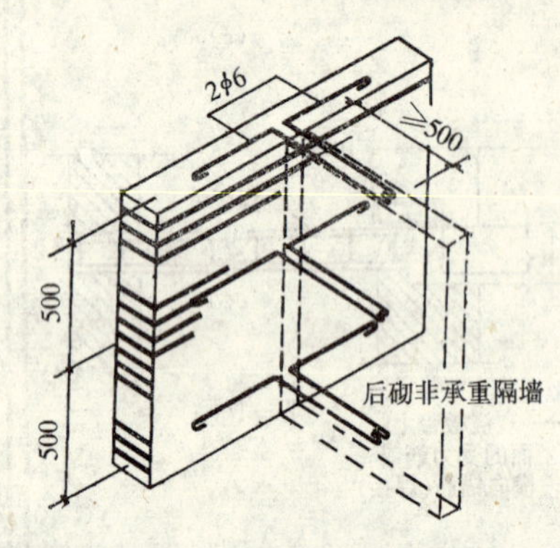

图 7-15 后砌非承重与承重墙的拉结

1. 7 度时长度大于 7.2m 的大房间及 8 度和 9 度时，外墙转角及内外墙交接处，应沿墙高每隔 500mm 配置 2ϕ6 拉结钢筋，并每边伸入墙内不宜小于 1m。

2. 后砌的非承重砌体隔墙应沿墙高每隔 500mm 配置 2ϕ6 钢筋与承重墙或柱拉结，并每边伸入墙内不应小于 500mm（图 7-15）；8 度和 9 度时长度大于 5.0m 的后砌非承重砌体隔墙的墙顶，尚应与楼板或梁拉结。

7.18 楼梯间的整体性有何要求?

1. 8 度和 9 度时，顶层楼梯间横墙和外墙应沿墙高每隔 500mm 设 2ϕ6 通长钢筋；9 度时其他各层楼梯间可在休息板平台或楼层半高处设置 60mm 厚的钢筋混凝土带或配筋砂浆带，砂浆强度等级不应低于 M7.5，钢筋不宜少于 2ϕ10。

2. 8 度和 9 度时，楼梯间及门厅内墙阳角处的大梁支承长度不应小于 500mm，并应与圈梁连接。

3. 装配式楼梯段应与平台板的梁可靠连接，不应采用墙中悬挑式踏步或踏步竖肋插入墙体的楼梯，不应采用无筋砖砌栏板。

4. 突出屋顶的楼、电梯间，构造柱应伸到顶部，并与顶部圈梁连接，内外墙交接处应沿墙高每隔 500mm 设 2ϕ6 拉结钢筋，且每边伸入墙内不应小于 1m。

7.19 在地震区多层砖房的基础设计应注意哪些问题?

同一结构单元的基础（或桩承台），宜采用同一类型的基础，底面宜埋在同一标高上，否则应增设基础圈梁并应按 1:2 的台阶逐步放坡。

7.20 什么是多层混凝土小砌块房屋中的芯柱?

为了增加混凝土小砌块房屋的整体性和延性，提高其抗震能力，可结合空心砌块的特点，在墙体的适当部位将砌块竖孔浇筑成钢筋混凝土，这样的形成的柱就称为芯柱。

7.21 在混凝土小砌块房屋中，哪些部位应设置芯柱？其数量有何规定？

混凝土小砌块房屋应按表 7-14 要求设置钢筋混凝土芯柱；对医院、教学楼等横墙较少的房屋，应根据房屋增加一层后的层数按表 7-14 要求设置芯柱。

混凝土小砌块房屋芯柱设置要求　　表 7-14

房屋层数			设置部位	设置数量
6度	7度	8度		
四、五	三、四	二、三	外墙转角，楼梯间四角；大房间内外墙交接处；隔 15m 或单元横墙与外纵墙交接处	外墙转角，灌实 3 个孔；内外墙交接处，灌实 4 个孔
六	五	四	外墙转角，楼梯间四角，大房间内外墙交接处，山墙与内纵墙交接处，隔开间横墙（轴线）与外纵墙交接处	
七	六	五	外墙转角，楼梯间四角；各内墙（轴线）与外纵墙交接处；8、9 度时，内纵墙与横墙（轴线）交接处和洞口两侧	外墙转角，灌实 5 个孔；内外墙交接处，灌实 4 个孔；内墙交接处，灌实 4～5 个孔；洞口两侧各灌实 1 个孔
	七	六	同上 横墙内芯柱间距不宜大于 2m	外墙转角，灌实 7 个孔；内外墙交接处，灌实 5 个孔；内墙交接处，灌实 4～5 个孔；洞口两侧各灌实 1 个孔

注：外墙转角、内外墙交接处、楼电梯间四角等部位，应允许采用钢筋混凝土构造柱替代部分芯柱。

7.22 怎样确定芯柱截面、混凝土强度等级和配筋？

（1）混凝土小砌块房屋芯柱截面尺寸不宜小于 120mm×120mm。

（2）芯柱混凝土强度等级，不应低于 C20。

（3）芯柱竖向钢筋应贯通墙身且与圈梁连接，插筋不应小于 1ϕ12，7 度时超过五层、8 度时超过四层和 9 度时，插筋不应小于 1ϕ14。

（4）芯柱应伸入室外地面下 500mm，或与埋深小于 500mm 的基础圈梁相连。

（5）为提高墙体抗震受剪承载力而设置的芯柱，宜在墙体内均匀布置，最大净距不宜大于 2.0m。

7.23 混凝土小砌块房屋中替代芯柱的钢筋混凝土构造柱应符合哪些构造要求？

1. 构造柱最小截面可采用 190mm×190mm，纵向钢筋宜采用 4ϕ12，箍筋间距不宜大于 250mm，且在柱上下端宜适当加密；7 度时超过五层、8 度时超过四层和 9 度时，构造柱纵向钢筋宜采用4ϕ14，箍筋间距不应大于200mm；外墙转角的构造柱可适当加大截面及配筋。

2. 构造柱与砌块墙连接处应砌成马牙槎，与构造柱相邻的砌块孔洞，6度时宜填实，7度时应填实，8度时应填实并插筋；沿墙高每隔600mm应设拉结钢筋网片，每边伸入墙内不宜小于1m。

3. 构造柱与圈梁连接处，构造柱的纵筋应穿过圈梁，保证构造柱纵筋上下贯通。

4. 构造柱可不单独设置基础，但应伸入室外地面下500mm，或与埋深小于500mm的基础圈梁相连。

7.24 在混凝土小砌块房屋中圈梁截面尺寸、混凝土强度等级和配筋应符合哪些要求？

砌块房屋均应设置现浇钢筋混凝土圈梁，圈梁截面尺寸、混凝土强度等级和配筋应符合下列要求：

1. 圈梁宽度不应小于190mm。

2. 配筋不应小于4ϕ12，箍筋间距不应大于200mm。并按表7-15要求设置。

混凝土小砌块房屋现浇钢筋混凝土圈梁设置要求　　表7-15

墙的类别	烈度	
	6、7	8、9
外墙及内纵墙	屋盖处及每层楼盖处	屋盖处及每层楼盖处
内横墙	同上，屋盖处沿所有横墙；楼盖处间距不应大于7m；构造柱对应部位	同上 各层所有横墙

7.25 在混凝土小砌块房屋中墙体交接处或芯柱与墙体之间的连接应采取哪些措施？

砌块房屋墙体交接处或芯柱与墙体连接处应设置拉接钢筋网片，网片可采用ϕ4钢筋点焊而成，沿墙高每隔600mm设置，每边伸入墙内不宜小于1m。

7.26 在什么情况下混凝土小砌块房屋中要设置钢筋混凝土配筋带？配筋带在构造上有哪些要求？

砌块房屋的层数，6度时七层、7度时超过五层、8度时超过四层，在底层和顶层的窗台标高处，沿纵横墙应设置通长的水平现浇钢筋混凝土配筋带，其截面高度不小于60mm，纵筋不少于2ϕ10，并应有分布拉结筋，其混凝土强度等级不低于C20。

第8章 底部框架-抗震墙房屋和多层内框架房屋

8.1 什么是底部框架-抗震墙房屋？

底部框架-抗震墙房屋，是指底部为钢筋混凝土框架-抗震墙结构，上部为多层砖墙承重房屋。这种房屋多用于底部为商店，上层为住宅的建筑（图8-1）。由于底部框架-抗震墙房屋抗震性能较差，所以底部宜做成一层框架-抗震墙结构，当需要时，也可做成两层，但应持慎重态度。《抗震规范》将底部为一层框架-抗震墙房屋称为底层框架-抗震墙房屋；而将底部为两层框架-抗震墙房屋称为底部框架-抗震墙房屋。

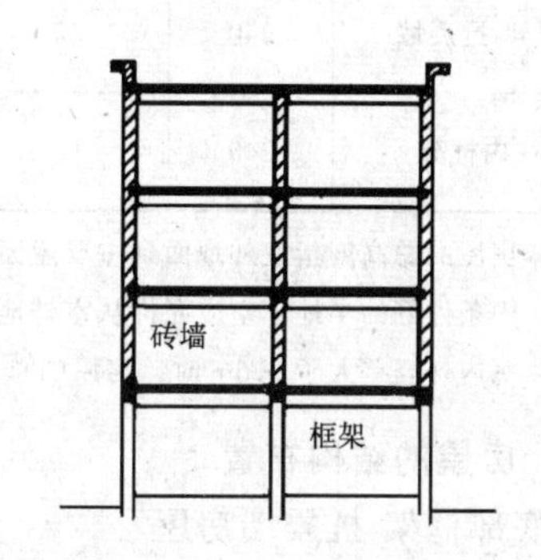

图8-1 底部框架-抗震墙房屋

8.2 什么是多层内框架房屋？

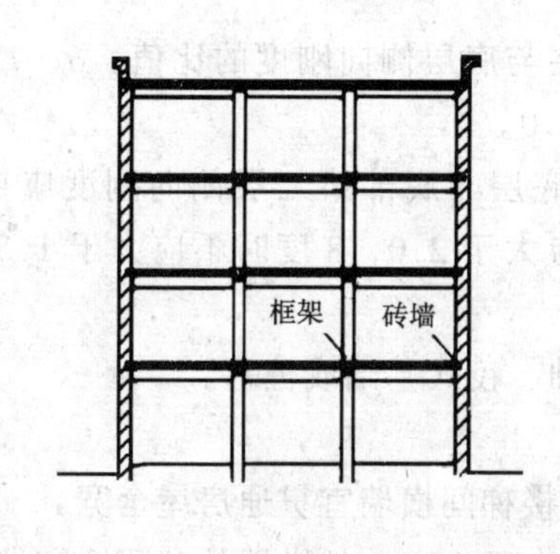

图8-2 多层内框架房屋

多层内框架房屋，是指外墙由砖墙（壁柱）承重，而内部由钢筋混凝土框架承重的混合结构房屋（图8-2）。这种建筑一方面可使室内有较大的空间，比多层砖砌房屋布置灵活，容易满足使用上的要求；另一方面外墙既可承重又可防寒隔热。多层内框架房屋较全框架房屋具有经济和施工简单等优点，因此，在工业与民用建筑中应用颇为广泛。为了提高内框架房屋的抗震性能，《抗震规范》规定，内框架应采用多排柱，而不应采用单排柱。

8.3 底部框架-抗震墙和多层内框架房屋抗震设计应符合哪些规定？

在进行底层框架和多层内框架房屋抗震设计时，应遵守下列一些规定：

一、房屋总高度和层数的限制

震害表明，房屋总高度愈高，层数愈多，震害愈重。因此，《抗震规范》规定，底层框架和内框架房屋的总高度和层数，不宜超过表 8-1 的规定。

房屋的总高度和层数限值　　表 8-1

房屋类别	最小墙厚（mm）	烈度					
		6		7		8	
		高度	层数	高度	层数	高度	层数
底部框架-抗震墙	240	22	7	22	7	19	6
多排柱内框架	240	16	5	16	5	13	4

注：1. 房屋的总高度指室外地面到主要屋面板板顶或檐口的高度，半地下室从地下室室内地面算起；全地室和嵌固条件好的半地下室应允许从室外地面算起；对带阁楼的坡屋面应算到山尖墙 1/2 高度处。

2. 室内外高差大于 0.6m 时，房屋的总高度应允许比表中数据适当增加，但不应多于 1m。

二、房屋的结构布置

1. 底部框架-抗震墙房屋

（1）上部的抗震墙与底部的框架梁或抗震墙应对齐或基本对齐。

（2）房屋的底部，应沿纵横两个方向设置一定数量的抗震墙，并应均匀对称布置或基本均匀对称布置。6、7 度且总层数不超过五层的底部框架-抗震房屋，应允许采用嵌砌于框架之间的砌体抗震墙，但应计入砌体墙对框架的附加轴力和附加剪力；其余情况应采用钢筋混凝土抗震墙。

（3）底层框架-抗震房屋的纵横两个方向，第二层与底层侧向刚度的比值，6、7 度时不应大于 2.5，8 度时不应大于 2.0，且均不应小于 1.0。

（4）底部两层框架-抗震房屋的纵横两个方向，底层与底部第二层侧向刚度应接近，第三层与底部第二层侧向刚度的比值，6、7 度时不应大于 2.0，8 度时不应大于 1.5，且均不应小于 1.0。

（5）底部框架-抗震房屋的抗震墙应设置条形基础、筏式基础或桩基。

2. 多层多排柱内框架房屋

（1）房屋宜采用矩形对称平面，且立面宜规则；楼梯间横墙宜贯通房屋全宽。

（2）7 度时横墙间距大于 18m 或 8 度时横墙间距大于 15m，外纵墙的窗间墙宜设置组合柱。

（3）多排柱内框架房屋的抗震墙应设置条形基础、筏式基础或桩基。

三、抗震墙间距的限制

底部框架-抗震房屋的抗震横墙间距不应太大，否则地震剪力将难以传给抗震横墙；多层内框架房屋抗震横墙是承受地震作用的主要构件，为了减小框架柱的地震作用，应尽可能减小抗震横墙的间距。因此，《抗震规范》规定，底部框架-抗震房屋和多排柱内框架房屋的抗震横墙的间距，不应超过表 8-2 的要求：

房屋抗震横墙的最大间距（m） 表 8-2

房屋类型		烈度		
		6	7	8
底部抗震墙	上部各层	同表 7-3		
	底层或底部两层	21	18	15
多排柱内框架		25	21	18

四、结构的抗震等级

底部框架-抗震墙房屋的框架和抗震墙抗震等级，6、7、8 度可分别按三、二、一级采用；多排柱内框架的抗震等级，6、7、8 度可分别按四、三、二级采用。

8.4 怎样确定地震作用和层间地震剪力?

底层框架房屋和多层内框架房屋的地震作用可按底部剪力法计算，即

$$F_{Ek} = \alpha_{max} G_{eq} \tag{8-1}$$

$$F_i = \frac{G_i H_i}{\sum_{j=1}^{n} G_j H_j} F_{Ek}(1 - \delta_n) \tag{8-2}$$

$$\Delta F_n = \delta_n F_{Ek} \tag{8-3}$$

式中 δ_n——顶部附加地震作用系数，底部框架房屋取 $\delta_n = 0$；多层内框架房屋取 $\delta_n = 0.2$。

其余符号意义同前。

房屋的层间地震剪力按下式计算

$$V_j = \sum_{j=1}^{n} F_i + \Delta F_n \tag{8-4}$$

式中 V_j——第 j 层层间地震剪力（kN）；

F_i——第 i 层楼板标高处的地震作用（kN）。

8.5 怎样进行底部框架-抗震墙结构剪力的调整?

由于底部剪力法仅适用于侧向刚度沿房屋高度分布比较均匀、弹塑性位移反应大体一致的多层结构。所以对于具有薄弱底层的底部框架房屋，应考虑弹塑性变形集中的影响。因此，《抗震规范》规定，底部框架房屋的纵、横向地震剪力设计值均应乘以增大系数。

（一）底层框架-抗震墙结构

$$V'_1 = \zeta \gamma_{Eh} F_{Ek} = \zeta \gamma_{Eh} \alpha_{max} G_{eq} \tag{8-5}$$

式中 V'_1——考虑增大系数后底层的地震剪力设计值；

γ_{Eh}——水平地震作用分项系数；

ζ——地震剪力增大系数，按下式计算：

$$\zeta = \sqrt{\gamma} \tag{8-6}$$

γ——第二层与第一层横向或纵向侧向刚度的比，即

$$\gamma = \frac{K_2}{K_1} = \frac{\Sigma K_{\mathrm{bw2}}}{\Sigma D + \Sigma K_{\mathrm{cw}} + \Sigma K_{\mathrm{bw}}} \tag{8-7}$$

式中　K_1、K_2——房屋一层和二层侧向刚度；

K_{bw2}——房屋二层砖墙侧向刚度，按 7.3 中相应公式计算；

ΣD、ΣK_{cw}、ΣK_{bw}——底层框架、钢筋混凝土抗震墙和砖抗震墙侧向刚度，一根柱、一片墙侧向刚度按下式计算：

$$D = \alpha \frac{12EI_{\mathrm{c}}}{h_1^3} \tag{8-8}$$

$$K_{\mathrm{cw}} = \frac{1}{\dfrac{\mu h_1}{GA_{\mathrm{cw}}} + \dfrac{h_1^3}{3EI_{\mathrm{cw}}}} \qquad \left(1 \leqslant \frac{h_1}{b_1} \leqslant 4\right)^{❶} \tag{8-9}$$

$$K_{\mathrm{bw}} = \frac{1}{\dfrac{\mu h_1}{GA_{\mathrm{bw}}} + \dfrac{h_1^3}{3EI_{\mathrm{bw}}}} \qquad \left(1 \leqslant \frac{h_1}{b_1} \leqslant 4\right) \tag{8-10}$$

按式（8-6）计算，当 $\zeta<1.2$ 时，取 $\zeta=1.2$；当 $\zeta>1.5$ 时，取 $\zeta=1.5$。

（二）底部框架-抗震墙结构

$$V'_i = \zeta_i \gamma_{\mathrm{Eh}} V_i \quad (i = 1,2) \tag{8-11}$$

式中　V'_i——第 i 层考虑增大系数后底层的地震剪力设计值；

γ_{Eh}——水平地震作用分项系数；

ζ_i——第 i 层地震剪力增大系数，按下式计算：

1．当抗震墙高宽比$\dfrac{h}{b}\leqslant 1$时（图 8-3c）

这时剪力增大系数可写成：

$$\zeta_i = \sqrt{\gamma_i} \quad (i = 1,2) \tag{8-12}$$

$$\gamma_i = \frac{K_3}{K_i} = \frac{\Sigma K_{\mathrm{bw3}}}{\Sigma D_i + \Sigma K_{\mathrm{cw}i} + \Sigma K_{\mathrm{bw}i}} \quad (i = 1,2) \tag{8-13}$$

式中　K_i、K_3——房屋第 i 层（$i=1$，2）、第三层侧向刚度；

K_{bw3}——房屋第三层砖墙侧向刚度，按 7.3 中相应公式计算；

ΣD_i、$\Sigma K_{\mathrm{cw}i}$、$\Sigma K_{\mathrm{bw}i}$——房屋第 i 层（$i=1$，2）框架、钢筋混凝土抗震墙和砖抗震墙侧向刚度，一根柱、一片墙侧向刚度按下列公式计算：

$$D_i = \alpha_i \frac{12EI_{\mathrm{c}i}}{h_i^3} \tag{8-14}$$

$$K_{\mathrm{cw}i} = \frac{GA_{\mathrm{cw}i}}{\mu h_i} \tag{8-15}$$

---

❶ 当抗震墙高宽比$\dfrac{h_1}{b_1}\leqslant 1$时，式(8-9)、式(8-10) 中弯曲变形项(分母第 2 项) 等于零。

$$K_{\mathrm{bw}i} = \frac{GA_{\mathrm{bw}i}}{\mu h_i} \tag{8-16}$$

2. 当抗震墙高宽比 $1 \leqslant \frac{h}{b} \leqslant 4$ 时

在这种情况下，不能再按各抗侧力构件侧向刚度叠加法［参见式（8-13）］计算第三层与第 i 层（$i=1$，2）侧向刚度比，因为这时第 i 层侧向刚度不等于各抗侧力构件侧向刚度之和，而应按框架和抗震墙协同工作计算第 i 层的侧向刚度。

现采用力法分析底部两层框架-抗震墙结构的侧向刚度，为此，将地震作用方向的抗震墙合并在一起形成"总抗震墙"❶；将该方向的框架合并在一起形成"总框架"，计算简图如图 8-3 所示。

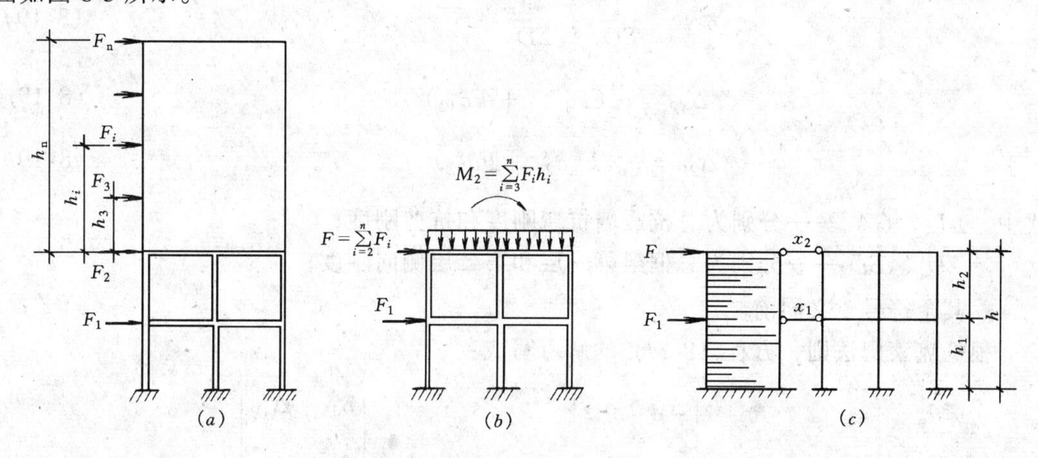

图 8-3　底部框架-抗震墙砖房计算简图

现建立力法典型方程式：

$$\delta_{11}X_1 + \delta_{12}X_2 + \Delta_{1\mathrm{P}} = 0 \tag{8-17a}$$

$$\delta_{21}X_1 + \delta_{22}X_2 + \Delta_{2\mathrm{P}} = 0 \tag{8-17b}$$

式中

$$\delta_{11} = \delta_{11}^{\mathrm{w}} + \delta_{11}^{\mathrm{f}} \tag{8-18a}$$

$$\delta_{12} = \delta_{12}^{\mathrm{w}} + \delta_{12}^{\mathrm{f}} \tag{8-18b}$$

$$\delta_{21} = \delta_{21}^{\mathrm{w}} + \delta_{21}^{\mathrm{f}} \tag{8-18c}$$

$$\delta_{22} = \delta_{22}^{\mathrm{w}} + \delta_{22}^{\mathrm{f}} \tag{8-18d}$$

其中，δ_{11}^{w}、δ_{12}^{w}、δ_{21}^{w}和 δ_{22}^{w}为抗震墙柔度系数，按下式计算：

$$\delta_{11}^{\mathrm{w}} = \frac{h_1^3}{3EI_{\mathrm{w}}} + \frac{\mu h_1}{GA_{\mathrm{w}}} \tag{8-19a}$$

❶ 为了叙述方便，这里仅讨论只设置钢筋混凝土抗震墙情形。若同时设置砖抗震墙时则应将两者单个构件的侧向刚度叠加。

$$\delta_{12}^{w} = \delta_{21}^{w} = \frac{(2h + h_2)h_1^2}{6EI_w} + \frac{\mu h_1}{GA_w} \tag{8-19b}$$

$$\delta_{22}^{w} = \frac{h^3}{3EI_w} + \frac{\mu h}{GA_w} \tag{8-19c}$$

并注意到

$$\delta_{11}^{f} = \frac{1}{\Sigma D_1} \tag{8-19d}$$

$$\delta_{12}^{f} = \delta_{21}^{f} = \delta_{11}^{f} = \frac{1}{\Sigma D_1} \tag{8-19e}$$

$$\delta_{22}^{f} = \frac{1}{\Sigma D_1} + \frac{1}{\Sigma D_2} \tag{8-19f}$$

$$\Delta_{1P} = -(F_1\delta_{11}^{w} + F\delta_{12}^{w}) \tag{8-19g}$$

$$\Delta_{2P} = -(F_1\delta_{21}^{w} + F\delta_{22}^{w}) \tag{8-19h}$$

式中　EI_w、GA_w——分别为总抗震墙抗弯刚度和抗剪刚度；

ΣD_1、ΣD_2——分别为总框架第一层和第二层侧向刚度；

其余符号意义同前。

根据克莱姆法则，方程（8-17）的解可写成：

$$X_1 = -\frac{\begin{vmatrix} \Delta_{1P} & \delta_{12} \\ \Delta_{2P} & \delta_{22} \end{vmatrix}}{\begin{vmatrix} \delta_{11} & \delta_{12} \\ \delta_{21} & \delta_{22} \end{vmatrix}}; \quad X_2 = -\frac{\begin{vmatrix} \delta_{11} & \Delta_{1P} \\ \delta_{21} & \Delta_{2P} \end{vmatrix}}{\begin{vmatrix} \delta_{11} & \delta_{12} \\ \delta_{21} & \delta_{22} \end{vmatrix}} \tag{8-20}$$

第一层和第二层的层间位移分别为：

$$\Delta u_1 = \delta_{11}^{f}X_1 + \delta_{12}^{f}X_2 = \frac{X_1 + X_2}{\Sigma D_1} \tag{8-21}$$

$$\Delta u_2 = \frac{X_2}{\Sigma D_2} - \theta_1 h_2 \tag{8-22}$$

式中　θ_1——第一层抗震墙在首层顶板处产生的弯曲转角，其值可由抗震墙隔离体的图乘法得到：

$$\theta_1 = \frac{1}{2EI_w}h_1[(F - X_2)(h + h_2) + (F_1 - X_1)h_1] \tag{8-23}$$

由此可得底部框架-抗震墙房屋第 i 层的侧向刚度为：

$$K_i = \frac{V_i}{\Delta u_i} \quad (i = 1,2) \tag{8-24}$$

式中　V_i——第 i 层地震剪力。

这样，第三层与第 i 层侧向刚度比即可求出，进而按式（8-12）求得地震剪力增大系数。

按式（8-12）计算，当 $\zeta_i < 1.2$ 时，取 $\zeta_i = 1.2$；当 $\zeta_i > 1.5$ 时，取 $\zeta_i = 1.5$。

8.6 地震剪力在底部框架和抗震墙之间如何分配？

底部框架-抗震墙房屋底层或二层纵、横方向地震剪力在各抗侧力构件之间的分配，应按地震期间其各自的最大侧向刚度确定。

1. 抗震墙地震剪力的分配

在地震期间，抗震墙开裂前的侧向刚度最大。因此，应按这一阶段进行地震承载力验算。分析表明，由于这时抗震墙的侧向刚度比框架大得多，同方向的抗震墙所分配的层间地震剪力常占该层总层间地震剪力的90%以上。因此，《抗震规范》规定，底部框架-抗震墙房屋，底层或底部两层纵向和横向地震剪力设计值全部由该方向的抗震墙承担，并按各抗震墙的侧向刚度比例分配。

2. 框架地震剪力的分配

我国及其他一些国家有关钢筋混凝土框架和抗震墙的试验资料表明，当楼层位移角 $\theta \leqslant 1/500$ 时，钢筋混凝土框架仍处于弹性变形阶段，其侧向刚度无明显降低。而钢筋混凝土抗震墙因出现裂缝，其侧向刚度下降到初始弹性刚度的30%左右。以后，随着变形的增长，框架和抗震墙的刚度进一步降低，但两者的比值保持在1:0.3左右。对框架分配地震剪力而言，这时比弹性阶段更为不利。因此，《抗震规范》规定，计算底部框架承担的地震剪力设计值时，各抗侧力构件应采用有效侧向刚度，有效侧向刚度的取值，框架不折减，混凝土墙可乘以折减系数0.3，砖墙可乘以折减系数0.2。

根据抗震墙的层数和高宽比的不同，框架承担的地震剪力设计值的计算方法也有所不同，兹分述如下：

（1）侧向刚度叠加法

对底层框架-抗震墙和抗震墙高宽比 $\frac{h}{b} \leqslant 1$ 的底部框架-抗震墙结构，可按侧向刚度叠加法，即按各抗侧力构件有效侧向刚度比例确定框架分担的地震剪力。若只设置钢筋混凝土抗震墙，则一根钢筋混凝土柱所承担的横向或纵向地震剪力，可按下式确定：

$$V_{ci} = \frac{K_{ci}}{0.3\Sigma K_{wi} + \Sigma K_{ci}} V'_i \quad (i = 1,2) \tag{8-25}$$

式中 V_{ci}——第一或第二层一根柱承担的地震剪力设计值；

K_{ci}——第一或第二层一根柱的侧向刚度，按式（8-14）计算；

K_{wi}——第一或第二层一片抗震墙的侧向刚度，按式（8-9）或式（8-15）计算；

V'_i——第一或第二层考虑增大系数后地震剪力设计值。

（2）框架-抗震墙协同工作计算法

对抗震墙高宽比 $1 \leqslant \frac{h}{b} \leqslant 4$ 的两层框架-抗震墙结构，由于框架-抗震墙协同工作时底部各层的侧向刚度不等于框架和抗震墙刚度之和，因此不能按式（8-25）计算框架承担的地震剪力。而应按框架-抗震墙协同工作计算。

由式（8-20）[1] 求得连杆内力后，便可按下式确定框架承担的地震剪力设计值：

$$V_{f1} = X_1 + X_2 \tag{8-26}$$

$$V_{f2} = X_2 \tag{8-27}$$

为了保证框架柱具有一定的抗震能力，按式（8-25）和（8-26）、（8-27）计算，当 $V_{ci} < \frac{0.2}{n} V'_i$ 时，取 $V_{ci} = \frac{0.2}{n} V'_i$，其中 n 为计算方向柱的根数。

8.7 地震倾覆力矩在底层框架和抗震墙之间如何分配[2]？

底层框架-抗震墙结构一层以上的地震作用将在一层顶板处产生倾覆力矩，其值按下式计算：

$$M_1 = \sum_{i=2}^{n} F_i h_i \tag{8-28}$$

式中 F_i——第 i 层水平地震作用（图 8-4）；

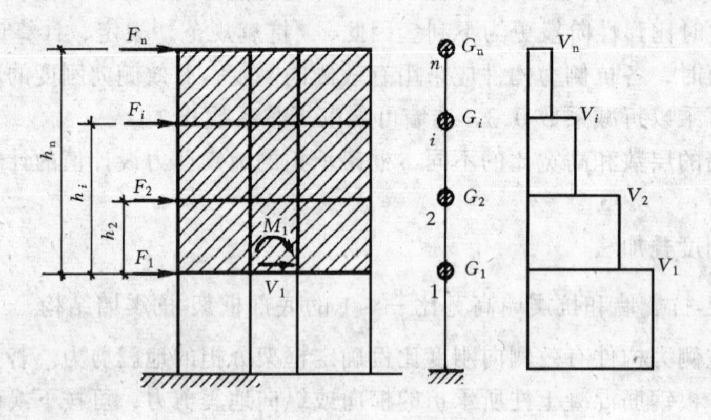

图 8-4 底层框架-抗震墙砖房抗震计算

h_i——第 i 层顶板与第一层顶板之间的距离。

各轴线上的抗震墙和框架承受的地震倾覆力矩，按底层抗震墙和框架转动刚度的比例分配确定。

一榀框架承受的倾覆力矩

$$M_f = \frac{k'_f}{k} M_1 \tag{8-29}$$

一片抗震墙承受的倾覆力矩

$$M_w = \frac{k'_w}{k} M_1 \tag{8-30}$$

---

[1] 这里按式（8-20）计算 X_1 和 X_2 时，钢筋混凝土抗震墙的侧向刚度应乘以折减系数 0.3。

[2] 地震倾覆力矩在底部框架和抗震墙之间的分配，《抗震规范》是按两者的侧向刚度比例确定的。

$$\bar{k} = \Sigma k'_{w} + \Sigma k'_{f} \quad (8\text{-}31)$$

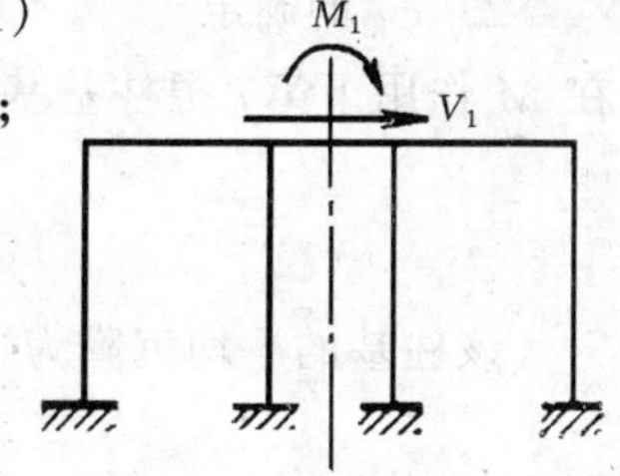

图 8-5 底层框架-抗震墙计算

式中 M_1——作用于整个房屋底层顶板的地震倾覆力矩(图 8-5);

k'_{f}——底层一榀框架沿自身平面内的转动刚度;

k'_{w}——一片抗震墙沿其平面内的转动刚度。

8.8 怎样确定底层框架平面内转动刚度?

图 8-6（a）表示底层框架（设横梁抗弯刚度 $EI_{b}=\infty$）在弯矩 M 作用下的变形情形。框架的转角由两部分组成:

$$\varphi_{f} = \varphi_{f1} + \varphi_{f2} \quad (a)$$

式中 φ_{f1}——框架柱变形引起的框架转角;

φ_{f2}——地基变形引起的框架转角。

1）φ_{f1}的确定

在弯矩 M 作用下第 i 根柱的平均压应力（图 8-5）为

$$\sigma_{i} = \frac{Mx_{i}}{I_{c}} \approx \frac{Mx_{i}}{\Sigma A_{i}x_{i}^{2}} \quad (b)$$

该柱的压缩变形为:

$$\Delta h_{fi} = \frac{\sigma_{i}A_{i}h_{1}}{EA_{i}} = \varphi_{f1}x_{i} \quad (c)$$

式中 σ_{i}——第 i 根柱的压应力平均值;

I_{c}——框架各柱对形心 y 轴（垂直纸面方向未绘出）的惯性矩;

A_{i}——第 i 根柱的横截面面积;

E——柱的弹性模量。

其余符号意义参见图 8-6（b）。

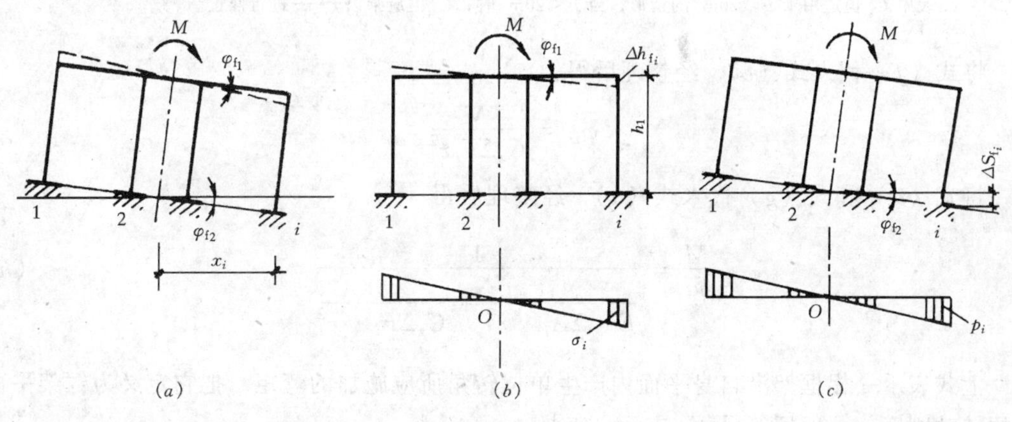

图 8-6 底层框架转动刚度的确定

将式（b）代入式（c），经整理后得:

$$\varphi_{f1} = \frac{Mh_{1}}{E\Sigma A_{i}x_{i}^{2}} \quad (d)$$

2）φ_{f2}的确定

在 M 作用下第 i 根柱基基底平均应力（图 8-6c）为：

$$p_i = C_z \Delta S_{fi} = \frac{M x_i}{I_b} = \frac{M x_i}{\Sigma F_i x_i^2} \tag{e}$$

该柱基的平均沉降为：

$$\Delta S_{fi} = \varphi_{f2} x_i \tag{f}$$

式中 p_i——第 i 个柱基基底平均应力（kN/m^2）；

C_z——地基抗压刚度系数（kN/m^3），可按表 8-3 采用；

ΔS_{fi}——第 i 个柱基的平均沉降量（m）；

I_b——框架各柱基对 y 轴的惯性矩；

F_i——第 i 个柱基底面面积。

地基抗压刚度系数 C_z（$kN/m^3 \times 10^3$） **表 8-3**

承载力标准值 f_k (kPa)	岩石碎石土	黏土	粉质黏土	砂土	承载力标准值 f_k (kPa)	岩石碎石土	黏土	粉质黏土	砂土
1000	176				300	61	61	53	48
800	135				250		53	44	41
700	117				200		45	36	34
600	102				150		35	28	26
500	88	88			100		25	20	18
400	75	75			80		18	4	

注：1. 本表摘自《动力机器基础设计规范》（GBJ 40—79）；

2. 表中 C_z 值适用于 $F \geqslant 20m^2$ 的情形，当 $F < 20m^2$ 时，C_z 值应乘以 $\sqrt[3]{\frac{20}{F}}$ 进行修正。

将式（f）代入式（e），经整理后得：

$$\varphi_{f2} = \frac{M}{C_z \Sigma F_i x_i^2} \tag{g}$$

将式（d）和式（g）代入式（a），经整理后得：

$$\frac{M}{\varphi_f} = \frac{1}{\dfrac{h_1}{E \cdot \Sigma A_i \cdot x_i^2} + \dfrac{1}{C_z \Sigma F_i \cdot x_i^2}} \tag{h}$$

上式表示一榀框架沿自身平面内产生单位转角所应施加的弯矩，把它定义为框架平面内的转动刚度，一般用符号 k'_f 表示。于是：

$$k'_f = \frac{1}{\dfrac{h_1}{E \Sigma A_i x_i^2} + \dfrac{1}{C_z \Sigma F_i x_i^2}} \tag{8-32}$$

8.9 怎样确定底层抗震墙平面内转动刚度?

图 8-7 (a) 表示底层抗震墙在弯矩作用下的变形情形。抗震墙的转角由两部分组成:

$$\varphi_{w} = \varphi_{w1} + \varphi_{w2} \tag{a}$$

式中 φ_{w1}——墙体本身变形引起的抗震墙转角;

φ_{w2}——地基变形引起的抗震墙转角。

1) φ_{w1}的确定:

在 M 的作用下,距形心轴 y (图上未绘出) 为 x 处墙顶的压应力 (图 8-7b) 为:

$$\sigma_{x} = \frac{Mx}{I_{w}} \tag{b}$$

该点的应变为:

$$\varepsilon = \frac{\sigma_{x}}{E} = \frac{\Delta h_{wx}}{h_{1}} = \frac{\varphi_{w1} x}{h_{1}} \tag{c}$$

由此

$$\sigma_{x} = \frac{E\varphi_{w1} x}{h_{1}} \tag{d}$$

比较式 (b) 和式 (d),得:

$$\varphi_{w1} = \frac{Mh_{1}}{EI_{w}} \tag{e}$$

式中 I_{w}——抗震墙截面对形心轴的惯性矩。

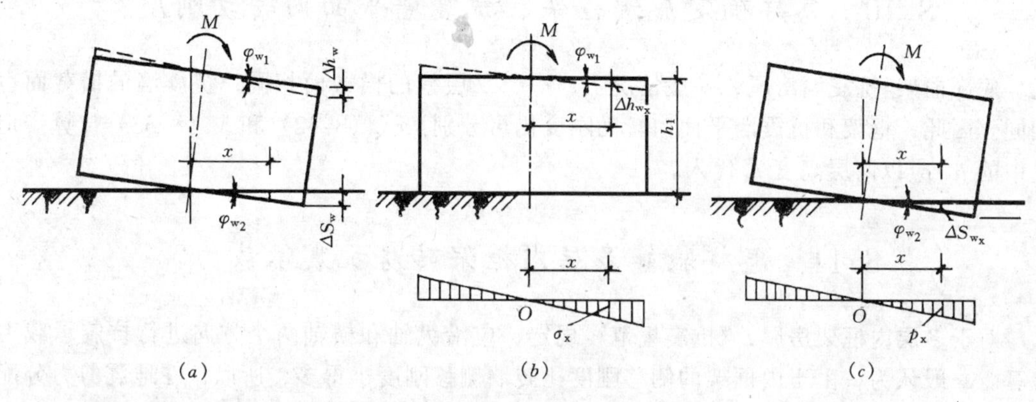

图 8-7 底层抗震墙转动刚度的确定

2) φ_{w2}的确定

在 M 作用下距形心轴 y 为 x 处地基的应力 (图 8-8c) 为:

$$p_{x} = \frac{Mx}{I_{\varphi}} = C_{\varphi}\Delta S_{wx} = C_{\varphi}\varphi_{w2} x \tag{f}$$

式中 C_{φ}——地基抗弯刚度系数 (kN/m^3),可以近似取 $C_{\varphi}=2.15C_{z}$

I_φ——抗震墙基底面积对形心轴 y 的惯性矩；

ΔS_{wx}——所考虑点地基的沉降。

其余符号意义同前。

式（f）经整理后，得：

$$\varphi_{w2} = \frac{M}{C_\varphi I_\varphi} \tag{g}$$

将式（e）和式（g）代入式（a），经整理后得：

$$\frac{M}{\varphi_w} = \frac{1}{\frac{h_1}{EI_w} + \frac{1}{C_\varphi I_\varphi}} \tag{h}$$

上式表示一片抗震墙沿自身平面内产生单位转角所施加的弯矩，把它定义为抗震墙平面内转动刚度，即：

$$k'_w = \frac{1}{\frac{h_1}{EI_w} + \frac{1}{C_\varphi I_\varphi}} \tag{8-33}$$

按式（8-29）求得一榀框架承受的倾覆弯矩 M_f 后，即可按式（8-34）求得第 i 根柱由倾覆力矩所引起的附加轴力：

$$N_i = \sigma_i A_i = \frac{M_f A_i x_i}{\Sigma A_i x_i^2} \tag{8-34}$$

若各柱横截面面积相等时，则式（8-34）可简化成：

$$N_i = \frac{M_f x_i}{\Sigma x_i^2} \tag{8-35}$$

8.10 怎样确定底部框架、抗震墙平面内转动刚度？

底部框架-抗震墙房屋，一般情况下，一、二层柱的横截面相同，抗震墙的横截面也相同。因此，框架和抗震墙平面内转动刚度仍可分别按式（8-32）和式（8-33）计算。但式中的 h_1 应以两层高度 h 代入。

8.11 怎样验算多层内框架砖房抗震承载力？

对于多层内框架房屋，《抗震规范》规定，应沿纵轴和横轴两个方向进行抗震承载力验算。一般认为，由于内框架的侧移刚度比砖墙侧移刚度小得多，所以，在地震剪力分配计算中，内框架侧移刚度忽略不计，即认为楼层纵、横方向地震剪力完全由该方向砖墙承受。但是，考虑到楼盖并不能保证沿其平面内达到绝对刚性，因此，尚需考虑内框架柱和外壁柱承受一定大小的楼层地震剪力。

《抗震规范》规定，多层内框架砖房各柱的地震剪力设计值，宜按下式确定：

$$V_c = \frac{\psi_c}{n_b n_s}(\zeta_1 + \zeta_2 \lambda) V \tag{8-36}$$

式中 V_c——各柱地震剪力设计值；

V——抗震墙间的楼层地震剪力设计值；

ψ_c——柱类型系数，钢筋混凝土内柱可采用0.012，外墙组合砖柱可采用0.0075；

n_b——抗震横墙间的开间数；

n_s——内框架的跨数；

λ——抗震横墙间距与房屋总宽度的比值，当小于0.75时，采用0.75；

ζ_1、ζ_2——分别为计算系数，可按表8-4采用。

计 算 系 数 表 8-4

房屋总层数	2	3	4	5
ζ_1	2.0	3.0	5.0	7.5
ζ_2	7.5	7.0	6.5	6.0

各层钢筋混凝土内框架内柱和外壁柱所承受的地震剪力设计值求出后，即可按反弯点法求得柱端弯矩，再利用节点平衡条件进一步求出梁端弯矩，剪力和柱的轴力，然后与重力荷载代表值产生的内力，并乘以荷载分项系数后进行内力组合，即可得出抗震承载力验算所需要的组合内力。

8.12 底部框架-抗震墙结构应采取哪些抗震构造措施？

1. 钢筋混凝土构造柱的设置

底部框架-抗震墙房屋的上部应设置钢筋混凝土构造柱，并应符合下列要求：

(1) 钢筋混凝土构造柱的设置部位，应根据房屋总层数按多层普通砖砌房屋要求设置。过渡层（指底部框架-抗震墙结构上面相邻的砖砌体结构楼层）尚应在底部框架柱对应位置处设置构造柱。

(2) 构造柱的截面，不宜小于240mm×240mm。

(3) 构造柱纵向钢筋不宜少于4ϕ14，箍筋间距不宜大于200mm。

(4) 过渡层构造柱的纵向钢筋，7度时不宜少于4ϕ16，8度时不宜少于6ϕ16。一般情况下，纵向钢筋应锚入下部的框架柱内；当纵向钢筋锚固在框架梁内时，框架梁的相应位置应加强。

(5) 构造柱应与每层圈梁连接，或与现浇楼板可靠拉结。

2. 上部的抗震墙与底部的框架梁、抗震墙以及构造柱与框架柱的相互关系

上部的抗震墙的中心线宜同底部的框架梁、抗震墙的轴线相重合；构造柱宜与框架柱上下贯通。

3. 楼盖的要求

底部框架-抗震墙房屋的楼盖应符合下列要求：

(1) 过渡层的底板应采用现浇钢筋混凝土楼板。板厚不应小于120mm；并应少开洞、开小洞，当洞口尺寸大于800mm时，洞口周边应设置边梁。

(2) 其他楼板，采用装配式钢筋混凝土楼板时均应设现浇圈梁，采用现浇钢筋混凝土楼板时应允许不另设圈梁，但楼板沿墙体周应加强配筋并应与相应的构造柱可靠连接。

4. 钢筋混凝土托梁的要求

底部框架-抗震墙房屋的钢筋混凝土托梁，其截面和构造应符合下列要求：

（1）梁的截面宽度不应小于300mm，梁的截面高度不应小于跨度的1/10。

（2）箍筋的直径不应小于8mm，间距不应大于200mm；梁端在1.5倍梁高且不小于1/5梁净跨范围内，箍筋间距不应大于100mm。

（3）沿梁高应设腰筋，数量不少于2ϕ14，间距不应大于200mm。

（4）梁的主筋和腰筋应按受拉钢筋的要求锚固在柱内，且支座上部的纵向钢筋在柱内的锚固长度应符合钢筋混凝土框支梁的有关要求。

5. 钢筋混凝土抗震墙的截面和构造的要求

钢筋混凝土抗震墙，其截面和构造应符合下列要求：

（1）抗震墙周边应设置梁（或暗柱）和边框柱（或框架柱）组成的边框；边框梁的截面宽度不宜小于墙板厚度的1.5倍；截面高度不宜小于墙板厚度的2.5倍；边框柱截面高度不宜小于墙板厚度的2倍。

（2）抗震墙墙板厚度不宜小于160mm，且不应小于墙板净高的1/20；抗震墙宜开设洞口形成若干墙段，各墙段的高宽比不宜小于2。

（3）抗震墙的竖向和横向分布钢筋配筋率均不应小于0.25%，并应采用双排布置；双排分布钢筋间拉筋的间距不应大于600mm，直径不应小于6mm。

（4）抗震墙的边缘构件应按《抗震规范》抗震墙结构关于一般部位的规定设置。

6. 砖抗震墙的构造要求

底部框架-抗震墙房屋的底层采用普通砖抗震墙时，其构造应符合下列要求：

（1）墙厚不应小于240mm，砌筑砂浆强度等级不应低于M10，应先砌墙后浇框架。

（2）沿框架柱每隔500mm配置2ϕ6拉接钢筋，并沿砖墙全长设置；在墙体半高处尚应设置与框架柱相连的钢筋混凝土水平系梁。墙长大于5m时，应在墙内增设钢筋混凝土构造柱。

7. 材料强度等级的要求

底部框架-抗震墙房屋的材料强度等级，应符合下列要求：

（1）框架柱、抗震墙和托墙梁的混凝土强度等级，不应低于C30。

（2）过渡层墙体的砌筑砂浆强度等级，不应低于M7.5。

8.13 内框架房屋应采取哪些抗震构造措施？

1. 钢筋混凝土构造柱的设置

多排柱内框架房屋的钢筋混凝土构造柱设置，应符合下列要求：

（1）下列部位应设置钢筋混凝土构造柱

1）外墙四角和楼、电梯间四角；楼梯休息平台梁的支承部位。

2）抗震墙两端及未设置组合柱的外纵墙、外横墙上对应于中间柱列轴线的部位。

（2）构造柱的截面，不宜小于240mm×240mm。

（3）构造柱纵向钢筋不宜少于4ϕ14，箍筋间距不宜大于200mm。

（4）构造柱应与每层圈梁连接，或与现浇楼板可靠拉结。

2. 楼、屋盖的构造要求

多层多排柱内框架房屋的楼、屋盖应采用现浇或装配整体式钢筋混凝土板。采用现浇钢筋混凝土板时应允许不设圈梁，但楼板应沿墙体周边应加强配筋并应与相应构造柱可靠连接。

3. 多层多排柱内框架梁在外纵墙、内横墙上的搁置长度不应小于 300mm，且梁端应与圈梁或组合柱、构造柱连接。

第 9 章　单层钢筋混凝土柱厂房

9.1　厂房结构布置应符合哪些要求？

厂房的结构布置，应符合下列要求：

（1）多跨厂房宜等高和等长。历次大地震震害表明，多跨不等高厂房有高振型反应；多跨不等长厂房，有扭转效应，在大地震中都破坏严重，对抗震不利，故多跨厂房宜设计成等高和等长。

（2）厂房的贴建房屋和构筑物，不宜布置在厂房的角部和紧邻沉降缝处。地震中厂房的角部沉降缝处地震位移都很大，贴建在厂房的角部和紧邻沉降缝处的房屋和构筑物，遭受严重碰撞，因此，不宜在该处布置毗邻建筑。

（3）厂房体形复杂或有贴建房屋和构筑物时，宜设防震缝；在厂房纵横跨交界处、大柱网厂房或不设柱间支撑的厂房，防震缝宽度可采用 100～150mm，其他情况可采用 50～90mm。

（4）两个主厂房之间的过渡跨至少应有一侧采用防震缝与主厂房脱开。

（5）厂房内上吊车的铁梯不应靠近防震缝设置；多跨厂房上吊车的铁梯不宜设置在同一横向轴线附近。上吊车的铁梯，晚间停放吊车时，增大厂房该处排架侧移刚度，加大地震反应，导致震害加重。

（6）厂房平台应与厂房主体结构脱开。

（7）厂房的同一结构单元内，不应采用不同的结构型式，厂房端部应设屋架，不应采用山墙承重；厂房单元内不应采用横墙和排架混合承重。

（8）厂房各柱列侧移刚度应均匀。

9.2　厂房天窗架的设置应当注意哪些问题？

（1）天窗宜采用突出屋面较小的避风型天窗，有条件或 9 度时宜采用下沉式天窗。

（2）突出屋面的天窗宜采用钢天窗架；6～8 度时，可采用矩形截面杆件的钢筋混凝土天窗架。

（3）8 度和 9 度时，天窗架宜从厂房单元端部第三柱间开始设置。

（4）天窗屋盖、端壁板和侧板，宜采用轻型板材。

9.3　厂房屋架的设置应注意哪些问题？

（1）厂房宜采用钢屋架或重心较低的预应力混凝土、钢筋混凝土屋架。

（2）跨度不大于 15m 时可采用钢筋混凝土屋架。

（3）跨度大于 24m，或 8 度Ⅲ、Ⅳ类场地和 9 度时，宜优先采用钢屋架。

（4）跨度为 12m 时，可采用预应力混凝土托架（梁）；当采用钢屋架时，也可采用钢托架（梁）。

（5）有突出屋面的天窗架的屋盖，不宜采用预应力混凝土或钢筋混凝土空腹屋架。

9.4 厂房柱设计应注意哪些问题？

（1）8 度和 9 度时，宜采用矩形、工字形截面柱或斜腹杆双肢柱，不宜采用薄壁工字形柱、腹板开孔工字形柱，预制腹板的工字形柱和管柱。

（2）柱底至室内地坪以上 500mm 范围内和阶形柱的上柱宜采用矩形截面。

9.5 厂房围护墙应符合哪些要求？

（1）厂房的围护墙宜采用轻质墙板，或钢筋混凝土大型墙板，外侧柱距为 12m 时，应采用轻质墙板或钢筋混凝土大型墙板；不等高厂房的高跨封墙和厂房纵横向交接处的悬墙宜采用轻质墙板，8、9 时应采用轻质墙板。

（2）厂房的砌体隔墙和围护墙应符合下列要求：

1）砌体隔墙宜与柱脱开或柔性连接，并采取措施使墙体稳定，隔墙顶部应设现浇钢筋混凝土压顶梁。

2）厂房的砌体围护墙宜采用外贴式并与柱可靠拉接；不等高厂房的高跨封墙和厂房纵横向交接处的悬墙采用砌体时，不宜直接砌在低跨屋盖上。

9.6 砌体围护墙应在什么部位设置圈梁？

砌体围护墙在下列部位应设置现浇钢筋混凝土圈梁：

（1）梯形屋架端部上弦和柱顶标高处各设一道，但屋架高度大于 900 mm 时，可合并设置。

（2）8 度、9 度时应按上密下稀的原则每隔 4m 左右在窗顶增设一道圈梁，不等高厂房的高跨封墙和厂房纵横向交接处的悬墙，圈梁的竖向间距不应大于 3m。

（3）山墙沿屋面应设现浇钢筋混凝土卧梁，并应与屋架端部上弦标高处的圈梁连接。

9.7 圈梁的构造应符合哪些要求？

圈梁的构造应符合下列要求：

（1）圈梁宜闭合，圈梁截面的宽度宜与墙厚相同，截面高度应不小于 180mm；圈梁的纵筋，6～8 度时，不应少于 4ϕ12；9 度时，不应少于 4ϕ14。

（2）厂房转角处柱顶圈梁在端开间范围内的纵筋，6～8 度时，不宜少于 4ϕ14；9 度时，不宜少于 4ϕ16；转角两侧各 1m 范围内的箍筋直径不宜小于 ϕ8，间距不宜大于

100mm；圈梁转角处应增设不少于三根直径与纵筋相同的水平斜筋。

(3) 圈梁应与柱或屋架牢固连接，山墙卧梁应与屋面板拉结；顶部圈梁与柱或屋架连接的锚拉钢筋，不宜少于4ϕ12，且锚固长度不宜少于35倍钢筋直径，防震缝处圈梁与柱或层架的拉接宜加强。

9.8 单层厂房的基础梁和墙梁有何要求？

(1) 8度Ⅲ、Ⅳ类场地和9度时，砖围护墙的预制基础梁应采用现浇接头；当另设条形基础时，在基础顶面标高处应设置连续的现浇钢筋混凝土圈梁，其配筋不应少于4ϕ12。

(2) 墙梁宜采用现浇，当采用预制墙梁时，梁底应与砖墙顶面牢固拉接并应与柱锚拉；厂房转角处相邻的墙梁，应相互可靠连接。

9.9 单层厂房抗震计算的原则是什么？哪些情况可不进行抗震计算？

单层钢筋混凝土柱厂房，应进行纵、横向抗震计算。《抗震规范》规定，一般情况下，应按多质点空间结构进行分析；当符合一定条件时，也可采用简化方法计算。

国内大量震害调查结果表明，建造在7度Ⅰ、Ⅱ类场地、柱高不超过10m且结构单元两端有山墙的单跨及等高多跨厂房（锯齿形厂房除外），经受了地震的考验，除围护墙发生一定程度的轻微破坏外，主体结构基本上无明显震害。因此，《抗震规范》规定，对上述单层厂房，可不进行横向及纵向计算，但应符合有关抗震构造措施规定。

9.10 单厂横向抗震计算时有哪些基本假定？

1. 厂房按平面排架计算，但须考虑山墙对厂房空间工作、屋盖弹性变形与扭转，以及吊车桥架的影响。这些影响分别通过不同调整系数对地震作用、地震内力加以调整。

2. 厂房按平面排架进行动力计算时，将重力荷载集中于柱顶和吊车梁标高处（如有必要时）。

3. 地震作用沿厂房高度按倒三角形分布。

9.11 怎样确定单厂结构计算简图及等效重力荷载代表值？

根据以上假定，进行单层厂房横向计算时，取一榀排架作为计算单元。它的动力分析计算简图，可根据厂房类型的不同，取为质量集中在不同标高处的下端固定的弹性直杆。

确定单层厂房自振周期和无吊车单层厂房地震作用时，厂房质量均集中于屋盖标高处。这样，对于单跨及多跨等高厂房，可简化成单质点体系（图9-1*a*）；两跨不等高厂房可简化成两个质点体系（图9-1*b*）；三跨不对称升高中跨厂房简化为三质点体系（图9-1*c*）。

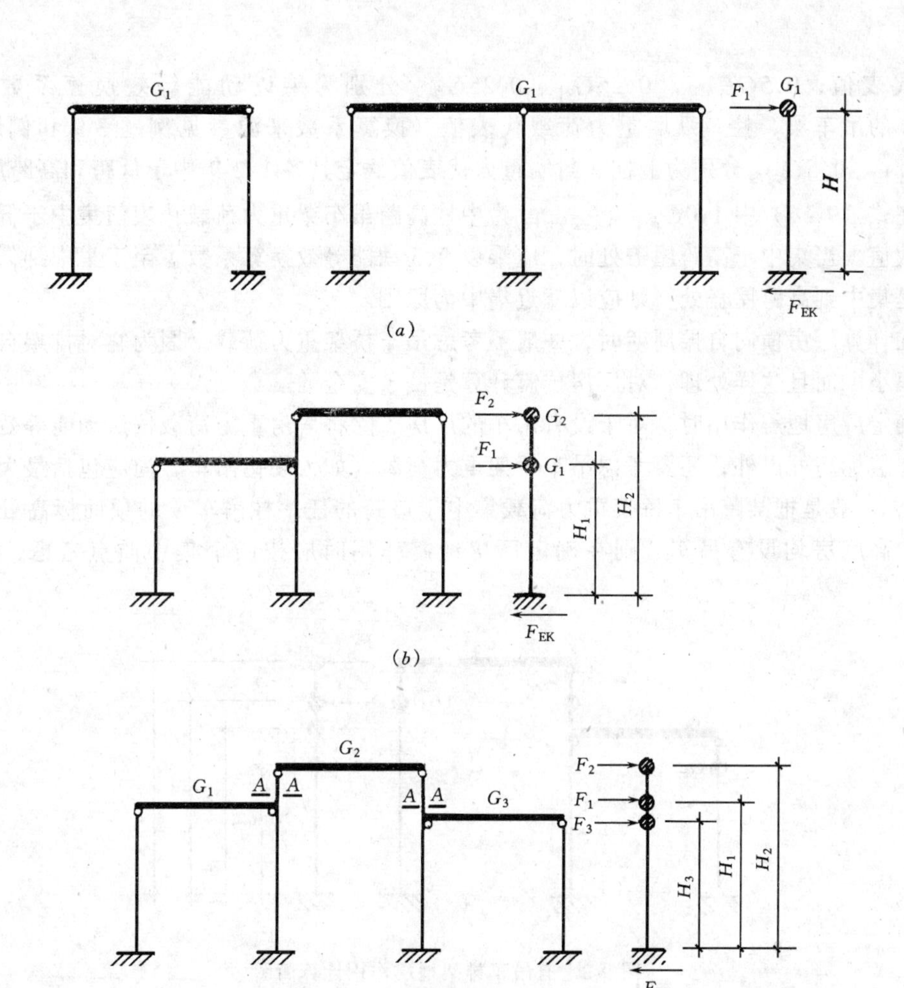

图 9-1　排架计算简图

计算厂房自振周期和地震作用时，集中于屋盖标高处质点等效重力荷载代表值，可按下式计算：

(1) 单跨及等高多跨厂房（参见图 9-1a）：

$$G_1 = 1.0G_{屋盖} + 0.5G_{雪} + 0.5G_{积灰} + 0.5G_{吊车梁} + 0.25G_{柱} + 0.25G_{纵墙} + 1.0G_{檐墙} \tag{9-1}$$

(2) 两跨不等高厂房（参见图 9-1b）：

$$G_1 = 1.0G_{低跨屋盖} + 0.5G_{低跨雪} + 0.5G_{低跨积灰} + 0.5G_{低跨吊车梁} + 0.25G_{低跨边柱} + 0.25G_{低跨纵墙} + 1.0G_{低跨檐墙} + 1.0G_{高跨吊车梁(中柱)} + 0.25G_{中柱下柱} + 0.5G_{中柱上柱} + 0.5G_{高跨封墙} \tag{9-2a}$$

$$G_2 = 1.0G_{高跨屋盖} + 0.5G_{高跨雪} + 0.5G_{高跨积灰} + 0.5G_{高跨吊车梁(边柱)} + 0.25G_{高跨边柱} + 0.5G_{中柱上柱} + 0.25G_{高跨外纵墙} + 1.0G_{高跨檐墙} + 0.5G_{高跨封墙} + 1.0G_{高跨封墙檐墙} \tag{9-2b}$$

式中，$1.0G_{屋盖}$、$0.5G_{雪}$、$0.5G_{积灰}$、$1.0G_{檐墙}$分别为屋盖、雪载、屋面积灰、檐墙重力荷载代表值；$0.5G_{吊车梁}$、$0.25G_{柱}$、$0.25G_{纵墙}$分别为乘以动能等效换算系数（0.5、0.25）的吊车梁、柱、纵墙重力荷载代表值（换算系数来源参见例题 3-9 和例题 10）；$0.5G_{上柱}$、$0.5G_{封墙}$分别为上柱、封墙重力代表值假定其各 1/2 集中于低跨和高跨屋盖处。

在式（9-2a）中 $1.0G_{高跨吊车梁(中柱)}$为中柱高跨吊车梁重力荷载代表值集中于低跨屋盖处的数值。当集中于高跨屋盖处时，应乘以 0.5 动能等效换算系数。至于集中到低跨屋盖处还是集中到高跨屋盖处，则应以就近集中为原则。

在计算厂房横向自振周期时，一般不考虑吊车桥架重力荷载，因为它对排架自振周期影响很小。而且这样处理，对厂房抗震计算是偏于安全的。

确定厂房地震作用时，对于设有吊车的厂房、除将厂房重力荷载按照动能等效原则集中于屋盖标高处以外，还要考虑吊车桥架重力荷载（如为硬钩吊车，尚应包括最大吊重的 30%），一般是把某跨吊车桥架重力荷载集中于该跨的任一柱吊车梁的顶面标高处。如两跨不等高厂房均设有吊车、则在确定厂房地震作用时应按四个集中质点考虑，参见图 9-2。

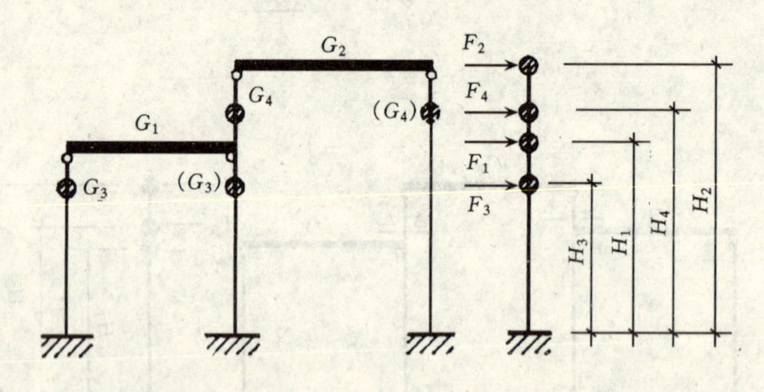

图 9-2　有吊车排架地震作用计算简图

应当指出，按动能等效所求得的换算重力荷载代表值，确定地震作用在构件内产生的内力，与原来的重力荷载代表值产生的内力并不等效。但是，考虑到影响地震作用的因素很多，为了简化计算，确定单层钢筋混凝土柱厂房排架的地震作用仍可采用动能等效换算系数计算。计算结果表明，这样处理，计算误差不大，并不影响抗震计算所要求的精确度。

为了便于应用，现将动能等效换算系数汇总于表 9-1，供查阅。

动能等效换算系数 ξ　　　　**表 9-1**

换算集中到柱顶的各部分结构重力荷载	ξ
1. 位于柱顶以上的结构（屋盖、檐墙等）	1.0
2. 柱及与柱等高的纵墙墙体	0.25
3. 单跨和等高多跨厂房的吊车梁以及不等高厂房边柱的吊车梁	0.5
4. 不等高厂房高低跨交接处的中柱：	
（1）中柱的下柱，集中到低跨柱顶	0.25
（2）中柱的上柱，分别集中到高跨和低跨柱顶	0.5
5. 不等高厂房高低跨交接处中柱的吊车梁	
（1）靠近低跨屋盖，集中到低跨柱顶	1.0
（2）位于高跨及低跨柱顶之间，分别集中到高跨和低跨柱顶	0.5

9.12 怎样计算排架的横向基本周期？

1. 单跨和等高多跨厂房

如上所述，这类厂房可简化成单质点体系（图 9-1a），它的横向基本周期可按下式计算：

$$T = 2\pi\sqrt{\frac{G\delta}{g}} \approx 2\sqrt{G\delta} \tag{9-3a}$$

式中 G——质点等效重力荷载（kN）；

δ——单位水平力 $F = 1$kN 作用于排架顶部时，在该处引起的侧移（m/kN），参见图 9-3（a）。由图中可见：

$$\delta_{11} = (1 - X_1)\delta_{11}^{ⓐ} \tag{9-3b}$$

X_1——排架横梁的内力（kN）；

$\delta_{11}^{ⓐ}$——在ⓐ柱柱顶作用单位水平力时，在该处产生的侧移（m/kN）（图 9-3b）。

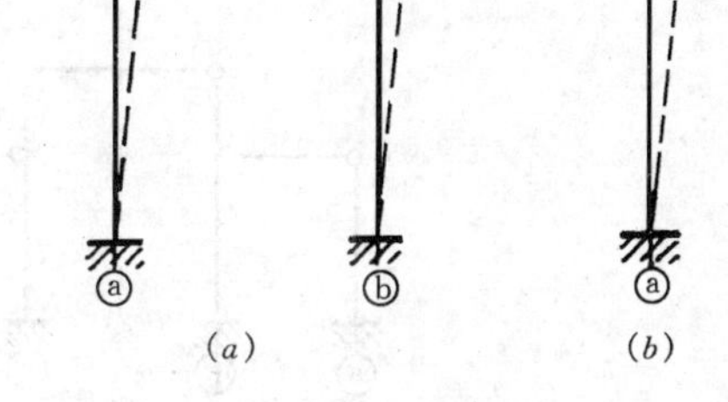

图 9-3 单跨排架横梁内力

2. 两跨不等高厂房

计算这类厂房的横向基本周期时，一般简化为二质点体系（图 9-1b），其基本周期可按第三章所述能量法计算。对于图 9-4 所示两跨不等高厂房，式(3-146)应改写成：

$$T_1 = 2\sqrt{\frac{G_1\Delta_1^2 + G_2\Delta_2^2}{G_1\Delta_1 + G_2\Delta_2}} \tag{9-4}$$

式中

$$\left.\begin{aligned}\Delta_1 &= G_1\delta_{11} + G_2\delta_{12}\\ \Delta_2 &= G_1\delta_{21} + G_2\delta_{22}\end{aligned}\right\} \tag{9-5}$$

G_1、G_2——分别为集中于屋盖①和②处的重力荷载代表值，按式(9-2a)、式(9-2b)计算；

δ_{11}——$F = 1$ 作用于屋盖①处时，在该处所引起的侧移（图 9-4a）；

δ_{12}、δ_{21}——$F = 1$ 分别作用于屋盖②和①处使屋盖①和②引起的侧移，参见图 9-4（a）、（b），$\delta_{12} = \delta_{21}$；

δ_{22}——$F = 1$ 作用于屋盖②处时，在该处所引起的侧移（图 9-4b）。由图 9-4（a）、（b）中可见：

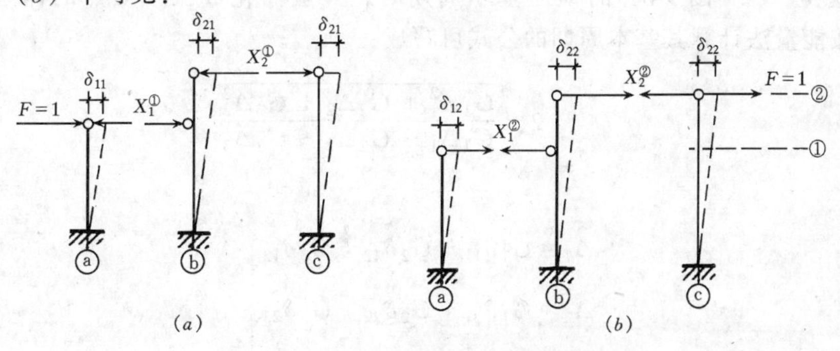

图 9-4 两跨不等高排架横梁内力

$$\left.\begin{aligned}\delta_{11} &= (1 - X_1^{①})\delta_{11}^{ⓐ} \\ \delta_{21} &= X_2^{①}\delta_{22}^{ⓒ} = \delta_{12} = X_1^{②}\delta_{11}^{ⓐ} \\ \delta_{22} &= (1 - X_2^{②})\delta_{22}^{ⓒ}\end{aligned}\right\} \tag{9-6}$$

式中 $X_1^{①}$、$X_2^{①}$——分别为 $F=1$ 作用于屋盖①处在横梁①和②内引起的内力；

$X_1^{②}$、$X_2^{②}$——分别为 $F=1$ 作用于屋盖②处在横梁①和②内引起的内力；

$\delta_{11}^{ⓐ}$、$\delta_{22}^{ⓒ}$——分别为在单根柱ⓐ、ⓒ柱顶作用单位水平力 $F=1$ 时，在该处引起的侧移。

3. 三跨对称带升高中跨厂房

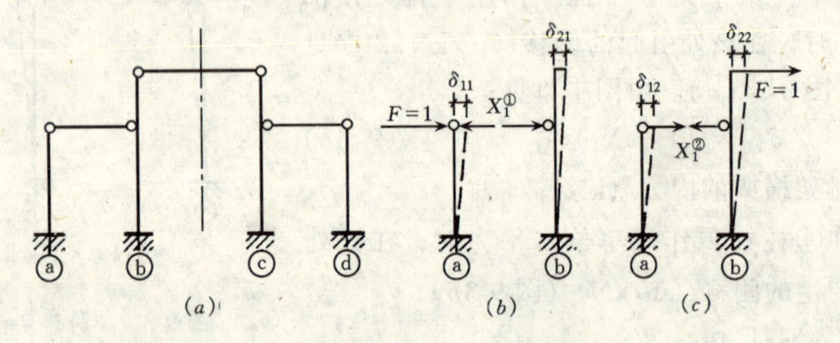

图 9-5 三跨对称升高中跨排架计算

(a) 升高中跨排架；(b)、(c) 半榀排架横梁内力

对于这类厂房，可取一半来计算（图 9-5)。这样，就变成了两个质点体系，于是可按式(9-4) 和式 (9-5) 计算其基本周期。但是式中 G_2 应换成 $G_2/2$。这时排架侧移 δ_{11}、δ_{12}、δ_{21}和 δ_{22}也应取一半排架计算：

$$\left.\begin{aligned}\delta_{11} &= (1 - X_1^{①})\delta_{11}^{ⓐ} \\ \delta_{21} &= \delta_{12} = X_1^{①}\delta_{21}^{ⓑ} \\ \delta_{22} &= X_{22}^{ⓑ} - X_1^{②}\delta_{21}^{ⓑ}\end{aligned}\right\} \tag{9-7}$$

式中 $\delta_{21}^{ⓑ}$——单位水平力 $F=1$，作用于单根柱ⓑ屋盖①标高处，在屋盖②标高处引起的侧移。

其余符号意义与前相同（参见图 9-5)。

4. 三跨不对称带升高中跨厂房

计算这类厂房（图 9-6）的横向基本周期时，一般简化成三个质点的体系，参见图 9-1 (c)。按能量法计算其基本周期的公式可写成：

$$T_1 = 2\sqrt{\frac{G_1\Delta_1^2 + G_2\Delta_2^2 + G_3\Delta_3^2}{G_1\Delta_1 + G_2\Delta_2 + G_3\Delta_3}} \tag{9-8}$$

式中

$$\left.\begin{aligned}\Delta_1 &= G_1\delta_{11} + G_2\delta_{12} + G_3\delta_{13} \\ \Delta_2 &= G_1\delta_{21} + G_2\delta_{22} + G_3\delta_{23} \\ \Delta_3 &= G_1\delta_{31} + G_2\delta_{32} + G_3\delta_{33}\end{aligned}\right\} \tag{9-9}$$

$$
\left.\begin{aligned}
\delta_{11} &= (1 - X_1^{①})\delta_{11}^{ⓐ} \\
\delta_{12} &= X_1^{②} \cdot \delta_{11}^{ⓐ} = \delta_{21} = X_1^{①}\delta_{21}^{ⓑ} - X_2^{①}\delta_{22}^{ⓑ} \\
\delta_{22} &= X_2^{②}\delta_{22}^{ⓑ} - X_1^{②}\delta_{21}^{ⓑ} \\
\delta_{23} &= X_2^{③} \cdot \delta_{22}^{ⓑ} - X_1^{③}\delta_{21}^{ⓑ} = \delta_{32} = X_3^{②} \cdot \delta_{33}^{ⓓ} \\
\delta_{33} &= (1 - X_3^{③})\delta_{33}^{ⓓ}
\end{aligned}\right\} \tag{9-10}
$$

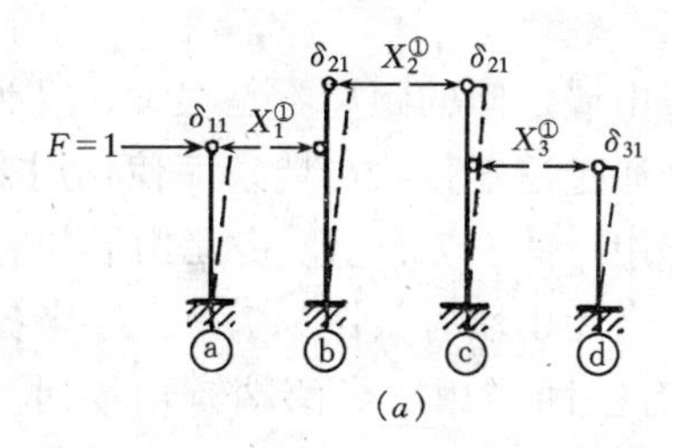

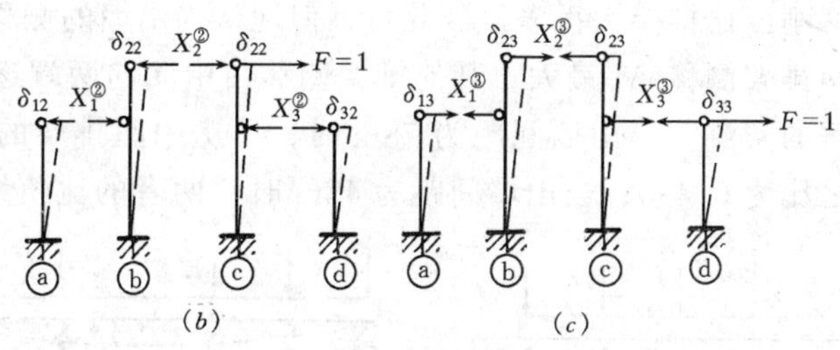

图 9-6　三跨不等高排架横梁内力

5. 横向自振周期的修正

上述各类厂房横向基本周期均按铰接排架计算简图计算的。考虑屋架与柱之间的连接的实际情况，或多或少有某些固结作用，此外，在计算中也未考虑围护墙对排架侧向变形的约束影响，因而按上述公式所算得的基本周期偏长。为此，《抗震规范》规定，由钢筋混凝土屋架或钢屋架与钢筋混凝土柱组成的排架有纵墙时取周期计算值的 80%，无纵墙时取 90%。

9.13　怎样计算排架地震作用？

1. 厂房总水平地震作用标准值（图 9-1）

厂房总水平地震作用标准值按下式计算：

$$F_{\mathrm{Ek}} = \alpha_1 G_{\mathrm{eq}} \tag{9-11a}$$

式中　F_{Ek}——厂房总水平地震作用标准值；

α_1——相应于基本周期 T_1 的地震影响系数，由图 3-8 确定。

G_{eq}——集中于柱顶的等效重力荷载代表值，对单质点取全部等效重力荷载代表值；多质点取全部等效重力荷载代表值的 85%。

2. 质点 i 的水平地震作用标准值

沿厂房排架高度的质点 i 的水平地震作用标准值为：

$$F_i = \frac{G_i H_i}{\sum_{j=1}^{n} G_j H_j} F_{\mathrm{Ek}} \tag{9-11b}$$

式中符号意义同前。

9.14 怎样考虑厂房空间工作和扭转影响对排架地震作用的调整？

震害和理论分析表明，当厂房山墙之间的距离不是很大，且为钢筋混凝土屋盖时，作用在厂房上的地震作用将有一部分通过屋盖传给山墙，而使作用在厂房排架上的地震作用减小。这种现象就是厂房的空间作用。图 9-7 表示厂房无山墙和有山墙时厂房屋盖在水平力作用下的变形情形。由图可见，当无山墙时（图 9-7a），厂房各排架的侧移相同，并等于平面排架的侧移 Δ_0，即厂房没有空间作用。当两端有山墙时（图 9-7b），由于山墙在其自身平面内的侧移刚度比排架大得多，因此可近似地认为山墙的侧移为零。而厂房各排架的侧移不等，中间排架侧移 Δ_1 最大，其他排架侧移由中间向两端逐渐减小。根据钢筋混凝土有檩屋盖厂房的实测，当山墙间距为 78m 时，厂房中间排架的侧移与按平面排架计算所求得的侧移之比为 0.430；当山墙间距为 48m 时，两者的比值缩小为 0.304；当山

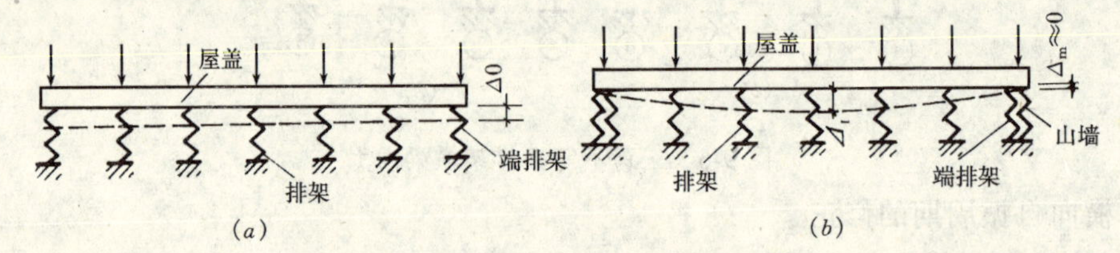

图 9-7
（a）当两端无山墙时；（b）当两端有山墙时

墙的间距为 42m 时，则两者的比值仅为 0.216。可以预见，当为钢筋混凝土无檩屋盖时，在相同山墙间距条件下，两者的比值将会更小。

由上可见，厂房的空间工作对排架地震作用的影响，必须予以考虑。

此外，厂房扭转对排架地震作用的影响，也是不容忽视的。在抗震计算中也应予以考虑。

《抗震规范》考虑厂房空间工作和扭转影响，是通过对平面排架地震效应（弯矩、剪力）的折减来体现的。也就是按平面排架分析所求得的地震弯矩和剪力应乘以相应的调整系数 ζ_1（高低跨交接处截面内力除外），其值按表 9-2 采用。

钢筋混凝土柱考虑空间工作和扭转影响的效应调整系数 ζ_1 表 9-2

屋盖	山墙		山墙间距 (m)											
			30	36	42	48	54	60	66	72	78	84	90	96
钢筋混凝土无檩屋盖	两端山墙	等高厂房			0.75	0.75	0.75	0.8	0.8	0.8	0.85	0.85	0.85	0.9
		不等高厂房			0.85	0.85	0.85	0.9	0.9	0.9	0.95	0.95	0.95	1.0
	一端山墙		1.05	1.15	1.2	1.25	1.3	1.3	1.3	1.3	1.35	1.35	1.35	1.35

续表

屋盖	山墙		山墙间距（m）											
			30	36	42	48	54	60	66	72	78	84	90	96
钢筋混凝土有檩屋盖	两端山墙	等高厂房			0.8	0.85	0.9	0.95	0.95	1.0	1.0	1.05	1.05	1.10
		不等高厂房			0.85	0.9	0.95	1.0	1.0	1.05	1.05	1.1	1.1	1.15
	一端山墙		1.0	1.05	1.1	1.1	1.15	1.15	1.15	1.2	1.2	1.2	1.25	1.25

应当指出，表 9-2 的空间工作和扭转影响的效应调整系数 ζ_1，是在一定条件下拟定的。应用时要符合这些条件的要求：

（1）设防烈度为 7 度和 8 度。

（2）厂房单元屋盖长度与总跨度之比小于 8 或厂房总跨度大于 12m。

（3）山墙或横墙的厚度不小于 240mm，开洞所占的水平截面积不超过总面积的 50%，并与屋盖系统有良好的连接。

（4）柱顶高度不大于 15m。

屋盖长度指山墙或到柱顶横墙的间距，仅一端有山墙或到柱顶横墙时，应取所考虑排架至山墙或到柱顶横墙的距离；高低跨相差较大的不等高厂房，总跨度可不包括低跨。

9.15 怎样进行排架内力分析及调整？

按式（9-11b）求得地震作用标准值 F_i 后，便可把它当作静载施加在排架屋盖和吊车轨顶标高处，按一般方法进行排架内力分析，然后再求出各柱的控制截面的地震内力。在确定吊车轨顶标高处的地震作用所引起的柱的内力时，可利用静力计算中吊车横向刹车力所产生的柱的内力乘以相应比值求得。

在进行排架内力分析中，除了按上述一般规定计算外，还要对构件的一些特殊部位的地震效应进行补充计算和调整，这些在《抗震规范》中作了明确的规定。它是根据震害实际经验的总结分析和近年来的科研成果得到的。兹分述如下：

1. 突出屋面的天窗架地震作用标准值的调整

突出屋面具有斜撑杆的三铰拱式钢筋混凝土和钢天窗架的横向地震作用标准值，可按底部剪力法计算，即天窗架可作为一个独立的集中于该屋盖处的质点来考虑，按式(9-11b)计算。对于跨度大于 9m 或 9 度时，作用于天窗架上的地震作用标准值应乘以增大系数 1.5。其他情况下天窗架的横向水平地震作用计算可采用振型分解反应谱法。

2. 高低跨交接处的钢筋混凝土柱内力的调整

在排架高低跨交接处的钢筋混凝土柱支承低跨屋盖牛腿以上各截面，按底部剪力法求得的地震剪力和弯矩，应乘以增大系数，其值可按下式计算：

$$\eta = \zeta_2\left(1 + 1.7\frac{n_{\mathrm{h}}}{n_0}\frac{G_{\mathrm{El}}}{G_{\mathrm{Eh}}}\right) \tag{9-12}$$

式中　η——地震剪力和弯矩的增大系数；

ζ_2——不等高厂房高低跨交接处的空间工作影响系数，可按表 9-3 采用；

n_h——高跨的跨数；

n_0——计算跨数，仅一侧有低跨时应取总跨数，两侧均有低跨时应取总跨数与高跨跨数之和；

G_{E1}——集中于交接处一侧各低跨屋盖标高处的总重力荷载代表值；

G_{Eh}——集中于高跨柱顶标高处的总重力荷载代表值。

高低跨交接处钢筋混凝土上柱空间工作影响系数值 ζ_2　　表 9-3

屋　盖	山　墙	屋盖长度（m）										
		≤36	42	48	54	60	66	72	78	84	90	96
钢筋混凝土无檩屋盖	两端山墙		0.7	0.76	0.82	0.88	0.94	1.0	1.06	1.06	1.06	1.06
	一端山墙	1.25										
钢筋混凝土有檩屋盖	两端山墙		0.9	1.0	1.05	1.1	1.1	1.15	1.15	1.15	1.2	1.2
	一端山墙	1.05										

3. 吊车桥架对排架柱局部地震作用效应的修正

钢筋混凝土柱单层厂房的吊车梁顶标高处的上柱截面，由吊车桥架引起的地震剪力和弯矩，应乘以表 9-4 的增大系数。

桥架引起的地震剪力和弯矩增大系数 ζ_3　　表 9-4

屋盖类型	山　墙	边　柱	高低跨柱	其他中柱
钢筋混凝土无檩屋盖	两端山墙	2.0	2.5	3.0
	一端山墙	1.5	2.0	2.5
钢筋混凝土有檩屋盖	两端山墙	1.5	2.0	2.5
	一端山墙	1.5	2.0	2.0

9.16 怎样进行排架内力组合？

在抗震设计中，内力组合是指地震内力（由于地震作用是往复作用的，故地震内力符号可正可负）和与其相对应的正常荷载引起的内力根据可能出现的最不利情况所进行的组合。《抗震规范》规定，进行地震内力组合时，不考虑吊车横向水平制动力引起的内力。当考虑地震内力组合（包括荷载分项系数、承载力抗震调整系数影响）小于正常荷载下的内力组合时，应取正常荷载下的内力组合。

9.17 怎样按“柱列法”进行单层厂房纵向抗震计算？

1. 适用范围

(1) 纵墙对称布置的单跨厂房。

(2) 轻型屋盖（由瓦楞铁、石棉瓦等材料建造）多跨等高厂房。

2．计算原则

由于纵墙对称布置的单跨厂房两边柱列纵向刚度相同，所以厂房在作纵向振动时，可以实现同步，即两柱列可认为独自振动，而不相互影响。对于轻屋盖的多跨等高厂房，边柱列与中柱列纵向刚度虽有差异，但屋盖水平刚度较小，协调各柱列变形的能力较弱，厂房在作纵向振动时，则以独自振动为主。至于屋盖对各柱列纵向振动的影响，则通过对柱列纵向基本周期调整加以解决。这样，就可对上述厂房，以跨度中线划界，取各自独立的柱列进行分析，这种计算方法就称为柱列法。

3．柱列的柔度和刚度

在计算柱列的基本周期和各抗侧力构件（柱、支撑、纵墙）的地震作用时，需要知道各抗侧力构件的柔度或刚度，及柱列的柔度或刚度。因此，先来讨论它们的计算方法。

（1）柱的柔度和刚度

1）等截面柱

侧移柔度
$$\delta_c=\frac{H^3}{3E_cI_c\mu} \tag{9-13a}$$

侧移刚度
$$k_c=\mu\frac{3E_cI_c}{H^3} \tag{9-13b}$$

式中 H——柱的高度；

I_c——柱的截面惯性矩；

E_c——混凝土的弹性模量；

μ——屋盖、吊车梁等纵向构件对柱侧向刚度的影响系数，无吊车梁时，$\mu=1.1$，有吊车梁时 $\mu=1.5$。

2）变截面柱

计算公式见有关设计手册❶，但需注意考虑 μ 的影响。

（2）砖墙

关于纵墙的侧向柔度和刚度计算，参见 7.4。

（3）柱间支撑

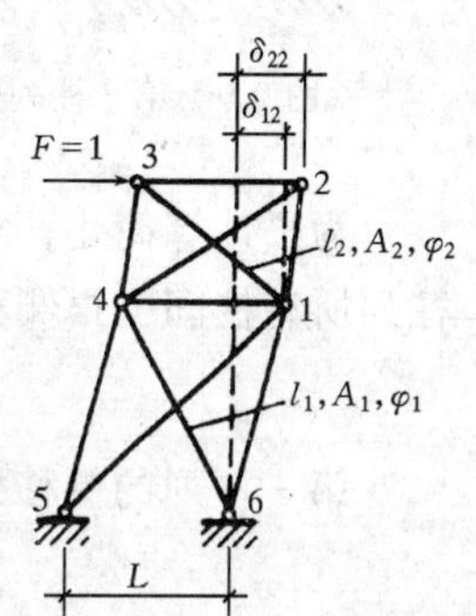

图 9-8 柱间支撑的柔度

图 9-8 表示两节间的柱间支撑，根据构造要求，支撑杆件的长细比一般取 $\lambda=40\sim200$，这种支撑称为半刚性支撑，在确定支撑柔度时，不计柱和水平杆的轴向变形，以利公式简化。

试验表明，这种支撑在水平力作用下，拉杆屈服前，压杆虽已达到临界状态，但它并不会丧失稳定性。这时，拉杆与压杆可以随时协调变形，使之共同工作。试验还表明，支撑屈服时的最大荷载接近拉杆的屈服荷载与压杆临界荷载之和。因此，可以认为，支撑屈服时支撑拉杆与压杆的轴向力的比值可取 $1/\varphi$（φ 为压杆的稳定系数）。这样，半刚性支撑在单位水平力 $F=1$ 作用下，斜杆$\overline{51}$和$\overline{42}$（图 9-8）的拉力可分别按下式计算：

---

❶ 可参见《建筑结构设计手册，排架计算》，中国建筑工业出版社，1971。

$$
\left.\begin{aligned}
N_{51} &= \frac{1}{1+\varphi_1}\frac{l_1}{L} \\
N_{42} &= \frac{1}{1+\varphi_2}\frac{l_2}{L}
\end{aligned}\right\} \tag{9-14}
$$

在 $F=1$ 作用点引起的侧移，即侧移柔度为：

$$
\delta_{\mathrm{b}} = \frac{1}{EL^2}\left[\frac{l_1^3}{(1+\varphi_1)A_1}+\frac{l_2^3}{(1+\varphi_2)A_2}\right] \tag{9-15a}
$$

侧移刚度为：

$$
k_{\mathrm{b}} = \frac{1}{\delta_{\mathrm{b}}} \tag{9-15b}
$$

式中 l_1、A_1——支撑第 1 节间（从底部算起）斜杆的长度和截面面积；

l_2、A_2——支撑第 2 节间斜杆的长度和截面面积；

E——钢材的弹性模量；

L——柱间支撑的宽度；

φ_1、φ_2——分别为第 1 节间和第 2 节间斜杆受压时的稳定系数，根据杆件最大长细比 λ，由《钢结构设计规范》查得。

(4) 柱列的柔度和刚度

图 9-9 表示第 i 柱列抗侧力构件仅在柱顶设置水平连杆的简化力学模型，第 i 柱列柱顶标高的侧移刚度等于各抗侧力构件同一标高的侧移刚度之和：

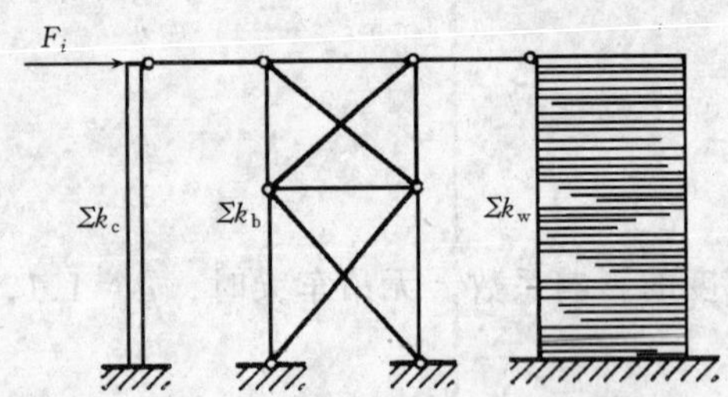

图 9-9 第 i 柱列刚度计算简图

$$
k_i = \Sigma k_{\mathrm{c}} + \Sigma k_{\mathrm{b}} + \Sigma k_{\mathrm{w}} \tag{9-16a}
$$

其中，k_{c}、k_{b} 和 k_{w} 分别为一根柱、一片支撑和一片墙体的顶点侧移刚度。

为了计算简化，对于钢筋混凝土柱，一个柱列内全部柱子的总侧移刚度，可近似取该柱列所有柱间支撑侧移刚度的 10%，即

$$
\Sigma k_{\mathrm{c}} = 0.1\Sigma k_{\mathrm{b}} \tag{9-16b}
$$

第 i 柱列的侧移柔度为：

$$
\delta_i = \frac{1}{k_i} \tag{9-17}
$$

4. 等效重力荷载代表值

(1) 计算柱列自振周期时

第 i 柱列换算到柱顶标高处的集中质点等效重力荷载代表值，包括柱列左右跨度各半的屋盖重力荷载代表值，以及该柱列柱、纵墙和山墙等按动能等效原则换算到柱顶处的重力荷载代表值：

$$
\begin{aligned}
G_i = {} & 1.0G_{\text{屋盖}} + 0.5G_{\text{雪}} + 0.5G_{\text{积灰}} + 0.25G_{\text{柱}} + 0.35G_{\text{纵墙}} \\
& + 0.25G_{\text{山墙}} + 0.5G_{\text{吊车梁}} + 0.5G_{\text{吊车桥}}
\end{aligned} \tag{9-18a}
$$

(2) 计算柱列地震作用时

第 i 柱列换算到柱顶标高处的集中质点等效重力荷载代表值，除包括柱列左右跨度各半屋盖的重力荷载代表值外，尚包括柱、纵墙、山墙等按内力等效原则换算到柱顶处的重力代表值：

$$\overline{G_i} = 1.0G_{屋盖} + 0.5G_{雪} + 0.5G_{积灰} + 0.5G_{柱} + 0.7G_{纵墙} + 0.5G_{山墙} + 0.75G_{吊车梁} + 0.75G_{吊车桥} \tag{9-18b}$$

式中 $G_{吊车桥}$——第 i 柱列左右跨所有吊车桥重力荷载代表值之和的一半，硬钩吊车尚应包括其吊重的30%。

5. 柱列自振周期的计算

第 i 柱列沿厂房纵向作自由振动的自振周期，按下式计算：

$$T_i = 2\psi_T\sqrt{G_i\delta_i} \tag{9-19}$$

式中 ψ_T——根据厂房空间分析结果确定的周期修正系数，对于单跨厂房，$\psi_T = 1.0$；对于多跨厂房，按表9-5采用。

柱列自振周期修正系数 ψ_T **表 9-5**

围护墙 \ 天窗或柱撑 \ 柱列			边柱列	中柱列
石棉瓦、挂板或无墙	有柱撑	边跨无天窗	1.3	0.9
		边跨有天窗	1.4	0.9
	无柱间支撑		1.15	0.85
砖墙	有柱撑	边跨无天窗	1.60	0.9
		边跨有天窗	1.65	0.9
	无柱间支撑		2	0.85

6. 柱列水平地震作用标准值

第 i 柱列水平地震作用标准值，按底部剪力法计算（参见图9-14）：

$$F_i = \alpha_1\overline{G_i}$$

式中 α_1——相应于柱列自振周期 T_1 的水平地震影响系数，按图3-8中公式计算；

$\overline{G_i}$——集中于第 i 柱列质点等效重力荷载代表值，按式（9-18b）计算。

7. 构件水平地震作用标准值的分配（图9-10）

一根柱分配的地震作用标准值：

$$F_{ci} = \frac{k_c}{k'_i}F_i \tag{9-20a}$$

一片支撑分配的地震作用标准值：

$$F_{bi} = \frac{k_b}{k'_i}F_i \tag{9-20b}$$

一片砖墙分配的地震作用标准值：

$$F_{wi}=\frac{\psi_k k_w}{k'_i}F_i \tag{9-20c}$$

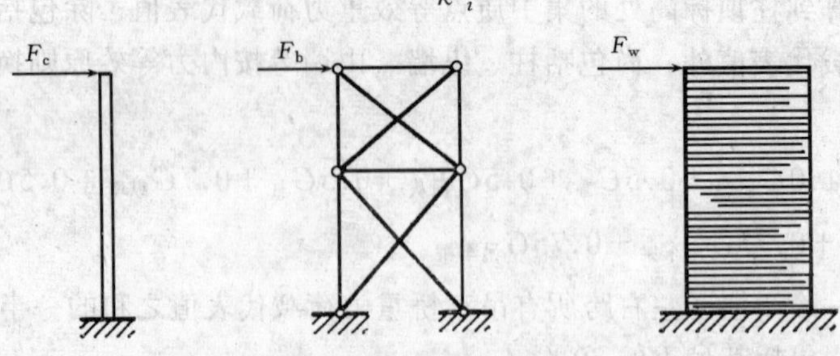

图 9-10　柱列水平地震作用

式中　k'_i——砖墙开裂后柱列的侧移刚度，

$$k'_i=\Sigma k_c+\Sigma k_b+\psi_k k_w \tag{9-21}$$

ψ_k——贴砌的砖围护墙侧移刚度折减系数。7、8 和 9 度，分别取 0.6、0.4 和 0.2。

8. 柱间支撑地震作用效应及抗震承载力验算（$\lambda=40\sim200$）

（1）受拉斜杆抗震验算时的轴向力

在进行柱间支撑抗震承载力验算时，可仅验算拉杆的抗震承载力，但应考虑压杆的卸载的影响，即应考虑压杆超过临界状态后，其承载力的降低。这时，拉杆的轴向力可按下式确定：

$$N_{ti}=\frac{l_i}{(1+\psi_c\varphi_i)\ L}V_{bi} \tag{9-22}$$

式中　N_{ti}——支撑第 i 节间斜杆抗拉验算时的轴向拉力设计值；

l_i——第 i 节间斜杆的全长；

φ_i——第 i 节间斜杆轴心受压稳定系数；

ψ_c——压杆卸载系数，压杆长细比 60、100 和 200 时，可分别采用 0.7、0.6 和 0.5；

V_{bi}——第 i 节间承受的地震剪力设计值；

L——支撑所在柱间的净距。

（2）拉杆抗震承载力的验算

第 i 节间受拉斜杆截面抗震承载力，应按下式验算：

$$\sigma_{ti}=\frac{N_{ti}}{A_n}\leqslant\frac{f}{\gamma_{RE}} \tag{9-23}$$

式中　σ_{ti}——拉杆的应力（N/mm^2）；

N_{ti}——作用于支撑第 i 节间的斜杆拉力设计值（N）；

A_n——第 i 节间斜杆的净截面面积（mm^2）；

f——钢材抗拉强度设计值（N/mm^2）；

γ_{RE}——承载力抗震调整系数，$\gamma_{RE}=0.80$。

9.18　怎样按“修正刚度法”进行单层厂房纵向抗震计算？

1. 适用范围

柱顶标高不大于 15m 且平均跨度不大于 30m 的单跨或等高多跨钢筋混凝土柱厂房。

2. 计算原则

钢筋混凝土无檩和有檩体系的弹性屋盖的水平刚度很大，厂房的空间工作明显，厂房沿纵向的振动特性接近刚性屋盖厂房。因此，可以按刚性屋盖厂房的计算原则进行计算，但为了反映屋盖变形的影响，须对厂房的纵向自振周期和柱列侧移刚度加以修正。这种方法就称为修正刚度法。

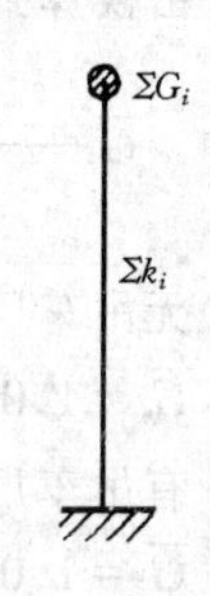

图 9-11　修正刚度法自振周期计算

3. 厂房纵向自振周期

(1) 按单质点体系确定

这种方法假定厂房整个屋盖是理想的刚性盘体，将所有柱列重力荷载代表值按动能等效原则集中到屋盖标高处，并与屋盖重力代表值加在一起。此外，将各柱列侧移刚度也加在一起。这样，就形成了如图 9-11 所示的单质点弹性体系。其自振周期按下式计算：

$$T_1 = 2\psi_{\mathrm{T}}\sqrt{\frac{\Sigma G_i}{\Sigma k_i}} \tag{9-24a}$$

式中　i——柱列序号；

G_i——第 i 柱列集中到屋盖标高处的等效重力荷载代表值，其值按式（9-18a）计算；

k_i——第 i 柱列纵向侧移刚度，按式（9-16a）计算：

$$k_i = \Sigma k_{\mathrm{c}} + \Sigma k_{\mathrm{b}} + \Sigma k_{\mathrm{w}}$$

ψ_{T}——厂房自振周期修正系数，其值按表 9-6 采用。

钢筋混凝土屋盖厂房的纵向周期修正系数 ψ_{T}　　**表 9-6**

屋盖 / 纵向围护墙	无檩屋盖		有檩屋盖	
	边跨无天窗	边跨有天窗	边跨无天窗	边跨有天窗
砖墙	1.45	1.50	1.60	1.65
无墙、石棉瓦、挂板	1.0	1.0	1.0	1.0

(2) 按《抗震规范》方法确定

《抗震规范》根据对柱顶标高不大于 15m，且平均跨度不大于 30m 的单跨和多跨等高厂房的纵向基本周期实测结果，经过统计整理，给出了经验公式。

1) 砖围护墙厂房

$$T_1 = 0.23 + 0.00025\psi_1 l\sqrt{H^3} \tag{9-24b}$$

式中　ψ_1——屋盖类型系数，大型屋面板钢筋混凝土屋架可采用 1.0，钢屋架可采用 0.85；

l——厂房跨度（m），多跨厂房可取各跨的平均值；

H——基础顶面至柱顶的高度（m）。

2) 敞开、半敞开或墙板与柱子柔性连接的厂房，可按式（9-24b）计算，但需乘以下列围护墙影响系数：

$$\psi_2 = 2.6 - 0.002 l\sqrt{H^3} \tag{9-24c}$$

式中　ψ_2——围护墙影响系数，小于 1.0 时应采用 1.0。

4. 柱列水平地震作用标准值

(1) 厂房结构底部剪力

由换算到屋盖标高处的等效重力荷载代表值，产生的结构底部剪力

$$F_{Ek}=\alpha_1 G_{eq}=\alpha_1\Sigma\overline{G}_i$$

式中 $\overline{G}_i$——按结构底部内力相等的原则换算到屋盖标高处的第 i 柱列重力荷载代表值，按下式计算：

无吊车厂房

$$\overline{G}_i=1.0G_{屋盖}+0.5G_{雪}+0.5G_{积灰}+0.5G_{柱}+0.7G_{纵墙}+0.5G_{山墙} \quad (9\text{-}25)$$

有吊车厂房

$$\overline{G}_i=1.0G_{屋盖}+0.5G_{雪}+0.5G_{积灰}+0.1G_{柱}+0.7G_{纵墙}+0.5G_{山墙} \quad (9\text{-}26)$$

(2) 第 i 柱列地震作用标准值

1) 无吊车厂房（图 9-9）

$$F_i=\frac{k_{ai}}{\Sigma k_{ai}}F_{Ek} \quad (9\text{-}27a)$$

$$k_{ai}=\psi_3\psi_4 k'_i \quad (9\text{-}27b)$$

式中 F_i——第 i 柱列柱顶标高处的纵向地震作用标准值；

k'_i——第 i 柱列纵墙开裂后柱顶的总侧移刚度，按式（9-21）计算；

k_{ai}——第 i 柱列柱顶的调整侧移刚度；

ψ_3——柱列侧移刚度的围护墙影响系数，可按表 9-7 采用。有纵向围护墙的四跨或五跨厂房，由边柱列数起的第三柱列，可按表内相应数值的 1.15 倍采用；

ψ_4——柱列侧移刚度的柱间支撑影响系数，纵向为砖围护墙时，边柱列可采用 1.0，中柱列可按表 9-8 采用。

围护墙影响系数 ψ_3 **表 9-7**

围护墙类别和烈度		柱列和屋盖类别				
		边柱列	中柱列			
			无檩屋盖		有檩屋盖	
240 砖墙	370 砖墙		边跨无天窗	边跨有天窗	边跨无天窗	边跨有天窗
	7 度	0.85	1.7	1.8	1.8	1.9
7 度	8 度	0.85	1.5	1.6	1.6	1.7
8 度	9 度	0.85	1.3	1.4	1.4	1.5
9 度		0.85	1.2	1.3	1.3	1.4
无墙、石棉瓦或挂板		0.90	1.1	1.1	1.2	1.2

纵向采用砖围护墙的中柱列柱间支撑影响系数 ψ_4 **表 9-8**

厂房单元内设置下柱支撑的柱间数	中柱列下柱支撑斜杆的长细比					中柱列无支撑
	≤40	41～80	81～120	121～150	>150	
一柱间	0.9	0.95	1.0	1.1	1.25	1.4
二柱间			0.9	0.95	1.1	

2) 有吊车厂房（图 9-12）[1]

---

[1] 吊车水平地震作用，因偏离砖围护墙较远，认为仅由柱和柱间支撑承受，故计算简图中墙在吊车梁标高上不设水平连杆。

第 i 柱列屋盖标高处的地震作用标准值，仍按式（9-27a）计算。

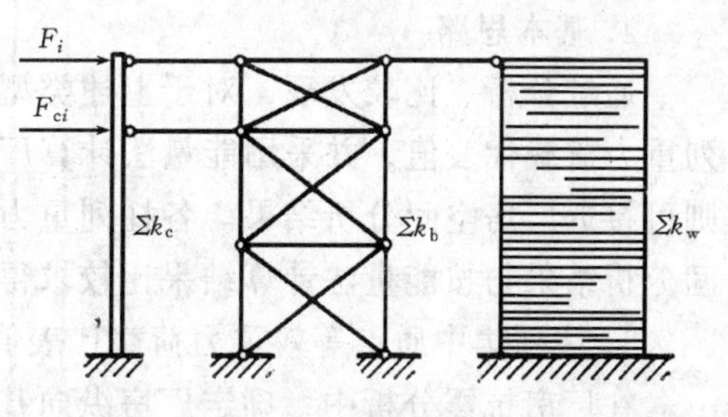

图 9-12　有吊车厂房柱列水平地震作用

第 i 柱列吊车梁顶标高处的纵向地震作用标准值，根据地震作用沿厂房高度呈倒三角分布的假定，可按下式确定：

$$F_{ci}=\alpha_1 G_{ci}\frac{H_{ci}}{H_i} \qquad (9\text{-}28a)$$

式中　F_{ci}——第 i 柱列吊车梁顶标高处的纵向地震作用标准值；

G_{ci}——集中于第 i 柱列吊车梁标高处的等效重力荷载，按下式计算；

$$G_{ci}=0.4G_{柱}+1.0G_{吊车梁}+1.0G_{吊车桥} \qquad (9\text{-}28b)$$

H_{ci}——第 i 柱列吊车梁顶高度；

H_i——第 i 柱列柱顶高度。

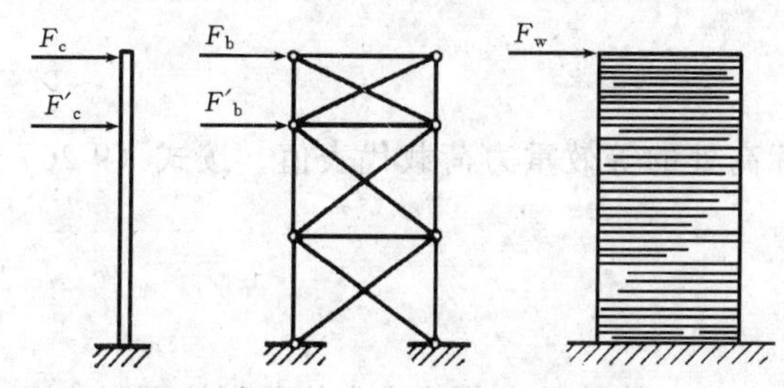

图 9-13　柱列各抗侧力构件水平地震作用的分配

5. 抗侧力构件水平地震作用的计算

（1）无吊车柱列

一根柱、一片支撑和一片墙在柱顶标高处的水平地震作用标准值分别按式（9-20a）、式（9-20b）和式（9-20c）计算。

（2）有吊车柱列

为了简化计算，可粗略地假定柱为剪切杆，并取整个柱列所有柱的总侧移刚度为该柱列全部柱间支撑总侧移刚度的 10%，即取 $\Sigma k_c=0.1\Sigma k_b$。

第 i 柱列一根柱、一片支撑和一片墙在柱顶标高处所分配的地震作用标准值（参见图 9-10）仍可按式（9-20a）、式（9-20b）和式（9-20c）计算。而吊车所引起的地震作用标准值，则由柱和支撑承受，一根柱、一片支撑所分配的水平地震作用标准值（图 9-13）分别为：

$$F'_c=\frac{1}{11n}F_{ci} \qquad (9\text{-}29)$$

$$F'_b=\frac{k_b}{1.1\Sigma k_b}F_{ci} \qquad (9\text{-}30)$$

式中　n——第 i 柱列柱的总根数。

其余符号意义与前相同。

9.19　怎样按"拟能量法"进行单层厂房纵向抗震计算？

1. 适用范围

这个方法仅适用于钢筋混凝土无檩及有檩屋盖的两跨不等高厂房的纵向抗震计算。

2. 基本思路

通过分析、比较发现，对于上述类型厂房，若采用经调整后的以跨度中线划分的各柱列重力荷载代表值，并采用能量法计算厂房纵向自振周期，按底部剪力法计算地震作用，则可接近厂房空间分析结果。各柱列重力荷载代表值的调整系数，可根据厂房剪扭振动空间分析结果与按能量法计算结果比较求得。这种厂房抗震计算法就称为拟能量法。

3. 柱列集中质点等效重力荷载代表值

在厂房抗震分析中，确定厂房纵向基本周期时，集中等效重力荷载代表值应按能量等效换算；而确定纵向水平地震作用标准值时，则应按构件底部内力等效换算。为了计算简化，可均采用按后者原则所确定的换算系数计算。考虑到按上述两种原则确定的换算系数的差异，在确定周期时，对其结果乘以修正系数。

(1) 边柱列

1) 无吊车或有较小吨位吊车时

当边柱列无吊车或有较小吨位吊车时，集中于柱顶标高处的等效重力荷载代表值，按式 (9-18*b*) 计算。

2) 有较大吨位吊车时

当边柱有较大吨位吊车时，集中于柱顶标高处的等效重力荷载代表值，按式 (9-26) 和式 (9-28*b*) 计算。

(2) 中柱列

1) 无吊车荷载或有较小吨位吊车时

这时集中于低跨屋面标高处及高跨柱顶标高处的等效重力荷载代表值分别按下列公式计算：

$$\overline{G}_1 = 1.0G_{屋盖} + 0.5G_{雪} + 0.5G_{积灰} + 0.5G_{柱} + 0.5G_{山墙} + 0.7G_{纵墙} + 1.0G_{高跨吊车梁} + 1.0G_{高跨吊车桥} + 0.75G_{低跨吊车梁} + 0.75G_{低跨吊车桥} + 0.5G_{悬墙} \quad (9\text{-}31a)$$

$$\overline{G}_2 = 1.0G_{屋盖} + 0.5G_{雪} + 0.5G_{积灰} + 0.5G_{山墙} + 0.5G_{悬墙} \quad (9\text{-}31b)$$

2) 有较大吨位吊车时

$$\overline{G}_1 = 1.0G_{屋盖} + 0.5G_{雪} + 0.5G_{积灰} + 0.1G_{柱} + 0.5G_{山墙} + 0.5G_{悬墙} + 1.0G_{高跨吊车梁} + 1.0G_{高跨吊车桥} \quad (9\text{-}32a)$$

$$\overline{G}_2 = 1.0G_{屋盖} + 0.5G_{雪} + 0.5G_{积灰} + 0.5G_{山墙} + 0.5G_{悬墙} \quad (9\text{-}32b)$$

$$\overline{G}_c = 0.4G_{柱} + 1.0G_{吊车梁} + 1.0G_{吊车桥} \quad (9\text{-}32c)$$

式中 $\overline{G}_1$——集中于中柱低跨屋盖标高处的等效重力荷载代表值；

$\overline{G}_2$——集中于中柱列高跨柱顶标高处等效重力荷载代表值；

$\overline{G}_c$——集中于中柱列低跨吊车梁顶标高处等效重力荷载。

4. 厂房的侧向刚度与柔度

按拟能量法确定厂房纵向基本周期时，需确定柱列的刚度矩阵，它可由柱列柔度矩阵求逆得到。第 *i* 柱列刚度矩阵等于该柱列各抗侧力构件（柱、支撑和砖墙）刚度矩阵之和。

(1) 第 *i* 柱列各抗侧力构件的柔度矩阵和刚度矩阵

1) 柱（图 9-14）

设第 i 柱列有 n 根柱，则其柔度矩阵

$$[\Delta^{c}] = \frac{1}{n}\begin{bmatrix} \delta_{11}^{c} & \delta_{12}^{c} \\ \delta_{21}^{c} & \delta_{22}^{c} \end{bmatrix} \tag{9-33a}$$

而其刚度矩阵等于柔度矩的逆矩阵

$$[K^{c}] = \begin{bmatrix} k_{11}^{c} & k_{12}^{c} \\ k_{21}^{c} & k_{22}^{c} \end{bmatrix} = [\Delta^{c}]^{-1} = \frac{1}{|\overline{\delta}|}\begin{bmatrix} \delta_{22}^{c} & -\delta_{21}^{c} \\ -\delta_{12}^{c} & \delta_{11}^{c} \end{bmatrix} \tag{9-33b}$$

式中

$$|\overline{\delta}| = \frac{1}{n}(\delta_{11}^{c}\delta_{22}^{c} - \delta_{12}^{c}\delta_{21}^{c}) \tag{9-33c}$$

δ_{jk}^{c}——单根柱的柔度系数，它等于单根柱在 k 点作用单位力（$F=1$），在 j 点产生的侧移（j，$k=1$，2）；

k_{jk}^{c}——n 根柱的刚度系数。

2）支撑（图 9-15）

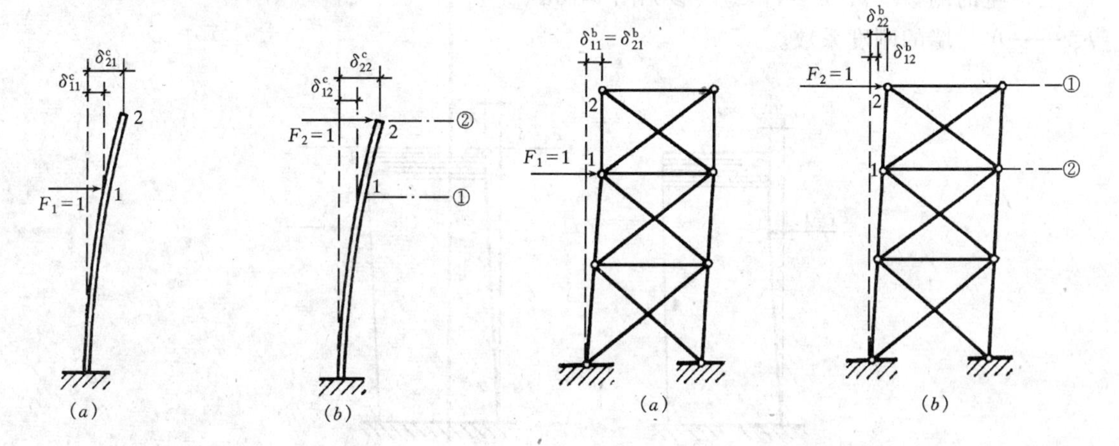

图 9-14 柱的柔度系数计算

图 9-15 柱间支撑柔度系数的计算

设第 i 柱列有 m 片支撑，则其柔度矩阵

$$[\Delta^{b}] = \frac{1}{m}\begin{bmatrix} \delta_{11}^{b} & \delta_{12}^{b} \\ \delta_{21}^{b} & \delta_{22}^{b} \end{bmatrix} \tag{9-34a}$$

其刚度矩阵等于柔度矩阵的逆矩阵

$$[K^{b}] = \begin{bmatrix} k_{11}^{b} & k_{12}^{b} \\ k_{21}^{b} & k_{22}^{b} \end{bmatrix} = [\Delta^{b}]^{-1} = \frac{1}{|\overline{\delta}|}\begin{bmatrix} \delta_{22}^{b} & -\delta_{21}^{b} \\ -\delta_{12}^{b} & \delta_{11}^{b} \end{bmatrix} \tag{9-34b}$$

$$|\overline{\delta}| = \frac{1}{m}(\delta_{11}^{b}\delta_{22}^{b} - \delta_{12}^{b}\delta_{21}^{b}) \tag{9-34c}$$

式中 δ_{jk}^{b}——单片支撑的柔度系数，它等于单片支撑在 k 点作用单位力（$F=1$），在 j 点产生的侧移，（j，$k=1$，2），对于图 9-15（a）、（b）所示支撑，

则有：

$$\delta_{11}^{b} = \delta_{12}^{b} = \delta_{21}^{b} = \frac{1}{EL^{2}}\sum_{k=1}^{2}\frac{1}{1+\varphi_{k}}\cdot\frac{l_{k}^{3}}{A_{k}} \tag{9-35}$$

$$\delta_{22}^{b} = \frac{1}{EL^{2}}\sum_{k=1}^{3}\frac{1}{1+\varphi_{k}}\frac{l_{k}^{3}}{A_{k}} \tag{9-36}$$

k_{jk}^{b}——m 片支撑的刚度系数；

3）砖墙

第 i 柱列砖墙的柔度矩阵

$$[\Delta^{w}]=\begin{bmatrix}\delta_{11}^{w} & \delta_{12}^{w}\\ \delta_{21}^{w} & \delta_{22}^{w}\end{bmatrix} \tag{9-37}$$

而其刚度矩阵等于柔度矩阵的逆矩阵

$$[K^{w}]=\begin{bmatrix}k_{11}^{w} & k_{12}^{w}\\ k_{21}^{w} & k_{22}^{w}\end{bmatrix}=[\Delta^{w}]^{-1}=\frac{1}{|\delta|}\begin{bmatrix}\delta_{22}^{w} & -\delta_{21}^{w}\\ -\delta_{12}^{w} & \delta_{11}^{w}\end{bmatrix} \tag{9-38}$$

式中
$$|\delta|=\delta_{11}^{w}\delta_{22}^{w}-\delta_{12}^{w2} \tag{9-39}$$

δ_{jk}^{w}——第 i 柱列砖墙的柔度系数，它等于单片墙在 k 点作用单位力（$F=1$），在 j 点产生的侧移（j，$k=1$，2）（参见图 9-16a、b）；

k_{jk}^{w}——单片墙的刚度系数。

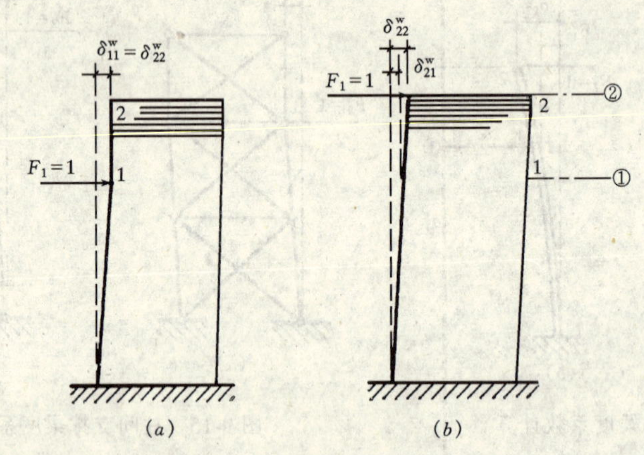

图 9-16 墙的柔度系数计算

对于中柱高低跨悬墙（图 9-17）

$$\left.\begin{aligned}k_{11}^{w}=k_{22}^{w}=k_{w}\\ k_{12}^{w}=k_{21}^{w}=-k_{w}\end{aligned}\right\} \tag{9-40}$$

（2）第 i 柱列刚度矩阵和柔度矩阵

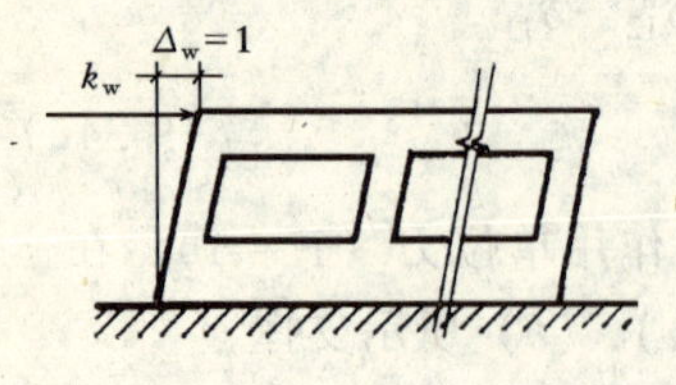

图 9-17 悬墙刚度的计算

1）刚度矩阵

$$[K_{i}]=\begin{bmatrix}k_{11} & k_{12}\\ k_{21} & k_{22}\end{bmatrix}=[K^{c}]+[K^{b}]+[K^{w}]$$

$$=\begin{bmatrix}k_{11}^{c}+k_{11}^{b}+k_{11}^{w} & k_{12}^{c}+k_{12}^{b}+k_{12}^{w}\\ k_{21}^{c}+k_{21}^{b}+k_{21}^{w} & k_{22}^{c}+k_{22}^{b}+k_{22}^{w}\end{bmatrix} \tag{9-41a}$$

若近似取 $k_{jk}^{c}=0.1k_{jk}^{b}$，则式（9-41a）可写成：

$$[K_{i}]=\begin{bmatrix}1.1k_{11}^{b}+k_{11}^{w} & 1.1k_{12}^{b}+k_{12}^{w}\\ 1.1k_{21}^{b}+k_{21}^{w} & 1.1k_{22}^{b}+k_{22}^{w}\end{bmatrix} \tag{9-41b}$$

2）柔度矩阵

$$[\Delta_i] = \begin{bmatrix} \delta_{11} & \delta_{12} \\ \delta_{21} & \delta_{22} \end{bmatrix} = [K_i]^{-1} = \frac{1}{|k|}\begin{bmatrix} k_{22} & -k_{21} \\ -k_{12} & k_{11} \end{bmatrix} \tag{9-42}$$

式中
$$|k| = k_{11}k_{22} - k_{12}^2 \tag{9-43}$$

5. 厂房纵向基本周期

厂房纵向基本周期，按能量法公式计算：

$$T_1 = 2\psi_T\sqrt{\frac{\Sigma G'_i\Delta_i^2}{\Sigma G'_i\Delta_i}} \tag{9-44}$$

式中 i——质点编号；

ψ_T——周期修正系数，无围护墙时，取 0.9；有围护墙时，取 0.8；

G'_i——考虑厂房空间工作进行调整后的第 i 个质点的等效重力荷载代表值，其值按下式确定：

柱列屋盖标高处质点：

$$\left.\begin{array}{ll} \text{高低跨中柱列} & G'_i = k\overline{G}_i \\ \text{边柱列} & G'_i = \overline{G}_i + (1-k)\overline{G}_i \\ \text{吊车梁顶标高处} & G'_i = G_{ci} \end{array}\right\} \tag{9-45}$$

式中 k——按跨度中线划分的柱列质点等效重力荷载代表值调整系数，按表 9-9 采用；

$\overline{G}_i$——高低跨中柱列重力荷载代表值；

Δ_i——各柱列作为独立单元，在本柱列各质点等效重力荷载（代表值）作为纵向水平力的共同作用下，i 质点处产生的侧移（图 9-18a）；对于吊车梁顶面标高处有质点的柱列（图 9-18b），该处的侧移 Δ_i 也可按下式近似计算。

中柱列质量调整系数 k **表 9-9**

纵向围护墙和烈度		钢筋混凝土无檩屋盖		钢筋混凝土有檩屋盖	
240 砖墙	370 砖墙	边跨无天窗	边跨有天窗	边跨无天窗	边跨有天窗
	7 度	0.50	0.55	0.60	0.65
7 度	8 度	0.60	0.65	0.70	0.75
8 度	9 度	0.70	0.75	0.80	0.85
9 度		0.75	0.80	0.85	0.90
无墙、石棉瓦、瓦楞铁或挂板		0.90	0.90	1.0	1.0

$$\Delta_{i\text{吊车梁顶}} = \frac{h}{H}\Delta_{i\text{柱顶}} \tag{9-46}$$

式中 $\Delta_{i\text{吊车梁顶}}$——第 i 柱列吊车梁顶点的侧移；

$\Delta_{i\text{柱顶}}$——第 i 柱列柱顶的侧移；

h——吊车梁顶的高度；

H——柱的顶面高度。

6. 柱列水平地震作用标准值

作用于第 i 柱列屋盖标高处的纵向地震作用标准值，按该柱列调整后的质点重力荷载代表值计算。

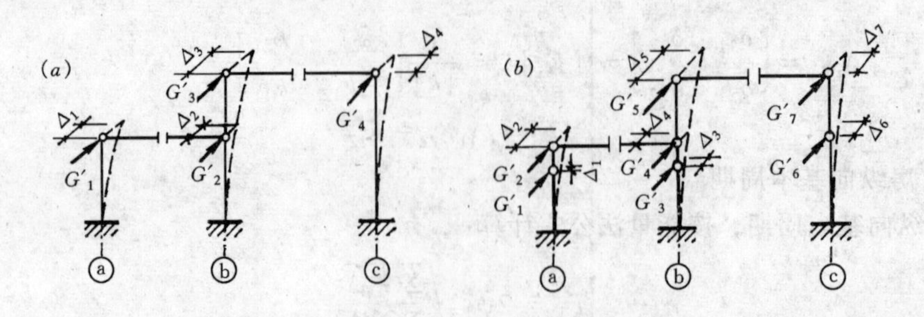

图 9-18　厂房各柱列在 G'_i 作用下纵向侧移

$$
\left.\begin{aligned}
&\text{边柱列} \quad F_i=\alpha_1 G'_i \\
&\text{中柱列} \quad F_{ik}=\frac{G'_{ik}H_{ik}}{G'_{i1}H_{i1}+G'_{i2}H_{i2}}\alpha_1\ (G'_{i1}+G'_{i2}) \\
&\qquad\qquad (k=1,\ 2)
\end{aligned}\right\} \tag{9-47}
$$

式中　k——中柱列（高低跨柱列）不同屋盖的序号（图 9-19）。

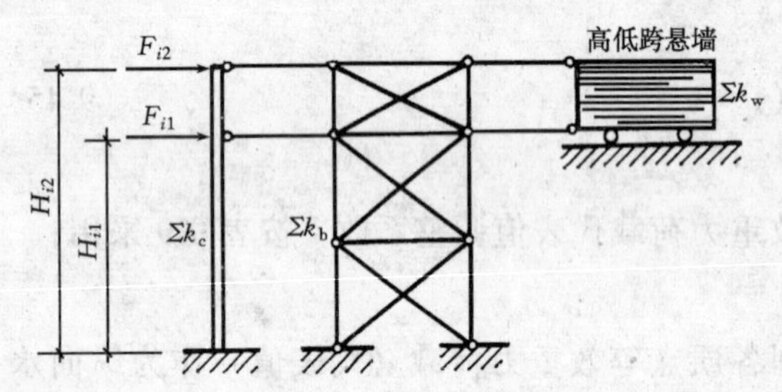

图 9-19　高低跨中柱列计算简图

对于有吊车的厂房，作用于第 i 柱列吊车梁顶标高处水平地震作用标准值，可近似按下式计算

$$F_{ci}=\alpha_1 G_{ci}\frac{H_{ci}}{H_i} \tag{9-48}$$

式中符号意义见公式（9-28a）。

7. 各抗侧力构件水平地震作用的分配

（1）一般重力荷载产生的水平地震作用标准值

1）边柱列（图 9-10）

边柱列水平地震作用标准值，可参照式（9-20a）、式（9-20b）和式（9-20c）计算。

2）高低跨中柱列（图 9-20）

为了简化计算，我们假定柱为剪切杆，并取柱的总刚度等于柱撑总刚度的 0.1。这样，可按下式计算各抗侧力构件的水平地震作用标准值：

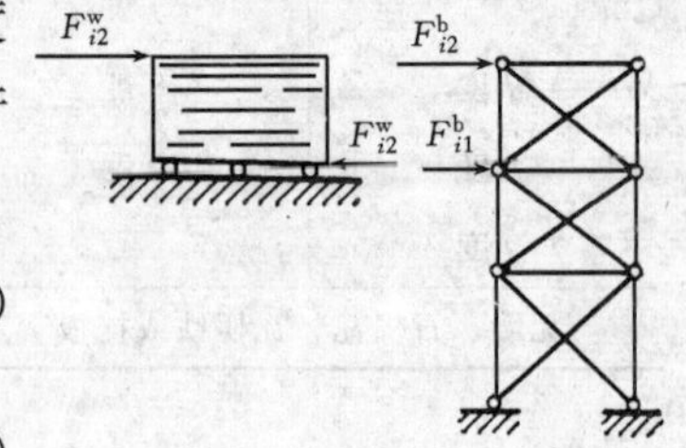

图 9-20　高低跨中柱列各抗侧力构件水平地震作用的分配

悬墙：
$$F^{w}_{i2}=\frac{\psi_k k^{w}_{22}}{1.1k^{b}_{22}+\psi_k k^{w}_{22}}F_{i2} \tag{9-49}$$

支撑：
$$F^{b}_{i2}=\frac{k^{b}_{22}}{1.1k^{b}_{22}+\psi_k k^{w}_{22}}F_{i2} \tag{9-50a}$$

$$F^{b}_{i1}=\frac{1}{1.1}\ (F_{i1}+F^{w}_{i2}) \tag{9-50b}$$

柱：
$$F^{c}_{i2}=0.1F^{b}_{i2} \tag{9-51a}$$

$$F^{c}_{i1}=0.1F^{b}_{i1} \tag{9-51b}$$

式中　F^{w}_{i2}——悬墙顶点所分配的水平地震作用标准值；

F_{i2}——第 i 柱列顶点标高处（即 2 点）所承受的水平地震作用标准值；

F_{i1}——第 i 柱列低跨标高处（即 1 点）所承受的水平地震作用；

F_{i1}^{b}，F_{i2}^{b}——分别为在低跨和高跨屋盖标高处柱撑所分配的水平地震作用标准值；

ψ_k——地震期间砖墙开裂后刚度降低系数，悬墙当基本烈度为 7 度、8 度和 9 度时，分别取 0.4、0.2 和 0.1。

F_{i1}^{c}，F_{i2}^{c}——分别为在低跨和高跨屋盖标高处柱所分配水平地震作用标准值。

（2）吊车桥重力荷载产生的地震作用标准值

在吊车梁顶标高处由吊车桥重力荷载产生的水平地震作用标准值，可按式（9-28a）计算。

9.20 怎样进行天窗的纵向抗震计算？

天窗架的纵向抗震计算，可采用空间结构分析法，并应考虑屋盖平面弹性变形和纵墙的有效刚度；柱高不超过 15m 的单跨和等高多跨钢筋混凝土无檩屋盖厂房的天窗架纵向地震作用，可采用底部剪刀法计算，但天窗架的地震作用效应应分别乘以下列增大系数：

单跨、边跨屋盖或有纵向内隔墙的中跨屋盖

$$\eta = 1 + 0.5n \tag{9-52}$$

其他中跨屋盖

$$\eta = 0.5n \tag{9-53}$$

式中 η——效应增大系数；

n——厂房跨数，超过四跨时按四跨考虑。

第 二 部 分

解 题 指 导

【例题 1-1】 地震烈度分布函数表达式（1-6）中形状参数 k 值的确定。

已知烈度分布函数表达式（1-6）

$$F_{\mathrm{III}}(I) = e^{-\left(\frac{\omega - I}{\omega - I_m}\right)^k} \tag{1-6}$$

试确定形状参数 k 的数值。

【解】 由于不少国家以 50 年超越概率为 10％的地震强度作为设计标准，为了简化计算起见，可统一按这一概率水准来确定形状参数 k。

现以北京地区为例，说明确定形状参数 k 的方法。已知北京地区众值烈度 $I_m = 6.19$ 度，50 年超越概率为 10％的烈度为 7.82 度，而地震烈度上限值为 12 度，将上列数值代入式（1-6），并注意到 $F_{\mathrm{III}}(I) = 0.90$，于是，

$$F_{\mathrm{III}}(I) = e^{-\left(\frac{12-7.82}{12-6.19}\right)^k} = e^{-(0.7194)^k} = 0.90$$

等号两边取自然对数：

$$-0.7194^k = \ln 0.9 = -0.10536$$

等号两边取常用对数：

$$k \lg 0.7194 = \lg 0.10536$$

于是得：

$$k = \frac{0.9773}{0.1430} = 6.834$$

【例题 2-1】 根据土的剪切波速和场地覆盖层厚度确定场地类别。

题表 2-1 为某工程场地地质钻孔地质资料，试确定该场地类别。

例题 2-1 附表 题表 2-1

土层底部深度（m）	土层厚度 d_i（m）	岩土名称	剪切波速 v_s（m/s）
2.50	2.50	杂填土	200
4.00	1.50	粉　土	280
4.90	0.90	中　砂	310
6.10	1.20	砾　砂	500

【解】 因为地面下 4.90m 以下土层剪切波速 $v_s = 500$m/s，所以场地计算深度 $d_0 = 4.90$m。按式（2-1）计算：

$$v_{se} = \frac{d_0}{\sum_{i-1}^{n} \frac{d_i}{v_{si}}} = \frac{4.90}{\frac{2.50}{200} + \frac{1.50}{280} + \frac{0.90}{310}} = 236\text{m/s}$$

由表 2-1 查得，当 $250\text{m/s} > v_{se} = 236\text{m/s} > 140\text{m/s}$ 且 $3\text{m} < d_{ov} = 4.90\text{m} < 5\text{m}$ 时，该场地属于Ⅱ类场地。

【例题 2-2】 无土的剪切波速资料时场地类别的确定。

题表 2-2 为 8 层、高度为 29m 丙类建筑的场地地质钻孔资料（无剪切波速资料），试确定该场地类别。

例题 2-2 附表 **题表 2-2**

土层底部深度（m）	土层厚度（m）	岩土名称	地基土静承载力特征值（kPa）
2.20	2.20	杂填土	130
8.00	5.80	粉质黏土	140
12.50	4.50	黏　土	160
20.70	8.20	中密的细砂	180
25.00	4.30	基　岩	—

【解】 场地覆盖层厚度 = 20.70m > 20m，故取场地计算深度 $d_0 = 20$m。本例在计算深度范围内有 4 层土，根据杂填土静承载力特征值 $f_{ak} = 130\text{kN/m}^2$，由表 2-2 取其剪切波速值 $v_s = 140$m/s；根据粉质黏土、黏土静承载力特征值分别为 140kN/m^2 和 160kN/m^2，以及中密的细砂，由表 2-2 查得，他们的剪切波速值范围均在 250～140m/s 之间，现取其平均值 $v_s = 195$m/s。

将上列数值入式（2-1），得

$$v_{se} = \frac{d_0}{\sum_{i=1}^{n} \frac{d_i}{v_{si}}} = \frac{20}{\frac{2.20}{140} + \frac{5.80}{195} + \frac{4.50}{195} + \frac{7.50}{195}} = 187\text{m/s}$$

由表 2-1 可知，该建筑场地为Ⅱ类场地。

【例题 2-3】 按初步判别法判别土的液化之一。

题图 2-1 为某场地地基剖面图。上覆非液化土层厚度 $d_u = 5.5$m，其下为砂土，地下水位深度 $d_w = 6.0$m。基础埋置深度 $d_b = 2$m，该场地为 8 度区。试按初步判别公式（2-28）和图 2-13 确定砂土是否须考虑液化的影响。

【解】 (1)按式(2-28) 计算

由表 2-6 查得液化土特征深度 $d_0 = 8$m，因为

$$\begin{aligned} &1.5d_0 + 2d_b - 4.5 \\ &= 1.5 \times 8 + 2 \times 2 - 4.5 \\ &= 11.5\text{m} = d_u + d_w \\ &= 5.5 + 6 = 11.5\text{m} \end{aligned}$$

计算表明，式（2-28）大于号两边恰好相等，故本例将好要进一步判别砂土层的液化影响。

(2) 按图 2-13 确定

在图 2-13（a）横坐标轴上找到 $d_u = 5.5$m，在纵坐标轴上找到 $d_w = 6$m，并分别作它们的垂线得交点。该交点恰好位于 8 度的斜线上。表明将好要进一步判别该砂土层液化的影响。

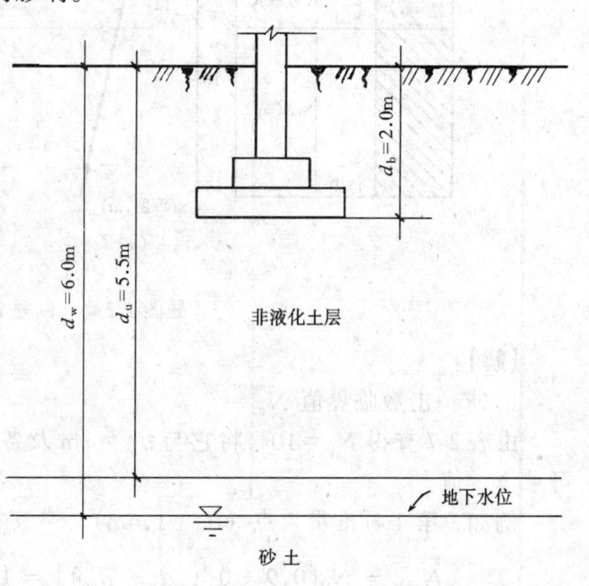

题图 2-1［例题 2-3］附图

【例题 2-4】 按初步判别法判别土的液化之二。

条件同［例题 2-3］，但基础埋深 $d_b = 2.5$m，试确定是否须考虑砂土层的液化影响。

【解】（1）按式（2-28）计算

因为

$$1.5d_0 + 2d_b - 4.5$$
$$= 1.5 \times 8 + 2 \times 2.5 - 4.5$$
$$= 12.5\text{m} > 11.5\text{m}$$

故须进一步判别砂土层液化影响。

（2）按图 2-13 确定

在图 2-13（a）横坐标上找到 $d_u-(d_b-2)=5.5-(2.5-2)=5\text{m}$，在纵坐标上找到 $d_w-(d_b-2)=6-(2.5-2)=5.5\text{m}$，并分别作垂线得交点，由于该交点位于 8 度斜线的左上方，故须进一步判别砂土层液化的影响。

【例题 2-5】 求地基液化指数和确定液化等级。

基础埋深为 2m，地下水位深度 $d_w=1\text{m}$。该场地为 8 度区，设计基本地震加速度为 $0.20g$，设计地震分组为第一组。其他已知条件见题表 2-3。求题图 2-2 柱状图所示地基的液化指数和液化等级。

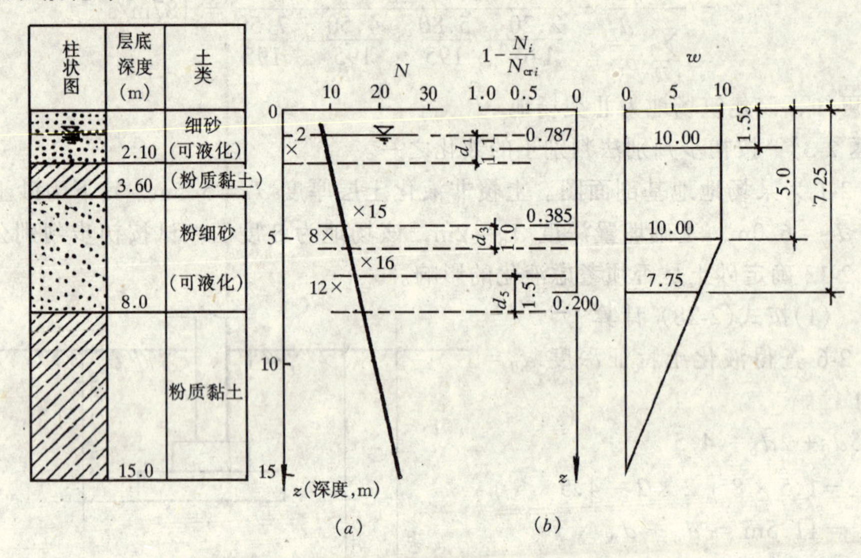

题图 2-2 ［例题 2-5］附图

【解】

1. 求锤击数临界值 N_{cri}

由表 2-7 查得 $N_0=10$，将它与 $d_w=1\text{m}$ 及各标准贯入点 d_s 值一并代入式（2-32），即可求 N_{cri} 值。

例如，第 1 标准贯入点（$d_s=1.4\text{m}$）

$$N_{cr1} = N_0[0.9+0.1(d_s-d_w)] = 10[0.9+0.1(1.4-1)] = 9.4$$

其余各点 N_{cri} 值见题表 2-3。

2. 求各标准贯入点所代表的土层厚度 d_i 及其中点的深度 z_i

$$d_1 = 2.1 - 1.0 = 1.1\text{m}, \qquad z_1 = 1.0 + \frac{1.1}{2} = 1.55\text{m}$$

$$d_3 = 5.5 - 4.5 = 1.0\text{m}, \qquad z_3 = 4.5 + \frac{1.0}{2} = 5.0\text{m}$$

$$d_5 = 8.0 - 6.5 = 1.5\text{m}, \qquad z_5 = 6.5 + \frac{1.5}{2} = 7.25\text{m}$$

3. 求 d_i 层中点所对应的权函数值 w_i

z_1 和 z_3 均不超过 5m，故它们所对应的权函数值 $w_1 = w_3 = 10\text{m}^{-1}$，而 $z_5 = 7.25\text{m}$，且基础埋深为 2m＜5m，因此，液化判别深度取 15m。故它所对应的权函数值为：

$$w_5 = \frac{10}{10}(15 - 7.25) = 7.75\ \text{m}^{-1}$$

4. 求液化指数 I_{LE}

$$I_{\text{LE}} = \sum_{i=1}^{n}\left(1 - \frac{N_i}{N_{\text{cr}i}}\right)d_i w_i = \left(1 - \frac{2}{9.4}\right)\times 1.1 \times 10 + \left(1 - \frac{8}{13}\right)\times 1 \times 10$$

$$+ \left(1 - \frac{12}{15}\right)\times 1.5 \times 7.75 = 14.84$$

5. 判断液化等级

根据液化指数 $I_{\text{LE}} = 14.84$ 在 5～15 之间，故该地基的液化等级属于中等。

上述计算过程可按题表 2-3 进行。

例题 2-5 附表 **题表 2-3**

柱状图	标准贯入点的编号 i	锤击数实测值 N_i	贯入试验深度 d_{si} (m)	锤击数临界值 $N_{\text{cr}i}$	$1-\frac{N_i}{N_{\text{cr}i}}$	标准贯入点所代表的土层厚度 d_i(m)	d_i 的中点深度 z_i (m)	与 z 相对应的权函数 w_i	$\left(1-\frac{N_i}{N_{\text{cr}i}}\right)\times d_i w_i$	液化指数 I_{1E}
±0.0 细砂 −1.0 −2.1	1	2	1.40	9.4	0.787	1.55	1.10	10	8.66	
粉质黏土 −3.6	2	15	4.00	12	—	—	—	—	—	14.84
粉细砂	3	8	5.00	13	0.385	1.00	5.00	10	3.8	
	4	16	6.00	14	—	—	—	—	—	
−8.0	5	12	7.00	15	0.200	1.50	7.25	7.75	2.33	

【**例题 3-1**】 反应谱特征周期 T_g 的确定。

某建筑所在地区的设计地震分组为一组，场地覆盖层厚度 $d_{ov}=54$m，土层等效剪切波速 $v_{se}=135$m/s，（Ⅲ类场地）。试确定该建筑场地反应谱特征周期。

【**解**】 根据表 2-1 绘出 $v_{se}-d_{ov}$关系图，见题图 3-1（a）。在图中并标出分区分界线附近 15%范围区域（用阴影线表示部分）。因为由 50m<$d_{ov}=54$m<57.5m 和 119m/s<$v_{se}=135$m/s<140m/s 横坐标和纵坐标所确定的点 c 位于题图 3-1（a）的阴影线范围内，

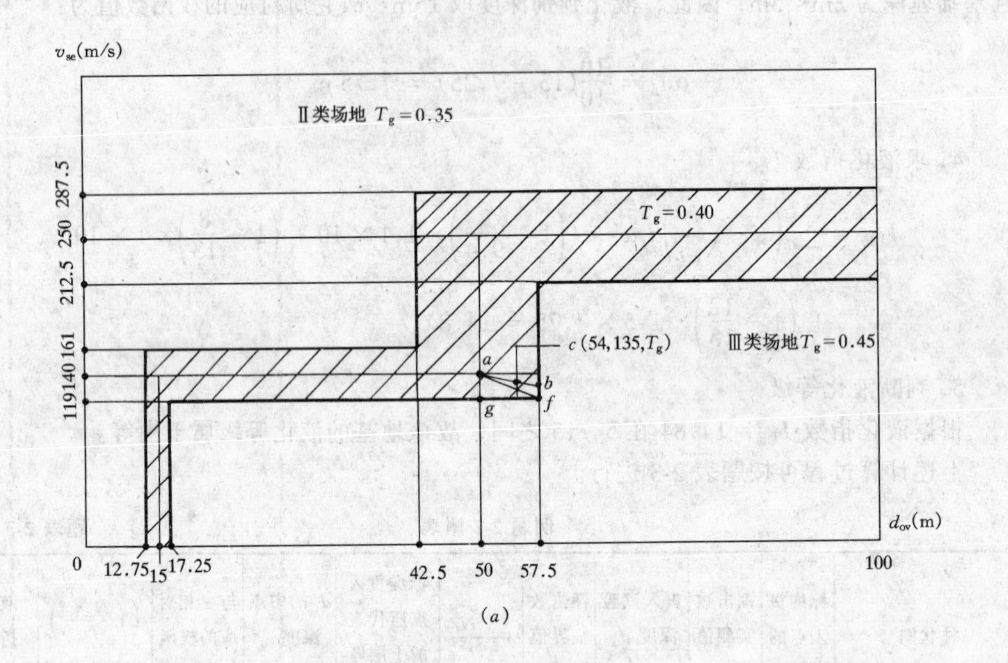

(a)

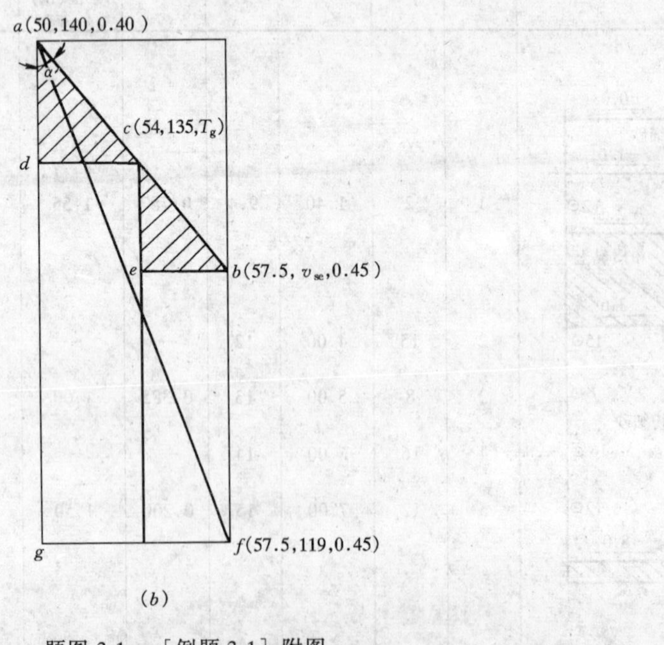

(b)

题图 3-1 ［例题 3-1］附图

故应按插入法确定特征周期。

现将 c 点邻近图形取出，并放大绘于题图 3-1（b）中。由图可见，各点的向量为：

$$a\text{ 点}\begin{bmatrix}d_{ov}\\v_{se}\\T_g\end{bmatrix}=\begin{bmatrix}50\\140\\0.40\end{bmatrix}\qquad b\text{ 点}\begin{bmatrix}d_{ov}\\v_{se}\\T_g\end{bmatrix}=\begin{bmatrix}57.5\\v_{se}\\0.45\end{bmatrix}$$

$$c\text{ 点}\begin{bmatrix}d_{ov}\\v_{se}\\T_g\end{bmatrix}=\begin{bmatrix}54\\13.5\\T_g\end{bmatrix}\qquad f\text{ 点}\begin{bmatrix}d_{ov}\\v_{se}\\T_g\end{bmatrix}=\begin{bmatrix}57.5\\119\\0.45\end{bmatrix}$$

由图中可见：

$$\overline{dc}=54-50=4，\overline{ad}=140-135=5，\tan\alpha=\frac{\overline{dc}}{\overline{ad}}=\frac{4}{5}，\overline{eb}=57.5-54=3.5$$

显然
$$\overline{ac}=\sqrt{\overline{ad}^2+\overline{dc}^2}=\sqrt{5^2+4^2}=6.40$$

而
$$\frac{\overline{eb}}{\overline{ce}}=\frac{3.5}{\overline{ce}}=\tan\alpha=\frac{4}{5},\text{于是}\overline{ce}=\frac{3.5\times5}{4}=4.38$$

由此，

$$cb=\sqrt{\overline{ce}^2+\overline{eb}^2}=\sqrt{4.38^2+3.5^2}=5.60,$$

故
$$ab=\overline{ac}+\overline{cb}=6.40+5.60=12.00$$

由三角形比例关系，所求建筑场地反应谱的特征周期为：

$$T_g=0.40+\frac{0.45-0.40}{12.00}\times6.40=0.427\text{s}$$

【例题 3-2】 按三坐标反应谱确定结构位移、速度和加速度反应及反应谱特征周期和地震动峰值加速度。

题图 3-2 是根据震级为 7 级，震中距为 25km，结构阻尼比 $\zeta=0.05$ 绘制的某地三坐标反应谱。

试确定结构周期 $T=0.176$s 时结构的位移反应 S_d、速度反应 S_v、加速度反应 S_a，及反应谱特征周期 T_g 和地震动峰值加速度 $|\ddot{x}_g|_{max}$。

【解】 1. 求 S_d、S_v 和 S_a

由题图 3-2 三坐标反应谱查得，当结构周期 $T=0.176$s 时，位移反应 $S_d=0.584$cm、速度反应 $S_v=20.87$cm/s 和加速度反应 $S_a=745$cm/s^2。

上面数值也可由公式求得：

按式（3-15）算出：

$$S_v=\omega S_d=\frac{2\pi}{T}S_d=\frac{2\pi}{0.176}\times0.584=20.87\text{cm/s}$$

按式（3-18b）算出：

$$S_a=\omega S_v=\frac{2\pi}{T}S_v=\frac{2\pi}{0.176}\times20.87=745\text{cm/s}^2$$

2. 求 T_g 和 $|\ddot{x}_g|_{max}$

由例题附图中查得 $S_{v,max}=31.416$cm/s 和 $S_{a,max}=745$cm/s^2，代入式（3-43）求得：

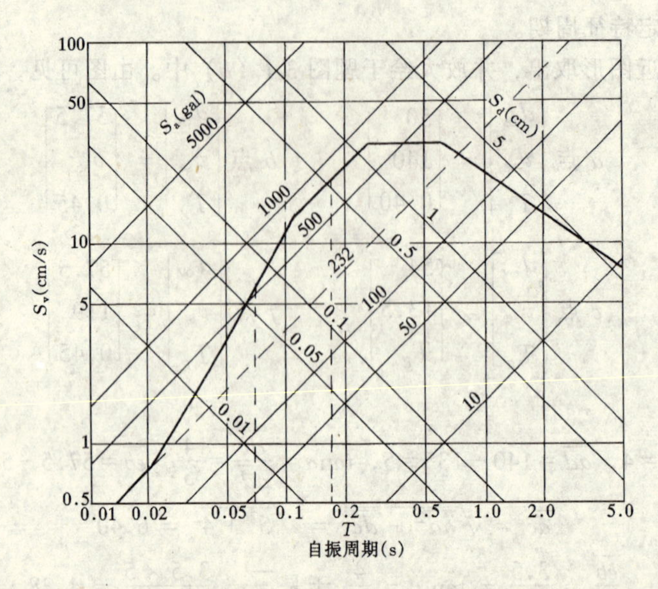

题图 3-2 ［例题 3-2］附图

$$T_g = 2\pi \frac{S_{v,max}}{S_{a,max}} = 2\pi \frac{31.416}{745} = 0.264s$$ [1]

3. 求 $|\ddot{x}_g|_{max}$

由题图 3-2 中查得当 $T = 0.01 \approx 0$ 时，$S_a = 232cm/s^2$，这时结构为刚性结构，动力放大系数 $\beta = 1.0$，故由式（3-30）得：

$$|\ddot{x}_g|_{max} = \frac{S_a}{\beta} = \frac{232}{1.0} = 232cm/s^2$$

【例题 3-3】 单层钢筋混凝土框架地震作用计算。

单层钢筋混凝土框架计算简图如题图 3-3 所示。集中于屋盖处的重力荷载代表值 $G=1200kN$（题图 3-3b）。梁的抗弯刚度 $EI=\infty$，柱的截面尺寸 $b \times h = 350mm \times 350mm$，采用 C20 的混凝土，结构的阻尼比 $\zeta = 0.05$。Ⅱ类场地，设防烈度为 7 度，设计基本地震加速度为 $0.10g$，建筑所在地区的设计地震分组为第二组。试确定在多遇地震作用下框架的水平地震作用标准值，并绘出地震内力图。

【解】（1）求水平地震作用标准值

C20 的混凝土弹性模量 $E = 25.5kN/mm^2$，柱的惯性矩

$$I = \frac{1}{12}bh^3 = \frac{1}{12} \times 0.35 \times 0.35^3 = 1.25 \times 10^{-3}m^4$$

按式（3-37）计算框架自振周期

$$\delta = \frac{1}{EI}\int \overline{M}^2 dx = \frac{1}{EI} \quad 4\omega_1 y_1 = \frac{4}{25.5 \times 10^6 \times 1.25 \times 10^{-3}}$$

$$\times \frac{1}{2} \times 1.25 \times 2.5 \times \frac{2}{3} \times 1.25 = 1.6 \times 10^{-4}m$$

---

[1] 由例题附图中相应于 $S_{a,max}$ 的直线与相应于 $S_{v,max}$ 的直线的交点所对应的周期即为所求 $T_g = 0.264s$。

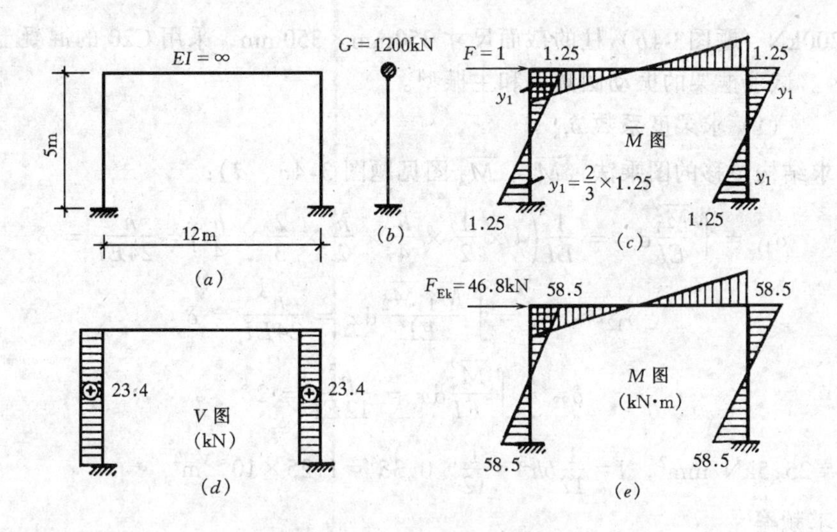

题图 3-3 ［例题 3-3］附图

$$T = 2\pi\sqrt{\frac{G\delta}{g}} = 2\pi\sqrt{\frac{1200 \times 1.6 \times 10^{-4}}{9.81}} = 0.88\text{s}$$

其中 $\overline{M}$ 图参见例题附图（c）。

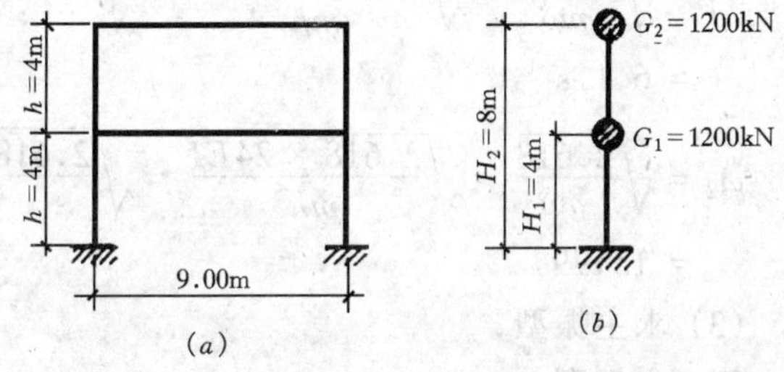

查表 3-4，当抗震设防烈度为 7 度，设计基本地震加速度为 0.10g，多遇地震时，$\alpha_{\max} = 0.08$；当Ⅱ类场地，设计地震分组为第二组时，$T_g = 0.40$s。

因为 $T_g = 0.40\text{s} < T = 0.88\text{s} < 5T_g = 5 \times 0.40 = 2\text{s}$，故按式（3-36）计算地震影响系数：

$$\alpha = \left(\frac{T_g}{T}\right)^{0.9}\alpha_{\max}$$

$$= \left(\frac{0.40}{0.88}\right)^{0.9} \times 0.08 = 0.039$$

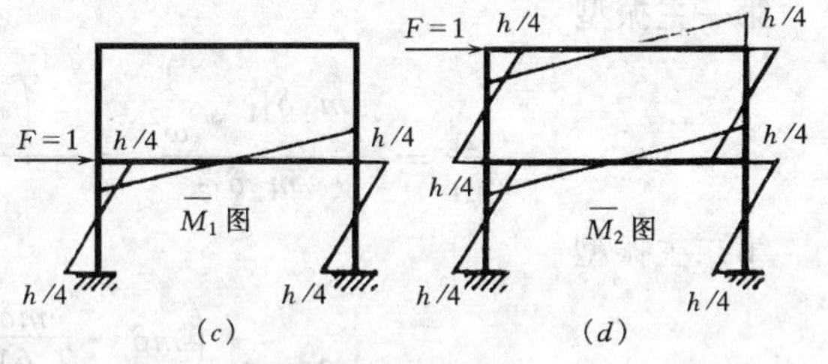

按式（3-34）计算水平地震作用标准值

$$F_{Ek} = \alpha G = 0.039 \times 1200 = 46.80\text{kN}$$

（2）求地震内力标准值，并绘出内力图

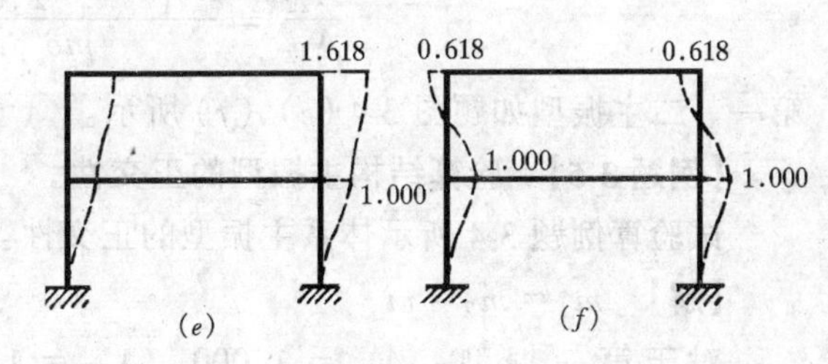

题图 3-4 ［例题 3-4］附图

求得水平地震作用标准值 $F_{Ek} = 46.80$kN 后，就可把它加到框架横梁标高处，按静载计算框架地震内力 V 和 M。

地震内力 V 图、M 图见题图 3-3（d）、（e）。

【例题 3-4】 求框架振动圆频率和主振型。

某二层钢筋混凝土框架（题图3-4a），集中于楼盖和屋盖处的重力荷载代表值相等 G_1

$= G_2 = 1200\text{kN}$（题图3-4b），柱的截面尺寸350mm×350mm，采用C20的混凝土，梁的刚度 $EI = \infty$。试求框架的振动圆频率和主振型。

【解】 （1）求柔度系数 δ_{ik}

根据求结构位移的图乘法（$\overline{M}_1$、$\overline{M}_2$ 图见题图 3-4c、d）：

$$\delta_{11} = \int \frac{\overline{M}_1^2}{EI}\mathrm{d}x = \frac{1}{EI}\left(4 \times \frac{1}{2} \times \frac{h}{4} \times \frac{h}{2} \times \frac{2}{3} \times \frac{h}{4}\right) = \frac{h^3}{24EI} = \delta$$

$$\delta_{12} = \delta_{21} = \int \frac{\overline{M}_1\ \overline{M}_2}{EI}\mathrm{d}x = \frac{h^3}{24EI} = \delta$$

$$\delta_{22} = \int \frac{\overline{M}_2^2}{EI}\mathrm{d}x = \frac{h^3}{12EI} = 2\delta$$

其中，$E = 25.5\text{kN/mm}^2$，$I = \frac{1}{12}bh^3 = \frac{1}{12} \times 0.35^4 = 1.25 \times 10^{-3}\text{m}^4$

（2）求频率

$$\omega_{1,2}^2 = \frac{(m\delta + 2m\delta) \mp \sqrt{(m\delta + 2m\delta)^2 - 4m^2(2\delta^2 - \delta^2)}}{2m^2(2\delta^2 - \delta^2)} = \frac{3 \mp \sqrt{5}}{2m\delta}$$

$$\omega_1 = \sqrt{\frac{0.382}{m\delta}} = \sqrt{\frac{0.382 \times 24EI}{mh^3}} = \sqrt{\frac{0.382 \times 24 \times 25.5 \times 10^6 \times 1.25 \times 10^{-3} \times 9.81}{1200 \times 4^3}}$$

$$= 6.11\text{s}^{-1}$$

$$\omega_2 = \sqrt{\frac{2.618}{m\delta}} = \sqrt{\frac{2.618 \times 24EI}{mh^3}} = \sqrt{\frac{2.618 \times 24 \times 25.5 \times 10^6 \times 1.25 \times 10^{-3} \times 9.81}{1200 \times 4^3}}$$

$$= 15.99\text{s}^{-1}$$

（3）求主振型

第一主振型

$$\frac{A_{21}}{A_{11}} = -\frac{m_1\delta_{11} - \frac{1}{\omega_1^2}}{m_2\delta_{12}} = \frac{-\left(m\delta - \frac{m\delta}{0.382}\right)}{m\delta} = \frac{1.618}{1.000}$$

第二主振型

$$\frac{A_{22}}{A_{12}} = \frac{-\left(m\delta - \frac{m\delta}{2.618}\right)}{m\delta} = \frac{-0.618}{1.000}$$

第一、二主振型如题图 3-4（e）、（f）所示。

【例题 3-5】 验算结构主振型的正交性。

试验算例题 3-4 所示体系主振型的正交性。

【解】 $m_1 = m_2 = m$

对于第一振型：$A_{11} = 1.000$，$A_{21} = 1.618$；对于第二振型 $A_{12} = 1.000$，$A_{22} = -0.618$，将上列数值代入式（3-71），得：

$$\{X\}_j^{\mathrm{T}}[m]\{X\}_{\mathrm{k}} = [1.000 \quad 1.618]\begin{bmatrix} m & 0 \\ 0 & m \end{bmatrix}\begin{Bmatrix} 1.000 \\ -0.618 \end{Bmatrix} = 0$$

故证明例题 3-4 主振型计算结果是正确的。

【例题 3-6】 按振型分解法求框架水平地震作用和内力。

试按振型分解反应谱法确定例题 3-4 所示钢筋混凝土框架的多遇水平地震作用 F_{ij}，并绘出地震剪力图和弯矩图。建筑场地为Ⅱ类，抗震设防烈度 7 度，设计地震分组为第二组，设计基本地震加速度为 $0.10g$，结构的阻尼比 $\zeta=0.05$。

【解】 (1) 求水平地震作用

由例题 3-4 可知，$\omega_1=6.11\text{s}^{-1}$，$\omega_2=15.99\text{s}^{-1}$，于是自振周期为：

$$T_1=\frac{2\pi}{\omega_1}=\frac{2\pi}{6.11}=1.028\text{s}$$

$$T_2=\frac{2\pi}{\omega_2}=\frac{2\pi}{15.99}=0.393\text{s}$$

而主振型

$$x_{11}=1.000,\quad x_{21}=1.618$$

$$x_{12}=1.000,\quad x_{22}=-0.618$$

相应于第一振型的水平地震作用，按式（3-125）计算

$$F_{i1}=\alpha_1\gamma_1x_{i1}G_i$$

由表 3-2 查得，当Ⅱ类建筑场地，设计地震分组为第二组时，特征周期 $T_g=0.40\text{s}$；由表 3-4 查得，多遇地震，7 度时，设计基本地震加速度为 $0.10g$，水平地震影响系数最大值 $\alpha_{\max}=0.08$。按式（3-36）算出相应于第一振型自振周期 T_1 的地震影响系数：

$$\alpha_1=\left(\frac{T_g}{T_1}\right)^{0.9}\alpha_{\max}=\left(\frac{0.40}{1.028}\right)^{0.9}\times0.08=0.033$$

按式（3-112）计算第一振型参与系数

$$\gamma_1=\frac{\sum_{i=1}^{n}m_ix_{i1}}{\sum_{i=1}^{n}m_ix_{i1}^2}=\frac{\sum_{i=1}^{n}G_ix_{i1}}{\sum_{i=1}^{n}G_ix_{i1}^2}=\frac{1200\times1.000+1200\times1.618}{1200\times1.000^2+1200\times1.618^2}=0.724$$

于是

$$F_{11}=0.033\times0.724\times1.000\times1200=28.67\text{kN}$$

$$F_{21}=0.033\times0.724\times1.618\times1200=46.39\text{kN}$$

相应于在第二振型上的水平地震作用

$$F_{i2}=\alpha_2\gamma_2x_{i2}G_i$$

因为 $0.10\text{s}<T_2=0.393\text{s}<T_g=0.40\text{s}$，故取 $\alpha_1=\alpha_{\max}=0.08$

而

$$\gamma_2=\frac{\sum_{i=1}^{n}G_ix_{i2}}{\sum_{i=1}^{n}G_ix_{i2}^2}=\frac{1200\times1.000+1200\times(-0.618)}{1200\times1.000^2+1200(-0.618)^2}=0.276$$

于是

$$F_{12}=0.08\times0.276\times1.000\times1200=25.97\text{kN}$$

$$F_{22}=0.08\times0.276\times(-0.618)\times1200=-16.05\text{kN}$$

(2) 绘地震内力图

相应于第一、第二振型的地震作用和剪力图如题图 3-5 (a)、(b)、(c)、(d) 所示。

组合地震剪力

第 2 层　$V_2=\sqrt{\sum_{j=1}^{2}V_i^2}=\sqrt{23.20^2+(-8.03)^2}=24.55\text{kN}$

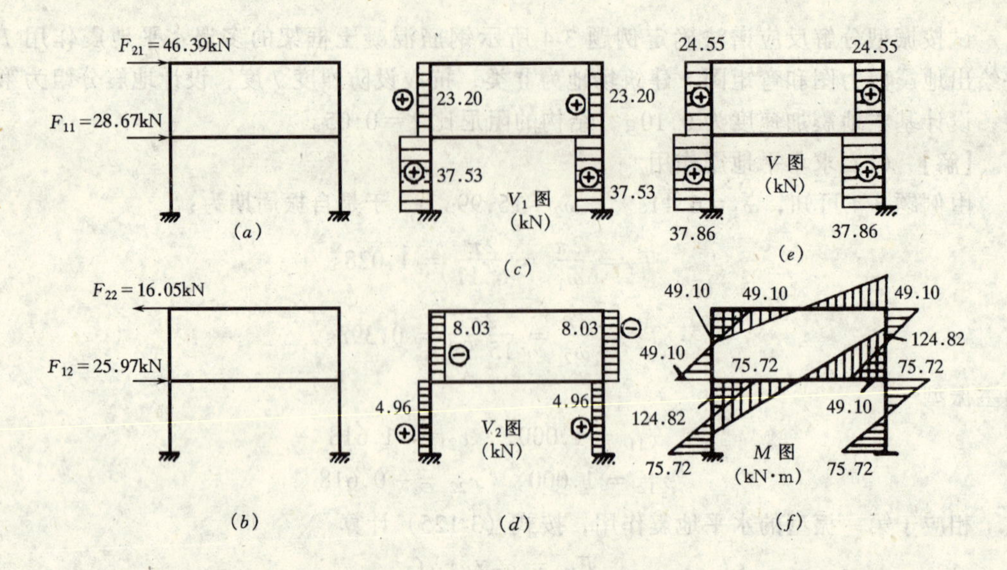

题图 3-5 ［例题 3-6］附图

(a) 相应于第一振型地震作用；(b) 第二振型地震作用；(c) 第一振型地震剪力图；(d) 第二振型地震剪力图；(e) 组合地震剪力图；(f) 组合地震弯矩图

第 1 层 $V_1=\sqrt{\sum_{j=1}^{2}V_i^2}=\sqrt{37.53^2+4.96^2}=37.86\text{kN}$

组合地震剪力图如题图 3-5(e) 所示；组合地震弯矩图如题图 3-5(f) 所示。

【例题 3-7】 按底部剪力法求框架水平地震作用和内力。

已知条件同例题 3-6。试按底部剪力法计算水平地震作用，并绘地震剪力图和弯矩图。

【解】 已知 $G_1=G_2=1200\text{kN}$，$H_1=4\text{m}$，$H_2=8\text{m}$，$T_g=0.4\text{s}$，$T_1=1.028\text{s}$，$\alpha_1=0.033$。

(1) 求总水平地震作用标准值（即底部剪力）

按式 (3-127) 计算

$$F_{Ek}=\alpha_1 G_{eq}=\alpha_1\xi G=0.033\times0.85(1200+1200)=67.32\text{kN}$$

(2) 求作用在各质点上的水平地震作用标准值（题图 3-6a）

由表 3-6 查得，当 $T_g=0.4\text{s}$，$T_1=1.028\text{s}>1.4\times T_g=1.4\times0.4=0.56\text{s}$

$$\delta_n=0.08T_1+0.01=0.08\times1.028+0.01=0.092$$

按式 (3-131) 计算

$$\Delta F_n=\delta_n F_{Ek}=0.092\times67.32=6.193\text{kN}$$

按式 (3-130) 计算 F_i

$$F_1=\frac{G_1H_1}{\sum_{j=1}^{n}G_jH_j}F_{Ek}(1-\delta_n)=\frac{1200\times4}{1200\times4+1200\times8}\times67.32(1-0.092)$$

$$=20.37\text{kN}$$

$$F_2=\frac{G_2H_2}{\sum_{j=1}^{n}G_jH_j}F_{\mathrm{Ek}}(1-\delta_{\mathrm{n}})=\frac{1200\times8}{1200\times4+1200\times8}\times67.32(1-0.092)$$

$$=40.75\mathrm{kN}$$

(3) 绘地震内力图

地震剪力图和弯矩图，见题图 3-6（b）、（c）。

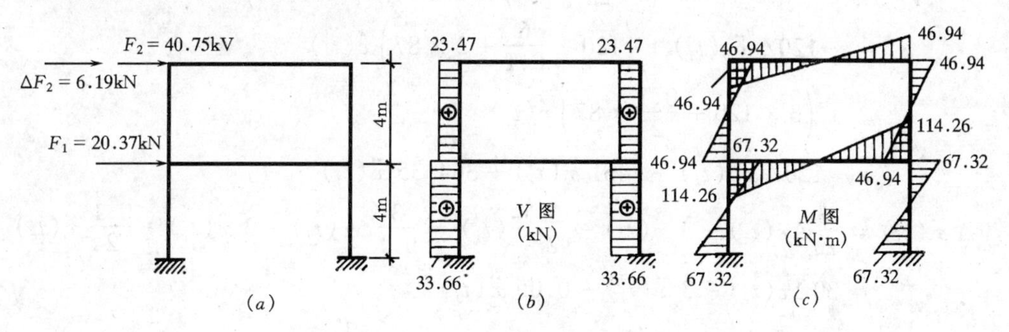

题图 3-6 ［例题 3-7］附图

【例题 3-8】 按时程分析法求结构的地震位移、速度和加速度反应。

试按时程分析法确定例题 3-3 单层框架结构处于弹性阶段在 0.8s 时段内的地震位移 $x(t)$、速度 $\dot{x}(t)$ 和加速度 $\ddot{x}(t)$ 反应。

已知框架弹性侧移刚度 $k=6250\mathrm{kN/m}$，阻尼系数 $c=87\mathrm{kN\cdot s/m}$，结构质量 $m=120t$（题图 3-7a），结构自振周期 $T=0.88$s。地面加速度记录曲线如题图 3-7(b) 所示。

【解】 1. 确定时间步长

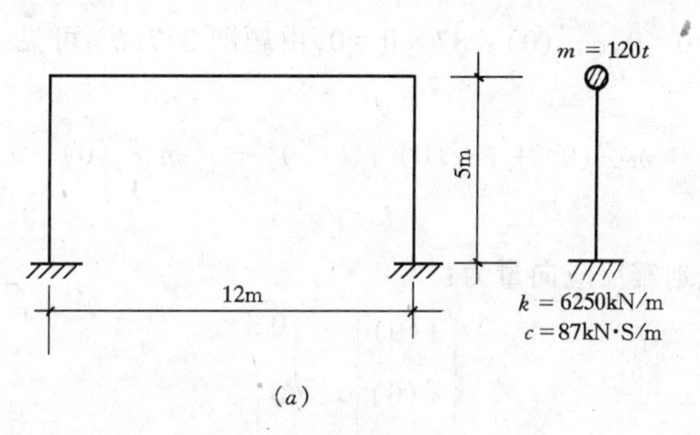

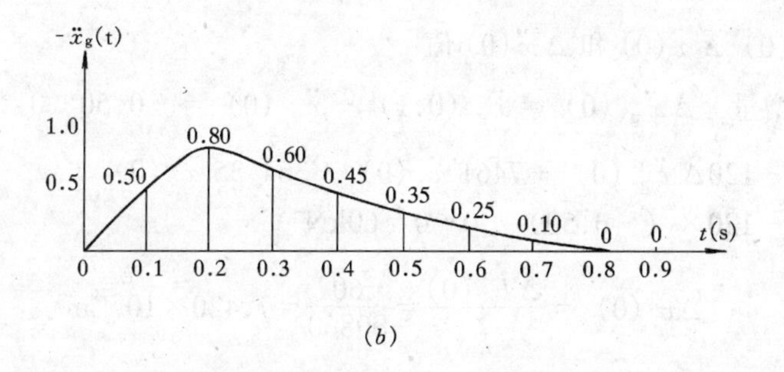

题图 3-7 ［例题 3-8］附图之一

根据经验，取时间步长 $\Delta t=\frac{T}{10}=\frac{0.88}{10}\approx 0.10\text{s}$

2. 列出计算参数公式

$$\tilde{k}=k+\frac{6}{\Delta t^{2}}m+\frac{3}{\Delta t}c=6250+\frac{6}{0.1^{2}}\times 120+\frac{3}{0.1}\times 87=80860\text{kN/m}$$

$$\Delta\tilde{F}(t_i)=-m\Delta\ddot{x}_{g}(t_i)+\left(m\frac{6}{\Delta t}+3c\right)\dot{x}(t_i)+\left(3m+\frac{\Delta t}{2}c\right)\ddot{x}(t_i)$$

$$=-120\Delta\ddot{x}_{g}(t_i)+\left(120\times\frac{6}{0.1}+3\times 87\right)\dot{x}(t_i)$$

$$+\left(3\times 120+\frac{0.1}{2}\times 87\right)\dot{x}(t_i)$$

$$=-120\Delta\ddot{x}_{g}(t_i)+7461\dot{x}(t_i)+364.35\ddot{x}(t_i)$$

$$\Delta\dot{x}(t_i)=\frac{3}{\Delta t}\Delta x(t_i)-3\dot{x}(t_i)-\frac{\Delta t}{2}\ddot{x}(t_i)=\frac{3}{0.1}\Delta x(t_i)-3\dot{x}(t_i)-\frac{0.1}{2}\ddot{x}(t_i)$$

$$=30\Delta x(t_i)-3\dot{x}(t_i)-0.05\ddot{x}(t_i)$$

$$\Delta\ddot{x}(t_i)=\frac{1}{m}[-m\Delta\ddot{x}_{g}(t_i)-c\Delta\dot{x}(t_i)-k\Delta x(t_i)]=\frac{1}{120}[-120\Delta\ddot{x}_{g}(t_i)-87\Delta\dot{x}(t_i)$$

$$-6250\Delta x(t_i)]$$

$$=-\Delta\ddot{x}_{g}(t_i)-0.725\Delta\dot{x}(t_i)-52.083\Delta x(t_i)$$

3. 计算各时刻的质点位移、速度和加速度

(1) $t=0\text{s}$

1) 计算 $x(0)$、$\dot{x}(0)$和$\ddot{x}(0)$值

根据已知初始条件 $x(0)=0,\dot{x}(0)=0$

由此 $kx(0)=6250\times 0=0, c\dot{x}(0)=87\times 0=0$，由题图 3-7($b$) 可见 $\ddot{x}_{g}(0)=0$，则由运动微分方程：

$$m\ddot{x}(0)+c\dot{x}(0)+kx(0)=-m\ddot{x}_{g}(0)$$

得 $\ddot{x}(0)=0$

这样，当 $t=0$ 时质点地震反应向量为：

$$\begin{Bmatrix}x(0)\\ \dot{x}(0)\\ \ddot{x}(0)\end{Bmatrix}=\begin{Bmatrix}0\\ 0\\ 0\end{Bmatrix}$$

2) 计算 $\Delta x(0)$、$\Delta\dot{x}(0)$ 和 $\Delta\ddot{x}(0)$ 值

地面加速度增量 $\Delta\ddot{x}_{g}(0)=\ddot{x}_{g}(0.1)-\ddot{x}_{g}(0)=-0.50-0=-0.50\text{m/s}^2$

$$\Delta\tilde{F}(0)=-120\Delta\ddot{x}_{g}(0)+7461\dot{x}(0)+364.35\ddot{x}(0)$$

$$=-120\times(-0.50)+0+0=60\text{kN}$$

$$\Delta x(0)=\frac{\Delta\tilde{F}(0)}{\tilde{k}}=\frac{60}{80860}=7.420\times 10^{-4}\text{m}$$

$$\Delta\dot{x}(0)=30\Delta x(0)-3\dot{x}(0)-0.05\ddot{x}(0)$$

$$=30\times7.420\times10^{-4}-3\times0-0.05\times0=0.0223\text{m/s}$$

$$\Delta\ddot{x}(0)=-\Delta\ddot{x}_g(0)-0.725\Delta\dot{x}(0)-52.083\Delta x(0)=-(-0.50)$$
$$-0.725\times0.0223-52.083\times7.420\times10^{-4}=0.445\text{m/s}^2$$

(2) $t=0.1\text{s}$

1) 计算 $x(0.1)$、$\dot{x}(0.1)$ 和 $\ddot{x}(0.1)$ 值

$$x(0.1)=x(0)+\Delta x(0)=0+7.420\times10^{-4}=7.420\times10^{-4}\text{ m}$$
$$\dot{x}(0.1)=\dot{x}(0)+\Delta\dot{x}(0)=0+0.0223=0.0223\text{m/s}$$
$$\ddot{x}(0.1)=\ddot{x}(0)+\Delta\ddot{x}(0)=0+0.445=0.445\text{m/s}^2$$

当 $t=0.1\text{s}$ 时质点地震反应向量为：

$$\begin{Bmatrix}x(0.1)\\\dot{x}(0.1)\\\ddot{x}(0.1)\end{Bmatrix}=\begin{Bmatrix}0.000742\\0.0223\\0.4450\end{Bmatrix}$$

2) 计算 $\Delta x(0.1)$、$\Delta\dot{x}(0.1)$ 和 $\Delta\ddot{x}(0.1)$ 值

$$\Delta\ddot{x}_g(0.1)=\ddot{x}_g(0.2)-\ddot{x}_g(0.1)=-0.80-(-0.50)=-0.30\text{m/s}^2$$

$$\Delta\tilde{F}(0.1)=-120\Delta\ddot{x}_g(0.1)+7461\dot{x}(0.1)+364.35\ddot{x}(0.1)$$
$$=-120\times(-0.30)+7461\times0.0223+364.35\times0.445=364.516\text{kN}$$

$$\Delta x(0.1)=\frac{\Delta\tilde{F}(0.1)}{\tilde{k}}=\frac{364.516}{80860}=4.51\times10^{-3}\text{m}$$

$$\Delta\dot{x}(0.1)=30\Delta x(0.1)-3\dot{x}(0.1)-0.05\ddot{x}(0.1)$$
$$=30\times4.51\times10^{-3}-3\times0.0223-0.05\times0.445=0.0458\text{m/s}$$

$$\Delta\ddot{x}(0.1)=-\Delta\ddot{x}_g(0.1)-0.725\Delta\dot{x}(0.1)-52.083\Delta x(0.1)$$
$$=-(-0.30)-0.725\times0.0458-52.083\times4.51\times10^{-3}=0.0318\text{m/s}^2$$

(3) $t=0.2\text{s}$

1) 计算 $x(0.2)$、$\dot{x}(0.2)$ 和 $\ddot{x}(0.2)$ 值

$$x(0.2)=x(0.1)+\Delta x(0.1)=0.000742+0.00451=0.00525\text{m}$$
$$\dot{x}(0.2)=\dot{x}(0.1)+\Delta\dot{x}(0.1)=0.0223+0.0458=0.0681\text{m/s}$$
$$\ddot{x}(0.2)=\ddot{x}(0.1)+\Delta\ddot{x}(0.1)=0.445+0.0318=0.477\text{m/s}^2$$

当 $t=0.2\text{s}$ 时质点地震反应向量为：

$$\begin{Bmatrix}x(0.2)\\\dot{x}(0.2)\\\ddot{x}(0.2)\end{Bmatrix}=\begin{Bmatrix}0.00525\\0.0681\\0.4770\end{Bmatrix}$$

2) 计算 $\Delta x(0.2)$、$\Delta\dot{x}(0.2)$ 和 $\Delta\ddot{x}(0.2)$ 值

$$\Delta \ddot{x}_g(0.2) = \ddot{x}_g(0.3) - \ddot{x}_g(0.2) = (-0.60) - (-0.80) = 0.2\text{m/s}^2$$

$$\Delta \tilde{F}(0.2) = -120 \times \Delta \ddot{x}_g(0.2) + 7461\, \dot{x}(0.2) + 364.35\, \ddot{x}(0.2)$$

$$= -120 \times 0.2 + 7461 \times 0.0681 + 364.35 \times 0.477 = 657.89\text{kN}$$

$$\Delta x(0.2) = \frac{\Delta \tilde{F}(0.2)}{\tilde{k}} = \frac{657.89}{80860} = 0.00814\text{m}$$

$$\Delta \dot{x}(0.2) = 30\Delta x(0.2) - 3\, \dot{x}(0.2) - 0.05\, \ddot{x}(0.2)$$

$$= 30 \times 0.00814 - 3 \times 0.0681 - 0.05 \times 0.477 = 0.0160\text{m/s}$$

$$\Delta \ddot{x}(0.2) = -\Delta \ddot{x}_g(0.2) - 0.725\Delta \dot{x}(0.2) - 52.083\Delta x(0.2)$$

$$= -0.2 - 0.725 \times 0.0160 - 52.083 \times 0.00814 = -0.636\text{m/s}^2$$

（4） $t = 0.3\text{s}$

以下列式计算从略。其计算过程参见题表 3-1。

例题 3-8 附表 **题表 3-1**

(1)	i	0	1	2	3	4	5	6	7	8	9
(2)	t(s)	0	0.1	0.2	0.3	0.4	0.5	0.6	0.7	0.8	0.9
(3)	$\ddot{x}_g(t)$(m/s²)	0	-0.50	-0.80	-0.60	-0.45	-0.35	-0.25	-0.10	0.00	0.00
(4)	$\Delta \ddot{x}_g(t)$(m/s²)	-0.50	-0.30	0.20	0.15	0.10	0.10	0.15	0.10	0	—
(5)	$x(t)10^{-3}$(m)	0	0.742	5.250	13.390	20.200	21.300	15.500	5.100	-6.000	-13.570
(6)	$\dot{x}(t)10^{-3}$(m/s)	0	22.300	68.100	84.100	44.400	-24.600	-86.500	-114.000	-100.700	-44.900
(7)	$\ddot{x}(t)10^{-3}$(m/s²)	0	445.00	477.00	-159.00	-635.00	-742.00	-497.00	-85.00	383.00	737.00
(8)	$-120\Delta \ddot{x}_g(t)$	60	36	-24	-18	-12	-12	-18	-12	0	
(9)	$7461\, \dot{x}(t)$	0	166.384	508.090	627.470	330.890	-183.540	-645.370	-850.550	-751.32	
(10)	$364.35\, \ddot{x}(t)$	0	162.136	173.790	-57.930	-231.59	-270.200	181.000	-30.970	139.55	
(11)	$\Delta \tilde{F}$=(8)+(9)+(10)(kN)	60	364.510	657.890	551.540	87.390	-465.740	-844.450	-893.520	-611.77	
(12)	$\tilde{k}$(kN/m)	80860	80860	80860	80860	80860	80860	80860	80860	80860	
(13)	$\Delta x(t)$=(11)/(12)10^{-3}(m)	0.742	4.510	8.140	6.820	1.080	-5.760	-10.400	-11.100	-7.570	
(14)	$30\Delta x(t)$	0.0223	0.1350	0.2441	0.2046	0.0324	-0.1728	-0.3120	-0.3330	-0.227	
(15)	$3\, \dot{x}(t)$	0	0.0669	0.2043	0.2523	0.1331	0.0738	-0.260	-0.3420	-0.302	
(16)	$0.05\, \ddot{x}(t)$	0	0.0223	0.0239	-0.0080	-0.0318	0.0731	-0.0249	-0.0043	0.0192	

续表

(1)	i	0	1	2	3	4	5	6	7	8	9
(17)	$\Delta\dot{x}(t)=(14)-(15)-(16)$	0.0223	0.0458	0.0160	−0.0398	−0.0689	−0.0619	−0.0271	0.0133	0.0558	
(18)	$0.725\Delta\dot{x}(t)$	0.0162	0.0332	0.0116	−0.0288	−0.005	0.0448	−0.0196	0.0964	0.04045	
(19)	$52.083\Delta x(t)$	0.0386	0.2350	0.4240	0.3552	0.0562	0.3000	−0.5420	−0.5780	−0.3942	
(20)	$\Delta\ddot{x}(t)=-(4)-(18)-(19)$	0.4450	0.0318	−0.6360	−0.4764	−0.1062	0.2450	0.4120	0.4680	0.3538	

注：$x(t_{i+1})=x(t_i)+\Delta x(t_i)$；$\dot{x}(t_{i+1})=\dot{x}(t_i)+\Delta\dot{x}(t_i)$；$\ddot{x}(t_{i+1})=\ddot{x}(t_i)+\Delta\ddot{x}(t_i)$。

(5) 绘制位移时程曲线

按上述计算结果（题表 3-1）绘制的位移时程曲线如题图 3-8 所示。

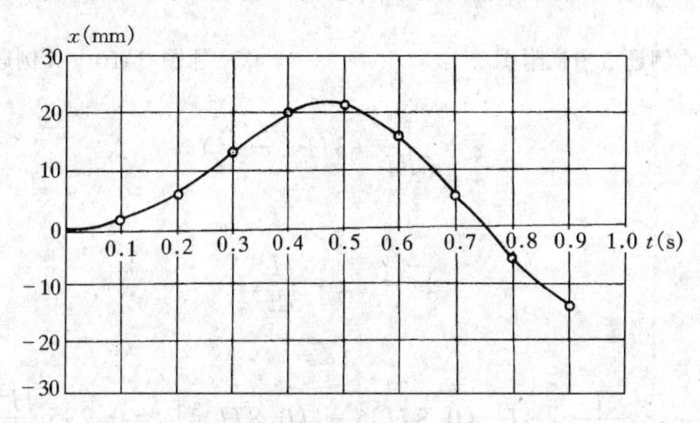

题图 3-8 ［例题 3-8］附图之二

【例题 3-9】 按折算质量法求体系的基本周期之一。

等截面质量悬臂杆（题图 3-9a），高度为 H，抗弯刚度为 EI，单位长度上均布重力荷载为 q。试按折算质量法求体系的基本周期。

【解】 假定直杆重力荷载 q 沿水平方向作用的弹性曲线作为第一振型曲线（题图 3-9b），即

$$x=\frac{q}{24EI}(y^4-4Hy^3+6H^2y^2)$$

$$M_{\mathrm{zh}}=\frac{1}{x_{\mathrm{m}}^2}\overline{m}\int_0^H x^2\mathrm{d}y=\frac{\overline{m}}{x_{\mathrm{m}}^2}\left(\frac{q}{24EI}\right)^2\int_0^H(y^4-4Hy^3+6H^2y^2)^2\mathrm{d}y$$

其中，x_{m} 为原体系相应于折算质量所在位置处的水平位移。设将 M_{zh} 布置在直杆的顶端（题图 3-9c），则 $x_{\mathrm{m}}=\frac{ql^4}{8EI}$。经计算得：

$$M_{\mathrm{zh}}=0.254\,\overline{m}H\approx0.25\,\overline{m}H$$

体系的基本周期

$$T_1=2\pi\sqrt{M_{\mathrm{zh}}\delta}=2\pi\sqrt{0.25\,\overline{m}H\cdot\frac{1}{3}\cdot\frac{H^3}{EI}}=1.82H^2\sqrt{\frac{\overline{m}}{EI}}$$

【例题 3-10】 按折算质量法求体系的基本周期之二。

无重量直杆高为 H，抗弯刚度为 EI，在杆的 $0.8H$ 高度处的 B 点有一集中质量 m（题图 3-10a）。试求在悬臂端 C 处的折算质量（题图 3-10b）。

【解】 以悬臂杆顶端作用单位水平集中力的弹性曲线，作为第一振型曲线，即设

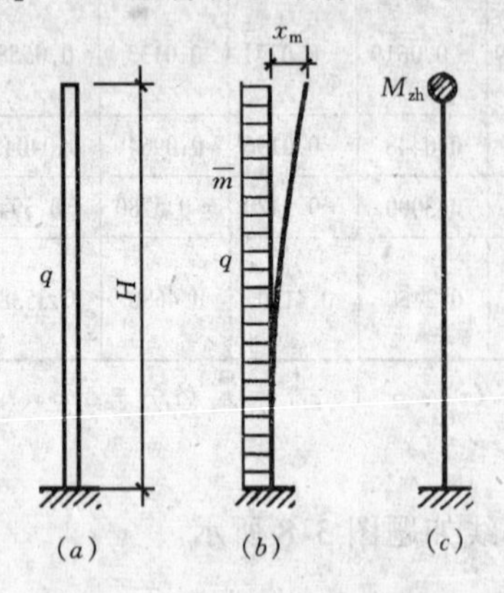

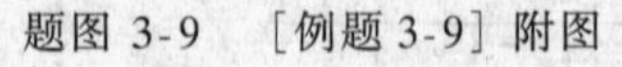

题图 3-9 ［例题 3-9］附图

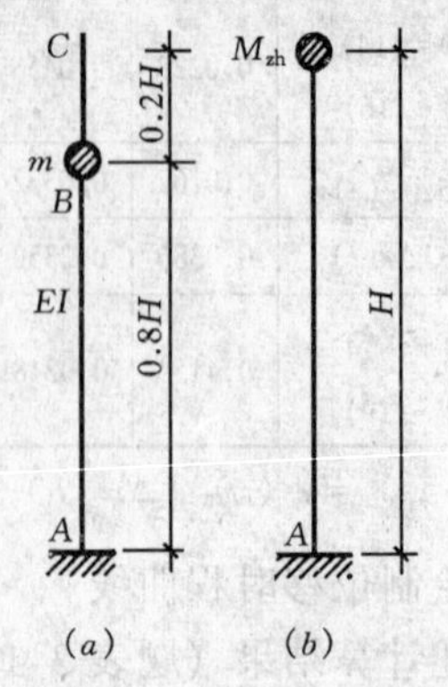

题图 3-10 ［例题 3-10］附图

$$x=\frac{1}{6EI}\ (3Hy^2-y^3)$$

则顶点位移

$$x_c=x_m=\frac{H^3}{3EI}$$

而 B 点的水平位移

$$x_B=\frac{1}{6EI}\ [3H\ (0.8H)^2-\ (0.8H)^3]\ =0.235\frac{H^3}{EI}$$

代入式 (3-147)，得：

$$M_{zh}=\frac{m\left(0.235\dfrac{H^3}{EI}\right)^2}{\left(\dfrac{H^3}{3EI}\right)^2}=0.496m\approx 0.5m$$

由上面两个例题可见，折算质量可由原体系的质量乘上某一系数得到。这个系数称为动力等效换算系数。上面两个例题的动力等效换算系数分别为 0.25 和 0.5。

【例题 3-11】 按迭代法确定三层框架结构自振周期和主振型。

钢筋混凝土框架结构尺寸、截面惯性矩 I 和各杆件的相对线刚度 k，如题图 3-11（a）所示。首层、二层和三层质量分别为 $m_1=119\text{t}$、$m_2=113\text{t}$ 和 $m_3=60.6\text{t}$，如题图 3-11（b）所示。试确定结构的自振周期及相应的振型。

【解】（1）求柔度系数 δ_{ki}

柔度系数值见参考文献［7］：

$\delta_{11}=32.8\times10^{-6}\text{m/kN}$ $\delta_{12}=\delta_{21}=36.2\times10^{-6}\text{m/kN}$

$\delta_{13}=\delta_{31}=36.3\times10^{-6}\text{m/kN}$ $\delta_{22}=69.1\times10^{-6}\text{m/kN}$

$\delta_{23}=\delta_{32}=72.1\times10^{-6}\text{m/kN}$ $\delta_{33}=106\times10^{-6}\text{m/kN}$

（2）求自振周期及相应振型

1）计算矩阵［a］

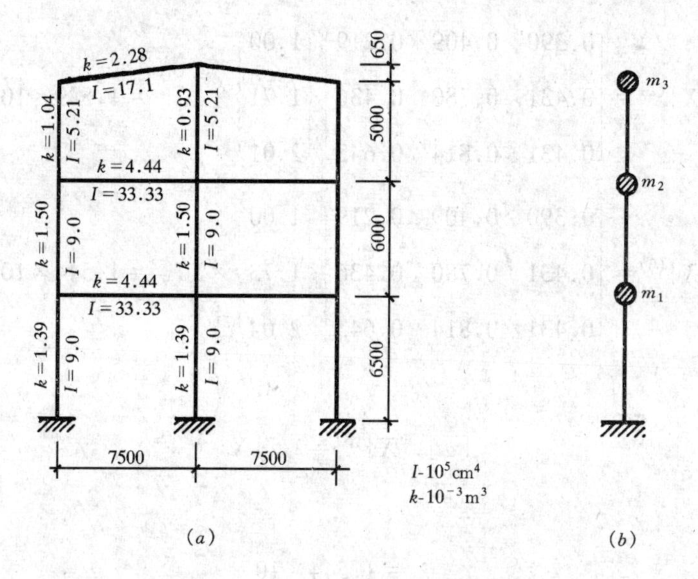

题图 3-11 【例题 3-11】附图

$$[a]=\begin{bmatrix}m_1\delta_{11} & m_2\delta_{12} & m_3\delta_{13}\\ m_1\delta_{21} & m_2\delta_{22} & m_3\delta_{23}\\ m_1\delta_{31} & m_2\delta_{32} & m_3\delta_{33}\end{bmatrix}=\begin{bmatrix}119\times32.8 & 113\times36.2 & 60.6\times36.3\\ 119\times36.2 & 113\times69.1 & 60.6\times72.1\\ 119\times36.3 & 113\times72.1 & 60.6\times106\end{bmatrix}\times10^{-6}$$

$$=\begin{bmatrix}0.390 & 0.409 & 0.219\\ 0.431 & 0.780 & 0.436\\ 0.431 & 0.814 & 0.643\end{bmatrix}\times10^{-2}$$

2）求 λ_1、ω_1、T_1 和基本振型 $\{X\}_1$

$$[a]\{X\}^{(0)}=\begin{bmatrix}0.390 & 0.409 & 0.219\\ 0.431 & 0.780 & 0.436\\ 0.431 & 0.814 & 0.643\end{bmatrix}\begin{Bmatrix}1\\1\\1\end{Bmatrix}\times10^{-2}=\begin{bmatrix}0.390+0.409+0.219\\ 0.431+0.780+0.436\\ 0.431+0.814+0.643\end{bmatrix}\times10^{-2}$$

$$=\begin{Bmatrix}1.018\\1.640\\1.888\end{Bmatrix}\times10^{-2}=1.018\times10^{-2}\begin{Bmatrix}1.00\\1.62\\1.85\end{Bmatrix}$$

$$[a]\{X\}^{(1)}=\begin{bmatrix}0.390 & 0.409 & 0.219\\ 0.431 & 0.780 & 0.436\\ 0.431 & 0.814 & 0.643\end{bmatrix}\begin{Bmatrix}1.00\\1.62\\1.85\end{Bmatrix}\times10^{-2}$$

$$=\begin{bmatrix}0.390\times1.00+0.409\times1.62+0.219\times1.85\\ 0.431\times1.00+0.780\times1.62+0.436\times1.85\\ 0.431\times1.00+0.814\times1.62+0.643\times1.85\end{bmatrix}\times10^{-2}$$

$$=\begin{Bmatrix}1.459\\2.490\\2.940\end{Bmatrix}\times10^{-2}=1.459\times10^{-2}\begin{Bmatrix}1.00\\1.71\\2.01\end{Bmatrix}$$

$$[a]\ \{X\}^{(2)}=\begin{bmatrix}0.390 & 0.409 & 0.219\\0.431 & 0.780 & 0.436\\0.431 & 0.814 & 0.643\end{bmatrix}\begin{Bmatrix}1.00\\1.71\\2.01\end{Bmatrix}\times 10^{-2}=1.529\times 10^{-2}\begin{Bmatrix}1.00\\1.73\\2.04\end{Bmatrix}$$

$$[a]\ \{X\}^{(3)}=\begin{bmatrix}0.390 & 0.409 & 0.219\\0.431 & 0.780 & 0.436\\0.431 & 0.814 & 0.643\end{bmatrix}\begin{Bmatrix}1.00\\1.73\\2.04\end{Bmatrix}\times 10^{-2}=1.544\times 10^{-2}\begin{Bmatrix}1.00\\1.73\\2.04\end{Bmatrix}$$

由上式可见,

$$[a]\ \{X\}^{(3)}=\lambda_1\ \{X\}^{(3)}$$

故特征值:

$$\lambda_1=1.544\times 10^{-2}$$

基本频率:

$$\omega_1=\sqrt{\frac{1}{\lambda_1}}=\sqrt{\frac{100}{1.544}}=8.05\quad 1/\mathrm{s}$$

基本周期:

$$T_1=\frac{2\pi}{\omega_1}=\frac{2\pi}{8.05}=0.780\mathrm{s}$$

基本振型:

$$\{X\}_1^{\mathrm{T}}=\{1.00\quad 1.73\quad 2.04\}$$

3) 求 λ_2、ω_2、T_2 和第二振型 $\{X\}_2$

$$[S]_1=\begin{bmatrix}0 & -\dfrac{m_2}{m_1}\left(\dfrac{x_{21}}{x_{11}}\right) & -\dfrac{m_3}{m_1}\left(\dfrac{x_{31}}{x_{11}}\right)\\0 & 1 & 0\\0 & 0 & 1\end{bmatrix}$$

$$=\begin{bmatrix}0 & -\dfrac{113}{119}\ (1.73) & -\dfrac{60.6}{119}\ (2.04)\\0 & 1 & 0\\0 & 0 & 1\end{bmatrix}=\begin{bmatrix}0 & -1.643 & -1.039\\0 & 1 & 0\\0 & 0 & 1\end{bmatrix}$$

$$[a]\ [S]_1\ \{X\}^{(0)}=\begin{bmatrix}0.390 & 0.409 & 0.219\\0.431 & 0.780 & 0.436\\0.431 & 0.814 & 0.643\end{bmatrix}\begin{bmatrix}0 & -1.643 & -1.039\\0 & 1 & 0\\0 & 0 & 1\end{bmatrix}\begin{Bmatrix}1\\1\\1\end{Bmatrix}\times 10^{-2}$$

$$
=\begin{bmatrix}0 & -0.232 & -0.1862\\0 & 0.0719 & -0.0118\\0 & 0.1059 & 0.1952\end{bmatrix}\begin{Bmatrix}1\\1\\1\end{Bmatrix}\times 10^{-2}=\begin{Bmatrix}-0.418\\0.060\\0.301\end{Bmatrix}\times 10^{-2}
$$

$$
=0.418\times 10^{-2}\begin{Bmatrix}1.000\\-0.1438\\-0.7203\end{Bmatrix}
$$

$$
[a]_1\ \{X\}^{(1)}=\begin{bmatrix}0 & -0.232 & -0.1862\\0 & 0.0719 & -0.0118\\0 & 0.1059 & 0.1952\end{bmatrix}\begin{Bmatrix}1.000\\-0.1438\\-0.7203\end{Bmatrix}\times 10^{-2}=\begin{Bmatrix}0.1674\\-0.0018\\-0.1558\end{Bmatrix}\times 10^{-2}
$$

$$
=0.1674\times 10^{-2}\begin{Bmatrix}1.000\\-0.0108\\-0.9307\end{Bmatrix}
$$

一直迭代下去，迭代到第八次得：

$$
[a]_1\ \{X\}^{(7)}=\ [a]_1\begin{Bmatrix}1.000\\0.1186\\-1.1355\end{Bmatrix}\times 10^{-2}=0.1839\times 10^{-2}\begin{Bmatrix}1.000\\0.119\\-1.137\end{Bmatrix}
$$

由上式可见，

$$
[a]_1\ \{X\}^{(7)}\approx\lambda_2\ \{X\}^{(7)}
$$

所以

$$
\lambda_2=0.1839\times 10^{-2}
$$

第二频率：

$$
\omega_2=\sqrt{\frac{1}{\lambda_2}}=\sqrt{\frac{100}{0.1839}}=23.319\quad 1/\mathrm{s}
$$

第二周期：

$$
T_2=\frac{2\pi}{\omega_2}=\frac{2\pi}{23.319}=0.269\mathrm{s}
$$

第二振型：

$$
\{X\}_2^{\mathrm{T}}=\ \{1.000\quad 0.119\quad -1.137\}
$$

4）求 λ_3、ω_3、T_3 和第三振型 $\{X\}_3$

$$d_{13}=\frac{m_3\ (x_{21}x_{32}-x_{22}x_{31})}{m_1\ (x_{11}x_{22}-x_{12}x_{21})}=\frac{60.6\ [1.73\times\ (-1.137)\ -0.119\times 2.04]}{119\ (1\times 0.119-1\times 1.73)}=0.698$$

$$d_{23}=\frac{m_3\ (x_{12}x_{31}-x_{11}x_{32})}{m_2\ (x_{11}x_{22}-x_{12}x_{21})}=\frac{60.6\ [1\times 2.04-1\times\ (-1.137)]}{113\ (1\times 0.119-1\times 1.73)}=-1.057$$

$$[S]_2=\begin{bmatrix}0 & 0 & d_{13}\\ 0 & 0 & d_{23}\\ 0 & 0 & 1\end{bmatrix}=\begin{bmatrix}0 & 0 & 0.698\\ 0 & 0 & -1.057\\ 0 & 0 & 1\end{bmatrix}$$

$$[a]\ [S]_2\ \{X\}\ =\begin{bmatrix}0.390 & 0.409 & 0.219\\ 0.431 & 0.780 & 0.436\\ 0.431 & 0.814 & 0.643\end{bmatrix}\begin{bmatrix}0 & 0 & 0.698\\ 0 & 0 & -1.057\\ 0 & 0 & 1.000\end{bmatrix}\begin{Bmatrix}x_1\\ x_2\\ x_3\end{Bmatrix}\times 10^{-2}$$

$$[a]_2=\ [a]\ [S]_2=\begin{bmatrix}0 & 0 & 0.0586\\ 0 & 0 & -0.0882\\ 0 & 0 & 0.0844\end{bmatrix}\times 10^{-2}$$

由于矩阵 $[a]_2$ 除第三列元素外，其余元素均为零，所以，$[a]_2$ 的第三列元素与第三特征向量的分量成比例，其比例因子即为第三列最后元素 0.0844。事实上，我们将 $[a]_2$ 的第三列作为初始迭代向量进行迭代，则有

$$[a]_2\ \{X\}^{(0)}=\begin{bmatrix}0 & 0 & 0.0586\\ 0 & 0 & -0.0882\\ 0 & 0 & 0.0844\end{bmatrix}\begin{Bmatrix}0.0586\\ -0.0882\\ 0.0844\end{Bmatrix}\times 10^{-2}=0.0844\times 10^{-2}\begin{Bmatrix}0.0586\\ -0.0882\\ 0.0844\end{Bmatrix}$$

由上式可见，

$$[a]_2\ \{X\}^{(0)}=\lambda_3\ \{X\}^{(0)}$$

于是

$$\lambda_3=0.844\times 10^{-2}$$

第三频率：

$$\omega_3=\sqrt{\frac{1}{\lambda_3}}=\sqrt{\frac{100}{0.0844}}=34.421 1/\mathrm{s}$$

第三周期：

$$T_3=\frac{2\pi}{\omega_3}=\frac{2\pi}{34.421}=0.183\mathrm{s}$$

第三振型：

$$\{X\}_3^{\mathrm{T}}=\ \{1.000\quad -1.516\quad 1.431\}$$

第一、第二和第三振型如题图 3-12（a）、（b）、（c）所示。

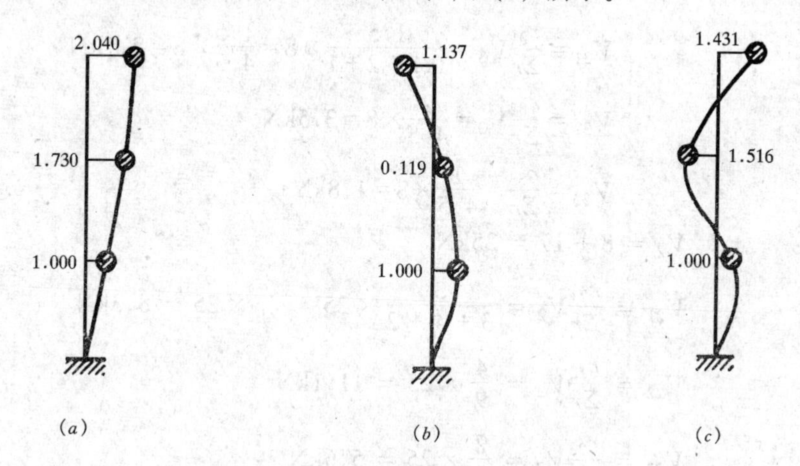

题图 3-12　例题 3-11 附图

（a）第一振型；（b）第二振型；（c）第三振型

【例题 4-1】　用反弯点法求框架内力。

用反弯点法计算题图 4-1（a）所示框架的内力，并绘出弯矩图。图中圆括号内的数字为杆件的相对线刚度。

【解】　作三个截面通过各层柱的反弯点（一般层反弯点高度为 1/2 柱高；首层为2/3 柱高），参见题图 4-1（b）。

柱的剪力：

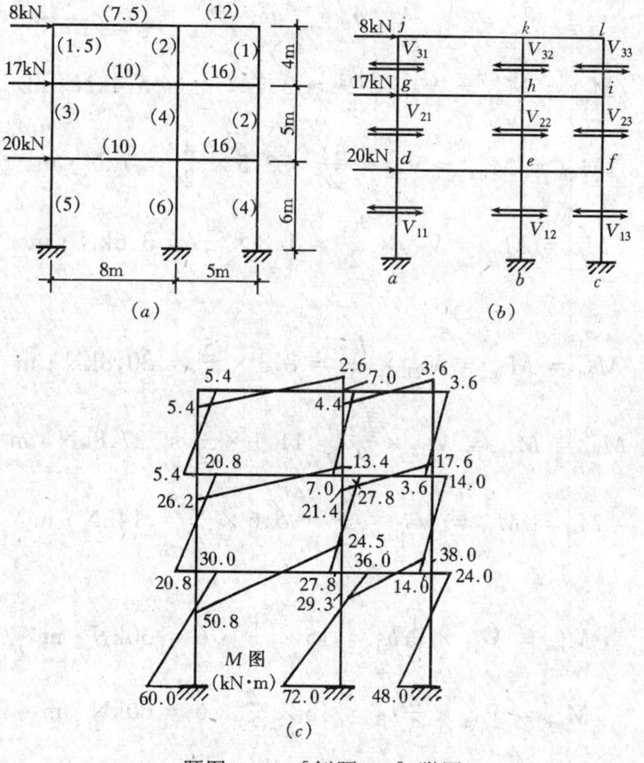

题图 4-1　［例题 4-1］附图

三层：

$$V_3=8\text{kN}$$

$$V_{31}=\frac{r_{31}}{\Sigma r}V_3=\frac{1.5}{1.5+2+1}\times 8=\frac{1.5}{4.5}\times 8=2.7\text{kN}$$

$$V_{32}=\frac{r_{32}}{\Sigma r}V_3=\frac{2}{4.5}\times 8=3.5\text{kN}$$

$$V_{33}=\frac{r_{33}}{\Sigma r}=\frac{1}{4.5}\times 8=1.8\text{kN}$$

二层：

$$V_2=8+17=25\text{kN}$$

$$V_{21}=\frac{r_{21}}{\Sigma r}V_2=\frac{3}{3+4+2}\times 25=\frac{3}{9}\times 25=8.3\text{kN}$$

$$V_{22}=\frac{r_{22}}{\Sigma r}V_2=\frac{4}{9}\times 25=11.1\text{kN}$$

$$V_{23}=\frac{r_{23}}{\Sigma r}V_2=\frac{2}{9}\times 25=5.6\text{kN}$$

首层：

$$V_1=8+17+20=45\text{kN}$$

$$V_{11}=\frac{r_{11}}{\Sigma r}V_1=\frac{5}{5+6+4}\times 45=\frac{5}{15}\times 45=15\text{kN}$$

$$V_{12}=\frac{r_{12}}{\Sigma r}V_1=\frac{6}{15}\times 45=18\text{kN}$$

$$V_{13}=\frac{r_{13}}{\Sigma r}V_1=\frac{4}{15}\times 45=12\text{kN}$$

柱端弯矩

三层：

$$M_{jg}=M_{gj}=V_{31}\times\frac{h_3}{2}=2.7\times\frac{4}{2}=5.4\text{kN}\cdot\text{m}$$

$$M_{\text{kh}}=M_{\text{hk}}=V_{32}\times\frac{h_3}{2}=3.5\times\frac{4}{2}=7\text{kN}\cdot\text{m}$$

$$M_{li}=M_{il}=V_{33}\times\frac{h_3}{2}=1.8\times\frac{4}{2}=3.6\text{kN}\cdot\text{m}$$

二层：

$$M_{\text{gd}}=M_{\text{dg}}=V_{21}\times\frac{h_2}{2}=8.3\times\frac{5}{2}=20.8\text{kN}\cdot\text{m}$$

$$M_{\text{he}}=M_{\text{eh}}=V_{22}\times\frac{h_2}{2}=11.1\times\frac{5}{2}=27.8\text{kN}\cdot\text{m}$$

$$M_{i\text{f}}=M_{\text{f}i}=V_{23}\times\frac{h_2}{2}=5.6\times\frac{5}{2}=14\text{kN}\cdot\text{m}$$

首层：

$$M_{\text{da}}=V_{11}\times\frac{1}{3}h_1=15\times\frac{1}{3}\times 6=30\text{kN}\cdot\text{m}$$

$$M_{\text{ad}}=V_{11}\times\frac{2}{3}h_1=15\times\frac{2}{3}\times 6=60\text{kN}\cdot\text{m}$$

其余计算从略。

梁端弯矩

$$M_{jk}=M_{jg}=5.4\text{kN}\cdot\text{m}$$

$$M_{gh}=M_{gj}+M_{gd}=5.4+20.8=26.2\text{kN}\cdot\text{m}$$

$$M_{hg}=(M_{hk}+M_{he})\times\frac{10}{10+16}=(7+27.8)\times\frac{10}{26}=13.4\text{kN}\cdot\text{m}$$

$$M_{hi}=(7+27.8)\times\frac{16}{26}=21.4\text{kN}\cdot\text{m}$$

其余计算从略。

框架弯矩图见题图 4-1（c）。

【例题 4-2】 验算在横向地震作用下层间弹性位移并计算地震内力。

某教学楼为四层钢筋混凝土框架结构。楼层重力荷载代表值：$G_4=5000\text{kN}$，$G_3=G_2=7000\text{kN}$，$G_1=7800\text{kN}$。梁的截面尺寸：250mm×600mm，混凝土采用 C20；柱的截面尺寸：450mm×450mm，混凝土采用 C30。现浇梁、柱，楼盖为预应力圆孔板，建造在Ⅰ类场地上，结构阻尼比为 0.05。抗震设防烈度为 8 度，设计基本地震加速度为 0.20g，设计地震分组为第二组。结构平面图、剖面图及计算简图见题图 4-2(a)、(b)、(c)。

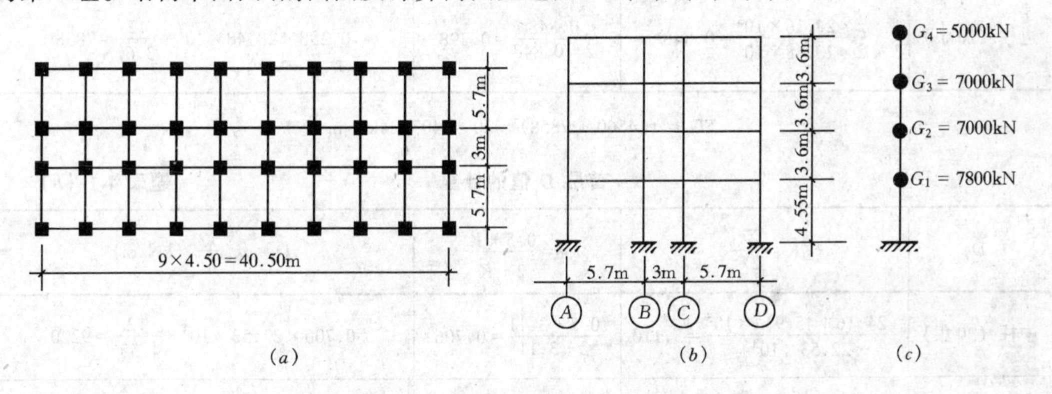

题图 4-2 ［例题 4-2］附图

试验算在横向水平多遇地震作用下层间弹性位移，并绘出框架地震弯矩图。

【解】 （1）楼层重力荷载代表值

$G_1=7800\text{kN}$，$G_2=G_3=7000\text{kN}$，$G_4=5000\text{kN}$，$\Sigma G_i=26800\text{kN}$

（2）梁、柱线刚度计算

1）梁的线刚度

边跨梁：

$$k_b=\frac{E_bI_b}{l}=\frac{25.5\times10^6\times\frac{1}{12}\times0.25\times0.60^3\times1.2^{❶}}{5.7}=24.16\times10^3\text{kN}\cdot\text{m}$$

中跨梁：

$$k_b=\frac{E_bI_b}{l}=\frac{25.5\times10^6\times\frac{1}{12}\times0.25\times0.6^3\times1.2}{3.00}=45.90\times10^3\text{kN}\cdot\text{m}$$

2）柱的线刚度

❶ 为了计算简化，本例框架梁截面惯性矩增大系数均采用 1.2。

首层柱：

$$k_c = \frac{E_c I_c}{h} = \frac{30 \times 10^6 \times \frac{1}{12} \times 0.45^4}{4.55} = \frac{102.52 \times 10^3}{4.55} = 22.53 \times 10^3 \text{kN} \cdot \text{m}$$

其他层柱：

$$k_c = \frac{102.52 \times 10^3}{3.60} = 28.48 \times 10^3 \text{kN} \cdot \text{m}$$

3）柱的侧移刚度 D

计算过程见题表 4-1（a）、（b）。

2～4 层 D 值的计算 **题表 4-1（a）**

D	$\bar{K} = \frac{\Sigma k_b}{2k_c}$	$\alpha = \frac{\bar{K}}{2+\bar{K}}$	$D = \alpha k_c \frac{12}{h^2}$（kN/m）
中柱（20 根）	$\frac{2\ (24.16+45.9)\ \times 10^3}{2 \times 28.48 \times 10^3} = 2.46$	$\frac{2.46}{2+2.46} = 0.552$	$0.552 \times 28.48 \times 10^3 \times \frac{12}{3.6^2} = 14560$
边柱（20 根）	$\frac{2 \times 24.16 \times 10^3}{2 \times 28.48 \times 10^3} = 0.848$	$\frac{0.848}{2+0.848} = 0.298$	$0.298 \times 28.48 \times 10^3 \times \frac{12}{3.6^2} = 7858$

$$\Sigma D = (14560 + 7858) \times 20 = 403524 \text{kN/m}$$

首层 D 值的计算 **题表 4-1（b）**

D	$\bar{K} = \frac{\Sigma k_b}{2k_c}$	$\alpha = \frac{0.5+\bar{K}}{2+\bar{K}}$	$D = \alpha k_c \frac{12}{h^2}$（kN/m）
中柱（20 根）	$\frac{(24.16+45.9)\ \times 10^3}{22.53 \times 10^3} = 3.110$	$\frac{0.5+3.11}{2+3.11} = 0.706$	$0.706 \times 22.53 \times 10^3 \times \frac{12}{4.55^2} = 9220$
边柱（20 根）	$\frac{24.16 \times 10^3}{22.53 \times 10^3} = 1.072$	$\frac{0.5+1.072}{2+1.072} = 0.512$	$0.512 \times 22.53 \times 10^3 \times \frac{12}{4.55^2} = 6686$

$$\Sigma D = (9220 + 6686) \times 20 = 286314 \text{kN/m}$$

（3）框架自振周期的计算

按式（4-4）计算，该式分子分母项计算过程见题表 4-2。

基本周期 T_1 的计算 **题表 4-2**

层位	G_i（kN）	ΣD_i（kN/m）	$\sum_i^n G_i$（kN）	$\Delta u_i = \frac{\Sigma G_i}{D_i}$(m)	$u_i = \sum_{i=1}^{i} \Delta u_i$(m)	$G_i u_i$（kN·m）	$G_i u_i^2$（kN·m^2）
4	5000	403524	5000	0.0124	0.1828	914.0	167.08
3	7000	403524	12000	0.0297	0.1704	1192.8	203.25
2	7000	403524	19000	0.0471	0.1407	984.9	138.58
1	7800	286314	26800	0.0936	0.0936	730.1	68.34

$\Sigma G_i u_i = 3821.8 \quad \Sigma G_i u_i^2 = 577.25$

取 $\psi_T=0.5$，　　$T_1 = 2\psi_T \sqrt{\dfrac{\sum\limits_{u-1}^{n} G_i u_i^2}{\sum\limits_{i=1}^{n} G_i u_i}} = 2 \times 0.5\sqrt{\dfrac{577.25}{3821.8}} = 0.389\text{s} \approx 0.4\text{s}$

（4）多遇水平地震作用标准值和位移的计算

本例房屋高度 15.35m，且质量和刚度沿高度分布比较均匀，故可采用底部剪力法计算多遇水平地震作用标准值。

由表 3-4 查得，多遇地震，设防烈度 8 度，设计地震加速度为 $0.20g$ 时，$\alpha_{\max} = 0.16$；由表 3-2 查得，Ⅰ类场地，设计地震分组为第二组 $T_g = 0.30$。

$$\alpha_1 = \left(\frac{T_g}{T_1}\right)^{0.9} \alpha_{\max} = \left(\frac{0.30}{0.40}\right)^{0.9} \times 0.16 = 0.124$$

因为　$T_1 = 0.40\text{s} < 1.4T_g = 1.4 \times 0.3 = 0.42\text{s}$，故不必考虑顶部附加水平地震作用，即 $\delta_n = 0$。

结构总水平地震作用标准值

$$F_{Ek} = \alpha_1 G_{eq} = 0.124 \times 0.85 \times 26800 = 2824\text{kN}$$

质点 i 的水平地震作用标准值、楼层地震剪力及楼层层间位移的计算过程，参见题表 4-3。

F_i、V_i 和 Δu_e 的计算　　　　**题表 4-3**

层	G_i (kN)	H_i (m)	G_iH_i	ΣG_iH_i	F_i (kN)	V_i (kN)	ΣD (kN/m)	Δu_e (m)
4	5000	15.35	76750	251540	861	861	403524	0.002
3	7000	11.75	82250		924	1785	403524	0.004
2	7000	8.15	57050		641	2426	403524	0.006
1	7800	4.55	35490		398	2824	286314	0.010

按式（3-186）验算框架层间弹性位移

首层：$\dfrac{\Delta u_e}{h} = \dfrac{0.01}{4.55} = \dfrac{1}{455} > \dfrac{1}{550}$

二层：$\dfrac{\Delta u_e}{h} = \dfrac{0.006}{3.60} = \dfrac{1}{600} < \dfrac{1}{550}$

首层层间位移稍大，不满足规范要求，可采取增大构件截面尺寸或提高混凝土强度等级的办法加以解决。

二层满足要求。

（5）框架地震内力的计算

框架柱剪力和柱端弯矩的计算过程见题表 4-4。梁端剪力及柱轴力见题表 4-5。地震作用下框架层间剪力图见题图 4-3，框架弯矩图见题图 4-4。

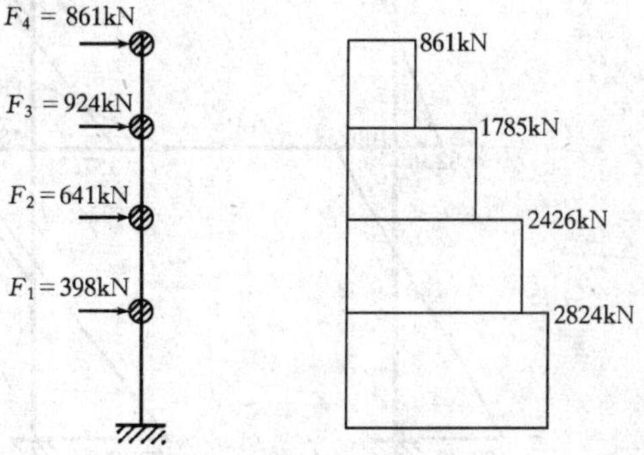

$F_4 = 861\text{kN}$
$F_3 = 924\text{kN}$
$F_2 = 641\text{kN}$
$F_1 = 398\text{kN}$
861kN
1785kN
2426kN
2824kN

题图 4-3　［例题 4-2］计算简图和层间地震剪力图

水平地震作用下框架柱剪力和柱端弯矩标准值　　　　题表 4-4

柱	层	h（m）	V_i（kN）	ΣD（kN/m）	D（kN/m）	$\frac{D}{\Sigma D}$	V_{ik}（kN）	$\overline{K}$	y_0	$M_下$（kN·m）	$M_上$（kN·m）
边柱	4	3.60	861	403524	7858	0.019	16.36	0.848	0.35	20.61	38.28
	3	3.60	1785	403524	7858	0.019	33.92	0.848	0.45	54.95	67.16
	2	3.60	2426	403524	7858	0.019	46.09	0.848	0.50	82.96	82.96
	1	4.55	2824	286314	6686	0.023	64.95	1.072	0.64	189.13	106.39
中柱	4	3.60	861	403524	14560	0.036	31.00	2.46	0.45	50.22	61.38
	3	3.60	1785	403524	14560	0.036	64.26	2.46	0.47	108.73	122.61
	2	3.60	2426	403524	14560	0.036	87.34	2.46	0.50	157.21	157.21
	1	4.55	2824	286314	9220	0.032	90.37	3.11	0.55	226.15	185.03

注：$V_{ik}=\frac{D}{\Sigma D}V_i$；$M_下=V_{ik}y_0h$ 为柱下端弯矩；$M_上=V_{ik}(1-y_0)h$ 为柱上端弯矩。

水平地震作用下梁端剪力及柱轴力标准值　　　　题表 4-5

层	*AB* 跨梁端剪力				*BC* 跨梁端剪力				柱轴力	
	l（m）	$M_{E左}$（kN·m）	$M_{E右}$（kN·m）	$V_E=\frac{M_{E左}+M_{E右}}{l}$（kN）	l（m）	$M_{E左}$（kN·m）	$M_{E右}$（kN·m）	$V_E=\frac{M_{E左}+M_{E右}}{l}$（kN）	边柱 N_E（kN）	中柱 N_E（kN）
4	5.70	38.28	21.18	10.43	3.00	40.20	40.20	26.80	10.43	16.37
3	5.70	87.77	59.63	25.86	3.00	113.20	113.20	75.47	36.29	65.98
2	5.70	137.91	91.75	40.30	3.00	174.19	174.19	116.13	76.59	141.81
1	5.70	189.35	118.07	53.94	3.00	224.17	224.17	149.45	130.53	237.32

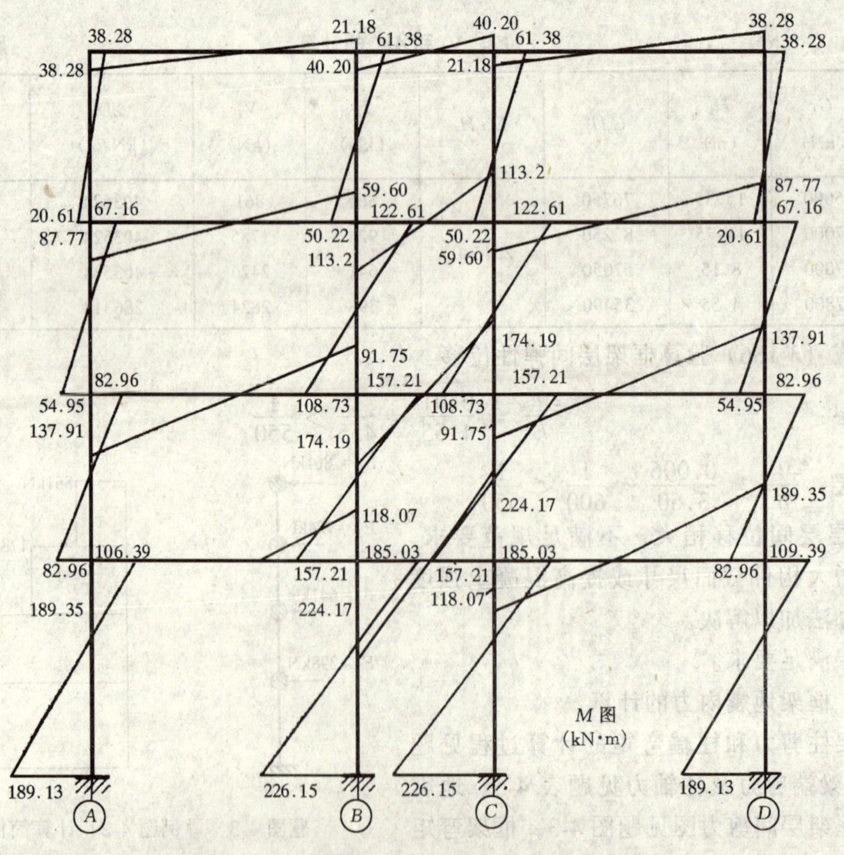

题图 4-4　［例题 4-2］地震作用下框架剪力图

【**例题 4-3**】 按力矩分配法求框架内力。

试按力矩分配法计算例题 4-2 钢筋混凝土框架的弯矩，并绘出弯矩图。屋面和楼面荷载标准值见题表 4-6。

[例题 4-3] 框架屋面和楼面荷载 **题表 4-6**

荷载性质	荷载类别	屋面荷载（kN/m^2）	楼面荷载（kN/m^2）	
			教 室	走 道
活 载	使用荷载	0.70	2.00	2.50
	雪 荷 载	0.30	—	—
恒 载	地面材料重	2.93	1.10	1.10
	叠合层重	1.00	1.00	1.00
	预制板重	2.60	2.60	2.60

【**解**】

(1) 计算梁、柱转动刚度

因为框架结构对称、荷载对称，又属奇数跨，故在对称轴上梁的截面只有竖向位移(沿对称轴方向)(题图 4-5a)，没有转角。所以可取如题图 4-5（b）所示半边结构计算。对称截面处可取为滑动端。

梁、柱转动刚度及相对转动刚度如题表 4-7 所示。

(2) 计算分配系数

分配系数按下式计算：

$$\mu_{ik}=\frac{S'_{ik}}{\sum_{i=1}^{n}S'_{ik}}$$

其中，S'_{ik} 为节点 k 第 i 根杆件的相对转动刚度；$\sum_{i=1}^{n}S'_{ik}$ 为节点 k 各杆相对转动刚度之和。

梁、柱转动刚度及相对转动刚度 **题表 4-7**

构件名称		转动刚度 S（kN·m）	相对转动刚度 S'
框架梁	边 跨	$4\times k_b=4\times24.16\times10^3=96.64\times10^3$	1.072
	中 跨	$2\times k_b=2\times45.90\times10^3=91.80\times10^3$	1.019
框架柱	首 层	$4\times k_c=4\times22.53\times10^3=90.12\times10^3$	1.000
	其他层	$4\times k_c=4\times28.48\times10^3=113.92\times10^3$	1.264

各节点杆件分配系数见题表 4-8。

分配系数 $\mu=\frac{S'}{\Sigma S'}$ **题表 4-8**

节点	$\Sigma S'_{ik}$	$\mu_{左梁}$	$\mu_{右梁}$	$\mu_{上柱}$	$\mu_{下柱}$
5	$1.072+1.264=2.336$	—	0.459	—	0.541
4	$1.072+1.264\times2=3.600$	—	0.298	0.351	0.351
3	$1.072+1.264\times2=3.600$	—	0.298	0.351	0.351
2	$1.072+1.264+1.00=3.336$	—	0.321	0.379	0.300
10	$1.072+1.019+1.264=3.355$	0.320	0.303	—	0.377
9	$1.072+1.019+1.264\times2=4.619$	0.232	0.220	0.274	0.274
8	$1.072+1.019+1.264\times2=4.619$	0.232	0.220	0.274	0.274
7	$1.072+1.019+1.264+1.000=4.355$	0.246	0.234	0.290	0.230

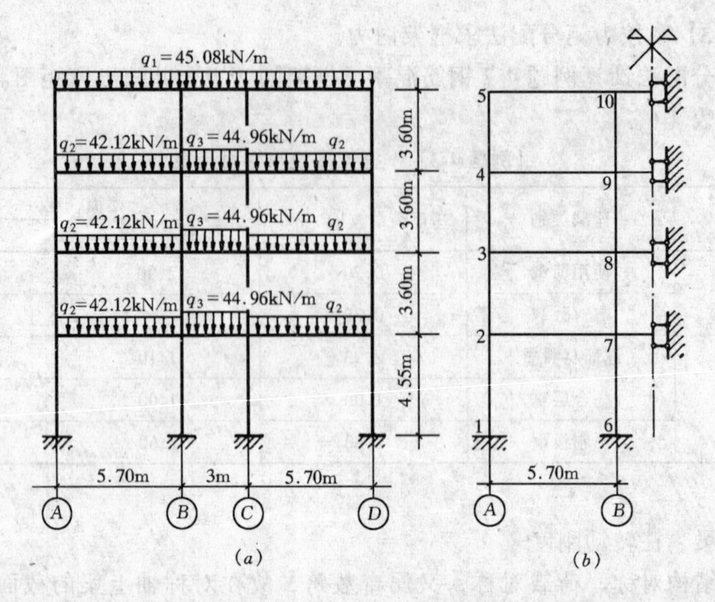

题图 4-5　［例题 4-3］附图

(3) 荷载分析

1) 屋面梁上线荷载设计值

恒载：　$1.2[(2.93+1.00+2.60)\times4.5+0.25\times0.60\times25\times1.2$ [1]$]=40.67\text{kN/m}$

活载：　$1.4\times0.70\times4.5=4.41\text{kN/m}$

$q_1=45.08\text{kN/m}$

2) 楼面梁上线荷载设计值

教室

恒载：　$1.2[(1.10+1.00+2.60)\times4.5+0.25\times0.60\times25\times1.2]=30.78\text{kN/m}$

活载：　$1.4\times2.00\times4.5\times0.9$ [2] $=11.34\text{kN/m}$

$q_2=42.12\text{kN/m}$

走道

恒载：　$=30.78\text{kN/m}$

活载：　$1.4\times2.50\times4.5\times0.9=14.18\text{kN/m}$

$q_3=44.96\text{kN/m}$

(4) 梁端固端弯矩 M_F

顶层

边跨梁（教室）：$M_F=\frac{1}{12}q_1l_1^2=\frac{1}{12}\times45.08\times5.7^2=122.05\text{kN}\cdot\text{m}$

中跨梁（走道）：$M_F=\frac{1}{3}q_1l_2^2=\frac{1}{3}\times45.08\times\left(\frac{3}{2}\right)^2=33.81\text{kN}\cdot\text{m}$

其他层

---

[1] 式中系数 1.2 为考虑梁挑檐及抹灰重的系数。

[2] 系数 0.9 为屋面及楼面活荷载折减系数。

边跨梁（教室）：$M_{\mathrm{F}} = \dfrac{1}{12}q_2 l_1^2 = \dfrac{1}{12} \times 42.12 \times 5.7^2 = 114.04\mathrm{kN \cdot m}$

中跨梁（走道）：$M_{\mathrm{F}} = \dfrac{1}{3}q_3 l_2^2 = \dfrac{1}{3} \times 44.96 \times \left(\dfrac{3}{2}\right)^2 = 33.72\mathrm{kN \cdot m}$

（5）力矩分配与传递

力矩分配与传递按题图 4-6 的方法进行。首先将各节点的分配系数填在相应方框内；

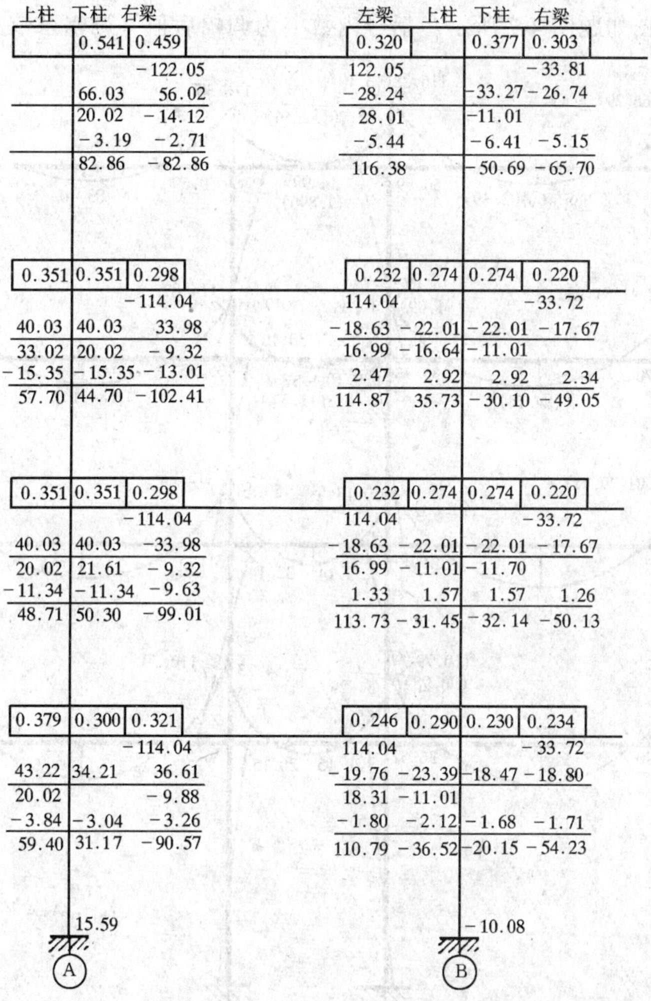

题图 4-6　力矩分配与传递

将梁的固端弯矩填写在框架横梁相应位置上。然后将节点放松，把各节点不平衡力矩同时进行分配。假定远端固定进行传递（不向滑动端传递）：右（左）梁分配力矩向左（右）梁传递；上（下）柱分配力矩向下（上）柱传递（传递系数均为 1/2）。第一次分配力矩传递后，再进行第二次力矩分配，然后不再传递。实际上，力矩二次分配法，只将不平衡力矩分配两次，将分配力矩传递一次。

（6）作弯矩图

将杆端弯矩按比例画在杆件受拉一侧。对于无荷载直接作用的杆件（如柱），将杆端弯矩连以直线，即为该杆的弯矩图；对于有荷载直接作用的杆件（如梁），以杆端弯矩的

连线为基线，叠加相应简支梁的弯矩图，即为该杆件的弯矩图。例如顶层边跨横梁 $B_{5,10}$ 的跨中弯矩为

$$M_{中} = \frac{1}{8}q_1 l_1^2 - (M_{10,5} + M_{5,10})\frac{1}{2}$$

$$= \frac{1}{8} \times 45.08 \times 5.7^2 - (82.86 + 116.38)\frac{1}{2} = 83.46\text{kN} \cdot \text{m}$$

框架的弯矩图如题图 4-7 所示。括号内数字为调幅后值（调幅系数为 0.8）。

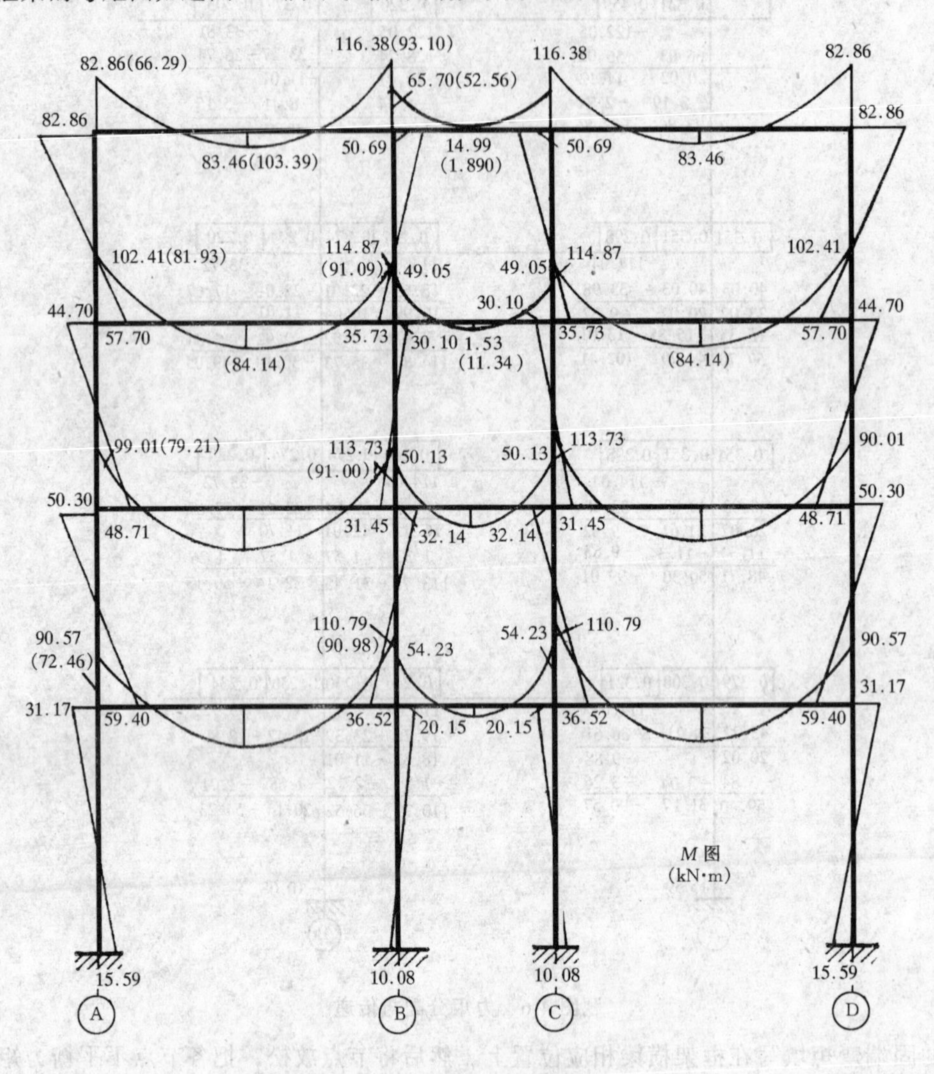

题图 4-7　框架弯矩图计算值

【例题 4-4】　框架梁的剪力和柱轴力的确定。

试确定例题 4-3 框架结构在重力荷载（设计值）作用下边跨（*AB* 跨）梁的剪力和边柱的轴向力（调幅后值）。外墙尺寸如题图 4-8 所示。

【解】　（1）计算梁端剪力

重力荷载（设计值）作用下 *AB* 跨梁端剪力计算过程，如题表 4-9 所示。

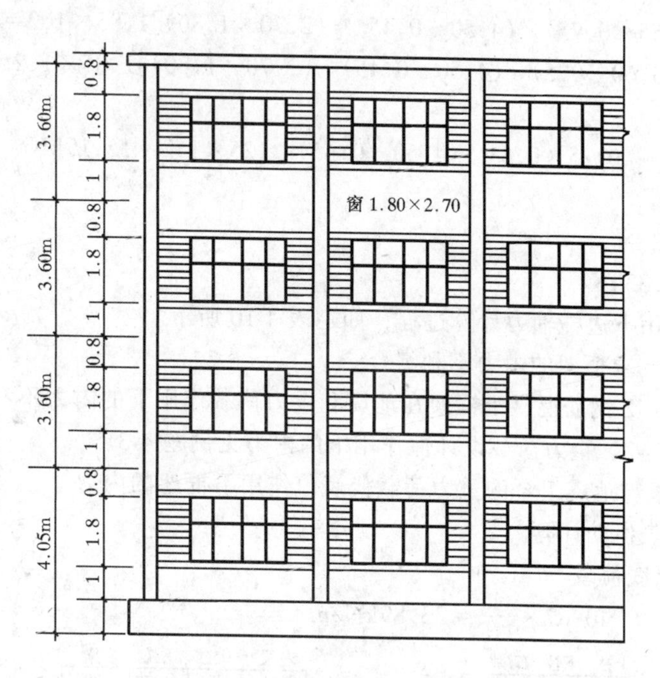

题图 4-8　[例题 4-4] 外墙尺寸图

重力荷载（设计值）下 *AB* 跨梁端剪力计算　　**题表 4-9**

层	q (kN/m)	l (m)	$\frac{ql}{2}$ (kN)	$\frac{\Sigma M}{l}$ (kN)	$V_A=\frac{ql}{2}-\frac{\Sigma M}{l}$ (kN)	$V_{B左}=\frac{ql}{2}+\frac{\Sigma M}{l}$ (kN)	V'_A (kN)	V'_B (kN)
4	45.08	5.70	128.48	4.70	123.78	133.18	113.62	123.06
3	42.12	5.70	120.04	1.75	118.29	121.79	108.78	112.31
2	42.12	5.70	120.04	2.07	117.97	122.11	—	—
1	42.12	5.70	120.04	2.84	117.20	122.88	—	—

注：V'_A、V'_B 为梁端截面剪力；V_A、$V_{B左}$ 为轴线处剪力。

(2) 边柱轴力（中框架）的计算（参见题表 4-10）

重力荷载下边柱轴力的计算　　**题表 4-10**

层	截　面	横梁剪力 (kN)	外纵墙重 (kN)	纵梁重 (kN)	柱　重 (kN)	ΔN (kN)	柱轴力 N (kN)
4	1-1	123.78	17.08	15.19	18.83	138.97	138.97
	2-2					157.80	157.80
3	3-3	118.29	17.08	15.19	18.83	150.56	308.36
	4-4					169.39	327.19
2	5-5	117.97	17.08	15.19	18.83	150.24	477.43
	6-6					169.07	496.26
1	7-7	117.20	23.38	15.19	25.82	149.47	645.73
	8-8			15.19		213.86	710.12

注：1. 表中截面位置编号见题图 4-9。

2. ΔN 为本层重力荷载产生的轴力。

3. 假定外纵墙重力荷载完全由纵梁承受。

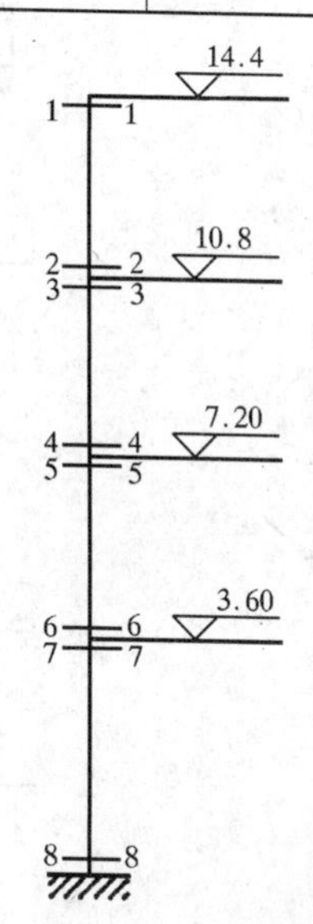

题图 4-9　题表 4-10 截面位置编号

外纵墙重

首层：$[(4.55-0.75)\times(4.50-0.45)-(2.70\times1.80)]1.85\times1.2=23.38\text{kN}$

其他层：$[(3.60-0.5)\times(4.50-0.45)-(2.70\times1.80)]1.85\times1.2=17.08\text{kN}$

纵梁重

$$0.25\times0.5\times(4.50-0.45)\times25\times1.2=15.19\text{kN}$$

柱重

首层：25.82kN

其他层：18.33kN

重力荷载作用下边柱轴力计算过程，如题表 4-10 所示。

【例题 4-5】 求框架的内力不利组合。

试确定例题 4-2 钢筋混凝土框架在地震和重力荷载作用下的内力不利组合。地震作用下的内力见例题 4-2。重力荷载设计值作用下的内力见例题 4-3。

【解】 1. 求与地震组合的重力荷载代表值作用下框架的内力

(1) 荷载代表值的计算

1) 屋面梁上线荷载

恒载 $40.67\times\frac{1}{1.2}=33.89\text{kN/m}$

上柱	下柱	右梁	左梁	上柱	下柱	右梁
	0.541	0.459	0.320		0.377	0.303
		-93.60	93.60			-25.92
	50.64	42.96	-21.65		-25.51	-20.50
	14.33	-10.83	21.48		7.98	
	-1.89	-1.61	-4.33		-5.09	-4.09
	63.08	-63.08	89.10		-38.58	-50.52

上柱	下柱	右梁	左梁	上柱	下柱	右梁
0.351	0.351	0.298	0.232	0.274	0.274	0.220
		-81.63	81.63			-23.46
28.65	28.65	24.33	-13.49	-15.94	-15.94	-12.80
25.32	14.33	-6.75	12.17	-12.76	-7.97	
-11.54	-11.54	-9.8	1.99	2.34	2.34	1.88
42.43	31.43	-73.85	82.30	-26.36	-21.57	-34.38

上柱	下柱	右梁	左梁	上柱	下柱	右梁
0.351	0.351	0.298	0.232	0.274	0.274	0.220
		-81.63	81.63			-23.46
28.65	28.65	24.33	-13.49	-15.94	-15.94	-12.80
14.33	15.46	-6.75	12.17	-7.98	-8.43	
-8.09	-8.09	-6.87	0.98	1.17	1.17	0.93
34.88	36.03	70.92	81.28	-22.75	-23.21	-35.33

上柱	下柱	右梁	左梁	上柱	下柱	右梁
0.379	0.300	0.321	0.246	0.290	0.230	0.234
		-81.63	81.63			-23.46
30.93	24.49	26.20	-14.31	-16.87	-13.38	-13.61
14.33		-7.16	13.10	-7.98		
-2.72	-2.15	-2.30	-1.27	-1.48	-1.18	-1.57
42.54	22.34	64.88	79.15	-26.33	-14.55	-38.27
	11.17				-7.23	

题图 4-10 弯矩分配法计算过程

雪载 $0.3\times\frac{1}{2}\times\underline{4.5=\ 0.68\text{kN/m}}$

$q_1=34.57\text{kN/m}$

2）楼面上线荷载

教室：恒载 $30.78\times\frac{1}{1.2}=25.65\text{kN/m}$

活载： $2.00\times\frac{1}{2}\times\underline{4.5=\ 4.45\text{kN/m}}$

$q_2=30.15\text{kN/m}$

走道：恒载 25.65kN/m

活载 $2.50\times\frac{1}{2}\times\underline{4.5=\ 5.63\text{kN/m}}$

$q_3=31.28\text{kN/m}$

（2）弯矩计算

1）梁的固端弯矩 M_F

顶层：

边跨梁 $M_F=\frac{1}{12}q_1l_1^2=\frac{1}{12}\times34.57\times5.7^2=93.60\text{kN}\cdot\text{m}$

中跨梁 $M_F=\frac{1}{3}q_1l_2^2=\frac{1}{3}\times34.57\times\left(\frac{3}{2}\right)^2=25.92\text{kN}\cdot\text{m}$

其他层：

边跨梁 $M_F=\frac{1}{12}q_2l_1^2=\frac{1}{12}\times30.15\times5.7^2=81.63\text{kN}\cdot\text{m}$

中跨梁 $M_F=\frac{1}{3}q_2l_2^2=\frac{1}{3}\times31.28\times\left(\frac{3}{2}\right)^2=23.46\text{kN}\cdot\text{m}$

2）框架梁、柱端截面弯矩

采用力矩分配法计算，计算过程参见题图 4-10。

3）绘弯矩图

弯矩图见题图 4-11。括号内数字为调幅后值（调幅系数为 0.8）。

（3）梁端剪力计算（以中框架 AB 跨梁为例）

重力荷载代表值作用下 AB 跨梁端剪力计算过程如题表 4-11（a）所示。

（4）柱的轴向力计算（以中框架边柱为例）

边柱轴向力计算过程参见题表 4-11（b）。

2. 梁、柱控制截面内力设计值不利组合

（1）梁的内力不利组合（以三、四层边框架梁为例）

重力荷载代表值下 *AB* 跨梁端剪力计算 **题表 4-11（*a*）**

层	q（kN/m）	t（m）	$\frac{ql}{2}$（kN）	$\frac{\Sigma M}{l}$（kN）	$V_A=\frac{ql}{2}-\frac{\Sigma M}{l}$（kN）	$V_{B左}=\frac{ql}{2}+\frac{\Sigma M}{l}$（kN）
1	34.57	5.70	98.52	3.65	94.87	102.17
3	30.15	5.70	85.92	1.19	84.73	87.11
2	30.15	5.70	85.92	1.45	84.47	87.37
1	30.15	5.70	85.92	2.00	83.92	87.92

注：V_A、$V_{B左}$为轴线处剪力。

重力荷载代表值下边柱轴向力的计算　　　　题表 4-11 (*b*)

层	截面	横梁剪力 (kN)	外纵墙重 (kN)	纵梁重 (kN)	柱 重 (kN)	ΔN (kN)	柱轴向力 N (kN)
4	1-1	94.87	14.23	12.66	15.69	107.53	107.53
	2-2					123.22	123.22
3	3-3	84.73	14.23	12.66	15.69	111.62	234.84
	4-4					127.31	250.53
2	5-5	84.47	14.23	12.66	15.69	111.36	361.89
	6-6					127.05	377.58
1	7-7	83.92	19.48	12.66	21.53	110.81	488.39
	8-8					132.34	509.52

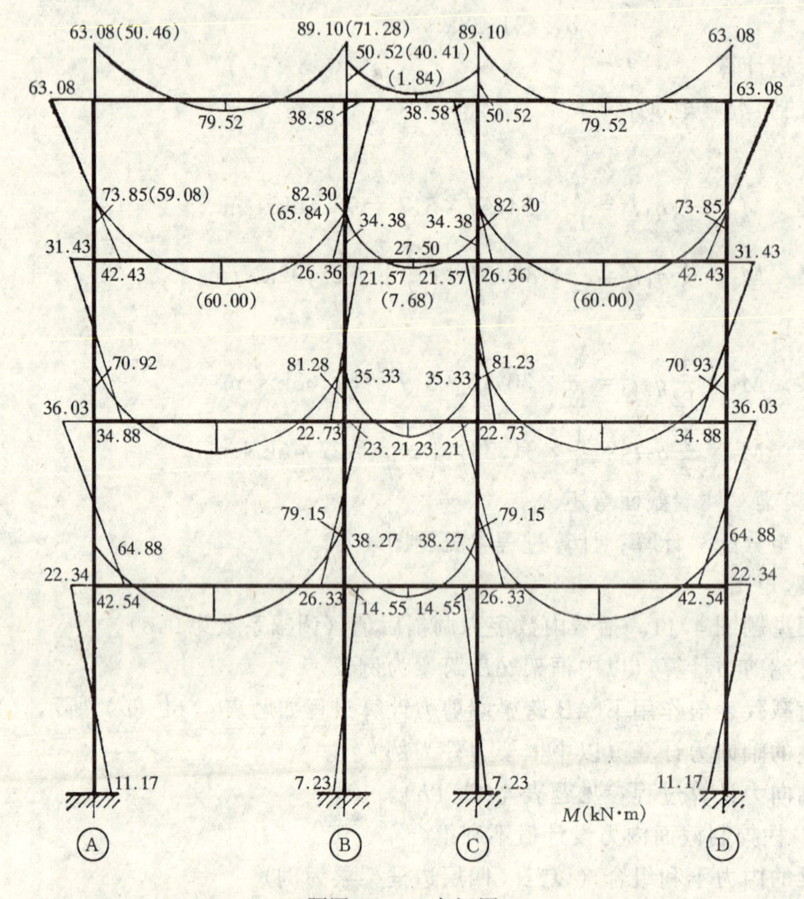

题图 4-11　弯矩图

1）梁的地震弯矩 M_{Ek}图（数据来源见例题 4-2）

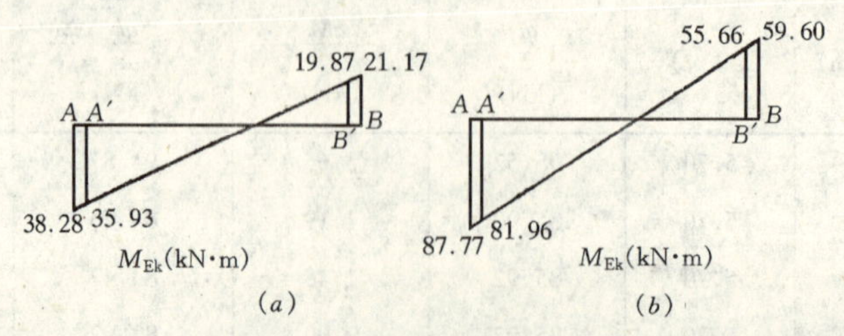

题图 4-12　地震弯矩 M_{Ek}图

四层：参见题图 4-12（a）；三层：参见题图 4-12（b）[❶]。

2）在重力荷载代表值作用下梁的弯矩图

四层：参见题图 4-13（a）。其中控制截面弯矩

$$M'_{GEA}=M_{GEA}-V_A\frac{b}{2}=50.46-94.87\times\frac{0.45}{2}=29.11\text{kN}\cdot\text{m}$$

$$M'_{GEB}=M_{GEB}-V_B\frac{b}{2}=71.28-102.17\times\frac{0.45}{2}=48.29\text{kN}\cdot\text{m}$$

三层：参见题图 4-13（b）。其中控制截面弯矩

$$M'_{GEA}=M_{GEA}-V_A\frac{b}{2}=59.08-84.73\times\frac{0.45}{2}=40.02\text{kN}\cdot\text{m}$$

$$M'_{GEB}=M_{GEB}-V_B\frac{b}{2}=65.84-87.11\times\frac{0.45}{2}=46.24\text{kN}\cdot\text{m}$$

3）在重力荷载设计值作用下梁的弯矩图（数据来源见例题 4-3）

四层：参见题图 4-14（a）。其中控制截面弯矩

$$M'_{GA}=M_{GA}-V_A\frac{b}{2}=66.29-123.78\times\frac{0.45}{2}=38.44\text{kN}\cdot\text{m}$$

$$M'_{GB}=M_{GB}-V_B\frac{b}{2}=93.10-133.18\times\frac{0.45}{2}=63.14\text{kN}\cdot\text{m}$$

三层：参见题图 4-14（b）。其中控制截面弯矩

$$M'_{GA}=M_{GA}-V_A\frac{b}{2}=81.93-118.29\times\frac{0.45}{2}=55.31\text{kN}\cdot\text{m}$$

$$M'_{GB}=M_{GB}-V_B\frac{b}{2}=91.09-121.79\times\frac{0.45}{2}=64.48\text{kN}\cdot\text{m}$$

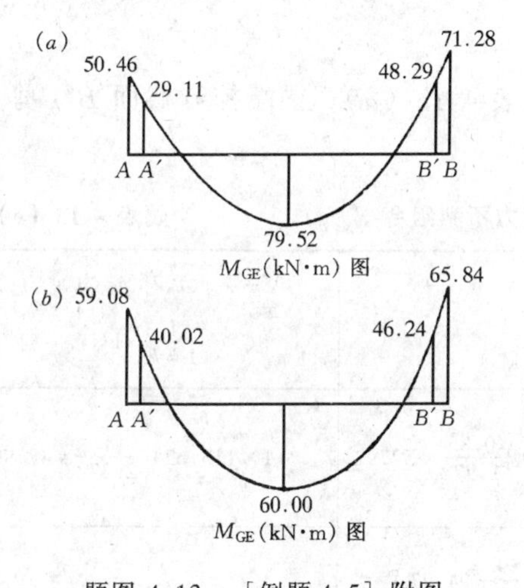

题图 4-13 ［例题 4-5］附图

（a）四层梁端控制截面 M_{GE}图；

（b）三层梁端控制截面 M_{GE}图

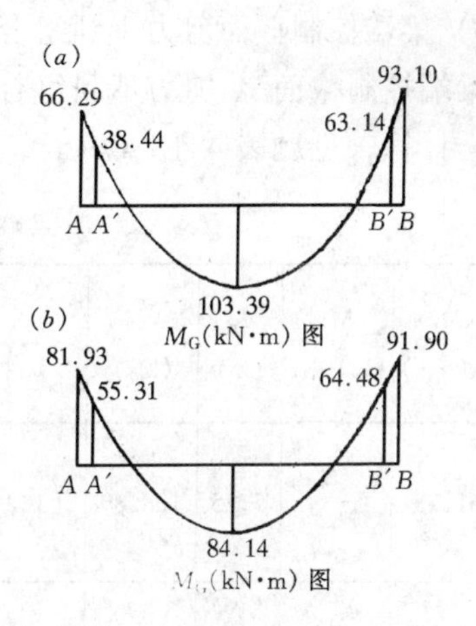

题图 4-14 ［例题 4-5］附图

（a）四层梁端控制截面 M_G 图；

（b）三层梁端控制截面 M_G 图

4）梁端控制截面弯矩不利组合

梁端控制截面 A'弯矩不利组合计算，见题表 4-12（a）；梁端控制截面 B'弯矩不利

❶ 首层、二层在地震、重力荷载代表值和设计值作用下的梁端弯矩计算从略。

组合计算，见题表 4-12（b）（首层、二层计算从略，下同）

梁端控制截面 A' 弯矩不利组合（kN·m）　　　　题表 4-12（a）

层	$1.3M_{Ek}$	$1.2M_{GE}$	$-M=\gamma_0(1.2M_{Gk}+1.4M_{Qk})$	$M=\gamma_{RE}(1.3M_{Ek}-1.0M_{GE})$	$-M=\gamma_0(1.2M_{Gk}+1.4M_{Qk})$
4	1.3×35.93=46.71	1.2×29.11=34.93	0.75(46.71+34.93)=$\underline{61.23}$	0.75(46.70−29.11)=13.20	1×38.44=38.44
3	1.3×81.96=106.55	1.2×40.02=48.02	0.75(106.55+48.02)=$\underline{115.90}$	0.75(106.55−40.02)=49.89	1×55.31=55.31
2	1.3×127.57=165.84	1.2×37.83=45.39	0.75(165.84+45.39)=$\underline{158.42}$	0.75(165.84−37.83)=128.04	1×52.67=52.67
1	1.3×175.15=227.10	1.2×33.13=39.75	0.75(227.1+39.75)=$\underline{200.14}$	0.75(227.1−33.13)=145.48	1×46.09=46.09

注：表中数字下划横线者为最不利弯矩组合。

梁端控制截面 B' 弯矩不利组合（kN·m）　　　　题表 4-12（b）

层	$1.3M_{Ek}$	$1.2M_{GE}$	$-M=\gamma_{RE}(1.3M_{Ek}+1.2M_{GE})$	$M=\gamma_{RE}(1.3M_{Ek}-1.0M_{GE})$	$-M=\gamma_0(1.2M_{Gk}+1.4M_{Qk})$
4	1.3×19.87=25.83	1.2×48.29=57.95	0.75(25.83+57.95)=62.84	—	1×63.14=$\underline{63.14}$
3	1.3×55.66=72.36	1.2×46.24=55.49	0.75(72.36+55.49)=$\underline{95.89}$	0.75(72.36−46.24)=19.59	1×64.48=64.48

5）梁端控制截面剪力不利组合

梁端控制截面 A' 剪力不利组合计算，见题表 4-13（a）；梁端控制截面 $B'_{左}$ 剪力不利组合计算，见题表 4-13（b）。

梁端控制截面 A' 剪力不利组合　　　　题表 4-13（a）

层	M_l（kN·m）	M_r（kN·m）	l_n（m）	V_{GE}（kN）	$V=\left(\eta_V\frac{M_l+M_r}{l_n}+V_{GE}\right)\frac{\gamma_{RE}}{0.6+k}$ ①（kN）	$V=\gamma_0(1.2V_{Gk}+1.4V_{Qk})\frac{1}{1+k}$（kN）
4	61.23	—	5.25	108.89	$\left(1.2\times\frac{61.23}{5.25}+108.89\right)\frac{0.85}{1.972}=\underline{52.92}$	$(1\times113.62)\frac{1}{2.372}=47.90$
3	115.9	19.59	5.25	94.97	$\left(1.2\times\frac{115.9+19.59}{5.25}+94.97\right)\frac{0.85}{1.972}=\underline{54.28}$	$(1\times108.78)\frac{1}{2.372}=45.86$

①表中系数 $k=1.372$ 由表 4-6 中二级框架、梁宽 $b=250$mm，C20，查得。

6）跨中弯矩不利组合

地震作用与重力荷载代表值下的跨中组合弯矩 $M_{b,max}$

四层：参见题图 4-15（a）。

梁端控制截面 B' 剪力不利组合 题表 4-13b

层	M_l (kN·m)	M_r (kN·m)	l_n (m)	V_{GE} (kN)	$V=\left(\eta_V\frac{M_l+M_r}{l_n}+V_{GE}\right)\frac{\gamma_{RE}}{0.6+k}$ (kN)	$V=\gamma_0$ $(1.2V_{Gk}+1.4V_{Qk})$ $\frac{1}{1+k}$ (kN)
4	13.20	62.84	5.25	108.89	$\left(1.2\times\frac{13.2+62.84}{5.25}+108.89\right)\frac{0.85}{1.972}=\underline{54.42}$	$1\times123.06\times\frac{1}{2.372}=51.88$
3	49.89	95.89	5.25	94.97	$\left(1.2\times\frac{49.89+95.89}{5.25}+94.97\right)\frac{0.85}{1.972}=\underline{55.30}$	$1\times112.31\times\frac{1}{2.372}=47.35$

$$R_A=\frac{q_l}{2}-\frac{1}{l}\left(M_{GB}-M_{GA}+M_{EA}+M_{EB}\right)=\frac{1.2\times34.54\times5.70}{2}$$
$$-\frac{1}{5.70}(1.2\times71.28-1.2\times50.46+1.3\times38.28+1.3\times21.17)$$
$$=100.28\text{kN}$$

$$M_{b,\max}=\frac{R_A^2}{2q}-M_{GA}+M_{EA}=\frac{100.28^2}{2\times1.2\times34.57}-1.2\times50.46$$
$$+1.3\times38.28=110.43\text{kN·m}$$

三层：参见题图 4-15b。

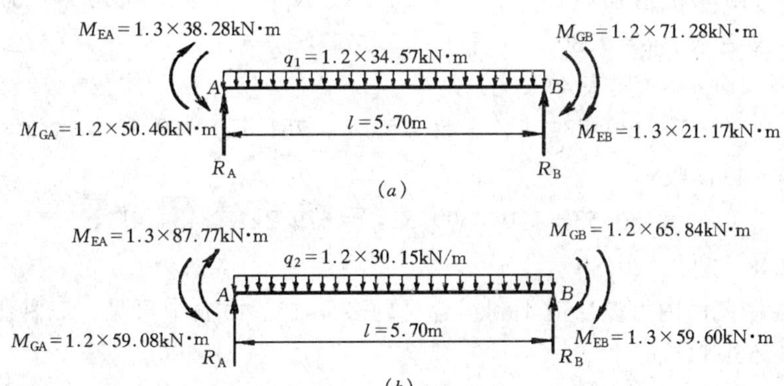

题图 4-15 跨中组合弯矩

$$R_A=\frac{1.2\times30.15\times5.70}{2}-\frac{1}{5.70}(1.2\times65.84-1.2\times59.08+1.3\times87.77+1.3\times59.60)$$
$$=68.08\text{kN}$$

$$M_{b,\max}=\frac{68.08^2}{2\times1.2\times30.15}-1.2\times59.08+1.3\times87.77$$
$$=107.25\text{kN·m}$$

跨中控制截面弯矩不利组合计算见题表 4-14。

(2) 柱的内力设计值不利组合计算（以横向地震作用和无地震下中框架边柱为例）

跨中弯矩不利组合（kN·m） 表 4-14

层	γ_{RE} $(1.3M_{Ek}+1.2M_{GE})$	γ_0 $(1.2M_{Gk}+1.4M_{Qk})$
4	$0.75\times110.43=82.83$	$1\times103.39=\underline{103.39}$
3	$0.75\times107.25=80.44$	$1\times84.14=\underline{84.14}$

注：表中数字下划横线者为弯矩不利值。

中框架边柱为单向偏心受压构件，在应用式（4-44）、（4-45）和（4-46）进行内力组合时，有下列三种情形，即在地震作用下大偏心受压、小偏心受压和无地震作用的偏心受压：

第①组内力组合（大偏心受压）

$$\left.\begin{aligned} M_{\max} &= \gamma_{RE}\ (1.3M_E + 1.2M_{GE}) \\ N_{\min} &= \gamma_{RE}\ (1.3N_E + 1.0N_{GE}) \end{aligned}\right\} \qquad (a)$$

第②组内力组合（小偏心受压）

$$\left.\begin{aligned} N_{\max} &= \gamma_{RE}\ (1.3N_E + 1.2N_{GE}) \\ M_{\max} &= \gamma_{RE}\ (1.3M_E + 1.2M_{GE}) \end{aligned}\right\} \qquad (b)$$

第③组内力组合（无地震作用）

$$\left.\begin{aligned} M_x &= \gamma_0\ (1.2M_{Gk} + 1.4M_{Qk}) \\ N &= \gamma_0\ (1.2N_{Gk} + 1.4N_{Qk}) \end{aligned}\right\} \qquad (c)$$

在式（a）、（b）中，当轴压比 $n = \dfrac{N}{f_c bh} < 0.15$ 时，$\gamma_{RE} = 0.75$；当 $n \geqslant 0.15$ 时，$\gamma_{RE} = 0.80$（见表 3-13）。为此，应算出当 $\gamma_{RE} = 1$ 时边柱各控制截面的 $N_{\max}$ 和 $N_{\min}$ 值，然后与 $N = nf_c bh = 0.15 f_c bh$ 值加以比较，当 $N_{\max}$（或 $N_{\min}$）$< N$ 者取 $\gamma_{RE} = 0.75$；当 $N_{\max}$（或 $N_{\min}$）$\geqslant N$ 者取 $\gamma_{RE} = 0.80$。

例如控制截面 8-8（题表 4-15）：

$N_{\max} = 1 \times (1.3 \times 130.53 + 1.2 \times 509.52) = 781.1\text{kN} > 0.15 \times 14.3 \times 450 \times 450 = 434.4 \times 10^3\text{N} = 434.4\text{kN}$

$N_{\min} = 1 \times (1.3 \times 130.53 + 1.0 \times 509.52) = 679.2\text{kN} > 434.4\text{kN}$

因此，截面 8-8 的 $\gamma_{RE} = 0.80$

边柱各控制截面内力设计值不利组合见题表 4-15。由表中可见，三种组合中最大轴向力 $N = 671.55\text{kN}$，而

$$\xi = \frac{N}{f_c bh_0} = \frac{671.55 \times 10^3}{14.3 \times 450 \times 415} = 0.251 < \xi_b = 0.55$$

故边柱在各种内力组合下各截面均为大偏心受压。由题表 4-15 可见，第 1 组内力组合为最不利组合。

中框架边柱内力组合 **题表 4-15**

层	截面	横向地震作用时								无地震作用时	
		N_E (kN)	N_{GE} (kN)	M_E (kN·m)	M_{GE} (kN·m)	第 1 组内力组合		第 2 组内力组合		M_x (kN·m)	N (kN)
						$M_{\max}$	$N_{\min}$	$N_{\max}$	$M_{\max}$		
4	1-1	10.43	107.53	33.37	54.26	81.38	90.82	106.94	81.38	82.86	138.97
	2-2	10.43	123.32	15.70	33.65	45.59	102.59	121.06	45.59	57.70	157.80
3	3-3	36.29	234.84	56.98	25.90	78.86	211.52	246.75	78.86	44.70	308.36
	4-4	36.29	250.53	44.77	29.40	70.12	223.28	278.25	74.78	48.71	327.19
2	5-5	76.59	361.89	69.13	29.48	100.20	369.17	427.06	100.20	40.54	477.43
	6-6	76.59	377.58	69.13	36.00	106.45	381.76	442.13	106.45	50.26	496.26
1	7-7	130.53	488.39	81.76	19.55	103.79	526.55	604.59	103.79	28.09	645.73
	8-8	130.53	509.52	189.13	11.17	207.43	543.36	624.85	207.43	15.59	671.55

【例题 5-1】　利用结构对称性求三肢墙墙肢轴力。

某 10 层对称三肢剪力墙，各层层高均为 3m，房屋总高 $H=30$m，墙肢轴线间的距离 $L_1=L_2=6.65$m，承受水平均布荷载 $q=1$kN/m（题图 5-1）。剪力墙混凝土弹性模量 $E=25.5\times10^6$kN/m^2，墙肢横截面面积 $A_1=A_3=0.66$m^2，$A_2=1.20$m^2，墙肢截面惯性矩 $I_1=I_3=0.599$m^4，$I_2=3.60$m^4。连梁截面等效惯性矩 $I_{b1}=I_{b2}=0.003$m^4，连梁计算跨度 $l_{01}=l_{02}=2.30$m。

试利用结构对称性按双肢墙计算剪力墙边墙肢的轴力。

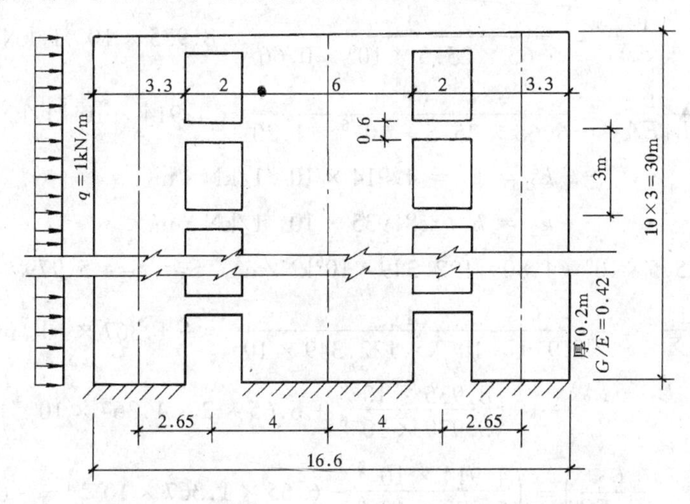

题图 5-1

【解】

(1) 计算剪力墙特征刚度

剪力墙组合截面惯性矩

$$I_0=\Sigma I_i+A_1L_i^2\times2=0.599\times2+3.60+0.66\times6.65^2\times2=63.17\text{m}^4$$

各墙肢截面惯性矩之和

$$\Sigma I_i=0.599\times2+3.60=4.80\text{m}^4$$

按式 (5-23)′计算

$$\lambda_2=H\sqrt{\frac{12I_bI_0}{hl_0^3A_1\Sigma I_i}}=30\sqrt{\frac{12\times0.003\times63.17}{3\times2.30^3\times0.66\times4.80}}=30\times0.1402=4.21$$

(2) 计算系数

$$S=\frac{hl_0^3}{12L_1EI_b}=\frac{3\times2.30^3}{12\times6.65\times25.5\times10^6\times0.003}=5.979\times10^{-6}$$

按式（5-25）计算

$$\varepsilon_2=\frac{qH^4}{S\Sigma EI_i}=\frac{1\times30^4}{5.979\times10^{-6}\times25.5\times10^6\times4.80}=1107.28$$

(3) 按式（5-32）计算边墙肢 1 楼板标高处的轴力

计算结果见题表 5-1（$N_3=-N_1$，$N_2=0$）。

利用对称性按双肢墙计算墙肢轴力　　　　题表 5-1

截面 ξ (m)	0.00	0.10	0.20	0.30	0.40	0.50	0.60	0.70	0.80	0.90	1.00
$(N/\varepsilon_2)\times10^{-2}$	0.00	0.121	0.258	0.419	0.610	0.827	1.065	1.310	1.540	1.721	1.797
N (kN)	0.00	1.339	2.857	4.639	6.754	9.157	11.793	14.505	17.052	19.056	19.898

【例题 5-2】 用精确法求多肢墙墙肢轴力。

试按多肢墙公式计算例题 5-1。

【解】 1. 计算矩阵 $[A]$ 和 $\{b_0\}$ 元素

$$k_1^l = \frac{1}{L_1EA_1} = \frac{1}{6.65\times25.5\times10^6\times0.66} = 8.935\times10^{-9}1/\text{kN}\cdot\text{m}$$

$$k_1^r = \frac{1}{L_1EA_2} = \frac{1}{6.65\times25.5\times10^{-6}\times1.20} = 4.914\times10^{-9}1/\text{kN}\cdot\text{m}$$

$$k_2^l = k_1^r = 4.914\times10^{-9}1/\text{kN}\cdot\text{m}$$

$$k_2^r = k_1^l = 8.935\times10^{-9}1/\text{kN}\cdot\text{m}$$

$$\Sigma B = 25.5\times10^6\times4.80 = 122.349\times10^6\text{kN/m}^2,\ S_1 = S_2 = 5.979\times10^{-6}$$

$$b_{01} = -\frac{1}{S_1\Sigma B} = -\frac{1}{5.979\times10^{-6}\times122.349\times10^6} = -1.367\times10^{-3}\text{m}, b_{02} = 0$$

$$a_{11} = -\left(\frac{k_1^l}{S_1}+\frac{L_1+L_2}{S_1\Sigma B}\right) = -\left(\frac{8.935\times10^{-9}}{5.979\times10^{-6}}+6.65\times2\times1.367\times10^{-3}\right) = -0.01968$$

$$a_{12} = \left(\frac{k_1^r}{S_1}-\frac{L_2}{S_1\Sigma B}\right) = \left(\frac{4.914\times10^{-9}}{5.979\times10^{-6}}-6.65\times1.367\times10^{-3}\right) = -0.008269$$

$$a_{21} = \frac{k_1^l}{S_1}-\frac{k_2^r}{S_2} = \frac{8.935\times10^{-9}}{5.979\times10^{-6}}-\frac{8.935\times10^{-9}}{5.979\times10^{6}} = 0$$

$$a_{22} = -\left(\frac{k_1^r}{S_1}+\frac{k_2^l}{S_2}+\frac{k_2^r}{S_2}\right) = -\left(\frac{4.914\times10^{-9}}{5.979\times10^{-6}}+\frac{4.914\times10^{-9}}{5.979\times10^{-6}}+\frac{8.935\times10^{-9}}{5.979\times10^{-6}}\right)$$

$$= -3.138\times10^{-3}$$

2. 形成矩阵 $[A]$

$$[A] = \begin{bmatrix} a_{11} & a_{12} \\ a_{21} & a_{22} \end{bmatrix} = \begin{bmatrix} -0.01968 & -0.008269 \\ 0 & -0.003138 \end{bmatrix}$$

3. 求特征根

$$\begin{vmatrix} (\lambda_k^2+a_{11}) & a_{12} \\ a_{21} & (\lambda_k^2+a_{22}) \end{vmatrix} = \begin{vmatrix} (\lambda_k^2-0.01968) & -0.008269 \\ 0 & (\lambda_k^2-0.003138) \end{vmatrix}$$

$$= (\lambda_k^2+0.01968)(\lambda_k^2+0.003138) = 0$$

解上式得：

$$\lambda_1^2 = 0.01968,\qquad \lambda_1 = \pm0.1402$$

$$\lambda_2^2 = 0.003138,\qquad \lambda_2 = \pm0.0560$$

4. 求特征向量

对每对特征根，可求得对应的特征向量。

对应 $\lambda_1 = \pm0.1402$ 的特征向量为：

$f_{11}=1.000$，f_{21}按式（5-87）计算：

$$f_{21}=-\frac{\lambda_{\mathrm{k}}^{2}+a_{11}}{a_{12}}=-\frac{0.01968-0.01968}{-0.008269}=0$$

对应 $\lambda_2=\pm0.0560$ 的特征向量为：

$f_{12}=1.000$，f_{22}按式（5-87）计算：

$$f_{22}=-\frac{\lambda_{\mathrm{k}}^{2}+a_{11}}{a_{12}}=\frac{0.003138-0.01968}{-0.008269}=-2.000$$

5. 求方程组特解

微分方程组特解按式（5-91）确定：

$$\{N_{\mathrm{P}}\}=\{t_0\}M_0(x)+\{v_0\}$$

（1）求系数列阵 $\{t_0\}$ 和 $\{v_0\}$

$$|A|=\begin{vmatrix}-0.01968 & -0.008269\\ 0 & -0.003138\end{vmatrix}=6.1756\times10^{-5},$$

$$\mathrm{adj}\,[A]=\begin{bmatrix}-0.003138 & 0.008269\\ 0 & -0.01968\end{bmatrix}$$

$$[A]^{-1}=\frac{1}{|A|}\mathrm{adj}\,[A]=\frac{1}{6.1756\times10^{-5}}\begin{bmatrix}-0.003138 & 0.008269\\ 0 & -0.01968\end{bmatrix}$$

$$=\begin{bmatrix}-50.8128 & 133.898\\ 0 & -318.674\end{bmatrix}$$

按式（5-92）计算：

$$\{t_0\}=[A]^{-1}\{b_0\}=\begin{bmatrix}-50.8128 & 133.898\\ 0 & -318.674\end{bmatrix}\begin{Bmatrix}-0.001367\\ 0\end{Bmatrix}$$

$$=\begin{Bmatrix}0.06946\\ 0\end{Bmatrix}$$

按式（5-93）计算：

$$\{v_0\}=-[A]^{-1}[A]^{-1}\{b_0\}q$$

$$=-\begin{bmatrix}-50.8128 & 133.898\\ 0 & -318.674\end{bmatrix}\begin{bmatrix}-50.8128 & 133.898\\ 0 & -318.674\end{bmatrix}\begin{Bmatrix}-0.001367\\ 0\end{Bmatrix}\times1=\begin{Bmatrix}3.5295\\ 0\end{Bmatrix}$$

（2）求微分方程特解

$$\{N_{\mathrm{P}}\}=\begin{Bmatrix}N_{P1}\\ N_{P2}\end{Bmatrix}=\begin{Bmatrix}t_{01}\\ t_{02}\end{Bmatrix}M_0(x)+\begin{Bmatrix}v_{01}\\ v_{02}\end{Bmatrix}=\begin{Bmatrix}0.06946\\ 0\end{Bmatrix}\frac{1}{2}\times1x^2+\begin{Bmatrix}3.5295\\ 0\end{Bmatrix}$$

6. 求微分方程齐次解

按式（5-88）确定方程齐次解：

$$\begin{Bmatrix}N_{01}(x)\\ N_{02}(x)\end{Bmatrix}=\begin{bmatrix}f_{11}f_{12}\\ f_{21}f_{22}\end{bmatrix}\left(\begin{Bmatrix}C_1\mathrm{ch}\lambda_1x\\ C_2\mathrm{ch}\lambda_2x\end{Bmatrix}+\begin{Bmatrix}D_1\mathrm{sh}\lambda_1x\\ D_2\mathrm{sh}\lambda_2x\end{Bmatrix}\right)$$

（1）求系数列阵 $\{C\}$ 和 $\{D\}$

$$[F]=\begin{bmatrix}1 & 1\\ 0 & -2\end{bmatrix},\ |F|=\begin{vmatrix}1 & 1\\ 0 & -2\end{vmatrix}=-2,\ \mathrm{adj}\,[F]=\begin{bmatrix}-2 & -1\\ 0 & 1\end{bmatrix}$$

$$[F]^{-1}=\frac{1}{|F|}\text{adj}\ [F]=\frac{1}{-2}\begin{bmatrix}-2 & -1\\ 0 & 1\end{bmatrix}=\begin{bmatrix}1 & 0.5\\ 0 & -0.5\end{bmatrix}$$

按式（5-96）计算：

$$\{C\}=-[F]^{-1}\{v_0\}=-\begin{bmatrix}1 & 0.5\\ 0 & -0.5\end{bmatrix}\begin{Bmatrix}3.5295\\ 0\end{Bmatrix}=\begin{Bmatrix}-3.5295\\ 0\end{Bmatrix}$$

（2）求系数矩阵$[\lambda_{CH}]^{-1}$和$[\lambda_{SH}]$

$$[\lambda_{CH}]^{-1}=\begin{bmatrix}\frac{1}{\lambda_1\text{ch}\lambda_1 H} & 0\\ 0 & \frac{1}{\lambda_2\text{ch}\lambda_2 H}\end{bmatrix}=\begin{bmatrix}\frac{1}{0.1402\text{ch}(0.1402\times30)} & 0\\ 0 & \frac{1}{0.0560\text{ch}(0.0560\times30)}\end{bmatrix}$$

$$=\begin{bmatrix}0.2126 & 0\\ 0 & 6.433\end{bmatrix}$$

$$[\lambda_{SH}]=\begin{bmatrix}\lambda_1\text{sh}\lambda_1 H & 0\\ 0 & \lambda_2\text{sh}\lambda_2 H\end{bmatrix}=\begin{bmatrix}0.1402\times\text{sh}(0.1402\times30) & 0\\ 0 & 0.0560\text{sh}(0.0560\times30)\end{bmatrix}$$

$$=\begin{bmatrix}4.702 & 0\\ 0 & 0.1450\end{bmatrix}$$

按式（5-98）计算：

$$\{D\}=-[\lambda_{CH}]^{-1}[[F]^{-1}\{t_0\}V_0(H)+[\lambda_{SH}]\{C\}]=$$

$$-\begin{bmatrix}0.2126 & 0\\ 0 & 6.433\end{bmatrix}\left(\begin{bmatrix}1 & 0.5\\ & -0.5\end{bmatrix}\begin{Bmatrix}6.946\\ 0\end{Bmatrix}10^{-2}\times1\times30+\begin{bmatrix}4.702 & 0\\ 0 & 0.1450\end{bmatrix}\begin{Bmatrix}-3.529\\ 0\end{Bmatrix}\right)$$

$$=\begin{Bmatrix}3.0842\\ 0\end{Bmatrix}$$

（3）微分方程齐次解

$$\begin{Bmatrix}N_{01}\\ N_{02}\end{Bmatrix}=\begin{bmatrix}1 & 1\\ 0 & -2\end{bmatrix}\left[\begin{Bmatrix}-3.5295\text{ch}(0.1402x)\\ 0\end{Bmatrix}+\begin{Bmatrix}(3.0842\text{sh}(0.1402x)\\ 0\end{Bmatrix}\right]$$

$$=\begin{Bmatrix}-3.5295\text{ch}(0.397x)\\ 0\end{Bmatrix}+\begin{Bmatrix}3.0842\text{sh}(0.1402x)\\ 0\end{Bmatrix}$$

7. 微分方程的通解

将上面所求得的齐次解与特解相加，即得微分方程的通解：

$$\begin{Bmatrix}N_1(x)\\ N_2(x)\end{Bmatrix}=\begin{Bmatrix}-3.5295\text{ch}(0.1402x)\\ 0\end{Bmatrix}+\begin{Bmatrix}3.0842\text{sh}(0.1402x)\\ 0\end{Bmatrix}$$

$$+\begin{Bmatrix}0.06946\\ 0\end{Bmatrix}\frac{1}{2}\times1x^2+\begin{Bmatrix}3.5295\\ 0\end{Bmatrix}$$

由上式可见，墙肢1的轴力计算公式为：

$$N_1(x)=-3.5295\text{ch}(0.1402x)+3.0842\text{sh}(0.1402x)+0.03473x^2+3.5295$$

墙肢2轴力$N_2(x)=0$，而墙肢3轴力$N_3(x)=-N_1(x)$。

题表5-2为墙肢1各楼层标高各截面按上面轴力计算公式计算结果。由表中可见，计算结果与例题5-1十分接近，可谓殊途同归。

按三肢墙计算公式计算墙肢 1 的轴力 **题表 5-2**

截面 ξ（m）	0.00	0.10	0.20	0.30	0.40	0.50	0.60	0.70	0.80	0.90	1.00
N（kN）	0.00	1.332	2.837	4.620	6.718	9.115	11.740	14.442	16.983	18.964	19.779

【例题 5-3】 抗震墙结构顶点侧移的计算。

已知条件与［例题 5-1］相同。试分别利用结构的对称性和按精确解法确定结构顶点侧移。

【解】 1. 利用三肢墙结构的对称性计算

已知：$\lambda_1=4.21$，$I_0=63.17\text{m}^4$，$\Sigma I_i=4.80\text{m}^4$，$I_n=58.37\text{m}^4$，$\Sigma A_i=2.52\text{m}^2$。

（1）计算系数 A_0

根据 $\lambda_1=4.21$，由表 5-8 查得 $A_0=0.1438$。

（2）计算系数 γ

按式（5-62）计算：

$$\gamma=\frac{\mu B_0}{H^2G\Sigma A_i}=\frac{\mu I_0}{0.42H^2\Sigma A_i}=\frac{12\times63.17}{0.42\times30^2\times2.52}=0.0796$$

（3）计算抗震墙等效刚度

将上述已知条件代入式（5-60），经计算得：

$$EI_{\text{we}}=\frac{EI_0}{1+\dfrac{I_n}{\Sigma I_i}A_0+4\gamma}=\frac{25.5\times10^6\times63.17}{1+\dfrac{58.37}{4.80}\times0.1438+4\times0.0796}=525.2\times10^6\text{kN}\cdot\text{m}^2$$

（4）计算抗震墙顶点侧移

按式（5-59b）计算，得：

$$\Delta=\frac{qH^4}{8EI_{\text{we}}}=\frac{1\times30^4}{8\times525.2\times10^6}=192.78\times10^{-6}\text{m}$$

2. 按多肢墙精确法计算

已知：$S_1=5.979\times10^{-6}$，$k_1^l=8.935\times10^{-9}$和

$$N_1(x)=-3.5295\text{ch}(0.1402x)+3.0842\text{sh}(0.1402x)+0.03473x^2+3.5295$$

而 $$N_1'(x)=-0.4948\text{sh}(0.1402x)+0.4324\text{ch}(0.1402x)+0.06946x$$

将以上两式及有关已知条件，并注意到 $N_2(x)=0$，代入式（5-106a）。经计算得：

$$\begin{aligned}\Delta&=S_1\int_0^H N_1'(x)\text{d}x+k_1^l\int_0^H\int_x^H N_1(x)\text{d}x\text{d}x+\int_0^H\frac{\mu V_0(x)}{G\Sigma A_i}\text{d}x\\&=5.979\times10^{-6}\int_0^{30}[-0.4948\text{sh}(0.1402x)+0.4324\text{ch}(0.1402x)+0.06946x]\text{d}x\\&\quad+8.935\times10^{-9}\int_0^{30}\int_x^{30}[-3.5295\text{ch}(0.1402x)+3.0842\text{sh}(0.1402x)\\&\quad+0.03473x^2+3.5295]\text{d}x\text{d}x+\frac{1.2}{0.42\times25.5\times10^6\times2.52}\int_0^{30}1\cdot x\text{d}x=192.76\times10^{-6}\text{m}\end{aligned}$$

计算表明，两种计算方法结果十分接近。

【例题 6-1】 钢筋混凝土框架-抗震墙结构抗震计算。

某 10 层现浇钢筋混凝土框架-抗震墙结构，平面、剖面示意图和重力荷载代表值简图如题图 6-1 所示。框架梁截面尺寸为 0.25m×0.60m，框架柱截面尺寸：1、2 层为 0.55m×0.55m；3、4 层为 0.50m×0.50m；5～10 层为 0.45m×0.45m，抗震墙厚度为 0.22m。框架梁、柱和抗震墙混凝土强度等级为：1～6 层：C35，7～10 层：C30。结构阻尼比为 0.05。设防烈度为 7 度，设计基本地震加速度为 0.15g，Ⅰ类场地，设计地震分组为第一组。

试确定在横向水平多遇地震作用下框架和抗震墙地震内力，并验算结构的侧移。

【解】 1. 楼层重力荷载代表值 G_i

$$G_1 = 12400\text{kN} \qquad G_2 \sim G_9 = 10640\text{kN} \qquad G_{10} = 7800\text{kN}$$

2. 框架梁的线刚度

框架梁的线刚度计算过程见题表 6-1。

框架梁的线刚度计算 **题表 6-1**

层位	梁位	跨度 l (m)	截面 $b_b h_b$ (m²)	弹性模量 E_c(kN/m²)	惯性矩 $I_0 = b_b h_b^3/12$ (m⁴)	边框梁		中框梁	
						$I_b = 1.5I_0$ (m⁴)	$k_b = E_c I_b / l$ (kN·m)	$I_b = 2I_0$ (m⁴)	$k_b = E_c I_b / l$ (kN·m)
7～10	边	6.0	0.25×0.60	3.0×10^7	4.5×10^{-3}	6.75×10^{-3}	3.38×10^4	9×10^{-3}	4.5×10^4
	中	2.4					8.44×10^4		11.25×10^4
1～6	边	6.0		3.15×10^7			3.49×10^4		4.65×10^4
	中	2.4					8.72×10^4		11.63×10^4

3. 验算柱的轴压比

(1) 各层单位面荷载代表值的计算

各层单位面荷载代表值见题表 6-2。

各层单位面荷载代表值计算 **题表 6-2**

层 位	楼层荷载代表值 (kN)	楼层面积 (m²)	楼层单位面积荷载代表值 (kN/m²)
10	7800	760.2	10.26
2～9	10640	760.2	14.00
1	11400	760.2	14.90

(2) 柱的轴压比验算

由表 1-6 查得，当设防烈度为 7 度，房屋高度 $H = 36.6\text{m} < 60\text{m}$ 时，框架等级为三级，抗震墙为二级，柱的剪跨比 $\lambda = H_0/2h = 3.00/(2\times0.55) = 2.73 > 2$，故柱的轴压比限值 $\lambda_N = 0.95$（表 4-8）

验算柱的轴压比时，柱的轴力应为重力荷载代表值与水平地震作用组合下轴力设计值，为简化计算，其值可近似取重力荷载代表值作用下的轴力乘以分项系数 1.2，对于边柱再乘以 1.25 的增大系数，以考虑地震作用对轴力的影响。

轴压比的计算过程，见题表 6-3。其中，混凝土强度等级 C30 和 C35 的轴心抗压强度

设计值 f_c 分别为 $14.3\times10^3\text{kN/m}^2$ 和 $16.7\times10^3\text{kN/m}^2$。

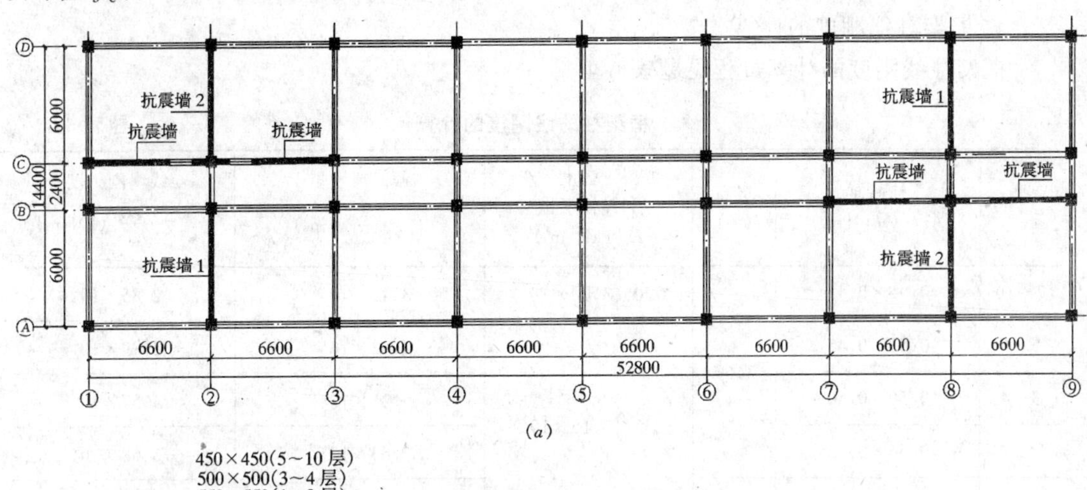

(a)

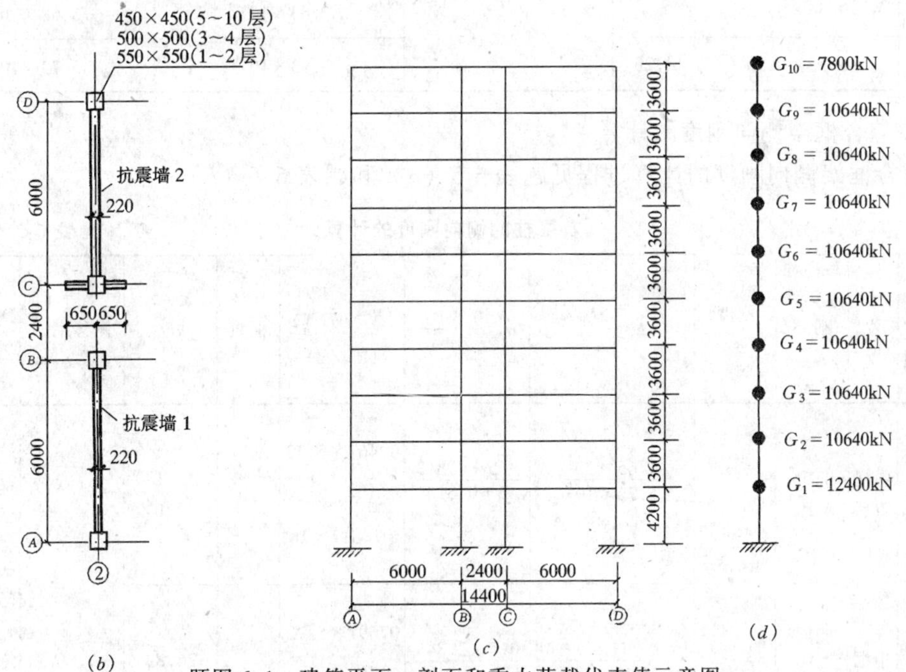

(b) (c) (d)

题图 6-1 建筑平面、剖面和重力荷载代表值示意图

柱的轴压比计算 **题表 6-3**

层位	中柱					边柱				
	N_i (kN)	ΣN_i (kN)	$A_c=b_ch_c$ (m²)	混凝土强度等级	$\lambda_N=1.2\times\Sigma N_i/A_cf_c$	N_i (kN)	ΣN_i (kN)	$A_c=b_ch_c$ (m²)	混凝土强度等级	$\lambda_N=1.5\times\Sigma N_i/A_cf_c$
10	284.4	284.4	0.45×0.45	C30	0.12	203.2	203.2	0.45×0.45	C30	0.11
9	388.1	672.5			0.28	277.2	480.4			0.25
8	388.1	1060.6			0.44	277.2	757.6			0.39
7	388.1	1448.7			0.60	277.2	1034.8			0.54
6	388.1	1836.8		C35	0.65	277.2	1312		C35	0.58
5	388.1	2224.9			0.79	277.2	1589.2			0.70
4	388.1	2613.0	0.50×0.50		0.75	277.2	1866.4	0.50×0.50		0.67
3	388.1	3001.1			0.86	277.2	2143.6			0.77
2	388.1	3389.2	0.55×0.55		0.81	277.2	2420.8	0.55×0.55		0.72
1	413.0	3802.2			0.90	295.0	2715.8			0.81

由表中可见，各柱轴压比均不超过极限值。

4. 框架柱线刚度的计算

框架柱线刚度的计算过程见题表 6-4。

框架柱的线刚度的计算 **题表 6-4**

层　位	柱截面 $A_c=b_ch_c$ (m^2)	层高 (m)	混凝土强度等级和弹性模量 E_c (kN/m^2)	截面惯性矩 $I_c=\frac{b_ch_c^3}{12}$ (m^3)	线　刚　度 $k_c=\frac{E_cI_c}{h_c}$ ($kN\cdot m$)
7～10	0.45×0.45	3.60	C30 (3.00×10^7)	3.42×10^{-3}	2.85×10^4
5～6	0.45×0.45		C35 (3.15×10^7)	3.42×10^{-3}	2.99×10^4
3～4	0.50×0.50			5.21×10^{-3}	4.57×10^4
2	0.55×0.55			7.63×10^{-3}	6.68×10^4
1	0.55×0.55	4.20		7.63×10^{-3}	5.72×10^4

5. 综合框架侧向刚度的计算

综合框架侧向刚度的计算过程见题表 6-5 (*a*) 和题表 6-5 (*b*)。

首层柱的侧向刚度的计算 **题表 6-5 (*a*)**

层位	层高 h (m)	柱位置	与柱相连梁线刚度 k_b ($kN\cdot m$)	柱的线刚度 k_c ($kN\cdot m$)	$\bar{k}=\frac{\Sigma k_b}{k_c}$	$\alpha=\frac{0.5+\bar{k}}{2+\bar{k}}$	$D_k=\alpha k_c\frac{12}{h^2}$ (kN/m)	柱的根数 n	nD_k	第 i 层柱的侧移刚度 D_i(kN/m)	$C_{fi}=h\Sigma D_k$ (kN)
1	4.20	中框边柱	4.65×10^4	5.72×10^4	$\frac{4.65\times10^4}{5.72\times10^4}=0.813$	$\frac{0.5+0.813}{2+0.813}=0.467$	$0.467\times5.72\times10^4\times\frac{12}{4.2^2}=1.817\times10^4$	10	18.17×10^4	61.59×10^4	258.68×10^4
		中框中柱	4.65×10^4 11.63×10^4		$\frac{(4.65+11.63)\times10^4}{5.72\times10^4}=2.846$	$\frac{0.5+2.846}{2+2.846}=0.691$	$0.691\times5.72\times10^4\times\frac{12}{4.2^2}=2.689\times10^4$	10	26.89×10^4		
		边框边柱	3.49×10^4		$\frac{3.49\times10^4}{5.72\times10^4}=0.610$	$\frac{0.5+0.610}{2+0.610}=0.425$	$0.425\times5.72\times10^4\times\frac{12}{4.2^2}=1.654\times10^4$	4	6.616×10^4		
		边框中柱	3.49×10^4 8.72×10^4		$\frac{(3.49+8.72)\times10^4}{5.72\times10^4}=2.135$	$\frac{0.5+2.135}{2+2.135}=0.637$	$0.637\times5.72\times10^4\times\frac{12}{4.2^2}=2.479\times10^4$	4	9.914×10^4		

2～10 层柱的侧向刚度的计算 题表 6-5（*b*）

层位	层高 h（m）	柱位置	与柱相连梁线刚度 k_b（kN·m）	柱的线刚度 k_c（kN·m）	$\overline{k}=\frac{\Sigma k_b}{k_c}$	$\alpha=\frac{\overline{k}}{2+\overline{k}}$	$D_k=\alpha k_c\frac{12}{h^2}$（kN/m）	柱的根数 n	nD_k（kN/m）	第 i 层柱的侧移刚度 D_i(kN/m)	$C_{fi}=h\Sigma D_k$（kN）
7～10	3.60	中框边柱	4.5×10^4	2.84×10^4	$\frac{2\times4.5\times10^4}{2\times2.84\times10^4}=1.66$	$\frac{1.61}{2+1.61}=0.446$	$0.446\times2.84\times10^4\times\frac{12}{3.6^2}=1.173\times10^4$	10	11.73×10^4	42.08×10^4	151.49×10^4
		中框中柱	4.5×10^4 11.25×10^4		$\frac{2(4.5+11.25)\times10^4}{2\times2.84\times10^4}=5.55$	$\frac{5.55}{2+5.55}=0.375$	$0.375\times2.84\times10^4\times\frac{12}{3.6^2}=1.932\times10^4$	10	19.33×10^4		
		边框边柱	3.38×10^4		$\frac{2\times3.38\times10^4}{2\times2.84\times10^4}=1.19$	$\frac{1.19}{2+1.19}=0.373$	$0.373\times2.84\times10^4\times\frac{12}{3.6^2}=0.981\times10^4$	4	3.92×10^4		
		边框中柱	3.38×10^4 8.44×10^4		$\frac{2(3.38+8.44)\times10^4}{2\times2.84\times10^4}=4.16$	$\frac{4.16}{2+4.16}=0.675$	$0.675\times2.84\times10^4\times\frac{12}{3.6^2}=1.775\times10^4$	4	7.10×10^4		
5～6	3.60	中框边柱	4.65×10^4	2.99×10^4	$\frac{2\times4.65\times10^4}{2\times2.99\times10^4}=1.56$	$\frac{1.56}{2+1.56}=0.438$	$0.438\times2.99\times10^4\times\frac{12}{3.6^2}=1.213\times10^4$	10	12.13×10^4	43.89×10^4	158.0×10^4
		中框中柱	4.65×10^4 11.63×10^4		$\frac{2(4.65+11.63)\times10^4}{2\times2.99\times10^4}=5.44$	$\frac{5.44}{2+5.44}=0.731$	$0.731\times2.99\times10^4\times\frac{12}{3.6^2}=2.024\times10^4$	10	20.24×10^4		
		边框边柱	3.49×10^4		$\frac{2\times3.49\times10^4}{2\times2.99\times10^4}=1.17$	$\frac{1.17}{2+1.17}=0.369$	$0.369\times2.99\times10^4\times\frac{12}{3.6^2}=1.022\times10^4$	4	4.087×10^4		
		边框中柱	3.49×10^4 8.72×10^4		$\frac{2(3.49+8.72)\times10^4}{2\times2.99\times10^4}=4.08$	$\frac{4.08}{2+4.08}=0.671$	$0.671\times2.99\times10^4\times\frac{12}{3.6^2}=1.858\times10^4$	4	7.432×10^4		
3～4	3.60	中框边柱	4.65×10^4	4.57×10^4	$\frac{2\times4.65\times10^4}{2\times4.57\times10^4}=1.02$	$\frac{1.02}{2+1.02}=0.338$	$0.338\times4.57\times10^4\times\frac{12}{3.6^2}=1.430\times10^4$	10	14.30×10^4	55.74×10^4	200.67×10^4
		中框中柱	4.65×10^4 11.63×10^4		$\frac{2(4.65+11.63)\times10^4}{2\times4.57\times10^4}=3.56$	$\frac{3.56}{2+3.56}=0.640$	$0.640\times4.57\times10^4\times\frac{12}{3.6^2}=2.709\times10^4$	10	27.09×10^4		
		边框边柱	3.49×10^4		$\frac{2\times3.49\times10^4}{2\times4.57\times10^4}=0.764$	$\frac{0.764}{2+0.764}=0.276$	$0.276\times4.57\times10^4\times\frac{12}{3.6^2}=1.168\times10^4$	4	4.672×10^4		
		边框中柱	3.49×10^4 8.72×10^4		$\frac{2(3.49+8.72)\times10^4}{2\times4.57\times10^4}=2.672$	$\frac{2.672}{2+2.672}=0.572$	$0.572\times4.57\times10^4\times\frac{12}{3.6^2}=2.420\times10^4$	4	9.68×10^4		

续表

层位	层高 h (m)	柱位置	与柱相连梁线刚度 k_b (kN·m)	柱的线刚度 k_c (kN·m)	$\bar{k}=\frac{\Sigma k_b}{k_c}$	$\alpha=\frac{\bar{k}}{2+\bar{k}}$	$D_k=\alpha k_c\frac{12}{h^2}$ (kN/m)	柱的根数 n	nD_k (kN/m)	第 i 层柱的侧移刚度 D_i(kN/m)	$C_{fi}=h\Sigma D_k$ (kN)
2	3.60	中框边柱	4.65×10^4	6.68×10^4	$\frac{2\times4.65\times10^4}{2\times6.68\times10^4}=0.696$	$\frac{0.696}{2+0.696}=0.258$	$0.258\times6.68\times10^4\times\frac{12}{3.6^2}=1.596\times10^4$	10	15.96×10^4	66.87×10^4	240.73×10^4
		中框中柱	4.65×10^4 11.63×10^4		$\frac{2(4.65+11.63)\times10^4}{2\times6.68\times10^4}=2.437$	$\frac{2.437}{2+2.437}=0.549$	$0.549\times6.68\times10^4\times\frac{12}{3.6^2}=3.396\times10^4$	10	33.96×10^4		
		边框边柱	3.49×10^4		$\frac{2\times3.49\times10^4}{2\times6.68\times10^4}=0.522$	$\frac{0.522}{2+0.522}=0.207$	$0.207\times6.68\times10^4\times\frac{12}{3.6^2}=1.280\times10^4$	4	5.12×10^4		
		边框中柱	3.49×10^4 8.72×10^4		$\frac{2(3.49+8.72)\times10^4}{2\times6.68\times10^4}=1.828$	$\frac{1.828}{2+1.828}=0.478$	$0.478\times6.68\times10^4\times\frac{12}{3.6^2}=2.957\times10^4$	4	11.83×10^4		

综合框架平均线位移侧移刚度和角位移侧移刚度分别为：

$$\Sigma D=\frac{1}{H}\Sigma D_ih_i=\frac{1}{36.6}[61.59\times4.2+(66.87+55.74\times2+43.89\times2+42.08\times4)3.6]\times10^4$$

$$=49.80\times10^4\text{kN/m}$$

$$\Sigma C_f=\frac{1}{H}\Sigma C_{fi}h_i=\frac{1}{36.6}[258.68\times4.2+(240.73+200.67\times2+158.0\times2+151.49\times4)3.6]\times10^4$$

$$=179.28\times10^4\text{kN}$$

6．抗震墙等效刚度的计算

抗震墙平面见题图 6-1 (b)。墙 2 应考虑翼墙参加工作，根据《抗震规范》规定，抗震墙翼墙有效长度，每侧由墙面算起可取相邻抗震墙净距的一半、至门窗洞口的墙长或抗震墙总高度的 15％三者的较小者值（见表 6-5)。对墙 2 来说，由第二个条件所确定的值为最小，故翼墙有效长度为 2×0.65＝1.30m。

(1) 抗震墙惯性矩 I_1 及 I_2 的计算（见题表 6-6)

墙的惯性矩 I_1、I_2 和 ΣI_i 的计算 **题表 6-6**

层 位	柱截面 A_c(m²)	墙 1 截面 A_1(m²)	墙 2 截面 A_2(m²)	$\Sigma A_i=A_1+A_2$ (m²)	墙 1 惯性矩 I_1(m⁴)	墙 2 惯性矩 I_2(m⁴)	$\Sigma I_i=I_1+I_2$ (m⁴)
5～10	0.45×0.45	1.626	1.813	3.439	5.362	8.298	13.660
3、4	0.50×0.50	1.710	1.886	3.596	6.867	8.998	15.865
1、2	0.55×0.55	1.804	1.969	3.773	8.428	9.789	18.217

（2）抗震墙组合截面惯性矩 I_0 和 $\frac{I_n}{\Sigma I_i}$ 的计算（见题表 6-7）❶

双肢墙组合截面惯性矩 I^0 和 $\frac{I_n}{\Sigma I_i}$ 的计算 题表 6-7

层位	墙1形心与墙组合截面形心间的距离 a_1(m)	墙2形心与墙组合截面形心的间距离 a_2(m)	墙1 $A_1a_1^2$(m^4)	墙2 $A_2a_2^2$(m^4)	$I_n=A_1a_1^2+A_2a_2^2$ (m^4)	墙组合截面惯性矩 $I^0=\Sigma I_i+I_n$(m^4)	$\frac{I_n}{\Sigma I_i}$
5～10	4.283	3.842	29.827	26.762	56.589	70.249	4.143
3、4	4.267	3.869	31.135	28.232	59.367	75.231	3.742
1、2	4.253	3.896	32.631	29.887	62.518	80.735	3.432

（3）抗震墙组合截面的抗弯刚度 EI_0、及系数 λ 和 γ 的计算（见题表 6-8）

双肢墙组合截面抗弯刚度 EI_0、系数 λ 和 γ 的计算 题表 6-8

层位	混凝土强度等级	混凝土弹性模量 E_c (kN/m^2)	EI^0 ($kN\cdot m^2$)	层高 h (m)	墙1与墙2形心间的距离 L(m)	$\lambda=\sqrt{\frac{12L^2I_bI^0}{hl_0^3I_n\Sigma I_i}}$	$\gamma=\frac{9.52\mu I^0}{H^2\Sigma A_i}$
7～10	C30	3.00×10^7	210.747×10^7	3.6	8.125	7.740×10^{-2}	0.174
5、6	C35	3.15×10^7	221.284×10^7	3.6	8.125	7.740×10^{-2}	0.174
3、4	C35	3.15×10^7	236.978×10^7	3.6	8.136	7.280×10^{-2}	0.178
2	C35	3.15×10^7	254.315×10^7	3.6	8.149	6.860×10^{-2}	0.183
1	C35	3.15×10^7	254.315×10^7	4.2	8.149	6.355×10^{-2}	0.183
加权平均值		3.09×10^7	227.265×10^7	3.66	8	7.404×10^{-2}	0.177

表中 λ 为抗震墙楼层刚度特征值，其中 l_0 为连梁计算跨度，本例 $l_0=2.4$m，连梁截面 $b_bh_b=0.25\times0.60$m，I_{b0} 为考虑剪切变形影响的连梁惯性矩，其值按式（5-2）计算。其中：

$$I_b=\frac{1}{12}b_bh_b^3\beta=\frac{1}{12}\times0.25\times0.60^3\times2\times0.55=4.95\times10^{-3}\text{m}^4$$

其中数字 2 为考虑楼板参加工作的增大系数。

$$I_{b0}=\frac{I_b}{1+\frac{28\mu I_b}{A_bl_0^2}}❷=\frac{4.95\times10^{-3}}{\frac{28\times1.2\times4.95\times10^{-3}}{0.25\times0.6\times2.40^2}}=4.151\times10^{-3}\text{m}^4$$

表中 γ 为抗震墙考虑剪切变形的影响系数，μ 为截面剪应力不均匀系数，为简化计算，取 $\mu=1.2$，这对计算抗震墙的等效刚度不会引起较大误差。

（4）一片双肢墙等效刚度的计算

一片双肢墙的等效刚度按式（5-60）计算：

$$EI_0=227.265\times10^7\text{kN}\cdot\text{m}^2$$

❶ 在轴②和轴⑧上的抗震墙 1、2 分别看作是带有洞口的组合截面的抗震墙，即双肢抗震墙。
❷ 以 $G=0.42E$ 代入式(5-2)，并经化简即得该式。

$$\frac{I_n}{\Sigma I_i} = \frac{3.423 \times 4.2 + (3.432 \times 1 + 3.742 \times 2 + 4.143 \times 6)3.6}{36.6} = 3.913$$

$$\lambda_1 = H\lambda = 36.6 \times 7.404 \times 10^{-2} = 2.71$$

根据 $\lambda_1 = 2.71$ 由表 5-8 查得 $A_0 = 0.274$,

将已知数据代入式（5-60），得：

$$EI_{we} = \frac{EI_0}{1 + \frac{I_n}{\Sigma I_i}A_0 + \bar{\gamma}} = \frac{227.265 \times 10^7}{1 + 3.913 \times 0.274 + 0.177} = 101.044 \times 10^7 \text{kN} \cdot \text{m}^2$$

综合抗震墙（2 片）的等效刚度：$\Sigma EI_e = 2 \times 101.044 \times 10^7 = 202.088 \times 10^7 \text{kN}\cdot\text{m}^2$。

7. 结构刚度特征值的计算

结构刚度特征值按式（6-41）计算：

$$\lambda = H\sqrt{\frac{\Sigma C_f}{\Sigma EI_{we}}} = 36.6\sqrt{\frac{179.28 \times 10^4}{202.08 \times 10^7}} = 1.09 \approx 1.10$$

8. 结构基本周期

（1）按《建筑结构荷载规范》公式（4-5）计算

$$T_1 = 0.25 + 0.53 \times 10^{-3}\frac{H_2}{\sqrt[3]{B}} = 0.25 + 0.53 \times 10^{-3}\frac{36.6^2}{\sqrt[3]{14.4}} = 0.542\text{s}$$

（2）按《高层建筑混凝土结构技术规程》（JGJ 3—2002）公式（6-1）计算

将各层荷载代表值 G_i 换算成沿房屋高度的均布荷载：

$$q = \frac{\Sigma G_i}{H} = \frac{105320}{36.6} = 2878\text{kN/m}$$

由表 6-2 查得，当 $\lambda = 1.10$ 时，$k_H = 8.547 \times 10^{-2}$。假想顶点位移为：

$$u_T = k_H\frac{qH^4}{\Sigma EI_e} = 8.547 \times 10^{-2}\frac{2878 \times 36.6^4}{202.08 \times 10^7} = 0.218\text{m}$$

结构基本周期为：

$$T_1 = 1.7\psi_T\sqrt{u_T} = 1.7 \times 0.75\sqrt{0.218} = 0.595\text{s}$$

本例取 $T_1 = 0.6$s。

9. 框架-抗震墙水平地震作用标准值及层间地震剪力

由表 3-4 查得，当设防烈度为 7 度，设计基本地震加速度为 0.15g，多遇地震时，$\alpha_{max} = 0.12$。由表 3-2 查得，Ⅰ类场地，设计地震分组为第二组，$T_g = 0.3$s。因为 $T_g = 0.3\text{s} < T_1 = 0.6\text{s} < 5T_g = 5 \times 0.3 = 1.5$s，阻尼比为 0.05，故

$$\alpha_1 = \left(\frac{T_g}{T_1}\right)^{0.9}\alpha_{max} = \left(\frac{0.3}{0.6}\right)^{0.9} \times 0.12 = 0.064$$

按式（3-127）计算结构总水平地震作用标准值：

$$F_{Ek} = \alpha_1 G_{eq} = 0.85\alpha_1\Sigma G_i = 0.85 \times 0.064 \times 105320 = 5729\text{kN}$$

因为 $T_1 = 0.6\text{s} > 1.4T_g = 1.4 \times 0.3 = 0.42$s，故需考虑结构顶部附加水平地震作用的影响。由表 3-6 中相应公式算出结构顶部附加水平地震系数：

$$\delta_n = 0.08T_1 + 0.07 = 0.08 \times 0.6 + 0.07 = 0.058$$

由式（3-131）算出结构顶部附加水平地震作用：

$$\Delta F_n = \delta_n F_{Ek} = 0.058 \times 5729 = 332\text{kN}$$

$$(1-\delta_n)F_{Ek} = (1-0.058)5729 = 5397\text{kN}$$

第 i 层楼面处水平地震作用、楼层地震剪力和底部弯矩计算见题表 6-9。

框架-抗震墙水平地震作用标准值、楼层地震剪力和底部弯矩计算　　　题表 6-9

层位	H_i(m)	G_i(kN)	G_iH_i	$k_i=\frac{G_iH_i}{\Sigma G_iH_i}$	$F_i=k_i(1-\delta_n)F_{Ek}$(kN)	$V_i=\Sigma F_i+\Delta F_n$(kN)	F_iH_i(kN·m)
10	36.6	7800	285480	0.138	745	1077	27267
9	33.0	10640	351120	0.169	912	1989	30096
8	29.4	10640	312816	0.151	815	2804	23961
7	25.8	10640	274512	0.132	712	3516	18370
6	22.2	10640	236208	0.114	615	4131	13653
5	18.6	10640	197904	0.095	513	4644	9542
4	15.0	10640	159600	0.077	416	5060	6240
3	11.4	10640	121296	0.059	318	5378	3625
2	7.8	10640	82992	0.040	216	5594	1685
1	4.2	12400	52080	0.025	135	5729	567
Σ		105320	2074008	1.000	5397		$M_0=135006$

10. 框架、抗震墙地震内力和侧移的计算

（1）框架层间地震剪力的计算

框架层间地震剪力的计算过程见题表 6-10。

其中，折算等效倒三角形荷载最大值按式（6-4）计算：

$$q_{max} = \frac{3M_0}{H^2} = \frac{3\times 135006}{36.6^2} = 302.35\text{kN/m}^2$$

折算总水平地震作用标准值力：

$$F_{Ek} = \frac{1}{2}q_{max}H = \frac{1}{2}\times 302.35\times 36.6 = 5533\text{kN}$$

$$\lambda = 1.10 \quad V_f = (V_f/F_{Ek})F_{Ek} \quad V_f = (V_f/F_n)F_n$$ [1]

框架地震内力的计算　　　题表 6-10

层位	h_i (m)	H_i (m)	ξ	倒三角形荷载		水平集中荷载		ΣV_{fi} (kN)
				V_f/F_{Ek}	V_f(kN)	V_f/F_n	V_f(kN)	
10	3.60	36.6	1.0	0.194	1073	0.401	133	1206
9	3.60	33.0	0.90	0.195	1079	0.397	132	1211
8	3.60	29.4	0.80	0.195	1079	0.386	128	1207
7	3.60	25.8	0.70	0.194	1073	0.368	122	1195
6	3.60	22.2	0.60	0.189	1046	0.342	114	1160

[1] 为书写简化起见，将 ΔF_n 写成 F_n。

续表

层位	h_i (m)	H_i (m)	ξ	倒三角形荷载		水平集中荷载		ΣV_{fi} (kN)
				V_f/F_{Ek}	V_f(kN)	V_f/F_n	V_f(kN)	
5	3.60	18.6	0.51	0.181	1002	0.312	104	1106
4	3.60	15.0	0.41	0.164	907	0.270	87	994
3	3.60	11.4	0.31	0.139	769	0.220	73	842
2	3.60	7.80	0.21	0.106	597	0.160	53	640
1	4.20	4.20	0.12	0.066	365	0.097	32	397
0		0	0	0	0	0	0	0

(2) 抗震墙地震剪力、弯矩和结构侧移的计算（见题表6-11）

墙的各截面剪力 $V_{wi}=V_i-V_{fi}$

墙的各截面弯矩 $M_{wi}=\Sigma\Delta M_{wi}$，其中 $\Delta M_{wi}=\dfrac{V_i+V_{i-1}}{2}h_i$

框架-抗震墙的层间侧移 $\Delta u_e=\dfrac{V_f h_i}{\Sigma C_f}$

抗震墙地震内力和框架、抗震墙侧移的计算 **题表6-11**

层位	$V_i=\Sigma F_i+\Delta F_n$ (kN)	V_{wi} (kN)	一片墙分配的剪力 V_{wi}(kN)	ΔM_{wi} (kN)	M_{wi} (kN·m)	ΣC_f ($\times10^4$kN·m)	Δu_{ei} ($\times10^{-4}$m)
10	1077	-129	-64.50	0	0	151.49	28.66
9	1989	778	389	584.12	584.12	151.49	28.78
8	2804	1597	798.5	2137.5	2721	151.49	28.68
7	3516	2321	1160.5	3526	6248	151.49	28.39
6	4131	2971	1485.5	4763	11011	158.00	26.43
5	4644	3538	1769	5858	16869	158.00	25.20
4	5060	4066	2033	6844	23713	200.67	17.83
3	5378	4536	2268	7742	31455	200.67	15.10
2	5594	4954	2477	8541	39996	240.73	9.57
1	5729	5332	2666	9257	49253	221.72	7.52
0	5729	5729	2864.5	11614	60867		0

抗震墙的层间侧移最大值发生在第9层，其弹性层间位移角为：

$$\theta=\frac{\Delta u_{\max}}{H}=\frac{28.78\times10^{-4}}{3.60}=\frac{1}{1250}<[\theta_e]=\frac{1}{550}$$

(3) 双肢墙地震内力的计算

1) 双肢墙等效荷载

为了计算双肢墙的地震内力，首先求出作用在双肢墙上（一片）的等效荷载。一片双肢墙的剪力图如题图6-2所示，该图零点距墙顶的距离为0.512m，剪力图的面积为：

$$A_1=\frac{1}{2}\times389\times3.088+\left(\frac{1}{2}\times389+798.5+1160.5+1485.5+1769+2033+2268+2477+\frac{1}{2}\times2666\right)$$

$$\times 3.60+\frac{1}{2}(2666+2864.5)\times 4.20=60883$$

$$A_2=\frac{1}{2}\times 64.5\times 0.512=16.512$$

按式（6-53）计算折算成对顶三角形剪力图顶部剪力值：

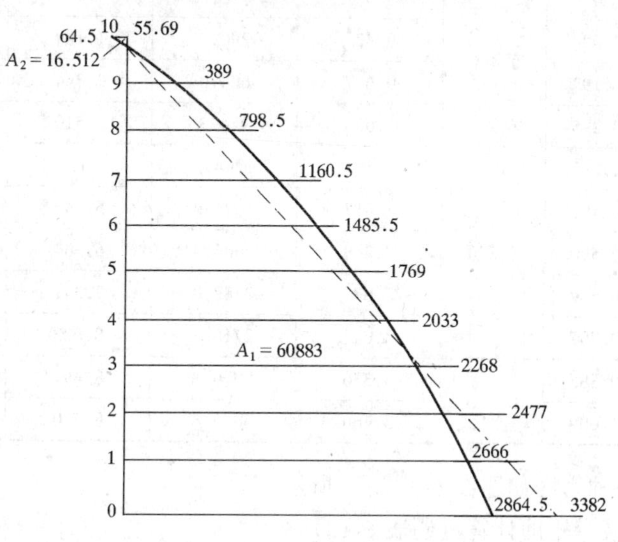

题图 6-2 ［例题 6-1］双肢墙剪力图

$$V_2=\frac{2A_2}{H}\left(1+\sqrt{\frac{A_1}{A_2}}\right)=\frac{2\times 16.512}{36.6}\left(1+\sqrt{\frac{60883}{16.512}}\right)=55.69\text{kN}$$

按式（6-55）计算折算成对顶三角形剪力图零点距墙顶的距离：

$$x=\frac{2A_2}{V_2}=\frac{2\times 16.512}{55.69}=0.593\text{m}$$

按式（6-52）计算折算成对顶三角形剪力图底部剪力值：

$$V_1=\frac{2A_1}{H-x}=\frac{2\times 60883}{36.6-0.593}=3382\text{kN}$$

于是，作用在双肢墙上的等效荷载为：

均布线荷载（按式 6-54）：

$$q=\frac{V_2^2}{2A_2}=\frac{55.69^2}{2\times 16.512}=93.93\text{kN/m}$$

集中荷载（按式 6-50）：

$$F=V_2=55.69\text{kN}$$

2）双肢墙墙肢轴力的计算（题表 6-12）

$$\lambda_1=2.71\quad S=0.0405\times 10^{-4}\quad \Sigma EI_i=46.649\times 10^7\quad \text{kN}\cdot\text{m}^2$$

$$\varepsilon_2=\frac{qH^4}{S\Sigma EI_i}=\frac{93.93\times 36.6^4}{0.0405\times 10^{-4}\times 46.649\times 10^7}=89214$$

$$\varepsilon_3=\frac{FH^3}{S\Sigma EI_i}=\frac{55.69\times 36.6^3}{0.0405\times 10^{-4}\times 46.649\times 10^7}=1445$$

双肢墙墙肢轴力的计算 **题表 6-12**

层位	x(m)	ξ	$S_i \times 10^{-5}$	水平均布荷载		水平集中荷载		N(kN)
				$(N_q/\varepsilon_1) \times 10^{-2}$	N_q(kN)	$(N_F/\varepsilon_2) \times 10^{-2}$	N_F(kN)	
10	0	0	0.410	0	0	0	0	0
9	3.60	0.098		0.325	290.0	1.189	17.18	272.8
8	7.20	0.197		0.677	604.0	2.364	34.16	569.8
7	10.8	0.295		1.036	924.3	3.510	50.72	873.6
6	14.4	0.393	0.390	1.395	1244.5	4.612	66.64	1177.9
5	18.0	0.492		1.817	1621.0	5.648	81.61	1539.4
4	21.6	0.590		2.249	2006.4	6.504	93.98	1912.4
3	25.2	0.689		2.670	2382.0	7.341	106.08	2275.9
2	28.8	0.787		3.044	2715.7	8.023	115.93	2599.8
1	32.4	0.885	0.453	3.330	2970.8	8.497	122.78	2848.0
0	36.6	1.000		3.460	3086.8	8.770	126.73	2960.1

双肢墙墙肢的轴力图如题图 6-3（a）所示

3）双肢墙墙肢弯矩的计算（题表 6-13）

双肢墙弯矩按式（5-36）计算：

$$M_i = \frac{I_i}{\Sigma I_i}(M_0 - NL)$$

双肢墙墙肢弯矩的计算 **题表 6-13**

层位	ξ	I_1(m⁴)	I_2(m⁴)	$\frac{I_1}{\Sigma I}$	$\frac{I_2}{\Sigma I}$	L(m)	M_0(kN·m)	NL(kN·m)	M_1(kN·m)	M_2(kN·m)
10	0	5.362	8.298	0.393	0.607	8.125	0	0	0	0
9	0.098						584	2217	−641.8	−991.2
8	0.197						2721	4630	−750.2	−1158.8
7	0.295						6248	7098	−334.1	−516.0
6	0.393						11011	9570	566.3	874.7
5	0.492						16809	12508	1690.3	2610.7
4	0.590	6.867	8.998	0.433	0.567	8.136	23713	15559	3530.7	4623.3
3	0.689						31455	18517	5602.1	7335.8
2	0.787	8.428	9.789	0.463	0.537	8.149	39996	21186	8709.0	10101.0
1	0.885						49253	23208	12058.0	13986.2
0	1.000						60867	24122	17012.9	19732.1

注：表中 M_0 为地震作用在一片墙内产生的弯矩，摘自题表 6-11 中的 M_{wi}。

双肢墙墙肢 2 的弯矩图如题图 6-3（b）所示。

4）双肢墙连梁剪力和固端弯矩的计算（题表 6-14）

$$q = 93.43\text{kN/m} \quad F = 55.69\text{kN} \quad h = 3.66\text{m} \quad \Sigma EI = 46.649\text{kN} \cdot \text{m}^2$$

$$\varepsilon_5 = \frac{qH^3 h}{S\Sigma EI_i} = \frac{93.93 \times 36.6^3 \times 3.66}{0.0405 \times 10^{-4} \times 46.649 \times 10^7} = 8921.4$$

$$\varepsilon_6 = \frac{FH^2 h}{S\Sigma EI_i} = \frac{55.69 \times 36.6^2 \times 3.66}{0.0405 \times 10^{-4} \times 46.649 \times 10^7} = 144.5 \quad M_b = \frac{1}{2} V_b l_0$$

双肢墙连梁剪力和固端弯矩的计算 **题表 6-14**

层位	x (m)	ξ	水平均布荷载		水平集中荷载		V_b (kN)	M_b (kN·m)
			$(V_b/\varepsilon_3)\times 10^{-2}$	V_b(kN)	$(V_b/\varepsilon_4)\times 10^{-2}$	V_b(kN)		
10	0	0	3.209	286.29	11.909	17.21	269.09	262.36
9	3.60	0.098	3.310	295.30	11.841	17.11	278.19	271.24
8	7.20	0.197	3.552	316.89	11.633	16.81	300.08	292.58
7	10.8	0.295	3.851	343.56	11.270	16.29	327.27	319.02
6	14.4	0.393	4.106	366.31	10.787	15.59	350.71	341.94
5	18.0	0.492	4.299	383.53	10.045	14.52	369.01	359.78
4	21.6	0.590	4.313	384.78	9.031	13.05	371.73	353.14
3	25.2	0.689	4.050	361.32	7.672	11.09	350.23	332.17
2	28.8	0.787	3.389	302.35	5.869	8.48	293.87	271.83
1	32.4	0.885	2.182	194.67	3.488	5.04	189.63	175.41
0	36.6	1.000	0	0	0	0	0	0

双肢墙连梁剪力图如题图 6-3（c）所示。

5）双肢墙墙肢剪力的计算（题表 6-15）

双肢墙墙肢剪力按下式计算：$V_i = \frac{I_i}{\Sigma I_i} V_0 + \frac{V_b}{h}\left(u - \frac{I_i L}{\Sigma I_i}\right)$，其中 $u = 4.2\text{m}, h = 3.66\text{m}$。

双肢墙墙肢剪力的计算 **题表 6-15**

层位	ξ	V_b (kN)	$\frac{I_1}{\Sigma I}$	V_0 (kN)	$\frac{I_1}{\Sigma I}V_q$	L(m)	$\frac{I_1 L}{\Sigma I}$	V_b/h	V_1 (kN)	V_2 (kN)
10	0	269.09	0.393	−64.5	25.34	8.125	3.193	73.52	48.69	−113.19
9	0.098	278.19		389	153			76.00	229.53	159.47
8	0.107	300.08		798.5	314			81.99	396.56	401.94
7	0.295	327.27		1160.5	456			89.42	546.05	614.45
6	0.393	350.71		1485.5	584			95.82	680.49	805.01
5	0.492	369.01		1769.0	695			100.82	796.53	972.47
4	0.590	371.73	0.433	2033.0	880	8.136	3.523	101.57	949.06	1083.94
3	0.689	350.23		2268.0	982			95.69	1046.78	1221.22
2	0.787	293.87	0.463	2477.0	1147	8.149	3.773	80.29	1181.28	1295.72
1	0.885	189.63		2666.0	1234			51.81	1251.12	1414.88
0	1.000	0		2864.5	1326			0	1326.00	1538.50

注：表中 V_0为地震作用在一片墙内所产的剪力，摘自题表 6-11 中的 V_{wi}。

双肢墙墙肢 2 剪力图如题图 6-3（d）所示。

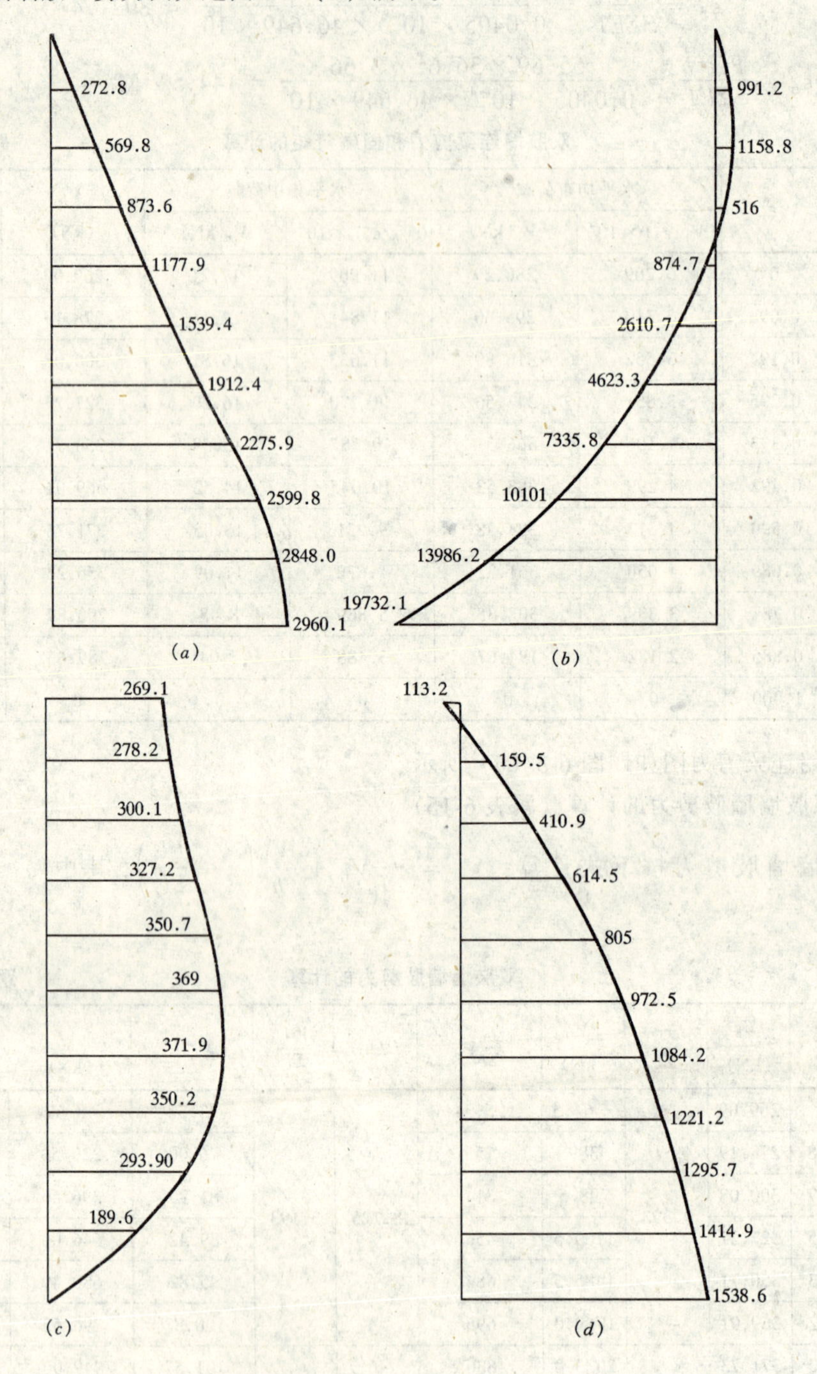

题图 6-3 ［例题 6-1］附图

（a）双肢墙墙肢轴力图；（b）双肢墙墙肢 2 弯矩图；

（c）双肢墙连梁剪力图；（d）双肢墙墙肢 2 剪力图

【**例题 7-1**】 多层砖房抗震计算。

某四层砖混结构办公楼，平面、立面图如题图 7-1 所示。楼盖和屋盖采用预制钢筋混凝土空心板，横墙承重。窗洞尺寸为 1.5m×1.8m，房间门洞尺寸为 1.0m×2.5m，走道门洞尺寸为 1.5m×2.5m，墙的厚度均为 240mm。窗下墙高度 1.00m，窗上墙高度为 0.80m。楼板及地面做法厚为 0.20m，窗口上皮到板底为 0.6m，室内外高差为 0.45m。楼面恒载 3.10kN/m^2，活载 1.5kN/m^2；屋面恒载 5.35kN/m^2，雪载 0.3kN/m^2。外纵墙与横墙交接处设钢筋混凝土构造柱，砖的强度等级为 MU10；混合砂浆强度等级，首层、二层 M7.5，三、四层为 M5。设防烈度 8 度，设计基本地震加速度为 0.20g，设计地震分组为第一组，Ⅱ类场地。结构阻尼比为 0.05。

试求在多遇地震作用下楼层地震剪力及验算首层纵、横墙不利墙段截面抗震承载力。

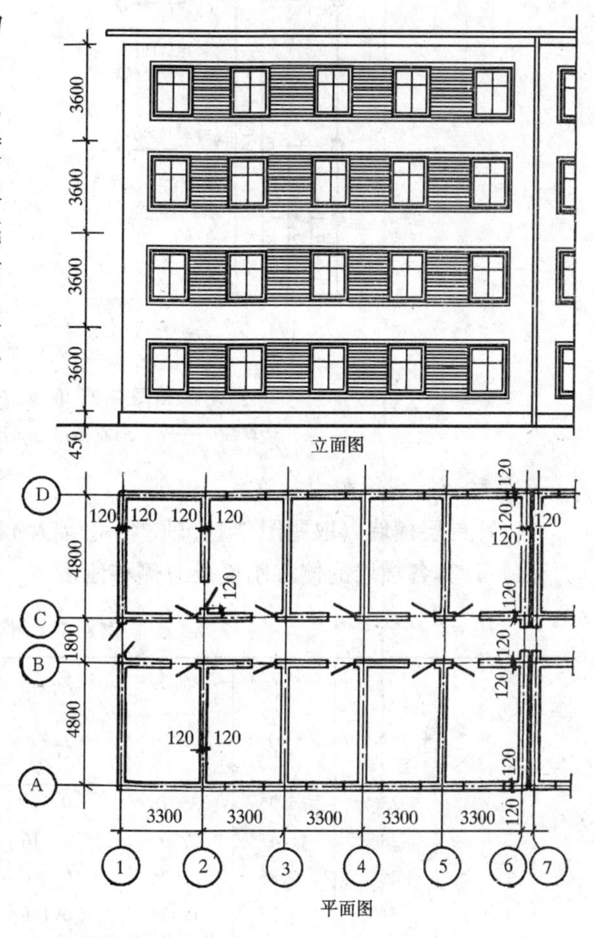

题图 7-1 ［例题 7-1］附图

【**解**】 1. 计算集中于屋面及楼面处重力荷载代表值

按前述集中质量法参见 3.16 及表 3-5 关于楼、屋面可变荷载组合系数的规定（即楼面活载和屋面雪荷载取 50%，恒载取 100%），算出包括楼层墙重在内的集中于屋面及楼面处的重力荷载代表值（题图 7-2a）为

四层顶 $G_4 = 2360\text{kN}$

三层顶 $G_3 = 2882\text{kN}$

二层顶 $G_2 = 2882\text{kN}$

首层顶 $G_1 = 3160\text{kN}$

房屋总重力代表值 $\Sigma G = 11284\text{kN}$

等效重力荷载

$$G_{\text{eq}} = 0.85\Sigma G = 0.85 \times 11284 = 9591\text{kN}$$

2. 计算各楼层水平地震作用标准值及地震剪力

按式（7-1）计算总水平地震作用（即底部剪力）标准值：

由表 3-4，查得 $\alpha_{\max} = 0.16$，于是

$$F_{\text{Ek}} = \alpha_{\max} G_{\text{eq}} = 0.16 \times 9591 = 1535\text{kN}$$

各楼层水平地震作用和地震剪力标准值见题表 7-1，F_i 和 V_j 图见题图 7-2(b)、(c)。

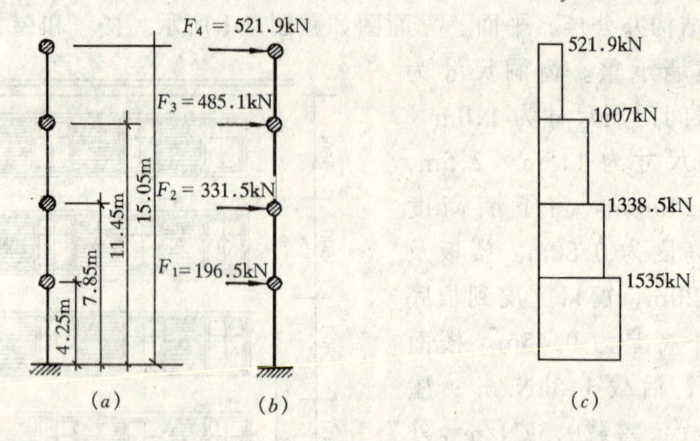

题图 7-2 例题 7-1 附图

(a) 计算简图；(b) 地震作用分布图；(c) 地震剪力分布图

3. 截面抗震承载力验算

(1) 首层横墙（取题图 7-1②轴Ⓒ—Ⓓ墙片）验算

1) 计算各横墙的侧移刚度及总侧移刚度

例题 7-1 附表 **题表 7-1**

层位 \ 分项	G_i (kN)	H_i (m)	G_iH_i	$\frac{G_iH_i}{\sum_{j=1}^{n}G_jH_j}$	$F_i=\frac{G_iH_i}{\sum_{j=1}^{n}G_jH_j}F_{Ek}$ (kN)	$V_j=\sum_{j=i}^{n}F_i$ (kN)
4	2360	15.05	35518	0.340	521.9	521.9
3	2882	11.45	32999	0.316	485.1	1007.0
2	2882	7.85	22624	0.216	331.5	1338.5
1	3160	4.25	13430	0.128	196.5	1535
Σ	11284		104571	1.000	1535	

本例横墙按其是否开洞和洞口位置及大小，分为下面三种类型。现分别计算它们的侧移刚度。

(a) 无洞横墙（题图 7-3a）

$$\rho=\frac{h}{b}=\frac{4.15}{5.04}=0.823<1$$

$$k=\frac{1}{3\rho}Et=\frac{1}{3\times0.823}Et=0.405Et$$

(b) 有洞横墙（题图 7-3b）

$i=1$、3 段

$$\rho_{(1+3)}=\frac{h_1+h_3}{b}=\frac{0.75+0.9}{5.04}=0.327<1$$

$$\delta_{(1+3)}=\frac{3\rho_{(1+3)}}{Et}=\frac{3\times0.327}{Et}=0.981\frac{1}{Et}$$

$i=2$ 段

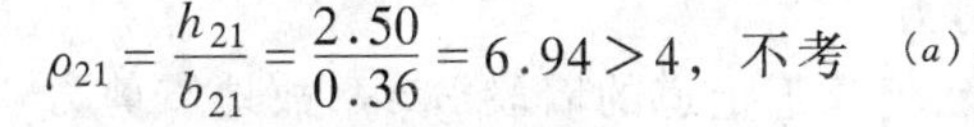

$\rho_{21}=\dfrac{h_{21}}{b_{21}}=\dfrac{2.50}{0.36}=6.94>4$，不考虑承受地震剪力。

$$\rho_{22}=\frac{h_{22}}{b_{22}}=\frac{2.50}{3.68}=0.679<1$$

$$\delta_{22}=\frac{3\rho_{22}}{Et}=\frac{3\times0.679}{Et}=2.038\,\frac{1}{Et}$$

单位力作用下总侧移

$$\delta=\Sigma\delta_i=(0.981+2.038)\frac{1}{Et}$$

$$=3.019\,\frac{1}{Et}$$

侧移刚度

$$k=\frac{1}{\Sigma\delta_i}=\frac{1}{3.019}Et=0.331Et$$

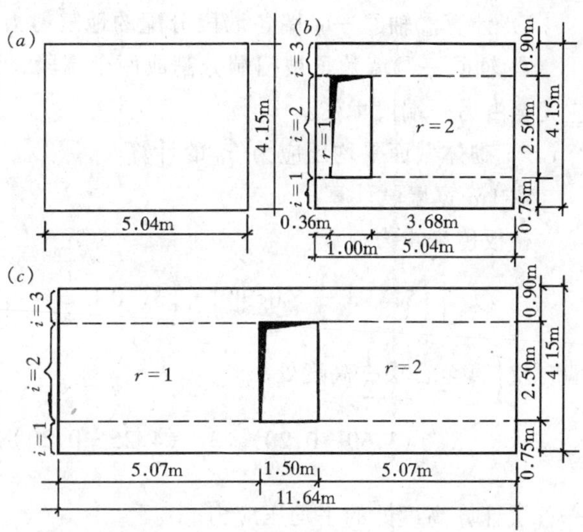

题图 7-3 ［例题 7-1］横墙刚度计算

（c）有洞山墙（题图 7-3c）

$i=1$、3 段

$$\rho_{(1+3)}=\frac{h_1+h_3}{b}=\frac{0.75+0.90}{11.64}=0.142<1$$

$$\delta_{(1+3)}=\frac{3\rho_{(1+3)}}{Et}=\frac{3\times0.142}{Et}=0.426\,\frac{1}{Et}$$

$i=2$ 段

$$\rho_{21}=\frac{h_{21}}{b_{21}}=\frac{2.50}{5.07}=0.493<1,\qquad \rho_{22}=\rho_{21}$$

$$k_{21}=k_{22}=\frac{1}{3\rho}Et=\frac{1}{3\times0.493}Et=0.676Et$$

$$\delta_2=\frac{1}{\Sigma k_{\mathrm{r}}}=\frac{1}{2\times0.676Et}=0.740\,\frac{1}{Et}$$

单位力作用下总侧移

$$\delta=\Sigma\delta_i=(0.426+0.740)\frac{1}{Et}=1.166\,\frac{1}{Et}$$

侧移刚度

$$k=\frac{1}{\Sigma\delta_i}=\frac{1}{1.166}Et=0.858Et$$

于是，首层横墙总侧移刚度

$$\Sigma k=(0.405\times7+0.331\times1+0.858\times2)Et=4.882Et$$

2）计算首层顶板建筑面积 F_1 和所验算横墙承载面积 F_{12}

$$F_1=16.74\times11.64=195\mathrm{m}^2$$

$$F_{12}=(4.8+0.9+0.12)\times3.30=19.2\mathrm{m}^2$$

3）计算②轴Ⓒ—Ⓓ墙片分担的地震剪力

$$V_{12}=\frac{1}{2}\left(\frac{k_{12}}{\Sigma k}+\frac{F_{12}}{F_1}\right)V_1=\frac{1}{2}\left(\frac{0.331}{4.882}+\frac{19.2}{195}\right)\times1535=127.61\mathrm{kN}$$

4）计算②轴Ⓒ—Ⓓ墙各墙段分配的地震剪力

② 轴Ⓒ—Ⓓ墙片虽被门洞分割成两个墙段，但靠近走道的墙段 $\rho>4$，故地震剪力 V_{12} 应完全由另一端段承受。

5）砌体截面平均压应力 σ_0 的计算

取 1m 宽墙段计算：

楼板传来重力荷载

$$\left[\left(5.35+\frac{1}{2}\times 0.30\right)+\left(3.10+\frac{1}{2}\times 1.50\right)\times 3\right]\times 3.3\times 1=56.26\text{kN}$$

墙自重$\left(算至首层\frac{1}{2}高度处\right)$

$$\left[(3.60-0.20)\times 3+(4.25-0.20)\frac{1}{2}\right]\times 5.33^{❶}\times 1=65.16\text{kN}$$

$\frac{1}{2}$首层计算高度处的平均压应力

$$\sigma_0=\frac{56.26+65.16}{1\times 0.24}=505.9\text{kN/m}^2=0.51\text{N/mm}^2$$

6）验算砌体截面抗震承载力

由表 7-6 查得，当砂浆为 M7.5 和黏土砖时 $f_v=0.14\text{N/mm}^2$；由表 3-13 查得，$\gamma_{RE}=1.0$。

按式（7-26）计算砌体强度正应力影响系数

$$\zeta_n=\frac{1}{1.2}\sqrt{1+0.45\frac{\sigma_0}{f_v}}=\frac{1}{1.2}\sqrt{1+0.45\times\frac{0.51}{0.14}}=1.354$$

按式（7-25）算出 f_{vE}：

$$f_{vE}=\zeta_n f_v=1.354\times 0.14=0.190\text{N/mm}^2$$

按式（7-24）验算截面抗震承载力

$$\frac{f_{vE}A}{\gamma_{RE}}=\frac{0.190\times 3680\times 240}{1.0}=167808\text{N}>V$$

$$=\gamma_{Eh}C_{Eh}E_{hk}=1.3\times 127610=165893\text{N}$$

符合要求。

（2）首层外纵墙窗间墙验算（取Ⓐ轴）

1）计算内、外纵墙侧移刚度

（a）外纵墙侧移刚度（一片）（题图 7-4a）

$i=1$、3 段

$$\rho_{(1+3)}=\frac{h_1+h_3}{b}=\frac{1.75+0.6}{16.74}=0.140<1$$

$$\delta_{(1+3)}=\frac{3\rho_{(1+3)}}{Et}=\frac{3\times 0.140}{Et}=0.420\frac{1}{Et}$$

$i=2$ 段，$r=1$、6 墙肢

❶ 5.33kN/m² 为双面抹灰 240mm 厚的砖墙沿墙面每平方米的重力荷载标准值。

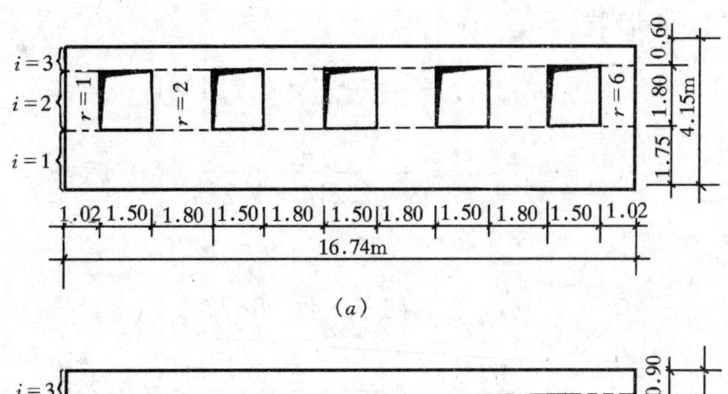

(a)

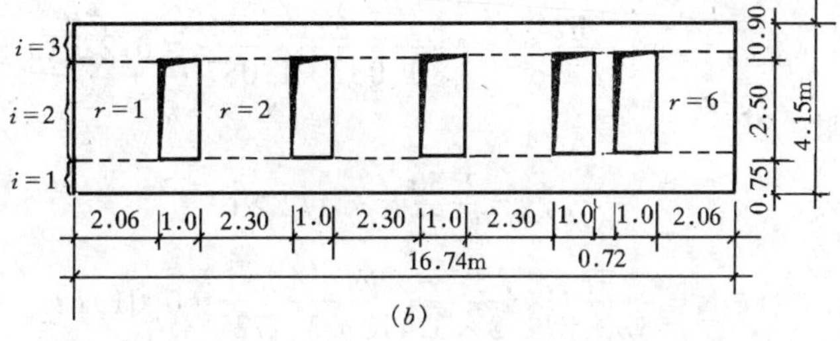

(b)

题图 7-4　［例题 7-1］纵墙刚度计算

$$\rho_{2(1,6)}=\frac{h}{b}=\frac{1.80}{1.02}=1.76>1$$

$$k_{2(1,6)}=\frac{Et}{3\rho+\rho^{3}}=\frac{Et}{3\times1.76+1.76^{3}}=0.093Et$$

$r=2\sim5$ 墙肢

$$\rho_{2(2\sim5)}=\frac{h}{b}=\frac{1.80}{1.80}=1,$$

$$k_{2(2\sim5)}=\frac{Et}{3\times1+1^{3}}=0.25Et$$

$i=2$ 段墙肢总侧移刚度

$$\Sigma k_{2\mathrm{r}}=(0.093\times2+0.25\times4)Et=1.186Et$$

$i=2$ 段墙肢侧移

$$\delta_{2}=\frac{1}{\Sigma k_{2\mathrm{r}}}=\frac{1}{1.186Et}=0.843\frac{1}{Et}$$

外纵墙侧移

$$\delta=\Sigma\delta_{i}=(0.420+0.843)\frac{1}{Et}=1.263\frac{1}{Et}$$

外纵墙侧移刚度：

$$k=\frac{1}{\Sigma\delta_{i}}=\frac{Et}{1.263}=0.792Et$$

（b）内纵墙侧移刚度（一片）（题图 7-4b）

$i=1$、3 段

$$\rho_{(1+3)}=\frac{h_{1}+h_{2}}{b}=\frac{0.75+0.90}{16.74}=0.0986<1$$

$$\delta_{(1+3)}=\frac{3\rho_{(1+3)}}{Et}=\frac{3\times0.0986}{Et}=0.296\frac{1}{Et}$$

$i=2$ 段，$r=1$、6 墙肢

$$\rho_{2(1,6)}=\frac{h}{b}=\frac{2.50}{2.06}=1.214>1$$

$$k_{2(1,6)}=\frac{Et}{3\rho+\rho^3}=\frac{Et}{3\times1.214+1.214^3}=0.184Et$$

$r=2$、3、4 墙肢

$$\rho_{2(2,3,4)}=\frac{2.50}{2.30}=1.087>1$$

$$k_{2(2,3,4)}=\frac{Et}{3\rho+\rho^3}=\frac{Et}{3\times1.087+1.087^3}=0.220Et$$

$r=5$ 墙肢

$$\rho_{2,5}=\frac{2.50}{0.72}=3.472>1$$

$$k_{2,5}=\frac{Et}{3\rho+\rho^3}=\frac{Et}{3\times3.472+3.472^3}=0.019Et$$

$i=2$ 段墙肢总侧移刚度：

$$\Sigma k_{2\mathrm{r}}=(0.184\times2+0.220\times3+0.019\times1)Et=1.047Et$$

$i=2$ 段墙肢侧移

$$\delta_2=\frac{1}{\Sigma k_{2\mathrm{r}}}=\frac{1}{1.047Et}=0.955\frac{1}{Et}$$

内纵墙总侧移

$$\delta=\Sigma\delta_i=(0.296+0.955)\frac{1}{Et}=1.251\frac{1}{Et}$$

内纵墙侧移刚度

$$k=\frac{1}{\Sigma\delta_i}=\frac{Et}{1.251}=0.799Et$$

首层纵墙总侧移刚度

$$\Sigma k=2(0.792+0.799)Et=3.182Et$$

2）计算Ⓐ轴外纵墙片分配的地震剪力

$$V_{1\mathrm{A}}=\frac{k_{1\mathrm{A}}}{\Sigma k}V_1{}^{❶}=\frac{0.792}{3.182}\times1535=382.1\mathrm{kN}$$

3）计算外纵墙窗间墙分配的地震剪力

$$V_{2\mathrm{r}}=\frac{k_{2\mathrm{r}}}{\Sigma k_{2\mathrm{r}}}V_{1\mathrm{A}}=\frac{0.25}{1.186}\times382.1=80.54\mathrm{kN}$$

4）窗间墙截面平均压应力 σ_0 的计算

作用在首层半高截面上墙的重力荷载：

$$N=\left[(3.60\times3+0.80)\times3.3-(1.5\times1.8)\times3+\left(\frac{4.15}{2}-0.60\right)\times1.8\right]\times5.33=175.01\mathrm{kN}$$

❶ 多层砌体结构房屋因纵、横方向基本周期接近（$T_1=0.2\sim0.3\mathrm{s}$），两个方向的地震影响系数均为 $\alpha_{\max}$，故纵向地震作用标准值与横向相同。

平均压应力

$$\sigma_0 = \frac{N}{A} = \frac{175010}{1800 \times 240} = 0.405\text{N/mm}^2$$

由表 7-6 查得 $f_v = 0.14\text{N/mm}^2$。

按式（7-26）计算：

$$\zeta_n = \frac{1}{1.2}\sqrt{1 + 0.45\frac{\sigma_0}{f_v}} = \frac{1}{1.2}\sqrt{1 + 0.45\frac{0.405}{0.14}} = 1.264$$

按式（7-25）计算：

$$f_{vE} = \zeta_n f_v = 1.358 \times 0.14 = 0.177\text{N/mm}^2$$

因为外纵墙为自承重墙，且墙两端设置构造柱，故 $\gamma_{RE} = 0.75 \times 0.9 = 0.675$

按式（7-24）验算窗间墙截面抗震承载力

$$\frac{f_{vE}A}{\gamma_{RE}} = \frac{0.177 \times 1800 \times 240}{0.675} = 113280\text{N} > 1.3 \times 80540 = 104702\text{N}$$

符合要求。

【例题 8-1】 多层内框架砖砌房屋地震内力计算。

三层钢筋混凝土内框架（题图 8-1），采用装配整体式楼盖和屋盖。层高 4.40m，梁的截面尺寸 220mm×450mm，柱的截面尺寸 350mm×350mm，采用 C20 混凝土，砖墙采用 MU10 砖，M5 砂浆。基础顶标高 0.8m。集中于一、二层楼板和屋顶板标高处的重力荷载代表值分别为：$G_1 = 4990\text{kN}$，$G_2 = 4780\text{kN}$，$G_3 = 3450\text{kN}$，设防烈度为 8 度，设计基本地震加速度为 $0.2g$，阻尼比 0.05，Ⅱ类场地，求在横向多遇地震作用下外壁柱和内柱的地震剪力。

【解】 （1）地震作用的计算

由表 3-4 查得 $\alpha_{max} = 0.16$，$\delta_n = 0.2$

$$G_{eq} = 0.85\ (G_1 + G_2 + G_3) = 0.85\ (4990 + 4780 + 3450) = 11237\text{kN}$$

$$F_{Ek} = \alpha_{max} G_{eq} = 0.16 \times 11237 = 1798\text{kN}$$

$$\Delta F_n = \delta_n \cdot F_{Ek} = 0.2 \times 1798 = 360\text{kN}$$

楼层地震剪力计算过程，参见题表 8-1。

［例题 8-1］计算附表 **题表 8-1**

分项 / 层	G_i（kN）	H_i（m）	G_iH_i	$\frac{G_iH_i}{\Sigma G_jH_j}$	F_i（kN）	V_i（kN）
3	3450	14	48300	0.402	578	938
2	4780	9.6	45888	0.382	549	1487
1	4990	5.2	25948	0.216	311	1798
Σ			120136	1.000		

注：表中 $V_i = \sum_{i}^{n} F_i + \Delta F_n$

表中：

$$F_i = \frac{G_iH_i}{\Sigma G_jH_j}\ (1 - 0.2)\ F_{Ek}$$

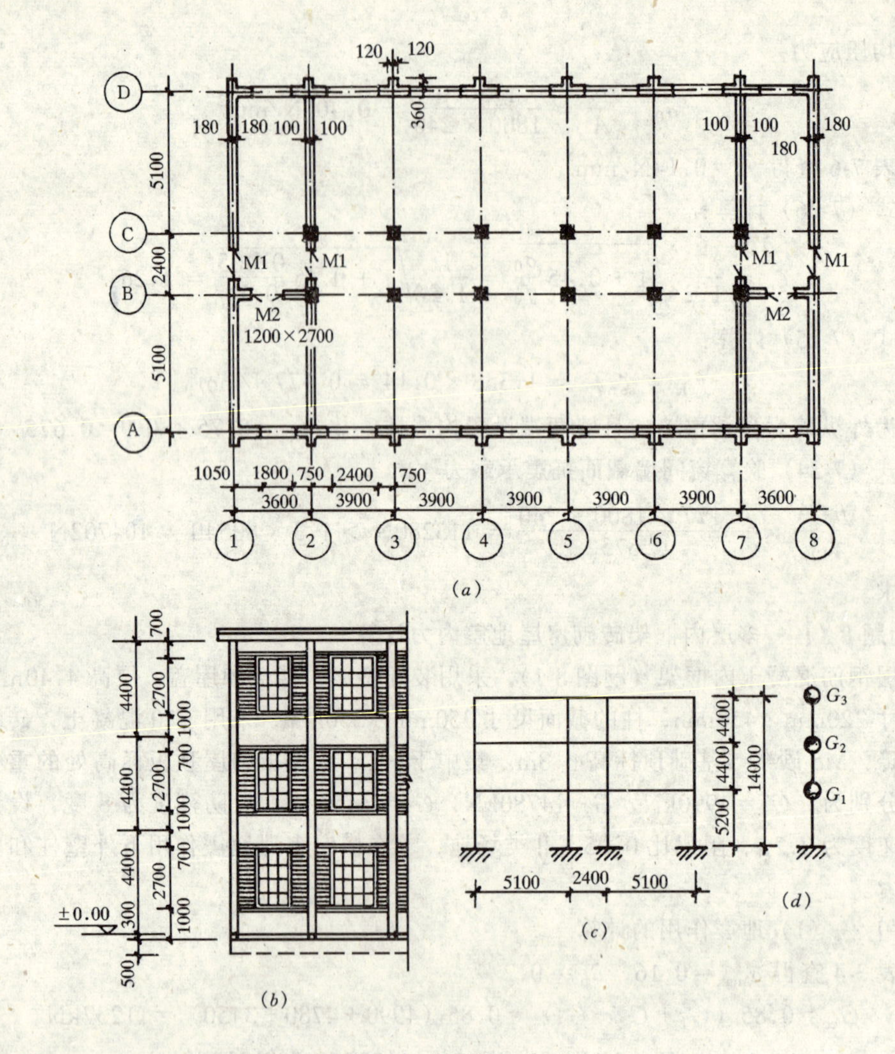

题图 8-1　【例题 8-1】附图

(2) 内柱和外壁柱地震剪力的计算

抗震横墙间的开间数 $n_b=7$❶，内框架的跨数 $n_s=3$，内柱 $\psi_c=0.012$，外壁柱 $\psi_c=0.0075$，抗震横墙间距 $l=26.7\text{m}$，房屋总宽度 $B=12.60\text{m}$。

$$\lambda=\frac{L}{B}=\frac{26.7}{12.6}=2.12$$

由表 8-4 查得，$\zeta_1=3.0$，$\zeta_2=7.0$。

内柱分配的地震剪力。

三层：

$$V_{c3}=\frac{\psi_c}{n_b n_s}(\zeta_1+\zeta_2\lambda)V_3=\frac{0.012}{7\times3}(3+7\times2.12)\times938$$
$$=0.012\times0.85\times938=0.0102\times938=9.57\text{kN}$$

二层：$V_{c2}=0.0102V_2=0.0102\times1487=15.16\text{kN}$

❶ 题图 8-1②和⑦轴墙体为 200mm 厚加气混凝土砌块隔墙。

一层：$V_{c1}=0.0102\,V_1=0.0102\times1798=18.34\text{kN}$

外壁柱分配的地震剪力：

三层：

$$V_{c3}=\frac{\psi_c}{n_b n_s}(\zeta_1+\zeta_2\lambda)\;V_3=\frac{0.0075}{7\times3}(3+7\times2.12)\times938$$
$$=0.00637\times938=5.98\text{kN}$$

二层：$V_{c2}=0.00637\times1487=9.47\text{kN}$

一层：$V_{c1}=0.00637\times1798=11.45\text{kN}$

【例题 9-1】 两跨不等高厂房抗震计算。

试计算两跨不等高厂房排架的横向水平多遇地震作用,并按拟能量法进行纵向抗震计算。

已知两跨不等高钢筋混凝土柱厂房，结构阻尼比为 0.05。抗震设防 8 度区，Ⅰ类场地，设计基本地震加速度为 0.20g，设计地震分组为二组。

其结构布置及基本数据如题图 9-1 所示：

此厂房低跨设有 5t 中级工作制吊车两台，高跨设有 10t 中级工作制吊车两台，吊车梁高 600mm；

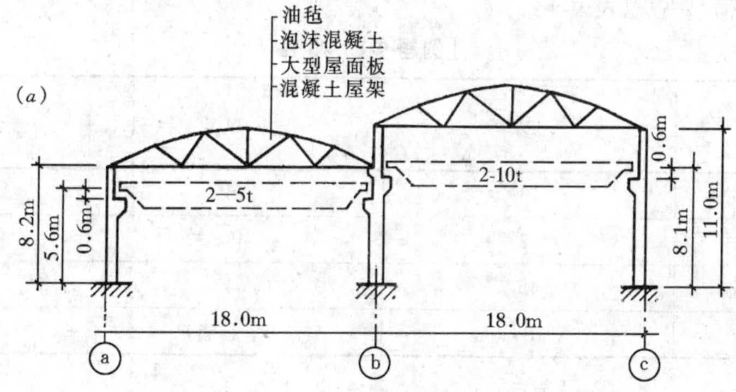

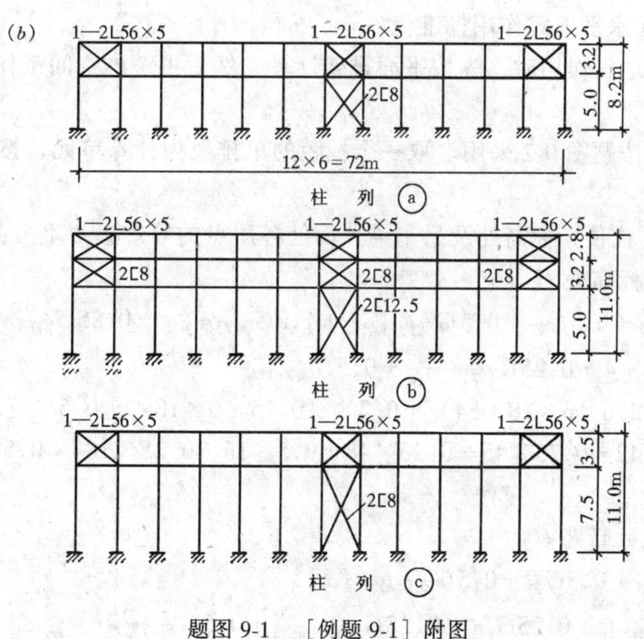

题图 9-1 ［例题 9-1］附图

屋盖采用钢筋混凝土大型屋面板及钢筋混凝土折线型屋架，两跨跨度均为18m。柱距6m，12个开间，厂房总长72m。厂房柱混凝土强度等级为C20（$E_c=25500\text{N/mm}^2$）。截面尺寸：上柱均为矩形，400mm×400mm；柱列ⓐ下柱为矩形，400mm×600mm，柱列ⓑ、ⓒ下柱为工字形，400mm×800mm；

围护结构为240mm厚砖墙（含高低跨悬墙），采用MU7.5黏土砖和M2.5混合砂浆砌筑（$f=1.19\text{N/mm}^2$，$E_w=1300f=1547\text{N/mm}^2$），纵墙窗宽3m，上窗高1.8m，下窗高3.6m。柱间支撑采用A3型钢（$E_s=206\times10^3\text{N/mm}^2$）。

有关荷载数据如下：

屋盖重力荷载　　　　2.6kN/m^2

屋架重力荷载　　　　54.0kN/榀

雪荷载　　　　　　　0.15kN/m^2

吊车梁重力荷载　　　42.0kN/根

吊车桥重力荷载（2～5t）　　164kN

（2～10t）　　180kN

柱、墙重力荷载见题表9-1：

［例题9-1］附表　　　　**题表9-1**

分项 \ 柱列		ⓐ	ⓑ	ⓒ
柱重（kN）	上柱	13	16	14
	下柱	32	48	45
	总重	45	64	59
纵墙重（kN）		184	56（悬墙）	222

【解】

（一）计算横向水平地震作用标准值

计算横向水平地震作用时，先按平面排架计算，然后再考虑空间工作的影响。

1. 计算简图

横向计算简图按题图9-2采用。取一个柱距的单排架为计算单元，按平面排架进行分析。

2. 计算屋盖（柱顶）标高处及吊车梁顶面处各质点的等效集中重力荷载代表值 G_i

（1）低跨屋盖标高处 G_1

$$\begin{aligned}G_1 &= 1.0G_{屋盖}+0.5G_{雪}+0.5G_{低跨吊车梁}+1.0G_{高跨吊车梁}+0.25G_{a柱}+0.25G_{b下柱}\\&\quad+0.5G_{b上柱}+0.25G_{低跨外纵墙}+0.5G_{高跨悬墙}\\&=1.0\times(2.6\times6\times18+54)+0.5\times(0.15\times6\times18)+0.5\times(2\times42)\\&\quad+1.0\times42+0.25\times45+0.25\times48+0.5\times16+0.25\times184+0.5\times56\\&\approx533\text{kN}\end{aligned}$$

（2）高跨屋盖标高处 G_2

$$\begin{aligned}G_2 &= 1.0G_{屋盖}+0.5G_{雪}+0.5G_{高跨吊车梁}\\&\quad+0.5G_{b上柱}+0.25G_{c柱}+0.25G_{高跨外纵墙}+0.5G_{高跨悬墙}\end{aligned}$$

$= 1.0 \times (2.6 \times 6 \times 18 + 54) + 0.5 \times (0.15 \times 6 \times 18)$

$+ 0.5 \times 42 + 0.5 \times 16 + 0.25 \times 59 + 0.25 \times 222 + 0.5 \times 56$

$= 471\text{kN}$

(3) 吊车梁顶面标高处（用以计算此处的水平地震作用）G_3、G_4

低跨　$G_3 = 1.0G_{吊车梁} + 1.0G_{吊车桥架} = 42 + 164 = 206\text{kN}$

高跨　$G_4 = 42 + 180 = 222\text{kN}$

3. 计算在单位水平力作用下单柱位移

单柱位移的计算简图如题图 9-3 所示。

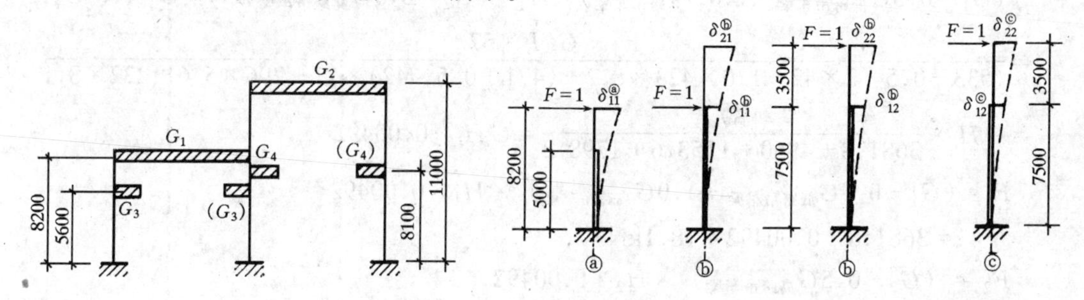

题图 9-2　［例题 9-1］横向排架　　　　题图 9-3　［例题 9-1］单柱柔度系数

根据排架计算手册中阶形柱在单位力作用下的位移计算公式，可算得各柱的位移为：

$\delta_{11}^{ⓐ} = 1.14 \times 10^{-3}\text{m/kN}$

$\delta_{11}^{ⓑ} = 0.458 \times 10^{-3}\text{m/kN}$

$\delta_{12}^{ⓑ} = \delta_{21}^{ⓑ} = 0.703 \times 10^{-3}\text{m/kN}$

$\delta_{22}^{ⓑ} = \delta_{22}^{ⓒ} = 1.33 \times 10^{-3}\text{m/kN}$

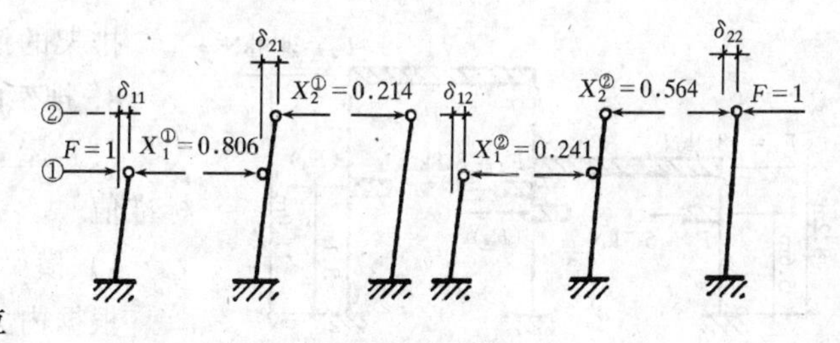

题图 9-4　［例题 9-1］横向排架横梁内力和位移

4. 排架位移计算

排架在单位水平力作用下的位移，按题图 9-4 进行计算，图中的横梁内力根据排架计算手册确定：

$\delta_{11} = (1 - X_1^{①})\delta_{11}^{ⓐ} = (1 - 0.806) \times 1.14 \times 10^{-3} = 0.221 \times 10^{-3}\text{m/kN}$

$\delta_{12} = \delta_{21} = X_2^{①}\delta_{22}^{ⓒ} = 0.214 \times 1.33 \times 10^{-3} = 0.285 \times 10^{-3}\text{m/kN}$

$\delta_{22} = (1 - X_2^{②})\delta_{22}^{ⓒ} = (1 - 0.564) \times 1.33 \times 10^{-3} = 0.580 \times 10^{-3}\text{m/kN}$

5. 计算排架基本周期

由公式 (9-4) 计算排架横向基本周期。其中

$\Delta_1 = G_1\delta_{11} + G_2\delta_{12} = (533 \times 0.221 + 471 \times 0.285) \times 10^{-3} = 0.252\text{m}$

$\Delta_2 = G_1\delta_{21} + G_2\delta_{22} = (533 \times 0.285 + 471 \times 0.580) \times 10^{-3} = 0.425\text{m}$

$$T_1 = 2\sqrt{\frac{\Sigma G_i\Delta_i^2}{\Sigma G_i\Delta_i}} = 2\sqrt{\frac{533 \times 0.252^2 + 471 \times 0.425^2}{533 \times 0.252 + 471 \times 0.425}} = 1.19\text{s}$$

此厂房设有纵墙，取修正系数 $\psi_T = 0.8$，则排架基本周期为：

$$T_1 = 0.8 \times 1.19 = 0.952\text{s}$$

6. 计算排架横向总水平地震作用标准值

$$\alpha_1=\left(\frac{T_g}{T_1}\right)^{0.9}\alpha_{max}=\left(\frac{0.3}{0.952}\right)^{0.9}\times 0.16=0.057$$

$$G_{eq}=0.85G_E=0.85\ (G_1+G_2+0.5G_{吊车桥梁})$$

$$=0.85\times\ (533+471+0.5\times 164+0.5\times 180)\ =999.6\text{kN}$$

$$F_{Ek}=\alpha_1 G_{eq}=0.057\times 999.6=57\text{kN}$$

7. 计算排架低跨、高跨屋盖标高处及吊车梁面标高处的水平地震作用标准值

$$F_i=\frac{G_iH_iF_{Ek}}{(G_1-0.5G_{低跨吊车梁}-1.0G_{高跨吊车梁})\times H_1+(G_2-0.5G_{高跨吊车梁})H_2+G_3H_3+G_4H_4}$$

$$=\frac{G_iH_i\times 57}{(533-0.5\times 2\times 42-1.0\times 42)\times 8.2+(471-0.5\times 42)\times 11+206\times 5.6+222\times 8.1}$$

$$=G_iH_i\times\frac{57}{3681.8+4950+1153.6+1798.2}=G_iH_i\times 0.00492$$

$$F_1=(G_1-0.5G_{低跨吊车梁}-1.0G_{高跨吊车梁})\times H_1\times 0.00492$$

$$=3681.8\times 0.00492=18.1\text{kN}$$

$$F_2=\ (G_2-0.5G_{高跨吊车梁})\ \times H_2\times 0.00492$$

$$=4950\times 0.00492=24.4\text{kN}$$

$$F_3=G_3H_3\times 0.00492=1153.6\times 0.00492=5.7\text{kN}$$

$$F_4=G_4H_4\times 0.00492=1798.2\times 0.00492=8.8\text{kN}$$

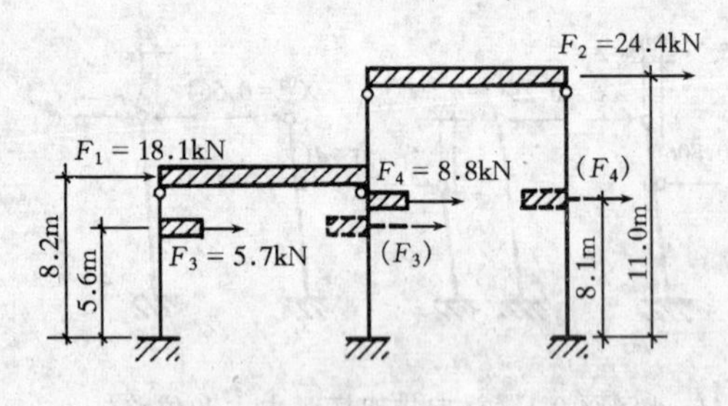

题图 9-5 ［例题 9-1］横向排架地震作用

排架的横向水平地震作用如题图 9-5 所示

8. 排架的内力分析

（1）屋盖标高处地震作用引起的柱子内力标准值

1）横梁的内力

根据内力叠加原理，不难求得地震作用 F_1 和 F_2 在框架横梁内所引起的内力

$$X_1=F_1X_1^{①}+F_2X_1^{②}=18.1\times(-0.806)+24.4\times 0.21=-8.56\text{kN}$$

$$X_2=F_1X_2^{①}+F_2X_2^{②}=18.1\times\ (-0.214)\ +24.4\times 0.564=9.89\text{kN}$$

2）柱的内力调整系数的确定

由表 9-2 查得 $\zeta_1=0.9$；由表 9-3 查得 $\zeta_2=1.0$，于是内力增大系数

$$\eta=\zeta_2\left(1+1.7\frac{n_h}{n_0}\frac{G_{El}}{G_{Eh}}\right)=1.0\times\left(1+1.7\times\frac{1}{2}\times\frac{533}{471}\right)=1.96$$

3）柱的弯矩和剪力的计算

柱的弯矩 M 和剪力 V 的计算过程，见题表 9-2。

（2）吊车桥地震作用引起柱的内力标准值

这时，柱的内力可由静力计算中吊车横向水平荷载（即横向刹车力 T_{max}）所引起柱的内力乘以相应比值求得。如对 5t 吊车，该比值为 $F_3/T_{2\sim5}=5.7/4.3=1.33$；对 10t 吊车，比值为 $F_4/T_{2\sim10}=8.8/7.4=1.19$。求得上述内力后，还要对吊车梁顶标高处的上柱截面乘以表 9-4 中的内力增大系数（计算从略）。

［例题 9-1］附表　　　　题表 9-2

柱列		ⓐ			ⓑ			ⓒ		
截面		上柱底	下柱底		上柱底	下柱底		上柱底	下柱底	
内力	内力分类	M (kN·m)	M (kN·m)	V (kN)	M (kN·m)	M (kN·m)	V (kN)	M (kN·m)	M (kN·m)	V (kN)
	按平面排架计算结果	30.53	78.23	9.54	27.69	178.98	19.45	42.08	159.61	14.51
	考虑空间作用计算结果	27.48	70.41	8.59	54.28*	161.08	17.51	37.87	143.65	13.06

注：$9.89\times(11-8.2)\times1.96=27.69\times1.96=54.28$kN·m；其余第二行数字系由第一行数字乘以 $\zeta_1=0.9$ 得到。

（二）计算纵向水平地震作用标准值

本例采用拟能量法计算。

1. 确定集中于屋盖标高处的等效重力荷载代表值

为了计算简化，将等效重力荷载代表值所代表的质点分别集中于柱与屋盖的连接点处参见题图 9-6，它们的数值为（计算过程从略）：

$\overline{G}_{ⓐ}=4400\text{kN}$，$\overline{G}_{ⓑ1}=4870\text{kN}$，$\overline{G}_{ⓑ2}=3060\text{kN}$，$\overline{G}_{ⓒ}=5280\text{kN}$

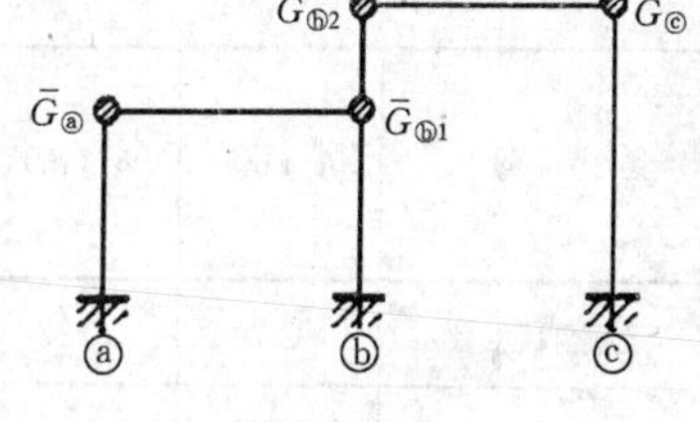

题图 9-6　［例题 9-1］纵向柱列重力荷载

考虑空间作用调整后的重力荷载 G'_i，查表 9-9，k 取 0.7。

$$G'_{ⓐ}=\overline{G}_{ⓐ}+(1-k)\overline{G}_{ⓑ1}=4400+(1-0.7)\times4870=5861\text{kN}$$

$$\overline{G}_{ⓑ1}=k\overline{G}_{ⓑ1}=0.7\times4870=3409\text{kN}$$

$$G'_{ⓑ2}=\overline{kG}_{ⓑ2}=0.7\times3060=2142\text{kN}$$

$$G'_{ⓒ}=\overline{G}_{ⓒ}+(1-k)\overline{G}_{ⓑ2}=5280+(1-0.7)\times3060=6198\text{kN}$$

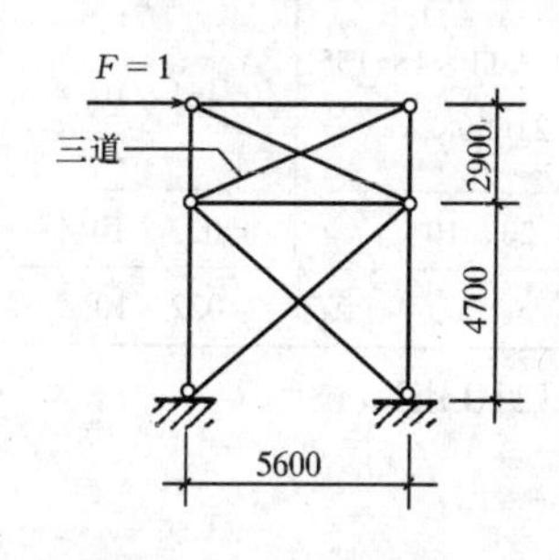

题图 9-7　［例题 9-1］柱列ⓐ柱间支撑侧向刚度计算

2. 计算柱列侧移柔度 δ_i

（1）柱列ⓐ

1）计算柱间支撑刚度

柱间支撑计算简图如题图 9-7 所示，有关数据见题表 9-3。

例题 9-1 附表　　　　题表 9-3

序号	支撑位置	数量	截面	A (mm²)	$i_{\min}$ (mm)	l (mm)	l_0 (mm)	λ	φ	ψ_c
2	上柱支撑	三道	2L56×5	1083	21.7	6306	3153	145.3	0.325	0.56
1	下柱支撑	一道	2［8	2048	31.5	7310	3655	116	0.458	0.58

$$\delta_{11}=\frac{1}{EL^2}\left[\frac{1}{1+\varphi_1}\cdot\frac{l_1^3}{A_1}+\frac{1}{1+\varphi_2}\cdot\frac{l_2^3}{A_2}\cdot\frac{1}{3}\right]$$

$$=\frac{1}{206\times10^3\times5600^2}\left[\frac{1}{1+0.458}\times\frac{7310^3}{2048}+\frac{1}{1+0.325}\times\frac{6306^3}{1083}\times\frac{1}{3}\right]$$

$$=2.93\times10^{-5}\text{mm/N}$$

于是，柱列ⓐ的支撑刚度为：

$$k^{b}_{\text{ⓐ}}=\frac{1}{\delta_{11}}=\frac{1}{2.93\times10^{-5}}=34130\text{kN/m}$$

2）计算纵墙刚度

纵墙计算简图见题图 9-8，计算过程见题表 9-4。

于是，柱列ⓐ的纵墙刚度为：

$$k^{w}_{\text{ⓐ}}=\frac{1}{\Sigma\delta}=\frac{1}{2.022\times10^{-6}}=494560\text{N/mm}$$

3）柱列ⓐ的总刚度

例题 9-1 附表 **题表 9-4**

序号		h（m）	b（m）	$\rho=\frac{h}{b}$	$\frac{1}{\rho^3+3\rho}$	k_{ij}	$k_i=\Sigma\frac{E_t}{\rho^3+3\rho}$（N/mm）	$\delta_i=\frac{1}{k_i}$（mm/N）
1		1.7	72	0.0236	14.12	—	5.24×10^6	0.191×10^{-6}
2	2_1，2_{13}	3.6	1.5	2.4	0.0476	17673	$2\times17676+11\times69689=801925$	1.247×10^{-6}
	$2_2\sim2_{12}$	3.6	3	1.2	0.1877	69689		
3		0.9	72	0.0125	26.67	—	9.90×10^6	0.100×10^{-6}
4	4_1，4_{13}	1.8	1.5	1.2	0.1877	69689	$2\times69689+11\times184155=2165082$	0.461×10^{-6}
	$4_2\sim4_{12}$	1.8	3	0.6	0.4960	184155		
5		0.2	72	0.0028	119.05	—	44.20×10^6	0.023×10^{-6}
								$\Sigma\delta_i=2.022\times10^{-6}$

$$k_{\text{ⓐ}}=k^{c}_{\text{ⓐ}}+k^{b}_{\text{ⓐ}}+k^{w}_{\text{ⓐ}}=1.1k^{b}_{\text{ⓐ}}+k^{w}_{\text{ⓐ}}=1.1\times34130+494560=532103\text{kN/m}$$

4）柱列ⓐ的柔度

$$\delta_{\text{ⓐ}}=\frac{1}{k_{\text{ⓐ}}}=\frac{1}{532103}=1.88\times10^{-6}\text{m/kN}=\delta_{\text{ⓐ}11}$$

（2）柱列ⓑ

1）计算柱间支撑刚度

柱间支撑计算简图见题图 9-9，有关数据见题表 9-5。

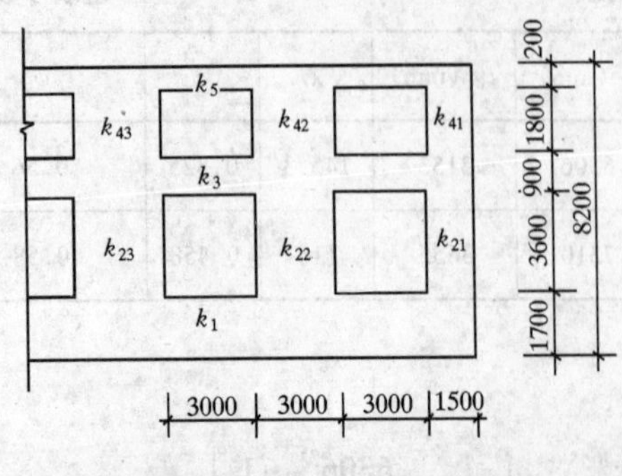

题图 9-8 ［例题 9-1］外纵墙侧向刚度计算

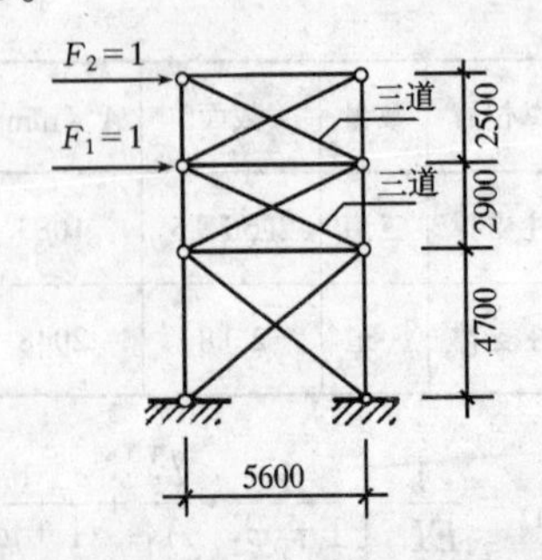

题图 9-9 ［例题 9-1］柱列ⓑ柱间支撑侧向刚度

例题 9-1 附表 题表 9-5

序号	支撑位置	数量	截面	A（mm^2）	i_{min}（mm）	l（mm）	l_0（mm）	λ	φ	ψ_c
3	上柱支撑	三道	2L56×5	1083	21.7	6133	3066	141.3	0.340	0.559
2	中柱支撑	三道	2［8	2048	31.5	6306	3153	100.1	0.555	0.600
1	下柱支撑	一道	2［12.5	3138	49.5	7311	3655	73.8	0.727	0.670

$$\delta_{11}=\delta_{12}=\delta_{21}=\frac{1}{EL^2}\sum_{k=1}^{2}\left[\frac{1}{1+\varphi_k}\cdot\frac{l_k^3}{A_k}\right]$$

$$=\frac{1}{206\times10^3\times5600^2}\left[\frac{1}{1+0.727}\times\frac{7311^3}{3138}+\frac{1}{1+0.555}\times\frac{6306^3}{2048}\times\frac{1}{3}\right]$$

$$=1.52\times10^{-5}\text{mm/N}$$

$$\delta_{22}=\frac{1}{EL^2}\sum_{k=1}^{2}\left[\frac{1}{1+\varphi_k}\cdot\frac{l_k^3}{A_k}\right]$$

$$=\frac{1}{206\times10^3\times5600^2}$$

$$\times\left[\frac{1}{1+0.727}\times\frac{7311^3}{3138}+\frac{1}{1+0.555}\times\frac{6306^3}{2048}\times\frac{1}{3}+\frac{1}{1+0.340}\times\frac{6133^3}{1083}\times\frac{1}{3}\right]$$

$$=2.34\times10^{-5}\text{mm/N}$$

$$|\delta|=\delta_{11}\delta_{22}-\delta_{12}^2=(1.52\times2.34-1.52^2)\times10^{-10}=1.246\times10^{-10}$$

于是柱列ⓑ的支撑刚度为：

$$k_{ⓑ11}^{b}=\frac{\delta_{22}}{|\delta|}=\frac{2.34\times10^{-5}}{1.246\times10^{-10}}=187800\quad\text{N/m}$$

$$k_{ⓑ22}^{b}=\frac{\delta_{11}}{|\delta|}=\frac{1.52\times10^{-5}}{1.246\times10^{-10}}=122000\quad\text{N/m}$$

$$k_{ⓑ12}^{b}=k_{ⓑ21}^{b}=\frac{-\delta_{12}}{|\delta|}=\frac{-1.52\times10^{-5}}{1.246\times10^{-10}}=-122000\quad\text{N/m}$$

2）悬墙刚度（部分计算过程从略）

$$k_{ⓑ}^{w}=\frac{1}{\Sigma\delta_i}=\frac{1}{2.02\times10^{-6}}=500000\quad\text{N/mm}$$

$$[k_{ⓑ}^{w}]=\begin{bmatrix}500000 & -500000\\ -500000 & 500000\end{bmatrix}$$

3）柱列ⓑ的刚度矩阵

$$k_{ⓑ}=\begin{bmatrix}1.1k_{11}^{b}+k_{11}^{w} & 1.1k_{12}^{b}+k_{12}^{w}\\ 1.1k_{21}^{b}+k_{21}^{w} & 1.1k_{22}^{b}+k_{22}^{w}\end{bmatrix}$$

$$=\begin{bmatrix}1.1\times187800+500000 & -1.1\times122000-500000\\ -1.1\times122000-500000 & 1.1\times122000+500000\end{bmatrix}$$

$$=\begin{bmatrix}706580 & -634200\\ -634200 & +634200\end{bmatrix}$$

4）柱列ⓑ的柔度

$$|k| = k_{11}k_{22} - k_{12}^2 = 4.59 \times 10^{10}$$

$$\delta_{ⓑ11} = \frac{k_{22}}{|k|} = \frac{634200}{4.59 \times 10^{10}} = 1.38 \times 10^{-5}\text{m/kN}$$

$$\delta_{ⓑ12} = \delta_{ⓑ21} = \frac{-k_{21}}{|k|} = \frac{634200}{4.59 \times 10^{10}} = 1.38 \times 10^{-5}\text{m/kN}$$

$$\delta_{ⓑ22} = \frac{k_{11}}{|k|} = \frac{706580}{4.59 \times 10^{10}} = 1.54 \times 10^{-5}\text{m/kN}$$

（3）柱列ⓒ的柔度（计算过程从略）

$k_{ⓒ}^{b} = 18867\text{kN/m}$，$k_{ⓒ}^{w} = 427716\text{kN/m}$，$\delta_{ⓒ} = 2.23 \times 10^{-6}\text{m/kN} = \delta_{ⓒ22}$

3．计算厂房纵向基本周期

（1）计算柱列侧移 Δ_i

$$\Delta_{ⓐ} = G'_{ⓐ}\delta_{ⓐ} = 5861 \times 1.88 \times 10^{-6} = 0.0110\text{m}$$

$$\Delta_{ⓑ1} = G'_{ⓑ1}\delta_{ⓑ11} + G'_{ⓑ2}\delta_{ⓑ12} = 3409 \times 1.38 \times 10^{-5} + 2142 \times 1.38 \times 10^{-5} = 0.0766\text{m}$$

$$\Delta_{ⓑ2} = G'_{ⓑ1}\delta_{ⓑ21} + G'_{ⓑ2}\delta_{ⓑ22} = 3409 \times 1.38 \times 10^{-5} + 2142 \times 1.54 \times 10^{-5} = 0.0800\text{m}$$

$$\Delta_{ⓒ} = G'_{ⓒ}\delta_{ⓒ} = 6198 \times 2.23 \times 10^{-6} = 0.0138\text{m}$$

（2）计算厂房纵向基本周期

$$T_1 = 2\psi_T\sqrt{\frac{\Sigma G'_i\Delta_i^2}{\Sigma G'_i\Delta_i}}$$

$$= 2 \times 0.8\sqrt{\frac{5861 \times 0.0110^2 + 3409 \times 0.0766^2 + 2142 \times 0.0800^2 + 6198 \times 0.0138^2}{5861 \times 0.0110 + 3409 \times 0.0766 + 2142 \times 0.0800 + 6198 \times 0.138}}$$

$$= 0.395\text{s}$$

4．计算柱列水平地震作用标准值

$$\alpha_1 = \left(\frac{T_g}{T_1}\right)^{0.9}\alpha_{\max} = \left(\frac{0.30}{0.395}\right)^{0.9} \times 0.16 = 0.129$$

$$F_{ⓐ1} = \alpha_1 G'_{ⓐ} = 0.129 \times 5861 = 756\text{kN}$$

$$F_{ⓑ1} = \alpha_1(G'_{ⓑ1} + G'_{ⓑ2})\frac{G'_{ⓑ1}H_{ⓑ1}}{G'_{ⓑ1}H_{ⓑ1} + G'_{ⓑ2}H_{ⓑ2}}$$

$$= 0.129 \times (3409 + 2142) \times \frac{3409 \times 8.2}{3409 \times 8.2 + 2142 \times 11} = 389\text{kN}$$

$$F_{ⓑ2} = 0.129 \times (3409 + 2142) \times \frac{2142 \times 11}{3409 \times 8.2 + 2142 \times 11} = 328\text{kN}$$

$$F_{ⓒ} = 0.129 \times 6198 = 800\text{kN}$$

5．计算构件水平地震作用标准值

（1）柱列ⓐ

$$k'_{ⓐ} = k_{ⓐ}^{c} + k_{ⓐ}^{b} + \psi_k k_{ⓐ}^{w} = 1.1k_{ⓐ}^{b} + \psi_k k_{ⓐ}^{w} = 1.1 \times 34130 + 0.4 \times 494560$$

$$= 235367\text{kN/m}$$

砖墙：$F_{ⓐ}^{w} = \dfrac{\psi_k k_{ⓐ}^{w}}{k'_{ⓐ}}F_{ⓐ} = \dfrac{0.4 \times 494560}{235367} \times 756 = 635\text{kN}$

柱撑：$F^{b}_{ⓐ} = \frac{k^{b}_{ⓐ}}{k'_{ⓐ}} F_{ⓐ} = \frac{34130}{235367} \times 756 = 110\text{kN}$

柱：$F^{c}_{ⓐ} = \frac{0.1k^{b}_{ⓐ}}{nk'_{ⓐ}} F_{ⓐ} = \frac{0.1 \times 34130}{13 \times 235367} \times 756 = 0.84\text{kN}$

（2）柱列ⓑ

$$k'_{ⓑ2} = 1.1k^{b}_{ⓑ22} + \psi_{k}k^{w}_{ⓑ22} = 1.1 \times 122000 + 0.2 \times 500000$$
$$= 234200\text{kN/m}$$

悬墙：$F^{w}_{ⓑ2} = \frac{\psi_{k}k^{w}_{ⓑ22}}{k'_{ⓑ2}} F_{ⓑ2} = \frac{0.2 \times 500000}{234200} \times 328 = 140\text{kN}$

柱撑（题图 9-10）：$F^{b}_{ⓑ2} = \frac{k^{b}_{ⓑ22}}{k'_{ⓑ2}} F_{ⓑ2} = \frac{122000}{234200} \times 328 = 171\text{kN}$

$$F^{b}_{ⓑ1} = \frac{1}{1.1}(F_{ⓑ1} + F^{w}_{ⓑ2}) = \frac{1}{1.1}(389 + 140) = 481\text{kN}$$

柱：$F^{c}_{ⓑ2} = \frac{1}{13} \times 0.1F^{b}_{ⓑ2} = \frac{1}{13} \times 0.1 \times 171 = 1.32\text{kN}$

$$F^{c}_{ⓑ1} = \frac{1}{13} \times 0.1F^{b}_{ⓑ1} = \frac{1}{13} \times 0.1 \times 481 = 3.70\text{kN}$$

（3）柱列ⓒ

$$k'_{ⓒ} = 1.1k^{b}_{ⓒ} + \psi_{k}k^{w}_{ⓒ} = 1.1 \times 18867 + 0.4 \times 427716$$
$$= 191840\text{kN/m}$$

砖墙：$F^{w}_{ⓒ} = \frac{\psi_{k}k^{w}_{ⓒ}}{k'_{ⓒ}} F_{ⓒ} = \frac{0.4 \times 427716}{191840} \times 800 = 713\text{kN}$

柱撑：$F^{b}_{ⓒ} = \frac{k^{b}_{ⓒ}}{k'_{ⓒ}} F_{ⓒ} = \frac{18867}{191840} \times 800 = 79\text{kN}$

柱：$F^{c}_{ⓒ} = \frac{0.1k^{b}_{ⓒ}}{nk'_{ⓒ}} F_{ⓒ} = \frac{0.1 \times 18867}{13 \times 191840} \times 800 = 0.61\text{kN}$

6. 构件内力分析及承载力验算

（1）柱撑

选择ⓑ柱列进行计算，ⓐ及ⓒ柱列从略。

上柱支撑：

根据 $\lambda_{3} = 141.3$ 算得 $\psi_{c} = 0.559$，并由《钢结构设计规范》查得 $\varphi_{3} = 0.340$。水平地震作用分项系数 $\gamma_{Eh} = 1.3$。于是，由式（9-22）算出柱撑受拉斜杆的轴向力设计值：

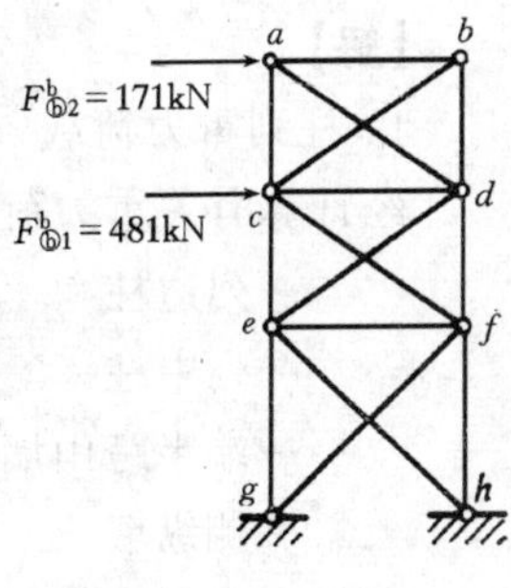

题图 9-10 ［例题 9-1］柱列ⓑ柱间支撑水平地震作用

$$N_{t3} = \frac{l_{3}}{(1 + \psi_{c}\varphi_{3})L} V_{b2} = \frac{6133}{(1 + 0.559 \times 0.340) \times 5600} \times 1.3 \times 171$$
$$= 204.6\text{kN}$$

按式（9-23）验算斜杆的截面抗震承载力

$$\sigma_{t3} = \frac{N_{t3}}{A_{n}} = \frac{204.6 \times 10^{3}}{1083 \times 3} = 62.97\text{N/mm}^{2}$$

$$< \frac{f}{\gamma_{RE}} = \frac{215}{0.80} = 268.8\text{N/mm}^2$$

中柱支撑：

$$\sigma_{t2} = \frac{l_2}{(1+\psi_c\varphi_2)LA_n}V_{b3} = \frac{6306}{(1+0.6\times0.555)\times5600\times2048\times3}\times1.3$$
$$\times(481+171)\times10^3 = 116.54\text{N/mm}^2 < 238.8\text{N/mm}^2$$

下柱支撑：

$$\sigma_{t1} = \frac{l_1}{(1+\psi_c\varphi_1)LA_n}V_{b1} = \frac{7311}{(1+0.67\times0.727)\times5600\times3138}$$
$$\times1.3\times(481+171)\times10^3 = 237.1\text{N/mm}^2 < 238.8\text{N/mm}^2$$

抗震承载力满足。

（2）悬墙

验算从略。

（3）柱

验算从略。

【例题 9-2】 两跨等高厂房纵向抗震计算

已知两跨等高钢筋混凝土柱厂房建在设防烈度为 8 度区，I 类场地上，设计基本地震加速度为 0.20g，设计地震分组为二组。屋盖采用钢筋混凝土大型屋面板，折线型屋架（跨度 18m），屋盖自重 3.2kN/m²，雪荷载 0.3kN/m²，每跨设有二台 10t 中级工作制吊车，柱距 6m，厂房长 60m，厂房柱的混凝土强度等级为 C20，围护结构采用 240mm 厚砖墙，结构阻尼比为 0.05，见题图 9-11。试按修正刚度法计算在多遇地震作用下厂房的纵向地震作用。

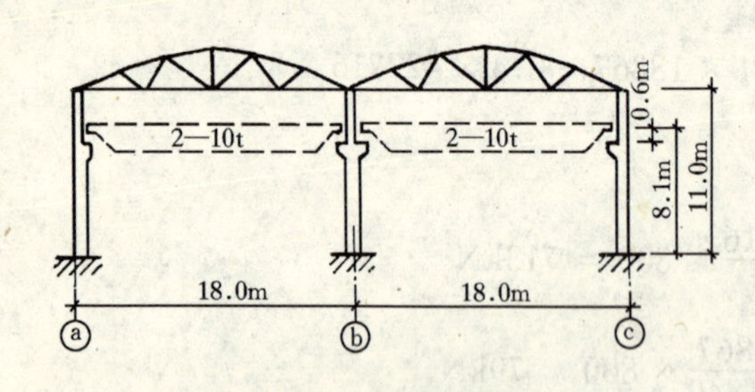

题图 9-11 ［例题 9-2］附图

【解】

1. 柱列重力荷载

经计算有关重力荷载值如下：

一列边柱	664kN
一列中柱	972kN
一端半跨山墙	138kN
一侧纵墙	726kN
一侧吊车梁	512kN
一台吊车桥架	204kN
半跨屋盖总重力荷载	3.2×9×60＝1728kN
半跨雪荷载总值	0.3×9×60＝162kN

（1）集中到各柱列柱顶标高处的等效重力荷载代表值的计算

1）确定厂房纵向基本周期时

$$G_{ⓐ} = G_{ⓒ} = 1.0G_{屋盖} + 0.5G_{雪} + 0.25G_{边柱} + 0.35G_{纵墙} + 0.25G_{山墙} + 0.5G_{吊车梁} + 0.5G_{吊车桥}$$

$$= 1.0 \times 1728 + 0.5 \times 162 + 0.25 \times 664 + 0.35 \times 726 + 0.25 \times 2 \times 138 + 0.5 \times 512 + 0.5 \times 102 = 2605.1\text{kN}$$

$$G_{ⓑ} = 1.0G_{屋盖} + 0.5G_{雪} + 0.25G_{中柱} + 0.25G_{山墙} + 0.5G_{吊车梁} + 0.5G_{吊车桥}$$

$$= 1.0 \times 2 \times 1728 + 0.5 \times 2 \times 162 + 0.25 \times 972 + 0.25 \times 2 \times 2 \times 138 + 0.5 \times 2 \times 512 + 0.5 \times 204 = 4613\text{kN}$$

$$\Sigma G_i = 2 \times 2605.1 + 4613 = 9823.2\text{kN}$$

2）确定地震作用时

$$\overline{G}_{ⓐ} = \overline{G}_{ⓒ} = 1.0G_{屋盖} + 0.5G_{雪} + 0.1G_{边柱} + 0.7G_{纵墙} + 0.5G_{山墙}$$

$$= 1.0 \times 1728 + 0.5 \times 162 + 0.1 \times 664 + 0.7 \times 726 + 0.5 \times 2 \times 138 = 2521.6\text{kN}$$

$$\overline{G}_{ⓑ} = 1.0G_{屋盖} + 0.5G_{雪} + 0.1G_{中柱} + 0.5G_{山墙} = 1.0 \times 2 \times 1728 + 0.5 \times 2 \times 162 + 0.1 \times 972 + 0.5 \times 2 \times 2 \times 138 = 3991.2\text{kN}$$

$$\Sigma \overline{G}_i = 2 \times 2521.6 + 3991.2 = 9034.4\text{kN}$$

(2) 集中到各柱列牛腿顶面标高处的等效重力荷载代表值的计算

$$G_{cⓐ} = G_{cⓒ} = 0.4G_{边柱} + 1.0G_{吊车梁} + 1.0G_{吊车桥} = 0.4 \times 664 + 1.0 \times 512 + 1.0 \times 0.5 \times 204 = 879.6\text{kN}$$

$$G_{cⓑ} = 0.4G_{中柱} + 1.0G_{吊车梁} + 1.0G_{吊车桥} = 0.4 \times 972 + 1.0 \times 2 \times 512 + 1.0 \times 204 = 1616.8\text{kN}$$

2. 厂房纵向刚度

(1) 边柱列纵向刚度 $k_{ⓐ}$、$k_{ⓒ}$

纵墙：　$k_{ⓐ}^{w} = 354560\text{kN/m}$

柱撑：　$\Sigma k_{ⓐ}^{b} = 18867\text{kN/m}$

柱：　$\Sigma k_{ⓐ}^{c} = 2380\text{kN/m}$

$$k_{ⓐ} = k_{ⓒ} = \Sigma k_{ⓐ}^{c} + \Sigma k_{ⓐ}^{b} + k_{ⓐ}^{w} = 2380 + 18867 + 354560 = 375807\text{kN/m}$$

(2) 中柱列纵向刚度 $k_{ⓑ}$

柱撑：　$\Sigma k_{ⓑ}^{b} = 36139\text{kN/m}$

柱：　$\Sigma k_{ⓑ}^{c} = 3170\text{kN/m}$

$$k_{ⓑ} = \Sigma k_{ⓑ}^{c} + \Sigma k_{ⓑ}^{b} = 3170 + 36139 = 39309\text{kN/m}$$

(3) 厂房纵向刚度

$$\Sigma k_i = k_{ⓐ} + k_{ⓑ} + k_{ⓒ} = 2 \times 375807 + 39309 = 790923\text{kN/m}$$

3. 厂房纵向基本周期的计算

(1) 按式（9-24a）计算

$$T_1 = 2\psi_T\sqrt{\frac{\Sigma G_i}{\Sigma k_i}} = 2\times1.45\sqrt{\frac{9823.2}{790923}} = 0.323\text{s}$$

（2）按式（9-24b）计算

$$T_1 = 0.23 + 0.00025\psi_1 l\sqrt{H^3} = 0.23 + 0.00025\times1\times18\sqrt{11^3}$$
$$= 0.394\text{s}$$

现选用 $T_1 = 0.323\text{s}$ 计算

4. 柱列水平地震作用

（1）厂房底部剪力标准值

$$F_{Ek} = \alpha_1\Sigma\overline{G}_i = \left(\frac{0.30}{0.323}\right)^{0.9}\times0.16\times9034.4 = 1352.5\text{kN}$$

（2）柱列柱顶标高处水平地震作用标准值

$$k'_{ⓐ} = \Sigma k^{c}_{ⓐ} + \Sigma k^{b}_{ⓐ} + \psi_k k^{w}_{ⓐ} = 2380 + 18867 + 0.4\times354560 = 163071\text{kN/m}$$

$$k'_{ⓑ} = k_{ⓑ} = 39309\text{kN/m}$$

$$k_{aⓐ} = k_{aⓒ} = \psi_3 k'_{ⓐ} = 0.85\times163071 = 138610\text{kN/m}$$

$$k_{aⓑ} = \psi_3\cdot\psi_4 k'_{ⓑ} = 1.3\times0.95^{①}\times39309 = 48547\text{kN/m}$$

$$\Sigma k_{ai} = 2\times138610 + 48547 = 325767\text{kN/m}$$

$$F_{ⓐ} = F_{ⓒ} = \frac{k_{ai}}{\Sigma k_{ai}}F_{Ek} = \frac{138610}{325767}\times1352.5 = 575.5\text{kN}$$

$$F_{ⓑ} = \frac{48547}{325767}\times1352.5 = 201.5\text{kN}$$

（3）柱列吊车梁顶标高处的水平地震作用标准值

$$F_{cⓐ} = F_{cⓒ} = \alpha_1 G_{cⓐ} = \frac{H_{cⓐ}}{H} = \left(\frac{0.30}{0.323}\right)^{0.9}\times0.16\times879.6\times\frac{7.5}{11} = 89.78\text{kN}$$

$$F_{cⓑ} = \alpha_1 G_{cⓑ}\frac{H_{cⓑ}}{H} = \left(\frac{0.30}{0.323}\right)^{0.9}\times0.16\times1616.8\times\frac{7.5}{11} = 165\text{kN}$$

其余计算从略。

参 考 文 献

1 建筑抗震设计规范 (GB50011—2001). 北京：中国建筑工业出版社，2001

2 混凝土结构设计规范（GB50010—2002). 北京：中国建筑工业出版社，2002

3 高层建筑混凝土结构技术规程（JGJ3—2002). 北京：中国建筑工业出版社，2002

4 北京建筑工程学院，南京工学院. 建筑结构抗震设计. 北京：地震工业出版社，1981

5 建筑抗震设计规范计算方法修订小组. 基本烈度的不确定性与抗震设防标准. 建筑结构，1984 (1)

6 方鄂华. 多层及高层建筑结构设计. 北京：地震出版社，1995

7 吴邦达. 对多层框架结构受地震作用的计算方法的意见. 建筑学报，1961 (10)

8 巴荣光. 砌体结构地震剪力的简化计算. 建筑结构学报，1990

9 高小旺，钟益村. 抗震结构抗震设计的二阶段设计方法. 建筑结构，1989 (3)

10 刘大海等. 抗震设计. 西安：陕西科学技术出版社，1987

11 郭长城. 建筑结构振动计算续编. 北京：中国建筑工业出版社，1992

12 梁兴文等. 底部两层框架-抗震墙砖房侧移刚度的确定方法. 建筑结构，1999 (11)

13 高小旺等. 底部两层框架-抗震墙砖房侧移刚度分析和第二层与第三层侧移刚度比的合理取值. 建筑结构，1999 (11)

14 郭继武. 建筑抗震设计. 北京：中国建筑工业出版社，2002

15 梁启智. 高层建筑结构分析与设计. 广州：华南理工大学出版社，1992

16 胡聿贤. 中国地震动参数区划简介. 现代地震工程进展 . 南京：东南大学出版社，2002

17 高小旺等. 建筑抗震设计规范理解与应用. 北京：中国建筑工业出版社，2002

18 大崎顺彦. 建筑物抗震设计法（毛春茂等译). 北京：冶金工业出版社，1990

19 中国地震动参数区划图（GB 18306—2001). 北京：中国标准出版社，2001

20 若林实 . 房屋抗震设计（成源华等译）. 上海：同济大学出版社，1991